工程做法则例（上）

GongCheng ZuoFa ZeLi

中国古代物质文化丛书

〔清〕工部 / 颁布　　胡永斌 / 译注

重庆出版集团 重庆出版社

图书在版编目（CIP）数据

工程做法则例 / 工部颁布；胡永斌译注. — 重庆：重庆出版社，2022.3

ISBN 978-7-229-16569-7

Ⅰ. ①工… Ⅱ. ①工… ②胡… Ⅲ. ①古建筑 - 规则 - 中国 - 清前期 Ⅳ. ①TU-092.49

中国版本图书馆CIP数据核字（2022）第008343号

工程做法则例
GONGCHENG ZUOFA ZELI
［清］工部　颁布　　胡永斌　译注

策 划 人：刘太亨
责任编辑：程凤娟
特约编辑：王道应
责任校对：何建云
封面设计：日日新
版式设计：曲　丹

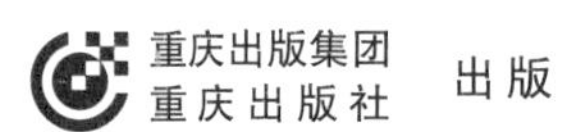

出版

重庆市南岸区南滨路162号1幢　邮编：400061
重庆博优印务有限公司印刷
重庆出版集团图书发行有限公司发行
全国新华书店经销

开本：740mm×1000mm　1/16　印张：52.25　字数：1000千
2023年1月第1版　2023年1月第1次印刷
ISBN 978-7-229-16569-7
定价：126.00元

如有印装质量问题，请向本集团图书发行有限公司调换：023-61520678

出版说明

最近几年，众多收藏、制艺、园林、古建和品鉴类图书以图片为主，少有较为深入的文化阐释，明显忽略了“物”应有的本分与灵魂。有严重文化缺失的品鉴已使许多人的生活变得极为浮躁，为害不小，这是读书人共同面对的烦恼。真伪之辨，品格之别，只寄望于业内仅有的少数所谓的大家很不现实。那么，解决问题的方法何在呢？那就是深入研究传统文化、研读古籍中的相关经典，为此，我们整理了一批内容宏富的书目，这个书目中的绝大部分书籍均为文言古籍，没有标点，也无注释，更无白话。考虑到大部分读者可能面临的阅读障碍，我们邀请相关学者进行了注释和今译，并辑为“中国古代物质文化丛书”，予以出版。

关于我们的努力，还有几个方面需要加以说明。

一、关于选本，我们遵从以下两个基本原则：一是必须是众多行内专家一直以来的基础藏书和案头读本；二是所选古籍的内容一定要细致、深入、全面。然后按专家的建议，将相关古籍中的精要梳理后植入，以求在同一部书中集中更多先贤智慧和研习经验，最大限度地厘清一个知识门类的基础与常识，让读者真正开卷有益。而且，力求所选版本皆是善本。

二、关于体例，我们仍沿袭文言、注释、译文的三段式结构。三者同在，是满足各类读者阅读需求的最佳选择。为了注译的准确精雅，我们在编辑过程中进行了多次交叉审读，以此减少误释和错译。

三、关于插图的处理。一是完全依原著的脉络而行，忠实于内容本身，真正做到图文相应，互为补充，使每一“物”都能植根于相应的历史视点，同时又让文化的过去形态在“物象”中得以直观呈现。

古籍本身的插图，更是循文而行，有的虽然做了加工，却仍以强化原图的视觉效果为原则。二是对部分无图可寻，却更需要图示的内容，则在广泛参阅大量古籍的基础上，组织画师绘制。虽然耗时费力，却能辨析分明，令人眼目生辉。

四、对移入的内容，在编排时都与原文作了区别，也相应起了标题。虽然它牢牢地切合于原文，遵从原文的叙述主线，却仍然可以独立成篇。再加上因图而生的图释文字，便有机地构成了点、线、面三者结合的“立体阅读模式”。“立体阅读”对该丛书所涉内容而言，无疑是妥当之选。

还需要说明的是，不能简单地将该丛书视为“收藏类”读本，但也不能将其视为“非收藏类读本”。因为该丛书，其实比“收藏类”更值得收藏，也更深入，却少了众多收藏类读物的急功近利，少了为收藏而收藏的平庸与肤浅。我们组织编译和出版该丛书，是为了帮助读者重获中国文化固有的“物我观”，是为了让读者重返古代高洁的“清赏”状态。清赏首先要心底“清静”；心底“清静”，人才会独具“慧眼”；而人有了“慧眼”，又何患不能鉴真识伪呢？

中国古代物质文化丛书　编辑组
2009年6月

导读

《工程做法则例》总览

在中国古建筑的传承历史中，仅存两部官方刊印的建筑类古籍：一部是闻名遐迩的，于宋徽宗崇宁二年（1103年）由李诫所著的《营造法式》；另一部就是我们今天将要讨论的主角，清工部《工程做法则例》。这两部书也是目前研究中国古建筑时可供参考的权威历史性文献。

《工程做法则例》全编七十四卷，初版为清世宗雍正十二年（1734年）武英殿刻本。其装帧有明显的殿本特征，黄色书衣，四眼线装，签题“工程做法”；版式为上下双边，半页九行二十字，白口，单鱼尾，是清朝前期官方刊刻的营造专书，由果亲王允礼、庄亲王允禄领衔监刻，历经三年成书。

著名的建筑历史学家梁思成先生在《中国建筑之文法课本》中对《工程做法则例》一书作了介绍：

“清工部《工程做法则例》，是清代关于建筑技术方面的专书，全书七十四卷，前二十七卷为二十七种不同之建筑物：大殿、厅堂、箭楼、角楼、仓库、凉亭等每件之结构，依构材之实在尺寸叙述……自卷二十八至卷四十为斗栱之做法……自卷四十一至四十七为门窗槅扇，石作、瓦作、土作等做法。关于设计样式者止于此。以下二十四卷则为各作工料之估计。”

虽然《工程做法则例》被梁思成先生称为中国建筑之两部“文法课本”之一（另一部则是之前提到过的《营造法式》），是解读中国古代建筑的必经门径，但是由于时代的局限性，在梁思成先生看来，《工程做法则例》的价值远逊于《营造法式》：“就著书体裁论，虽以此二十七种实在尺寸，可以类推其余，然较之《营造法式》先说明原则与方式，则不免见拙……此外如栱头昂嘴等细节之卷杀或斫割法，以及彩画制度，为建筑样式所最富于时代特征者，皆未叙述，是其缺憾。”

对于《工程做法则例》的研究在很大程度上也因前辈学者对其轻视而一度进展缓慢，滞后于对《营造法式》的探究。这也是今天我们重新审视《工程做法则例》的缘由。越来越多的研究表明，这部书原本就不同于《营造法式》，它并不仅仅是一部“文法课本”，更像一部预算定额之书。我们有理由猜测，《工程做法则例》的编写者原本就没有考虑将“栱头昂嘴等细节之卷杀”纳入这部书的内容之中，他真正关心的并不是一柱一梁的具体工艺，而是搭建一整套营造的制度标准。

随着时代的进步，对《工程做法则例》的深入研究已逐步揭示出其不同于《营造法式》的另一番面貌。这种区别大概来自它们诞生时所处的两个不同年代：《营造法式》成书于“艺术家皇帝”宋徽宗在位时的“崇宁”年间，而《工程做法则例》编纂于“改革家皇帝”清世宗统治的“雍正”年间。

则例是什么

“则例”作为一种法律形式，始于唐代，在宋代沈括的《梦溪笔谈》中也有关于则例的记载。“则例”二字中的“则”代表的是法则，是办事的规则、准则；“例”则代表案例，是公务中的成案或定例。因此则例的作用类似于现在常见的政府部门行政法规、管理条例及代表性案例的资料汇编。

清代初期，则例的编纂参照明代制度，主要集中在钱粮等方面。在顺治年间逐渐拓展到了行政、刑名等方面，到了康熙年间，才有了以“六部为一体”为原则的则例编纂，并成为钦定。发展至雍正、乾隆年间，则例的编纂逐渐走向系统化、制度化，成为行政立法的主体。则例的编纂涉及众多中央部院衙署。六部及都察院、理藩院、内务府、宗人府等一众衙门为了执行皇帝的指令、履行各自部门的职责，均花了很大力气编纂各自的则例，以便官吏们能照章行事，避免差错。乾隆时期规定各衙门则例每五年一小修，十年一大修，只是此项制度自始至终没有得到严格执行。清代则例拥有中国古代最庞杂的体系，目前已知四十余种。

《工程做法则例》的成书背景

清初八旗入关之后，出于统治的正统性考虑，顺治帝推行了“法明”的政策，在许多方面修复了明朝万历以前的旧制。在建筑上，沿用前朝遗留下来的宫殿等设施，在工程上，沿用前朝的一些工艺做法，因此当时在工部的体系内尚未进行则例的编纂。

康熙年间，随着三藩的平定、台湾的收复等一系列用兵的结束，社会逐渐稳定，生产逐步恢复。康熙朝中叶以后，各种类型的皇家建筑工程逐步多起来，大量的建筑工程——例如畅春园、避暑山庄、景陵等——开始兴建。清廷结合自身的营造特点，逐步对明代的工官体系进行改造，制定了更适合时代需要的法规。这便是《工程做法则例》出现的缘由。

由于营造方面的规章制度陈旧不全，所以发生了许多主管大臣或建工利用漏洞制造贪腐事件。为了杜绝这类事件的发生，“详规度，慎钱粮”，就需要有一部详细记载建筑做法，特别是规定用工用料的准则，以利经济核算。这也是《工程做法则例》出现的原因之一。

康熙朝中晚期，吏治逐渐腐败，国库存银大减，更是上演了“九子夺嫡”的宫廷“大戏”。至雍正继位，国库仅有存银2371万余两，基本可以用“捉襟见肘”来形容。雍正这位“改革家”皇帝正是在这一背景下开启了中国封建王朝的最后一次大规模政治改革：实现了以“火耗归公，士绅一体当差一体纳粮，摊丁入亩，改土归流”四大政策为代表的巨大变革。从根本上重塑了国家政治结构，国家的财政从“税人”变成了“税地”。这些举措为后来的乾隆盛世打下了基础。

《工程做法则例》的编纂只是财政制度之下营造体系改革的一个缩影而已。在整个雍正王朝时期，对西北的用兵，对灾荒的赈济均须耗费巨额银两。全书卷首题本指出：“臣部各项工程，一切营建制造，多关经制，其规度既不可不详，而钱粮尤不可不慎。”因而，对于雍正皇帝来说，制定一套严格的准则去约束营造活动中的预算标准，节约营造工程方面的开支，健全奏销制度，杜绝腐败，要比告诉匠人怎么盖房子重要得多。这也是《工程做法则例》这部书与《营造法式》的本质差别。预算定额成为《工程做法则例》的一项重要主题。

《工程做法则例》的编纂与版本

清代官方工程的营造主要由六部之一的工部和执掌宫廷事务的内务府负责。工部是管理工程事务的中央衙署，起源于周代的冬官。到清代时，工部执掌全国的土木水利、制造冶炼、纺织铸钱等几乎所有官办工业。内务府则是清代特有的机构，主要职责是掌管皇家事务（类似当下日本宫内厅的职责）。这一特别的机构不仅仅管理着皇室的衣食住行，其内设的营造司同时掌管着皇家的缮修工程事务，除了修葺宫殿之外，还包括皇家园林等工程。

在清代官式建筑的营造管理体制下，《工程做法则例》由工部和内务府会同编写，并且由两位亲王领衔，两位亲王分别是管理工部事务的和硕果亲王允礼和总管内务府事务的和硕庄亲王允禄。但是，将《工程做法则例》的作者署为允礼和允禄是不合适的，按照现在的惯例，他们两位被称作编委会主任可能更为妥帖。并且，这部书有一个多达十五人的编委会，除了前述两位亲王之外，还有内务府和工部的一众官员。这些都被记录在了《工程做法则例》卷首的奏疏当中。

奏疏中提到“谨题请旨，雍正九年三月十五日题，本月十七日奉旨依议”，大意是说，编纂《工程做法则例》这一任务是雍正九年在皇帝面前领受的，到了雍正十二年三月完成了课题，向雍正皇帝提交结题报告。敬呈御览之后，则例奉旨刊刻颁行。

卷首的奏疏对编纂工作进行了总结，不仅阐述了编写这一工程文献的重要意义（“为详定条例，以重工程，以慎钱粮事”），即规范建筑的规格等级，控制经费及预算；也对编写过程中的种种细节进行了回顾（“臣等将营建坛庙宫殿仓库城垣寺庙王府及一切房屋油画裱糊等项工程做法，应需工料，派出工部郎中福兰泰、主事孔毓秀、协办郎中托隆、内务府郎中丁松、员外郎释迦保、吉葆详细酌拟物料价值；派出郎中依尔们、协办郎中福兰泰、托隆、额外主事七达细加察访，据实造册呈报前来”）。

除了记述各位编委会成员的工作之外，技术人员们的具体工作也被写入了奏疏当中。蔡军、张健两位学者认为“臣部选取谙练详慎之员逐款酌拟工料做法务使开册了然以便查对”中的“谙练详慎之员”应该来自主持设计的“样房”和编制预算的“算房”，在这两个机构任职的人多是“世守之工，号称专家”。

雍正十二年的《工程做法则例》并不是“工部则例”的全部内容，工部则例作为工部这一中央机构的文件汇编，由一系列的文献构成。“之后，于乾隆、嘉庆、道光等年份，均有此类《工部做法则例》存世，虽名称不一，但内容大体类同。”现存有三个《工部做法则例》版本，分别是嘉庆二十年版《钦定工部则例》，嘉庆二十四年版《钦定工部续修则例》以及光绪十年版《钦定工部则例》。

《工程做法则例》的书名

同一部书，却有两个近似的名称《工程做法则例》及《工程做法》。这两个名称在学术界被同时使用，就连梁思成先生都在《营造学社汇刊》和《中国建筑史》中将其称为《工程做法则例》，又在《〈营造法式〉注释》中将其称为清工部《工程做法》。这造成研究者们的困扰和误解。有学者甚至认为“清工部于雍正十二年颁行《工程做法》……但尚未见过《工部工程做法则例》”。其实，《工程做法则例》和《工程做法》均指代这部于雍正十二年颁布的文献。

这一误会是如何发生的呢？溯源到雍正十二年刊刻的武

英殿刻本就能解开这一谜团。两个名称均来自该刻本，矛盾正是由此而起：封面题名为“工程做法则例”，而内页折缝处记为“工程做法”。所以该文献的正式名称应为“工程做法则例”，而“工程做法”仅是在刻版过程中，标识于每页中缝的简写书名索引而已。

《工程做法则例》的内容

梁思成先生在《清工部工程做法则例图解》的前言中忽略了“奏疏”部分，但“奏疏”作为《工程做法则例》的一项重要组成部分，应被放在与正文同等重要的位置上。所以这本书其实由三个主要部分构成：正文之前的“奏疏”，讲明了则例编纂的目的、原则及适用范围等内容（因“奏疏”于今日对古代建筑的了解没有任何助益，故而本书将其略去）；正文的前半部分（卷一至卷四十七）主要规定了大木（构架）、斗科（斗栱）、装修和基础的做法；正文的后半部分（卷四十八至卷七十四）主要论述了估算过程，分为用料和用工两块内容（详见附表）。

《工程做法则例》是传统建筑领域的重要文献

中国文人向来对工程技术有一定的轻视，这使得在流传下来的各种经典中，在营造方面“往往偏重礼法制度而略于工程技术”。目前留存的，最为系统的我国古代营造类技术书籍仅有两部，一部是宋代的《营造法式》，另一部就是清代的《工程做法则例》。作为工部和内务府编写的官方规则，《工程做法则例》对最基本的官式建筑营造起到了指导作用。首先，《工程做法则例》规定了清代工程营造时的各种根本原则，例如“凡面阔、进深以斗科攒数而定”，“凡由额垫板以面阔定长”，“凡桃尖随梁枋以出廊定长”，等等；同时精确而严格地规定了各种构件的尺寸，例如卷一中对小额枋规定“如面阔一丈九尺二寸五分，两头共除柱径一份一尺五寸，得净面阔一丈七尺七寸五分，即长一丈七尺七

<table>
<tr><td rowspan="12">工程做法则例题纲</td><td>奏疏</td><td colspan="3"></td></tr>
<tr><td>目录</td><td colspan="3"></td></tr>
<tr><td rowspan="8">做法</td><td rowspan="2">大木</td><td>［大式］</td><td>［殿堂］（卷1—3）；楼房（卷4）；转角（卷5—6）；［厅堂］（卷7—12）；川堂（卷13）；［城］楼（卷14—18）；仓库（卷19—20）；垂花门（卷21）；亭（卷22—23）</td></tr>
<tr><td colspan="2">小式（卷24—27）</td></tr>
<tr><td>斗科</td><td>［大式］</td><td>11种斗科（卷28）；安装（卷29）；实际尺寸（卷30—40）</td></tr>
<tr><td>装修</td><td>大·小式</td><td>槅扇、窗、门、木顶槅（卷41）</td></tr>
<tr><td rowspan="4">基础</td><td>大式</td><td>石、砖、瓦作（卷42—43）</td></tr>
<tr><td>［大·小式］</td><td>发券（卷44）</td></tr>
<tr><td>小式</td><td>石、砖、瓦作（卷45—46）</td></tr>
<tr><td>［大·小式］</td><td>土作（卷47）</td></tr>
<tr><td rowspan="2">结算</td><td>用料</td><td>［大·小式］</td><td>木作（卷48—49）；锭铰作（卷50—51）；石、砖、瓦作（卷52—53）；搭材作（卷54）；土作（卷55）；油作（卷56—57）；画作（卷58—59）；裱作（卷60）</td></tr>
<tr><td>用工</td><td>［大·小式］</td><td>木作（卷61—64）；锭铰作（卷65）；石、砖、瓦作（卷66—67）；搭材作（卷68）；土作（卷69）；油作（卷70—71）；画作（卷72—73）；裱作（卷74）（卷48—74讲各作的用料和用工，略）</td></tr>
</table>

注：［ ］内为笔者所加名称，其余为原史料记载所有。

寸五分”，类似的规定贯穿了全书；除了上述构件尺寸之外，《工程做法则例》还对八大作的用工和用料加以详细规定。

这当中特别要提到的一点便是：《工程做法则例》将用料和用工放在了和做法同等重要的位置。从篇幅上来看，全书共计七十四卷，前半部四十七卷（卷一至卷四十七）为各种类型建筑的工程做法规则，后半部二十七卷（卷四十八至卷七十四）细致地规定了各作的用料和用工。如卷首奏疏中所言“详定条例，以重工程，以慎钱粮事，臣部各项工程，一切营建制造，多关经制，其规度既不可不详，而钱粮尤不可不慎”，《工程做法则例》的一大目的便是为了“控制工程经费，加强工料定额管理制度”，因而有的条款比宋《营造法式》所规定的更为严密具体。

该书的颁布，“对清代官工经营管理起着关键主导作用”。卷首奏疏中写道：“营造工程之等第、物料之精粗、悉按规定规则逐细较定，注载做法，俾得了然，庶无浮克。”《工程做法则例》首先将营造的各类工程划分为大式和小式两大做法类型，所谓大式小式并非建筑规模的大小，而是为了展现建筑“从结构造型到装饰色彩，既有形制上的限制，也有物料良窳、造作精粗等质量上的差别”。大式建筑本身也有大与小、繁与简的差异，民建均不可营造，而小式建筑用于民房，规模及工料均与大式建筑有着明显的区别，自此，建筑类型的等级差异一目了然。同时，营造活动根据《工程做法则例》中在用工和用料等篇幅中限额的规定，实行定额核算，结合保固制度，确保了造价的控制。王世襄在其编著的《匠作则例》中写道：“把已完成的建筑和已制成的器物开列其整体或部件的名称规格，包括制作要求，尺寸大小，限用工时，耗料数量以及重量、运费等，使它成为有案可查、有章可循的规则和定例。”

《工程做法则例》对厘清清代营造体系有重要价值

《工程做法则例》是清代《工部则例》营造法规体系的重要组成部分。

《工部则例》不仅仅是《工程做法则例》一部书，而且是工部从雍正年间开始编纂直至清末的一系列规则规定的总称：包括则例、清册、做法、分法、物价和工价等类型的相关规定，通过规范估修、奏销、工料计价、物料管理等制度，全面控制了清代官方工程的营造工作。除《工程做法则例》外，还有《内庭工程做法》《物料价值则例》《工部见面做法册》《九卿议定物料价值》《城垣做法册》《钦定工部则例》《采舆依仗做法》《圆明园则例》《内庭圆明园内工诸作现行则例》《圆明园工程则例》《圆明园转轮藏开花献佛木作则例》《万寿山工程则例》《热河工程则例》《照金塔式样造珐琅销算底册》等三百余种。

为了便于审查各地官工做法，本书不仅着眼于木构建筑本身，在做法中还包括了小木作（装修）、石作、瓦作、土作等，在用料定额中记载了工程所涉及的各作材料，用工定额除了用料中所涉及的各作又增补了雕銮作和锭铰作。

《工程做法则例》对后世依然有重要影响

民国以来，各方学者用现代方法对传统建筑加以研究。其中清代建筑，因距今时间最近，留下的实例最多，遗存的相关档案最完整，据此形成了最为丰富的研究成果。

《工程做法则例》是用现代方法研究传统建筑的起点

19世纪30年代初期，一批曾经参与清宫营造的工匠依然健在，朱启钤先生创办的营造学社因而开始征召他们为《工程做法则例》补图。当时的学社资料记载："清工部工程做法则例七十四卷，雍正十二年奏准刊行，内中止有大木作二十七卷在每卷首列有一图，已甚简单，其他各作并此无之。学者殊不易领悟，曾招旧时匠师按则例补图六百余通，一依重刊营造法式之式，于必要时兼绘墨线及彩绘两份，现将则例原本重别整理，并将增补图样，就北平现存宫殿实样，为原则之审定，以备刊行。"

1932年，梁思成先生完成了前二十七卷的图解，并由营造学社的邵力工正式完成绘图，标志着对清代《工程做法则例》的研究基本结束。"清工部工程做法补图，为本社成立以来重要工作之一，除大木部分也已完成外，现由社员梁思成君将原书大木七卷逐条注释，俾成完璧"，但由于当时战乱未息，这一成果直到70余年之后的2006年才由清华大学出版社出版，书名为《清工部〈工程做法则例〉图解》。

《工程做法则例》是研究《营造法式》的基础

《营造法式》的宋代手抄本在1919年被朱启钤发现，这一事件也被称为是营造学社成立的原因之一，因而对《营造法式》的研究也就成为营造学社研究工作的重中之重。但在19世纪30年代，对传统建筑以现代方法进行的研究才刚刚起步，研究者们连古代建筑名词术语也不甚了解。他们通过解读《工程做法则例》破解清代建筑规范，进而向上追溯至宋代建筑。这是当时唯一可行的技术路线。朱启钤先生曾写道："中国建筑在时间上包括上下四千余年，在空间上东自日本、西达葱岭、南起交趾、北绝大漠，在此时间与空间内之建筑，完全属于一个系统之下。本社最高最后之目标即完成此建筑系统之历史是也……为工作便利计，先自研究清式宫殿建筑始，俟清代既有了相当了解，然后追溯明元，进求宋唐，以期迎刃而解决。"

这一时期，梁思成先生拜老木匠杨文起师傅和彩画匠祖鹤州师傅为师，对照北京故宫等一大批清代建筑，开始了对《营造法式》的破解之路。梁思成先生曾写道："要了解古代，应从现代和近代开始，要研究《法式》，应从清工部《工程做法》开始""中国营造学社成立十余年来，从事于书（即《营造法式》）之研究，先自研究清代术书着手，加以实物之发展与研究，其书始渐可读"。

1949年以来对《工程做法则例》的研究逐步深入

1949年以来，随着国家对故宫、颐和园等一大批清代宫殿建筑保护性修缮工作的进行，对《工程做法则例》的研究从学术研究、资料保存的立足点上又进一步提升。以故宫博物院的王璞子先生为代表的研究者们，遵循着营造学社的研究思路，将《工程做法则例》的研究继续推进。由于原书以文字说明为主，用大量术语书写，缺少案例和图纸，因此在实践过程中，很难将其作为维修工程的指导。当时，了解实际施工的人员不了解则例的内容，而能够阅读则例的人却缺少实践经验。因此，曾经在营造学社工作的王璞子被调到故宫博物院后，开始给《工程做法则例》加注释。“清工部《工程做法》的整理，倡议于一九五八年，正式着手进行在一九六二年初。初步计划是作为古建维修工程参考资料列入本院古建管理部科研项目之一而提上日程的。由王璞子负责编辑，胡百中、王玉顺助理。计划分两步走，首先按原编卷次，全部改变成简明表格形式，下一步补充一部分图样、实物照片和必要的注解。”这一成果就是1995年由建筑工业出版社出版的《工程做法注释》一书。

随着时代的变迁，相较于前人，研究者们对《工程做法则例》有了更全面和更深刻的认识。当前对《工程做法则例》的研究，除了深入研究传统建筑的营造和保护外，还开始拓展到对传统营造体系、制度的研究。相较于根据古籍和《营造法式》研究宋代营造体系，研究清代营造体系更具有文献和实例上的便利和保障。需提请读者留意的是，本版《工程做法则例》的配图均为建筑历史学家梁思成等人所测绘，图中未标明标尺的原图亦是如此。在本书出版之际，谨对其致以崇高的敬意，若有误用之处，还请各位专家和读者批评指正。

李澍田
汉嘉设计集团高级工程师

目 录

卷十四

卷十五

卷十六

卷十七

卷十八

卷二十六

卷二十七

卷二十八

卷二十九

卷三十

卷三十一

卷三十二

卷三十三

卷三十四

卷三十五

卷三十六

卷三十七

卷三十八

卷三十九

卷四十一

卷四十二

卷四十三

卷四十四

卷四十五

卷四十六

卷四十七

卷一

本卷详述使用斗口为二寸五分的单翘重昂斗栱，建造带围廊的九檩单檐庑殿建筑的方法。

九檩[1]单檐庑殿[2]周围廊[3]单翘[4]重昂[5]斗科[6]斗口[7]二寸五分大木[8]做法

【注释】〔1〕檩：一种水平构件，沿建筑物的面阔方向架设在梁头位置。檩是用来固定椽子的，能够把来自屋顶的荷载传递到梁上。根据梁头所在的柱的位置变化，檩的名称也随之变化，如架设在檐柱上的檩叫做檐檩，架设在金柱上的檩叫做金檩，架设在中柱上的檩叫做脊檩。

〔2〕单檐庑殿：有四个坡，上有正脊的建筑，叫做庑殿建筑。标题中的单檐庑殿，是典型的五脊殿，具有四阿顶，其外形与重檐庑殿的上半部分是一致的。

〔3〕廊：也被称为“廊子”，是位于建筑物屋檐下的过道。也有的廊拥有独立的通道，其上有顶。廊能够体现建筑物的空间变化，可以连接不同的房间，还可以回廊的形式连接建筑的主要部分，构成庭院。

〔4〕翘：弓形构件，由坐斗的中心线向外引出，分为头翘、二翘和三翘。翘的长度为七斗口，宽度为一斗口，高度为二斗口。

〔5〕昂：斗栱中的构件，在斗栱中倾斜放置，起杠杆作用，能够平衡内部屋顶和出挑屋顶的重量。昂分为上昂和下昂，平时被提到的昂通常指下昂。上昂只能被用在室内、平斗斗栱和斗栱里跳等少数场景中。重昂，指在斗栱上用两个昂。

〔6〕斗科：即斗栱，是中国古代木建筑所特有的结构构件，组成部分为斗、升、栱和昂。斗栱能起承重作用，可以把屋面的大面积荷载传递到柱上。此外，斗栱还能起装饰作用，连接建筑物的屋顶和屋身立面。在宋代，斗栱又被称为“铺作”。

〔7〕斗口：位于斗栱中的大斗上，是安装翘和昂的槽口。斗口是清代官式建筑中的基本模数，也被称为“口数”或“口份”。清制斗口共分十一个等级，最小为一寸，最大为六寸，每级之间相差半寸。目前，没有一等到四等的大型斗口建筑实物留存，而十等与十一等斗口只见于牌楼和琉璃门建筑中。最常见的斗口等级是六等至八等。

〔8〕大木：我国古代木建筑中所有的骨干木构件都被称为“大木”。例如梁、柱、栋、斗栱、檩、椽等等。

【译解】使用斗口为二寸五分的单翘重昂斗栱，建造九檩进深带围廊的单檐庑殿顶大木式建筑的方法。

【原文】凡面阔[1]、进深[2]以斗科攒数[3]而定，每攒以口数十一份定宽（原注：每斗口一寸随身加一尺一寸为十一份）。如斗口二寸五分，以科中分算得斗科每攒宽二尺七寸五分。如面阔用平身斗科[4]六攒，加两边柱头科[5]各半攒，共斗科七攒，得面阔一丈九尺二寸五分。如次间[6]收分一攒，得面阔一丈六尺五寸。梢间[7]同，或再收一攒，临期酌定。如廊内用平身斗科一攒，两边柱头科各半攒，共斗科二攒，得廊子面阔五尺五寸。如进深每山[8]分间各用平身斗科三攒，两边柱头科各半攒，共斗科四攒，明间[9]、次间各得面阔一丈一尺。再加前

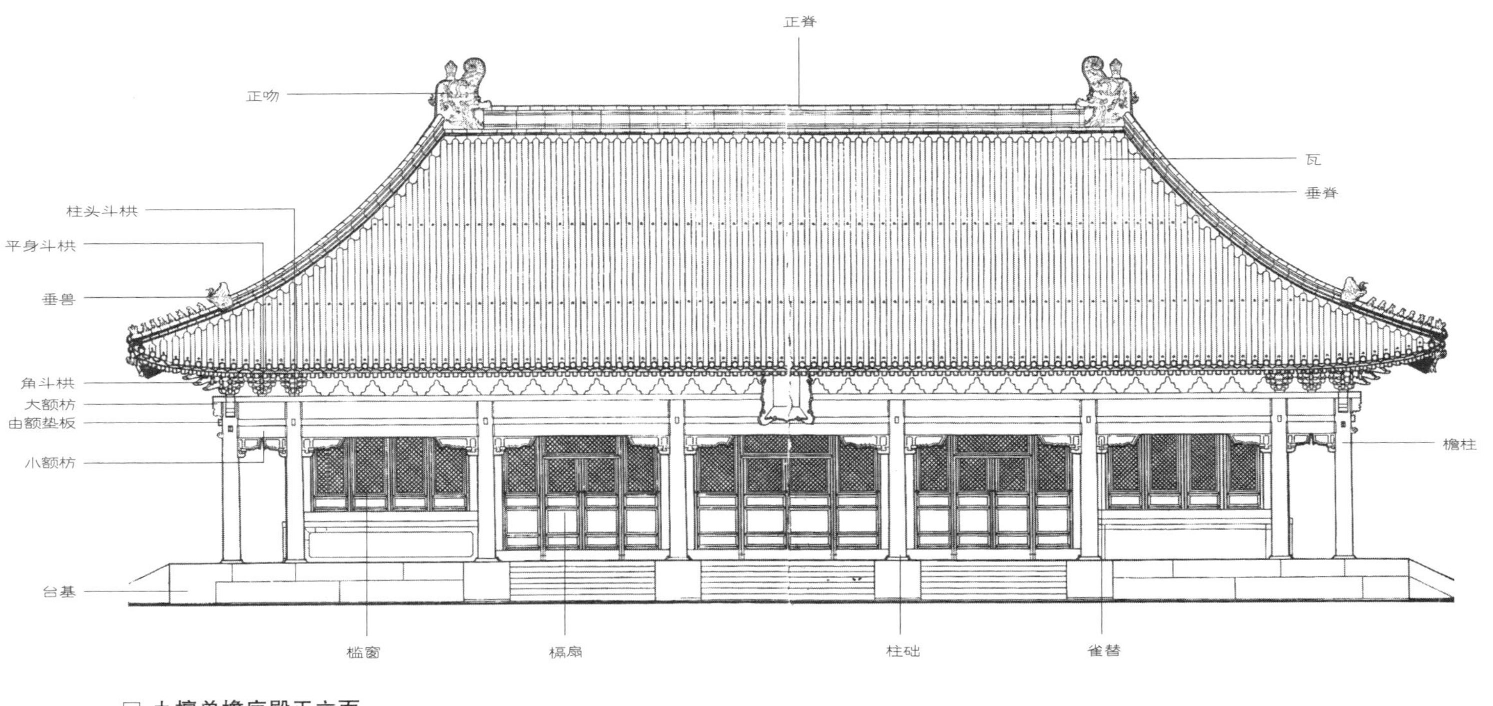

□ 九檩单檐庑殿正立面

庑殿顶呈“四出水”的五脊四坡式，由一条正脊和四条垂脊组成，因此又称“五脊殿”。由于屋顶有四面斜坡，故又称“四阿顶”。庑殿顶又分为单檐和重檐两种，所谓重檐，就是指在上述屋顶之下的四角各加一条短檐，形成第二檐。

后廊各深五尺五寸，得通进深[10]四丈四尺。

【注释】〔1〕面阔：也称为“面宽”，指建筑物迎面方向相邻两根柱子之间的轴线距离。

〔2〕进深：即纵深，指建筑物横向两个相邻的墙或柱中心线之间的距离。

〔3〕攒数：清代建筑的称谓，一套斗栱为一攒。

〔4〕平身斗科：位于两根柱之间的斗栱，均匀分布在额枋和平板枋上。

〔5〕柱头科：位于柱头上方的斗栱。

〔6〕次间：建筑物明间和开间之间的开间，在古代建筑中，通常位于明间两侧。次间的檐面平面为矩形，短边被称为“山面”。

〔7〕梢间：位于建筑物两端头的开间。

〔8〕山：即山墙，是建筑物两端的墙体，起着分隔室内外空间、承托屋顶重量以及防火的作用。

〔9〕明间：位于建筑物中间的开间。

〔10〕通进深：单体建筑物横向长度，侧面两端柱间的轴线距离。

【译解】面宽和进深都由斗栱的套数来确定，一套斗栱的宽度为斗口的宽度的十一倍（原注：如果斗口的宽度为一寸，那么一套斗栱的宽度为一寸的十一倍，即一尺一寸）。如果斗口的宽度为二寸五分，可得一套斗栱的宽度为二尺七寸五分。如果在面宽的方向上使用六套平身科斗栱，两侧均使用半套柱头科斗栱，一共就使用了七套斗栱，那么可得面宽为一丈九尺二寸五分。如果次间少用一套斗栱，则可得面宽为一丈六尺五寸。梢间与次间的面宽相同，或者梢间比次间少用一套斗栱，具体数量可以根据实际情况来确定。如果廊的内部使用一套平身科斗栱，两侧均使用半套柱头科斗栱，一共就使用了两套斗栱，那么可得廊的面宽为五尺五寸。如果在进深方向上每个山墙隔间均使用三套平身科斗栱，两侧均使用半套柱头科斗栱，一共就使用了四套斗栱，那么可得明间和次间的面宽均为一丈一尺。加上前后廊各为五尺五寸的进深，可得通进深为四丈四尺。

【原文】凡檐柱[1]以斗口七十份定高（原注：每斗口一寸，随身加七尺，为七十份）。如斗口二寸五分，得檐柱连平板枋[2]，斗科通高一丈七尺五寸。内除平板枋、斗科之高，即得檐柱净高尺寸。如平板枋高五寸，斗科高二尺八寸，得檐柱净高一丈四尺二寸。每柱径[3]一尺，再加上、下榫[4]各长三寸。如柱径一尺五寸，得榫长各四寸五分。以斗口六份定径寸（原注：每斗口一寸随身加六寸为六份）。如斗口二寸五分，得檐柱径一尺五寸。两山檐柱做法同。

【注释】〔1〕檐柱：位于檐下方的最外围的柱子。

〔2〕平板枋：也被称为“坐斗枋”，是清代木建筑构件，位于柱头和大额枋上面，起着承托斗栱的作用。其与额枋平行，能够连接和稳定檐柱。

〔3〕柱径：圆形柱子的底部直径，方形柱子

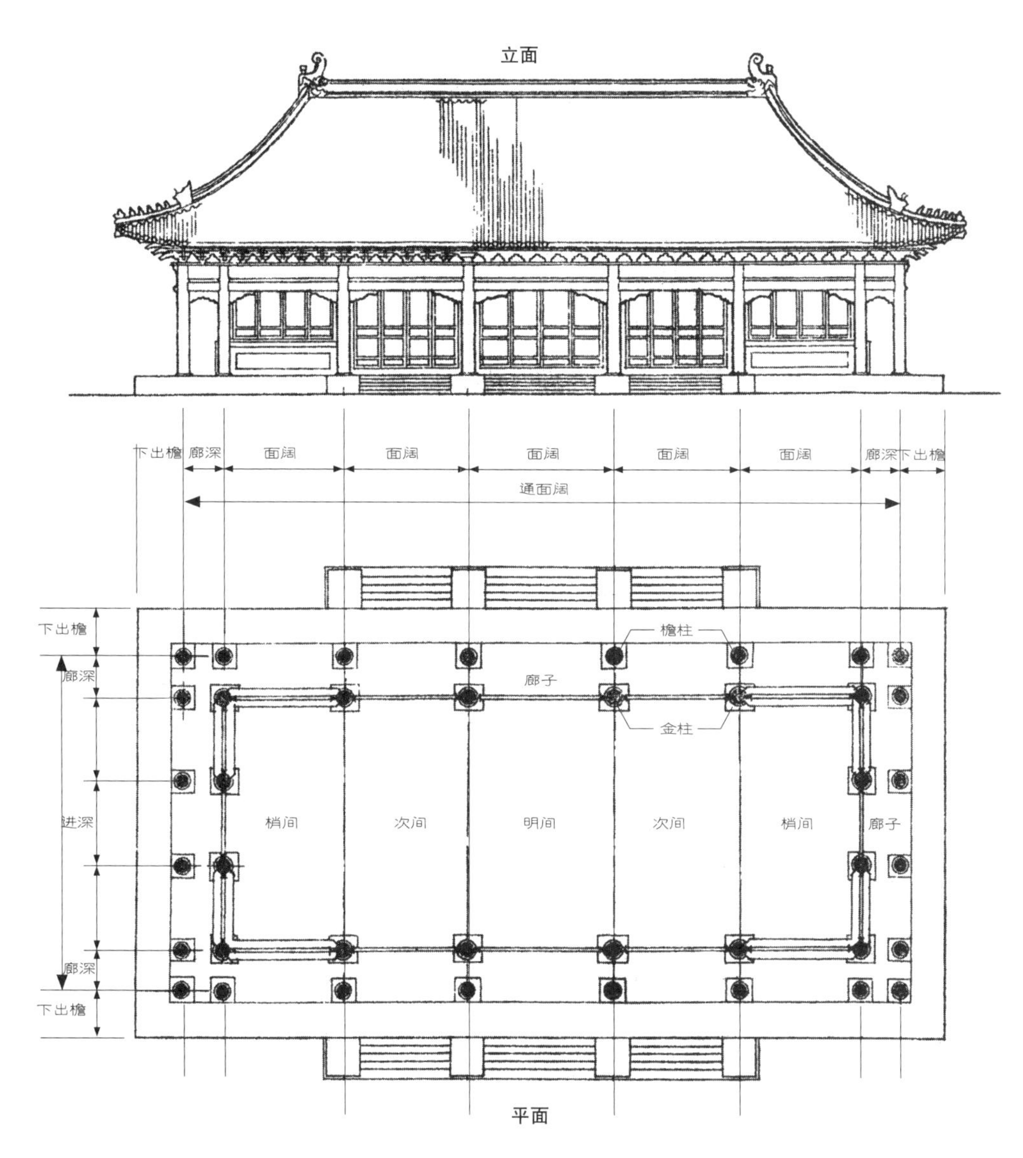

□ 九檩单檐庑殿的面阔进深图

带围廊的九檩单檐庑殿大木式建筑的面宽和进深，由斗栱的套数来确定。因其所处位置的不同，故斗栱又分柱头科斗栱和平身科斗栱。求得使用斗栱的套数后，再根据其在明间、次间、梢间以及廊内和两侧的分布实数，可分别求得明间、次间、梢间的面宽，前后廊的进深和通进深。

的正面底部边长。

〔4〕榫：木制构件接合处的凸出部分，起着加强构件之间连接紧密程度的作用。

【译解】檐柱的高度为斗口宽度的七十倍（原注：若斗口的宽度为一寸，则檐柱的高度为一寸的七十倍，即七尺）。如果斗口的宽度为二寸五分，可得檐柱、平板枋和斗栱的总高度为一丈七尺五寸。除去平板枋和斗栱的高度，即可得檐柱的净高度。若平板枋的高度为五寸，斗栱的高度为二尺八寸，则可得檐柱的净高度为一丈四尺二寸。当柱径为一尺时，上、下榫的长度为三寸。如果柱径为一尺五寸，那么可得榫的长度为四寸五分。柱径的尺寸为斗口的宽度的六倍（原注：若斗口的宽度为一寸，则柱径为一寸的六倍，即六寸）。如果斗口的宽度为二寸五分，那么可得柱径为一尺五寸。两山檐柱尺寸的计算方法与之相同。

【原文】凡金柱〔1〕以出廊并正心桁〔2〕中至挑檐桁〔3〕中之拽架〔4〕尺寸加举〔5〕定高。如廊深五尺五寸，正心桁中至挑檐桁中三拽架（原注：每斗口三分为一拽架得七寸五分），三拽架得二尺二寸五分，连廊共深七尺七寸五分。按五举加之得高三尺八寸七分，并檐柱连斗科之通高一丈七尺五寸，得金柱高二丈一尺三寸七分。每柱径一尺，再加上、下榫各长三寸。如柱径一尺七寸，得上、下榫各长五寸一分。两山并四角金柱，加平水〔6〕一份，高一尺，再加桁条〔7〕径三分之一作桁椀〔8〕。如桁条径一尺，得桁椀高三寸三分。以檐柱径加二寸定径寸。如柱径一尺五寸，得金柱径一尺七寸。

【注释】〔1〕金柱：建筑物中除檐柱、中柱和山柱之外的柱子，统称为“金柱”。在进深较长的建筑物中，不同位置的金柱又被分为外金柱和内金柱。

〔2〕正心桁：位于正心枋上方的桁，被称为“正心桁”。其中，正心是指斗栱的中间位置；桁，即檩。在小型木建筑中，正心桁也被称为“檐檩”。

〔3〕挑檐桁：位于正心桁之外，挑檐枋之上，用来承托挑檐的桁。挑檐，通常用于两山墙上，起着支撑檐的作用，同时具有一定的装饰作用。

〔4〕拽架：指两个斗栱之间的水平轴线距离。

〔5〕举：即举架，指清代木建筑中相邻两根檩的轴线距离除以步架长度所得到的系数。举架决定了屋顶曲面的曲度。“一举”通常为0.1。

〔6〕平水：梁头位于檩子以下、檐枋以上的高度。

〔7〕桁条：架在屋架或者两山墙上，用来支撑椽子的横置木构件，也被称为“檩子”。

〔8〕桁椀：位于桁的上方，起着承托椽子的作用。与桁平行，其长度与桁的长度接近。桁椀上有洞，用于固定椽子，洞的数量与椽子的数量相同。

【译解】金柱的高度由出廊和正心桁中心至挑檐桁中心的拽架尺寸和举的比例来确定。若廊的进深为五尺五寸，正心桁中心至挑檐桁中心的长度为三拽架（原注：如果斗口宽度的三倍为一拽架，那么一拽架为七寸五分），则可得三拽架为二尺二寸五分，与廊的进深相加，可得总进深为七尺七寸五分。若采用五举的比例，则可得高度为三尺八寸七分，加上檐柱和斗栱的高度一丈七尺五寸，可得金柱高二丈一尺三寸七分。当柱径为一尺时，上、下榫的长度为三寸；当柱径为一尺七寸时，上、下榫的长度为五寸一分。两端的山墙和四角的金柱，要加上一份平水，高度为一尺，再加上只有桁条直径三分之一的桁椀高度。如果桁条的直径为一尺，则桁椀的高度为三寸三分。檐柱径加上二寸，即为金柱径的尺寸。如果檐柱径为一尺五寸，那么可得金柱径为一尺七寸。

【原文】凡小额枋[1]以面阔定长。如面阔一丈九尺二寸五分，两头共除柱径一分一尺五寸，得净面阔一丈七尺七寸五分，即长一丈七尺七寸五分。外加两头入榫分位[2]，各按檐柱径四分之一。如柱径一尺五寸，得榫长各三寸七分五厘。

其廊子小额枋，一头加柱径半份，又照本身之高加半份得出榫分位。如本身高一尺，得出榫长五寸，一头除柱径半份，外加入榫分位，亦按柱径四分之一。以斗口四份定高。如斗口二寸五分，得小额枋高一尺，以本身高收二寸定厚，得厚八寸。两山小额枋做法同。

凡由额垫板[3]以面阔定长。如面阔一丈九尺二寸五分，两头共除柱径一份一尺五寸，得净面阔一丈七尺七寸五分，即长一丈七尺七寸五分。外加两头入榫分位各按柱径十分之二。如柱径一尺五寸，得榫长各三寸。以斗口二份定高，一份定厚。如斗口二寸五分，得由额垫板高五寸，厚二寸五分。两山由额垫板做法同。

凡大额枋[4]长与小额枋同。其廊子大额枋一头加柱径一份，得霸王拳[5]分位，一头除柱径半份，外加入榫分位，按柱径四分之一。以斗口六份定高。如斗口二寸五分，得大额枋高一尺五寸。以本身高收二寸定厚，得厚一尺三寸。两山大额枋做法同。

凡平板枋以面阔定长。如面阔一丈九尺二寸五分，即长一丈九尺二寸五分。每宽一尺，外加扣榫长三寸。如平板枋宽七寸五分，得扣榫长二寸二分。其廊子平板枋一头加柱径一份，得搭交[6]出头分位。如柱径一尺五寸，得出头长一尺五寸。以斗口三份定宽，二份定高。如斗口二寸五分，得平板枋宽七寸五分，高五寸。两山平板枋做法同。

【注释】〔1〕小额枋：额枋，是位于建筑物外檐上的承重构件，根据尺寸和位置的不同，可分为大额枋和小额枋。小额枋位于柱头之间、大额枋的下方，是与大额枋平行的辅助构件。

〔2〕分位：构件所占的空间。

〔3〕由额垫板：位于大额枋和小额枋之间，与两者共同构成固定的构件单元。

〔4〕大额枋：位于檐柱与檐柱头之间的连接构件，起着承托斗栱的作用。

〔5〕霸土拳：枋和柱头搭接之后，枋头留出的部分，因其箍紧之后形似握紧的拳头，古代木匠将其形容为“好像楚霸王握紧的拳头”，因此称之为“霸王拳”。

〔6〕搭交：由两个方向的檩互相搭交而成的檩子。

【译解】小额枋的长度由面宽来确定。

如果面宽为一丈九尺二寸五分，再减去两端的柱径尺寸一尺五寸，那么可得净面宽一丈七尺七寸五分，因此小额枋的长度为一丈七尺七寸五分。两端外加入榫的长度，这个长度是檐柱径的四分之一。若檐柱径为一尺五寸，可得入榫的长度为三寸七分五厘。

廊上的小额枋，一端留出柱径的一半，出榫的长度为小额枋本身的高度的一半。若本身的高度为一尺，则可得入榫的长度为五寸。一端减去柱径的一半，出榫的长度为柱径的四分之一。以斗口的宽度的四倍来确定小额枋的高度。若斗口的宽度为二寸五分，则可得小额枋的高度为一尺，以本身的高度减少二寸来确定小额枋的厚度，可得小额枋的厚度为八寸。两山墙的小额枋尺寸的计算方法相同。

由额垫板的长度由面宽来确定。如果面宽为一丈九尺二寸五分，共减去两端的柱径一尺五寸，可得净面宽为一丈七尺七寸五分，则由额垫板的长度为一丈七尺七寸五分。两端外加入榫的长度，其为柱径的十分之二，若柱径的长度为一尺五寸，则可得入榫的长度为三寸。用斗口的两倍来确定由额垫板的高度，用斗口的尺寸来确定其厚度。如果斗口的宽度为二寸五分，那么可得由额垫板的高度为五寸，厚度为二寸五分。两山墙的由额垫板尺寸的计算方法相同。

大额枋的长度与小额枋的长度相同。廊上的大额枋的一端留出与柱径长度相同的枋头，作为霸王拳。一端减去柱径的一半，外加入榫的长度，其为柱径的四分之一。用斗口的宽度的六倍来确定大额枋的高度。如果斗口的宽度为二寸五分，那么可得大额枋的高度为一尺五寸。用本身的高度减少二寸来确定大额枋的厚度，可得其厚度为一尺三寸。两山墙的大额枋尺寸的计算方法相同。

平板枋的长度由面宽来确定。如果面宽为一丈九尺二寸五分，那么平板枋的长度则为一丈九尺二寸五分。当平板枋的宽度为一尺时，外加的扣榫的长度三寸。如果平板枋的宽度为七寸五分，那么可得扣榫的长度为二寸二分。廊上的平板枋在一头留出柱径的尺寸，作为出头部分。如果柱径为一尺五寸，那么出头部分的长度则为一尺五寸。用斗口的宽度的三倍来确定平板枋的宽度，用斗口的二倍来确定其高度。若斗口的宽度为二寸五分，则可得平板枋的宽度为七寸五分，高度为五寸。两山墙的平板枋尺寸的计算方法相同。

【原文】凡桃尖梁[1]以廊子进深并正心桁中至挑檐桁中定长。如廊深五尺五寸，正心桁中至挑檐桁中长二尺二寸五分，共长七尺七寸五分。又加二拽架尺寸长一尺五寸，得桃尖梁通长九尺二寸五分。外加金柱径半份，又加出榫照随梁枋[2]之高半份。如随梁枋高一尺，得出榫长五寸。以拽架加举定高。如单翘重昂得三拽架深二尺二寸五分。按五举加之，得高一尺一寸二分。又加蚂蚱头[3]、撑头木[4]各高五寸，得桃尖梁高二尺一寸二分（原注：蚂蚱头、撑头木详载斗科做法）。以斗口六份定厚。如斗口二寸五分，得桃尖梁厚一尺五寸。以斗口四份定桃尖梁头之厚，得厚一尺。两山桃尖梁做法同。

凡桃尖随梁枋[5]以出廊定长。如出廊深五尺五寸，即长五尺五寸。外一头加檐柱径半份，一头加金柱径半份。又两头出榫照本身之高加半份。如本身高一尺，得出榫各长五寸。高、厚与小额枋同。两山桃尖随梁枋做法同。

【注释】〔1〕桃尖梁：清代大木斗栱建筑的结构件，通常被放置在檐柱与金柱之间，连接檐柱与金柱并承托正心桁与挑檐桁。因其梁头被制作成桃尖的形状，故被称为“桃尖梁”。

〔2〕随梁枋：梁的辅助构件，通常位于梁的下方，在平行方向上与梁紧邻放置。其能使前后两根柱子的连接更加紧密，同时可以加强梁的承载力。它也被称为“随梁”。

〔3〕蚂蚱头：位于昂的上方、撑头木的下方，与厢栱相交。因外端形似蚂蚱的头部，故被称为“蚂蚱头”。在宋代建筑中，该部件被称为“耍头”。

〔4〕撑头木：位于蚂蚱头的上方，垂直于里外拽枋和正心枋，与挑檐枋相交，榫头不外露。

〔5〕桃尖随梁枋：位于桃尖梁的下方，起着连接檐柱与金柱的作用。

【译解】桃尖梁的长度由廊的进深加正心桁中心至挑檐桁中心的间距来确定。若廊的进深为五尺五寸，正心桁中心至挑檐桁中心的间距为二尺二寸五分，则桃尖梁的总长度为七尺七寸五分。再加二拽架的长度一尺五寸，可得桃尖梁的长度为九尺二寸五分。向外出头的部分为金柱径的一半，再加出榫，出榫的长度为随梁枋的高度的一半。若随梁枋的高度为一尺，则出榫的长度为五寸。桃尖梁的高度由拽架的尺寸和举的比例来确定。若单翘重昂为三拽架，三拽架的尺寸为二尺二寸五分。如果使用五举的比例，那么可得桃尖梁的高度为一尺一寸二分。再加蚂蚱头和撑头木的高度，二者的高度均为五寸，则可得桃尖梁的高度为二尺一寸二分（原注：蚂蚱头、撑头木尺寸的算法详见斗科算法）。以斗口的宽度的六倍来确定桃尖梁的厚度。若斗口的宽度为二寸五分，则可得桃尖梁的厚度为一尺五寸。以斗口的宽度的四倍来确定桃尖梁的梁头厚度，可得桃尖梁的梁头厚一尺。两山墙的桃尖梁尺寸的计算方法相同。

桃尖随梁枋的长度由出廊来确定。若出廊的进深为五尺五寸，则桃尖随梁枋的长度为五尺五寸。外侧的一端加檐柱径的一半，另一端加金柱径的一半，两端出榫的长度为随梁枋本身的高度的一半。若随梁枋的高度为一尺，则两端出榫的长度均为五寸。桃尖随梁枋的高度、厚度与小额枋的高度、厚度相同。两山墙的桃尖随梁枋尺寸的计算方法相同。

【原文】凡挑檐桁以面阔定长。如面阔一丈九尺二寸五分，即长一丈九尺二寸五分。每径一尺，外加扣榫长三寸，如径八寸，得扣榫长二寸四分。其廊子挑檐桁，一头加三拽架长二尺二寸五分，又加搭交出头分位，按本身之径一份半，如本身径八寸，得交角出头一尺二寸。以正心桁之径收二寸定径寸。如正心桁径一尺，得挑檐桁径八寸。两山挑檐桁做法同。

凡挑檐枋[1]以面阔定长。如面阔一丈九尺二寸五分，内除桃尖梁头之厚一尺，得净面阔一丈八尺二寸五分。即挑檐枋长一丈八尺二寸五分。外加两头入榫，分位各按本身厚一份。如本身厚二寸五分，得榫长各二寸五分。其廊子挑檐枋，一头加三拽架长二尺二寸五分，又加搭交出头分位，按挑檐桁之径一份半。如挑檐桁径八寸，得出头长一尺二寸。一头除桃尖梁头之厚半份，外加入榫分位，按本身厚一份，如本身厚二寸五分，得榫长二寸五分。以斗口二份定高，一份定厚。如斗口二寸五分，得挑檐枋高五寸，厚二寸五分。两山挑檐枋做法同。

凡正心桁以面阔定长。如面阔一丈九尺二寸五分，即长一丈九尺二寸五分。每径一尺，外加搭交榫长三寸。如径一尺，得榫长三寸。其廊子正心桁，一头加搭交出头分位，按本身之径一份。如本身径一尺，得出头长一尺。以斗口四份定径。如斗口二寸五分，得正心桁径一尺。两山正心桁做法同。

【注释】〔1〕挑檐枋：位于挑檐桁下方的枋子。

【译解】挑檐桁的长度由面宽来确定。若面宽为一丈九尺二寸五分，则挑檐桁的长度为一丈九尺二寸五分。当挑檐桁的直径为一尺时，外加的扣榫的长度为三寸。以此计算，若挑檐桁的直径为八寸，则外加的扣榫的长度为二寸四分。廊子里的挑檐桁，在一端需增加三拽架，长度为二尺二寸五分。再加与其他构件相交之后的出头部分，该部分的长度为本身直径的一点五倍，若本身的直径为八寸，则可得该出头部分的长度为一尺二寸。用正心桁的直径减去二寸来确定挑檐桁的直径。当正心桁的直径为一尺时，可得挑檐桁的直径为八寸。两山墙的挑檐桁尺寸的计算方法相同。

挑檐枋的长度由面宽来确定。若面宽为一丈九尺二寸五分，减去桃尖梁梁头的厚度一尺，可得净面宽为一丈八尺二寸五分，则挑檐枋的长度为一丈八尺二寸五分。两端外加入榫的长度，该长度为挑檐枋自身的厚度。若挑檐枋的厚度为二寸五分，可得入榫的长度均为二寸五分。廊子里的挑檐枋，一端需增加三拽架，长度为二尺二寸五分。再加与其他构件相交之后的出头部分，该部分的长度为挑檐桁直径的一点五倍，若挑檐桁的直径为八寸，则可得该出头部分的长度为一尺二寸。一端需减去桃尖梁梁头的厚度的一半，外加入榫的长度，其与自身的厚度相同。若自身的厚度为二寸五分，则可得入榫的长度为二寸五分。以斗口宽度的两倍来确定挑檐枋的高度，以斗口的宽度来确定其厚度。若斗口的宽度为二寸五分，则可得挑檐枋的高度为五寸，厚度为二寸五分。两山墙的挑檐枋尺寸的计算方法相同。

正心桁的长度由面宽来确定。若面宽为一丈九尺二寸五分，则正心桁的长度为一丈九尺二寸五分。当正心桁的直径为一尺时，外加的相交部分的榫的长度为三寸。若直径为一尺，则可得榫的长度为三寸。廊子里的正心桁，一端与其他构件相交后出头，该出头部分的长度为本身的直径。若本身的直径为一尺，则可得出头部分的长度为一尺。以斗口宽度的四倍来确定正心桁的直径。若斗口的宽度为二寸五分，则可得正心桁的直径为一尺。两山墙的正心桁尺寸的计算方法相同。

【原文】凡正心枋〔1〕计四层，以面阔定长。如面阔一丈九尺二寸五分，内除桃尖梁头厚一尺，得净面阔一丈八尺二寸五分。外加两头入榫分位各按本身之高半份，如本身高五寸，得榫长各二寸五分。其廊子正心枋，一头除桃尖梁头之厚半份，外加入榫分位按本身高半份，得榫长二寸五分。第一层，一头带正二昂长三尺七分五厘；第二层，带蚂蚱头长三尺；第三层，带正撑头木长二尺二寸五分；第四层，照面阔除桃尖梁头之厚一份，外加两头入榫分位，各按本身高半份。以斗口二份定高。如斗口二寸五分，得正心枋高五寸。以斗口一份，外加包掩定厚。如斗口二寸五分，加包掩六分，得正心枋厚三寸一分。两山正心枋做法同。

【注释】〔1〕正心枋：被放置在正心栱的上方，由槽升子承托的枋子，起着承托正心桁的作用，高为二斗口。

【译解】正心枋共有四层，其长度由面宽来确定。若面宽为一丈九尺二寸五分，减去桃尖梁梁头的厚度一尺，可得净面宽为一丈八尺二寸五分。两端外加入榫的长度，其长度为自身高度的一半。若自身的高度为五寸，可得入榫的长度为二寸五分。廊子里的正心枋，一端需减去桃尖梁梁头厚度的一半，再确定入榫的位置，入榫的长度为自身高度的一半。若自身的高度为五寸，可得入榫的长度为二寸五分。第一层正心枋，一端有正二昂，其长度为三尺七分五厘；第二层正心枋，有蚂蚱头，其长度为三尺；第三层正心枋，有正撑头木，其长度为二尺二寸五分；第四层正心枋，其长度为面宽尺寸减去桃尖梁梁头的厚度，两端外加入榫的长度，入榫的长度为自身高度的一半。以斗口宽度的两倍来确定正心枋的高度。若斗口的宽度为二寸五分，则可得正心枋的高度为五寸。用斗口的宽度加包掩来确定正心枋的厚度。若斗口的宽度为二寸五分，包掩为六分，则可得正心枋的厚度为三寸一分。两山墙的正心枋尺寸的计算方法相同。

【原文】凡里、外拽枋[1]以面阔定长。如面阔一丈九尺二寸五分，里拽枋除桃尖梁身厚一尺五寸，得长一丈七尺七寸五分；外拽枋除桃尖梁头厚一尺，得长一丈八尺二寸五分。里、外拽枋各外加两头入榫分位，按本身厚一份。如本身厚二寸五分，得榫长各二寸五分。其廊子拽枋，里一根一头除桃尖梁身厚半份；外一根一头除桃尖梁头厚半份。各加入榫分位，按本身厚一份。如本身厚二寸五分，得榫长二寸五分。外一根一头带蚂蚱头长三尺；里一根收一拽架七寸五分。高、厚与挑檐枋同。两山拽枋做法同。

凡里、外机枋[2]长、高、厚俱与拽枋同。其廊子机枋，外一根一头带撑头木长二尺二寸五分；里一根收二拽架一尺五寸。两山机枋做法同。

凡井口枋[3]之长与里面拽枋同。外加两头入榫分位，各按本身厚一份，如本身厚二寸五分，得榫长各二寸五分。其廊子井口枋一头收三拽架长二尺二寸五分；一头除桃尖梁之厚半份，外加入榫按本身厚一份。以挑檐桁之径定高。如挑檐桁径八寸，井口枋即高八寸，厚与拽枋同。两山井口枋做法同。

【注释】〔1〕拽枋：位于正心枋前后，被平行放置在里外拽万栱的上方，其上无桁，用于连接各攒斗栱。

〔2〕机枋：连接斗栱的内外拽枋，位于里拽厢栱的上方。

〔3〕井口枋：斗栱内侧的附属构件，被平行放置在里拽厢栱的上方，起着承托天花的作用。

【译解】里、外拽枋的长度由面宽来确定。若面宽为一丈九尺二寸五分，里拽枋需减去桃尖梁的厚度一尺五寸，可得其长度为一丈七尺七寸五分；外拽枋需减去桃尖梁梁头的厚度一尺，可得其长度为一丈八尺二寸五分。里、外拽枋的两端分别加入榫的长度，入榫的长度为自身的厚度。若拽枋的厚度为二寸五分，则可得入榫的长度均为二寸五分。对于廊子的拽枋，里拽枋的一端需减去桃尖梁厚度的一半；外拽枋的一端需减去桃尖梁梁头厚度的一半。分别外加入榫的长度，入榫的长度为自身的厚度。若拽枋的厚度为二寸五分，则可得入榫的长度为二寸五分。外拽枋的一端有蚂蚱头，其长度为三尺。里拽枋向内缩进一拽架，缩进的长度为七寸五分。里、外拽枋的高度、厚度与挑檐枋的高度、厚度相同。两山墙的拽枋尺寸的计算方法相同。

里、外机枋的长度、高度、厚度都与拽枋的长度、高度、厚度相同。对于廊子的机枋，外机枋的一端有撑头木，其长度为二尺二寸五分；里机枋向里缩进二拽架，缩进的尺寸为一尺五寸。两山墙的机枋尺寸的计算方法相同。

井口枋的长度与里拽枋的长度相同。两端外加入榫的长度，入榫的长度为自身的厚度。若井口枋的厚度为二寸五分，则可得入榫的长度为二寸五分。廊子里的井口枋，一端缩进三拽架，缩进的长度为二尺二寸五分；一端减去桃尖梁厚度的一半，外加入榫的长度，入榫的长度为自身的厚度。用挑檐桁的直径来确定井口枋的高度。若挑檐桁的直径为八寸，则井口枋的高度为八寸。井口枋的厚度与拽枋的厚度相同。两山墙的井口枋尺寸的计算方法相同。

【原文】凡老檐桁[1]以面阔定长。如面阔一丈九尺二寸五分，老檐桁即长一丈九尺二寸五分。每径一尺，外加搭交榫长三寸。梢间并山梢间老檐桁一头加交角出头分位按本身径一份，如本身径一尺，得出头长一尺，径与正心桁同。

凡老檐垫板[2]以面阔定长。如面阔一丈九尺二寸五分，内除七架梁头厚一尺九寸，得净面阔一丈七尺三寸五分，即长一丈七尺三寸五分。外加两头入榫分位，照梁头之厚每尺加入榫二寸。如梁头厚一尺九寸，得榫长各三寸八分。其梢间老檐垫板，一头除梁头厚半份；一头除金柱径半份。加榫仍照前法。两山老檐垫板，随山间面阔，除金柱径一份得长。外加两头入榫分位，各按柱径十分之二。如金柱径一尺七寸，得榫长各三寸四分。以斗口四份定高，一份定厚。如斗口二寸五分，得老檐垫板高一尺，厚二寸五分。

凡老檐枋[3]以面阔定长。如面阔一丈九尺二寸五分，内除金柱径一份一尺七寸，得净面阔一丈七尺五寸五分，即长一丈七尺五寸五分。外加两头入榫分位，各按柱径四分之一。如柱径一尺七寸，得榫长各四寸二分。高、厚俱与小额枋同。两山老檐枋做法同。

【注释】〔1〕老檐桁：位于金柱上方的桁。

〔2〕老檐垫板：也被称为“下金垫板”。

〔3〕老檐枋：位于金柱头之间的横枋，起着连接金柱的作用。

【译解】老檐桁的长度由面宽来确定。若面宽为一丈九尺二寸五分，则老檐桁的长度为一丈九尺二寸五分。当老檐桁的直径为一尺时，与其他构件相交部分的外加榫的长度为三寸。梢间和有山墙的梢间中的老檐桁，一端出头，出头部分的长度为本身的直径。若本身的直径为一尺，可得出头部分的长度为一尺。老檐桁的直径与正心桁的直径相同。

老檐垫板的长度由面宽来确定。若面宽为一丈九尺二寸五分，再减去七架梁梁头的厚度一尺九寸，可得净面宽为一丈七尺三寸五分，则老檐垫板的长度为一丈七尺三寸五分。两端外加入榫的长度，当梁头的厚度为一尺时，入榫的长度为二寸。以此计算，若梁头的厚度为一尺九寸，则可得入榫的长度为三寸八分。梢间的老檐垫板，一端减去梁头厚度的一半；一端减去金柱径的一半。外加的入榫的长度，则按照前述方法进行计算。两山墙的老檐垫板的尺寸为山间的面宽减去金柱径的尺寸。两端外加入榫的长度，入榫的长度均为金柱径的十分之二。若金柱径为一尺七寸，则可得入榫的长度均为三寸四分。用斗口宽度的四倍来确定老檐垫板的高度，用斗口的宽度来确定其厚度。若斗口的宽度为二寸五分，则可得老檐垫板的高度为一尺，厚度为二寸五分。

老檐枋的长度由面宽来确定。若面宽为一丈九尺二寸五分，减去金柱径的尺寸，即一尺七寸，可得净面宽为一丈七尺五寸五分，则老檐枋的长度为一丈七尺五寸五分。两端外加入榫的长度，入榫的长度均为金柱径的四分之一。若金柱径为一尺七寸，可得入榫的长度均为四寸二分。老檐枋的高度、厚度与小额枋的高度、厚度相同。两山墙的老檐枋尺寸的计算方法相同。

【原文】凡天花垫板〔1〕以举架定高。如举架高三尺八寸七分，内除老檐枋之高一尺，桃尖梁高二尺一寸二分，得天花垫板净高七寸五分。长、厚与老檐垫板同。

凡天花枋〔2〕之长与老檐枋同。以小额枋之高加二寸定高，如小额枋高一尺，得天花枋高一尺二寸，以本身高收二寸定厚，得天花枋厚一尺。

【注释】〔1〕天花垫板：天花，清代大木斗栱建筑的屋顶部件，通常位于室内或者廊下。在天花梁上的贴梁内部用十字相交的枝条做成格子，其上覆盖木板，名为“天花板”。根据建筑等级的不同，天花板上所绘制的图案也有所不同。在宋代建筑中，该部件被称为“仰尘”或“平棋”。天花垫板，是位于老檐枋下方、天花枋上方的垫板。

〔2〕天花枋：用于承托贴梁、枝条和天花板的枋子，两端与金柱相交。

【译解】天花垫板的高度由举架来确定。若举架的高度为三尺八寸七分，减去老檐枋的高度一尺，再减去桃尖梁的高度二尺一寸二分，可得天花垫板的净高度为七寸五分。天花垫板的长度、厚度与老檐垫板的长度、厚度相同。

天花枋的长度与老檐枋的长度相同。以小额枋的高度加二寸来确定天花枋的高度。若小额枋的高度为一尺，可得天花枋的高度为一尺二寸。以自身的高度减去二寸来确定其厚度，可得天花枋的厚度为一尺。

【原文】凡七架梁〔1〕以步架〔2〕六份定长。如步架六份共深三丈三尺，两头各加桁条径一份，得柁〔3〕头分位。如桁条径一尺，得七架梁通长三丈五尺。以金柱径加二寸定厚。如金柱径一尺七寸，得七架梁厚一尺九寸。以本身厚每尺加二寸定高，得高二尺二寸八分。

凡七架随梁枋〔4〕以步架六份定长。如步架六份深三丈三尺，内除金柱径一份一尺七寸，得七架随梁枋长三丈一尺三寸。外加两头入榫分位，各按柱径四分之一。如柱径一尺七寸，得榫长各四寸二分。高、厚与大额枋同。

凡天花梁〔5〕以进深除廊定长。如进深三丈三尺，内除金柱径一份一尺七寸，得净进深三丈一尺三寸，即长三丈一尺三寸。外加两头入榫分位，各按柱径四分之一，得榫长各四寸二分。以金柱径加二寸定高，得天花梁高一尺九寸。以本身高收二寸定厚，得厚一尺七寸。

【注释】〔1〕七架梁：架梁，即承载屋面的主梁，具体名称以其上的檩子数量来确定。若主梁上承载了七根檩子，则称为“七架梁”。七架梁的长度为六步架，在宋代建筑中也被称作“六椽栿”。

〔2〕步架：建筑长度计量单位，在清代大木斗栱建筑中，指相邻两根檩子的轴线水平距离。步架也可简称为“步”。

〔3〕柁：房屋前后两根柱子之间的横梁。根据跨度和位置的不同，可分为大柁、二柁、三柁、边柁和内柁等。

〔4〕七架随梁枋：位于七架梁下方的枋子，起着连接前后金柱的作用。

〔5〕天花梁：垂直于天花枋的梁，与天花枋共同承托天花。

【译解】七架梁的长度由步架长度的六倍来确定。若步架长度的六倍为三丈三尺，两端各延长至桁条的直径处，则将这段总距离作为柁头的长度。若桁条的直径为一尺，则可得七架梁的总长度为三丈五尺。以金柱径加二寸来确定七架梁的厚度。若金柱径为一尺七寸，则可得七架梁的厚度为一尺九寸。以七架梁的厚度来确定其高度，当自身的厚度为一尺时，七架梁的高度为一尺二寸。若自身的厚度为一尺九寸，可得七架梁的高度为二尺二寸八分。

七架随梁枋的长度由步架长度的六倍来确定。若步架长度的六倍为三丈三尺，减去金柱径的尺寸，即一尺七寸，则可得七架随梁枋的长度为三丈一尺三寸。两端外加入榫的长度，入榫的长度均为柱径的四分之一。若柱径为一尺七寸，则可得入榫的长度均为四寸二分。七架随梁枋的高度、厚度与大额枋的高度、厚度相同。

天花梁的长度由通进深减去廊的进深来确定。若进深为三丈三尺，减去金柱径的尺寸，即一尺七寸，则可得净进深为三丈一尺三寸，则天花梁的长度为三丈一尺三寸。两端外加入榫的长度，入榫的长度为柱径的四分之一，可得入榫的长度均为四寸二分。以金柱径加二寸来确定天花梁的高度，可得天花梁的高度为一尺九寸。以自身的高度减少二寸来确定其厚度，可得天花梁的厚度为一尺七寸。

【原文】凡柁墩〔1〕以步架加举定高。如步架深五尺五寸，按七举加之，得高三尺八寸五分。内除七架梁高二尺二寸八分，得柁墩净高一尺五寸七分。以五架梁〔2〕之厚，每尺收滚楞二寸定宽。如五架梁厚一尺七寸，得柁墩宽一尺三寸六分，以桁条径二份定长。如桁条径一尺，得柁墩长二尺。

凡下金枋〔3〕以面阔定长。如面阔一丈九尺二寸五分，内除柁墩宽一份一尺三寸六分，得净面阔一丈七尺八寸九分，即长一丈七尺八寸九分。外加两头入榫分位，各按柁墩宽四分之一。如柁墩宽一尺三寸六分，得榫长各三寸四分。其梢间下金枋之长，于净面阔内收步架一份得长。一头除柁橔宽半份；一头除交金橔[4]宽半份。外加入榫分位，仍照前法。高、厚与小额枋同。

凡两山下金枋以步架四份定长。如步架四份深二丈二尺，交金橔宽一尺四寸，除交金橔之宽一份，得下金枋长二丈六寸。外加两头入榫分位，各按交金橔宽四分之一。如交金橔宽一尺四寸，得榫长各三寸五分。高、厚与小额枋同。

【注释】〔1〕柁橔：位于上下两层梁之间，能够将上梁的荷载传递到下梁。除此之外，柁橔还能起装饰作用。

〔2〕五架梁：上方承载五根檩子的梁。

〔3〕下金枋：金枋，位于金檩和金垫板的下方，檐枋和脊枋之间，起着增强檩子承载力的作用。下金枋，指位于下金柱上、与下金檩平行的金枋，起着连接金柱头的作用。

〔4〕交金橔：位于下金檩与金梁的相交处，下方为顺扒梁或抹角梁。

【译解】柁橔的高度由步架的长度和举的比例来确定。若步架的长度为五尺五寸，使用七举的比例，可得柁橔的高度为三尺八寸五分。减去七架梁的高度二尺二寸八分，可得柁橔的净高度为一尺五寸七分。以五架梁的厚度来确定柁橔的宽度，当五架梁的厚度为一尺时，柁橔的宽度为八寸。若五架梁的厚度为一尺七寸，则可得柁橔的宽度为一尺三寸六分。以桁条直径的两倍来确定柁橔的长度。若桁条的直径为一尺，则可得柁橔的长度为二尺。

下金枋的长度由面宽来确定。若面宽为一丈九尺二寸五分，减去柁橔的宽度，即一尺三寸六分，可得净面宽为一丈七尺八寸九分，则下金枋的长度为一丈七尺八寸九分。两端外加入榫的长度，入榫的长度均为柁橔宽度的四分之一。若柁橔的宽度为一尺三寸六分，则可得入榫的长度均为三寸四分。梢间的下金枋的长度，由净面宽减去步架的长度来确定。一端减去柁橔宽度的一半，一端减去交金橔宽度的一半。两端外加入榫的长度，其长度的计算方法与前述方法相同。下金枋的高度、厚度与小额枋的高度、厚度相同。

两山墙的下金枋的长度由步架长度的四倍来确定。若步架长度的四倍为二丈二尺，减去交金橔的宽度一尺四寸，可得下金枋的长度为二丈六寸。两端外加入榫的长度，入榫的长度均为交金橔宽度的四分之一。若交金橔的宽度为一尺四寸，可得入榫的长度均为三寸五分。下金枋的高度、厚度与小额枋的高度、厚度相同。

【原文】凡下金顺扒梁[1]以梢间面阔定长。如梢间面阔一丈六尺五寸，一头加桁条脊面半份，如桁条径一尺，脊面一寸五分。得顺扒梁长一丈六尺六寸五分。高、厚与五架梁同。

凡四角交金橔以柁头二份定长。如柁头长一尺，得交金橔长二尺。以平水之高定高。如平水高一尺，交金橔即高一尺。

外加桁条径三分之一做桁椀。如桁条径一尺，得桁椀高三寸三分。以顺扒梁之厚定宽。如顺扒梁厚一尺七寸，两边各收一寸五分，得交金檄宽一尺四寸。

凡下金垫板[2]长与老檐垫板同。梢间收步架一份得长。两山之长随两山下金枋。其高、厚与老檐垫板同。

凡五架梁以步架四份定长。如步架四份共深二丈二尺，两头各加桁条径一份，得柁头分位。如桁条径一尺，得五架梁通长二丈四尺。以七架梁之高、厚各收二寸定高、厚。如七架梁高二尺二寸八分，厚一尺九寸，得五架梁高二尺八分，厚一尺七寸。

凡下金桁[3]以面阔定长。如面阔一丈九尺二寸五分，下金桁即长一丈九尺二寸五分。梢间收一步架尺寸，一头加搭交出头分位。两山以进深收二步架尺寸，如进深三丈三尺，得长二丈二尺。外加两头搭交出头分位，照桁条径一份。如桁条径一尺，得搭交出头长一尺。径寸与老檐桁同。

【注释】〔1〕下金顺扒梁：扒梁，指两侧搭在檩子上的梁。扒梁既起梁的作用，又起枋的作用。因为扒梁常用于建筑的山面，与顺梁的方向一致，所以被称为“顺扒梁”。位于下金檩下方，起承托作用的顺扒梁，即为下金顺扒梁。

〔2〕下金垫板：位于下金桁与下金枋之间的垫板。

〔3〕下金桁：金桁，即位于正心桁和脊桁之间的桁。下金桁，是位于正心桁与脊桁之间最下方的金桁，在五架梁中通常位于两端，承托屋盖。在宋代建筑中，下金桁又被称为“下平槫”。

【译解】下金顺扒梁的长度由梢间的面宽来确定。若梢间的面宽为一丈六尺五寸，两端各增加桁条脊面的一半长度，即为下金顺扒梁的长度。若桁条的直径为一尺，则脊面为一寸五分，可得顺扒梁的长度为一丈六尺六寸五分。下金顺扒梁的高度、厚度与五架梁的高度、厚度相同。

四角的交金檄长度由柁头长度的两倍来确定。若柁头的长度为一尺，则可得交金檄的长度为二尺。以平水的高度来确定交金檄的高度。若平水的高度为一尺，则交金檄的高度也为一尺。在桁条上方放置桁椀，其高度为桁条直径的三分之一。若桁条的直径为一尺，则可得桁椀的高度为三寸三分。以顺扒梁的厚度来确定交金檄的宽度。若顺扒梁的厚度为一尺七寸，两边均减少一寸五分，则可得交金檄的宽度为一尺四寸。

下金垫板的长度与老檐垫板的长度相同。梢间的面宽减去步架的长度，即为下金垫板的长度。两山墙的下金垫板的长度与两山墙的下金枋的长度相同。下金垫板的高度、厚度与老檐垫板的高度、厚度相同。

五架梁的长度由步架长度的四倍来确定。若步架长度的四倍为二丈二尺，则两端均加桁条的直径，作为柁头的长度。若桁条的直径为一尺，则可得五架梁的总长度为二丈四尺。以七架梁的高度、厚度各减少二寸来确定五架梁的高度、厚度。若七架梁的高度为二尺二寸八分，厚度为一尺九寸，则可得五架梁的高度为二尺八分，厚度为一尺七寸。

下金桁的长度由面宽来确定。若面宽为一丈九尺二寸五分，则下金桁的长度为一丈九尺二寸五分。梢间下金桁的长度需减少一步架，一端与其他部件相交并出头。两山墙的下金桁的长度为进深减去二步架，若进深为三丈三尺，则可得下金桁的长度为二丈二尺。两端与其他部件相交并出头，出头部分的长度为桁条的直径。若桁条的直径为一尺，则可得出头部分的长度为一尺。下金桁的直径与老檐桁的直径相同。

【原文】凡上金瓜柱〔1〕以步架一份加举定高。如步架一份深五尺五寸，按八举加之，得高四尺四寸。内除五架梁高二尺八分，得上金瓜柱净高二尺三寸二分。每宽一尺，外加上、下榫各长三寸。如本身宽一尺四寸，得上、下榫各长四寸二分。

以三架梁〔2〕之厚每尺收滚楞二寸定厚。如三架梁厚一尺五寸，得上金瓜柱厚一尺二寸。以本身厚加二寸定宽，得宽一尺四寸。

凡角背〔3〕以步架一份定长。如步架一份深五尺五寸，即长五尺五寸。以瓜柱之宽定高。如瓜柱宽一尺四寸，角背即高一尺四寸。以瓜柱厚三分之一定厚。如瓜柱厚一尺二寸，得角背厚四寸。

凡上金交金瓜柱〔4〕，其高随本步枋、垫之高，再加桁条径三分之一作桁椀。如上金枋〔5〕、垫各高一尺，即瓜柱高二尺，如桁条径一尺，得桁椀高三寸三分。每宽一尺外加上、下榫各长三寸。宽、厚与上金瓜柱同。

凡上金枋之长、高、厚俱与老檐枋同。梢间上金枋收两步架尺寸得长。

凡两山上金枋以进深定长。如进深三丈三尺，收四步架尺寸，得长一丈一尺。内除瓜柱厚一尺二寸，得两山上金枋长九尺八寸。外加两头入榫分位，各按瓜柱厚四分之一，得榫长各三寸。高、厚与上金枋同。

凡上金顺扒梁〔6〕以梢间面阔定长。如梢间面阔一丈六尺五寸，收一步架五尺五寸，得长一丈一尺，即长一丈一尺。外加桁条脊面半份一寸五分。高、厚与三架梁同。

凡上金垫板〔7〕之长、高、厚俱与老檐垫板同。梢间收步架二份得长。其两山上金垫板之长，与两山上金枋同。

凡三架梁以步架二份定长。如步架二份深一丈一尺，即长一丈一尺。两头各加桁条径一份得柁头分位。如桁条径一尺，得通长一丈三尺。以五架梁高、厚各收二寸定高、厚。如五架梁高二尺八分，厚一尺七寸，得三架梁高一尺八寸八分，厚一尺五寸。

凡上金桁〔8〕以面阔定长。如面阔一丈九尺二寸五分，即长一丈九尺二寸五分。梢间收两步架尺寸，外加一头搭交出头分位。两山以进深收四步架尺寸得长。外加两头搭交出头分位。俱照桁条径各加一份。如桁条径一尺，得出头长一尺。径寸与下金桁同。

凡脊瓜柱[9]以步架加举定高。如步架深五尺五寸，按九举加之，得高四尺九寸五分。内除三架梁高一尺八寸八分，得脊瓜柱净高三尺七分。外加平水高一尺，又加桁条径三分之一作桁椀，得三寸三分。又以本身每宽一尺加下榫长三寸，如本身宽一尺四寸，得下榫长四寸二分。宽、厚与上金瓜柱同。

凡脊角背[10]以步架一份定长。如步架一份深五尺五寸，脊角背即长五尺五寸。以脊瓜柱之净高、厚三分之一定高、厚。如脊瓜柱除桁椀净高三尺七分，厚一尺二寸，得脊角背高一尺三寸五分，厚四寸。

凡脊枋[11]长、高、厚俱与老檐枋同。

凡脊垫板[12]长、高、厚俱与老檐垫板同。

凡脊桁[13]以面阔定长。如面阔一丈九尺二寸五分，即长一丈九尺二寸五分。梢间一头外加出头分位，照桁条径加一份。如桁条径一尺，得出头一尺。径寸与上金桁同。

凡扶脊木[14]长短径寸俱与脊桁同。脊桩[15]，照通脊之高，再加扶脊木径一份，桁条径四分之一得长。宽照椽[16]径一份，厚按本身之宽减半。

凡仔角梁[17]以出廊并出檐[18]各尺寸用方五斜七[19]加举定长。如出廊深五尺五寸，出檐七尺五寸，得长一丈三尺。用方五斜七之法加长，又按一一五加举，共长二丈九寸三分。再加翼角[20]斜出椽径三份。如椽径三寸五分，并得长二丈一尺九寸八分。再加套兽榫[21]照角梁本身厚一份。如角梁厚七寸，套兽榫即长七寸，得仔角梁通长二丈二尺六寸八分。

以椽径三份定高，二份定厚。如椽径三寸五分，得仔角梁高一尺五分，厚七寸。

【注释】〔1〕金瓜柱：瓜柱，是位于上梁和下梁之间的柱，起连接和支撑作用。金瓜柱，是处在金步轴线上的瓜柱，起着承托上层檩子的作用。

〔2〕三架梁：上方承载三根桁的梁。

〔3〕角背：瓜柱的辅助部件，位于瓜柱下脚处，作用是使瓜柱更为牢固。处于不同位置的角背，其名称也不同。位于金瓜柱下方的角背被称为“金角背”，位于脊瓜柱下方的角背被称为“脊角背”。

〔4〕交金瓜柱：位于山面与檐面金桁相交处，下方为顺扒梁，上承金桁的交点。根据位置的不同，交金瓜柱可分为上交金瓜柱、中交金瓜柱和下交金瓜柱。

〔5〕上金枋：位于上金桁下方且平行于下金桁放置的枋子。

〔6〕上金顺扒梁：承托上桁的扒梁，梁头位于中金桁上方，梁尾搭在五架梁的上方。

〔7〕上金垫板：位于上金桁和上金枋之间的

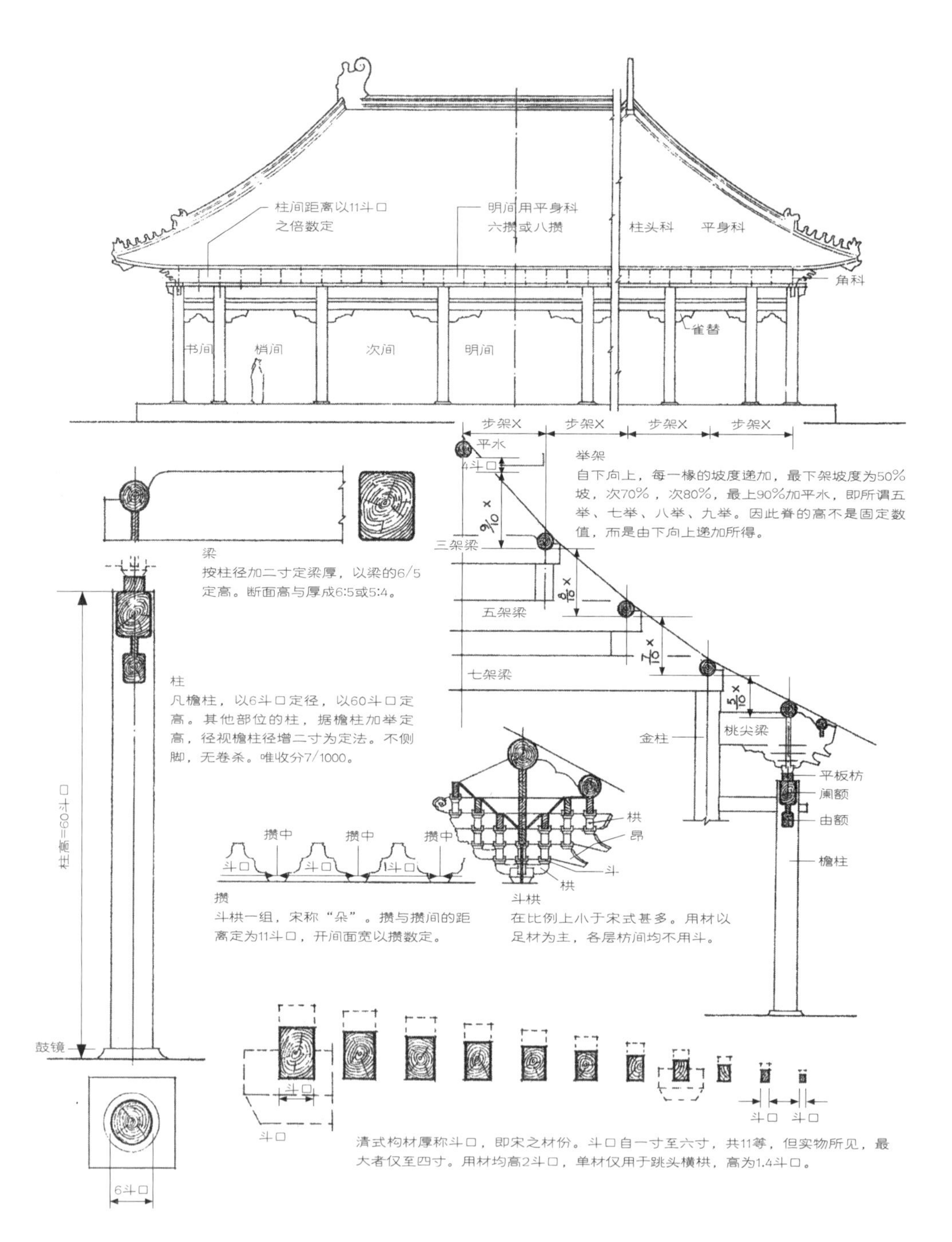

□ 大式大木图样要略图

《史记·孔子世家》曰：“泰山坏乎？梁柱摧乎？”可见梁、柱之于大木式建筑的地位，堪比泰山之于天地。日常口语中夸人为“栋梁之材”“顶梁柱”，亦是强调其于家于国的骨干作用。除了梁、柱之外，栱、枋、檩、椽等也是建造房屋时必不可少的构件。

垫板。

〔8〕上金桁：脊桁下方的第一根金桁。

〔9〕脊瓜柱：位于平梁上，承托脊桁的瓜柱。

〔10〕脊角背：位于三架梁上方、脊瓜柱下方的角背。

〔11〕脊枋：位于脊桁下方的枋子，与脊桁平行，两端与脊瓜柱相连。

〔12〕脊垫板：位于脊枋和脊桁之间，连接梁架和脊瓜柱，将脊桁的荷载传递到脊枋上。

〔13〕脊桁：位于脊瓜柱上方的桁，为屋脊的主要骨架。

〔14〕扶脊木：位于脊桁上方，与脊桁平行，起承托脑椽的作用。

〔15〕脊桩：插入脊桁的木条，起着扶持脊身的作用，也被称为“脊柱”。

〔16〕椽：位于檩子上方，是排列较为紧密的木制构件，起着承托屋顶荷载的作用。

〔17〕角梁：位于屋檐转角处，沿角平分线放置于正心桁、挑檐桁上方，一端与金檩相交，随椽子向外挑出，由上下两根梁组成。仔角梁是角梁中位于上方的梁，承接翘飞椽。

〔18〕出檐：屋檐伸出梁架外的部分。

〔19〕方五斜七：建筑中常用的比例关系，指的是当正方形的边长为5时，对角线长为7。这一比例约等于$\sqrt{2}$，是勾股定理的近似表达。

〔20〕翼角：建筑物屋顶两个檐部相交的角，通常为翼形，并向上翘起。

〔21〕套兽榫：套兽，防水构件，位于仔角梁梁头上，外形多为兽类形象，除防水外还起装饰作用。套兽榫，位于仔角梁两头上方，是用于承托套兽的榫。

【译解】上金瓜柱的高度由步架的长度和举的比例来确定。若步架的长度为五尺五寸，使用八举的比例，则可得上金瓜柱的高度为四尺四寸。减去五架梁的高度二尺八分，可得上金瓜柱的净高度为二尺三寸二分。当上金瓜柱的宽度为一尺时，上、下入榫的长度均为三寸。若上金瓜柱的宽度为一尺四寸，则上、下入榫的长度均为四寸二分。

上金瓜柱的厚度由三架梁的厚度来确定。当三架梁的厚度为一尺时，上金瓜柱的厚度为八寸。若三架梁的厚度为一尺五寸，则上金瓜柱的厚度为一尺二寸。以自身的厚度增加二寸来确定其宽度，可得上金瓜柱的宽度为一尺四寸。

角背的长度由步架的长度来确定。若步架的长度为五尺五寸，则角背的长度为五尺五寸。以瓜柱的宽度来确定角背的高度。若瓜柱的宽度为一尺四寸，则角背的高度为一尺四寸。以瓜柱厚度的三分之一来确定角背的厚度。若瓜柱的厚度为一尺二寸，则可得角背的厚度为四寸。

上金交金瓜柱的高度由本步架上的枋子、垫板的高度来确定。在其上放置桁椀，桁椀的高度为桁条直径的三分之一。若上金枋和上金垫板的高度均为一尺，则瓜柱的高度为二尺。若桁条的直径为一尺，则可得桁椀的高度为三寸三分。当瓜柱的宽度为一尺时，外加的上、下入榫的长度为三寸。上金交金瓜柱的宽度、厚度与上金瓜柱的宽度、厚度相同。

上金枋的长度、高度和宽度都与老檐枋的相同。梢间的上金枋的长度需减少两步架。

两山墙的上金枋的长度由进深来确定。若进深为三丈三尺，减少一个四步架，则长度为一丈一尺。再减去瓜柱的厚度一尺二寸，可得两山墙的上金枋的长度为九尺八寸。两端外加入榫的长度，入榫的长度均为瓜柱厚度的四分之一，可得入榫的长度均为三寸。两山墙上金枋的高度、厚度与上金枋的高度、厚度相同。

上金顺扒梁的长度由梢间的面宽来确定。若梢间的面宽为一丈六尺五寸，减少一步架五尺五寸，可得长度为一丈一尺，则上金顺扒梁的长度为一丈一尺。外加桁条脊面的一半，即一寸五分。上金顺扒梁的高度、厚度与三架梁的高度、厚度相同。

上金垫板的长度、高度和厚度都与老檐垫板的相同。梢间的上金垫板的长度需减少步架长度的两倍。两山墙的上金垫板的长度与两山墙的上金枋的长度相同。

三架梁的长度由步架长度的两倍来确定。若步架长度的两倍为一丈一尺，则三架梁的长度为一丈一尺。两端均加桁条的直径，作为柁头的长度。若桁条的直径为一尺，则可得三架梁的总长度为一丈三尺。以五架梁的高度、厚度各减少二寸来确定三架梁的高度、厚度。若五架梁的高度为二尺八分，厚度为一尺七寸，则可得三架梁的高度为一尺八寸八分，厚度为一尺五寸。

上金桁的长度由面宽来确定。若面宽为一丈九尺二寸五分，则上金桁的长度为一丈九尺二寸五分。梢间的上金桁的长度需减少两步架，一端减去其他部件相交并出头。两山墙的上金桁的长度，为进深的长度再减去四步架。两端与其他部件相交并出头，出头部分的长度均为桁条的直径。若桁条的直径为一尺，则可得出头部分的长度为一尺。上金桁的直径与下金桁的直径相同。

脊瓜柱的高度由步架的长度和举的比例来确定。若步架的长度为五尺五寸，使用九举的比例，可得脊瓜柱的高度为四尺九寸五分。减去三架梁的高度一尺八寸八分，可得脊瓜柱的净高度为三尺七分。外加平水的高度一尺作为桁椀，桁椀的高度为桁条直径的三分之一，即三寸三分。当脊瓜柱的宽度为一尺时，下方入榫的长度为三寸。若脊瓜柱的宽度为一尺四寸，则下方入榫的长度为四寸二分。脊瓜柱的宽度、厚度与上金瓜柱的宽度、厚度相同。

脊角背的长度由步架的长度来确定。若步架的长度为五尺五寸，则脊角背的长度为五尺五寸。以脊瓜柱的净高度、厚度的三分之一来确定脊角背的高度、厚度。若脊瓜柱的高度减去桁椀可得净高度为三尺七分，厚度为一尺二寸，由此可得脊角背的高度为一尺二分，厚度为四寸。

脊枋的长度、高度和厚度都与老檐枋的相同。

脊垫板的长度、高度和厚度都与老檐垫板的相同。

脊桁的长度由面宽来确定。若面宽为一丈九尺二寸五分，则脊桁的长度为一丈九尺二寸五分。梢间的脊桁一端与其他部件相交并出头，出头部分的长度为桁条的直径。若桁条的直径为一尺，则可得出头部分的长度为一尺。脊桁的直径与上金桁的直径相同。

扶脊木的长度、直径都与脊桁的长度、直径相同。脊桩的长度为通脊的高度加扶脊木的直径，再加桁条直径的四分之一。脊桩的宽度为椽子的直径，厚度为自身宽度的一半。

仔角梁的长度由出廊和出檐的尺寸用方五斜七法计算之后，再加举的比例来确定。若出廊的进深为五尺五寸，出檐的长度为七尺五寸，则可得长度为一丈三尺。用方五斜七法计算角线长度，再使用一一五举的比例，可得仔角梁的长度为二丈九寸三分。再加翼角的出头部分，其为椽子直径的三倍。若椽子的直径为三寸五分，得到的翼角的长度与前述长度相加，可得长度为二丈一尺九寸八分。再加套兽的入榫长度，入榫的长度与角梁的厚度相同。若角梁的厚度为七寸，则套兽的入榫的长度为七寸，由此可得仔角梁的总长度为二丈二尺六寸八分。

以椽子直径的三倍来确定仔角梁的高度，以椽子直径的两倍来确定其厚度。若椽子的直径为三寸五分，则可得仔角梁的高度为一尺五分，厚度为七寸。

【原文】凡老角梁[1]以仔角梁之长，除飞檐[2]头并套兽榫定长。如仔角梁长二丈二尺六寸八分，内除飞檐头长四尺二分，并套兽榫长七寸，得长一丈七尺九寸六分。外加后尾三岔头[3]照金柱径一份。如金柱径一尺七寸，得老角梁通长一丈九尺六寸六分。高、厚与仔角梁同。

【注释】〔1〕老角梁：角梁中位于下方的梁，承接翼角椽。

〔2〕飞檐：檐端向上翘起的部分，形若飞鸟。

〔3〕三岔头：老角梁的出头部分，与蚂蚱头类似。

【译解】老角梁的长度由仔角梁的长度，减去飞檐头和套兽入榫的长度来确定。若仔角梁的长度为二丈二尺六寸八分，减去飞檐头的长度四尺二分，再减去套兽入榫的长度七寸，则可得老角梁的长度为一丈七尺九寸六分。老角梁后尾的三岔头的长度为金柱径的尺寸。若金柱径为一尺七寸，则可得老角梁的总长度为一丈九尺六寸六分。老角梁的高度、厚度与仔角梁的高度、厚度相同。

【原文】凡下花架由戗[1]以步架一份定长。如步架一份深五尺五寸，即长五尺五寸，用方五斜七之法加斜长，又按一二五加举得长九尺六寸二分。再加搭交按柱径半份。如下交金檩宽一尺四寸，得搭交长七寸，得下花架由戗通长一丈三寸二分。高、厚与仔角梁同。

凡上花架由戗[2]以步架一份定长。如步架一份深五尺五寸，即长五尺五寸，用方五斜七之法加斜长，又按一三加举。得长一丈一分。再加搭交按柱径半份。如上交金檩厚一尺二寸，得搭交长六寸，得上花架由戗通长一丈六寸一分。高、厚与仔角梁同。

凡脊由戗[3]以步架一份定长。如步架一份深五尺五寸，即长五尺五寸，用方五斜七之法加斜长，又按一三五加举。得脊由戗通长一丈三寸九分。高、厚与仔角梁同。以上由戗每根外加搭交榫按本身厚一份，如本身厚七寸，得榫长七寸。

凡枕头木[4]以出廊定长。如出廊深五尺五寸，即长五尺五寸。外加三拽架尺寸，内除角梁厚半份，得枕头木长七尺四寸。以挑檐桁径十分之三定宽。如挑檐桁径八寸，得枕头木宽二寸四分。正心桁上枕头木以出廊定长。如出廊深五尺五寸，即长五尺五寸。内除角梁厚半份，得正心桁上枕头木净长五尺一寸五分。以正心桁径十分之三定宽。如正心桁径一尺，得枕头木宽三寸。以椽径二份半定高。如椽径三寸五分，得枕头木一头高八寸七分；一头斜尖与桁条平。两山枕头木做法同。

【注释】〔1〕由戗：角梁的后续构件，位于垂脊的下方，山面与檐面屋顶各檩的相交处，起着承托垂脊荷载的作用。下花架由戗是指用于下步金的由戗。

〔2〕上花架由戗：用于上步金的由戗。

〔3〕脊由戗：用于脊部的由戗。

〔4〕枕头木：翼角构件，位于梢间檐桁或挑檐桁的上方，与角梁紧邻，起着垫起翼角椽的作用。

【译解】下花架由戗的长度由步架的长度来确定。若步架的长度为五尺五寸，则长为五尺五寸。用方五斜七法来计算斜边的长度，再使用一二五举的比例，可得斜边的长度为九尺六寸二分。与其他部件相交并出头，出头部分的长度为柱径的一半。若下交金檩的宽度为一尺四寸，则可得出头部分的长度为七寸，由此可得下花架由戗的总长度为一丈三寸二分。下花架由戗的高度、厚度与仔角梁的高度、厚度相同。

上花架由戗的长度由步架的长度来确定。若步架的长度为五尺五寸，则长为五尺五寸。用方五斜七法来确定斜边的长度，再使用一三举的比例，可得长度为一丈一分。与其他部分相交并出头，出头部分的长度为柱径的一半。若上交金檩的厚度为一尺二寸，则可得出头部分的长度为六寸，由此可得上花架由戗的总长度为一丈六寸一分。上花架由戗的高度、厚度与仔角梁的高度、厚度相同。

脊由戗的长度由步架的长度来确定。若步架的长度为五尺五寸，则长为五尺五寸。用方五斜七法来确定斜边的长度，再使用一三五举的比例，可得脊由戗的总长度为一丈三寸九分。脊由戗的高度、厚度与仔角梁的高度、厚度相同。上面所说的几种由戗，其每根的出头部分都需加榫，榫的长度与脊由戗的厚度相同。若脊由戗的厚度为七寸，则可得榫的长度为七寸。

枕头木的长度由出廊的进深来确定。若出廊的进深为五尺五寸，则长为五尺五寸。再加三拽架的长度，减去角梁的厚度的一半，可得枕头木的长度为七尺四寸。以挑檐桁直径的十分之三来确定枕头木的宽度。若挑檐桁的直径为八寸，则可得枕头木的宽度为二寸四分。正心桁上方的枕头木的长度由出廊的进深来确定。若出廊的进深为五尺五寸，则长为五尺五寸。减去角梁的厚度的一半，可得正心桁上方的枕头木净长度为五尺一寸五分。以正心桁直径的十分之三来确定其上枕头木的宽度。若正心桁的直径为一尺，则可得正心桁上方的枕头木宽度为三寸。以椽子直径的二点五倍来确定枕头木的高度。若椽子的直径为三寸五分，则可得枕头木一端的高度为八寸七分，另一端为斜尖状，其与桁条平齐。两山墙的枕头木尺寸的计算方法相同。

【原文】凡椽椀[1]、椽中板以面阔定长。如面阔一丈九尺二寸五分，即长一丈九尺二寸五分。以椽径一份再加椽径三分之一定高。如椽径三寸五分，得椽椀并椽中板高四寸六分。以椽径三分之一定厚，得厚一寸一分。两山椽椀、椽中板做法同。

凡檐椽[2]以出廊并出檐加举定长。如出廊深五尺五寸，又加出檐照单翘重昂斗科三十份，斗口二寸五分，得七尺五寸，共长一丈三尺。又按一一五加举得通长一丈四尺九寸五分。内除飞檐头长二尺八寸七分，得檐椽净长一丈二尺八分。以桁条径每尺用三寸五分定径。如桁条径一尺，得椽径三寸五分。两山檐椽做法同。

【注释】〔1〕椽椀：位于桁檩上方，上有孔洞，其间距与椽子的排列间距相同，起着固定椽子的作用。

〔2〕檐椽：指一端位于金桁上方，另一端伸出檐桁外的椽子。

【译解】椽椀和椽中板的长度由面宽来确定。若面宽为一丈九尺二寸五分，则椽椀和椽中板的长度为一丈九尺二寸五分。以椽子的直径再加该直径的三分之一来确定椽椀和椽中板的高度。若椽子的直径为三寸五分，则可得椽椀和椽中板的高度为四寸六分。以椽子直径的三分之一来确定椽椀和椽中板的厚度，可得其厚度为一寸一分。两山墙的椽椀和椽中板尺寸的计算方法相同。

檐椽的长度由出廊的进深加出檐的长度和举的比例来确定。若出廊的进深为五尺五寸，出檐的长度为单翘重昂斗栱的三十倍，斗口的宽度为二寸五分，则可得出檐的长度为七尺五寸，与出廊的长度相加后的长度为一丈三尺。使用一一五举的比例，可得檐椽的总长度为一丈四尺九寸五分。减去飞檐头的长度二尺八寸七分，可得檐椽的净长度为一丈二尺八分。以桁条的直径来确定檐椽的直径。当桁条的直径为一尺时，檐椽的直径为三寸五分。两山墙的檐椽尺寸的计算方法相同。

【原文】每椽空档，随椽径一份。每间椽数俱应成双，档之宽窄，随数均匀。凡下花架椽[1]以步架加举定长。如步架深五尺五寸，按一二五加举，得下花架椽长六尺八寸七分。径寸与檐椽同。

梢间短椽一步架，两山短椽两步架，折半核算。

凡上花架椽[2]以步架加举定长。如步架深五尺五寸，按一三加举，得上花架椽长七尺一寸五分。

径与檐椽同。

梢间收一步架，又短椽一步架。

两山收两步架，又短椽两步架，俱折半核算。

凡脑椽[3]以步架加举定长。如步架深五尺五寸，按一三五加举，得脑椽长七尺四寸二分。

径与檐椽同。

梢间以一步架定椽根数。两山以两步架定椽根数。俱系短椽，折半核算。以上檐脑椽，一头加搭交尺寸，花架椽两头各加搭交尺寸，俱照椽径一份。如椽径三寸五分，得搭交长三寸五分。

凡飞檐椽以出檐定长。如出檐七尺五寸，按一一五加举，得长八尺六寸二分，三份分之，出头一份，得长二尺八寸七分。后尾二份半，得长七尺一寸七分，加之，得飞檐椽通长一丈四分。见方与檐椽径寸同。

凡翼角翘椽[4]长、径俱与平身檐椽同。其起翘[5]之处，以挑檐桁中心到出檐尺寸，用方五斜七之法，再加廊深并正心桁中至挑檐桁中之拽架各尺寸定翘数。如挑檐桁中心到出檐长五尺二寸五分，方五斜七加之，得长七尺三寸五分。再加廊深五尺五寸，并三拽架长二尺二寸五分，共长一丈五尺一寸，内除角梁厚半份，得净长一丈四尺七寸五分，即系翼角椽档分位。翼角翘椽以成单为率，如逢双数，应改成单。

凡翘飞椽[6]以平身飞檐椽之长，用方五斜七之法定长。如飞檐椽长一丈四分，用方五斜七加之，第一翘得长一丈四尺五分。其余以所定翘数每根递减长五分五厘。其高比飞檐椽加高半份，如飞檐椽高三寸五分，得翘飞椽高五寸二分五厘。厚仍三寸五分。

凡顺望板[7]以椽档定宽。如椽径三寸五分，档宽三寸五分，共宽七寸。顺望板每块即宽七寸。长随各椽净长尺寸，内除里口[8]分位。以椽径三分之一定厚。如椽径三寸五分，得顺望板厚一寸一分。凡里口以面阔定长。如面阔一丈九尺二寸五分，即长一丈九尺二寸五分。以椽径一份，再加望板厚一份半定高。如椽径三寸五分，望板之厚一份半一寸六分。得里口高五寸一分。厚与椽径同。两山里口做法同。

凡闸档板[9]以翘档分位定长。如椽档宽三寸五分，即闸档板宽三寸五分。外加入槽，每寸一分。高随椽径尺寸。以椽径十分之二定厚。如椽径三寸五分，得闸档板厚七分。其小连檐[10]自起翘处至老角梁得长。宽随椽径一份。厚照望板之厚一份半，得厚一寸六分。两山闸档板、小连檐做法同。

凡连檐以面阔定长。如面阔一丈九尺二寸五分，即长一丈九尺二寸五分。其廊子连檐，以出廊五尺五寸，出檐七尺五寸，共长一丈三尺，除角梁之厚半份，净长一丈二尺六寸五分。两山同。以每尺加翘一寸，共长一丈三尺九寸一分。高、厚与檐椽径寸同。

凡瓦口[11]之长与连檐同。以椽径半份定高。如椽径三寸五分，得瓦口高一寸七分。以本身之高折半定厚，得厚八分。

凡翘飞[12]翼角横望板[13]以出廊并出檐加举折见方丈定长、宽。飞檐压尾横望板俱以面阔飞檐尾之长折见方丈核算。以椽径十分之二定厚。如椽径三寸五分，得横望板厚七分。

【注释】〔1〕下花架椽：花架椽，位于金步上方的椽子，其根据所处位置不同，称谓也有所不同。下花架椽，位于上花架椽下方，一端与下金桁相交，一端与老檐桁相交。

〔2〕上花架椽：位于脑椽下方，其上端与上金桁相交，是花架椽中位于最上层的椽子。

〔3〕脑椽：位于屋顶最上方的椽子，一端与扶脊木相交，一端与金桁相交。

〔4〕翼角翘椽：位于翼角的椽子，尾部呈楔形，向外呈翼状展开。

〔5〕起翘：屋角比屋檐高出的高度。

〔6〕翘飞椽：飞椽，也被称为“飞子”，位于檐椽上方。翘飞椽，即翼角部位的飞椽，与仔角梁两端相交。

〔7〕顺望板：望板，也被称为“屋面板”“垫板”，是位于椽子上的薄木板。顺望板，即顺着椽子向轴方向铺设的望板。

〔8〕里口：位于小连檐上方，起着填补椽子之间空隙的作用。

〔9〕闸档板：位于飞椽之间的空档处，起着固定飞檐椽的作用，也被称为“卡飞椽档”。

〔10〕小连檐：连檐，位于檐椽和飞檐椽的椽头上方，起着连接椽子的作用。小连檐，位于檐椽上方，起着连接檐椽的作用。

〔11〕瓦口：位于大连檐上方，起着承托底瓦和盖瓦的作用，也被称为“瓦口木”。

〔12〕翘飞：位于翼角上方，是与仔角梁两端相交的飞椽。

〔13〕横望板：位于椽子上方，是横向铺设的望板，起着承托苫背泥层的作用。

【译解】每两根椽子的空档宽度与椽子的宽度相同。每个房间所使用的椽子数量都应为双数，空档宽度应均匀。下花架椽的长度由步架的长度和举的比例来确定。若步架的长度为五尺五寸，使用一二五举的比例，则可得下花架椽的长度为六尺八寸七分。椽子的直径与檐椽的直径相同。

梢间的短椽长度为一步架，两山墙的短椽的长度为两步架，其尺寸需进行折半核算。

上花架椽的长度由步架的长度和举的比例来确定。若步架的长度为五尺五寸，使用一三举的比例，则可得上花架椽的长度为七尺一寸五分。

上花架椽的直径与檐椽的直径相同。

梢间的上花架椽的长度需减少一步架，梢间的短椽长度为一步架。

两山墙的上花架椽的长度需减少两步架，短椽的长度为两步架，两者的长度都要进行折半核算。

脑椽的长度由步架的长度和举的比例来确定。若步架的长度为五尺五寸，使用一三五举的比例，则可得脑椽的长度为七尺四寸二分。

脑椽的直径与檐椽的直径相同。

梢间的椽子的数量由一步架的长度来确定。两山墙的椽子数量由两步架的长度来确定。如果使用的都是短椽，则需要进行折半核算。上述檐椽、脑椽在一端与其他部件相交，其出头部分的长度加花架椽两端与其他部件相交的出头部分的长度，与椽子的直径相同。若椽子的直径为三寸五分，则可得出头部分的长度为三寸五分。

飞檐椽的长度由出檐的长度来确定。若出檐的长度为七尺五寸，使用一一五举的比例，则可得长度为八尺六寸二分。将此长度三等分，每小段长度为二尺八寸七分。椽子的出头部分的长度为每小段的长度，即二尺八寸七分。椽子的后尾长度为该小段长度的二点五倍，即七尺一寸七分。两个长度相加，可得飞檐椽的总长度为一丈四分。飞檐椽的截面正方形边长与檐椽的直径相同。

翼角翘椽的长度、直径都与平身檐椽的长度、直径相同。椽子起翘的位置由挑檐桁中心到出檐的长度，用方五斜七法计算后的斜边长度，以及廊的进深和正心桁中心到挑檐桁中心的拽架尺寸等数据共同来确定。若挑檐桁中心到出檐的长度为五尺二寸五分，在此基础上用方五斜七法计算出的斜边长为七尺三寸五分，加廊的进深五尺五寸，再加正心桁中心至挑檐桁中心的三拽架长度二尺二寸五分，得总长度为一丈五尺一寸，减去角梁厚度的一半，可得净长度为一丈四尺七寸五分。在翼角翘椽上量出这个长度，刻度处即为椽子起翘的位置。翼角翘椽的数量通常为单数，如果遇到是双数的情况，应当改变制作方法，使其变为单数。

翘飞椽的长度由平身飞檐椽的长度，用方五斜七法计算之后来确定。若飞檐椽的长度为一丈四分，用方五斜七法计算之后，可以得出第一根翘飞椽的长度为一丈四尺五分。其余的翘飞椽长度，根据总翘数递减，每根长度比前一根小五分五厘。翘飞椽的高度是飞檐椽高度的一点五倍，若飞檐椽的高度为三寸五分，则可得翘飞椽的高度为五寸二分五厘。翘飞椽的厚度为三寸五分。

顺望板的宽度由椽档的宽度来确定。若椽子的直径为三寸五分，椽档的宽度与椽子的直径相同，同为三寸五分，椽子加椽档的总宽度为七寸。由此可得每块顺望板的宽度为七寸。顺望板的长度等于每根椽子的净长度，减去里口所占的长度。以椽子直径的三分之一来确定顺望板的厚度。若椽子的直径为三寸五分，则可得顺望板的厚度为一寸一分。里口的长度由面宽来确定。若面宽为一丈九尺二寸五分，则里口的长度为一丈九尺二寸五分。以椽子的直径加顺望板厚度的一点五倍来确定里口的高度。若椽子的直径为三寸五分，顺望板厚度的一点五倍为一寸六分，则可得里口的高度为五寸一分。里口的厚度与椽子的直径相同。两山墙的里口尺寸的计算方法相同。

闸档板的长度由翘档的位置来确定。若椽子之间的宽度为三寸五分，则闸档板的宽度为三寸五分。在闸档板外侧开槽，每寸长度开槽一分。闸档板的高度与椽子的直径相同。以椽子直径的十分之二来确定闸档板的厚度。若椽子的直径为三寸五分，则可得闸档板的厚度为七分。小连檐的长度为椽子起翘的位置到老角梁的距离。小连檐的宽度与椽子的直径相同。小连檐的厚度为望板厚度的一点五倍，可以计算出其厚度为一寸六分。两山墙的闸档板和小连檐尺寸的计算方法相同。

连檐的长度由面宽来确定。若面宽为一丈九尺二寸五分，则连檐的长度为一丈九尺二寸五分。廊子里的连檐由出廊的进深和出檐的长度来确定。出廊的进深为五尺五寸，出檐的长度为七尺五寸，得两者的和为一丈三尺，减去角梁厚度的一半，可得连檐的净长度为一丈二尺六寸五分。两山墙的连檐尺寸的计算方法相同。每尺连檐需增加一寸翘长，可得两山墙连檐的总长度为一丈三尺九寸一分。连檐的高度、厚度与檐椽的直径相同。

瓦口的长度与连檐的长度相同。以椽子直径的一半来确定瓦口的高度。若椽子的直径为三寸五分，则可得瓦口的高度为一寸七分。以自身高度的一半来确定其厚度，可得瓦口的厚度为八分。

翘飞翼角处的横望板的长度和宽度由出廊的进深和出檐的长度加举的比例，折算成矩形的边长来确定。飞檐和压尾处的横望板，都由面宽和飞檐尾的长度，折算成矩形的边长来确定。以椽子直径的十分之二来确定横望板的厚度。若椽子的直径为三寸五分，则可得横望板的厚度为七分。

卷二

本卷详述使用斗口为三寸的单翘单昂斗栱，建造带前后廊的九檩歇山建筑的方法。

九檩歇山〔1〕转角前后廊单翘单昂〔2〕斗科斗口三寸大木做法

【注释】〔1〕歇山：中国古代建筑的屋顶形式。歇山顶可以被分解为上下两部分，上部分类似悬山顶，下部分类似庑殿顶。由于屋面共有九条脊，因此也被称为“九脊殿”。在高度上，其既可以作单檐，也可以作重檐，而后者建筑规格较高。

〔2〕单翘单昂：在斗栱中线上伸出一个翘和一个昂。

【译解】使用斗口为三寸的单翘单昂斗栱，建造九檩进深带转角前后廊的歇山顶大木式建筑的方法。

【原文】凡面阔、进深以斗科攒数定，每攒以口数十一份定宽（原注：每斗口一寸，随身加一尺一寸为十一份）。如斗口三寸，以科中分算，得斗科每攒宽三尺三寸。如面阔用平身斗科四攒，加两边柱头科各半攒，共斗科五攒，得面阔一丈六尺五寸。如次间收分一攒，得面阔一丈三尺二寸。梢间同，或再收一攒，临期酌定。如进深用平身斗科八攒，加两边柱头科各半攒，共斗科九攒，并之，得进深二丈九尺七寸。如廊内用平身斗科一攒，加两边柱头科各半攒，共斗科二攒，并之，得前、后廊各进深六尺六寸，加之，得通进深四丈二尺九寸。

【译解】面宽和进深都由斗栱的套数来确定，一套斗栱的宽度为斗口宽度的十一倍（原注：如果斗口的宽度为一寸，则斗栱的宽度是斗口宽度的十一倍，即一尺一寸）。如果斗口的宽度为三寸，那么可得一套斗栱的宽度为三尺三寸。如果在面宽方向上使用四套平身科斗栱，两侧均使用半套柱头科斗栱，则共计使用五套斗栱，那么可得面宽为一丈六尺五寸。如果次间少用一套斗栱，则可得面宽一丈三尺二寸。梢间与次间的面宽相同，或者梢间比次间少用一套斗栱，斗栱使用的具体数量可以根据实际情况来确定。如果进深用八套平身科斗栱，两侧均使用半套柱头科斗栱，则共计使用九套斗栱，可得进深为二丈九尺七寸。如果廊的内部用一套平身科斗栱，两侧均使用半套柱头科斗栱，则共计使用两套斗栱，可得前后廊的进深均为六尺六寸。房间的进深与前后廊的进深相加，可得通进深为四丈二尺九寸。

【原文】凡檐柱以斗口七十份除平板枋斗科高分位定高（原注：每斗口一寸，随身加七尺为七十份），如斗口三寸，得檐柱连平板枋，斗科通高二丈一尺，内除平板枋高六寸，斗科高二尺七寸六分，得檐柱净高一丈七尺六寸四分，外每柱径一尺，加上、下榫各长三寸。如柱径一尺八寸，得榫长各五寸四分。以斗口六份定径寸（原注：每斗口一寸，随身加六寸为六份），如斗口三寸，得檐柱径一尺八寸。两山檐

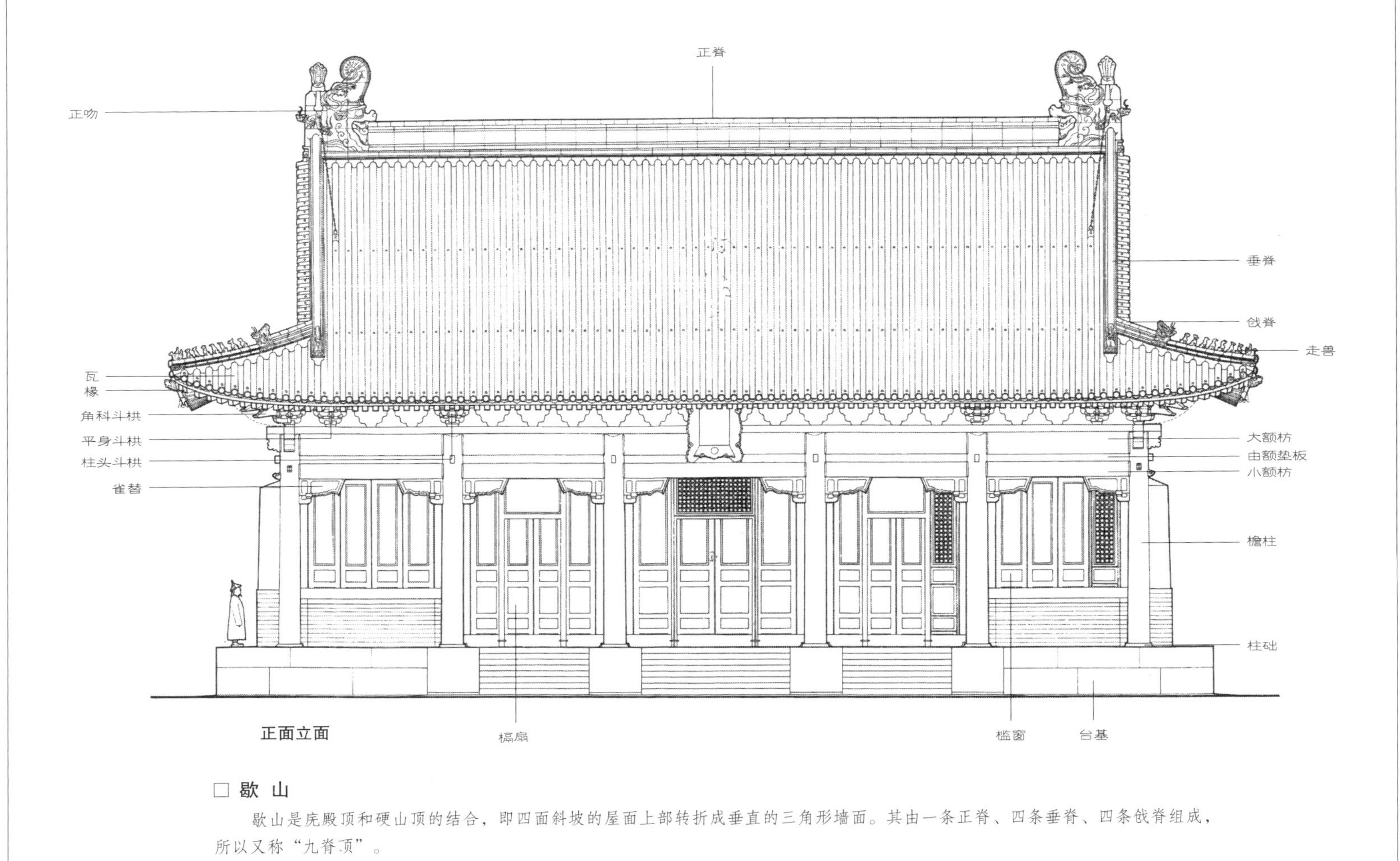

正面立面

□ 歇 山

歇山是庑殿顶和硬山顶的结合，即四面斜坡的屋面上部转折成垂直的三角形墙面。其由一条正脊、四条垂脊、四条戗脊组成，所以又称“九脊顶”。

柱做法同。

凡金柱以出廊并正心桁中至挑檐桁中拽架尺寸用加举定高。如廊深六尺六寸，正心桁中至挑檐桁中二拽架一尺八寸（原注：每拽架以斗口三份为一拽架得九寸），共深八尺四寸。按五举加之，得高四尺二寸，并檐柱、平板枋、斗科通高二丈一尺，得金柱高二丈五尺二寸。外每柱径一尺，加上、下榫各长三寸。如柱径二尺，得榫长各六寸。以檐柱径加二寸定径寸。如檐柱径一尺八寸，得金柱径二尺。

凡小额枋以面阔定长。如面阔一丈六尺五寸，两头共除柱径一份一尺八寸，得净面阔一丈四尺七寸，即长一丈四尺七寸。外加两头入榫分位，各按柱径四分之一。如柱径一尺八寸，得榫长各四寸五分。榫廊子小额枋，一头加柱径半份，又照本身高加半份，得出榫分位。如本身高一尺二寸，得出榫长六寸。一头除柱径半份，外加入榫分位，亦按柱径四分之一。以斗口四份定高，如斗口三寸，得小额枋高一尺二寸。以本身高收二寸定厚，得厚一尺。两山小额枋做法同。

凡由额垫板以面阔定长。如面阔一丈六尺五寸，两头共除柱径一份一尺八寸，得净面阔一丈四尺七寸，即长一丈四尺七寸。外加两头入榫分位，各按柱径十分之二。如柱径一尺八寸，得榫长各三寸六分。以斗口二份定高，一份定厚。如斗口三寸，得由额垫板高六寸，厚三寸。两山由额垫板做法同。

凡大额枋之长俱与小额枋同。其廊子大额枋，一头加檐柱径一份，得霸王拳分位；一头除柱径半份，外加入榫分位，按柱径四分之一。以斗口六份定高。如斗口三寸，得大额枋高一尺八寸。以本身高收二寸定厚，得大额枋厚一尺六寸。两山大额枋做法同。

凡平板枋以面阔定长。如面阔一丈六尺五寸，即长一丈六尺五寸。外每宽一尺，加扣榫长三寸。如平板枋宽九寸，得扣榫长二寸七分。其廊子平板枋，一头加柱径一份，得交角出头分位。如柱径一尺八寸，得出头长一尺八寸。以斗口三份定宽，二份定高。如斗口三寸，得平板枋宽九寸，高六寸。两山平板枋做法同。

凡桃尖梁以廊子进深并正心桁中至挑檐桁中定长。如廊深六尺六寸，正心桁中至挑檐桁中长一尺八寸，共长八尺四寸。又加二拽架尺寸长一尺八寸，得桃尖梁通长一丈二寸。外加金柱径半份，又出榫照随梁枋高半份。如随梁枋高一尺二寸，得出榫长六寸。以拽架加举定高，如单翘单昂得二拽架深一尺八寸，按五举加之，得高九寸，又加蚂蚱头、撑头木各高六寸，得桃尖梁高二尺一寸（原注：蚂蚱头、撑头木详载斗科做法）。以斗口六份定厚。如斗口三寸，得桃尖梁厚一尺八寸。以斗口四份定桃尖梁头之厚，得厚一尺二寸。

凡桃尖随梁枋以出廊定长。如出廊深六尺六寸，即长六尺六寸。外一头加檐柱径半份，一头加金柱径半份。又两头出榫照本身高加半份。如本身高一尺二寸，得出榫各长六寸。高、厚与小额枋同。

凡顺桃尖梁[1]以梢间面阔并正心桁中至挑檐桁中定长。如梢间面阔一丈三尺二寸，正心桁中至挑檐桁中长一尺八寸，共长一丈五尺。又加二拽架尺寸，得顺桃尖梁通长一丈六尺八寸。外加金柱径半份，又出榫照顺随梁枋[2]高半份。如顺随梁枋高一尺二寸，得出榫长六寸。高、厚与桃尖梁做法同。

【注释】〔1〕顺桃尖梁：用于建筑物山面的桃尖梁，顺着面宽的方向放置，因此而得名。

〔2〕顺随梁枋：位于顺桃尖梁下方，是与顺桃尖梁平行放置的枋子，起着连接山面的檐柱与金柱，承托顺桃尖梁的作用。

【译解】檐柱的高度为斗口宽度的七十倍减去平板枋加斗栱的高度（原注：如果斗口的宽度为一寸，檐柱的高度为一寸的七十倍，即七尺）。若斗口的宽度为三寸，则可得檐柱与平板枋和斗栱的总高度为二丈一尺。减去平板枋的高度六寸，再减去斗栱的高度二尺七寸六分，可得檐柱的净高度为一丈七尺六寸四分。当檐柱径为一尺时，加上、下榫的长度均为三寸。若檐柱径为一尺八寸，则可得榫的长度均为五寸四分。以斗口宽度的六倍来确定檐柱径（原注：每个斗口的宽度为一寸，为斗口宽度的六倍，斗栱的宽度即六寸）。若斗口的宽度为三寸，则可得檐柱径为一尺八寸。两山墙的檐柱尺寸的计算方法相同。

金柱的高度由出廊的进深和正心桁中心到挑檐桁中心的拽架尺寸和举的比例来确定。若廊的进深为六尺六寸，正心桁中心到挑檐桁中心为二拽架，其长度为一尺八寸（原注：斗口宽度的三倍为一拽架，据此可以计算出一拽架的长度为九寸），二者相加为八尺四寸。使用五举的比例，可得高度为四尺二寸。加上檐柱、平板枋和斗栱的高度二丈一尺，可得金柱的高度为二丈五尺二寸。当柱径为一尺时，加上、下榫的长度均为三寸。若柱径为二尺，则可得榫的长度均为六寸。以檐柱径增加二寸来确定金柱径。若檐柱径为一尺八寸，则可得金柱径为二尺。

小额枋的长度由面宽来确定。若面宽为一丈六尺五寸，两端共减去柱径的尺寸一尺八寸，可得净面宽为一丈四尺七寸，则小额枋的长度为一丈四尺七寸。两端外加入榫的长度，入榫的长度均为柱径的四分之一。若柱径为一尺八寸，则可得入榫的长度均为四寸五分。廊子里的小额枋，一端加柱径的一半，再加出榫的长度，出榫的长度为自身高度的一半。若自身的高度为一尺二寸，则可得出榫的长度为六寸。一端减去柱径的一半，再加入榫的长度，入榫的长度为柱径的四分之一。以斗口宽度的四倍来确定小额枋的高度。若斗口的宽度为三寸，则可得小额枋的高度为一尺二寸。以自身的高度减少二寸来确定其厚度，可得小额枋的厚度为一尺。两山墙的小额枋尺寸的计算方法相同。

由额垫板的长度由面宽来确定。若

面宽为一丈六尺五寸，两端共减去柱径的尺寸一尺八寸，可得净面宽为一丈四尺七寸，则由额垫板的长度为一丈四尺七寸。两端外加入榫的长度，入榫的长度均为柱径的十分之二。若柱径为一尺八寸，则可得入榫的长度均为三寸六分。以斗口宽度的两倍来确定由额垫板的高度，以斗口的宽度来确定其厚度。若斗口的宽度为三寸，则可得由额垫板的高度为六寸，厚度为三寸。两山墙的由额垫板尺寸的计算方法相同。

大额枋的长度与小额枋的长度相同。廊子里的大额枋，一端加檐柱径的尺寸，作为霸王拳；一端减去柱径的一半，外加入榫的长度，入榫的长度为柱径的四分之一。以斗口宽度的六倍来确定大额枋的高度。若斗口的宽度为三寸，则可得大额枋的高度为一尺八寸。以自身的高度减少二寸来确定其厚度，可得大额枋的厚度为一尺六寸。两山墙的大额枋尺寸的计算方法相同。

平板枋的长度由面宽来确定。若面宽为一丈六尺五寸，则平板枋的长度为一丈六尺五寸。当平板枋的宽度为一尺时，外加扣榫的长度为三寸。若平板枋的宽度为九寸，可得扣榫的长度为二寸七分。廊上的平板枋，一端加柱径的尺寸，作为出头部分。若柱径为一尺八寸，则出头部分的长度为一尺八寸。用斗口宽度的三倍来确定平板枋的宽度，用斗口宽度的两倍来确定其高度。如果斗口的宽度为三寸，则可得平板枋的宽度为九寸，高度为六寸。两山墙的平板枋尺寸的计算方法相同。

桃尖梁的长度由廊的进深加正心桁中心至挑檐桁中心的间距来确定。若廊的进深为六尺六寸，正心桁中心至挑檐桁中心的间距为一尺八寸，则得总长度为八尺四寸。再加两拽架的长度一尺八寸，可得桃尖梁的长度为一丈二寸。向外出头的部分为金柱径的一半，再加出榫的长度，出榫的长度为随梁枋高度的一半。若随梁枋的高度为一尺二寸，则出榫的长度为六寸。桃尖梁的高度由拽架的尺寸和举的比例来确定。若单翘单昂为二拽架，拽架的尺寸为一尺八寸。如果使用五举的比例，则可得高度为九寸。再加上蚂蚱头和撑头木，二者的高度均为六寸，则可得桃尖梁的高度为二尺一寸（**原注：蚂蚱头、撑头木的尺寸在斗科做法里有详细记载**）。以斗口宽度的六倍来确定桃尖梁的厚度。若斗口的宽度为三寸，可得桃尖梁的厚度为一尺八寸。以斗口宽度的四倍来确定桃尖梁梁头的厚度，若斗口的宽度为三寸，可得桃尖梁梁头的厚度为一尺二寸。

桃尖随梁枋的长度由出廊的进深来确定。若出廊的进深为六尺六寸，则桃尖随梁枋的长度为六尺六寸。在外侧的一端加檐柱径的一半，另一端加金柱径的一半，两端出榫的长度为随梁枋本身高度的一半。若随梁枋的高度为一尺二寸，则两端出榫的长度均为六寸。桃尖随梁枋的高度、厚度与小额枋的高度、厚度相同。

顺桃尖梁的长度，由梢间的面宽和正心桁中心到挑檐桁中心的间距来确定。若梢间的面宽为一丈三尺二寸，正心桁中心到挑檐桁中心的间距为一尺八寸，二者相加得长度为一丈五尺。再加两拽架长度，可得顺桃尖梁的总长度为一丈六尺八寸。外加金柱径的一半，再加出榫的长度，出榫的长度为顺随梁枋高度的一半。若顺随梁枋的高度为一尺二寸，则可得出榫的长度为六寸。顺桃尖梁的高度、厚度与桃尖梁的高度、厚度相同。

【原文】凡顺随梁枋以梢间面阔定长。如梢间面阔一丈三尺二寸，即长一丈三尺二寸。外一头加檐柱径半份，一头加金柱径半份。又两头出榫照本身高加半份。如本身高一尺二寸，得出榫各长六寸。高、厚与小额枋同。

凡挑檐桁以面阔定长。如面阔一丈六尺五寸，即长一丈六尺五寸。外每径一尺，加扣榫长三寸。如径一尺，得扣榫长三寸。其廊子挑檐桁，一头加二拽架长一尺八寸，又加交角出头分位，按本身径一份半。如本身径一尺，得交角出头一尺五寸。以正心桁之径收二寸定径寸。如正心桁径一尺二寸，得挑檐桁径一尺。两山挑檐桁做法同。

凡挑檐枋以面阔定长。如面阔一丈六尺五寸，内除桃尖梁头之厚一尺二寸，得净面阔一丈五尺三寸。即挑檐枋长一丈五尺三寸。外加两头入榫分位，各按本身厚一份。如本身厚三寸，得榫长各三寸。其廊子挑檐枋，一头加二拽架长一尺八寸，又加交角出头分位，按挑檐桁径一份半。如挑檐桁径一尺，得出头长一尺五寸。一头除桃尖梁头之厚半份，外加入榫分位，按本身厚一份，如本身厚三寸，得榫长三寸。以斗口二份定高，一份定厚。如斗口三寸，得挑檐枋高六寸，厚三寸。两山挑檐枋做法同。

凡正心桁以面阔定长。如面阔一丈六尺五寸，即长一丈六尺五寸。外每径一尺，加搭交榫长三寸。如径一尺二寸，得榫长三寸六分。其廊子正心桁，一头加交角出头分位，按本身径一份。如本身径一尺二寸，得出头长一尺二寸。以斗口四份定径。如斗口三寸，得正心桁径一尺二寸。两山正心桁做法同。

凡正心枋计三层，以面阔定长。如面阔一丈六尺五寸，内除桃尖梁头之厚一尺二寸，得净面阔一丈五尺三寸。外加两头入榫分位，各按本身之高半份。如本身高六寸，得榫长各三寸。其廊子正心枋，一头除桃尖梁头之厚半份，外加入榫分位，按本身高半份，得榫长三寸。第一层一头带蚂蚱头长二尺七寸；第二层一头带撑头木长一尺八寸。以斗口二份定高。如斗口三寸，得正心枋高六寸。以斗口一份，外加包掩定厚。如斗口三寸，加包掩六分，得正心枋厚三寸六分。两山正心枋做法同。

【译解】顺随梁枋的长度由梢间的面宽来确定。若梢间的面宽为一丈三尺二寸，则顺随梁枋的长度为一丈三尺二寸。

在外侧一端加檐柱径的一半，另一端加金柱径的一半。两端出榫，出榫的长度为自身高度的一半。若自身的高度为一尺二寸，则可得出榫的长度均为六寸。顺随梁枋的高度、厚度与小额枋的高度、厚度相同。

挑檐桁的长度由面宽来确定。若面宽为一丈六尺五寸，则挑檐桁的长度为一丈六尺五寸。当挑檐桁的直径为一尺时，外加扣榫的长度为三寸。廊子里的挑檐桁，一端需增加两拽架，长度为一尺八寸。再加与其他构件相交之后的出头部分，该部分的长度为本身直径的一点五倍，若本身的直径为一尺，可得该出头部分的长度为一尺五寸。以正心桁的直径减少二寸来确定挑檐桁的直径。若正心桁的直径为一尺二寸，则可得挑檐桁的直径为一尺。两山墙的挑檐桁尺寸的计算方法相同。

挑檐枋的长度由面宽来确定。若面宽为一丈六尺五寸，减去桃尖梁梁头的厚度一尺二寸，可得净面宽为一丈五尺三寸，则挑檐枋的长度为一丈五尺三寸。外加两端入榫的长度，其为自身的厚度。若自身的厚度为三寸，可得入榫的长度均为三寸。廊子里的挑檐枋，一端需增加两拽架，长度为一尺八寸。再加与其他构件相交之后的出头部分，该部分的长度为挑檐桁直径的一点五倍，若挑檐桁的直径为一尺，可得该出头部分的长度为一尺五寸。一端减去桃尖梁梁头厚度的一半，外加入榫的长度，入榫的长度为自身的厚度。若自身的厚度为三寸，可得入榫的长度为三寸。以斗口宽度的两倍来确定挑檐枋的高度，以斗口的宽度来确定其厚度。若斗口的宽度为三寸，可得挑檐枋的高度为六寸，厚度为三寸。两山墙的挑檐枋尺寸的计算方法相同。

正心桁的长度由面宽来确定。若面宽为一丈六尺五寸，则正心桁的长度为一丈六尺五寸。当正心桁的直径为一尺时，外加的相交部分的榫的长度为三寸。若直径为一尺二寸，可得榫的长度为三寸六分。廊子里的正心桁，一端与其他构件相交后出头，该出头部分的长度为本身的直径。若本身的直径为一尺二寸，可得出头部分的长度为一尺二寸。以斗口宽度的四倍来确定正心桁的直径。若斗口的宽度为三寸，可得正心桁的直径为一尺二寸。两山墙的正心桁尺寸的计算方法相同。

正心枋共有三层，其长度由面宽来确定。若面宽为一丈六尺五寸，减去桃尖梁梁头的厚度一尺二寸，可得净面宽为一丈五尺三寸。两端外加的入榫的长度为自身高度的一半。若自身的高度为六寸，可得入榫的长度为三寸。廊子里的正心枋，一端需减去桃尖梁梁头厚度的一半，外加入榫的长度，入榫的长度为自身高度的一半，可得入榫的长度为三寸。第一层正心枋有蚂蚱头，长度为二尺七寸；第二层正心枋一端有正撑头木，长度为一尺八寸。以斗口宽度的两倍来确定正心枋的高度。若斗口的宽度为三寸，可得正心枋的高度为六寸。用斗口的宽度加包掩来确定正心枋的厚度。若斗口的宽度为三寸，包掩为六分，可得正心枋的厚度为三寸六分。两山墙的正心枋尺寸的计算方法相同。

【原文】凡里、外拽枋以面阔定长。如面阔一丈六尺五寸，里面除桃尖梁身厚一尺八寸，得长一丈四尺七寸；外面除桃尖梁头厚一尺二寸，得长一丈五尺三寸。里、外拽枋外加两头入榫分位，各按本身厚一份。如本身厚三寸，得榫长各三寸。其廊子拽枋，里一根，一头除桃尖梁身之厚半份；外一根，一头除桃尖梁头之厚半份。各加入榫分位按本身厚一份。如本身厚三寸，得榫长三寸。外一根，一头带撑头木长一尺八寸；里一根收一拽架长九寸。高、厚与挑檐枋同。两山拽枋做法同。

凡井口枋之长，与里面拽枋同。外加两头入榫分位，各按本身厚一份，如本身厚三寸，得榫长各三寸。其廊子井口枋，一头收二拽架长一尺八寸，一头除桃尖梁之厚半份，外加入榫按本身厚一份。以挑檐桁之径定高，如挑檐桁径一尺，井口枋即高一尺，厚与拽枋同。两山井口枋做法同。

凡老檐桁以面阔定长。如面阔一丈六尺五寸，老檐桁即长一丈六尺五寸。外每径一尺，加搭交榫长三寸。其梢间老檐桁，按面阔内除安博脊[1]分位得长。径与正心桁同。

凡老檐垫板以面阔定长。如面阔一丈六尺五寸，内除七架梁头厚二尺二寸，得净面阔一丈四尺三寸，老檐垫板即长一丈四尺三寸。外加两头入榫分位，照梁头之厚每尺加入榫二寸。如梁头厚二尺二寸，得榫长各四寸四分。其梢间垫板，一头除梁头厚半份，一头除金柱径半份。加榫仍照前法。以斗口四份定高，一份定厚。如斗口三寸，得老檐垫板高一尺二寸，厚三寸。

凡老檐枋以面阔定长。如面阔一丈六尺五寸，内除柱径一份二尺，得净面阔一丈四尺五寸，即长一丈四尺五寸。外加两头入榫分位，各按柱径四分之一。如柱径二尺，得榫长各五寸。高、厚与小额枋同。

凡天花垫板以举架定高。如举架高四尺二寸，内除老檐枋之高一尺二寸，桃尖梁高二尺一寸，得天花垫板高九寸。长、厚与老檐垫板同。

【注释】〔1〕博脊：在歇山顶建筑中，是位于两山与山花板交界处的脊，与进深方向平行，与垂脊和戗脊相交，起着填补两山屋面瓦的连接处，防止雨水渗漏的作用。

【译解】里、外拽枋的长度由面宽来确定。若面宽为一丈六尺五分，里拽枋需减去桃尖梁的厚度一尺八寸，可得其长度为一丈四尺七寸；外拽枋需减去桃尖梁梁头的厚度一尺二寸，可得其长度为一丈五尺三寸。里、外拽枋的两端分别外加入榫的长度，入榫的长度与拽枋的厚度相同。若拽枋的厚度为三寸，则可得入榫的长度均为三寸。廊子的拽枋，里拽枋的一端需减去桃尖梁厚度的一半；外拽枋的一端需减去桃尖梁梁头厚度的一半。里、外拽枋分别外加入榫的长度，入榫的长度与拽枋的厚度相同。若拽枋的厚度为三寸，可得入榫的长度为三寸。外拽枋的一端有撑头木，其长度为一尺八寸。里拽枋向内缩进一拽架，缩进的长度为九寸。里、外拽枋的高度、厚度与挑檐枋的高度、厚度相同。两山墙的拽枋尺寸的计算方法相同。

井口枋的长度与里拽枋的长度相同。两端外加入榫的长度，入榫的长度与井口枋的厚度相同。若井口枋的厚度为三寸，可得入榫的长度为三寸。廊子里的井口枋，一端需缩进二拽架，缩进的长度为一尺八寸；一端减去桃尖梁厚度的一半，外加入榫的长度，入榫的长度与井口枋的厚度相同。用挑檐桁的直径来确定井口枋的高度。若挑檐桁的直径为一尺，则井口枋的高度为一尺。井口枋的厚度与拽枋的厚度相同。两山墙的井口枋尺寸的计算方法相同。

老檐桁的长度由面宽来确定。若面宽为一丈六尺五寸，则老檐桁的长度为一丈六尺五寸。当老檐桁的直径为一尺时，与其他构件相交的部分外加的榫的长度为三寸。梢间的老檐桁的长度由面宽减去安装博脊的占位来确定。老檐桁的直径与正心桁的直径相同。

老檐垫板的长度由面宽来确定。若面宽为一丈六尺五寸，减去七架梁梁头的厚度二尺二寸，可得净面宽为一丈四尺三寸，则老檐垫板的长度为一丈四尺三寸。两端外加入榫的长度，当梁头的厚度为一尺时，入榫的长度为二寸。以此计算，若梁头的厚度为二尺二寸，可得入榫的长度为四寸四分。梢间的老檐垫板，一端减去梁头厚度的一半；一端减去金柱径的一半。外加入榫的长度，其长度按照前述方法进行计算。以斗口宽度的四倍来确定老檐垫板的高度，以斗口的宽度来确定其厚度。若斗口的宽度为三寸，可得老檐垫板的高度为一尺二寸，厚度为三寸。

老檐枋的长度由面宽来确定。若面宽为一丈六尺五寸，减去柱径的尺寸，即二尺，可得净面宽为一丈四尺五寸，则老檐枋的长度为一丈四尺五寸。两端外加入榫的长度，入榫的长度均为柱径的四分之一。若柱径为二尺，可得入榫的长度均为五寸。老檐枋的高度、厚度与小额枋的高度、厚度相同。

天花垫板的高度由举架来确定。若举架的高度为四尺二寸，减去老檐枋的高度一尺二寸，再减去桃尖梁的高度二尺一寸，可得天花垫板的净高度为九寸。天花垫板的长度、厚度与老檐垫板的长度、厚度相同。

【原文】凡天花枋之长，与老檐枋同。以小额枋之高加二寸定高。如小额枋高一尺二寸，得天花枋高一尺四寸。以本身高收二寸定厚，得天花枋厚一尺二寸。

凡踩步金枋[1]以进深定长。如进深二丈九尺七寸，除金柱径一份二尺，得净进深二丈七尺七寸，即长二丈七尺七寸。外加两头入榫分位，各按柱径四分之一。

如柱径二尺，得榫长各五寸。高、厚与小额枋同。

凡踩步金以进深定长，如进深二丈九尺七寸。两头加假桁条头。各按桁条径一份半。如桁条径一尺二寸，得假桁条头各长一尺八寸，得踩步金长三丈三尺三寸。以金柱径加二寸定厚，如柱径二尺，得踩步金厚二尺二寸。以本身厚每尺加二寸定高，得踩步金高二尺六寸四分。

【注释】〔1〕踩步金枋：踩步金，歇山建筑所特有的构件。位于梢间顺梁上方，与其他梁平行，与第二层梁架的高度相同，承托山面檐椽的后尾。踩步金枋，位于踩步金的下方，起着连接山面金柱柱头的作用。

【译解】天花枋的长度与老檐枋的长度相同。以小额枋的高度加二寸来确定天花枋的高度。若小额枋的高度为一尺二寸，可得天花枋的高度为一尺四寸。以自身的高度减少二寸来确定其厚度，由此可得天花枋的厚度为一尺二寸。

踩步金枋的长度由进深来确定。若进深为二丈九尺七寸，减去金柱径的尺寸，即二尺，可得净进深为二丈七尺七寸，则踩步金枋的长度为二丈七尺七寸。两端外加入榫的长度，入榫的长度均为柱径的四分之一。若柱径为二尺，可得入榫的长度均为五寸。踩步金枋的高度、厚度与小额枋的高度、厚度相同。

踩步金的长度由进深来确定。若进深为二丈九尺七寸，两端外加假桁条头，其长度为桁条直径的一点五倍。若桁条的直径为一尺二寸，可得假桁条头的长度均为一尺八寸，由此可得踩步金的长度为三丈三尺三寸。以金柱径增加二寸来确定踩步金的厚度。若金柱径为二尺，可得踩步金的厚度为二尺二寸。以自身的厚度来确定其高度。当自身的厚度为一尺时，其高度为一尺二寸，由此可得踩步金的高度为二尺六寸四分。

【原文】凡七架梁以步架六份定长。如步架六份共深二丈九尺七寸，两头各加桁条径一份得柁头分位。如桁条径一尺二寸，得七架梁通长三丈二尺一寸。高、厚与踩步金同。

凡七架随梁枋以步架六份定长。如步架六份深二丈九尺七寸，内除金柱径一份二尺，得七架随梁枋长二丈七尺七寸。外加两头入榫分位，各按柱径四分之一，如柱径二尺，得榫长各五寸。高、厚与大额枋同。

凡天花梁之长，与七架随梁枋同。以金柱径加二寸定高，如金柱径二尺，得天花梁高二尺二寸。以本身高收二寸定厚，得厚二尺。

【译解】七架梁的长度由步架长度的六倍来确定。若步架长度的六倍为二丈九尺七寸，两端均延长与桁条直径相同的长度，将此距离作为柁头的长度。若桁条的直径为一尺二寸，可得七架梁的总长度为三丈二尺一寸。七架梁的高度、厚度与踩步金的高度、厚度相同。

七架随梁枋的长度由步架长度的六倍来确定。若步架长度的六倍为二丈九尺七寸，减去金柱径的尺寸，即二尺，可得七架随梁枋的长度为二丈七尺七寸。两端外加入榫的长度，入榫的长度均为柱径的四分之一。若柱径为二尺，则可得入榫的长度均为五寸。七架随梁枋的高度、厚度与大额枋的高度、厚度相同。

天花梁的长度与七架随梁枋的长度相同。以金柱径加二寸来确定天花梁的高度，若金柱径为二尺，可得天花梁的高度为二尺二寸。以自身的高度减少二寸来确定其厚度，可得天花梁的厚度为二尺。

【原文】凡踩步金下交金橔以出廊并正心桁中至挑檐桁中之拽架尺寸用加举定高。如廊深六尺六寸，正心桁中至挑檐桁中二拽架一尺八寸，共深八尺四寸，按五举加之，得高四尺二寸，内除顺桃尖梁之高二尺一寸，得交金橔净高二尺一寸。每宽一尺加下榫长三寸。如本身宽一尺九寸六分，得榫长五寸八分。以踩步金之厚每尺收滚楞二寸定厚。如踩步金厚二尺二寸，得交金橔厚一尺七寸六分。以本身厚加二寸定宽，得宽一尺九寸六分。

凡下金瓜柱以步架加举定高。如步架深四尺九寸五分，按七举加之，得高三尺四寸六分，内除七架梁之高二尺六寸四分，得瓜柱净高八寸二分。外每宽一尺，加上、下榫各长三寸。如本身宽一尺八寸，得榫长各五寸四分。以五架梁之厚每尺收滚楞二寸定厚。如五架梁厚二尺，得瓜柱厚一尺六寸。以本身厚加二寸定宽，得宽一尺八寸。

【译解】踩步金的下交金橔的高度，以出廊的进深加正心桁中心至挑檐桁中心的拽架尺寸和举的比例来确定。若廊的进深为六尺六寸，正心桁中心至挑檐桁中心的距离为二拽架，即一尺八寸，则可得总长度为八尺四寸。使用五举的比例，可得高度为四尺二寸。减去顺桃尖梁的高度二尺一寸，可得交金橔的净高度为二尺一寸。当交金橔的宽度为一尺时，下方加榫的长度为三寸。若交金橔的宽度为一尺九寸六分，可得榫的长度为五寸八分。以踩步金的厚度来确定交金橔的厚度。当踩步金的厚度为一尺时，交金橔的厚度为八寸。若踩步金的厚度为二尺二寸，则可得交金橔的厚度为一尺七寸六分。以自身的厚度增加二寸来确定其宽度，由此可得交金橔的宽度为一尺九寸六分。

下金瓜柱的高度由步架的长度和举的比例来确定。若步架的长度为四尺九寸五分，使用七举的比例，可得其高度为三尺四寸六分。减去七架梁的高度二尺六寸四分，可得下金瓜柱的净高度为八寸二分。当下金瓜柱的宽度为一尺时，上、下入榫的长度均为三寸。若下金瓜柱的宽度为一尺八寸，可得上、下入榫的长度均为五寸四分。以五架梁的厚度来确定下金瓜柱的厚度。当五架梁的厚度为一尺时，下金瓜柱的厚度为八寸。若五架梁的厚度为二尺，则可得下金瓜柱的厚度为一尺六寸。以自身的厚度增加二寸来确定其宽度，由此可得下金瓜柱的宽度为一尺八寸。

【原文】凡五架梁以步架四份定长。如步架四份深一丈九尺八寸，两头各加桁条径一份得柁头分位。如桁条径一尺二寸，得五架梁通长二丈二尺二寸。以七架梁之高、厚各收二寸定高、厚，如七架梁高二尺六寸四分，厚二尺二寸，得五架梁高二尺四寸四分，厚二尺。

凡上金瓜柱以步架加举定高。如步架深四尺九寸五分，按八举加之，得高三尺九寸六分，内除五架梁之高二尺四寸四分，得上金瓜柱净高一尺五寸二分。外每宽一尺，加上、下榫各长三寸。如本身宽一尺六寸四分，得上、下榫各长四寸九分。以三架梁之厚每尺收滚楞二寸定厚。如三架梁厚一尺八寸，得上金瓜柱厚一尺四寸四分。以本身厚每尺加二寸定宽，得宽一尺六寸四分。

凡角背以步架定长。如步架深四尺九寸五分，角背即长四尺九寸五分。

以瓜柱之净高折半定高。如瓜柱高一尺五寸二分，得角背高七寸六分。以瓜柱厚三分之一定厚。如瓜柱厚一尺四寸四分，得角背厚四寸八分。

凡金、脊桁之长、径做法，俱与老檐桁同。

凡金、脊枋之长、宽、厚做法，俱与老檐枋同。除瓜柱之径一份，外加入榫分位，各按柱径四分之一。

凡金、脊垫板之长、宽、厚做法，俱与老檐垫板同。除梁头或脊瓜柱，外加入榫尺寸。

凡三架梁以步架二份定长。如步架二份深九尺九寸，两头各加桁条径一份得柁头分位。如桁条径一尺二寸，得三架梁通长一丈二尺三寸。以五架梁之高、厚各收二寸定高、厚。如五架梁高二尺四寸四分，厚二尺，得三架梁高二尺二寸四分，厚一尺八寸。

凡脊瓜柱以步架加举定高。如步架深四尺九寸五分，按九举加之，得高四尺四寸五分，又加平水高一尺二寸，得共高五尺六寸五分。内除三架梁之高二尺二寸四分，得脊瓜柱净高三尺四寸一分。外加桁条径三分之一作上桁椀。如桁条径一尺二寸，得桁椀高四寸。又每宽一尺加下榫长三寸。如本身宽一尺六寸四分，得下榫长四寸九分。宽、厚与上金瓜柱同。

【译解】五架梁的长度由步架长度的四倍来确定。若步架长度的四倍为一丈九尺八寸，两端均延长与桁条直径相同的长度，将此距离作为柁头的长度。若桁条的直径为一尺二寸，可得五架梁的总长度为二丈二尺二寸。以七架梁的高度、厚度各减少二寸，来确定五架梁的高度、厚度。若七架梁的高度为二尺六寸四分，厚度为二尺二寸，可得五架梁的高度为二尺四寸四分，厚度为二尺。

上金瓜柱的高度由步架的长度和举的比例来确定。若步架的长度为四尺九寸五分，使用八举的比例，可得高度为三尺九寸六分。减去五架梁的高度二尺四寸四分，可得上金瓜柱的净高度为一尺五寸二分。当下金瓜柱的宽度为一尺时，上、下入榫的长度均为三寸。若上金瓜柱的宽度为一尺六寸四分，可得上、下入榫的长度均为四寸九分。以三架梁的厚度来确定上金瓜柱的厚度。当三架梁的厚度为一尺时，上金瓜柱的厚度为八寸。若三架梁的厚度为一尺八寸，则可得上金瓜柱的厚度为一尺四寸四分。以自身的厚度增加二寸来确定其宽度，由此可得上金瓜柱的宽度为一尺六寸四分。

角背的长度由步架的长度来确定。若步架的长度为四尺九寸五分，则角背的长度为四尺九寸五分。

以瓜柱净高度的一半来确定角背的高度。若瓜柱的净高度为一尺五寸二分，则可得角背的高度为七寸六分。以瓜柱厚度的三分之一来确定角背的厚度。若瓜柱的厚度为一尺四寸四分，可得角背的厚度为四寸八分。

金桁、脊桁的长度、直径的计算方法都与老檐桁的相同。

金枋、脊枋的长度、宽度和厚度的计算方法都与老檐枋的相同。减去瓜柱的直径，外加入榫的长度，入榫的长度为柱径的四分之一。

金垫板、脊垫板的长度、宽度和厚度的计算方法都与老檐垫板的相同。其需减去梁头或脊瓜柱的厚度，外加入榫的长度。

三架梁的长度由步架长度的两倍来确定。若步架长度的两倍为九尺九寸，两端均延长与桁条直径相同的长度，将其作为柁头的长度。若桁条的直径为一尺二寸，则可得三架梁的总长度为一丈二尺三寸。以五架梁的高度、厚度各减少二寸来确定三架梁的高度、厚度。若五架梁的高度为二尺四寸四分，厚度为二尺，则可得三架梁的高度为二尺二寸四分，厚度为一尺八寸。

脊瓜柱的高度由步架的长度和举的比例来确定。若步架的长度为四尺九寸五分，使用九举的比例，可得高度为四尺四寸五分。加平水的高度一尺二寸，可得总高度为五尺六寸五分。减去三架梁的高度二尺二寸四分，可得脊瓜柱的净高度为三尺四寸一分。外加桁条直径的三分之一，作为上桁椀。若桁条的直径为一尺二寸，可得桁椀的高度为四寸。当脊瓜柱的宽度为一尺时，下方入榫的长度为三寸。若脊瓜柱的宽度为一尺六寸四分，可得下方入榫的长度为四寸九分。脊瓜柱的宽度、厚度与上金瓜柱的宽度、厚度相同。

【原文】凡脊角背以步架定长。如步架深四尺九寸五分，角背即长四尺九寸五分。以脊瓜柱之高、厚三分之一定高、厚。如脊瓜柱除桁椀净高三尺四寸一分，厚一尺四寸四分，得脊角背高一尺一寸三分，厚四寸八分。

凡扶脊木长、径做法，俱与脊桁同。

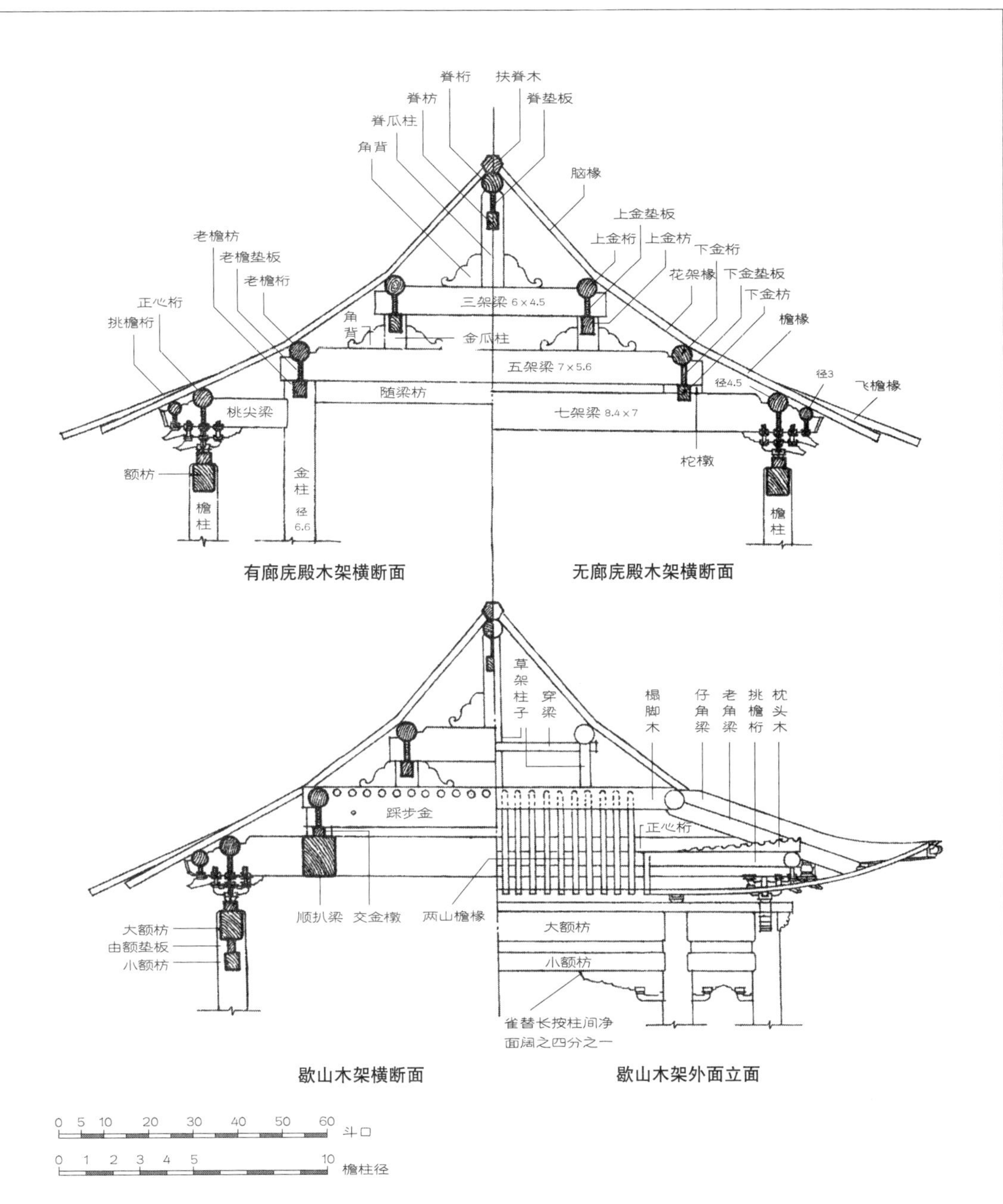

□ 庑殿、歇山建筑的横断面对比

庑殿建筑常为宫殿、坛庙之类的皇家建筑，是国家最高统治权力的象征，也是我国古建筑中的最高形制。歇山建筑则兼有庑殿式的雄浑气势和攒尖式的俏丽风格，是更为基本、常见的一种形制。

脊桩照通脊之高，再加扶脊木之径一份，桁条径四分之一，得长。宽照椽径一份。厚按本身之宽折半。

凡仔角梁以出廊并出檐各尺寸用方五斜七、举架定长。如出廊深六尺六寸，出檐八尺一寸（原注：出檐照斗口加算，如斗口单昂，每斗口一寸，出檐二尺四寸。如斗口重昂并单翘单昂，每斗口一寸，出檐二尺七寸。如单翘重昂，每斗口一寸，出檐三尺。如双翘重昂，每斗口一寸，出檐三尺三寸），得长一丈四尺七寸，用方五斜七之法加长，又按一一五加举，共长二丈三尺六寸六分。再加翼角斜出椽径三份，如椽径四寸二分，得并长二丈四尺九寸二分。再加套兽榫照角梁本身之厚一份，如角梁厚八寸四分，即套兽榫长八寸四分，得仔角梁通长二丈五尺七寸六分。以椽径三份定高，二份定厚。如椽径四寸二分，得仔角梁高一尺二寸六分，厚八寸四分。

【译解】脊角背的长度由步架的长度来确定。若步架的长度为四尺九寸五分，则脊角背的长度为四尺九寸五分。以脊瓜柱的净高度和厚度的三分之一来确定脊角背的高度和厚度。若脊瓜柱去除桁椀的净高度为三尺四寸一分，厚度为一尺四寸四分，可得脊角背的高度为一尺一寸三分，厚度为四寸八分。

扶脊木的长度、直径都与脊桁的长度、直径相同。脊桩的长度，为通脊的高度加扶脊木的直径，再加桁条直径的四分之一。脊桩的宽度与椽子的直径相同，厚度为自身宽度的一半。

仔角梁的长度，由出廊和出檐的尺寸用方五斜七法计算之后，再加举的比例来确定。若出廊的进深为六尺六寸，出檐的长度为八尺一寸（原注：出檐的长度由斗口的宽度来确定，若使用单昂斗口，当斗口的宽度为一寸时，出檐的长度为二尺四寸。若使用重昂和单翘单昂斗口，当斗口的宽度为一寸时，出檐的长度为二尺七寸。若使用单翘重昂斗口，当斗口的宽度为一寸时，出檐的长度为三尺。若使用双翘重昂斗口，当斗口的宽度为一寸时，出檐的长度为三尺三寸），可得长度为一丈四尺七寸。用方五斜七法来计算角线的长度，再使用一一五举的比例，可得长度为二丈三尺六寸六分。再加翼角的出头部分，其长度为椽子直径的三倍。若椽子的直径为四寸二分，得到的翼角的长度与前述长度相加，可得两者长度的和为二丈四尺九寸二分。再加套兽的入榫的长度，其与角梁的厚度相同。若角梁的厚度为八寸四分，则套兽的入榫的长度为八寸四分。由此可得仔角梁的总长度为二丈五尺七寸六分。以椽子直径的三倍来确定仔角梁的高度，以椽子直径的两倍来确定其厚度。若椽子的直径为四寸二分，可得仔角梁的高度为一尺二寸六分，厚度为八寸四分。

【原文】凡老角梁以仔角梁之长，除飞檐头并套兽榫定长。如仔角梁长二丈五尺七寸六分，内除飞檐头长四尺三寸四分并套兽榫长八寸四分，得长二丈五寸八分。外加后尾三岔头，照金柱径一份。如金柱径二尺，得老角梁通长二丈二尺五寸八分。高、厚与仔角梁同。

凡枕头木以出廊定长。如出廊深六尺六寸，即长六尺六寸，外加二拽架长一尺八寸，内除角梁之厚半份，得枕头木长七尺九寸八分。以挑檐桁径十分之三定宽。如挑檐桁径一尺，得枕头木宽三寸。正心桁上枕头木以出廊定长。如出廊深六尺六寸，即长六尺六寸，内除角梁之厚半份，得正心桁上枕头木净长六尺一寸八分。以正心桁径十分之三定宽。如正心桁径一尺二寸，得枕头木宽三寸六分。以椽径二份半定高。如椽径四寸二分，得枕头木一头高一尺五分，一头斜尖与桁条平。两山枕头木做法同。

凡椽椀、椽中板以面阔定长。如面阔一丈六尺五寸，即长一丈六尺五寸。以椽径一份，再加椽径三分之一定高。如椽径四寸二分，得椽椀、椽中板高五寸六分。以椽径三分之一定厚，得厚一寸四分。两山椽椀做法同。

凡檐椽以出廊并出檐加举定长。如出廊深六尺六寸，又加出檐照单翘单昂斗科二十七份，斗口三寸，得八尺一寸，共长一丈四尺七寸，又按一一五加举，得通长一丈六尺九寸。内除飞檐头长三尺一寸，得檐椽净长一丈三尺八寸。以桁条径每尺三寸五分定径。如桁条径一尺二寸，得椽径四寸二分。两山檐椽做法同。

每椽空档，随椽径一份。每间椽数俱应成双，档之宽窄，随数均匀。

【译解】老角梁的长度由仔角梁的长度减去飞檐头和套兽入榫的长度来确定。若仔角梁的长度为二丈五尺七寸六分，减去飞檐头的长度四尺三寸四分，再减去套兽的入榫的长度八寸四分，则可得老角梁的长度为二丈五寸八分。老角梁后尾三岔头的长度与金柱径的尺寸相同。若金柱径为二尺，则可得老角梁的总长度为二丈二尺五寸八分。老角梁的高度、厚度与仔角梁的高度、厚度相同。

枕头木的长度由出廊的进深来确定。若出廊的进深为六尺六寸，则枕头木的长度为六尺六寸。再加二拽架的长度一尺八寸，减去角梁的厚度的一半，可得枕头木的长度为七尺九寸八分。以挑檐桁直径的十分之三来确定枕头木的宽度。若挑檐桁的直径为一尺，可得枕头木的宽度为三寸。正心桁上方的枕头木的长度由出廊的进深来确定。若出廊的进深为六尺六寸，则枕头木的长度为六尺六寸。减去角梁的厚度的一半，可得正心桁上方的枕头木的净长度为六尺一寸八分。以正心桁直径的十分之三来确定其上的枕头木的宽度。若正心桁的直径为一尺二寸，则可得正心桁上方的枕头木的宽度为三寸六分。以椽子直径的二点五倍来确定枕头木的高度。若椽子的直径为四寸二分，可得枕头木一端的高度为一尺五分，另一端为斜尖状，与桁条平齐。两山墙的枕头木尺寸的计算方法相同。

椽椀和椽中板的长度由面宽来确定。若面宽为一丈六尺五寸，则椽椀和椽中板的长度为一丈六尺五寸。以椽子的直径再加该直径的三分之一，来确定椽椀和椽中板的高度。若椽子的直径为四寸二分，则可得椽椀和椽中板的高度为五寸六分。以椽子直径的三分之一来确定椽椀和椽中板的厚度，可得其厚度为一寸四分。两山墙的椽椀和椽中板尺寸的计算方法相同。

檐椽的长度由出廊的进深加出檐的长度和举的比例来确定。若出廊的进深为六尺六寸，出檐的长度为单翘单昂斗栱的二十七倍，若斗口的宽度为三寸，可得出檐的长度为八尺一寸，与出廊的长度相加后的长度为一丈四尺七寸。使用一一五举的比例，可得檐椽的总长度为一丈六尺九寸。减去飞檐头的长度三尺一寸，可得檐椽的净长度为一丈三尺八寸。以桁条的直径来确定檐椽的直径。当桁条的直径为一尺时，檐椽的直径为三寸五分。若桁条的直径为一尺二寸，可得檐椽的直径为四寸二分。两山墙的檐椽尺寸的计算方法相同。

每两根椽子的空档宽度与椽子的宽度相同。每个房间使用的椽子数量都应为双数，空档宽度应均匀。

【原文】凡下花架椽以步架加举定长。如步架深四尺九寸五分，按一二五加举，得下花架椽长六尺一寸八分。径与檐椽同。

凡上花架椽以步架加举定长。如步架深四尺九寸五分，按一三加举，得上花架椽长六尺四寸三分。径与檐椽同。

凡脑椽以步架加举定长。如步架深四尺九寸五分，按一三五加举，得脑椽长六尺六寸八分。径与檐椽同。以上檐、脑椽，一头加搭交尺寸；花架椽，两头各加搭交尺寸，俱照椽径加一份。如椽径四寸二分，得搭交长四寸二分。

凡两山出梢哑叭[1]花架、脑椽，俱与正花架、脑椽同。哑叭檐椽以挑山檩[2]之长得长，系短椽，折半核算。

凡飞檐椽以出檐定长。如出檐八尺一寸，按一一五加举，得长九尺三寸一分，三份分之，出头一份得长三尺一寸，后尾二份半，得长七尺七寸五分。得飞檐椽通长一丈八寸五分。见方与檐椽径寸同。

凡翼角翘椽长、径俱与平身檐椽同。其起翘之处，以挑檐桁中出檐尺寸，用方五斜七之法，再加廊深并正心桁中至挑檐桁中拽架各尺寸定翘数。如挑檐桁中出檐六尺三寸，方五斜七加之，得长八尺八寸二分，再加廊深六尺六寸，并二拽架长一尺八寸，共长一丈七尺二寸二分。内除角梁之厚半份，得净长一丈六尺八寸，即系翼角椽档分位。但翼角翘椽以成单为率，如逢双数，应改成单。

凡翘飞椽以平身飞檐椽之长，用方五斜七之法定长。如飞檐椽长一丈八寸五分，用方五斜七加之，第一翘得长一丈五尺二寸，其余以所定翘数，每根递减长五分五厘。其高比飞檐椽加高半份。如飞檐椽高四寸二分，得翘椽高六寸三分，厚仍四寸二分。

凡里口以面阔定长。如面阔一丈六尺五寸，即长一丈六尺五寸。以椽径一份，再加望板之厚一份半定高。如椽径四寸二分望板之厚一份半二寸一分，得里口高六寸三分。厚与椽径同。两山里口做法同。

凡闸档板以翘档分位定长。如椽档宽四寸二分，即闸档板宽四寸二分。外加入槽每寸一分。高随椽径尺寸，以椽径十分之二定厚。如椽径四寸二分，得闸档板厚八分四厘。其小连檐自起翘处至老角梁得长。宽随椽径一份。厚照望板之厚一份半，得厚二寸一分。两山闸档板、小连檐做法同。

【注释】〔1〕哑叭：位于踩步金外侧，榻脚木内侧的椽。

〔2〕挑山檩：歇山建筑中伸出山墙以外的檩子，起着支撑山墙并使屋面向两侧延伸的作用。

【译解】下花架椽的长度由步架的长度和举的比例来确定。若步架的长度为四尺九寸五分，使用一二五举的比例，可得下花架椽的长度为六尺一寸八分。椽子的直径与檐椽的直径相同。

上花架椽的长度由步架的长度和举的比例来确定。若步架的长度为四尺九寸五分，使用一三举的比例，可得上花架椽的长度为六尺四寸三分。上花架椽的直径与檐椽的直径相同。

脑椽的长度由步架的长度和举的比例来确定。若步架的长度为四尺九寸五分，使用一三五举的比例，则可得脑椽的长度为六尺六寸八分。脑椽的直径与檐椽的直径相同。上述檐椽和脑椽的一端与其他部件相交，其出头部分的长度，与花架椽两端与其他部件相交的出头部分的长度相同，也与椽子的直径相同。若椽子的直径为四寸二分，可得出头部分的长度为四寸二分。

两山墙的梢间哑叭花架与脑椽，其尺寸的计算方法与正花架和脑椽的相同。哑叭檐椽的长度由挑山檩的长度来确定。若哑叭檐椽为短椽，则其长度需进行折半核算。

飞檐椽的长度由出檐的长度来确定。若出檐的长度为八尺一寸，使用一一五举的比例，则可得长度为九尺三寸一分。将此长度三等分，每小段长度为三尺一寸。椽子的出头部分的长度为每小段的长度，即三尺一寸。椽子的后尾长度为该小段长度的二点五倍，即七尺七寸五分。两个长度相加，可得飞檐椽的总长度为一丈八寸五分。飞檐椽的截面正方形边长与檐椽的直径相同。

翼角翘椽的长度和直径都与平身檐椽的相同。椽子起翘的位置，由挑檐桁中心到出檐的长度，用方五斜七法计算后的斜边长度，以及廊的进深和正心桁中心到挑檐桁中心的拽架尺寸等数据共同来确定。若挑檐桁中心到出檐的长度为六尺三寸，用方五斜七法计算出的斜边长为八尺八寸二分，加廊的进深六尺六寸，再加正心桁中心至挑檐桁中心的二拽架长度一尺八寸，得总长度为一丈七尺二寸二分，减去角梁厚度的一半，可得净长度为一丈六尺八寸。在翼角翘椽上量出这个长度，刻度处即为椽子起翘的位置。翼角翘椽的数量通常为单数，如果遇到是双数的情况，应当改变制作方法，使其变为单数。

翘飞椽的长度由平身飞檐椽的长度用方五斜七法计算之后来确定。若飞檐椽的长度为一丈八寸五分，用方五斜七法计算之后，可以得出第一根翘飞椽的长度为一丈五尺二寸。其余的翘飞椽的长度，可根据总翘数递减，每根的长度比前一根少五分五厘。翘飞椽的高度为飞檐椽高度的一点五倍，若飞檐椽的高度为四寸二分，可得翘飞椽的高度为六寸三分。翘飞椽的厚度为四寸二分。

里口的长度由面宽来确定。若面宽为一丈六尺五寸，则里口的长度为一丈六尺五寸。以椽子的直径加顺望板厚度的一点五倍来确定里口的高度。若椽子的直径为四寸二分，顺望板厚度的一点五倍为二寸一分，可得里口的高度为六寸三分。里口的厚度与椽子的直径相同。两山墙里口尺寸的计算方法相同。

闸档板的长度由翘档的位置来确定。若椽子之间的档的宽度为四寸二分，则闸档板的宽度为四寸二分。在闸档板外侧开槽，每寸长度开槽一分。闸档板的高度与椽子的直径相同。以椽子直径的十分之二来确定闸档板的厚度。若椽子的直径为四寸二分，可得闸档板的厚度为八分四厘。小连檐的长度为椽子起翘的位置到老角梁的距离。小连檐的宽度与椽子的直径相同。小连檐的厚度为望板厚度的一点五倍，可得其厚度为二寸一分。两山墙的闸档板和小连檐尺寸的计算方法相同。

【原文】凡顺望板以椽档定宽。如椽径四寸二分，档宽四寸二分，共宽八寸四分，顺望板每块即宽八寸四分。长随各椽净长尺寸。以椽径三分之一定厚，如椽径四寸二分，得顺望板厚一寸四分。

凡翘飞翼角横望板以出廊并出檐加举折见方丈定长宽。飞檐压尾横望板俱以面阔飞檐尾之长折见方丈核算。以椽径十分之二定厚。如椽径四寸二分，得横望板厚八分四厘。

凡连檐以面阔定长。如面阔一丈六尺五寸，即长一丈六尺五寸。其廊子连檐以出廊六尺六寸，出檐八尺一寸，共长一丈四尺七寸。除角梁之厚半份，净长一丈四尺二寸八分。两山同。以每尺加翘一寸，共长一丈五尺七寸。高、厚与檐椽径寸同。

凡瓦口长与连檐同。以椽径半份定高。如椽径四寸二分，得瓦口高二寸一分。以本身高折半定厚，得厚一寸五厘。

凡榻脚木[1]以步架六份，外加桁条之径二份定长。如步架六份长二丈九尺七寸，外加两头桁条之径各一份。如桁条径一尺二寸，得榻脚木通长三丈二尺一寸。

见方与桁条之径同。

凡草架柱子[2]以步架加举定高。如步架深四尺九寸五分，第一步架按七举加之，得高三尺四寸六分；第二步架按八举加之，得高三尺九寸六分，二步架共高七尺四寸二分，上金桁下草架柱子即高七尺四寸二分；第三步架按九举加之，得高四尺四寸五分，三步架共高一丈一尺八寸七分，脊桁下草架柱子即高一丈一尺八寸七分。外两头俱加入榫分位，按本身之宽、厚折半，如本身宽、厚六寸，得榫长各三寸。以榻脚木见方尺寸折半定宽、厚。如榻脚木见方一尺二寸，得草架柱子见方六寸。其穿[3]二根，内下金一根，以步架四份定长。如步架四份共长一丈九尺八寸，即穿长一丈九尺八寸；上金一根，以步架二份定长，如步架二份长九尺九寸，即穿长九尺九寸。宽、厚与草架柱子同。

【注释】〔1〕榻脚木：位于歇山建筑的山面，起着承托草架柱子和山花板的作用。

〔2〕草架柱子：位于两端小红山榻脚木上方的柱子，起着承托梢檩的作用。该柱子不外露，只需粗略加工，因此被称为“草架柱子”。

〔3〕穿：位于两根草架柱子之间，起着横向连接柱子和固定山花板的作用，同时能承担荷载。

【译解】顺望板的宽度由椽档的宽度来确定。若椽子的直径为四寸二分，椽档的宽度为四寸二分，椽子加椽档的总宽度为八寸四分。由此可得每块顺望板的宽度为八寸四分。顺望板的长度与每根椽子的净长度相同。以椽子直径的三分之一来确定顺望板的厚度。若椽子的直径为四寸二分，可得顺望板的厚度为一寸四分。

翘飞翼角处的横望板由出廊的进深和出檐的长度加举的比例，折算成矩形的边长来确定。飞檐和压尾处的横望板的长度和宽度，都由面宽和飞檐尾的长度，折算成矩形的边长来确定。以椽子直径的十分之二来确定横望板的厚度。若椽子的直径为四寸二分，可得横望板的厚度为八分四厘。

连檐的长度由面宽来确定。若面宽为一丈六尺五寸，则长为一丈六尺五寸。廊子里的连檐由出廊的进深和出檐的长度来确定。若出廊的进深为六尺六寸，出檐的长度为八尺一寸，得总长度为一丈四尺七寸，减去角梁厚度的一半，可得连檐的净长度为一丈四尺二寸八分。两山墙的连檐尺寸的计算方法相同。每尺连檐需增加一寸翘长，总长度为一丈五尺七寸。连檐的高度、厚度与檐椽的直径相同。

瓦口的长度与连檐的长度相同。以椽子直径的一半来确定瓦口的高度。若椽子的直径为四寸二分，则可得瓦口的高度为二寸一分。以自身高度的一半来确定其厚度，可得瓦口的厚度为一寸五厘。

榻脚木的长度由步架长度的六倍加桁条直径的两倍来确定。若步架长度的六倍为二丈九尺七寸，两端均加桁条的直径。若桁条的直径为一尺二寸，可得榻脚木的总长度为三丈二尺一寸。榻脚木的截面正方形边长与桁条的直径相同。

草架柱子的高度由步架的长度加举的比例来确定。若步架的长度为四尺九寸五分，第一步架使用七举的比例，可得高度为三尺四寸六分；第二步架使用八举的比例，可得高度为三尺九寸六分，两个步架的总高度为七尺四寸二分，则上金桁下方的草架柱子的高度为七尺四寸二分。第三步架使用九举的比例，可得高度为四尺四寸五分，与前两步架相加，三个步架的总高度为一丈一尺八寸七分，则脊桁下方的草架柱子的高度为一丈一尺八寸七分。两端都要外加入榫的长度，入榫的长度为自身宽度和厚度的一半。若自身的宽度和厚度均为六寸，可得入榫的长度均为三寸。草架柱子的宽度和厚度由榻脚木的截面正方形边长折半后来确定。若榻脚木的截面正方形边长为一尺二寸，则可得草架柱子的截面正方形边长为六寸。穿的数量为两根，其中，内下金一根，长度为步架长度的四倍。若步架长度的四倍为一丈九尺八寸，则穿的长度为一丈九尺八寸；上金一根，长度为步架长度的两倍。若步架长度的两倍为九尺九寸，则穿的长度为九尺九寸。穿的宽度、厚度与草架柱子的宽度、厚度相同。

【原文】凡山花[1]以进深定宽。如进深四丈二尺九寸，前后廊各收六尺六寸，得山花通宽二丈九尺七寸。以脊中草架柱子之高，加扶脊木并桁条之径定高。如草架柱子高一丈一尺八寸七分，扶脊木、脊桁各径一尺二寸加之，得山花中高一丈四尺二寸七分。系尖高做法均折核算。以桁条径四分之一定厚。如桁条径一尺二寸，得山花厚三寸。

【注释】〔1〕山花：位于歇山建筑山墙上五架梁上方的瓜柱之间，是起着覆盖作用的三角形板状构件，紧邻博缝板。外部有花纹和彩色图案，因此被称为“山花”“山花板”。

【译解】山花的宽度由进深来确定。若进深为四丈二尺九寸，减去前后廊的进深均为六尺六寸，可得山花的宽度为二丈九尺七寸。以脊中的草架柱子的高度加扶脊木和桁条的直径来确定山花的高度。若草架柱子的高度为一丈一尺八寸七分，扶脊木和脊桁的直径均为一尺二寸，三者相加，可得屋顶最高处的山花的高度为一丈四尺二寸七分。其余山花的高度都要按比例进行核算。以桁条直径的四分之一来确定山花的厚度。若桁条的直径为一尺二寸，则可得山花的厚度为三寸。

【原文】凡博缝板[1]随各椽之长得长。如下花架椽长六尺一寸八分，即下花架博缝板长六尺一寸八分，如上花架椽长六尺四寸三分，即上花架博缝板长六尺四寸三分，如脑椽长六尺六寸八分，即脑博缝板长六尺六寸八分。每博缝板外加搭岔分位，照本身之宽加长，如本身宽二尺五寸二分，每块即加长二尺五寸二分。以椽

径六份定宽，如椽径四寸二分，得博缝板宽二尺五寸二分。厚与山花板之厚同。

【注释】〔1〕博缝板：位于歇山建筑屋顶两侧的挑山部分，起着封闭和保护梢檩头、边椽和望板的作用，看面通常有装饰。也被称作“博风板”或“搏风板”。

【译解】博缝板的长度与其所在椽子的长度相同。若下花架椽的长度为六尺一寸八分，则下花架上博缝板的长度为六尺一寸八分。若上花架椽的长度为六尺四寸三分，则上花架博缝板的长度为六尺四寸三分。若脑椽的长度为六尺六寸八分，则脑博缝板的长度为六尺六寸八分。每个博缝板的外侧都需外加搭岔，加长的长度为博缝板自身的宽度。若博缝板的宽度为二尺五寸二分，每块需加长的长度为二尺五寸二分。以椽子直径的六倍来确定博缝板的宽度。若椽子的直径为四寸二分，则可得博缝板的宽度为二尺五寸二分。博缝板的厚度与山花板的厚度相同。

卷三

本卷详述使用斗口为二寸五分的重昂斗栱，建造带转角围廊的七檩进深的歇山顶大木建筑的方法。

七檩歇山转角周围廊斗口重昂斗科斗口二寸五分大木做法

【译解】使用斗口为二寸五分的重昂斗栱，建造七檩进深带转角围廊的歇山顶大木式建筑的方法。

【原文】凡面阔、进深以斗科攒数定，每攒以口数十一份定宽（原注：每斗口一寸，随身加一尺一寸，为十一份）。如斗口二寸五分，以科中分算，得斗科每攒宽二尺七寸五分。如面阔用平身斗科六攒，再加两边柱头科各半攒，共斗科七攒，得面阔一丈九尺二寸五分。

如次间收分一攒，得面阔一丈六尺五寸。梢间同，或再收一攒，临期酌定。如廊内用平身斗科一攒，两边柱头科各半攒，共二攒，得廊子面阔五尺五寸。如进深用平身斗科八攒，再加两边柱头科各半攒，共斗科九攒，得进深二丈四尺七寸五分。外加前后廊各深五尺五寸，得通进深三丈五尺七寸五分。

凡檐柱以斗口七十份，除平板枋，斗科高分位定高（原注：每斗口一寸，随身加七尺，为七十份）。如斗口二寸五分，得檐柱连平板枋、斗科通高一丈七尺五寸。内除平板枋高五寸，斗科高二尺三寸，得檐柱净高一丈四尺七寸。外每柱径一尺，加上、下榫各长三寸。如柱径一尺五寸，得榫长各四寸五分。以斗口六份定径寸（原注：每斗口一寸，随身加六寸，为六份）。如斗口二寸五分，得檐柱径一尺五寸。两山檐柱做法同。

凡金柱以出廊并正心桁中至挑檐桁中拽架尺寸用加举定高。如廊深五尺五寸，正心桁中至挑檐桁中二拽架一尺五寸（原注：每拽架以斗口三份为一拽架，得七寸五分），共深七尺，按五举加之，得高三尺五寸，并檐柱、平板枋、斗科通高一丈七尺五寸，得金柱高二丈一尺。外每柱径一尺，加上、下榫各长三寸。如柱径一尺七寸，得榫长各五寸一分。其踩步金柱、加平水一份之高，如平水高一尺，即踩步金柱加高一尺，再加桁条径三分之一作桁椀，如桁条径一尺，得桁椀高三寸三分。以檐柱径加二寸定径寸。如檐柱径一尺五寸，得金柱径一尺七寸。

凡小额枋以面阔定长。如面阔一丈九尺二寸五分，两头共除柱径一份一尺五寸，得净面阔一丈七尺七寸五分，即长一丈七尺七寸五分。外加两头入榫分位，各按柱径四分之一。如柱径一尺五寸，得榫长各三寸七分。其廊子小额枋，一头加柱径半份，又照本身高加半份，得出榫分位。如本身高一尺，得出榫长五寸。一头除柱径半份，外加入榫分位亦按柱径四分之一。以斗口四份定高。如斗口二寸五分，得小额枋高一尺，以本身高收二寸定厚，得厚八寸。两山小额枋做法同。

凡由额垫板以面阔定长，如面阔一丈

九尺二寸五分，两头共除柱径一份一尺五寸，得净面阔一丈七尺七寸五分，即由额垫板长一丈七尺七寸五分，外加两头入榫分位，各按柱径十分之二。如柱径一尺五寸，得榫长各三寸。以斗口二份定高，一份定厚，如斗口二寸五分，得由额垫板高五寸，厚二寸五分。两山由额垫板做法同。

凡大额枋之长俱与小额枋同，其廊子大额枋一头加檐柱径一份，得霸王拳分位；一头除柱径半份，外加入榫分位，亦按柱径四分之一，以斗口六份定高，如斗口二寸五分，得大额枋高一尺五寸。以本身高收二寸定厚，得大额枋厚一尺三寸。两山大额枋做法同。

凡平板枋以面阔定长，如面阔一丈九尺二寸五分，即长一丈九尺二寸五分。外每宽一尺加扣榫长三寸，如平板枋宽七寸五分，得扣榫长二寸二分。其廊子平板枋一头加柱径一份，得交角出头分位。如柱径一尺五寸，得出头长一尺五寸。以斗口三份定宽，二份定高，如斗口二寸五分，得平板枋宽七寸五分，高五寸。两山平板枋做法同。

凡桃尖梁以廊子进深并正心桁中至挑檐桁中定长。如廊深五尺五寸，正心桁中至挑檐桁中长一尺五寸，共长七尺。又加二拽架尺寸长一尺五寸，得桃尖梁通长八尺五寸。外加金柱径半份，又出榫照随梁枋高半份，如随梁枋高一尺，得出榫长五寸。以拽架加举定高，如斗口重昂，得二拽架深一尺五寸，按五举加之，得高七寸五分，又加蚂蚱头、撑头木各高五寸，得桃尖梁高一尺七寸五分（原注：蚂蚱头、撑头木详载斗口做法）。以斗口六份定厚，如斗口二寸五分，得桃尖梁厚一尺五寸。以斗口四份定桃尖梁头之厚，得厚一尺。两山桃尖梁做法同。

凡桃尖随梁枋以出廊定长，如出廊深五尺五寸，即长五尺五寸。外一头加檐柱径半份，一头加金柱径半份，又两头出榫照本身高加半份。如本身高一尺，得出榫各长五寸。高、厚与小额枋同。两山随梁枋做法同。

凡挑檐桁以面阔定长。如面阔一丈九尺二寸五分，即长一丈九尺二寸五分。外每径一尺加扣榫长三寸，如径八寸，得扣榫长二寸四分。其廊子挑檐桁一头加二拽架长一尺五寸，又加交角出头分位，按本身径一份半，如本身径八寸，得交角出头一尺二寸。以正心桁之径收二寸定径寸，如正心桁径一尺，得挑檐桁径八寸。两山挑檐桁做法同。

凡挑檐枋以面阔定长。如面阔一丈九尺二寸五分，内除桃尖梁头之厚一尺，得净面阔一丈八尺二寸五分，即挑檐枋长一丈八尺二寸五分。外加两头入榫分位，各按本身厚一份，如本身厚二寸五分，得榫长各二寸五分。其廊子挑檐枋一头加二拽架长一尺五寸，又加交角出头分位按挑檐桁径一份半，如挑檐桁径八寸，得出头长一尺二寸。一头除桃尖梁头之厚半份，外

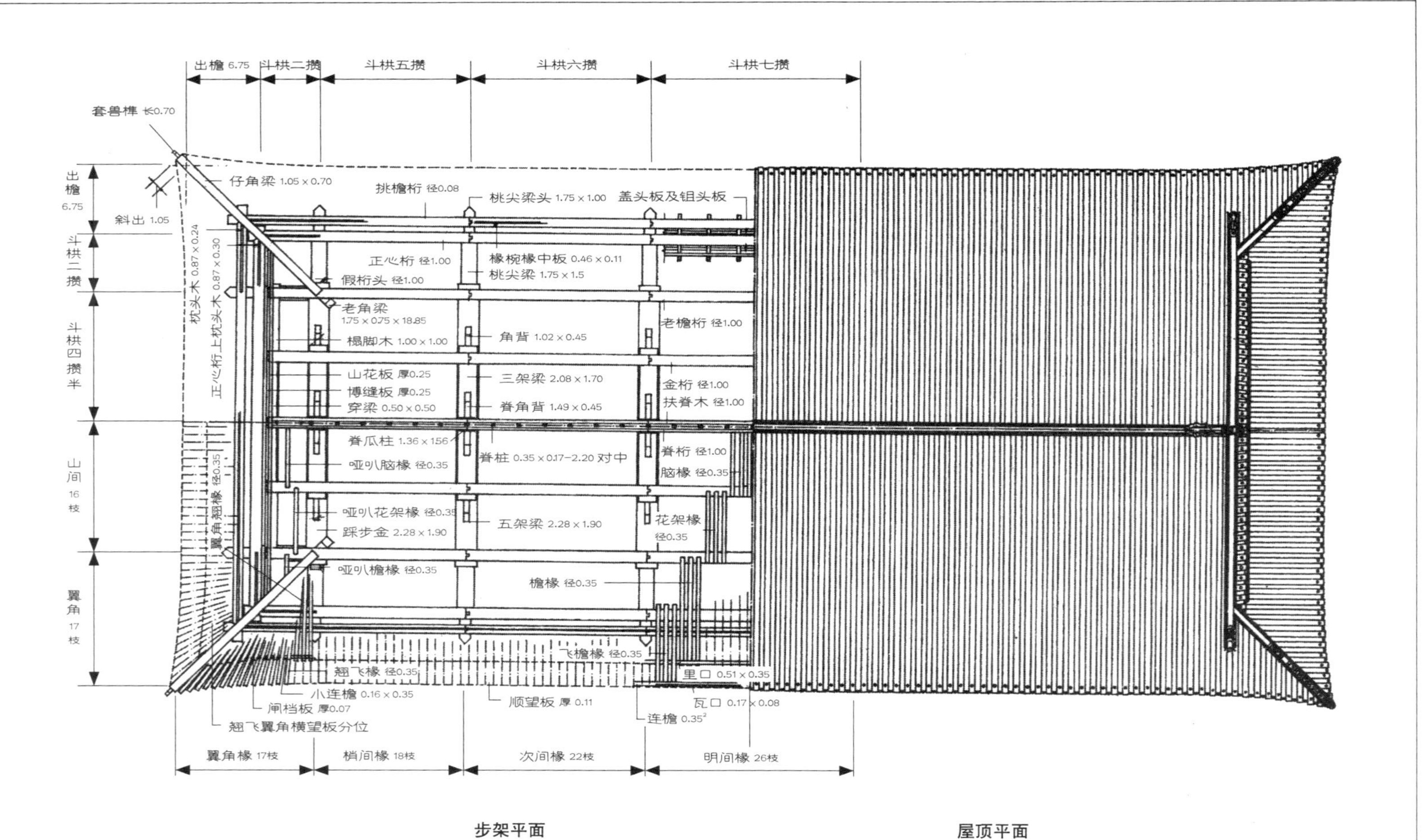

步架平面　　　　屋顶平面

□ 七檩歇山转角建筑

歇山式建筑都具有一定的形象特征，而构成其外形的内部构架则有许多特殊的处理方法，因而形成了多种构造形式。

加入榫分位，按本身厚一份，如本身厚二寸五分，得榫长二寸五分。以斗口二份定高，一份定厚。如斗口二寸五分，得挑檐枋高五寸，厚二寸五分。两山挑檐枋做法同。

凡正心桁以面阔定长，如面阔一丈九尺二寸五分，即长一丈九尺二寸五分。外每径一尺加搭交榫长三寸，如径一尺，得榫长三寸。其廊子正心桁一头加交角出头分位，按本身径一份，如本身径一尺，得出头长一尺。以斗口四份定径，如斗口二寸五分，得正心桁径一尺。两山正心桁做法同。

凡正心枋计三层，以面阔定长。如面阔一丈九尺二寸五分，内除桃尖梁头之厚一尺，得净面阔一丈八尺二寸五分。外加两头入榫分位，各按本身之高半份，如本身高五寸，得榫长各二寸五分。其廊子正心枋，一头除桃尖梁头之厚半份，外加入榫分位，按本身高半份，得榫长二寸五分。第一层，一头带蚂蚱头长二尺二寸五分；第二层，一头带撑头木长一尺五寸。以斗口二份定高。如斗口二寸五分，得正心枋高五寸。以斗口一份，外加包掩定厚。如斗口二寸五分，加包掩六分，得正心枋厚三寸一分。两山正心枋做法同。

凡里、外拽枋以面阔定长。如面阔一丈九尺二寸五分，里面拽枋除桃尖梁身厚一尺五寸，得长一丈七尺七寸五分。外面拽枋除桃尖梁头厚一尺，得长一丈八尺二寸五分。里、外拽枋外加两头入榫分位，各按本身厚一份。如本身厚二寸五分，得榫长各二寸五分。其廊子拽枋，里一根，一头除桃尖梁身之厚半份；外一根，一头除桃尖梁头之厚半份，各加入榫分位，按本身厚一份，如本身厚二寸五分，得榫长二寸五分。外一根，一头带撑头木长一尺五寸；里一根，收一拽架长七寸五分。高、厚与挑檐枋同。两山拽枋做法同。

凡井口枋之长，与里面拽枋同。外加两头入榫分位，各按本身厚一份，如本身厚二寸五分，得榫长各二寸五分。其廊子井口枋，一头收二拽架长一尺五寸，一头除桃尖梁身之厚半份，外加入榫，按本身厚一份。以挑檐桁之径定高。如挑檐桁径八寸，井口枋即高八寸，厚与拽枋同。两山井口枋做法同。

凡老檐桁以面阔定长，如面阔一丈九尺二寸五分，老檐桁即长一丈九尺二寸五分。外每径一尺，加搭交榫长三寸。其梢间老檐桁，按面阔内除安博脊分位，得长。径与正心桁同。

【译解】面宽和进深都由斗栱的套数来确定，一套斗栱的宽度为斗口宽度的十一倍（原注：若斗口的宽度为一寸，一套斗栱的宽度为一寸的十一倍，即一尺一寸）。如果斗口的宽度为二寸五分，那么可得一套斗栱的宽度为二尺七寸五分。如果面宽为六套平身科斗栱的宽度，两侧均使用半套柱头科斗栱，共计使用七套斗栱，由此可得面宽为一丈九尺二寸五分。

如果次间少用一套斗栱，则可得面宽为一丈六尺五寸。梢间与次间的面宽相同，或者梢间比次间少用一套斗栱，具体使用的斗栱数可以根据实际情况来确定。如果廊的内部用一套平身科斗栱，两侧均使用半套柱头科斗栱，共计使用两套斗栱，可得廊的面宽为五尺五寸。如果进深使用八套平身科斗栱，两侧均使用半套柱头科斗栱，共计使用九套斗栱，可得进深为二丈四尺七寸五分。加上前后廊的进深均为五尺五寸，可得通进深为三丈五尺七寸五分。

檐柱的高度为斗口宽度的七十倍减去平板枋和斗栱的高度（**原注：若斗口的宽度为一寸，则檐柱的高度为一寸的七十倍，即七尺**）。如果斗口的宽度为二寸五分，那么可得檐柱、平板枋和斗栱的总高度为一丈七尺五寸。减去平板枋和斗栱的高度，即可得檐柱的净高度。若平板枋的高度为五寸，斗栱的高度为二尺三寸，则可得檐柱的净高度为一丈四尺七寸。当柱径为一尺时，外加的上、下榫的长度为三寸。如果柱径为一尺五寸，可得榫的长度为四寸五分。柱径的尺寸为斗口宽度的六倍（**原注：若斗口的宽度为一寸，柱径为一寸的六倍，即六寸**）。如果斗口的宽度为二寸五分，可得柱径为一尺五寸。两山檐柱尺寸的计算方法相同。

金柱的高度，由出廊和正心桁中心至挑檐桁中心的拽架尺寸和举的比例来确定。若廊的进深为五尺五寸，正心桁中心至挑檐桁中心的长度为二拽架，即一尺五寸（**原注：若斗口宽度的三倍为一拽架，可以计算出一拽架为七寸五分**），与廊的进深相加，得总进深为七尺。如果使用五举的比例，则可得高度为三尺五寸，檐柱、平板枋和斗栱的高度相加为一丈七尺五寸，可得金柱的高度为二丈一尺。当柱径为一尺时，上、下榫的长度为三寸。如果柱径为一尺七寸，上、下榫的长度均为五寸一分。踩步金柱的高度，需要在此基础上增加平水的高度。若平水的高度为一尺，则踩步金柱再加高一尺，再加上桁条直径的三分之一作为桁椀。如果桁条的直径为一尺，则桁椀的高度为三寸三分。檐柱径加上二寸，即为金柱径的尺寸。如果檐柱径为一尺五寸，可得金柱径为一尺七寸。

小额枋的长度由面宽来确定。如果面宽为一丈九尺二寸五分，两端共减去柱径一尺五寸，可得净面宽为一丈七尺七寸五分，则小额枋的长度为一丈七尺七寸五分。两端外加入榫的长度，即柱径的四分之一。若柱径为一尺五寸，可得入榫的长度为三寸七分。廊上的小额枋，一端需增加柱径的一半，出榫的长度为小额枋本身高度的一半。如果本身的高度为一尺，可得入榫的长度为五寸。一端减去柱径的一半，出榫的长度为柱径的四分之一。以斗口宽度的四倍来确定小额枋的高度。如果斗口的宽度为二寸五分，可得小额枋的高度为一尺，以本身的高度减少二寸来确定小额枋的厚度，由此可得其厚度为八寸。两山墙的小额枋尺寸的计算方法相同。

由额垫板的长度由面宽来确定。如果

面宽为一丈九尺二寸五分，两端共减去柱径一尺五寸，可得净面宽为一丈七尺七寸五分，则由额垫板的长度为一丈七尺七寸五分。两端外加入榫的长度，其为柱径的十分之二，若柱径为一尺五寸，可得入榫的长度为三寸。用斗口宽度的两倍来确定由额垫板的高度，用斗口的宽度来确定其厚度。如果斗口的宽度为二寸五分，可得由额垫板的高度为五寸，厚度为二寸五分。两山墙的由额垫板尺寸的计算方法相同。

大额枋的长度与小额枋的长度相同。在廊上的大额枋一端留出与柱径尺寸相同长度的枋头，作为霸王拳。一端减去柱径的一半，外加入榫的长度，其为柱径的四分之一。用斗口宽度的六倍来确定大额枋的高度。如果斗口的宽度为二寸五分，则可得大额枋的高度为一尺五寸。用本身的高度减少二寸来确定大额枋的厚度，可得大额枋的厚度为一尺三寸。两山墙的大额枋尺寸的计算方法相同。

平板枋的长度由面宽来确定。如果面宽为一丈九尺二寸五分，则平板枋的长度为一丈九尺二寸五分。当平板枋的宽度为一尺时，外加的扣榫的长度为三寸。如果平板枋的宽度为七寸五分，则可得扣榫的长度为二寸二分。在廊上的平板枋一端增加柱径的尺寸，作为出头部分。如果柱径为一尺五寸，则出头部分的长度为一尺五寸。用斗口宽度的三倍来确定平板枋的宽度，用斗口宽度的两倍来确定平板枋的高度。如果斗口的宽度为二寸五分，那么可得平板枋的宽度为七寸五分，高度为五寸。两山墙的平板枋尺寸的计算方法相同。

桃尖梁的长度由廊的进深加正心桁中心至挑檐桁中心的间距来确定。若廊的进深为五尺五寸，正心桁中心至挑檐桁中心的间距为一尺五寸，则总长度为七尺。再加两拽架的长度一尺五寸，可得桃尖梁的长度为八尺五寸。向外出头的部分为金柱径的一半，再加出榫的长度，出榫的长度为随梁枋高度的一半。若随梁枋的高度为一尺，则出榫的长度为五寸。桃尖梁的高度由拽架的尺寸和举的比例来确定。若重昂为二拽架，拽架尺寸为一尺五寸。如果使用五举的比例，则可得高度为七寸五分。再加上蚂蚱头和撑头木，二者的高度均为五寸，则可得桃尖梁的高度为一尺七寸五分（原注：蚂蚱头、撑头木的尺寸在斗口的做法里有详细记载）。以斗口宽度的六倍来确定桃尖梁的厚度。若斗口的宽度为二寸五分，可得桃尖梁的厚度为一尺五寸。以斗口宽度的四倍来确定桃尖梁梁头的厚度，若斗口的宽度为二寸五分，可得桃尖梁梁头的厚度为一尺。两山墙的桃尖梁尺寸的计算方法相同。

桃尖随梁枋的长度由出廊来确定。若出廊的进深为五尺五寸，则桃尖随梁枋的长度为五尺五寸。在外侧的一端加金柱径的一半，两端出榫的长度为随梁枋本身高度的一半。若随梁枋的高度为一尺，则两端出榫的长度均为五寸。桃尖随梁枋的高度、厚度与小额枋的高度、厚度相同。两山墙的桃尖随梁枋尺寸的计算方法相同。

挑檐桁的长度由面宽来确定。若面宽

为一丈九尺二寸五分，则挑檐桁的长度为一丈九尺二寸五分。当挑檐桁的直径为一尺时，外加的扣榫的长度为三寸。以此计算，若挑檐桁的直径为八寸，则外加的扣榫的长度为二寸四分。廊子里的挑檐桁，一端需增加二拽架，长度为一尺五寸。再加与其他构件相交之后的出头部分，该部分的长度为本身直径的一点五倍，若本身的直径为八寸，可得该出头部分的长度为一尺二寸。以正心桁的直径减少二寸来确定挑檐桁的直径。若正心桁的直径为一尺，则可得挑檐桁的直径为八寸。两山墙的挑檐桁尺寸的计算方法相同。

挑檐枋的长度由面宽来确定。若面宽为一丈九尺二寸五分，减去桃尖梁梁头的厚度一尺，可得净面宽为一丈八尺二寸五分，则挑檐枋的长度为一丈八尺二寸五分。两端外加入榫的长度为自身的厚度。若自身的厚度为二寸五分，则可得入榫的长度均为二寸五分。廊子里的挑檐枋，一端需增加二拽架，长度为一尺五寸。再加与其他构件相交之后的出头部分，该部分的长度为挑檐桁直径的一点五倍，若挑檐桁的直径为八寸，可得该出头部分的长度为一尺二寸。一端需减去桃尖梁梁头厚度的一半，外加入榫的长度，入榫的长度为自身的厚度。若自身的厚度为二寸五分，可得入榫的长度为二寸五分。以斗口宽度的两倍来确定挑檐枋的高度，以斗口的宽度来确定其厚度。若斗口的宽度为二寸五分，则可得挑檐枋的高度为五寸，厚度为二寸五分。两山墙的挑檐枋尺寸的计算方法相同。

正心桁的长度由面宽来确定。若面宽为一丈九尺二寸五分，则正心桁的长度为一丈九尺二寸五分。当正心桁的直径为一尺时，外加相交部分的榫的长度为三寸。若直径为一尺，则可得榫的长度为三寸。廊子里的正心桁，一端与其他构件相交后出头，该出头部分的长度为本身的直径。若本身的直径为一尺，则可得出头部分的长度为一尺。以斗口宽度的四倍来确定正心桁的直径。若斗口的宽度为二寸五分，则可得正心桁的直径为一尺。两山墙的正心桁尺寸的计算方法相同。

正心枋共有三层，其长度由面宽来确定。若面宽为一丈九尺二寸五分，减去桃尖梁梁头的厚度一尺，可得净面宽为一丈八尺二寸五分。两端外加入榫的长度，其为自身高度的一半。若自身的高度为五寸，可得入榫的长度为二寸五分。廊子里的正心枋，一端需减去桃尖梁梁头厚度的一半，再确定入榫的位置，入榫的长度为自身高度的一半。若自身的高度为五寸，可得入榫的长度为二寸五分。第一层正心枋，一端带有蚂蚱头，长度为二尺二寸五分；第二层正心枋，一端带有正撑头木，长度为一尺五寸。以斗口宽度的两倍来确定正心枋的高度。若斗口的宽度为二寸五分，可得正心枋的高度为五寸。用斗口的宽度加包掩来确定正心枋的厚度。若斗口的宽度为二寸五分，包掩为六分，可得正心枋的厚度为三寸一分。两山墙的正心枋尺寸的计算方法相同。

里、外拽枋的长度由面宽来确定。若面宽为一丈九尺二寸五分，里拽枋需减去桃尖梁梁头的厚度一尺五寸，可得其长度为一丈七尺七寸五分；外拽枋需减去桃尖梁梁头的厚度一尺，可得其长度为一丈八尺二寸五分。里、外拽枋的两端分别外加入榫的长度，入榫的长度为自身的厚度。若拽枋的厚度为二寸五分，则可得入榫的长度均为二寸五分。廊子的拽枋，里拽枋的一端需减去桃尖梁梁头厚度的一半；外拽枋的一端需减去桃尖梁梁头厚度的一半。分别外加入榫的长度，入榫的长度为自身的厚度。若拽枋的厚度为二寸五分，可得入榫的长度为二寸五分。外拽枋的一端有撑头木，其长度为一尺五寸。里拽枋向内缩进一拽架，缩进的长度为七寸五分。里、外拽枋的高度、厚度与挑檐枋的高度、厚度相同。两山墙的拽枋尺寸的计算方法相同。

井口枋的长度与里拽枋的长度相同。两端外加入榫的长度，入榫的长度为自身的厚度。若井口枋的厚度为二寸五分，可得入榫的长度均为二寸五分。廊子里的井口枋，一端缩进二拽架，缩进的长度为一尺五寸；一端减去桃尖梁梁头厚度的一半，外加入榫的长度，入榫的长度为自身的厚度。用挑檐桁的直径来确定井口枋的高度。若挑檐桁的直径为八寸，则井口枋的高度为八寸。井口枋的厚度与拽枋的厚度相同。两山墙的井口枋尺寸的计算方法相同。

老檐桁的长度由面宽来确定。若面宽为一丈九尺二寸五分，则老檐桁的长度为一丈九尺二寸五分。当老檐桁的直径为一尺时，其与其他构件相交的部分外加的榫的长度为三寸。梢间的老檐桁的长度由面宽减去博脊的占位部分来确定。老檐桁的直径与正心桁的直径相同。

【原文】凡老檐垫板以面阔定长。如面阔一丈九尺二寸五分，内除五架梁头之厚一尺九寸，得净面阔一丈七尺三寸五分，老檐垫板即长一丈七尺三寸五分。外加两头入榫分位，照梁头之厚每尺加入榫二寸。如梁头厚一尺九寸，得榫长各三寸八分。其梢间垫板，一头除梁头厚半份，一头除金柱径半份。加榫仍照前法。两山除金柱径一份，外加入榫分位，按柱径十分之二。以斗口四份定高，一份定厚。如斗口二寸五分，得老檐垫板高一尺，厚二寸五分。

凡老檐枋以面阔定长。如面阔一丈九尺二寸五分，内除柱径一份一尺七寸，得净面阔一丈七尺五寸五分，即长一丈七尺五寸五分。外加两头入榫分位，各按柱径四分之一。如柱径一尺七寸，得榫径各四寸二分。高、厚俱与小额枋同。

凡天花垫板以举架定高。如举架高三尺五寸，内除老檐枋之高一尺，桃尖梁高一尺七寸五分，得天花垫板高七寸五分。长、厚与老檐垫板同。

凡天花枋之长与老檐枋同。以小额枋之高加二寸定高，如小额枋高一尺，得天花枋高一尺二寸，以本身高收二寸定厚，得天花枋厚一尺。

凡踩步金枋以进深定长。如进深二丈四尺七寸五分，除金柱径一份一尺七寸，得净进深二丈三尺五分，即长二丈三尺五分。外加两头入榫分位，各按柱径四分之一。如柱径一尺七寸，得榫长各四寸二分。高、厚与小额枋同。

【译解】老檐垫板的长度由面宽来确定。若面宽为一丈九尺二寸五分，减去五架梁梁头的厚度一尺九寸，则可得净面宽为一丈七尺三寸五分，则老檐垫板的长度为一丈七尺三寸五分。两端外加入榫的长度，当梁头的厚度为一尺时，入榫的长度为二寸。以此计算，若梁头的厚度为一尺九寸，则可得入榫的长度为三寸八分。梢间的老檐垫板，一端减去梁头厚度的一半；一端减去金柱径的一半。外加的入榫的长度，按照前述方法进行计算。两山墙的老檐垫板，需减去金柱径的尺寸。两端外加入榫的长度，入榫的长度均为金柱径的十分之二。用斗口宽度的四倍来确定老檐垫板的高度，用斗口的宽度来确定其厚度。若斗口的宽度为二寸五分，则可得老檐垫板的高度为一尺，厚度为二寸五分。

老檐枋的长度由面宽来确定。若面宽为一丈九尺二寸五分，减去金柱径的尺寸，即一尺七寸，可得净面宽为一丈七尺五寸五分，则老檐枋的长度为一丈七尺五寸五分。两端外加入榫的长度，入榫的长度均为金柱径的四分之一。若柱径为一尺七寸，可得入榫的长度均为四寸二分。老檐枋的高度、厚度与小额枋的高度、厚度相同。

天花垫板的高度由举架的尺寸来确定。若举架的高度为三尺五寸，减去老檐枋的高度一尺，再减去桃尖梁的高度一尺七寸五分，可得天花垫板的净高度为七寸五分。天花垫板的长度、厚度与老檐垫板的长度、厚度相同。

天花枋的长度与老檐枋的长度相同。以小额枋的高度加二寸来确定天花枋的高度。若小额枋的高度为一尺，可得天花枋的高度为一尺二寸。以自身的高度减少二寸来确定自身的厚度，可得天花枋的厚度为一尺。

踩步金枋的长度由进深来确定。若进深为二丈四尺七寸五分，减去金柱径的尺寸，即为一尺七寸，可得净进深为二丈三尺五分，则踩步金枋的长度为二丈三尺五分。两端外加入榫的长度，入榫的长度均为柱径的四分之一。若柱径为一尺七寸，可得入榫的长度均为四寸二分。踩步金枋的高度、厚度与小额枋的高度、厚度相同。

【原文】凡踩步金以进深定长。如进深二丈四尺七寸五分，两头加假桁条头，各按桁条径一份半，如桁条径一尺，得假桁条头各长一尺五寸，得踩步金长二丈七尺七寸五分。以金柱径加二寸定厚。如柱径一尺七寸，得踩步金厚一尺九寸。以本身厚每尺加二寸定高，得踩步金高二尺二寸八分。

凡五架梁以步架四份定长。如步架四份深二丈四尺七寸五分，两头各加桁条径一份，得柁头分位，如桁条径一尺，得五架梁通长二丈六尺七寸五分。高、厚与踩步金同。

凡五架随梁枋以步架四份定长。如步架四份深二丈四尺七寸五分，内除金柱径一份一尺七寸，得五架随梁枋长二丈三尺五分。外加两头入榫分位，各按柱径四分之一。如柱径一尺七寸，得榫长各四寸二分。高、厚与大额枋同。

凡天花梁之长与五架随梁枋同。以金柱径加二寸定高。如金柱径一尺七寸，得天花梁高一尺九寸。以本身之高收二寸定厚，得厚一尺七寸。

凡金瓜柱以步架加举定高。如步架深六尺一寸八分，按七举加之，得高四尺三寸二分。内除五架梁之高二尺二寸八分，得金瓜柱净高二尺四分。外每宽一尺，加上、下榫各长三寸。如本身宽一尺五寸六分，得榫长各四寸六分。以三架梁之厚每尺收滚楞二寸定厚。如三架梁厚一尺七寸，得金瓜柱厚一尺三寸六分。以本身厚加二寸定宽，得宽一尺五寸六分。

凡踩步金上柁橔以桁条径尺寸加倍定宽。如桁条径一尺，得柁橔宽二尺。高与金瓜柱同，得高四尺三寸二分，内除踩步金之高二尺二寸八分，并踩步金枋之高一尺，得柁橔净高一尺四分。厚与金瓜柱同。

凡角背以步架定长。如步架深六尺一寸八分，角背即长六尺一寸八分。以瓜柱之净高折半定高。如瓜柱高二尺四分，得角背高一尺二分。以瓜柱厚三分之一定厚。如瓜柱厚一尺三寸六分，得角背厚四寸五分。

凡金、脊桁之长、径做法，俱与老檐桁同。

凡金、脊枋之长、宽、厚做法，俱与老檐枋同。除瓜柱之径一份，外加入榫分位，各按柱径四分之一。

凡金、脊垫板之长、宽、厚做法，俱与老檐垫板同。除梁头或脊瓜柱，外加入榫尺寸。

凡三架梁以步架二份定长。如步架二份深一丈二尺三寸六分，两头各加桁条径一份得柁头分位。如桁条径一尺，得三架梁通长一丈四尺三寸六分。以五架梁之高、厚各收二寸定高、厚。如五架梁高二尺二寸八分，厚一尺九寸，得三架梁高二尺八分，厚一尺七寸。

凡脊瓜柱以步架加举定高。如步架深六尺一寸八分，按九举加之，得高五尺五寸六分，又加平水高一尺，得共高六尺五寸六分。内除三架梁之高二尺八分，得脊瓜柱净高四尺四寸八分，外加桁条径三分之一作上桁椀，如桁条径一尺，得桁椀三寸三分。每宽一尺，加下榫长三寸。如本身宽一尺五寸六分，得下榫长四寸六分。宽、厚与金瓜柱同。

凡脊角背以步架定长。如步架深六

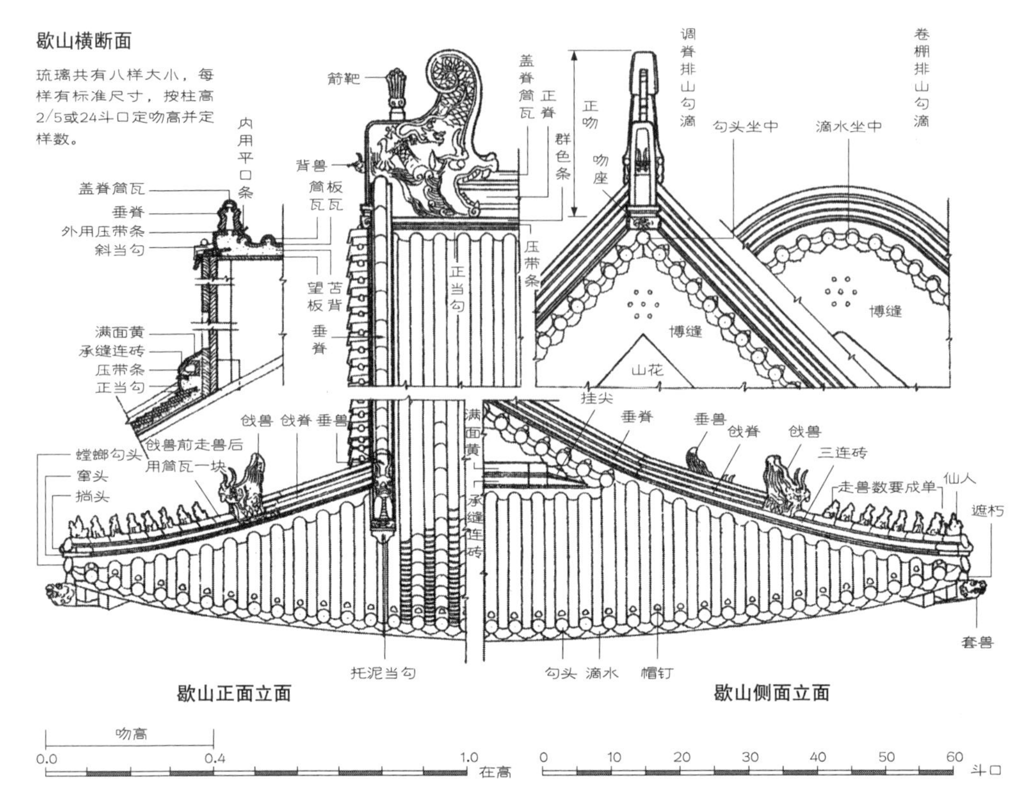

歇山正面立面　　歇山侧面立面

□ 歇山建筑的屋顶瓦作

我国古建筑屋顶的瓦作在形制上也可分为大式和小式。大式用筒瓦骑缝，脊上有特殊脊瓦、吻兽等装饰，材料多用琉璃瓦或青瓦；小式则没有吻兽，多用板瓦，材料则只用青瓦。

尺一寸八分，脊角背即长六尺一寸八分。以脊瓜柱之高、厚三分之一定高、厚。如脊瓜柱净高四尺四寸八分，厚一尺三寸六分，得脊角背高一尺四寸九分，厚四寸五分。

凡扶脊木长、径做法，俱与脊桁同。脊桩照通脊之高，再加扶脊木之径一份，桁条径四分之一，得长。宽照椽径一份，厚按本身之宽折半。

凡仔角梁以出廊并出檐各尺寸用方五斜七举架定长。如出廊深五尺五寸，出檐六尺七寸五分（原注：出檐照斗口加算，如斗口单昂，每斗口一寸，出檐二尺四寸。如斗口重昂并单翘单昂，每斗口一寸，出檐二尺七寸。如单翘重昂，每斗口一寸，出檐三尺。如双翘重昂，每斗口一寸，出檐三尺三寸），得长一丈二尺二寸五分。用方五斜七之法加长，又按一一五加举，共长一丈九尺七寸二分。再加翼角斜出椽径三份，如椽径三寸五分，得并长二丈七寸七分。再加套兽榫照角梁本身之厚一份。如角梁厚七寸，即套兽榫长七寸，得仔角梁通长二丈一尺四寸

七分。以椽径三份定高，二份定厚。如椽径三寸五分，得仔角梁高一尺五分，厚七寸。

【译解】踩步金的长度由进深来确定。若进深为二丈四尺七寸五分，两端外加假桁条头，其长度为桁条直径的一点五倍。若桁条的直径为一尺，可得假桁条头的长度均为一尺五寸，由此可得踩步金的长度为二丈七尺七寸五分。以金柱径增加二寸来确定踩步金的厚度。若金柱径为一尺七寸，可得踩步金的厚度为一尺九寸。以踩步金的厚度来确定其高度。当踩步金的厚度为一尺时，其高度为一尺二寸，由此可得踩步金的高度为二尺二寸八分。

五架梁的长度由步架长度的四倍来确定。若步架长度的四倍为二丈四尺七寸五分，两端均延长桁条的直径，可得柁头的长度。若桁条的直径为一尺，则可得五架梁的总长度为二丈六尺七寸五分。五架梁的高度、厚度与踩步金的高度、厚度相同。

五架随梁枋的长度由步架长度的四倍来确定。若步架长度的四倍为二丈四尺七寸五分，减去金柱径的尺寸一尺七寸，则可得五架随梁枋的长度为二丈三尺五分。两端各加入榫的长度，入榫的长度为柱径的四分之一。若柱径为一尺七寸，可得入榫的长度均为四寸二分。五架随梁枋的高度、厚度与大额枋的高度、厚度相同。

天花梁的长度与五架随梁枋的长度相同。以金柱径加二寸来确定天花梁的高度，若金柱径为一尺七寸，则天花梁的高度为一尺九寸。以天花梁自身的高度减少二寸来确定天花梁的厚度，可得天花梁的厚度为一尺七寸。

金瓜柱的高度由步架的长度和举的比例来确定。若步架的长度为六尺一寸八分，使用七举的比例，可得高度为四尺三寸二分。减去五架梁的高度二尺二寸八分，可得金瓜柱的净高度为二尺四分。当金瓜柱的宽度为一尺时，上、下入榫的长度均为三寸。若金瓜柱的宽度为一尺五寸六分，可得上、下入榫的长度均为四寸六分。以三架梁的厚度来确定金瓜柱的厚度。当三架梁的厚度为一尺时，金瓜柱的厚度为八寸。若三架梁的厚度为一尺七寸，可得金瓜柱的厚度为一尺三寸六分。以金瓜柱自身的厚度增加二寸来确定其宽度，可得金瓜柱的宽度为一尺五寸六分。

踩步金上柁墩的宽度由桁条直径的两倍来确定。若桁条的直径为一尺，可得踩步金上柁墩的宽度为二尺。柁墩的高度与金瓜柱的高度相同，可得高度为四尺三寸二分，减去踩步金的高度二尺二寸八分，再减去踩步金枋的高度一尺，可得柁墩的净高度为一尺四分。柁墩的厚度与金瓜柱的厚度相同。

角背的长度由步架的长度来确定。若步架的长度为六尺一寸八分，则角背的长度为六尺一寸八分。以瓜柱净高度的一半来确定角背的高度。若瓜柱的净高度为二尺四分，则可得角背的高度为一尺二分。以瓜柱厚度的三分之一来确定角背的厚度。若瓜柱的厚度为一尺三寸六分，则可得角背的厚度为四寸五分。

金桁、脊桁的长度和直径的计算方法都与老檐桁的相同。

金枋、脊枋的长度、宽度和厚度的计算方法都与老檐枋的相同。其为分别减去瓜柱的直径，外加入榫的长度，入榫的长度为柱径的四分之一。

金垫板、脊垫板的长度、宽度和厚度的计算方法都与老檐垫板的相同。其为分别减去梁头或脊瓜柱的厚度，外加入榫的长度。

三架梁的长度由步架长度的两倍来确定。若步架长度的两倍为一丈二尺三寸六分，两端均延长与桁条直径相同的尺寸，可得柁头的长度。若桁条的直径为一尺，可得三架梁的总长度为一丈四尺三寸六分。以五架梁的高度、厚度各减少二寸来确定三架梁的高度、厚度。若五架梁的高度为二尺二寸八分，厚度为一尺九寸，可得三架梁的高度为二尺八分，厚度为一尺七寸。

脊瓜柱的高度由步架的长度和举的比例来确定。若步架的长度为六尺一寸八分，使用九举的比例，可得高度为五尺五寸六分。加平水的高度一尺，可得总高度为六尺五寸六分。减去三架梁的高度二尺八分，可得脊瓜柱的净高度为四尺四寸八分。外加桁条直径的三分之一，作为上桁椀。若桁条的直径为一尺，可得桁椀的高度为三寸三分。当脊瓜柱的宽度为一尺时，下方入榫的长度为三寸。若脊瓜柱的宽度为一尺五寸六分，可得下方入榫的长度为四寸六分。脊瓜柱的宽度、厚度与上金瓜柱的宽度、厚度相同。

脊角背的长度由步架的长度来确定。若步架的长度为六尺一寸八分，则脊角背的长度为六尺一寸八分。以脊瓜柱的净高度、厚度的三分之一来确定脊角背的高度、厚度。若脊瓜柱的净高度为四尺四寸八分，厚度为一尺三寸六分，可得脊角背的高度为一尺四寸九分，厚度为四寸五分。

扶脊木的长度和直径都与脊桁的相同。脊桩的长度为通脊的高度加扶脊木的直径，再加桁条直径的四分之一。脊桩的宽度与椽子的直径相同，脊桩的厚度为自身宽度的一半。

仔角梁的长度，由出廊的进深和出檐的长度用方五斜七法计算之后，再加举的比例来确定。若出廊的进深为五尺五寸，出檐的长度为六尺七寸五分（原注：出檐的长度由斗口的宽度来确定，若使用单昂斗口，当斗口的宽度为一寸时，出檐的长度为二尺四寸。若使用重昂和单翘单昂斗口，当斗口的宽度为一寸时，出檐的长度为二尺七寸。若使用单翘重昂斗口，当斗口的宽度为一寸时，出檐的长度为三尺。若使用双翘重昂斗口，当斗口的宽度为一寸时，出檐的长度为三尺三寸），可得长度为一丈二尺二寸五分。用方五斜七法计算角线的长度，再使用一一五举的比例，可得长度为一丈九尺七寸二分。再加翼角的出头部分，其为椽子直径的三倍。若椽子的直径为三寸五分，将所得到的翼角的长度与前述长度相加，可得长度为二丈七寸七分。再加套兽入榫的长度，其为角梁的厚度。若角梁的厚度为七寸，则套兽入榫的长度为七寸，由此可得仔角梁的总长度为二丈一尺四寸七分。以椽子直径的三倍来确定仔角梁的高度，以椽子直径的两倍来确定仔角梁的厚度。若椽子的直径为三寸五分，可得仔角梁的高度为一尺五分，厚度为七寸。

【原文】凡老角梁以仔角梁之长，除飞檐头并套兽榫定长。如仔角梁长二丈一尺四寸七分，内除飞檐头长三尺六寸二分，并套兽榫长七寸，得长一丈七尺一寸五分。外加后尾三岔头照金柱径一份。如金柱径一尺七寸，得老角梁通长一丈八尺八寸五分。高、厚与仔角梁同。

凡枕头木以出廊定长。如出廊深五尺五寸，即长五尺五寸。外加二拽架长一尺五寸，内除角梁之厚半份，得枕头木长六尺六寸五分。以挑檐桁径十分之三定宽。如挑檐桁径八寸，得枕头木宽二寸四分。正心桁上枕头木以出廊定长。如出廊深五尺五寸，即长五尺五寸。内除角梁之厚半份，得正心桁上枕头木净长五尺一寸五分。以正心桁径十分之三定宽。如正心桁径一尺，得枕头木宽三寸。以椽径二份半定高。如椽径三寸五分，得枕头木一头高八寸七分，一头斜尖与桁条平。两山枕头木做法同。

凡椽椀、椽中板以面阔定长。如面阔一丈九尺二寸五分，即长一丈九尺二寸五分。以椽径一份，再加椽径三分之一定高。如椽径三寸五分，得椽椀、椽中板高四寸六分。以椽径三分之一定厚，得厚一寸一分。两山椽中板、椽椀做法同。

凡檐椽以出廊并出檐加举定长。如出廊深五尺五寸，又加出檐照斗口重昂斗科二十七份，如斗口二寸五分，得六尺七寸五分，共长一丈二尺二寸五分。又按一一五加举，得通长一丈四尺八分。内除飞檐头长二尺五寸八分，得檐椽净长一丈一尺五寸。以桁条径每尺三寸五分定径寸，如桁条径一尺，得椽径三寸五分。两山檐椽做法同。每椽空档，随椽径一份。每间椽数俱应成双，档之宽窄，随数均匀。

凡花架椽以步架加举定长。如步架深六尺一寸八分，按一二五加举，得花架椽长七尺七寸二分。径与檐椽同。

凡脑椽以步架加举定长。如步架深六尺一寸八分，按一三五加举，得脑椽长八尺三寸四分。径与檐椽同。以上檐、脑椽一头加搭交尺寸，花架椽两头各加搭交尺寸，俱照椽径加一份。如椽径三寸五分，得搭交长三寸五分。

凡两山出梢[1]哑叭脑椽、花架椽，俱与正脑椽、花架椽同。哑叭檐椽以挑山檩之长得长，系短椽折半核算。

凡飞檐椽以出檐定长。如出檐六尺七寸五分，按一一五加举，得长七尺七寸六分，三份分之，出头一份，得长二尺五寸八分。后尾二份半，得长六尺四寸五分。

得飞檐椽通长九尺三分。见方与檐椽径寸同。

【注释】〔1〕出梢：悬山式建筑梢间的檩子需挑出山墙外，故称为“出梢”。此为悬山与硬山建筑的主要区别之一。

【译解】老角梁的长度由仔角梁的长度，减去飞檐头和套兽的入榫长度来确定。若仔角梁的长度为二丈一尺四寸七分，减去飞檐头的长度三尺六寸二分，再减去套兽入榫的长度七寸，可得老角梁的长度为一丈七尺一寸五分。老角梁的后尾三岔头的长度为金柱径的尺寸。若金柱径为一尺七寸，则可得老角梁的总长度为一丈八尺八寸五分。老角梁的高度、厚度与仔角梁的高度、厚度相同。

枕头木的长度由出廊的进深来确定。若出廊的进深为五尺五寸，则长为五尺五寸。再加二拽架的长度一尺五寸，减去角梁厚度的一半，可得枕头木的长度为六尺六寸五分。以挑檐桁直径的十分之三来确定枕头木的宽度。若挑檐桁的直径为八寸，可得枕头木的宽度为二寸四分。正心桁上方的枕头木的长度由出廊的进深来确定。若出廊的进深为五尺五寸，则长为五尺五寸。减去角梁厚度的一半，可得正心桁上方的枕头木的净长度为五尺一寸五分。以正心桁直径的十分之三，来确定其上枕头木的宽度。若正心桁的直径为一尺，可得正心桁上方的枕头木的宽度为三寸。以椽子直径的二点五倍来确定枕头木的高度。若椽子的直径为三寸五分，可得枕头木一端的高度为八寸七分，另一端为斜尖状，与桁条平齐。两山墙的枕头木尺寸的计算方法相同。

椽椀和椽中板的长度由面宽来确定。若面宽为一丈九尺二寸五分，则椽椀和椽中板的长度为一丈九尺二寸五分。以椽子的直径再加该直径的三分之一来确定椽椀和椽中板的高度。若椽子的直径为三寸五分，则可得椽椀和椽中板的高度为四寸六分。以椽子直径的三分之一来确定椽椀和椽中板的厚度，可得其厚度为一寸一分。两山墙的椽椀和椽中板尺寸的计算方法相同。

檐椽的长度由出廊的进深加出檐的长度和举的比例来确定。若出廊的进深为五尺五寸，出檐的长度为重昂斗栱的二十七倍，若斗口的宽度为二寸五分，可得出檐的长度为六尺七寸五分，与出廊长度相加后的长度为一丈二尺二寸五分。使用一一五举的比例，可得檐椽的总长度为一丈四尺八分。减去飞檐头的长度二尺五寸八分，可得檐椽的净长度为一丈一尺五寸。以桁条的直径来确定檐椽的直径。当桁条的直径为一尺时，檐椽的直径为三寸五分。两山墙的檐椽尺寸的计算方法相同。每两根椽子的空档宽度，与椽子的宽度相同。每个房间使用的椽子数量都应为双数，空档宽度应均匀。

花架椽的长度由步架的长度和举的比例来确定。若步架的长度为六尺一寸八分，使用一二五举的比例，可得花架椽的长度为七尺七寸二分。花架椽的长度与檐椽的长度相同。

脑椽的长度由步架的长度和举的比例来确定。若步架的长度为六尺一寸八分，使用一三五举的比例，可得脑椽的长度为八尺三寸四分。脑椽的直径与檐椽的直径相同。上述檐椽和脑椽在一端外加搭交的长度，花架椽两端均外加搭交的长度，搭交的长度均为椽子的直径。若椽子的直径为三寸五分，可得搭交的长度为三寸五分。

两山墙的梢间哑叭脑椽与花架椽的计算方法与正脑椽和花架椽的计算方法相同。哑叭檐椽的长度由挑山檩的长度来确定。哑叭檐椽为短椽，长度需进行折半核算。

飞檐椽的长度由出檐的长度来确定。若出檐的长度为六尺七寸五分，使用一一五举的比例，可得长度为七尺七寸六分。将此长度三等分，每小段长度为二尺五寸八分。出头的长度为每小段的长度，即二尺五寸八分。椽子的后尾长度为该小段长度的二点五倍，即六尺四寸五分。两个长度相加，可得飞檐椽的总长度为九尺三分。飞檐椽的截面正方形边长与檐椽的直径相同。

【原文】凡翼角翘椽长、径俱与平身檐椽同，其起翘之处，以挑檐桁中之出檐尺寸用方五斜七之法，再加廊深并正心桁中至挑檐桁中拽架各尺寸定翘数。如挑檐桁中出檐长五尺二寸五分，方五斜七加之，得长七尺三寸五分，再加廊深五尺五寸，并二拽架长一尺五寸，共长一丈四尺三寸五分，内除角梁之厚半份，得净长一丈四尺，即系翼角椽档分位。但翼角翘椽以成单为率，如逢双数，应改成单。

凡翘飞椽以平身飞檐椽之长，用方五斜七之法定长。如飞檐椽长九尺三分，用方五斜七加之，第一翘得长一丈二尺六寸四分。其余以所定翘数每根递减长五分五厘。其高比飞檐椽加高半份，如飞檐椽高三寸五分，得翘飞椽高五寸二分，厚仍三寸五分。

凡里口以面阔定长。如面阔一丈九尺二寸五分，即长一丈九尺二寸五分。以椽径一份，再加望板之厚一份半定高。如椽径三寸五分，望板之厚一份半一寸六分，得里口高五寸一分。厚与椽径同。两山里口做法同。

【译解】翼角翘椽的长度和直径都与平身檐椽的相同。椽子起翘的位置，由挑檐桁中心到出檐的长度，用方五斜七法计算后的斜边长度，以及廊的进深和正心桁中心到挑檐桁中心的拽架尺寸等数据共同来确定。若挑檐桁中心到出檐的长度为五尺二寸五分，用方五斜七法计算出的斜边长为七尺三寸五分，加廊的进深为五尺五寸，再加正心桁中心至挑檐桁中心的二拽架长度为一尺五寸，总长度为一丈四尺三寸五分，减去角梁厚度的一半，可得净长度为一丈四尺。在翼角翘椽上量出这个长度，刻度处即为椽子起翘的位置。翼角翘椽的数量通常为单数，如果遇到是双数的情况，应当改变制作方法，使其仍为单数。

翘飞椽的长度由平身飞檐椽的长度，

用方五斜七法计算之后来确定。若飞檐椽的长度为九尺三分，用方五斜七法计算之后，可以得出第一根翘飞椽的长度为一丈二尺六寸四分。其余的翘飞椽长度，可根据总翘数递减，每根长度比前一根少五分五厘。翘飞椽的高度是飞檐椽高度的一点五倍，若飞檐椽的高度为三寸五分，可得翘飞椽的高度为五寸二分。翘飞椽的厚度为三寸五分。

里口的长度由面宽来确定。若面宽为一丈九尺二寸五分，则里口的长度为一丈九尺二寸五分。以椽子的直径加顺望板厚度的一点五倍来确定里口的高度。若椽子的直径为三寸五分，顺望板厚度的一点五倍为一寸六分，可得里口的高度为五寸一分。里口的厚度与椽子的直径相同。两山墙的里口尺寸的计算方法相同。

【原文】凡闸档板以翘档分位定长。如椽档宽三寸五分，即闸档板宽三寸五分。外加入槽每寸一分。高随椽径尺寸，以椽径十分之二定厚。如椽径三寸五分，得闸档板厚七分。其小连檐自起翘处至老角梁得长。宽随椽径一份。厚照望板之厚一份半，得厚一寸六分。两山闸档板、小连檐做法同。

凡顺望板以椽档定宽。如椽径三寸五分，档宽三寸五分，共宽七寸，即顺望板每块宽七寸。长随各椽净长尺寸，内除里口分位。以椽径三分之一定厚。如椽径三寸五分，得顺望板厚一寸一分。

凡翘飞翼角横望板以出廊并出檐加举折见方丈定长宽。飞檐压尾横望板俱以面阔飞檐尾之长折见方丈核算。以椽径十分之二定厚。如椽径三寸五分，得横望板厚七分。

凡连檐以面阔定长。如面阔一丈九尺二寸五分，即长一丈九尺二寸五分。其廊子连檐，以出廊五尺五寸，出檐六尺七寸五分，共长一丈二尺二寸五分，除角梁之厚半份，净长一丈一尺九寸。两山同。以每尺加翘一寸，共长一丈三尺九分。高、厚与檐椽径寸同。

凡瓦口之长与连檐同。以椽径半份定高。如椽径三寸五分，得瓦口高一寸七分。以本身之高折半定厚，得厚八分。

凡榻脚木以步架四份，外加桁条之径二份定长。如步架四份长二丈四尺七寸五分，外加两头桁条之径各一份。如桁条径一尺，得榻脚木通长二丈六尺七寸五分。见方与桁条之径同。

凡草架柱子以步架加举定高。如步架深六尺一寸八分，第一步架按七举加之，得高四尺三寸二分。第二步架按九举加之，得高五尺五寸六分，二步架共高九尺八寸八分，得脊桁下草架柱子，即高九尺八寸八分。外两头俱加入榫分位，按本身之宽厚折半，如本身宽厚五寸，得榫长各二寸五分。以榻脚木见方尺寸折半定宽、厚。如榻脚木见方一尺，得草架柱子见方五寸。其穿以步架定长。如步架二份长一丈二尺三寸七分，即长一丈二尺三寸七分。宽、厚与草架柱子同。

凡山花以进深定宽。如进深三丈五尺七寸五分，前后各收一廊深五尺五寸，得山花通宽二丈四尺七寸五分。以脊中草架柱子之高，加扶脊木，并桁条之径定高，如草架柱子高九尺八寸八分，扶脊木、脊桁各径一尺，加之，得山花中高一丈一尺八寸八分。系尖高做法，均折核算。以桁条之径四分之一定厚。如桁条径一尺，得山花厚二寸五分。

凡博缝板随各椽之长得长。如花架椽长七尺七寸二分，即花架博缝板长七尺七寸二分。如脑椽长八尺三寸四分，即脑博缝板长八尺三寸四分。每博缝板外加搭岔分位，照本身之宽加长。如本身宽二尺一寸，每块即加长二尺一寸。以椽径六份定宽，如椽径三寸五分，得博缝板宽二尺一寸。厚与山花板厚同。

【译解】闸档板的长度由翘档的位置来确定。若椽子之间的档宽度为三寸五分，则闸档板的宽度为三寸五分。在闸档板外侧开槽，每寸长度开槽一分。闸档板的高度与椽子的直径相同。以椽子直径的十分之二来确定闸档板的厚度。若椽子的直径为三寸五分，可得闸档板的厚度为七分。小连檐的长度，为椽子起翘的位置到老角梁的距离。小连檐的宽度与椽子的直径相同。小连檐的厚度为望板厚度的一点五倍，可得其厚度为一寸六分。两山墙的闸档板和小连檐尺寸的计算方法相同。

顺望板的宽度由椽档的宽度来确定。若椽子的直径为三寸五分，椽档的宽度与椽子的直径相同，同为三寸五分，椽子加椽档的总宽度为七寸。由此可得每块顺望板的宽度为七寸。顺望板的长度等于每根椽子的净长度减去里口所占的长度。以椽子直径的三分之一来确定顺望板的厚度。若椽子的直径为三寸五分，可得顺望板的厚度为一寸一分。

翘飞翼角处的横望板的长度和宽度由出廊的进深和出檐的长度加举的比例折算成矩形的边长来确定。飞檐和压尾处的横望板的长度和宽度，都由面宽和飞檐尾的长度折算成矩形的边长来确定。以椽子直径的十分之二来确定横望板的厚度。若椽子的直径为三寸五分，可得横望板的厚度为七分。

连檐的长度由面宽来确定。若面宽为一丈九尺二寸五分，则连檐的长度为一丈九尺二寸五分。廊子里的连檐尺寸由出廊的进深和出檐的长度来确定。出廊的进深为五尺五寸，出檐的长度为六尺七寸五分，总长度为一丈二尺二寸五分，减去角梁厚度的一半，可得连檐的净长度为一丈一尺九寸。两山墙的连檐的计算方法相同。每尺连檐需增加一寸翘长，总长度为一丈三尺九分。连檐的高度、厚度与檐椽的直径相同。

瓦口的长度与连檐的长度相同。以椽子直径的一半来确定瓦口的高度。若椽子的直径为三寸五分，则可得瓦口的高度为一寸七分。以瓦口高度的一半来确定其厚度，可得瓦口的厚度为八分。

榻脚木的长度由步架长度的四倍加桁条直径的两倍来确定。若步架长度的四倍为二丈四尺七寸五分，桁条的直径为一尺，可得榻脚木的总长度为二丈六尺七寸五分。榻脚木的截面正方形边长与桁条的直径相同。

草架柱子的高度由步架的长度加举的比例来确定。若步架的长度为六尺一寸八分，第一步架使用七举的比例，可得高度为四尺三寸二分；第二步架使用九举的比例，可得高度为五尺五寸六分，两步架总高度为九尺八寸八分，则脊桁下方的草架柱子的高度为九尺八寸八分。两端都要外加入榫的长度，入榫的长度为自身宽度和厚度的一半。若自身的宽度和厚度均为五寸，则可得入榫的长度为二寸五分。草架柱子的宽度和厚度，由榻脚木的截面正方形边长折半来确定。若榻脚木的截面正方形边长为一尺，可得草架柱子的截面正方形边长为五寸。穿的长度由步架长度的两倍来确定。若步架长度的两倍为一丈二尺三寸七分，则穿的长度为一丈二尺三寸七分。穿的宽度、厚度与草架柱子的宽度、厚度相同。

山花的宽度由进深来确定。若进深为三丈五尺七寸五分，减去前后廊的进深各五尺五寸，可得山花的宽度为二丈四尺七寸五分。以脊中的草架柱子的高度加扶脊木和桁条的直径来确定山花的高度。若草架柱子的高度为九尺八寸八分，扶脊木和脊桁的直径均为一尺，三者相加，可得屋顶最高处的山花的高度为一丈一尺八寸八分。其余高度都要按比例进行核算。以桁条直径的四分之一来确定山花的厚度。若桁条的直径为一尺，可得山花的厚度为二寸五分。

博缝板的长度与其所在椽子的长度相同。若花架椽的长度为七尺七寸二分，则花架博缝板的长度为七尺七寸二分。若脑椽的长度为八尺三寸四分，则脑博缝板的长度为八尺三寸四分。每个博缝板在外侧都需外加搭岔的长度，加长的长度为博缝板自身的宽度。若博缝板的宽度为二尺一寸，每块需加长的长度为二尺一寸。以椽子直径的六倍来确定博缝板的宽度。若椽子的直径为三寸五分，可得博缝板的宽度为二尺一寸。博缝板的厚度与山花板的厚度相同。

卷四

本卷详述建造九檩进深的大木式建筑的方法。

九檩楼房大木做法

【译解】九檩进深的大木式楼房的建造方法。

【原文】凡下檐柱[1]以面阔十分之八定高低，百分之七定径寸。如面阔一丈三尺，得柱高一丈四寸，径九寸一分。如次间、梢间面阔比明间窄小者，其柱、檩、柁、枋等木，径寸仍照明间，其面阔临期酌夺地势定尺寸。

凡通柱[2]以上檐面阔十分之七定高低。如面阔一丈三尺，上檐柱高九尺一寸，并下檐柱高一丈四寸，得通长一丈九尺五寸。以檐柱径加二寸定径寸。如柱径九寸一分，得径一尺一寸一分。以上柱子，每径一尺，外加榫长三寸。

凡抱头梁[3]以出廊定长短。如出廊深四尺，一头加檩径一份，得柁头分位。如檩径九寸一分，得通长四尺九寸一分。以檐柱径加二寸定厚。如柱径九寸一分，得厚一尺一寸一分。高按本身之厚，每尺加三寸，得高一尺四寸四分。

凡穿插枋[4]以出廊定长短。如出廊深四尺，一头加檐柱径半份，一头加金柱径半份，又两头出榫，照檐柱径一份，得通长五尺九寸二分。高、厚与檐枋同。

凡下檐枋[5]以面阔定长短。如面阔一丈三尺，内除柱径一份，外加两头入榫分位，各按柱径四分之一，得长一丈二尺五寸四分。以檐柱径寸定高。如柱径九寸一分，即高九寸一分。厚按本身之高收二寸，得厚七寸一分。

凡檐垫板[6]以面阔定长短。如面阔一丈三尺，内除柁头分位一份，外加两头入榫尺寸，照柁头之厚每尺加滚楞二寸，得长一丈二尺一寸一分。以檐枋之高收一寸定高。如檐枋高九寸一分，得高八寸一分。以檩径十分之三定厚。如檩径九寸一分，得厚二寸七分。高六寸以上者，照檐枋之高收分一寸，六寸以下者不收分。

凡承重[7]以进深定长短。如进深二丈四尺，即长二丈四尺。以通柱径加二寸定高。如柱径一尺一寸一分，得高一尺三寸一分。厚按本身之高收二寸，得厚一尺一寸一分。

凡间枋[8]以面阔定长短，如面阔一丈三尺，内除柱径一份，外加两头入榫分位，各按柱径四分之一。得长一丈二尺四寸四分。高、厚与檐枋同。

凡承椽枋[9]以面阔定长短。如面阔一丈三尺，即长一丈三尺。以通柱径寸定高。如柱径一尺一寸一分，即高一尺一寸一分。厚按本身之高收二寸，得厚九寸一分。

凡棋枋板[10]以间枋之厚十分之二定厚。如间枋厚七寸一分，得厚一寸四分。宽按面阔，内除柱径一份，以出廊加举定高低，如出廊四尺，按五举加之，得高二尺，内除承椽枋之高一尺一寸一分，得高八寸九分。

【注释】〔1〕下檐柱：楼最下方一层的檐柱。

〔2〕通柱：贯穿楼上下层的柱子。

〔3〕抱头梁：位于檐柱和金柱之间的短梁，起着连接两根柱子的作用。其一端位于檐柱上方，一端插入金柱中。

〔4〕穿插枋：位于檐柱与金柱之间，平行放置于抱头梁下方，起连接作用，可提高建筑物的稳定性。

〔5〕下檐枋：位于檐柱之间的枋。

〔6〕檐垫板：位于檐桁与檐枋之间的垫板。

〔7〕承重：即承重梁，用于承托楞木和楼板的梁。

〔8〕间枋：沿楼的面宽方向，位于楼板下方的两根柱子之间的枋子，起连接作用。

〔9〕承椽枋：位于楼的上下层交界处，承托下层檐椽的枋子。

〔10〕棋枋板：位于重檐的下檐上，承椽枋下方、桃尖梁上方的板状结构。

【译解】下檐柱的高度由面宽的十分之八来确定，直径由面宽的百分之七来确定。若面宽为一丈三尺，可得下檐柱的高度为一丈四寸，直径为九寸一分。次间和梢间的面宽比明间的小，但是其所使用的柱子、檩子、柁和枋子等木制构件的尺寸与明间的相同。具体的面宽尺寸需要在实际建造过程中由地势来确定。

通柱的高度由上檐面宽的十分之七来确定。若面宽为一丈三尺，上檐柱的高度为九尺一寸，加下檐柱的高度为一丈四寸，则可得通柱的长度为一丈九尺五寸。以檐柱径的长度增加两寸来确定通柱的直径。若檐柱径为九寸一分，则可得通柱的直径为一尺一寸一分。上述柱子都要外加入榫的长度，当柱径为一尺时，外加的入榫的长度为三寸。

抱头梁的长度由出廊的进深来确定。若出廊的进深为四尺，一端增加檩子的直径，即为柁头的长度。若檩子的直径为九寸一分，则可得抱头梁的长度为四尺九寸一分。以檐柱径的长度增加二寸来确定其厚度。若檐柱径为九寸一分，则可得抱头梁的厚度为一尺一寸一分。抱头梁的高度由自身的厚度来确定，当厚度为一尺时，高度为一尺三寸，由此可得抱头梁的高度为一尺四寸四分。

穿插枋的长度由出廊的进深来确定。若出廊的进深为四尺，一端增加檐柱径的一半，一端增加金柱径的一半，两端有出榫，出榫的长度为檐柱径的尺寸。由此可得穿插枋的总长度为五尺九寸二分。穿插枋的高度和厚度与檐枋的高度和厚度相同。

下檐枋的长度由面宽来确定。若面宽为一丈三尺，减去柱径的尺寸，两端外加入榫的长度，入榫的长度各为柱径的四分之一，由此可得下檐枋的长度为一丈二尺五寸四分。以檐柱径来确定下檐枋的高度。若檐柱径为九寸一分，则下檐枋的高度为九寸一分。下檐枋的厚度为自身的高度减少二寸，可得其厚度为七寸一分。

檐垫板的长度由面宽来确定。若面宽为一丈三尺，减去柁头的长度，两端外加入榫的长度，入榫的长度由柁头的厚度来确定。当柁头的厚度为一尺时，入榫的长

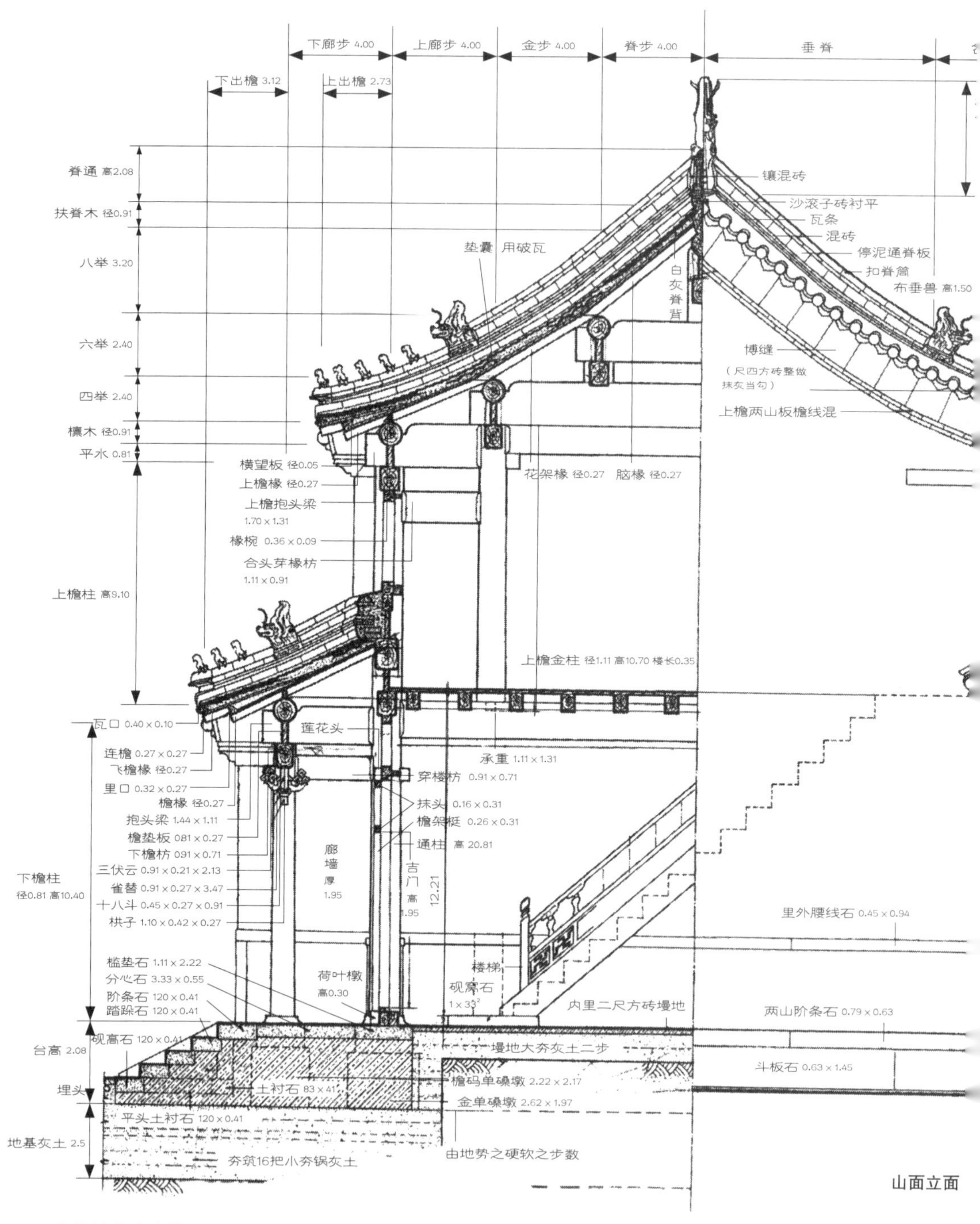

□ 九檩楼房大木做法

这里提到的楼房指二层或二层以上的建筑，通常位于建筑群的两侧或后部。早期的楼房只有装饰作用，后期逐渐具备居住功能。建筑形式分为井干式和重屋式。

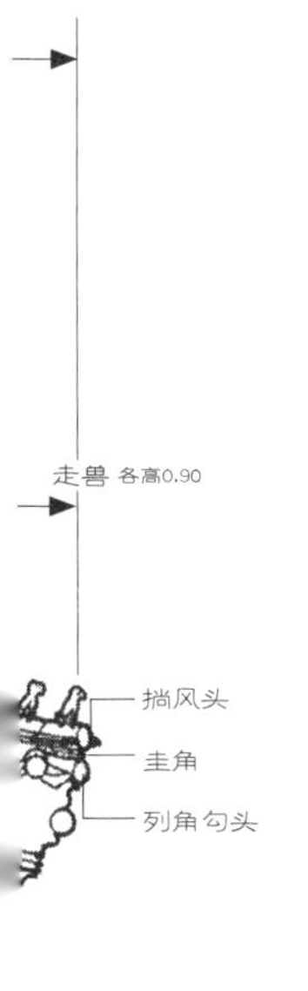

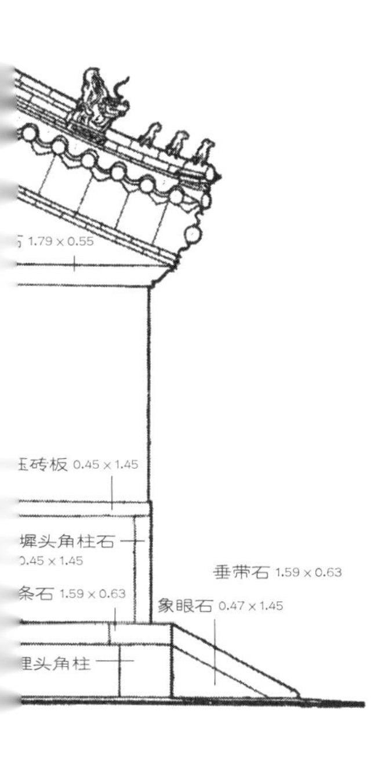

度需增加二寸，即一尺二寸。由此可得檐垫板的长度为一丈二尺一寸一分。以檐枋的高度减少一寸来确定檐垫板的高度。若檐枋的高度为九寸一分，则可得檐垫板的高度为八寸一分。以檩子直径的十分之三来确定檐垫板的厚度。若檩子的直径为九寸一分，则可得檐垫板的厚度为二寸七分。若檐垫板的高度超过六寸，则其高度比檐枋的高度少一寸。若檐垫板的高度在六寸以下，则其高度与檐枋的高度相同。

承重的长度由进深来确定。若进深为二丈四尺，则承重的长度为二丈四尺。以通柱径的长度增加二寸来确定承重的高度。若通柱径为一尺一寸一分，则可得承重的高度为一尺三寸一分。承重的厚度为自身的高度减少二寸，由此可得厚度为一尺一寸一分。

间枋的长度由面宽来确定。若面宽为一丈三尺，减去柱径的尺寸，两端外加入榫的长度，入榫的长度为柱径的四分之一。由此可得间枋的长度为一丈二尺四寸四分。间枋的高度和厚度与檐枋的高度和厚度相同。

承椽枋的长度由面宽来确定。若面宽为一丈三尺，则承椽枋的长度为一丈三尺。以通柱径来确定承椽枋的高度。若通柱径为一尺一寸一分，则承椽枋的高度为一尺一寸一分。承椽枋的厚度为自身的高度减少二寸，由此可得承椽枋的厚度为九寸一分。

棋枋板的厚度由间枋厚度的十分之二来确定。若间枋的厚度为七寸一分，可得棋枋板的厚度为一寸四分。棋枋板的宽度为面宽的尺寸减去柱径的尺寸。棋枋板的高度由出廊的进深和举的比例来确定。若出廊的进深为四尺，使用五举的比例，可得棋枋板的高度为二尺，减去承椽枋的高度一尺一寸一分，可得棋枋板的高度为八寸九分。

【原文】凡博脊枋以面阔定长短。如面阔一丈三尺，内除柱径一份，外加两头入榫分位，各按柱径四分之一，得长一丈二尺四寸四分。以通柱径减半定高。如柱径一尺一寸一分，得高五寸五分。厚按本身之高收二寸，得厚三寸五分。

如博脊高大，再加棋枋板，以承椽枋之厚十分之二定厚，如承椽枋厚九寸一分，得厚一寸八分。宽按面阔，内除柱径一份。

凡楞木[1]以面阔定长短。如面阔一丈三尺，即长一丈三尺。以承重之厚十分之六定高，如承重厚一尺一寸一分，得高六寸六分。厚按本身之高每寸收二分，得厚五寸三分。

凡楼板以进深、面阔定长短、块数。内除楼梯分位，按门口尺寸，临期拟定。厚按楞木之厚三分之一定厚。如楞木厚五寸三分，得厚一寸七分。如墁砖[2]以楞木之厚减半得厚。

【注释】〔1〕楞木：楼式建筑中的枋子，与承重梁相交，起着承托楼板的作用。

〔2〕墁砖：即地砖。

【译解】博脊枋的长度由面宽来确定。若面宽为一丈三尺，减去柱径的尺寸，两端外加入榫的长度，入榫的长度各为柱径的四分之一，由此可得博脊枋的长度为一丈二尺四寸四分。以通柱径的一半来确定博脊枋的高度。若通柱径为一尺一寸一分，则可得博脊枋的高度为五寸五分。博脊枋的厚度为自身的高度减少二寸，可得脊枋的厚度为三寸五分。若博脊的规格较大，需要再铺设棋枋板。以承椽枋厚度的十分之二来确定棋枋板的厚度。若承椽枋的厚度为九寸一分，则可得棋枋板的厚度为一寸八分。棋枋板的宽度为面宽的尺寸减去柱径的尺寸。

楞木的长度由面宽来确定。若面宽为一丈三尺，则楞木的长度为一丈三尺。以承重厚度的十分之六来确定楞木的高度。若承重的厚度为一尺一寸一分，则可得楞木的高度为六寸六分。楞木的厚度由自身的高度来确定，当高度为一寸时，厚度为八分，即厚度为高度的十分之八，由此可得楞木的厚度为五寸三分。

楼板的长度和块数由进深和面宽来确定。楼梯如何布置，需由门口的尺寸来确定，在建造时应以实际情况为准。楼板的厚度为楞木厚度的三分之一。若楞木的厚度为五寸三分，则可得楼板的厚度为一寸七分。墁砖的厚度为楞木厚度的一半。

【原文】凡檐椽以出廊并出檐加举定长短。如出廊深四尺，又加出檐尺寸。照檐柱高十分之三，得三尺一寸二分，共长七尺一寸二分。又按一一五加举，得通长八尺一寸八分。如用飞檐椽，以出檐尺寸分三份，去长一份作飞檐头。以檩径十分之三定径寸。如檩径九寸一分，得径二寸七分。每椽空档，随椽径一份。每间椽数俱应成双，档之宽窄，随数均匀。

凡上檐金柱[1]以步架加举定高低。如步架深四尺，按四举加之。得高一尺六寸，并上檐柱高九尺一寸，得通长一丈七寸。径寸与通柱同。每径一尺，外加榫长三寸。

凡上檐抱头梁[2]以出廊定长短。如出廊深四尺，一头加檩径一份，得柁头分位，一头加金柱径半份，又出榫照通柱径加半份，得通长六尺一分。以通柱径加二寸定厚。如柱径一尺一寸一分，得厚一尺三寸一分。高按本身之厚每尺加三寸，得高一尺七寸。

凡上檐合头穿插枋〔3〕以出廊定长短。如出廊深四尺，内除柱径各半份，外加两头入榫分位，各按柱径四分之一，得长三尺四寸四分。高、厚与承椽枋同。

【注释】〔1〕上檐金柱：在两层以上的建筑中，位于最上层的金柱。

〔2〕上檐抱头梁：在两层以上的建筑中，位于最上层廊下的抱头梁。

〔3〕合头穿插枋：两端均不出榫的穿插枋。

【译解】檐椽的长度由出廊的进深加出檐的长度和举的比例来确定。若出廊的进深为四尺，出檐的长度为檐柱高度的十分之三，可得出檐的长度为三尺一寸二分，与出廊的长度相加后的长度为七尺一寸二分。使用一一五举的比例，可得檐椽的总长度为八尺一寸八分。若使用飞檐椽，则要把出檐的长度三等分，取其长度的三分之二作为飞檐头。以檩子直径的十分之三来确定檐椽的直径。当檩子的直径为九寸一分时，檐椽的直径为二寸七分。每两根椽子的空档宽度，与椽子的宽度相同。每个房间使用的椽子数量都应为双数，空档宽度应均匀。

上檐金柱的高度由步架的长度和举的比例来确定。若步架的长度为四尺，使用四举的比例，可得高度为一尺六寸，再加上檐柱的高度九尺一寸，可得上檐金柱的总长度为一丈七寸。上檐金柱的直径与通柱的直径相同。当上檐金柱的直径为一尺时，外加的入榫的长度为三寸。

上檐抱头梁的长度由出廊的进深来确定。若出廊的进深为四尺，一端增加檩子的直径，即为柁头的长度。一端加金柱径的一半，再加出榫的长度，出榫的长度为通柱径的一半，可得抱头梁的总长度为六尺一分。以通柱径的长度增加二寸来确定抱头梁的厚度。若通柱径为一尺一寸一分，可得抱头梁的厚度为一尺三寸一分。抱头梁的高度由自身的厚度来确定，当厚度为一尺时，高度为一尺三寸，即高度为厚度的一点三倍，由此可得抱头梁的高度为一尺七寸。

上檐合头穿插枋的长度由出廊的进深来确定。若出廊的进深为四尺，两端各减去柱径的一半，再加入榫的长度，入榫的长度为柱径的四分之一，由此可得穿插枋的长度为三尺四寸四分。穿插枋的高度和厚度与承椽枋的高度和厚度相同。

【原文】凡五架梁以进深定长短。如通进深二丈四尺，内除前后廊八尺，进深得一丈六尺，两头各加檩径一份，得柁头分位。如檩径九寸一分，得通长一丈七尺八寸二分。高、厚与大额枋同。

凡随梁枋以进深定长短。如进深一丈六尺，内除柱径一份，外加两头入榫分位，各按柱径四分之一，得长一丈五尺四寸四分。其高、厚比檐枋各加二寸。

凡金瓜柱以步架加举定高低。如步架深四尺，按六举加之，得高二尺四寸，内除五架梁高一尺七寸，得净高七寸。以三架梁之厚收二寸定厚，如三架梁厚一尺一寸一分，得厚九寸一分，宽按本身之厚加二寸，得宽一尺一寸一分。每宽一尺，外加上下榫各长三寸。

凡三架梁以步架二份定长短。如步架二份深八尺，两头各加檩径一份，得柁头分位。如檩径九寸一分，得通长九尺八寸二分。以五架梁高、厚各收二寸定高、厚。如五架梁高一尺七寸，厚一尺三寸一分，得高一尺五寸，厚一尺一寸一分。

凡脊瓜柱以步架加举定高低。如步架深四尺，按八举加之，得高三尺二寸，又加平水高八寸一分，再加檩径三分之一作桁椀，得长三寸。共高四尺三寸一分。内除三架梁高一尺五寸，得净高二尺八寸一分。宽、厚同金瓜柱。每径一尺，外加下榫长三寸。

凡上檐枋、垫俱与下檐同。如金、脊枋不用垫板，照檐枋高、厚各收二寸。

凡檩木以面阔定长短。如面阔一丈三尺，即长一丈三尺。每径一尺，外加搭交榫长三寸。如硬山[1]做法，独间成造者，应两头照柱径各加半份；如有梢间者，应一头照柱径加半份。径寸俱与下檐柱同。

凡上檐檐椽以出廊并出檐加举定长短。如出廊深四尺，又加出檐尺寸照檐柱高十分之三，得二尺七寸三分，共长六尺七寸三分，又按一一加举，得通长七尺四寸。如用飞檐椽，以出檐尺寸分三份，去长一份作飞檐头。以檩径十分之三定径寸。如檩径九寸一分，得径二寸七分。每椽空档，随椽径一份。每间椽数，俱应成双，档之宽窄，随数均匀。

凡花架椽以步架加举定长短。如步架深四尺，又按一二加举，得通长四尺八寸。径寸与檐椽同。

【注释】〔1〕硬山：屋顶的一种处理方式，两山墙至屋顶用砖封住，没有出梢部分，檩头不外露。

【译解】五架梁的长度由进深来确定。若进深为二丈四尺，减去前后廊的进深共八尺，则可得净进深为一丈六尺。两端各延长檩子的直径，可得柁头的长度。若檩子的直径为九寸一分，则可得五架梁的总长度为一丈七尺八寸二分。五架梁的高度和厚度与大额枋的高度和厚度相同。

随梁枋的长度由进深来确定。若进深为一丈六尺，减去柱径的尺寸，两端外加入榫的长度，入榫的长度各为柱径的四分之一，可得随梁枋的长度为一丈五尺四寸四分。随梁枋的高度和厚度在檐枋的高度和厚度的基础上各加二寸。

金瓜柱的高度由步架的长度和举的比例来确定。若步架的长度为四尺，使用六举的比例，可得高度为二尺四寸。减去五架梁的高度一尺七寸，可得金瓜柱的净高度为七寸。以三架梁的厚度减少二寸来确定金瓜柱的厚度。当三架梁的厚度为一尺一寸一分时，可得金瓜柱的厚度为九寸一分。以自身的厚度增加二寸来确定其宽度，由此可得金瓜柱的宽度为一尺一寸一分。当宽度为一尺时，外加的上下榫的长度各为三寸。

三架梁的长度由步架长度的两倍来确定。若步架长度的两倍为八尺，两端各延长檩子的直径，即为柁头的长度。若檩子的直径为九寸一分，可得三架梁的总长度为九尺八寸二分。以五架梁的高度和厚度各减少二寸来确定三架梁的高度和厚度。若五架梁的高度为一尺七寸，厚度为一尺三寸一分，则可得三架梁的高度为一尺五寸，厚度为一尺一寸一分。

脊瓜柱的高度由步架的长度和举的比例来确定。若步架的长度为四尺，使用八举的比例，可得高度为三尺二寸。加平水的高度八寸一分，外加檩子直径的三分之一作为桁椀。若檩子的直径为九寸，可得桁椀的高度为三寸，可得脊瓜柱的总高度为四尺三寸一分。减去三架梁的高度一尺五寸，可得脊瓜柱的净高度为二尺八寸一分。脊瓜柱的宽度和厚度与金瓜柱的宽度和厚度相同。当脊瓜柱的宽度为一尺时，下方入榫的长度为三寸。

上檐枋与垫板的制作方法，和下檐枋与垫板的制作方法相同。金枋和脊枋不用垫板，其高度和厚度为檐枋的高度和厚度减少二寸。

檩子的长度由面宽来确定。若面宽为一丈三尺，则檩子的长度为一丈三尺。当檩子的直径为一尺时，外加的搭交榫的长度为三寸。如果屋顶为硬山顶，那么在面宽方向上只有一个明间，两端应各增加柱径的一半。如果有梢间，应当在一端增加柱径的一半。檩子的直径与下檐柱的直径相同。

上檐檐椽的长度由出廊的进深加出檐的长度和举的比例来确定。若出廊进深为四尺，出檐的长度为上檐柱高度的十分之三，即二尺七寸三分。出廊进深与出檐的长度相加后为六尺七寸三分。使用一一举的比例，可得上檐檐椽的总长度为七尺四寸。若使用飞檐椽，则要把出檐的长度三等分，取其三分之二的长度作为飞檐头。以檩子直径的十分之三来确定檐椽的直径。当檩子的直径为九寸一分时，檐椽的直径为二寸七分。每两根椽子的空档宽度，与椽子的宽度相同。每个房间使用的椽子数量都应为双数，空档宽度应均匀。

花架椽的长度由步架的长度和举的比例来确定。若步架的长度为四尺，使用一二举的比例，可得花架椽的长度为四尺八寸。花架椽的直径与檐椽的直径相同。

【原文】凡脑椽以步架加举定长短。如步架深四尺，又按一三加举，得通长五尺二寸。径寸与檐椽同。以上檐、脑椽、一头加搭交尺寸，花架椽两头各加搭交尺寸，俱照椽径加一份。

凡飞檐椽以出檐定长短。如出檐二尺

七寸三分，三份分之，出头一份得长九寸一分，后尾二份得长一尺八寸二分，共长二尺七寸三分，又按一一加举，得通长三尺。见方与檐椽径寸同。

凡连檐以面阔定长短。如面阔一丈三尺，即长一丈三尺。梢间应加墀头[1]分位。宽、厚同檐椽。

凡瓦口长短随连檐。以所用瓦料定高、厚。如头号板瓦[2]中高二寸，三份均开，二份作底台，一份作山子，又加板瓦本身高二寸，得头号瓦口净高四寸。如二号板瓦中高一寸七分，三份均开，二份作底台，一份作山子，又加板瓦本身高一寸七分，得二号瓦口净高三寸四分。如三号板瓦中高一寸五分，三份均开，二份作底台，一份作山子，又加板瓦本身之高一寸五分，得三号瓦口净高三寸。其厚俱按瓦口净高尺寸四分之一，得头号瓦口厚一寸，二号瓦口厚八分，三号瓦口厚七分。如用筒瓦[3]即随头二三号板瓦之瓦口，应除山子一份之高。厚与板瓦瓦口同。

凡里口以面阔定长短。如面阔一丈三尺，即长一丈三尺。高、厚与飞檐椽同。再加望板之厚一份半，得里口之加高数目。

凡椽椀长短随里口，以椽径定高、厚，如椽径二寸七分，再加椽径三分之一，共得高三寸六分。以椽径三分之一定厚，得厚九分。

凡扶脊木长短径寸俱同脊檩。脊桩，照斗板之高再加扶脊木一份，檩径四分之一得高。宽照椽径一份，厚按本身之宽减半。清水脊[4]不用此款。

凡横望板压飞檐尾，横望板以面阔、进深加举折见方丈定长宽，以椽径十分之二定厚。如椽径二寸七分，得厚五分。

【注释】〔1〕墀头：山墙伸出檐柱的部分，起着支撑前后檐和屋顶排水的作用。也被称为“腿子”“马头”。

〔2〕板瓦：瓦的一种，凹面朝上，通常用作底瓦。

〔3〕筒瓦：瓦的一种，通常位于两行板瓦之间，遮挡缝隙，起防水作用。也被称为“盖瓦”。

〔4〕清水脊：布瓦屋面的正脊，常见于小式建筑中，两端翘起，下部有装饰。

【译解】脑椽的长度由步架的长度和举的比例来确定。若步架的长度为四尺，使用一三举的比例，可得脑椽的长度为五尺二寸。脑椽的直径与檐椽的直径相同。上述的檐和脑椽，要在一端增加出头部分，花架椽的两端都要有出头部分，该出头部分的长度为椽子的直径。

飞檐椽的长度由出檐的长度来确定。若出檐的长度为二尺七寸三分，将此长度三等分。椽子出头部分的长度为每小段的长度，即九寸一分。椽子的后尾长度为该小段长度的两倍，即一尺八寸二分。将两个长度相加，可得总长度为二尺七寸三分。使用一一举的比例，可得飞檐椽的总长度为三尺。飞檐椽的截面正方形边长与檐椽的直径相同。

连檐的长度由面宽来确定。若面宽为一丈三尺，则连檐的长度为一丈三尺。梢间的连檐要增加墀头的长度。连檐的高度和厚度均与檐椽的直径相同。

瓦口的长度与连檐的长度相同。以所使用的瓦料情况来确定其高度和厚度。若头号板瓦的高度为二寸，把这个高度三等分，将其中的三分之二高度作为底台，三分之一高度作为山子。再加板瓦自身的高度二寸，可得头号瓦口的净高度为四寸。若二号板瓦的高度为一寸七分，把这个高度三等分，将其中的三分之二高度作为底台，三分之一高度作为山子，再加板瓦自身的高度一寸七分，可得二号瓦口的净高度为三寸四分。若三号板瓦的高度为一寸五分，把这个高度三等分，将其中的三分之二高度作为底台，三分之一高度作为山子，再加板瓦自身的高度一寸五分，可得三号瓦口的净高度为三寸。上述瓦口的厚度均为瓦口净高度的四分之一，由此可得头号瓦口的厚度为一寸，二号瓦口的厚度为八分，三号瓦口的厚度为七分。若使用筒瓦，则其瓦口的高度为二号和三号板瓦瓦口的高度减去山子的高度，筒瓦瓦口的厚度与板瓦瓦口的厚度相同。

里口的长度由面宽来确定。若面宽为一丈三尺，则里口的长度为一丈三尺。里口的高度和厚度与飞檐椽的高度和厚度相同。再加望板厚度的一点五倍，可得里口加高的高度。

椽椀的长度与里口的长度相同，以椽子的直径来确定椽椀的高度和厚度。若椽子的直径为二寸七分，再加该直径的三分之一，可得椽椀的高度为三寸六分。以椽子直径的三分之一来确定椽椀的厚度，可得其厚度为九分。

扶脊木的长度和直径都与脊檩的长度和直径相同。脊桩的长度为斗板的高度加扶脊木的直径，再加檩子直径的四分之一。脊桩的宽度为椽子的直径，厚度为自身宽度的一半。清水脊则不采用此种做法。

横望板和压住飞檐尾铺设的横望板，其长度和宽度由面宽和进深加举的比例折算成矩形的边长来确定。以椽子直径的十分之二来确定横望板的厚度。若椽子的直径为二寸七分，可得横望板的厚度为五分。

【原文】凡雀替[1]以面阔定长短。如面阔一丈三尺，除檐柱径一份，净面阔一丈二尺九分，分为四分，雀替两边各得一份，长三尺二分，一头加入榫分位，按柱径半份，共得长三尺四寸七分。以檐枋之高定高，如檐枋高九寸一分，即高九寸一分。以柱径十分之三定厚。如柱径九寸一分，得厚二寸七分。

【注释】〔1〕雀替：位于外檐额枋和檐柱交界处的撑木，起着承托上方荷载和拉结额枋的作用，同时起装饰作用。在宋代建筑中，该部件被称为“角替”。

【译解】雀替的长度由面宽来确定。若面宽为一丈三尺，减去檐柱径的尺寸，可得净面宽为一丈二尺九分。将此长度分为四份，两端的雀替各为一份，即为三尺二分。一端外加入榫的长度，入榫的长度为柱径的一半，可得雀替的总长度为三尺四寸七分。以檐枋的高度来确定雀替的高度。若檐枋的高度为九寸一分，则雀替的高度为九寸一分。以柱径的十分之三来确定雀替的厚度。若柱径为九寸一分，可得雀替的厚度为二寸七分。

【原文】凡三伏云子[1]以檐枋之厚三份得长。如檐枋厚七寸一分，得长二尺一寸三分。高同雀替。厚按雀替之厚去包掩六分，得厚二寸一分。

凡栱子[2]以口数六寸二分定长短。如口数二寸一分，六二加之，得长一尺三寸，减半得长六寸五分。外加入榫分位，按柱径半份，共得长一尺一寸。高以斗口二份，得高四寸二分。厚与雀替同。

凡十八斗[3]以雀替之厚一八定长短。如雀替厚二寸七分，一八加之，得长四寸八分。以三伏云之厚得宽。如三伏云厚二寸一分，外加包掩六分，得宽二寸七分。高与三伏云之厚同。

凡楼梯以柱高定长短。如下檐柱高一丈四寸，外加承重一份，楞木半份，楼板一份，共高一丈二尺二寸一分，按加举之法定长，临期拟定。宽按门口尺寸。

凡楼梯两帮以踹板之宽定宽。如踹板宽八寸，外加金边[4]二寸，得宽一尺。厚按本身之宽十分之三，得厚三寸。踹板按两帮之厚十分之四定厚，踢板十分之三定厚。得踹板厚一寸二分，踢板厚九分。

【注释】〔1〕三伏云子：斗栱两端雕刻的云彩图案，没有承重作用，只用于装饰。

〔2〕栱子：平行于建筑物表面的弓形构件，中间与翘、昂等相交，两端承托升子。

〔3〕十八斗：斗形构件，位于翘、昂的上方，与厢栱相交。该斗因长度为一点八斗口，因此被称为“十八斗”。

〔4〕金边：建筑侧立面墙体的分界部分。

【译解】三伏云子的长度由檐枋厚度的三倍来确定。若檐枋的厚度为七寸一分，可得三伏云子的长度为二尺一寸三分。三伏云子的高度与雀替的高度相同，厚度为雀替的厚度减去包掩的厚度六分，可得三伏云子的厚度为二寸一分。

栱的长度由斗口的宽度来确定。当斗口的宽度为一寸时，栱的长度为六寸二分。若斗口的宽度为二寸一分，则可得栱的长度为一尺三寸。将此长度减半，可得长度为六寸五分。外加入榫的长度，入榫的长度为柱径的一半，由此可得总长度为一尺一寸。栱的高度为斗口宽度的两倍，可得栱的高度为四寸二分。栱的厚度与雀替的厚度相同。

十八斗的长度由雀替厚度的一点八倍来确定。若雀替的厚度为二寸七分，可得十八斗的长度为四寸八分。以三伏云子的厚度来确定十八斗的宽度。若三伏云子的厚度为二寸一分，加包掩六分，则可得十八斗的宽度为二寸七分。十八斗的高度与三伏云子的厚度相同。

楼梯的高度由柱子的高度来确定。若下檐柱的高度为一丈四寸，加承重梁的高度，再加楞木高度的一半和楼板的高度，可得总高度为一丈二尺二寸一分。用举的比例来确定楼板的长度，其长度在建造时视具体情况而定。楼梯的宽度由门口的尺寸来确定。

楼梯两帮的宽度由踹板的宽度来确定。若踹板的宽度为八寸，外加金边的宽度二寸，可得两帮的宽度为一尺。厚度为自身宽度的十分之三，由此可得两帮的厚度为三寸。踹板的厚度为两帮厚度的十分之四，踢板的厚度为两帮厚度的十分之三。由此可得踹板的厚度为一寸二分，踢板的厚度为九分。

卷五

本卷详述建造七檩进深的大木式转角房的方法。

七檩转角大木做法

【译解】七檩进深的大木式转角房的建造方法。

【原文】凡转角房俱系见方，以两边房之进深，即得转角之面阔、进深。其柱高、径寸，俱与两边房屋相同。

凡檐柱以面阔十分之八定高低，百分之七定径寸。如面阔一丈一尺，得柱高八尺八寸。径七寸七分。

凡假檐柱[1]照檐柱定高低。如檐柱高八尺八寸，外加平水高六寸七分，又加檩径三分之一作桁椀，共长九尺七寸二分。径寸与檐柱同。分间用此。如用代梁头，高、径俱与檐柱同。

【注释】〔1〕假檐柱：转角房所独有的构件，是位于转角房的外转角两侧的檐柱。由于转角进深大于其他开间，因此需加设假檐柱。

【译解】转角房的横截面均为正方形，通过两侧房间的进深，就可以确定转角房的面宽和进深。转角房所使用的柱子的高度和直径，都与两侧房间所使用的相同。

檐柱的高度由面宽的十分之八来确定，檐柱径由面宽的百分之七来确定。若面宽为一丈一尺，则可得檐柱的高度为八尺八寸，直径为七寸七分。

假檐柱的高度由檐柱的高度来确定。若檐柱的高度为八尺八寸，加平水的高度六寸七分，再加檩子直径的三分之一作为桁椀，可得总高度为九尺七寸二分。假檐柱的直径与檐柱的直径相同。在分间中使用假檐柱。如果使用代梁头，其高度和直径都与檐柱的高度和直径相同。

【原文】凡里金柱，以进深加举定高低。如进深二丈一尺分为六步架，每坡得三步架，每步架深三尺五寸。以二步架加举，第一步架按五举加之，得高一尺七寸五分，第二步架按七举加之，得高二尺四寸五分，并檐柱之高八尺八寸，得通长一丈三尺。以檐柱径加二寸定径寸。如柱径七寸七分，得径九寸七分，以上柱子，每径一尺，外加榫长三寸。

凡斜双步梁[1]以步架二份定长短。如步架二份深七尺，用方五斜七之法加斜长，一头加檩径一份，得柁头分位，一头加里金柱径半份，又出榫照檐柱径半份，得通长一丈一尺四寸三分。以檐柱径加二寸定厚。如柱径七寸七分，得厚九寸七分。高按本身之厚，每尺加三寸，得高一尺二寸六分。

凡斜合头枋[2]以步架二份定长短。如步架二份深七尺，用方五斜七之法加斜长，得九尺八寸。内除柱径各半份，外加两头入榫分位，各按柱径四分之一，共长九尺三寸六分。其高、厚比檐枋各加二寸。

凡金瓜柱以步架加举定高低。如步架

深三尺五寸，按五举加之，得高一尺七寸五分。内除双步梁之高一尺二寸六分，得净高四寸九分。以双步梁之厚收二寸定厚。如双步梁厚九寸七分，得厚七寸七分。宽按本身之厚加二寸，得宽九寸七分。

【注释】〔1〕斜双步梁：双步梁，位于建筑的山墙上。若开间进深超过一步梁，需加设一根瓜柱与一根檩子，故名为双步梁。斜双步梁，用于建筑物的转角位置，与山面和檐面各成45度角。

〔2〕斜合头枋：合头枋，是位于双步梁下方的枋子，起着连接中柱与檐柱的作用。斜合头枋，是位于斜双步梁下方的合头枋，用于连接中柱与内外角柱。

【译解】里金柱的高度由进深和举的比例来确定。若进深为二丈一尺，则将其分为六步架长度，房间前后各为三步架，一步架长度为三尺五寸。在第一步架使用五举的比例，可得高度为一尺七寸五分。在第二步架使用七举的比例，可得高度为二尺四寸五分，加檐柱的高度八尺八寸，则可得里金柱的总长度为一丈三尺。以檐柱径增加二寸来确定里金柱径。若檐柱径为七寸七分，可得里金柱径为九寸七分。以上所提到的几种柱子，当其直径为一尺时，需外加三寸入榫的长度。

斜双步梁的长度，由步架长度的两倍来确定。若步架长度的两倍为七尺，用方五斜七法计算出斜边的长度，一端增加檩子的直径，即为柁头的长度。一端增加里金柱直径的一半，再加出榫的长度，出榫的长度为檐柱径的一半，可得斜双步梁的总长度为一丈一尺四寸三分。以檐柱径增加二寸来确定斜双步梁的厚度。若檐柱径为七寸七分，可得斜双步梁的厚度为九寸七分。斜双步梁的高度由自身的厚度来确定，当厚度为一尺时，高度为一尺三寸，即高度为厚度的一点三倍，由此可得斜双步梁的高度为一尺二寸六分。

斜合头枋的长度由步架长度的两倍来确定。若步架长度的两倍为七尺，用方五斜七法计算出斜边的长度，可得长度为九尺八寸。两端分别减去柱径的一半，再加入榫的长度，入榫的长度为柱径的四分之一，可得斜合头枋的总长度为九尺三寸六分。斜合头枋的高度和厚度在檐枋的基础上各增加二寸。

金瓜柱的高度由步架的长度和举的比例来确定。若步架的长度为三尺五寸，使用五举的比例，可得高度为一尺七寸五分。减去双步梁的高度一尺二寸六分，可得金瓜柱的净高度为四寸九分。以双步梁的厚度减少二寸来确定金瓜柱的厚度。若双步梁的厚度为九寸七分，可得金瓜柱的厚度为七寸七分。以自身的厚度增加二寸来确定自身的宽度，由此可得金瓜柱的宽度为九寸七分。

【原文】凡斜单步梁[1]以步架一份定长短。如步架一份深三尺五寸，即长三尺五寸，用方五斜七之法加斜长，一头加檩径一份，得柁头分位，如檩径七寸七分，得通长五尺六寸七分。以双步梁高、厚

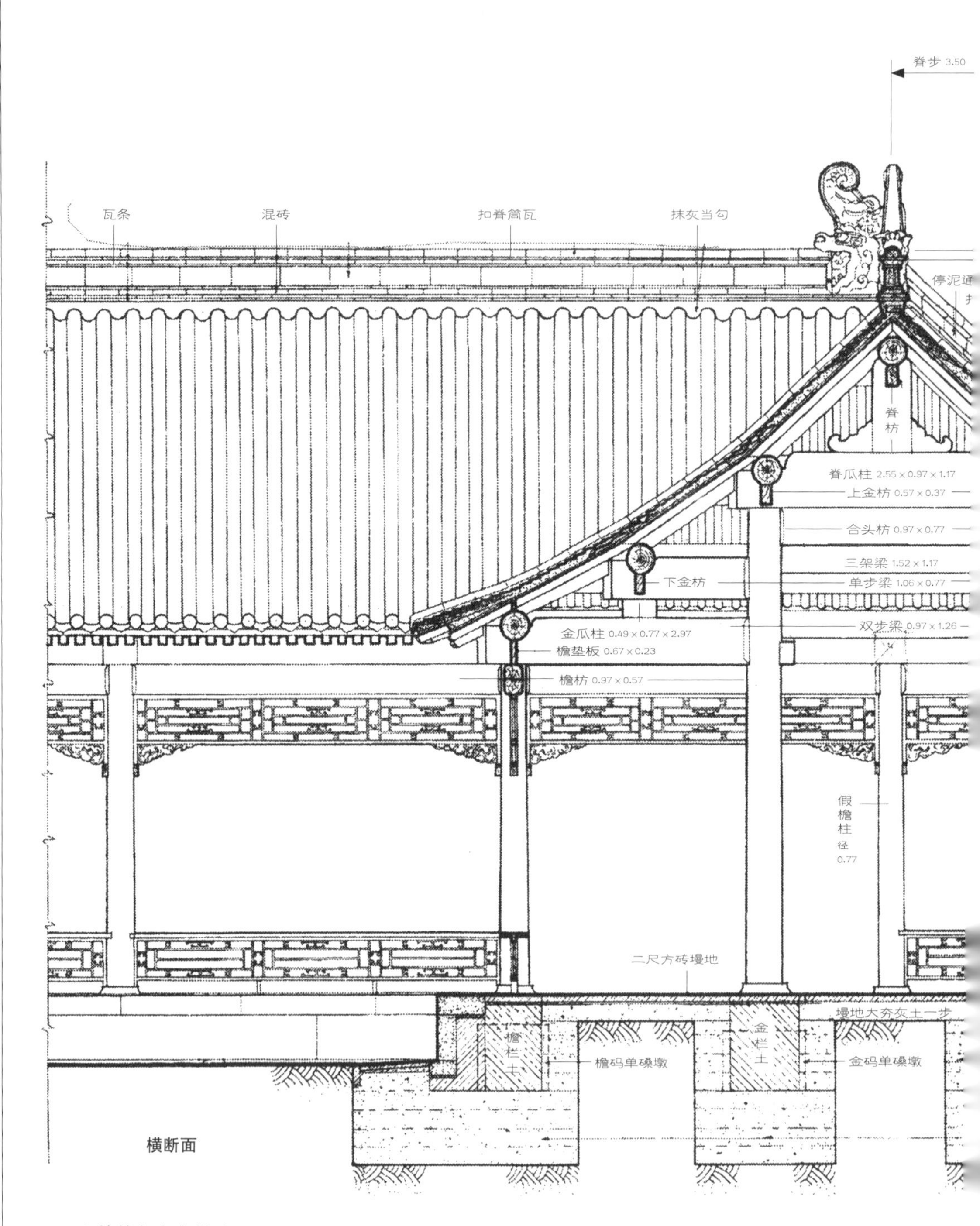

□ 七檩转角大木做法

转角也称“磨角”。《园冶》卷一曾解释磨角曰：“磨角，如殿阁躐角也。阁四敞及诸亭决用。”单体建筑物如庑殿顶、歇山顶的大木结构都有转角。群体建筑物的长廊转折部分，以及城堡建筑的角楼，都是转角结构。

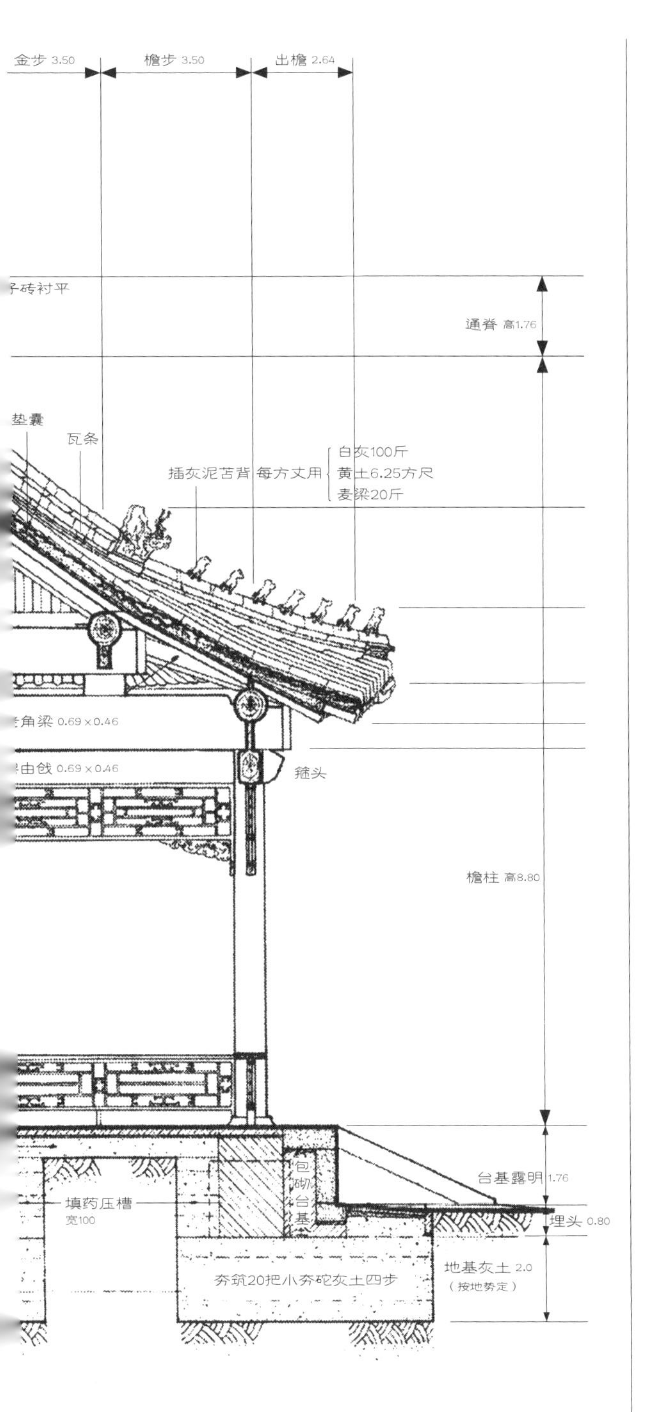

各收二寸定高、厚。如双步梁高一尺二寸六分，厚九寸七分，得高一尺六分，厚七寸七分。

凡斜三架梁〔2〕以步架二份定长短。如步架二份深七尺，用方五斜七之法加斜长，两头各加檩径一份，得柁头分位，如檩径七寸七分，得通长一丈一尺三寸四分。以里金柱径加二寸定厚。如柱径九寸七分，得厚一尺一寸七分，高按本身之厚，每尺加三寸，得高一尺五寸二分。

【注释】〔1〕斜单步梁：单步梁，长度为一步架的梁，后尾与老檐柱或金柱相交。斜单步梁，位于建筑转角处，与山面和檐面各成45度角。

〔2〕斜三架梁：位于建筑角转角处的三架梁。

【译解】斜单步梁的长度由步架的长度来确定。若步架的长度为三尺五寸，则可得长度为三尺五寸。用方五斜七法计算斜边的长度，一端增加檩子的直径，即为柁头的长度。若檩子的直径为七寸七分，可得斜单步梁的总长度为五尺六寸七分。以斜双步梁的高度和厚度各减少二寸，来确定斜单步梁的高度和厚度。若斜双步梁的高度为一尺二寸六分，厚度为九寸七分，可得斜单步梁的高度为一尺六分，厚度为七寸七分。

斜三架梁的长度由步架长度的两

倍来确定。若步架长度的两倍为七尺，用方五斜七法计算出斜边的长度，两端各增加檩子的直径，即为柁头的长度。若檩子的直径为七寸七分，可得斜三架梁的总长度为一丈一尺三寸四分。以里金柱的直径增加二寸来确定斜三架梁的厚度。若柱径为九寸七分，可得斜三架梁的厚度为一尺一寸七分。斜三架梁的高度由自身的厚度来确定。当斜三架梁的厚度为一尺时，高度为一尺三寸，即高度为厚度的一点三倍，由此可得斜三架梁的高度为一尺五寸二分。

【原文】凡脊瓜柱以步架加举定高低。如步架深三尺五寸，按九举加之，得高三尺一寸五分，又加平水高六寸七分，共高三尺八寸二分，再加檩径三分之一作桁椀，得长二寸五分，内除三架梁之高一尺五寸二分，得净高二尺五寸五分。以三架梁之厚收二寸定厚。如三架梁厚一尺一寸七分，得厚九寸七分。宽按本身之厚加二寸，得宽一尺一寸七分。每宽一尺，外加下榫长三寸。

凡脊角背以步架一份定长短。如步架深三尺五寸，即长三尺五寸。以瓜柱之高、厚三分之一定宽、厚。如瓜柱净高二尺五寸五分，厚九寸七分，得宽八寸五分，厚三寸二分。

凡檐枋以两边房之进深即转角之面阔。如进深二丈一尺；分间做法，各长一丈五寸，内除柱径一份，外加两头入榫分位，各按柱径四分之一，得长一丈一寸一分。内一根一头照柱径尺寸加一份，得箍头[1]分位。以檐柱径寸定高，如柱径七寸七分，即高七寸七分。厚按本身之高收二寸，得厚五寸七分。金、脊枋各递收一步架，亦除柱径，外加入榫分位得长。宽、厚与檐枋同。如不用垫板，照檐枋之宽、厚各收二寸。

凡檐垫板长短随面阔，分间做法，各长一丈五寸，内除柁头分位一份，外加两头入榫尺寸，照柁头之厚每尺加滚楞二寸，得长九尺七寸二分。以檐枋之高收一寸定宽。如檐枋高七寸七分，得宽六寸七分。以檩径十分之三定厚。如檩径七寸七分，得厚二寸三分。金、脊垫板各递收一步架，亦除柱径，外加入榫分位得长。宽、厚与檐垫板同。宽六寸以上，照檐枋之高收分一寸；六寸以下不收分。其脊垫板照面阔除脊瓜柱径一份，外加两头入榫尺寸，各按瓜柱径四分之一。

凡檐檩以面阔定长短。如面阔二丈一尺，即长二丈一尺；分间做法，各长一丈五寸。内一根外加一头交角出头分位，按本身之径一份，又加柱径半份，得通长一丈一尺六寸五分。径寸俱与檐柱同。

【注释】[1] 箍头：位于檩或枋的两端的彩绘线。

【译解】脊瓜柱的高度由步架的长度和举的比例来确定。若步架的长度为三尺五寸，使用九举的比例，可得高度为三尺一寸五分。加平水的高度六寸七分，可得总高度为三尺八寸二分。外加檩子直径的三分之一作为桁椀，可得桁椀的高度为二寸五分。减去三架梁的高度一尺五寸二分，可得脊瓜柱的净高度为二尺五寸五分。以三架梁的厚度减少二寸来确定脊瓜柱的厚度。若三架梁的厚度为一尺一寸七分，可得脊瓜柱的厚度为九寸七分。脊瓜柱的宽度为自身的厚度增加二寸，可得脊瓜柱的宽度为一尺一寸七分。当脊瓜柱的宽度为一尺时，下方入榫的长度为三寸。

脊角背的长度由步架的长度来确定。若步架的长度为三尺五寸，则脊角背的长度为三尺五寸。以脊瓜柱的净高度和厚度的三分之一来确定脊角背的宽度和厚度。若脊瓜柱的净高度为二尺五寸五分，厚度为九寸七分，可得脊角背的宽度为八寸五分，厚度为三寸二分。

檐枋的长度由两侧房间的进深，即转角房的面宽来确定。若进深为二丈一尺，分间中的檐枋，长度均为一丈五寸，减去柱径的尺寸，两端外加入榫的长度，入榫的长度为柱径的四分之一，可得檐枋的总长度为一丈一寸一分。其中一根檐枋，一端增加柱径的尺寸，作为箍头的位置。以檐柱径来确定檐枋的高度。若檐柱径为七寸七分，则檐枋的高度为七寸七分。檐枋的厚度为自身的高度减少二寸，可得厚度为五寸七分。金枋和脊枋除各减少一步架长度外，还要减去柱径和入榫的长度。金枋和脊枋的高度和厚度与檐枋的高度和厚度相同。若不使用垫板，则宽度和厚度在檐枋各尺寸的基础上减少二寸。

檐垫板的长度由面宽来确定。分间中的檐垫板，长度均为一丈五寸，减去留出的柁头的长度，两端外加入榫的长度，入榫的长度由柁头的厚度来确定。当柁头的厚度为一尺时，入榫的长度需增加二寸，即一尺二寸。由此可得檐垫板的长度为九尺七寸二分。以檐枋的高度减少一寸来确定檐垫板的宽度。若檐枋的高度为七寸七分，可得檐垫板的宽度为六寸七分。以檩子直径的十分之三来确定檐垫板的厚度。若檩子的直径为七寸七分，可得檐垫板的厚度为二寸三分。金垫板和脊垫板除各减少一步架长度外，还要减去柱径和入榫的长度。金垫板和脊垫板的宽度和厚度与檐垫板的宽度和厚度相同。当宽度超过六寸时，檐枋的高度减少一寸；当宽度在六寸以下时，则檐枋的高度不减。脊垫板的长度为面宽尺寸减去脊瓜柱的直径，两端外加入榫的长度，入榫的长度均为金瓜柱的直径的四分之一。

檐檩的长度由面宽来确定。若面宽为二丈一尺，则檐檩的长度为二丈一尺。分间中的檐檩，长度均为一丈五寸，其中的一根檐檩与其他构件相交并出头，出头部分的长度为自身的直径，加檐柱径的一半，可得总长度为一丈一尺六寸五分。檐檩的直径与檐柱的直径相同。

【原文】凡金檩以步架五份定长短。如步架五份深一丈七尺五寸，即长一丈七尺五寸。外加一头交角出头分位，按本身

之径一份，又加柱径半份，得通长一丈八尺六寸五分。里掖角金檩步架一份得长。如步架一份深三尺五寸，即长三尺五寸。外加斜交尺寸，按本身之径半份，得通长三尺八寸八分。径寸俱与檐檩同。

凡里金檩以步架四份定长短。如步架四份深一丈四尺，即长一丈四尺。外加一头交角出头分位，按本身之径一份，又加柱径半份，得通长一丈五尺一寸五分。里掖角里金檩步架二份得长。如步架二份深七尺，即长七尺。外加斜交尺寸，按本身之径半份得通长七尺三寸八分。径寸俱与檐檩同。

凡脊檩以步架三份定长短。如步架三份深一丈五寸，即长一丈五寸。外加一头交角出头分位，按本身之径一份，又加柱径半份，得通长一丈一尺六寸五分。径寸俱与檐檩同。以上檩木，每径一尺，外加搭交榫长三寸。

凡仔角梁以步架并出檐加举定长短。如步架深三尺五寸，出檐照柱高十分之三，得二尺六寸四分，共长六尺一寸四分。用方五斜七之法加斜长，又按一一五加举，得通长九尺八寸八分。外加翼角斜出三椽尺寸，共得长一丈五寸七分。再加套兽榫，照本身之厚加一份，得通长一丈一尺三分。以椽径三份定高。二份定厚。如椽径二寸三分，得高六寸九分，厚四寸六分。

凡老角梁长短随仔角梁。内除飞檐椽头露明[1]尺寸，用方五斜七之法加斜长，又按一一五加举，得一尺四寸一分，并套兽榫四寸六分，共长一尺八寸七分，扣除外，净长九尺一寸六分。外加后尾三岔头，照金瓜柱宽一份，共得长一丈一寸三分。高、厚与仔角梁同。如无飞檐椽，不用此款。

凡花架由戗以步架一份定长短，如步架一份深三尺五寸，用方五斜七之法加斜长，又按一二五加举，得通长六尺一寸二分。再加搭交按柱径半份。高、厚与仔角梁同。

凡脊由戗以步架一份定长短。如步架一份深三尺五寸，用方五斜七之法加斜长，又按一三五加举，得通长六尺六寸一分。再加搭交按柱径半份。高、厚与仔角梁同。

凡里掖角花架、脊由戗同前。

【注释】〔1〕露明：不被其他构件遮挡，裸露在外。

【译解】金檩的长度由步架长度的五倍来确定。若步架长度的五倍为一丈七尺五寸，则金檩的长度为一丈七尺五寸。一端与其他构件相交并出头，出头部分的长度为自身的直径，再加柱径的一半，可得金檩的总长度为一丈八尺六寸五分。里掖角的长度由步架的长度来确定。若步架的长度为三尺五寸，则里掖角的长度为三尺五寸。外加斜交部分的长度，其为自身直径的一半，可得总长度为三尺八寸八分。金檩的直径与檐檩的直径相同。

里金檩的长度由步架长度的四倍来确定。若步架长度的四倍为一丈四尺，则里金檩的长度一丈四尺。一端与其他构件相交并出头，出头部分的长度为自身的直径，再加柱径的一半，可得总长度为一丈五尺一寸五分。里掖角里金檩的长度由步架长度的两倍来确定。若步架长度的两倍为七尺，外加为自身直径一半的斜交部分的长度，可得总长度为七尺三寸八分。里金檩的直径与檐檩的直径相同。

脊檩的长度由步架长度的三倍来确定。若步架长度的三倍为一丈五寸，则脊檩的长度为一丈五寸。一端与其他构件相交并出头，出头部分的长度为自身的直径，再加柱径的一半，可得总长度为一丈一尺六寸五分。脊檩的直径与檐檩的直径相同。以上所提到的檩子，当直径为一尺时，外加的搭交榫的长度为三寸。

仔角梁的长度由步架的长度和出檐的尺寸来确定。若步架的长度为三尺五寸，出檐的长度为檐柱高度的十分之三，即为二尺六寸四分，两者相加可得长度为六尺一寸四分。用方五斜七法计算斜边的长度，再使用一一五举的比例，可得长度为九尺八寸八分。再加翼角的出头部分，其为椽子直径的三倍。可得长度为一丈五寸七分。再加套兽的入榫长度，其与自身的厚度相同。由此可得仔角梁的总长度为一丈一尺三分。以椽子直径的三倍来确定仔角梁的高度，以椽子直径的两倍来确定其厚度。若椽子的直径为二寸三分，可得仔角梁的高度为六寸九分，厚度为四寸六分。

老角梁的长度由仔角梁的长度，减去飞檐头和套兽入榫的长度来确定。飞檐头的外露部分，用方五斜七法计算斜边的长度，再使用一一五举的比例，可得飞檐头的长度为一尺四寸一分。套兽入榫的长度为四寸六分。二者相加，得长度为一尺八寸七分。用仔角梁的长度减去该长度，可得净长度为九尺一寸六分。老角梁后尾的三岔头长度与金瓜柱的宽度相同。由此可得老角梁的总长度为一丈一寸三分。老角梁的高度和厚度与仔角梁的高度和厚度相同。如果没有飞檐椽，则不使用这样的老角梁。

花架由戗的长度由步架的长度来确定。若步架的长度为三尺五寸，用方五斜七法来确定斜边的长度，再使用一二五举的比例，可得长度为六尺一寸二分。与其他部件相交并出头，出头部分的长度为柱径的一半。花架由戗的高度和厚度与仔角梁的高度和厚度相同。

脊由戗的长度，由步架的长度来确定。若步架的长度为三尺五寸，用方五斜七法来确定斜边的长度，再使用一三五举的比例，可得脊由戗的总长度为六尺六寸一分。与其他部件相交并出头，出头部分的长度为柱径的一半。脊由戗的高度和厚度与仔角梁的高度和厚度相同。

里掖角花架由戗和里掖角脊由戗的尺寸的计算方法与上述算法相同。

【原文】凡里掖角角梁[1]**以步架并出檐加举定长短。如步架深三尺五寸，出檐照檐柱高十分之三，得二尺六寸四分，**

共长六尺一寸四分，用方五斜七之法加斜长，又按一一五加举，得通长九尺八寸八分。外加搭交按柱径半份。高、厚与仔角梁同。

凡里掖角仔角梁〔2〕以出檐定长短。如出檐二尺六寸四分，用方五斜七之法加斜长，又按一一五加举，得通长四尺二寸五分。外加套兽榫照本身之厚一份。以椽径二份定高、厚。如椽径二寸三分，得高、厚四寸六分。如无飞檐椽，不用此款。

凡枕头木以步架定长短。如步架深三尺五寸，即长三尺五寸。内除角梁之厚半份，得净长三尺二寸七分。以椽径定高。如椽径二寸三分，一头高椽子二份半，得高五寸七分；一头斜尖与檩木平。以檩径十分之三定宽。如檩径七寸七分，得宽二寸三分。不起翘，不用此款。

凡檐椽以步架并出檐加举定长短。如步架深三尺五寸，又加出檐尺寸，照檐柱高十分之三，得二尺六寸四分，共长六尺一寸四分。又按一一五加举，得通长七尺六分。如用飞檐椽，以出檐尺寸分三份，去长一份作飞檐头。以檩径十分之三定径寸。如檩径七寸七分，得径二寸三分。以面阔二丈一尺，收一步架尺寸深三尺五寸为起翘之数，除一丈七尺五寸，得平身椽。每椽空档，随椽径一份。每间椽数，俱应成双，档之宽窄，随数均匀。至掖角两边房檐椽，照出檐尺寸分短椽根数，折半核算。

【注释】〔1〕里掖角角梁：位于建筑转角位置的角梁，高度较外转角角梁小，没有伸出和起翘的部分。

〔2〕里掖角仔角梁：里掖角角梁中上方的一根，是用于承接角梁与里角相交的飞椽。

【译解】里掖角角梁的长度，由步架的长度加出檐的长度和举的比例来确定。若步架的长度为三尺五寸，出檐的长度为檐柱高度的十分之三，即二尺六寸四分，与步架的长度相加后为六尺一寸四分。用方五斜七法计算斜边的长度，再使用一一五举的比例，可得总长度为九尺八寸八分。与其他部件相交并出头，出头部分的长度为柱径的一半。里掖角角梁的高度和厚度与仔角梁的高度和厚度相同。

里掖角仔角梁的长度由出檐的长度来确定。若出檐的长度为二尺六寸四分，用方五斜七法计算斜边的长度，再使用一一五举的比例，可得总长度为四尺二寸五分。外加套兽的入榫的长度，其与自身的厚度相同。以椽子直径的两倍来确定里掖角仔角梁的高度和厚度。若椽子的直径为二寸三分，可得里掖角仔角梁的高度和厚度均为四寸六分。如果没有飞檐椽，则不使用这样的仔角梁。

枕头木的长度由步架的长度来确定。若步架的长度为三尺五寸，则枕头木的长度为三尺五寸。减去角梁厚度的一半，可得枕头木的净长度为三尺二寸七分。以椽子的直径来确定枕头木的高度。若椽子的直径为二寸三分，一端的高度为椽子直径的二点五倍，即为五寸七分，另一端为斜尖状，与檩子平齐。以檩子直径的十分之三来确定枕头木的宽度。若檩子的直径为七寸七分，可得枕头木的宽度为二寸三分。如果椽子不起翘，则不使用这样的枕头木。

檐椽的长度由步架的长度加出檐的长度和举的比例来确定。若步架的长度为三尺五寸，出檐的长度为檐柱高度的十分之三，即为二尺六寸四分，可得长度为六尺一寸四分。使用一一五举的比例，可得檐椽的总长度为七尺六分。如果是飞檐椽，则把出檐的长度三等分，取其长度的三分之二作为飞檐头。以檩子直径的十分之三来确定檐椽的直径。若檩子的直径为七寸七分，可得檐椽的直径为二寸三分。若面宽为二丈一尺，减去一步架长度三尺五寸，作为起翘的位置。将剩余的一丈七尺五寸作为平直部分，由此可算出所使用的檐椽的数量。每两根椽子的空档宽度，与椽子的宽度相同。每个房间所使用的椽子数量都应为双数，空档宽度应均匀。掖角两侧房间的檐椽，若使用短椽，数量应按照出檐的尺寸进行折半核算。

【原文】凡花架椽以步架加举定长短。如步架深三尺五寸，按一二五加举，得通长四尺三寸七分。径寸与檐椽同。以面阔二丈一尺，收二步架尺寸深七尺，除一丈四尺，得平身椽数。内有短椽一步架，照长椽均半核算。

凡脑椽以步架加举定长短。如步架深三尺五寸，按一三五加举，得通长四尺七寸二分。径寸与檐椽同。以面阔二丈一尺，收三步架尺寸深一丈五寸，除一丈五寸得平身椽数。内有短椽一步架，照前折算。

凡里掖角檐椽以步架加举定长短。如步架深三尺五寸，加檩径半份，共长三尺八寸八分，又按一一五加举，得通长四尺四寸六分。径寸与前檐椽同。以一步架定椽根数，俱系短椽，折半核算。

凡里掖角花架椽、脑椽、长短径寸俱与前檐花架、脑椽同。花架椽以二步架定椽根数，内有短椽一步架，折半核算。脑椽以三步架定椽根数，内有短椽一步架，折半核算。以上檐、脑椽、一头加搭交尺寸；花架椽两头各加搭交尺寸，俱照椽径加一份。

凡飞檐椽以出檐定长短。如出檐二尺六寸四分，三份分之，出头一份得长八寸八分，后尾二份得长一尺七寸六分，共长二尺六寸四分，又按一一五加举，得通长三尺三分。见方与檐椽径寸同。

凡翼角椽以步架出檐定翘数。如步架深三尺五寸，出檐二尺六寸四分，共长六尺一寸四分，内除角梁之厚半份，净长五尺九寸一分。以每尺加翘一寸，共长六尺五寸。椽数俱系成单。长、径俱与檐椽同。

【译解】花架椽的长度由步架的长度和举的比例来确定。若步架的长度为三尺五寸，使用一二五举的比例，可得花架椽的长度为四尺三寸七分。花架椽的直径与檐椽的直径相同。若面宽为二丈一尺，减去二步架的长度七尺，将剩余的一丈四尺作为平直部分，因此可得所使用的花架椽的数量。若内侧一步架使用短椽，则按照长椽的数量进行折半核算。

脑椽的长度由步架的长度和举的比例来确定。若步架的长度为三尺五寸，使用一三五举的比例，可得脑椽的长度为四尺七寸二分。脑椽的直径与檐椽的直径相同。若面宽为二丈一尺，减去三步架的长度一丈五寸，将剩余的一丈五寸作为平直部分，则可得所使用的脑椽的数量。若内侧一步架使用短椽，则按照长椽的数量进行折半核算。

里掖角檐椽的长度由步架的长度和举的比例来确定。若步架的长度为三尺五寸，加檩子直径的一半，得到的长度为三尺八寸八分。使用一一五举的比例，可得里掖角檐椽的总长度为四尺四寸六分。里掖角檐椽的直径与檐椽的直径相同。用一步架长度来确定所使用的里掖角檐椽的数量。若均使用短椽，需进行折半核算。

里掖角花架椽、脑椽的长度和直径都与前述花架椽和脑椽的相同。花架椽的数量，由二步架的长度来确定。若内侧一步架为短椽，长度和直径需折半核算。脑椽的数量由三步架的长度来确定。若内侧一步架为短椽，需进行折半核算。上述檐椽和脑椽，一端与其他部件相交并出头，花架椽的两端与其他部件相交并出头，出头部分的长度均与椽子的直径相同。

飞檐椽的长度由出檐的长度来确定。若出檐的长度为二尺六寸四分，将此长度三等分，每小段长度为八寸八分。椽子的出头部分的长度为每小段的长度，即为八寸八分。椽子的后尾长度为该小段长度的两倍，即为一尺七寸六分。将两个长度相加，可得总长度为二尺六寸四分。使用一一五举的比例，可得飞檐椽的总长度为三尺三分。飞檐椽的截面正方形边长与檐椽的直径相同。

翼角椽起翘部分的长度由步架的长度和出檐的长度来确定。若步架的长度为三尺五寸，出檐的长度为二尺六寸四分，得总长度为六尺一寸四分，减去角梁厚度的一半，可得净长度为五尺九寸一分。每尺需增加一寸翘长，可得翼角椽的起翘的长度为六尺五寸。翼角椽的数量通常为单数，其长度和直径与檐椽的长度和直径相同。

【原文】凡翘飞椽长短、径寸，俱与飞檐椽同。外加斜长三椽尺寸。

凡连檐以面阔定长短。如面阔二丈一尺，内除一步架深三尺五寸，得长一丈七尺五寸。一步架深三尺五寸，并出檐二尺六寸四分，共长六尺一寸四分，除角梁之厚半份，净长五尺九寸一分，以每尺加翘一寸，共长六尺五寸，再将一丈七尺五寸并之。一面得通长二丈四尺。宽、厚同檐椽。

凡瓦口长短随连檐。以所用瓦料定高、厚。如头号板瓦中高二寸，三份均开，二份作底台，一份作山子，又加板瓦本身高二寸，得头号瓦口净高四寸。如二号板瓦中高一寸七分，三份均开，二份作底台，一份作山子，又加板瓦本身高一寸七分，得二号瓦口净高三寸四分。如三号板瓦中高一寸五分，三份均开，二份作底台，一份作山子，又加板瓦本身高一寸五分，得三号瓦口净高三寸。其厚俱按瓦口净高尺寸四分之一。得头号瓦口厚一寸，二号瓦口厚八分，三号瓦口厚七分。如用筒瓦，即随头二三号板瓦之瓦口，应除山子一份之高，厚与板瓦瓦口同。

凡里口以面阔定长短。如面阔二丈一尺，内除一步架深三尺五寸作起翘之处，得净长一丈七尺五寸。高、厚与飞檐椽同。再加望板之厚一份半，得里口之加高尺寸。

凡闸档板以翘档分位定长短。如一椽一档得长二寸三分，外加入槽每寸一分。高随檐椽径寸。以椽径十分之二定厚。如椽径二寸三分，得厚四分。其小连檐之长，自起翘处至老角梁得长，其宽随椽径一份。厚照望板之厚尺寸一份半，得厚六分。

凡椽椀以面阔定长短。如面阔二丈一尺，内除一步架深三尺五寸作起翘之处，得净长一丈七尺五寸。以椽径定高、厚。如椽径二寸三分，再加椽径三分之一，共高三寸。以椽径三分之一定厚，得厚七分。

凡横望板，压飞檐尾横望板，以面阔、进深加举折见方丈定长宽。以椽径十分之二定厚。如椽径二寸三分，得厚四分。

以上俱系大木做法，其余各项工料及装修等件，逐款分别，另册开载。

如特将面阔、进深、柱高改放宽敞高矮，其木柱径寸等项，照所加高矮尺寸加算。耳房〔1〕、配房〔2〕、群廊等房，照正房配合高宽，其木柱径寸，亦照加高核算。

以下硬山、悬山〔3〕各册做法，按柱高加三出檐；柱高一丈以外，如用加三三出檐者，临期酌定。

【注释】〔1〕耳房：位于正房两侧的附属建筑，规模较小，形似正房的双耳，因此而得名。

〔2〕配房：厢房的配套建筑，通常用作库房。

〔3〕悬山：建筑屋顶形式，屋面分为前后两坡，檩子伸出山墙外，形成出梢部分，因此被称为“悬山”，也被称为“挑山”。

【译解】翘飞椽的长度和直径均与飞檐椽的长度和直径相同。外加斜交部分的长度，其为椽子直径的三倍。

连檐的长度由面宽来确定。若面宽为二丈一尺，减去一步架长度三尺五寸，可得长度为一丈七尺五寸。一步架长度为三尺五寸，加出檐的长度二尺六寸四分，得总长度为六尺一寸四分。减去角梁厚度的一半，可得净长度为五尺九寸一分。每尺连檐需增加一寸翘长，总长度为六尺五分。加前面算出的长度一丈七尺五寸，可得连檐的总长度为二丈四尺。连檐的宽度和厚度与檐椽的宽度和厚度相同。

瓦口的长度与连檐的长度相同。以所使用的瓦料情况来确定瓦口的高度和厚度。若头号板瓦的高度为二寸，把这个高度三等分，将其中的三分之二作为底台，三分之一作为山子。再加板瓦自身的高度二寸，可得头号瓦口的净高度为四寸。若二号板瓦的高度为一寸七分，把这个高度三等分，将其中的三分之二作为底台，三分之一作为山子，再加板瓦自身的高度一寸七分，可得二号瓦口的净高度为三寸四分。若三号板瓦的高度为一寸五分，把这个高度三等分，将其中的三分之二作为底台，三分之一作为山子，再加板瓦自身的高度一寸五分，可得三号瓦口的净高度为三寸。上述瓦口的厚度均为瓦口净高度的四分之一，由此可得头号瓦口的厚度为一寸，二号瓦口的厚度为八分，三号瓦口的厚度为七分。若使用筒瓦，则其瓦口的高度为二号和三号板瓦瓦口的高度减去山子的高度，筒瓦瓦口的厚度与板瓦瓦口的厚度相同。

里口的长度由面宽来确定。若面宽为二丈一尺，减去一步架长度三尺五寸，作为起翘的位置，可得里口的净长度为一丈七尺五寸。里口的高度和厚度与飞檐椽的高度和厚度相同。再加望板厚度的一点五倍，可得里口加高的高度。

闸档板的长度由翘档的位置来确定。若使用一椽一档，则闸档板的长度为二寸三分。在闸档板外侧开槽，每寸长度开槽一分。闸档板的高度与椽子的直径相同。以椽子直径的十分之二来确定闸档板的厚度。若椽子的直径为二寸三分，可得闸档板的厚度为四分。小连檐的长度为椽子起翘的位置到老角梁的距离。小连檐的宽度等于椽子的直径。小连檐的厚度为望板厚度的一点五倍，可得其厚度为六分。

椽椀的长度由面宽来确定，若面宽为二丈一尺，减去一步架长度三尺五寸，作为起翘的位置，可得椽椀的净长度为一丈七尺五寸。以椽子的直径来确定椽椀的高度和厚度。若椽子的直径为二寸三分，再加该直径的三分之一，可得椽椀的高度为三寸。以椽子直径的三分之一来确定椽椀的厚度，可得其厚度为七分。

横望板和压住飞檐尾铺设的横望板，其长度和宽度由面宽和进深加举的比例折算成矩形的边长来确定。以椽子直径的十分之二来确定横望板的厚度。若椽子的直径为二寸三分，可得横望板的厚度为四分。

上述计算方法均适用于大木建筑，其他工程所需的材料和装修配件，另行刊载。

若面宽、进深和柱子的高度有所改变，则配套的木柱直径尺寸应该按照改变的尺寸来计算。耳房、配房和群廊等房间的高度和宽度，应当配合正房的尺寸。这些房间配套的木柱直径尺寸等，也应当按照实际情况来计算。

在下文的硬山和悬山建筑中，出檐的长度为檐柱高度的十分之三；若檐柱的高度超过一丈，则出檐的长度为檐柱高度的十分之三点三，具体尺寸需要在实际建造过程中确定。

卷六

本卷详述建造六檩进深带前廊的大木式转角房的方法。

六檩前出廊转角大木做法

【译解】建造六檩进深带前廊的大木式转角房的方法。

【原文】凡转角房俱系见方，以两边房之进深，即得转角之面阔、进深。其柱高、径寸，俱与两边房屋相同。

凡檐柱以面阔十分之八定高低，百分之七定径寸，如面阔九尺，得柱高七尺二寸，径六寸三分。

凡金柱以出廊加举定高低，如出廊深三尺六寸，按五举加之，得高一尺八寸，并檐柱高七尺二寸，得通长九尺，以檐柱径加二寸定径寸，如檐柱径六寸三分，得金柱径八寸三分。以上柱子，每径一尺，外加榫长三寸。后檐柱与金柱同长。

凡斜抱头梁[1]以出廊定长短，如出廊深三尺六寸，用方五斜七之法加斜长，一头加檩径一份，得柁头分位，一头加金柱径半份，又出榫照檐柱径半份，得通长六尺四寸。以檐柱径加二寸定厚，如柱径六寸三分，得厚八寸三分，高按本身之厚，每尺加三寸，得高一尺七分。

凡斜穿插枋[2]以出廊定长短，如出廊深三尺六寸，用方五斜七之法加斜长，一头加檐柱径半份，一头加金柱径半份，又两头出榫照檐柱径半份，得通长六尺四寸。高、厚与檐枋同。

凡递角梁[3]以进深定长短，如通进深一丈八尺，内除前廊三尺六寸，进深得一丈四尺四寸，用方五斜七之法加斜长，两头各加檩径一份，得柁头分位。如檩径六寸三分，得通长二丈一尺四寸二分。以金柱径加二寸定厚。如金柱径八寸三分，得厚一尺三分。高按本身之厚每尺加三寸，得高一尺三寸三分。

凡递角随梁枋以进深定长短，如进深一丈四尺四寸，用方五斜七之法加斜长，得二丈一寸六分。内除柱径一份，外加两头入榫分位，各按柱径四分之一，净长一丈九尺七寸四分。其高、厚比檐枋各加二寸。

凡里金瓜柱以步架加举定高低，如步架深三尺六寸，按七举加之，得高二尺五寸二分，内除递角梁高一尺三寸三分，得净高一尺一寸九分。以三架梁之厚收二寸定厚。如三架梁厚八寸三分，得厚六寸三分。宽按本身之厚加二寸，得宽八寸三分。每宽一尺，外加上、下榫各长三寸。

凡斜三架梁以步架二份定长短，如步架二份深七尺二寸，用方五斜七之法加斜长，两头各加檩径一份，得柁头分位。如檩径六寸三分，得通长一丈一尺三寸四分。以递角梁高、厚各收二寸定高、厚。如递角梁高一尺三寸三分，厚一尺三分，得高一尺一寸三分，厚八寸三分。

凡脊瓜柱以步架加举定高低，如步架深三尺六寸，按九举加之，得高三尺二寸四分，又加平水高五寸三分，再加檩径三分之一作桁椀，得长二寸一分，共高三尺九寸八分，内除三架梁高一尺一寸三分，得净高二尺八寸五分。宽、厚同里金瓜柱。每宽一尺，外加下榫长三寸。

凡檐枋以两边房之进深即转角之面阔，如进深连廊一丈八尺，内除前廊三尺六寸，进深得长一丈四尺四寸。内除柱径一份，外加两头入榫分位，各按柱径四分之一，得长一丈四尺八分。以檐柱径寸定高。如柱径六寸三分，即高六寸三分。厚按本身之高收二寸，得厚四寸三分。金、脊枋各递收一步架，亦除柱径，外加入榫分位得长。高、厚与檐枋同。如不用垫板，照檐枋高、厚各收二寸。

凡檐垫板长短随面阔，内除柁头分位一份，外加两头入榫尺寸，照柁头之厚每尺加滚楞二寸，得长一丈三尺七寸三分。以檐枋之高收一寸定高。如檐枋高六寸三分，得高五寸三分。以檩径十分之三定厚。如檩径六寸三分，得厚一寸八分。金、脊垫板各递收一步架，亦除柱径，外加入榫分位得长。高、厚与檐垫板同。高六寸以上者，照檐枋之高收分一寸，六寸以下不收分。其脊垫板，照面阔除脊瓜柱径一份，外加两头入榫尺寸，各按瓜柱径四分之一。

凡檐檩以面阔定长短。如面阔连廊一丈八尺，即长一丈八尺，如出廊深三尺六寸，得长一丈四尺四寸，即长一丈四尺四寸，出廊檩子长三尺六寸，即长三尺六寸，外加一头交角出头分位，按本身径一份，又加柱径半份，得通长四尺五寸四分。径寸俱与檐柱同。

凡金檩以步架四份定长短。如步架四份深一丈四尺四寸，即长一丈四尺四寸。外加一头交角出头分位，按本身径一份，又加金柱径半径，得通长一丈五尺四寸四分。径寸俱与檐檩同。

凡里金檩以步架三份定长短。如步架三份深一丈八寸，即长一丈八寸。外加一头交角出头分位，按本身径一份，又加柱径半份，得通长一丈一尺七寸四分。里掖角金檩以步架一份得长。如步架一份深三尺六寸，即长三尺六寸。外加斜交尺寸，按本身径半份，得通长三尺九寸一分。径寸俱与檐檩同。

凡脊檩以步架二份定长短。如步架二份深七尺二寸，即长七尺二寸。外加一头交角出头分位，按本身径一份，又加柱径半份，得通长八尺一寸四分。径寸俱与檐檩同。以上檩木，每径一尺，外加搭交榫长三寸。

【注释】〔1〕斜抱头梁：位于廊式建筑的转角处，起着连接檐柱与老檐柱的作用。

〔2〕斜穿插枋：位于建筑的转角处，两端与角檐柱和角金柱相交，起连接作用。

〔3〕递角梁：位于建筑转角处的斜梁，与山面和檐面各成45度角，起着连接里外角柱、承托屋顶荷载的作用。

【译解】转角房的横截面全部为正方形，通过两侧房间的进深，就可以确定转

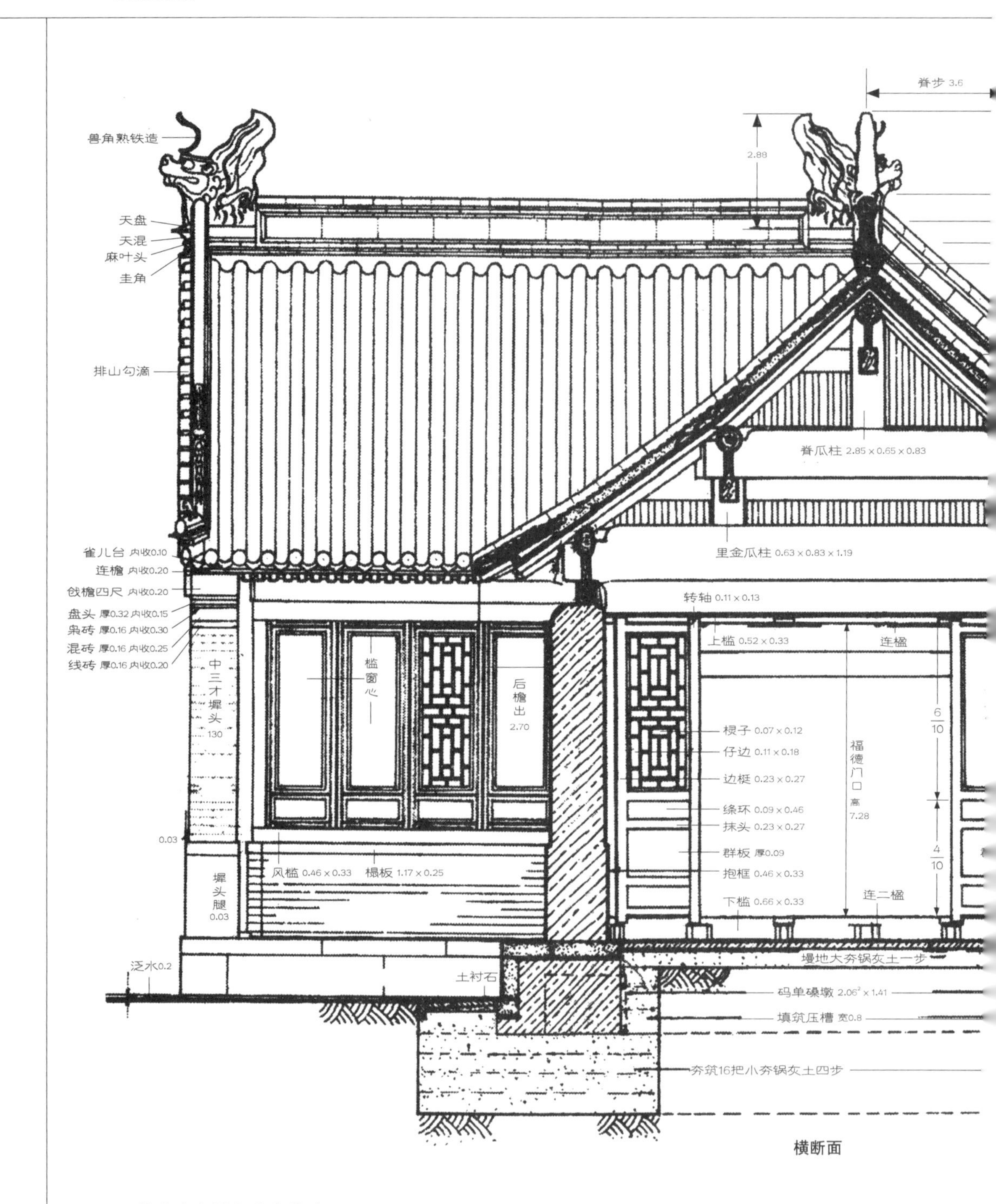

横断面

□ 六檩前出廊转角大木做法

前出廊，即设置前廊。古代帝王宗庙坐北朝南，其庙内之北为神室（用以放置已故的帝王、神主的牌位），其正门前的通廊即为前廊。

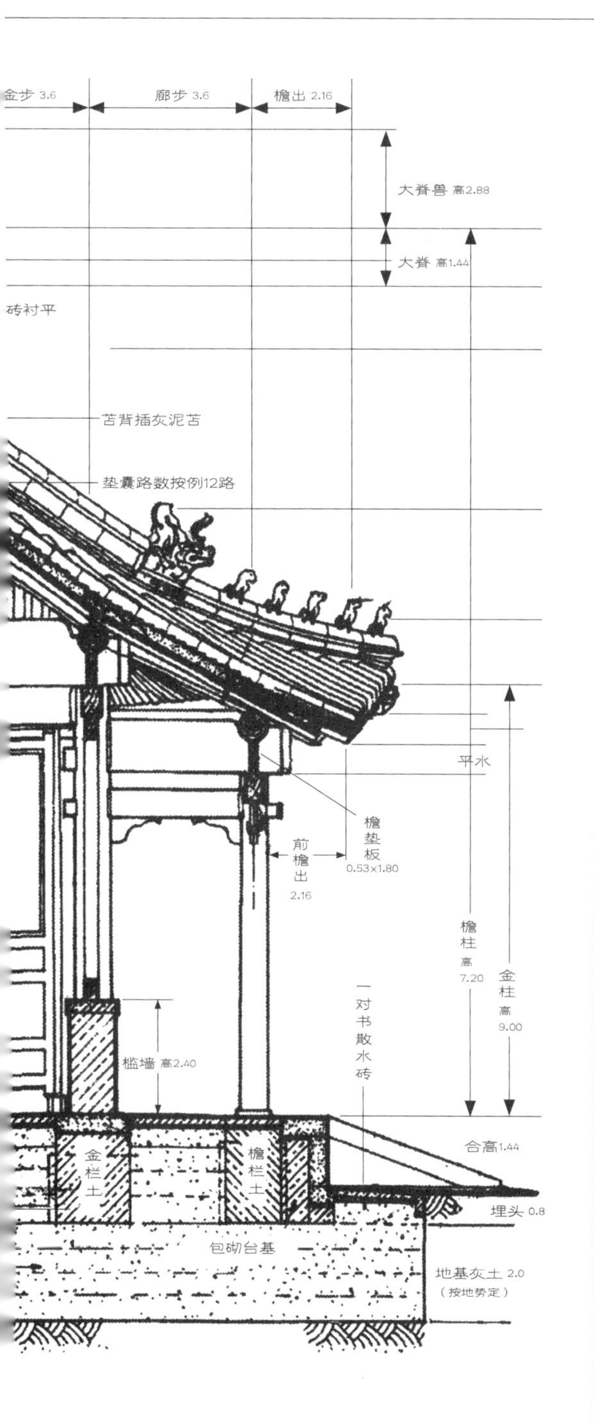

角房的面宽和进深。转角房所使用的柱子的高度和直径，都与两侧房间所使用的相同。

檐柱的高度由面宽的十分之八来确定，檐柱的直径由面宽的百分之七来确定。若面宽为九尺，可得檐柱的高度为七尺二寸，直径为六寸三分。

金柱的高度由出廊的进深和举的比例来确定。若出廊的进深为三尺六寸，使用五举的比例，可得高度为一尺八寸，加檐柱的高度七尺二寸，可得金柱的总高度为九尺。以檐柱径增加二寸来确定金柱径。若檐柱径为六寸三分，可得金柱径为八寸三分。以上所提到的几种柱子，当直径为一尺时，需外加入榫的长度三寸。后檐柱的长度与金柱的长度相同。

斜抱头梁的长度由出廊的进深来确定。若出廊的进深为三尺六寸，用方五斜七法计算斜边的长度，一端增加檩子的直径，即为柁头的长度。一端增加金柱径的一半，外加出榫的长度，出榫的长度为檐柱径的一半，可得斜抱头梁的长度为六尺四寸。以檐柱径的长度增加二寸来确定斜抱头梁的厚度。若檐柱径的长度为六寸三分，可得斜抱头梁的厚度为八寸三分。斜抱头梁的高度由自身的厚度来确定，当厚度为一尺时，高度为一尺三寸，由此可得斜抱头梁的高度为一尺七分。

斜穿插枋的长度，由出廊的进深来确定。若出廊的进深为三尺六寸，用方五斜七法计算斜边的长度，一端增加檐柱径的一半，一端增加金柱径的一半，两端加出榫的长度，出榫的长度为檐柱径的一半。由此可得斜穿插枋的总长度为六尺四寸。斜穿插枋的高度和厚度与檐枋的高度和厚度相同。

递角梁的长度由进深来确定。若通进深为一丈八尺，减去前廊的进深三尺六寸，可得净进深为一丈四尺四寸。用方五斜七法计算斜边的长度，两端各增加檩子的直径，即为柁头的长度。若檩子的直径为六寸三分，可得递角梁的总长度为二丈一尺四寸二分。以金柱径的长度增加二寸来确定递角梁的厚度。若金柱径的长度为八寸三分，可得递角梁的厚度为一尺三分。递角梁的高度由自身的厚度来确定，当厚度为一尺时，高度为一尺三寸，由此可得递角梁的高度为一尺三寸三分。

递角随梁枋的长度由进深来确定。若进深为一丈四尺四寸，用方五斜七法计算斜边的长度，可得长度为二丈一寸六分。减去柱径的尺寸，两端外加入榫的长度，入榫的长度均为柱径的四分之一，可得递角随梁枋的净长度为一丈九尺七寸四分。递角随梁枋的高度和厚度在檐枋的基础上各增加二寸。

里金瓜柱的高度由步架的长度和举的比例来确定。若步架的长度为三尺六寸，使用七举的比例，可得高度为二尺五寸二分。减去递角梁的高度一尺三寸三分，可得里金瓜柱的净高度为一尺一寸九分。以三架梁的厚度减少二寸来确定里金瓜柱的厚度。若三架梁的厚度为八寸三分，可得里金瓜柱的厚度为六寸三分。以自身的厚度增加二寸来确定自身的宽度，可得里金瓜柱的宽度为八寸三分。当宽度为一尺时，外加上、下榫的长度为三寸。

斜三架梁的长度由步架长度的两倍来确定。若步架长度的两倍为七尺二寸，用方五斜七法计算斜边的长度，两端各增加檩子的直径，即为柁头的长度。若檩子的直径为六寸三分，可得斜三架梁的总长度为一丈一尺三寸四分。以递角梁的高度和厚度各减少二寸来确定斜三架梁的高度和厚度。若递角梁的高度为一尺三寸三分，厚度为一尺三分，可得斜三架梁的高度为一尺一寸三分，厚度为八寸三分。

脊瓜柱的高度由步架的长度和举的比例来确定。若步架的长度为三尺六寸，使用九举的比例，可得高度为三尺二寸四分。加平水的高度五寸三分，外加檩子直径的三分之一作为桁椀，可得桁椀的长度为二寸一分，总高度为三尺九寸八分。减去三架梁的高度一尺一寸三分，可得脊瓜柱的净高度为二尺八寸五分。脊瓜柱的宽度和厚度与里金瓜柱的宽度和厚度相同。当脊瓜柱的宽度为一尺时，下方入榫的长度为三寸。

檐枋的长度由两侧房间的进深，即转角房的面宽来确定。若通进深为一丈八尺，减去前廊的进深三尺六寸，可得净进深为一丈四尺四寸。减去柱径的尺寸，两端外加入榫的长度，入榫的长度为柱径的四分之一，可得檐枋的总长度为一丈四尺八分。以檐柱径来确定檐枋的高度。若檐柱径为六寸三分，则檐枋的高度为六寸三分。檐枋的厚度为自身的高度减少二寸，可得檐枋的厚度为四寸三分。金枋和脊枋除各减少一步架长度外，还要减去柱径和入榫的长度。金枋、脊枋的高度和厚度与檐枋的高度和厚度相同。若不使用垫板，则其高度和厚度在檐枋尺寸的基础上减少二寸。

檐垫板的长度由面宽来确定。减去留出的柁头的长度，两端外加入榫的长度，入榫的长度由柁头的厚度来确定。当柁头的厚度为一尺时，入榫的长度为一尺二寸。由此可得檐垫板的长度为一丈三尺七寸三分。以檐枋的高度减少一寸来确定檐垫板的高度。若檐枋的高度为六寸三分，可得檐垫板的高度为五寸三分。以檩子直径的十分之三来确定檐垫板的厚度。若檩子的直径为六寸三分，可得檐垫板的厚度为一寸八分。金垫板、脊垫板除各减少一步架长度外，还要减去柱径和入榫的长度。金垫板和脊垫板的高度和厚度与檐垫板的高度和厚度相同。当高度超过六寸时，檐枋的高度减少一寸；当高度在六寸以下时，不减少。脊垫板为面宽减去脊瓜柱的直径，两端外加入榫的长度，入榫的长度均为金瓜柱直径的四分之一。

檐檩的长度由面宽来确定。若面宽为一丈八尺，则檐檩的长度为一丈八尺。若出廊的进深为三尺六寸，以一丈八尺减去该进深的长度，可得长度为一丈四尺四寸。出廊的檩子的长度为三尺六寸，一端与其他构件相交并出头，出头部分的长度为自身的直径，加檐柱径的一半，可得总长度为四尺五寸四分。檐檩的直径与檐柱的直径相同。

金檩的长度由步架长度的四倍来确定。若步架长度的四倍为一丈四尺四寸，则长度为一丈四尺四寸。一端与其他构件相交并出头，出头部分的长度为自身的直径，再加金柱径的一半，可得金檩的总长度为一丈五尺四寸四分。金檩的直径与檐檩的直径相同。

里金檩的长度由步架长度的三倍来确定。若步架长度的三倍为一丈八寸，则里金檩的长度为一丈八寸。一端与其他构件相交并出头，出头部分的长度为自身的直径，再加柱径的一半，可得总长度为一丈一尺七寸四分。里掖角里金檩的长度由步架的长度来确定。若步架的长度为三尺六寸，可得里掖角里金檩的长度为三尺六寸。外加的斜交的长度为自身直径的一半，可得总长度为三尺九寸一分。里金檩的直径与檐檩的直径相同。

脊檩的长度由步架长度的两倍来确定。若步架长度的两倍为七尺二寸，则脊檩的长度为七尺二寸。一端与其他构件相交并出头，出头部分的长度为自身的直径，再加柱径的一半，可得总长度为八尺一寸四分。脊檩的直径与檐檩的直径相同。以上所提到的檩子，当直径为一尺时，外加的搭交榫的长度为三寸。

【原文】凡仔角梁以步架并出檐加举

定长短。如步架深三尺六寸，出檐照前檐柱高十分之三，得二尺一寸六分，共长五尺七寸六分。用方五斜七之法加斜长，又按一一五加举，共长九尺二寸七分。外加翼角斜出三椽尺寸，再加套兽榫照本身之厚加一份，得通长一丈一寸七分。以椽径三份定高，二份定厚。如椽径一寸八分，得高五寸四分，厚三寸六分。

凡老角梁长短随仔角梁。内除飞檐椽头露明尺寸，用方五斜七之法加斜长，又按一一五加举，得一尺一寸五分，并套兽榫三寸六分，共长一尺五寸一分，扣除外，净长八尺六寸六分。外加后尾三岔头，照金柱径一份。共得长九尺四寸九分。高、厚与仔角梁同。如无飞檐椽，不用此款。

凡花架由戗以步架一份定长短。如步架一份深三尺六寸，用方五斜七之法加斜长，又按一二五加举，得通长六尺三寸。再加搭交按柱径半份。高、厚与仔角梁同。

凡脊由戗以步架一份定长短。如步架一份深三尺六寸，用方五斜七之法加斜长，又按一三五加举，得通长六尺八寸，再加搭交按柱径半份。高、厚与仔角梁同。

凡里掖角脊由戗同前。

凡里掖角角梁以步架并出檐加举定长短。如步架深三尺六寸，出檐照后檐柱高十分之三，得二尺七寸，共长六尺三寸，用方五斜七之法定斜长，又按一二五加举，得通长一丈一尺二分，再加搭交按柱径半份。高、厚与仔角梁同。

凡里掖角仔角梁以出檐定长短。如出檐二尺七寸，用方五斜七之法加斜长，又按一二五加举，得通长四尺七寸二分。外加套兽榫照本身之厚一份。以椽径二份定高、厚。如椽径一寸八分，得高、厚三寸六分。如无飞檐椽，不用此款。

凡枕头木以步架定长短。如步架深三尺六寸，内除角梁之厚半份，得净长三尺四寸二分。以椽径定高。如椽径一寸八分，一头高椽子二份半，得高四寸五分。一头斜尖与檩木平。以檩径十分之三定宽。如檩径六寸三分，得宽一寸八分。不起翘，不用此款。

凡前檐椽以出廊并出檐加举定长短。如出廊深三尺六寸，又加出檐尺寸照前檐柱高十分之三，得二尺一寸六分，共长五尺七寸六分。又按一一五加举，得通长六尺六寸二分。如用飞檐椽，以出檐尺寸分三份，去长一份作飞檐头。如后檐椽步架深三尺六寸，再加檩径半份，共长三尺九寸一分，又按一二五加举，得通长四尺八寸八分。以檩径十分之三定径寸，如檩径六寸三分，得径一寸八分。以面阔一丈八尺，收出廊三尺六寸为起翘之数，除一丈四尺四寸，得平身椽。每椽空档，随椽径一份。每间椽数，俱应成双，档之宽窄，随数均匀。至掖角两边房檐椽，照出檐尺寸分短椽根数，折半核算。

凡花架椽以步架加举定长短。如步

架深三尺六寸，按一二五加举，得通长四尺五寸，径寸与檐椽同。以面阔一丈八尺收一步架尺寸深三尺六寸，除一丈四尺四寸，得平身椽数，内有短椽一步架，照长椽均半核算。

凡脑椽以步架加举定长短。如步架深三尺六寸，按一三五加举，得通长四尺八寸六分。径寸与檐椽同。以面阔一丈八尺，收二步架尺寸深七尺二寸，除一丈八寸得平身椽数，内有短椽一步架，照前折算。

凡里掖角檐椽以步架加举定长短。如步架深三尺六寸，按一二五加举，得通长四尺五寸。径寸与前檐椽同。以一步架定椽根数，俱系短椽折半核算。

凡里脑椽长短、径寸俱与前脑椽同。以二步架定椽根数，内有短椽一步架，折半核算。以上檐、脑椽，一头加搭交尺寸，花架椽两头各加搭交尺寸，俱照椽径加一份。

凡飞檐椽以出檐定长短。如前出檐二尺一寸六分，三份分之，出头一份得长七寸二分，后尾二份得长一尺四寸四分，共长二尺一寸六分。又按一一五加举，得通长二尺四寸八分。如后出檐二尺七寸，三份分之，出头一份得长九寸，后尾二份得长一尺八寸，共长二尺七寸，又按一二五加举，得通长三尺三寸七分。见方与檐椽径寸同。

凡翼角椽以步架出檐定翘数。如步架深三尺六寸，出檐二尺一寸六分，共长五尺七寸六分，内除角梁之厚半份，净长五尺五寸八分，以每尺加翘一寸，共长六尺一寸三分。椽数俱系成单。长、径俱与檐椽同。

凡翘飞椽长短、径寸，俱与飞檐椽同，外加斜长二椽尺寸。

凡连檐以面阔定长短。如面阔连廊长一丈八尺，内除出廊深三尺六寸，得长一丈四尺四寸，即长一丈四尺四寸。出廊深三尺六寸，并出檐二尺一寸六分，共长五尺七寸六分，内除角梁之厚半份，净长五尺五寸八分。以每尺加翘一寸，共长六尺一寸三分。再将一丈四尺四寸并之，一面得通长二丈五寸三分。宽、厚同檐椽。

凡瓦口长短随连檐。以所用瓦料定高、厚。如头号板瓦中高二寸，三份均开，二份作底台，一份作山子，又加板瓦本身高二寸，得头号瓦口净高四寸。如二号板瓦中高一寸七分，三份均开，二份作底台，一份作山子，又加板瓦本身高一寸七分，得二号瓦口净高三寸四分。如三号板瓦中高一寸五分，三份均开，二份作底台，一份作山子，又加板瓦本身高一寸五分，得三号瓦口净高三寸。其厚俱按瓦口净高尺寸四分之一，得头号瓦口厚一寸，二号瓦口厚八分，三号瓦口厚七分。如用筒瓦，即随头二三号板瓦之瓦口，应除山子一份之高。厚与板瓦瓦口同。

【译解】仔角梁的长度由步架的长度和出檐的尺寸来确定。若步架的长度为三尺六寸，出檐的长度为檐柱高度的十分之三，即二尺一寸六分，可得长度为五尺七寸六分。用方五斜七法计算斜边的长度，再使用一一五举的比例，可得长度为九尺二寸七分。再加翼角的出头部分，其为椽子直径的三倍，再加套兽入榫的长度，作为自身的厚度。由此可得仔角梁的总长度为一丈一寸七分。以椽子直径的三倍来确定仔角梁的高度，以椽子直径的两倍来确定仔角梁的厚度。若椽子的直径为一寸八分，可得仔角梁的高度为五寸四分，厚度为三寸六分。

老角梁的长度由仔角梁的长度来确定，减去飞檐头的外露部分，用方五斜七法计算斜边的长度，再使用一一五举的比例，可得飞檐头的长度为一尺一寸五分。套兽入榫的长度为三寸六分。二者相加，可得长度为一尺五寸一分。以仔角梁的长度减去该长度，可得净长度为八尺六寸六分。老角梁后尾的三岔头的长度与金柱径的尺寸相同。由此可得老角梁的总长度为九尺四寸九分。老角梁的高度和厚度与仔角梁的高度和厚度相同。如果没有飞檐椽，则不使用这样的老角梁。

花架由戗的长度由步架的长度来确定。若步架的长度为三尺六寸，用方五斜七法来确定斜边的长度，再使用一二五举的比例，可得总长度为六尺三寸。其与其他部件相交并出头，出头部分的长度为柱径的一半。花架由戗的高度和厚度与仔角梁的高度和厚度相同。

脊由戗的长度由步架的长度来确定。若步架的长度为三尺六寸，用方五斜七法来确定斜边的长度，再使用一三五举的比例，可得脊由戗的总长度为六尺八寸。与其他部件相交并出头，出头部分的长度为柱径的一半。脊由戗的高度和厚度与仔角梁的高度和厚度相同。

里掖角脊由戗的计算方法与上述脊由戗相同。

里掖角角梁的长度，由步架的长度加出檐的长度和举的比例来确定。若步架的长度为三尺六寸，出檐的长度为檐柱高度的十分之三，即为二尺七寸，与步架的长度相加后为六尺三寸。用方五斜七法计算斜边的长度，再使用一二五举的比例，可得总长度为一丈一尺二分。与其他部件相交并出头，出头部分的长度为柱径的一半。里掖角角梁的高度和厚度与仔角梁的高度和厚度相同。

里掖角仔角梁的长度由出檐的长度来确定。若出檐的长度为二尺七寸，用方五斜七法计算斜边的长度，再使用一二五举的比例，可得总长度为四尺七寸二分。外加套兽入榫的长度，其与自身的厚度尺寸相同。以椽子直径的两倍来确定里掖角仔角梁的高度和厚度。若椽子的直径为一寸八分，可得里掖角仔角梁的高度和厚度为三寸六分。如果没有飞檐椽，则不使用这样的仔角梁。

枕头木的长度由步架的长度来确定。若步架的长度为三尺六寸，减去角梁厚度的一半，可得枕头木的净长度为三尺四寸二分。以椽子的直径来确定枕头木的高度。若椽子的直径为一寸八分，一端的高度为椽子直径的二点五倍，可得高度为四寸五分，另一端为斜尖状，与檩子平齐。以檩子直径的十分之三来确定枕头木的宽度。若檩子的直径为六寸三分，可得枕头木的宽度为一寸八分。如果椽子不起翘，那么就不使用这样的枕头木。

前檐椽的长度，由出廊的进深加出檐的长度和举的比例来确定。若出廊的进深为三尺六寸，则出檐的长度为檐柱高度的十分之三，即二尺一寸六分，可得总长度为五尺七寸六分。使用一一五举的比例，可得檐椽的总长度为六尺六寸二分。如果是飞檐椽，则把出檐的长度三等分，取其长度的三分之二作为飞檐头。后檐椽的长度由步架的长度来确定。若步架的长度为三尺六寸，加檩子直径的一半，可得长度为三尺九寸一分。使用一二五举的比例，可得后檐椽的总长度为四尺八寸八分。以檩子直径的十分之三来确定檐椽的直径。若檩子的直径为六寸三分，可得檐椽的直径为一寸八分。若面宽为一丈八尺，减去出廊的进深三尺六寸，作为起翘的位置。若减去一丈四尺四寸可得平直部分，可以由此算出所使用的檐椽的数量。每两根椽子的空档宽度，为椽子的宽度。每个房间使用的椽子数量都应为双数，空档宽度应均匀。掖角两侧房间的檐椽，应使用短椽，数量应按照出檐的尺寸进行折半计算。

花架椽的长度由步架的长度和举的比例来确定。若步架的长度为三尺六寸，使用一二五举的比例，可得花架椽的总长度为四尺五寸。花架椽的直径与檐椽的直径相同。若面宽为一丈八尺，减去一步架长度三尺六寸，若减去一丈四尺四寸，则剩余的部分可作为平直部分，因此可得出所使用的花架椽的数量。内侧一步架使用短椽，数量应按照长椽的数量进行折半核算。

脑椽的长度由步架的长度和举的比例来确定。若步架的长度为三尺六寸，使用一三五举的比例，可得脑椽的长度为四尺八寸六分。脑椽的直径与檐椽的直径相同。若面宽为一丈八尺，减去二步架的长度七尺二寸，若减去一丈八寸，则剩余的部分可作为平直部分，因此可得出所使用的脑椽的数量。内侧一步架使用短椽，数量应按照长椽的数量进行核算。

里掖角檐椽的长度由步架的长度和举的比例来确定。若步架的长度为三尺六寸。使用一二五举的比例，可得里掖角檐椽的总长度为四尺五寸。里掖角檐椽的直径与前檐椽的直径相同。用一步架长度来确定所要使用的里掖角檐椽的数量。若都为短椽，需进行折半核算。

里脑椽的长度和直径都与前脑椽的相同。以二步架的长度来确定里脑椽的数量，若内侧一步架为短椽，需进行折半核算。上述檐椽和脑椽，一端与其他部件相交并出头，花架椽的两端与其他部件相交并出头，出头部分的长度均为椽子的直径。

飞檐椽的长度由出檐的长度来确定。若前出檐的长度为二尺一寸六分，将此长度三等分，每小段长度为七寸二分。椽子出头部分的长度为每小段的长度，即为七寸二分。椽子的后尾长度为该小段长度的两倍，即一尺四寸四分。两个长度相加，可得总长度为二尺一寸六分。使用一一五举的比例，可得前出檐飞檐椽的总长度为二尺四寸八分。后出檐的长度为二尺七寸，把这个长度三等分，每小段长度为九寸。椽子出头部分的长度为每小段的长度，即九寸。椽子的后尾长度为该小段长度的两倍，即一尺八寸。将两个长度相加，可得总长度为二尺七寸。使用一二五举的比例，可得后出檐飞檐椽的总长度为三尺三寸七分。飞檐椽的截面正方形边长与檐椽的直径相同。

翼角椽起翘部分的长度由步架的长度和出檐的长度来确定。若步架的长度为三尺六寸，出檐的长度为二尺一寸六分，总长度为五尺七寸六分，减去角梁厚度的一半，可得净长度为五尺五寸八分。每尺需增加一寸翘长，可得翼角椽的起翘长度为六尺一寸三分。翼角椽的数量通常为单数，其长度和直径与檐椽的长度和直径相同。

翘飞椽的长度和直径，均与飞檐椽的长度和直径相同。外加斜交部分的长度，其为椽子直径的两倍。

连檐的长度由面宽来确定。若面宽为一丈八尺，减去出廊的进深三尺六寸，可得长度为一丈四尺四寸。出廊的进深为三尺六寸，加出檐的长度二尺一寸六分，得总长度为五尺七寸六分。减去角梁厚度的一半，可得净长度为五尺五寸八分。每尺连檐需增加一寸翘长，总长度为六尺一寸三分。加前面计算出的长度一丈四尺四寸，可得连檐的总长度为二丈五寸三分。连檐的宽度和厚度与檐椽的宽度和厚度相同。

瓦口的长度与连檐的长度相同。以所使用的瓦料情况来确定其高度和厚度。若头号板瓦的高度为二寸，把这个高度三等分，将其中的三分之二作为底台，三分之一作为山子。再加板瓦自身的高度二寸，可得头号瓦口的净高度为四寸。若二号板瓦的高度为一寸七分，把这个高度三等分，将其中的三分之二作为底台，三分之一作为山子，再加板瓦自身的高度一寸七分，可得二号瓦口的净高度为三寸四分。若三号板瓦的高度为一寸五分，把这个高度三等分，将其中的三分之二作为底台，三分之一作为山子，再加板瓦自身的高度一寸五分，可得三号瓦口的净高度为三寸。瓦口的厚度均为瓦口净高度的四分之一，由此可得头号瓦口的厚度为一寸，二号瓦口的厚度为八分，三号瓦口的厚度为七分。若使用筒瓦，则其瓦口的高度为二号和三号板瓦瓦口的高度减去山子的高度，筒瓦瓦口的厚度与板瓦瓦口的厚度相同。

【原文】凡里口以面阔定长短，如面阔一丈八尺，内除出廊深三尺六寸作起翘之处，得净长一丈四尺四寸。高、厚与飞檐椽同。再加望板之厚一份半，得里口之加高数目。

凡闸档板以翘档分位定长短。如一椽一档，得长一寸八分。外加入槽每寸一

分。高随檐椽径寸。以椽径十分之二定厚，如椽径一寸八分，得厚三分。其小连檐之长，自起翘处至老角梁得长。其宽随椽径一份，厚照望板之厚尺寸一份半，得厚四分。

凡椽椀以面阔定长短。如面阔连廊长一丈八尺，内除出廊深三尺六寸作起翘，得净长一丈四尺四寸。以椽径定高。如椽径一寸八分，再加椽径三分之一，共高二寸四分。以椽径三分之一定厚，得厚六分。

凡横望板、压飞檐尾横望板以面阔、进深加举折见方丈定长、宽。以椽径十分之二定厚。如椽径一寸八分，得厚三分。

以上俱系大木做法，其余各项工料及装修等件逐款分别，另册开载。

如特将面阔、进深、柱高改放宽敞高矮，其木柱径寸等项，照所加高矮尺寸加算。耳房、配房、群廊等房，照正房配合高、宽，其木柱径寸，亦照加高核算。

【译解】里口的长度由面宽来确定。若面宽为一丈八尺，减去出廊的进深三尺六寸，作为起翘的位置，可得里口的净长度为一丈四尺四寸。里口的高度和厚度与飞檐椽的高度和厚度相同。再加望板厚度的一点五倍，可得里口加高的高度。

闸档板的长度由翘档的位置来确定。若使用一椽一档，则闸档板的长度为一寸八分。在闸档板外侧开槽，每寸长度开槽一分。闸档板的高度与椽子的直径相同。以椽子直径的十分之二来确定闸档板的厚度。若椽子的直径为一寸八分，可得闸档板的厚度为三分。小连檐的长度，为椽子起翘的位置到老角梁的距离。小连檐的宽度与椽子的直径相同。小连檐的厚度为望板厚度的一点五倍，可得其厚度为四分。

椽椀的长度由面宽来确定，若面宽为一丈八尺，减去出廊的进深三尺六寸，作为起翘的位置，可得椽椀的净长度为一丈四尺四寸。以椽子的直径来确定椽椀的高度。若椽子的直径为一寸八分，再加该直径的三分之一，可得椽椀的高度为二寸四分。以椽子直径的三分之一来确定椽椀的厚度，可得其厚度为六分。

横望板和压住飞檐尾铺设的横望板，其长度和宽度由面宽和进深加举的比例折算成矩形的边长来确定。以椽子直径的十分之二来确定横望板的厚度。若椽子的直径为一寸八分，可得横望板的厚度为三分。

上述计算方法均适用于大木建筑，其他工程所需的材料和装修配件，另行刊载。

若面宽、进深和柱子的高度有所改变，则配套的木柱直径尺寸也应该按照改变的尺寸来计算。耳房、配房和群廊等房间的高度和宽度，应当配合正房的尺寸。这些房间配套的木柱直径尺寸等，也应当按照实际情况来计算。

卷七

本卷详述建造九檩进深的大木式建筑的方法。

九檩大木做法

【译解】建造九檩进深的大木式建筑的方法。

【原文】凡檐柱以面阔十分之八定高低，百分之七定径寸。如面阔一丈三尺，得柱高一丈四寸，径九寸一分。如次间、梢间面阔，比明间窄小者，其柱、檩、柁、枋等木径寸，仍照明间。至次间、梢间面阔，临期酌夺地势定尺寸。

凡金柱以出廊加举定高低。如出廊深四尺，按五举加之，得高二尺，并檐柱之高一丈四寸，得通长一丈二尺四寸。以檐柱径加二寸定径寸。如檐柱径九寸一分，得金柱径一尺一寸一分。以上柱子每径一尺，外加榫长三寸。

凡抱头梁以出廊定长短。如出廊深四尺，一头加檩径一份，得柁头分位，一头加金柱径半份。又出榫照檐柱径半份，得通长五尺九寸二分。如用天花梁，一头加柁头分位，不出榫。以檐柱径加二寸定厚。如檐柱径九寸一分，得厚一尺一寸一分。高按本身之厚每尺加三寸，得高一尺四寸四分。

凡穿插枋以出廊定长短。如出廊深四尺，一头加檐柱径半份，一头加金柱径半份，又两头出榫，照檐柱径一份。得通长五尺九寸二分。高、厚与檐枋同。

凡七架梁以进深除廊定长短。如通进深二丈九尺，内除前后廊八尺，得二丈一尺。两头各加檩径一份，得柁头分位。如檩径九寸一分，得通长二丈二尺八寸二分。以金柱径加二寸定厚。如金柱径一尺一寸一分，得厚一尺三寸一分。高按本身厚每尺加三寸，得高一尺七寸。

凡随梁枋以进深定长短。如进深二丈一尺，内除金柱径一份。外两头加入榫分位，各按金柱径四分之一，得长二丈四寸四分。其高、厚俱按檐枋各加二寸。

凡柁橔以步架加举定高低。如步架深三尺五寸，按六举加之，得高二尺一寸，内除七架梁高一尺七寸，得净高四寸。以五架梁之厚收二寸定宽。如五架梁厚一尺一寸一分，得宽九寸一分。以柁头二份定长。如柁头二份长一尺八寸二分，即长一尺八寸二分。

凡五架梁以步架四份定长短。如步架四份深一丈四尺，两头各加檩径一份，得柁头分位。如檩径九寸一分，得通长一丈五尺八寸二分。以七架梁高、厚各收二寸定高、厚。如七架梁高一尺七寸，厚一尺三寸一分，得高一尺五寸，厚一尺一寸一分。

凡上金瓜柱以步架加举定高低。如步架深三尺五寸，按七举加之，得高二尺四寸五分，内除五架梁高一尺五寸，得净高九寸五分。以五架梁之厚收二寸定宽。如五架梁厚一尺一寸一分，得厚九寸一分。宽按本身厚加二寸，得宽一尺一寸一分。

每宽一尺，外加上、下椽各长三寸。

凡三架梁以步架二份定长短。如步架二份深七尺，两头各加檩径一份，得柁头分位。如檩径九寸一分，得通长八尺八寸二分。以五架梁高、厚各收二寸定高、厚。如五架梁高一尺五寸，厚一尺一寸一分，得高一尺三寸，厚九寸一分。

凡脊瓜柱以步架加举定高低。如步架深三尺五寸。按九举加之，得高三尺一寸五分。又加平水高八寸一分，再加檩径三分之一作桁椀，得长三寸，得通高四尺二寸六分。内除三架梁高一尺三寸，得净高二尺九寸六分。宽、厚同上金瓜柱。每宽一尺，外加下椽长三寸。

凡角背以步架一份定长短，如步架深三尺五寸，即长三尺五寸。以瓜柱高、厚三分之一定宽、厚。如瓜柱净高二尺九寸六分，厚九寸一分，得宽九寸八分，厚三寸。

凡檐枋，老檐枋，金、脊枋以面阔定长短。如面阔一丈三尺，内除柱径一份，外加两头入榫分位，各按柱径四分之一，得长一丈二尺五寸四分。以檐柱径寸定高。如柱径九寸一分，即高九寸一分。厚按本身高收二寸，得厚七寸一分。其悬山做法，梢间檐枋应照柱径尺寸加一份，得箍头分位。宽、厚与檐枋同。如金、脊枋不用垫板，照檐枋宽、厚各收二寸。

凡金、脊、檐垫板以面阔定长短。如面阔一丈三尺，内除柁头分位一份，外加两头入榫尺寸，照柁头之厚每尺加滚楞二寸，得长一丈二尺一寸一分。以檐枋之高收一寸定宽，如檐枋高九寸一分，得宽八寸一分。以檩径十分之三定厚。如檩径九寸一分，得厚二寸七分。宽六寸以上者，照檩枋之高收分一寸，六寸以下者不收分。其脊垫板，照面阔除脊瓜柱径一份，外加两头入榫尺寸，各按柱径四分之一。

凡檩木以面阔定长短。如面阔一丈三尺，即长一丈三尺。每径一尺，外加搭交榫长三寸。如硬山做法独间成造者，应两头照山柱[1]径各加半份。如有次间、梢间者，应一头照山柱径加半份。其悬山做法，应照出檐之法加长。径寸俱与檐柱同。

凡悬山桁条下皮[2]用燕尾枋[3]，以出檐之法得长。如出檐三尺一寸二分，即长三尺一寸二分。以檩径十分之三定厚。如檩径九寸一分。得厚二寸七分。宽按本身厚加二寸，得宽四寸七分。

【注释】[1]山柱：位于硬山或悬山建筑的山墙内，是从台基直通脊桁的柱子。

[2]下皮：皮，即表面。下皮，指建筑构件的下表面。

[3]燕尾枋：位于悬山顶建筑挑山部分的桁条下皮，实际是垫板的外延部分，可起装饰作用。其形似燕尾，因此被称为“燕尾枋”。

【详解】檐柱的高度由面宽的十分之八来确定，直径由面宽的百分之七来确定。若面宽为一丈三尺，可得檐柱的高度为一丈四寸，直径为九寸一分。次间和梢间的

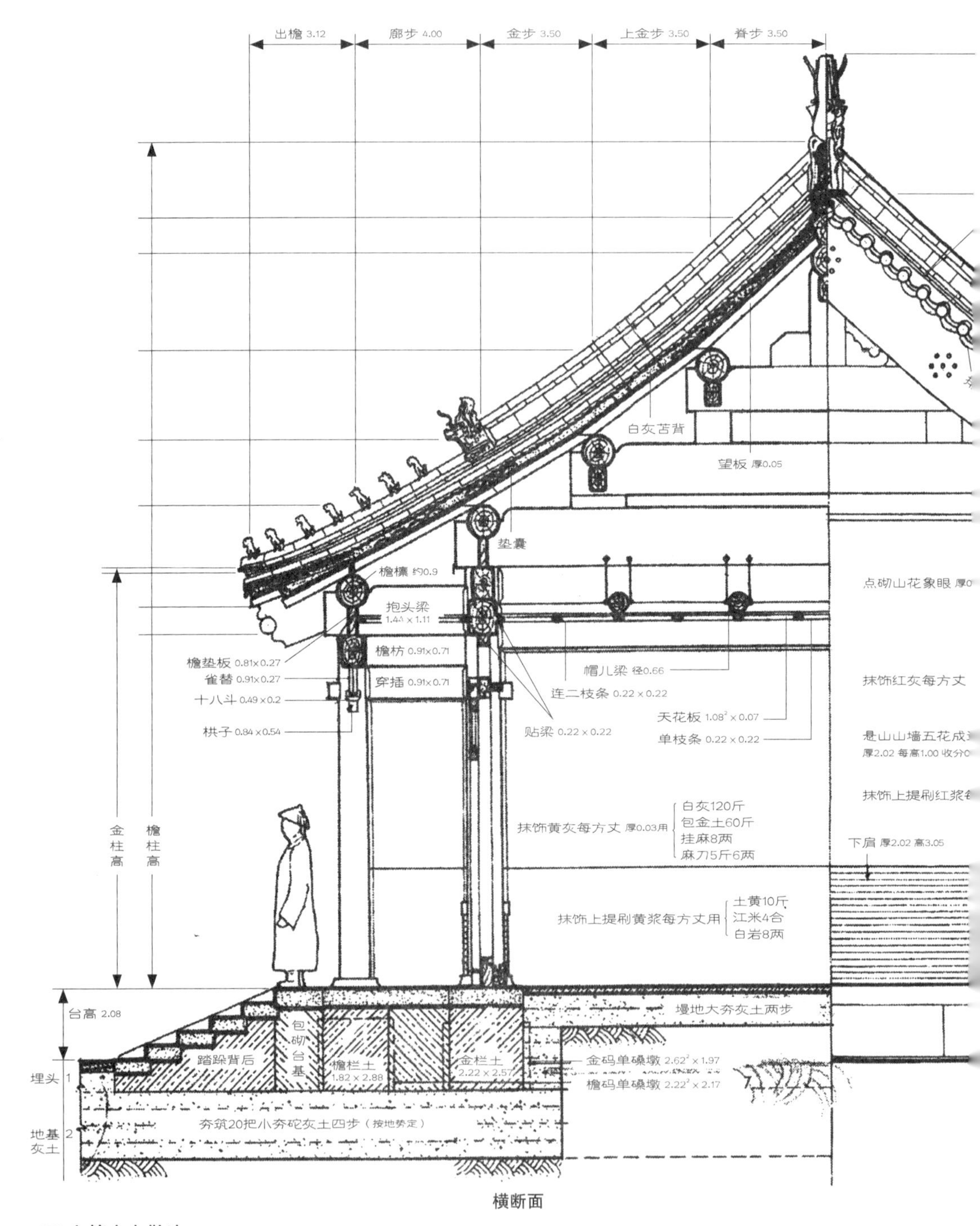

横断面

□ 九檩大木做法

檩是直接承受屋面荷载的构件，将荷载传递到梁和柱，是我国古建大木的四种基本构件（柱、梁、枋、檩）之一。檩其实另有“桁”一称，不过前者见于无斗栱的大式建筑或小式建筑，后者则见于带斗栱的大式建筑。

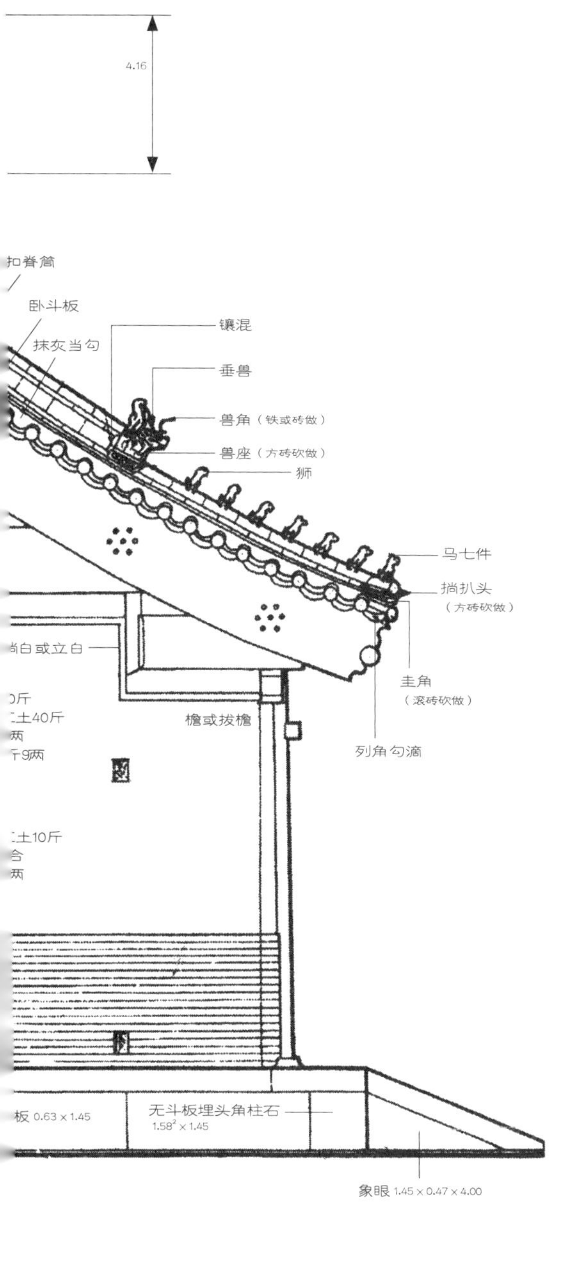

山面立面

面宽比明间的小，但是其所使用的柱子、檩子、柁和枋子等木制构件的尺寸与明间所用的相同。具体的面宽尺寸需要在实际建造过程中由地势来确定。

金柱的高度由出廊的进深和举的比例来确定。若出廊的进深为四尺，使用五举的比例，可得高度为二尺，再加檐柱的高度一丈四寸，可得金柱的总长度为一丈二尺四寸。以檐柱径增加二寸来确定金柱径。若檐柱径为九寸一分，可得金柱径为一尺一寸一分。以上所提到的柱子，当其直径为一尺时，外加的入榫的长度为三寸。

抱头梁的长度由出廊的进深来确定。若出廊的进深为四尺，在一端增加檩子的直径，即为柁头的长度。在另一端增加金柱径的一半，再加出榫的长度，出榫的长度为檐柱径的一半，可得抱头梁的总长度为五尺九寸二分。若使用天花梁，在一端增加柁头占位的长度，不加出榫的长度。以檐柱径的长度增加二寸来确定抱头梁的厚度。若檐柱径为九寸一分，可得抱头梁的厚度为一尺一寸一分。抱头梁的高度由自身的厚度来确定。当自身的厚度为一尺时，抱头梁的高度为一尺三寸，由此可得抱头梁的高度为一尺四寸四分。

穿插枋的长度由出廊的进深来确定。若出廊的进深为四尺，一端增加檐柱径的一半，一端增加金柱径的一半，两端有出榫，出榫的长度为檐柱径的一半，由此可得穿插枋的总长度为五尺九寸二分。穿插枋的高度和厚度与檐枋的高度和厚度相同。

七架梁的长度，由通进深减去廊的进深来确定。若通进深为二丈九尺，减去前后廊的进深八尺，可得长度为二丈一尺。两端均增加檩子的直径，作为柁头的长度。若檩子的直径为九寸一分，可得七架梁的总长度为二丈二尺八寸二分。以金柱径加二寸来确定七架梁的厚度。若金柱径为一尺一寸一分，可得七架梁的厚度为一尺三寸一分。以七架梁自身的厚度来确定自身的高度，当自身的厚度为一尺时，七架梁的高度为一尺三寸，由此可得七架梁的高度为一尺七寸。

七架随梁枋的长度由进深来确定。若进深为二丈一尺，减去金柱径的尺寸，两端外加入榫的长度，入榫的长度均为柱径的四分之一，由此可得七架随梁枋的长度为二丈四寸四分。七架随梁枋的高度和厚度在檐枋的基础上各增加二寸。

柁橔的高度由步架的长度和举的比例来确定。若步架的长度为三尺五寸，使用六举的比例，可得柁橔的高度为二尺一寸。减去七架梁的高度一尺七寸，可得柁橔的净高度为四寸。以五架梁的厚度来确定柁橔的宽度，当五架梁的厚度为一尺时，柁橔的宽度为八寸。若五架梁的厚度为一尺一寸一分，可得柁橔的宽度为九寸一分。以柁头长度的两倍来确定柁橔的长度。若柁头长度的两倍为一尺八寸二分，可得柁橔的长度为一尺八寸二分。

五架梁的长度由步架长度的四倍来确定。若步架长度的四倍为一丈四尺，两端均增加檩子的直径，作为柁头的长度。若檩子的直径为九寸一分，可得五架梁的总长度为一丈五尺八寸二分。以七架梁的高度和厚度各减少二寸，来确定五架梁的高度和厚度。若七架梁的高度为一尺七寸，厚度为一尺三寸一分，可得五架梁的高度为一尺五寸，厚度为一尺一寸一分。

上金瓜柱的高度由步架的长度和举的比例来确定。若步架的长度为三尺五寸，使用七举的比例，可得高度为二尺四寸五分。减去五架梁的高度一尺五寸，可得上金瓜柱的净高度为九寸五分。以五架梁的厚度减少二寸来确定上金瓜柱的厚度。若五架梁的厚度为一尺一寸一分，可得上金瓜柱的厚度为九寸一分。以自身的厚度增加二寸来确定自身的宽度，由此可得上金瓜柱的宽度为一尺一寸一分。当上金瓜柱的宽度为一尺时，上、下入榫的长度均为三寸。

三架梁的长度，由步架长度的两倍来确定。若步架长度的两倍为七尺，两端均增加檩子的直径，作为柁头的长度。若檩子的直径为九寸一分，可得三架梁的总长度为八尺八寸二分。以五架梁的高度和厚度各减少二寸来确定三架梁的高度和厚度。若五架梁的高度为一尺五寸，厚度为一尺一寸一分，可得三架梁的高度为一尺三寸，厚度为九寸一分。

脊瓜柱的高度由步架的长度和举的比例来确定。若步架的长度为三尺五寸，使用九举的比例，可得脊瓜柱的高度为三尺一寸五分。外加平水的高度八寸一分，再加檩子直径的三分之一作为桁椀，桁椀的长度为三寸。将几个高度相加，可得脊瓜柱的总高度为四尺二寸六分。减去三架梁的高度一尺三寸，可得脊瓜柱的净高度为二尺九寸六分。脊瓜柱的宽度和厚度与上金瓜柱的宽度和厚度相同。当脊瓜柱的宽度为一尺时，下方入榫的长度为三寸。

角背的长度由步架的长度来确定。若步架的长度为三尺五寸，则角背的长度为三尺五寸。分别以瓜柱的净高度和厚度的三分之一来确定角背的宽度和厚度。若瓜柱的净高度为二尺九寸六分，厚度为九寸一分，可得角背的宽度为九寸八分，厚度为三寸。

檐枋、老檐枋、金枋和脊枋的长度由面宽来确定。若面宽为一丈三尺，减去柱径的尺寸，两端外加入榫的长度，入榫的长度均为柱径的四分之一，可得长度为一丈二尺五寸四分。以檐柱径来确定枋子的高度。若檐柱径为九寸一分，则枋子的高度为九寸一分。枋子的厚度为自身的高度减少二寸，可得枋子的厚度为七寸一分。在悬山顶建筑中，梢间的檐枋的长度应当增加柱径的尺寸，来确定箍头的位置。梢间的檐枋的宽度和厚度与前述檐枋的相同。若金枋和脊枋不使用垫板，其宽度和厚度在檐枋的基础上各减少二寸。

金垫板、脊垫板和檐垫板的长度由面宽来确定。若面宽为一丈三尺，减去柁头占位的长度，两端外加入榫的长度。当柁头的厚度为一尺时，入榫的长度为一尺二寸，由此可得垫板的长度为一丈二尺一寸一分。以檐枋的高度减少一寸来确定垫板的宽度。若檐枋的高度为九寸一分，可得垫板的宽度为八寸一分。以檩子直径的十分之三来确定垫板的厚度。若檩子的直径为九寸一分，可得垫板的厚度为二寸七分。当垫板的宽度超过六寸时，则檩枋的高度减少一分。当垫板的宽度不足六寸时，则按实际数值进行计算。脊垫板的长度为面宽减去脊瓜柱的直径，两端外加入榫的长度，入榫的长度为柱径的四分之一。

檩子的长度由面宽来确定。若面宽为一丈三尺，则檩子的长度为一丈三尺。当檩子的直径为一尺时，外加的搭交榫的长度为三寸。如果屋顶为硬山顶，则面宽方向只有一个明间，在檩子两端各增加山柱径的一半。如果有次间或梢间，应当在一端增加山柱径的一半。如果屋顶为悬山顶，檩子应当按照出檐的计算方法加长。檩子的直径与檐柱的直径相同。

悬山顶桁条下皮的燕尾枋的长度，应按照出檐的计算方法来确定。若出檐的长度为三尺一寸二分，则燕尾枋的长度为三尺一寸二分。以檩子直径的十分之三来确定燕尾枋的厚度。若檩子的直径为九寸一分，可得燕尾枋的厚度为二寸七分。燕尾枋的宽度为自身的厚度增加二寸，可得燕尾枋的宽度为四寸七分。

【原文】凡檐椽以出廊并出檐加举定长短。如出廊深四尺，又加出檐尺寸，照檐柱高十分之三，得三尺一寸二分，共长七尺一寸二分。又按一一五加举，得通

长八尺一寸八分。如用飞檐椽，以出檐尺寸分三份，去长一份作飞檐头。以檩径十分之三定径寸。如檩径九寸一分，得径二寸七分。每椽空档，随椽径一份。每间椽数，俱应成双。档之宽窄，随数均匀。

凡下花架椽以步架加举定长短。如步架深三尺五寸，按一二加举，得通长四尺二寸。径寸与檐椽同。

凡上花架椽以步架加举定长短。如步架深三尺五寸，按一二五加举，得通长四尺三寸七分。径寸与檐椽同。

凡脑椽以步架加举定长短。如步架深三尺五寸，按一三五加举，得通长四尺七寸二分。径寸与檐椽同。以上檐、脑椽，一头加搭交尺寸，花架椽，两头各加搭交尺寸，俱照椽径一份。

凡飞檐椽以出檐定长短。如出檐三尺一寸二分，三份分之，出头一份得长一尺四分，后尾二份得长二尺八分，共长三尺一寸二分。又按一一五加举，得通长三尺五寸八分。见方与檐椽径同。

凡连檐以面阔定长短。如面阔一丈三尺，即长一丈三尺。梢间应加墀头分位。如悬山做法，随挑山之长。宽、厚同檐椽。

凡瓦口长短随连檐。以所用瓦料定高、厚。如头号板瓦中高二寸，三份均开，二份作底台，一份作山子，又加板瓦本身高二寸，得头号瓦口净高四寸。如二号板瓦中高一寸七分，三份均开，二份作底台，一份作山子，又加板瓦本身高一寸七分，得二号瓦口净高三寸四分。如三号板瓦中高一寸五分，三份均开，二份作底台，一份作山子，又加板瓦本身高一寸五分，得三号瓦口净高三寸。其厚俱按瓦口净高尺寸四分之一，得头号瓦口厚一寸，二号瓦口厚八分，三号瓦口厚七分。如用筒瓦，即随头二三号板瓦瓦口，应除山子一份之高。厚与板瓦瓦口同。

凡里口以面阔定长短。如面阔一丈三尺，即长一丈三尺。如悬山做法，随挑山之长。高、厚与飞檐椽同，再加望板厚一份半，得里口加高尺寸。

凡椽椀长短随里口。以椽径定高、厚。如椽径二寸七分，再加椽径三分之一，共得高三寸六分。以椽径三分之一定厚，得厚九分。

凡博缝板照椽子净长尺寸，外加斜搭交[1]之长，按本身宽尺寸。以椽径七根定宽。如椽径二寸七分，得宽一尺八寸九分。以椽径十分之七定厚，如椽径二寸七分。得厚一寸八分。

凡扶脊木长短、径寸俱同脊檩。

凡用横望板、压飞檐尾横望板，以面阔、进深加举折见方丈定长、宽。以椽径十分之二定厚。如椽径二寸七分，得厚五分。

凡天花梁以进深定长短。如进深二丈一尺，内除金柱径一份，外加两头入榫分位，各按金柱径四分之一，得通长二丈四寸四分。以柱径加二寸定高。如柱径一尺一寸一分，得高一尺三寸一分，厚按本身高收二寸，得厚一尺一寸一分。

凡天花枋以面阔定长短。如面阔一丈三尺，内除金柱径一份，外加两头入榫分位，各按金柱径四分之一，得通长一丈二尺四寸四分。其高、厚俱按檐枋各加二寸。

【注释】〔1〕斜搭交：根据搭交角度的不同，可分为正搭交和斜搭交。斜搭交，是指位于建筑物转角处，按120度或135度的钝角搭交成的檩子。

【译解】檐椽的长度，由出廊的进深加出檐的长度和举的比例来确定。若出廊的进深为四尺，出檐的长度为檐柱高度的十分之三，可得出檐的长度为三尺一寸二分，与出廊的进深相加后的长度为七尺一寸二分。使用一一五举的比例，可得檐椽的总长度为八尺一寸八分。若使用飞檐椽，则要把出檐的长度三等分，取其三分之二长度作为飞檐头。以檩子直径的十分之三来确定檐椽的直径。若檩子的直径为九寸一分，可得檐椽的直径为二寸七分。每两根椽子的空档宽度，为椽子的宽度。每个房间使用的椽子数量都应为双数，空档宽度应均匀。

下花架椽的长度，由步架的长度和举的比例来确定。若步架的长度为三尺五寸，使用一二举的比例，可得下花架椽的长度为四尺二寸。椽子的直径与檐椽的直径相同。

上花架椽的长度由步架的长度和举的比例来确定。若步架的长度为三尺五寸，使用一二五举的比例，可得上花架椽的长度为四尺三寸七分。上花架椽的直径与檐椽的直径相同。

脑椽的长度由步架的长度和举的比例来确定。若步架的长度为三尺五寸，使用一三五举的比例，可得脑椽的长度为四尺七寸二分。脑椽的直径与檐椽的直径相同。檐椽、脑椽只有一端出头，与其他部件相交。花架椽两端出头。

飞檐椽的长度由出檐的长度来确定。如出檐的长度为三尺一寸二分，将此长度三等分，每小段长度为一尺四分。椽子出头部分的长度为每小段的长度，即为一尺四分。椽子的后尾长度为该小段长度的两倍，即为二尺八分。将两个长度相加，可得总长度为三尺一寸二分。使用一一五举的比例，可得飞檐椽的总长度为三尺五寸八分。飞檐椽的截面正方形边长与檐椽的直径相同。

连檐的长度由面宽来确定。若面宽为一丈三尺，则连檐的长度为一丈三尺。梢间的连檐要增加墀头的长度。在悬山顶建筑中，连檐的长度与挑山的长度相同。连檐的宽度和厚度与檐椽的直径相同。

瓦口的长度与连檐的长度相同。以所使用的瓦料情况来确定瓦口的高度和厚度。若头号板瓦的高度为二寸，把这个高度三等分，将其中的三分之二作为底台，三分之一作为山子。再加板瓦自身的高度二寸，可得头号瓦口的净高度为四寸。若二号板瓦的高度为一寸七分，把这个高度三等分，将其中的三分之二作为底台，三分之一作为山子，再加板瓦自身的高度一寸七分，可得二号瓦口的净高度为三寸四分。若三号板瓦的高度为一寸五分，把这个高度三等分，将其中的三分之二作为底台，三分之一作为山子，再加板瓦自身的高度一寸五分，可得三号瓦口的净高度为三寸。瓦口的厚度均为瓦口净高度的四分之一，由此可得头号瓦口的厚度为一寸，二号瓦口的厚度为八分，三号瓦口的厚度为七分。若使用筒瓦，则其瓦口的高度为二号和三号板瓦瓦口的高度减去山子的高度，筒瓦瓦口的厚度与板瓦瓦口的厚度相同。

里口的长度由面宽来确定。若面宽为一丈三尺，则里口的长度为一丈三尺。在悬山顶建筑中，里口的长度与挑山的长度相同。里口的高度和厚度与飞檐椽的高度和厚度相同。再加望板厚度的一点五倍，可得里口加高的高度。

椽椀的长度与里口的长度相同，以椽子的直径来确定椽椀的高度和厚度。若椽子的直径为二寸七分，再加该直径的三分之一，可得椽椀的高度为三寸六分。以椽子直径的三分之一来确定椽椀的厚度，可得其厚度为九分。

博缝板的长度与其所在的椽子的长度相同。外加的斜搭交的长度，与自身的宽度相同。以椽子直径的七倍来确定博缝板的宽度。若椽子的直径为二寸七分，可得博缝板的宽度为一尺八寸九分。以椽子直径的十分之七来确定博缝板的厚度。若椽子的直径为二寸七分，可得博缝板的厚度为一寸八分。

扶脊木的长度和直径都与脊檩的长度和直径相同。

横望板和压住飞檐尾铺设的横望板，其长度和宽度由面宽和进深加举的比例折算成矩形的边长来确定。以椽子直径的十分之二来确定横望板的厚度。若椽子的直径为二寸七分，可得横望板的厚度为五分。

天花梁的长度由进深来确定。若进深为二丈一尺，减去金柱径的尺寸，两端外加入榫的长度，入榫的长度为柱径的四分之一，可得天花梁的总长度为二丈四寸四分。以金柱径加二寸来确定天花梁的高度，若金柱径为一尺一寸一分，可得天花梁的高度为一尺三寸一分。以自身的高度减少二寸来确定自身的厚度，可得天花梁的厚度为一尺一寸一分。

天花枋的长度由面宽来确定。若面宽为一丈三尺，减去金柱径的尺寸，两端外加入榫的长度，入榫的长度为金柱径的四分之一，可得天花枋的总长度为一丈二尺四寸四分。天花枋的高度和厚度在檐枋的基础上各增加二寸。

【原文】凡帽儿梁[1]以面阔定长短。如面阔一丈三尺，内除柁厚一份，得长一丈一尺六寸九分。以枝条三份定径寸。如枝条宽、厚二寸二分，得径六寸六分。

凡贴梁[2]长随面阔、进深，内除枋、梁之厚各一份。以檐枋高四分之一定宽、厚。如檐枋高九寸一分，得宽、厚各二寸二分。

凡连二枝条[3]以天花板尺寸定长

短。如天花见方一尺八寸，得长三尺六寸。再每井[4]加安天花板分位七分，得连二枝条通长三尺七寸四分。宽、厚与贴梁同。

凡单枝条[5]以天花板尺寸定长短。如天花见方一尺八寸，再每井加安天花板分位七分，得长一尺八寸七分。宽、厚与连二枝条同。

凡天花板按面阔、进深，除枋梁分位得井数之尺寸。以枝条三分之一定厚。如枝条厚二寸二分，得厚七分。

以上俱系大木做法，其余各项工料及装修等件逐款分别，另册开载。

如特将面阔、进深、柱高改放宽敞高矮，其木柱径寸等项照所加高矮尺寸加算。耳房、配房、群廊等房，照正房配合高宽。其木柱径寸亦照加高核算。

【注释】〔1〕帽儿梁：位于天花板的上方，其上安装有天花枝条，起着加强天花板整体稳定性的作用。

〔2〕贴梁：贴在天花梁或天花枋侧面的枝条。

〔3〕连二枝条：位于通枝条之间，长度为二倍井口。

〔4〕井：即井口。枝条纵横相交，形成方格，形似“井”字，因此被称为“井口”。

〔5〕单枝条：位于连二枝条之间，长度为一倍井口。

【译解】帽儿梁的长度由面宽来确定。若面宽为一丈三尺，减去柁头的厚度，可得帽儿梁的长度为一丈一尺六寸九分。以枝条的截面边长的三倍来确定帽儿梁的直径。若枝条的宽度和厚度均为二寸二分，可得帽儿梁的直径为六寸六分。

贴梁的长度等于面宽和进深的尺寸各减去枋子和梁的厚度。以檐枋高度的四分之一来确定贴梁的宽度和厚度。若檐枋的高度为九寸一分，可得贴梁的宽度和厚度均为二寸二分。

连二枝条的长度由天花板的尺寸来确定。如果天花板的边长为一尺八寸，可得连二枝条的长度为三尺六寸。每个井口再加天花板的占位长度七分，可得连二枝条的总长度为三尺七寸四分。连二枝条的宽度和厚度与贴梁的宽度和厚度相同。

单枝条的长度由天花板的尺寸来确定。若天花板的边长为一尺八寸，每个井口再加天花板的占位七分，可得单枝条的长度为一尺八寸七分。单枝条的宽度和厚度与连二枝条的宽度和厚度相同。

安装天花板时，由面宽和进深减去枋子和梁的占位长度来确定井口数。以枝条的截面边长的三分之一来确定天花板的厚度。若枝条的厚度为二寸二分，可得天花板的厚度为七分。

上述计算方法均适用于大木建筑，其他工程所需的材料和装修配件，另行刊载。

若面宽、进深和柱子的高度有所改变，则配套的木柱直径尺寸应该按照改变的尺寸来计算。耳房、配房和群廊等房间的高度和宽度，应当配合正房的尺寸。这些房间配套的木柱直径尺寸等，也应当按照实际情况来计算。

卷八

本卷详述建造八檩进深的卷棚顶大木式建筑的方法。

八檩卷棚大木做法

【译解】建造八檩进深的卷棚顶大木式建筑的方法。

【原文】凡檐柱以面阔十分之八定高低，百分之七定径寸。如面阔一丈二尺，得柱高九尺六寸，径八寸四分。如次间、梢间面阔比明间窄小者，其柱、檩、柁、枋等木径寸，仍照明间。至次间、梢间面阔，临期酌夺地势定尺寸。

凡金柱以出廊加举定高低。如出廊深四尺五寸，按五举加之，得高二尺二寸五分，并檐柱之高九尺六寸，得通长一丈一尺八寸五分。以檐柱径加二寸定径寸。如檐柱径八寸四分，得金柱径一尺四分。以上柱子每径一尺，外加榫长三寸。

凡抱头梁以出廊定长短。如出廊深四尺五寸，一头加檩径一份，得柁头分位。一头加金柱径半份，又出榫照檐柱径半份，得通长六尺二寸八分。以檐柱径加二寸定厚。如柱径八寸四分，得厚一尺四分。高按本身之厚每尺加三寸，得高一尺三寸五分。

凡穿插枋以出廊定长短。如出廊深四尺五寸，一头加檐柱径半份，一头加金柱径半份，又两头出榫照檐柱径一份，得通长六尺二寸八分。高、厚与檐枋同。

凡六架梁以进深定长短。如通进深二丈九尺，内除前后廊九尺，进深得二丈。两头各加檩径一份，得柁头分位。如檩径八寸四分，得通长二丈一尺六寸八分。以金柱径加二寸定厚。如柱径一尺四分，得厚一尺二寸四分。高按本身之厚每尺加三寸，得高一尺六寸一分。

凡随梁枋以进深定长短。如进深二丈，内除柱径一份。外加两头入榫分位，各按柱径四分之一，得长一丈九尺四寸八分。其高、厚俱按檐枋各加二寸。

凡柁橔以步架加举定高低。如进深二丈，除月梁[1]二尺五寸二分，其余尺寸四步架分之。每步架得长四尺三寸七分，按六举加之，得高二尺六寸二分，内除六架梁[2]之高一尺六寸一分，得净高一尺一分。以四架梁之厚收二寸定宽。如四架梁厚一尺四分，得宽八寸四分。以柁头二份定长。如柁头二份长一尺六寸八分，即长一尺六寸八分。

凡四架梁以进深定长短。如进深二丈，以二步架得长八尺七寸四分。再加月梁分位二尺五寸二分。两头各加檩径一份，得柁头分位。如檩径八寸四分，得通长一丈二尺九寸四分。以六架梁高、厚各收二寸定高、厚。如六架梁高一尺六寸一分，厚一尺二寸四分，得高一尺四寸一分，厚一尺四分。

【注释】〔1〕月梁：两端向下弯，梁面隆起的梁，起着承托屋顶荷载的作用，也能起装饰作用。该梁形似月牙，因此被称为“月梁”。

〔2〕六架梁：卷棚顶建筑中的构件。

【译解】檐柱的高度由面宽的十分之八来确定，直径由面宽的百分之七来确定。若面宽为一丈二尺，可得檐柱的高度为九尺六寸，直径为八寸四分。次间和梢间的面宽比明间的小，但是其所使用的柱子、檩子、柁和枋子等木制构件的尺寸与明间的相同。具体的面宽尺寸需要在实际建造过程中由地势来确定。

金柱的高度由出廊的进深和举的比例来确定。若出廊的进深为四尺五寸，使用五举的比例，可得高度为二尺二寸五分，再加檐柱的高度九尺六寸，可得金柱的总长度为一丈一尺八寸五分。以檐柱径增加二寸来确定金柱径。若檐柱径为八寸四分，可得金柱径为一尺四分。以上所提到的柱子，当直径为一尺时，外加的入榫的长度为三寸。

抱头梁的长度由出廊的进深来确定。若出廊的进深为四尺五寸，一端增加檩子的直径，即为柁头的长度。一端增加金柱径的一半，再加出榫的长度，出榫的长度为檐柱径的一半，可得抱头梁的总长度为六尺二寸八分。以檐柱径的长度增加二寸来确定抱头梁的厚度。若檐柱径为八寸四分，可得抱头梁的厚度为一尺四分。抱头梁的高度由自身的厚度来确定，当厚度为一尺时，高度为一尺三寸，由此可得抱头梁的高度为一尺三寸五分。

穿插枋的长度由出廊的进深来确定。若出廊的进深为四尺五寸，一端增加檐柱径的一半，一端增加金柱径的一半，两端有出榫，出榫的长度为檐柱径的一半。由此可得穿插枋的总长度为六尺二寸八分。穿插枋的高度、厚度与檐枋的高度、厚度相同。

六架梁的长度由进深来确定。若通进深为二丈九尺，减去前后廊的进深九尺，可得净进深为二丈。两端各增加檩子的直径，作为柁头的长度。若檩子的直径为八寸四分，可得六架梁的总长度为二丈一尺六寸八分。以金柱径加二寸来确定六架梁的厚度。若金柱径为一尺四分，可得六架梁的厚度为一尺二寸四分。以六架梁的厚度来确定六架梁的高度，当六架梁的厚度为一尺时，六架梁的高度为一尺三寸，由此可得六架梁的高度为一尺六寸一分。

六架随梁枋的长度由进深来确定。若进深为二丈，减去柱径的尺寸，两端外加入榫的长度，入榫的长度均为柱径的四分之一，由此可得六架随梁枋的长度为一丈九尺四寸八分。六架随梁枋的高度和厚度在檐枋的基础上各增加二寸。

柁橔的高度，由步架的长度和举的比例来确定。若进深为二丈，减去月梁的长度二尺五寸二分，将剩余的长度分为四步架，每步架的长度为四尺三寸七分。使用六举的比例，可得柁橔的高度为二尺六寸二分。减去六架梁的高度一尺六寸一分，可得柁橔的净高度为一尺一分。以四架梁的厚度减少二寸来确定柁橔的宽度。若四架梁的厚度为一尺四分，可得柁橔的宽度为八寸四分。以柁头长度的两倍来确

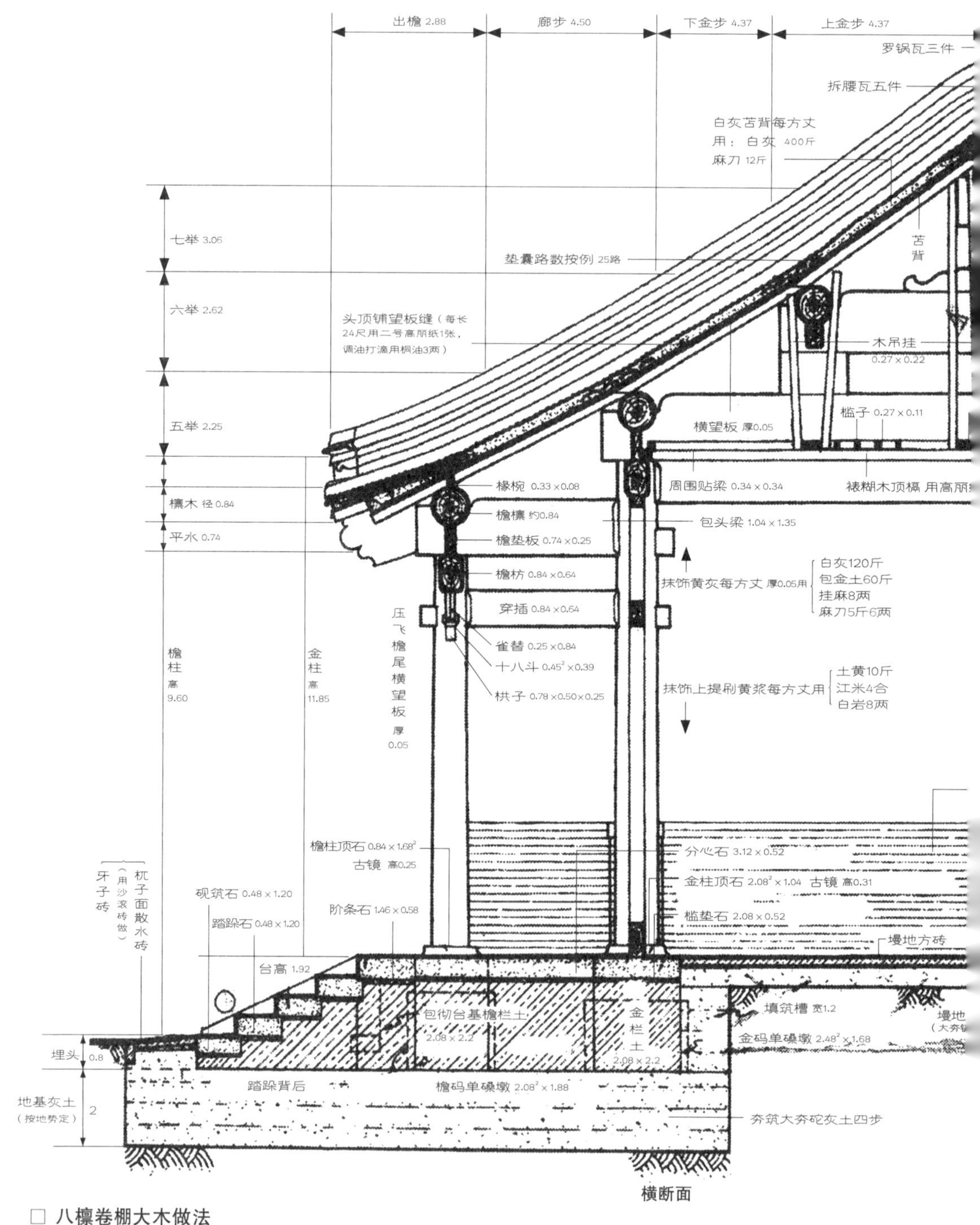

横断面

□ 八檩卷棚大木做法

卷棚为我国古建筑的一种屋顶形式，为双坡屋顶，前后坡的分界处没有大脊，直接由瓦垄覆盖，形成曲面的卷棚，也被称为“元宝顶”。

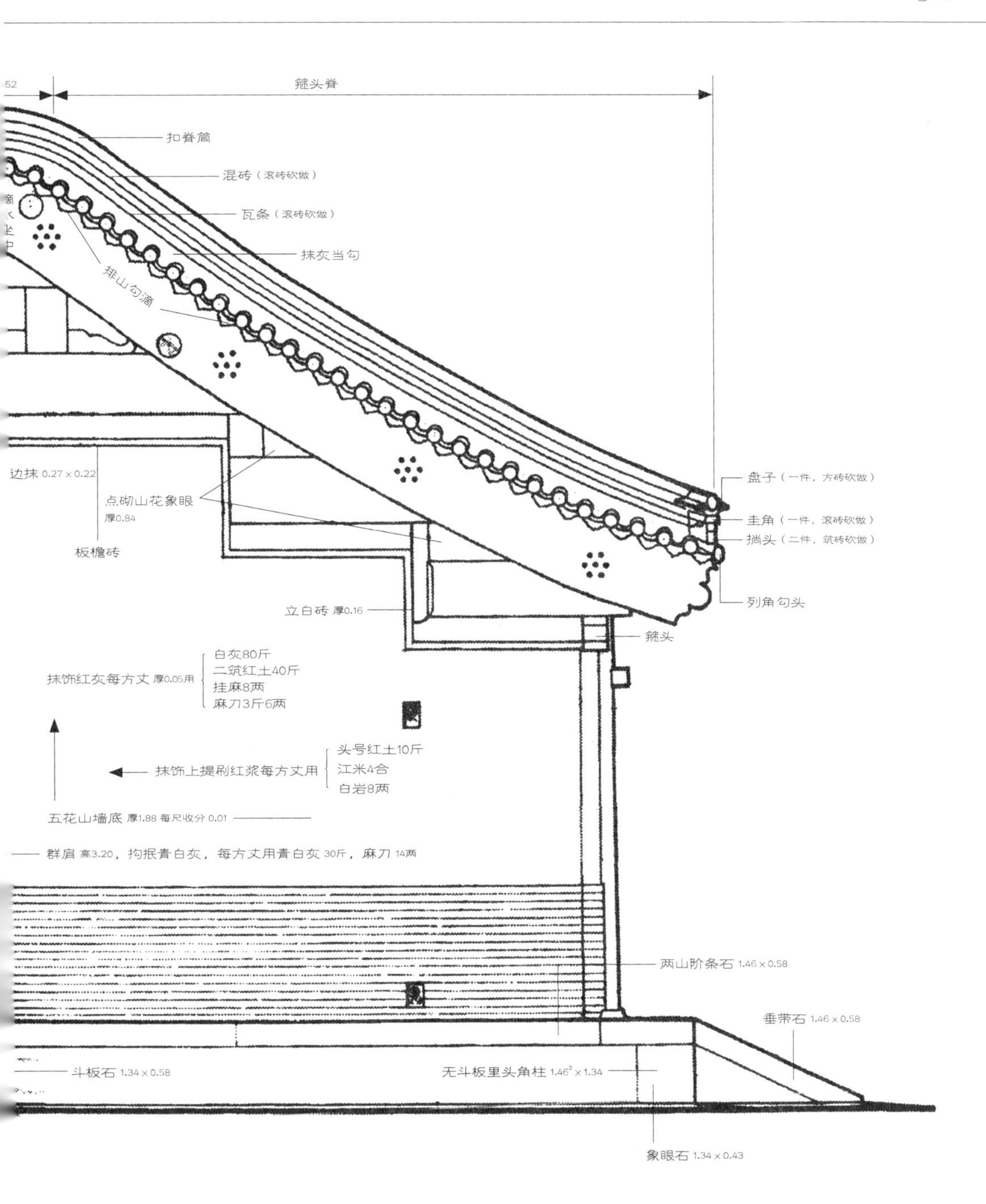

.52
箍头脊
扣脊筒
混砖（滚砖砍做）
瓦条（滚砖砍做）
抹灰当勾
排山勾滴
边抹 0.27×0.22
点砌山花象眼
厚0.84
板檐砖
盘子（一件，方砖砍做）
圭角（一件，滚砖砍做）
捎头（二件，筑砖砍做）
列角勾头
立白砖 厚0.16
箍头
抹饰红灰每方丈 厚0.05用
白灰80斤
二筑红土40斤
挂麻8两
麻刀3斤6两
抹饰上提刷红浆每方丈用
头号红土10斤
江米4合
白岩8两
五花山墙底 厚1.88 每尺收分 0.01
群肩 高3.20，拘抿青白灰，每方丈用青白灰 30斤，麻刀 14两
两山阶条石 1.46×0.58
垂带石 1.46×0.58
斗板石 1.34×0.58
无斗板里头角柱 1.46²×1.34
象眼石 1.34×0.43

山面立面

定柁墩的长度。若柁头长度的两倍为一尺六寸八分，可得柁墩的长度为一尺六寸八分。

四架梁的长度由进深来确定。若进深为二丈，可得二步架的长度为八尺七寸四分。再加月梁占位的长度二尺五寸二分。两端各增加檩子的直径，作为柁头的长度。若檩子的直径为八寸四分，可得四架梁的总长度为一丈二尺九寸四分。以六架梁的高度和厚度各减少二寸，来确定四架梁的高度和厚度。若六架梁的高度为一尺六寸一分，厚度为一尺二寸四分，可得四架梁的高度为一尺四寸一分，厚度为一尺四分。

【原文】凡顶瓜柱[1]以步架加举定高低。如进深二丈，除月梁二尺五寸二分，其余尺寸四步架分之。每步得长四尺三寸七分。按七举加之，得高三尺六分，内除四架梁高一尺四寸一分，得净高一尺六寸五分。以四架梁厚收二寸定厚。如四架梁厚一尺四分，得厚八寸四分。宽按本身厚加二寸，得宽一尺四分。每宽一尺，外加上、下榫各长三寸。

凡月梁以檩径三份定长短。如檩径八寸四分，三份得长二尺五寸二分。两头各加檩径一份，得柁头分位。如檩径八寸四分，得通长四尺二寸。以四架梁高、厚各收二寸定高、厚。如四架梁高一尺四寸一分，厚一尺四分，得高一尺二寸一分，厚八寸四分。

凡角背长按月梁尺寸。两头各加半步架，得通长六尺八寸九分。以瓜柱之高、厚三分之一定宽、厚。如瓜柱净高一尺六寸五分，厚八寸四分，得宽五寸五分，厚二寸八分。

【注释】〔1〕顶瓜柱：卷棚顶建筑所特有的构件，位于四架梁上方，起着承托月梁的作用。

【译解】顶瓜柱的高度由步架的长度和举的比例来确定。若进深为二丈，减去月梁的长度二尺五寸二分，将剩余的长度分为四步架，每步架的长度为四尺三寸七分。使用七举的比例，可得顶瓜柱的高度为三尺六分。减去四架梁的高度一尺四寸一分，可得顶瓜柱的净高度为一尺六寸五分。以四架梁的厚度减少二寸来确定顶瓜柱的厚度。若四架梁的厚度为一尺四分，可得顶瓜柱的厚度为八寸四分。以自身的厚度增加二寸来确定顶瓜柱的宽度，可得顶瓜柱的宽度为一尺四分。当顶瓜柱的宽度为一尺时，上、下入榫的长度均为三寸。

月梁的长度由檩子直径的三倍来确定。若檩子的直径为八寸四分，该长度的三倍为二尺五寸二分。两端各增加檩子的直径，作为柁头的长度。若檩子的直径为八寸四分，可得月梁的总长度为四尺二寸。以四架梁的高度和厚度各减少二寸来确定月梁的高度和厚度。若四架梁的高度为一尺四寸一分，厚度为一尺四分，可得月梁的高度为一尺二寸一分，厚度为八寸四分。

角背的长度，在月梁长度的基础上，两端各增加半步架长度，可得角背的长度为六尺八寸九分。以瓜柱净高度和厚度的三分之一来确定角背的宽度和厚度。若瓜柱的净高度为一尺六寸五分，厚度为八寸四分，可得角背的宽度为五寸五分，厚度为二寸八分。

【原文】凡檐枋，老檐枋，金、脊枋，以面阔定长短。如面阔一丈二尺，内除柱径一份，外加两头入榫分位，各按柱径四分之一，得长一丈一尺五寸八分。以檐柱径寸定高。如柱径八寸四分，即高八寸四分。厚按本身高收二寸，得厚六寸四分。其悬山做法，梢间檐枋应照柱径尺寸加一份，得箍头分位。宽、厚与檐枋同。如金、脊枋不用垫板，照檐枋宽、厚各收二寸。

凡金、脊、檐垫板，以面阔定长短。如面阔一丈二尺，内除柁头分位一份，外加两头入榫尺寸，照柁头之厚每尺加滚楞二寸，得长一丈一尺一寸六分。以檐枋高收一寸定高，如檐枋高八寸四分，得高七寸四分。以檩径十分之三定厚。如檩径八寸四分，得厚二寸五分。高六寸以上者，照檐枋之高收分一寸。六寸以下者不收分。其脊垫板，照面阔除脊瓜柱径一份，外加两头入榫尺寸，各按瓜柱径四分之一。

凡檩木以面阔定长短。如面阔一丈二尺，即长一丈二尺。每径一尺，外加搭交榫长三寸。如硬山做法，独间成造者，应两头照柱径各加半份。如有次间、梢间者，应一头照柱径加半份。其悬山做法，应照出檐之法加长。径寸俱与檐柱同。

凡机枋条子[1]长随檩木。以檩径十分之三定宽，如檩径八寸四分，得宽二寸五分。以椽径三分之一定厚。如椽径二寸五分，得厚八分。

凡悬山桁条下皮用燕尾枋，以出檐之法得长。如出檐二尺八寸八分，即长二尺八寸八分。以檩径十分之三定厚。如檩径八寸四分，得厚二寸五分。宽按本身之厚加二寸，得宽四寸五分。

凡檐椽以出廊并出檐加举定长短。如出廊深四尺五寸，又加出檐尺寸，照檐柱高十分之三，得二尺八寸八分，共长七尺三寸八分。又按一一加举，得通长八尺一寸一分。如用飞檐椽，以出檐尺寸分三份，去长一份作飞檐头。以檩径十分之三定径寸。如檩径八寸四分，得径二寸五分。每椽空档，随椽径一份。每间椽数，俱应成双。档之宽窄，随数均匀。

凡下花架椽以步架加举定长短。如步架深四尺三寸七分，按一二加举，得通长五尺二寸四分。径寸与檐椽同。

凡上花架椽以步架加举定长短。如步架深四尺三寸七分，按一三加举，得通长五尺六寸八分。径寸与檐椽同。以上檐椽一头加搭交尺寸；花架椽两头各加搭交尺寸，俱照椽径加一份。

凡顶椽[2]以月梁定长短。如月梁长二尺五寸二分，两头各加檩径半份，得通长三尺三寸六分。径寸与檐椽径寸同。

【注释】〔1〕机枋条子：位于顶椽下方，起衬垫作用。

〔2〕顶椽：位于卷棚顶建筑中最上方的椽，有一定的弧度，也被称为“罗锅椽”。

【译解】檐枋、老檐枋、金枋和脊枋的长度由面宽来确定。若面宽为一丈二尺，减去柱径的尺寸，两端外加入榫的长度，入榫的长度均为柱径的四分之一，可得枋子的长度为一丈一尺五寸八分。以檐柱径的尺寸来确定枋子的高度。若檐柱径为八寸四分，则枋子的高度为八寸四分。枋子的厚度为自身的高度减少二寸，由此可得枋子的厚度为六寸四分。在悬山顶建筑中，梢间檐枋的长度应当增加柱径的尺寸，即可确定箍头的位置。梢间檐枋的宽度和厚度与前述檐枋的宽度和厚度相同。若金枋和脊枋不使用垫板，其宽度和厚度在檐枋的基础上各减少二寸。

金垫板、脊垫板和檐垫板的长度由面宽来确定。若面宽为一丈二尺，减去柁头占位的长度，两端外加入榫的长度。当柁头的厚度为一尺时，入榫的长度为一尺二寸，由此可得垫板的长度为一丈一尺一寸六分。以檐枋的高度减少一寸来确定垫板的高度。若檐枋的高度为八寸四分，可得垫板的高度为七寸四分。以檩子直径的十分之三来确定垫板的厚度。若檩子的直径为八寸四分，可得垫板的厚度为二寸五分。当垫板的高度超过六寸时，则檐枋的高度减少一分。当垫板的高度不足六寸时，则按实际数值进行计算。脊垫板的长度为面宽减去脊瓜柱的直径，两端外加入榫的长度，入榫的长度为柱径的四分之一。

檩子的长度由面宽来确定。若面宽为一丈二尺，则檩子的长度为一丈二尺。当檩子的直径为一尺时，外加的搭交榫的长度为三寸。如果屋顶为硬山顶，则面宽方向只有一个明间，此时应在檩子两端各增加山柱径的一半。如果面宽方向有次间或梢间，则应当在一端增加山柱径的一半。如果屋顶为悬山顶，则檩子应当按照出檐的计算方法加长。檩子的直径与檐柱的直径相同。

机枋条子的长度与檩子的长度相同。以檩子直径的十分之三来确定机枋条子的宽度。若檩子的直径为八寸四分，可得机枋条子的宽度为二寸五分。以椽子直径的三分之一来确定机枋条子的厚度。若椽子的直径为二寸五分，可得机枋条子的厚度为八分。

悬山顶桁条下皮的燕尾枋的长度，按照出檐的计算方法来确定。若出檐的长度为二尺八寸八分，则燕尾枋的长度为二尺八寸八分。以檩子直径的十分之三来确定燕尾枋的厚度。若檩子的直径为八寸四分，可得燕尾枋的厚度为二寸五分。燕尾枋的宽度为自身的厚度增加二寸，因此可得燕尾枋的宽度为四寸五分。

檐椽的长度，由出廊的进深加出檐的

长度和举的比例来确定。若出廊的进深为四尺五寸，出檐的长度为檐柱高度的十分之三，由此可得出檐的长度为二尺八寸八分，与出廊的进深相加后的长度为七尺三寸八分。使用一一举的比例，可得檐椽的总长度为八尺一寸一分。若使用飞檐椽，则要把出檐的长度三等分，取其三分之二长度作为飞檐头。以檩子直径的十分之三来确定檐椽的直径。若檩子的直径为八寸四分，可得檐椽的直径为二寸五分。将每两根椽子的空档宽度，作为椽子的宽度。每个房间使用的椽子数量都应为双数，空档宽度应均匀。

下花架椽的长度由步架的长度和举的比例来确定。若步架的长度为四尺三寸七分，使用一二举的比例，可得下花架椽的长度为五尺二寸四分。椽子的直径与檐椽的直径相同。

上花架椽的长度由步架的长度和举的比例来确定。若步架的长度为四尺三寸七分，使用一三举的比例，可得上花架椽的长度为五尺六寸八分。上花架椽的直径与檐椽的直径相同。上述檐椽的一端与其他部件相交的出头部分的长度，与花架椽两端与其他部件相交的出头部分的长度，都与椽子的直径相同。

顶椽的长度由月梁的长度来确定。若月梁的长度为二尺五寸二分，两端各增加檩子直径的一半，可得顶椽的总长度为三尺三寸六分。顶椽的直径与檐椽的直径相同。

【原文】凡飞檐椽以出檐定长短。如出檐二尺八寸八分，三份分之，出头一份得长九寸六分，后尾二份得长一尺九寸二分，共长二尺八寸八分。又按一一加举，得通长三尺一寸六分。见方与檐椽径同。

凡连檐以面阔定长短。如面阔一丈二尺，即长一丈二尺。梢间应加墀头分位。如悬山做法，随挑山之长。宽、厚同檐椽。

凡瓦口长短随连檐。以所用瓦料定高、厚。如头号板瓦中高二寸，三份均开，二份作底台，一份作山子，又加板瓦本身高二寸，得头号瓦口净高四寸。如二号板瓦中高一寸七分，三份均开，二份作底台，一份作山子，又加板瓦本身高一寸七分，得二号瓦口净高三寸四分。如三号板瓦中高一寸五分，三份均开，二份作底台，一份作山子，又加板瓦本身高一寸五分，得三号瓦口净高三寸。其厚俱按瓦口净高尺寸四分之一，得头号瓦口厚一寸，二号瓦口厚八分，三号瓦口厚七分。如用筒瓦，即随头二三号板瓦之瓦口，应除山子一份之高。厚与板瓦瓦口同。

凡里口以面阔定长短。如面阔一丈二尺，即长一丈二尺。如悬山做法，随挑山之长。高、厚与飞檐椽同，再加望板之厚一份半，得里口之加高尺寸。

凡椽椀长短随里口。以椽径定高、厚。如椽径二寸五分，再加椽径三分之一，共得高三寸三分。以椽径三分之一定厚，得厚八分。

凡博缝板照椽子净长尺寸，外加斜搭交之长，按本身宽尺寸。以椽径七根定宽。如椽径二寸五分，得宽一尺七寸五分。以椽径十分之七定厚，如椽径二寸五分。得厚一寸七分。

凡用横望板、压飞檐尾横望板，以面阔、进深加举折见方丈定长、宽。以椽径十分之二定厚。如椽径二寸五分，得厚五分。

以上俱系大木做法，其余各项工料及装修等件，逐款分别，另册开载。

如特将面阔、进深、柱高改放宽敞高矮，其木柱径寸等项，照所加高矮尺寸加算。耳房、配房、群廊等房，照正房配合高宽。其木柱径寸，亦照加高核算。

【译解】飞檐椽的长度由出檐的长度来确定。若出檐的长度为二尺八寸八分，把这个长度三等分，则每小段长度为九寸六分。椽子出头部分的长度与每小段长度相同，即九寸六分。椽子的后尾长度为该小段长度的两倍，即一尺九寸二分。将两个长度相加，可得总长度为二尺八寸八分。使用一一举的比例，可得飞檐椽的总长度为三尺一寸六分。飞檐椽的截面正方形边长与檐椽的直径相同。

连檐的长度由面宽来确定。若面宽为一丈二尺，则连檐的长度为一丈二尺。梢间的连檐上要增加墀头的长度。在悬山顶建筑中，连檐的长度与挑山的长度相同。连檐的宽度和厚度与檐椽的直径相同。

瓦口的长度与连檐的长度相同。以所使用的瓦料情况来确定其高度和厚度。若头号板瓦的高度为二寸，把这个高度三等分，将其中的三分之二作为底台，三分之一作为山子。再加板瓦自身的高度二寸，可得头号瓦口的净高度为四寸。若二号板瓦的高度为一寸七分，把这个高度三等分，将其中的三分之二作为底台，三分之一作为山子，再加板瓦自身的高度一寸七分，可得二号瓦口的净高度为三寸四分。若三号板瓦的高度为一寸五分，把这个高度三等分，将其中的三分之二作为底台，三分之一作为山子，再加板瓦自身的高度一寸五分，可得三号瓦口的净高度为三寸。瓦口的厚度均为瓦口净高度的四分之一，由此可得头号瓦口的厚度为一寸，二号瓦口的厚度为八分，三号瓦口的厚度为七分。若使用筒瓦，则其瓦口的高度为二号和三号板瓦瓦口的高度减去山子的高度，筒瓦瓦口的厚度与板瓦瓦口的厚度相同。

里口的长度由面宽来确定。若面宽为一丈二尺，则里口的长度为一丈二尺。在悬山顶建筑中，里口的长度与挑山的长度相同。里口的高度和厚度与飞檐椽的高度和厚度相同。再加望板厚度的一点五倍，可得里口加高的高度。

椽椀的长度与里口的长度相同，以椽子的直径来确定椽椀的高度和厚度。若椽子的直径为二寸五分，再加该直径的三分之一，可得椽椀的高度为三寸三分。以椽子直径的三分之一来确定椽椀的厚度，可得其厚度为八分。

博缝板的长度与其所在椽子的长度相

同。外加的斜交部分的长度，与自身的宽度相同。以椽子直径的七倍来确定博缝板的宽度。若椽子的直径为二寸五分，可得博缝板的宽度为一尺七寸五分。以椽子直径的十分之七来确定博缝板的厚度。若椽子的直径为二寸五分，可得博缝板的厚度为一寸七分。

横望板和压住飞檐尾铺设的横望板，其长度和宽度由面宽和进深加举的比例折算成矩形的边长来确定。以椽子直径的十分之二来确定横望板的厚度。若椽子的直径为二寸五分，可得横望板的厚度为五分。

上述计算方法均适用于大木建筑，其他工程所需的材料和装修配件，另行刊载。

若面宽、进深和柱子的高度有所改变，则配套的木柱直径尺寸应该按照改变的尺寸进行计算。耳房、配房和群廊等房间的高度和宽度，应当配合正房的尺寸。这些房间配套的木柱直径尺寸等，也应当按照实际情况进行计算。

卷九

本卷详解建造七檩进深的大木式建筑的方法。

七檩大木做法

【译解】建造七檩进深的大木式建筑的方法。

【原文】凡檐柱以面阔十分之八定高低，百分之七定径寸。如面阔一丈二尺，得柱高九尺六寸，径八寸四分。如次间、梢间面阔比明间窄小者，其柱、檩、柁、枋等木径寸，仍照明间。至次间、梢间面阔，临期酌夺地势定尺寸。

凡金柱以出廊加举定高低。如出廊深三尺，按五举加之，得高一尺五寸，并檐柱之高九尺六寸，得通长一丈一尺一寸。以檐柱径加二寸定径寸。如檐柱径八寸四分，得金柱径一尺四分。以上柱子每径一尺，外加榫长三寸。

凡山柱以进深加举定高低。如通进深一丈八尺，内除前后廊六尺，进深得一丈二尺。分为四步架，每坡得二步架，每步架深三尺。第一步架按七举加之，得高二尺一寸。第二步架按九举加之，得高二尺七寸。又加平水高七寸四分，再加檩径三分之一作桁椀，得长二寸八分，并金柱高一丈一尺一寸，得通长一丈六尺九寸二分。径寸与金柱同。每径一尺，外加榫长三寸。

凡抱头梁以出廊定长短。如出廊深三尺，一头加檩径一份得柁头分位，一头加金柱径半份，又出榫照檐柱径半份，得通长四尺七寸八分。以檐柱径加二寸定厚。如檐柱径八寸四分，得厚一尺四分。高按本身之厚每尺加三寸，得高一尺三寸五分。

凡穿插枋以出廊定长短。如出廊深三尺，一头加檐柱径半份，一头加金柱径半份，又两头出榫照檐柱径一份，得通长四尺七寸八分。高、厚与檐枋同。

凡五架梁以进深除廊定长短。如通进深一丈八尺，内除前后廊六尺，进深得一丈二尺。两头各加檩径一份，得柁头分位。如檩径八寸四分，得通长一丈三尺六寸八分。以金柱径加二寸定厚。如柱径一尺四分，得厚一尺二寸四分。高按本身之厚每尺加三寸，得高一尺六寸一分。

凡随梁枋以进深定长短。如进深一丈二尺，内除柱径一份，外加两头入榫分位，各按柱径四分之一，得长一丈一尺四寸八分。其高、厚俱按檐枋各加二寸。

凡柁墩以步架加举定高低。如步架深三尺，按七举加之，得高二尺一寸，内除五架梁高一尺六寸一分，得净高四寸九分。以三架梁之厚收二寸定宽。如三架梁厚一尺四分，得宽八寸四分。以柁头二份定长。如柁头二份长一尺六寸八分，即长一尺六寸八分。

凡三架梁以步架二份定长短。如步架二份深六尺，两头各加檩径一份，得柁头分位。如檩径八寸四分，得通长七尺六寸八分。以五架梁高、厚各收二寸定高、厚。如五架梁高一尺六寸一分，厚一尺二寸四分，得高一尺四寸一分，厚一尺四分。

凡双步梁以步架二份定长短。如步架二份深六尺，一头加檩径一份，得柁头分位；如檩径八寸四分，得通长六尺八寸四分。高、厚与五架梁同。

凡合头枋以步架二份定长短。如步架二份深六尺，内除柱径各半份，外加两头入榫分位，各按檐柱径四分之一，得长五尺四寸八分。其高、厚俱按檐枋各加二寸。

凡单步梁以步架一份定长短。如步架一份深三尺，一头加檩径一份，得柁头分位。如檩径八寸四分，得通长三尺八寸四分。高、厚与三架梁同。

凡檐枋，老檐枋，金、脊枋以面阔定长短。如面阔一丈二尺，内除柱径一份，外加两头入榫分位，各按檐柱径四分之一，得长一丈一尺五寸八分。以檐柱径寸定高。如柱径八寸四分，即高八寸四分。厚按本身之高收二寸，得厚六寸四分。其悬山做法，梢间檐枋应照柱径尺寸加一份，得箍头分位。宽、厚与檐枋同。如金、脊枋不用垫板，照檐枋之宽、厚各收二寸。

凡金、脊、檐垫板以面阔定长短。如面阔一丈二尺，内除柁头分位一份，外加两头入榫尺寸，照柁头之厚每尺加滚楞二寸，得长一丈一尺一寸六分。以檐枋之高收一寸定高，如檐枋高八寸四分，得高七寸四分。以檩径十分之三定厚。如檩径八寸四分，得厚二寸五分。宽六寸以上者，照檩枋之高收分一寸，六寸以下者不收分。其脊垫板，照面阔除脊瓜柱径一份，外加两头入榫尺寸，各按瓜柱径四分之一。

凡脊瓜柱以步架加举定高低。如步架深三尺，按九举加之，得高二尺七寸，又加平水高七寸四分，再加檩径三分之一作桁椀，得长二寸八分，得通高三尺七寸二分。内除三架梁高一尺四寸一分，得净高二尺三寸一分。以三架梁之厚收二寸定厚。如三架梁厚一尺四分，得厚八寸四分。宽按本身之厚加二寸，得宽一尺四分。每宽一尺，外加下榫长三寸。

凡檩木以面阔定长短。如面阔一丈二尺，即长一丈二尺。每径一尺，外加搭交榫长三寸。如硬山做法，独间成造，应两头照山柱径各加半份。如有次间、梢间，应一头照山柱径加半份。其悬山做法，应照出檐之法加长。径寸俱与檐柱同。

凡悬山桁条下皮用燕尾枋，以出檐之法得长。如出檐二尺八寸八分，即长二尺八寸八分。以檩径十分之三定厚。如檩径八寸四分，得厚二寸五分。宽按本身之厚加二寸，得宽四寸五分。

凡檐椽以出廊并出檐加举定长短。如出廊深三尺，又加出檐尺寸，照檐柱高十分之三，得二尺八寸八分，共长五尺八寸八分。又按一一五加举，得通长六尺七寸六分。如用飞檐椽，以出檐尺寸分三份，

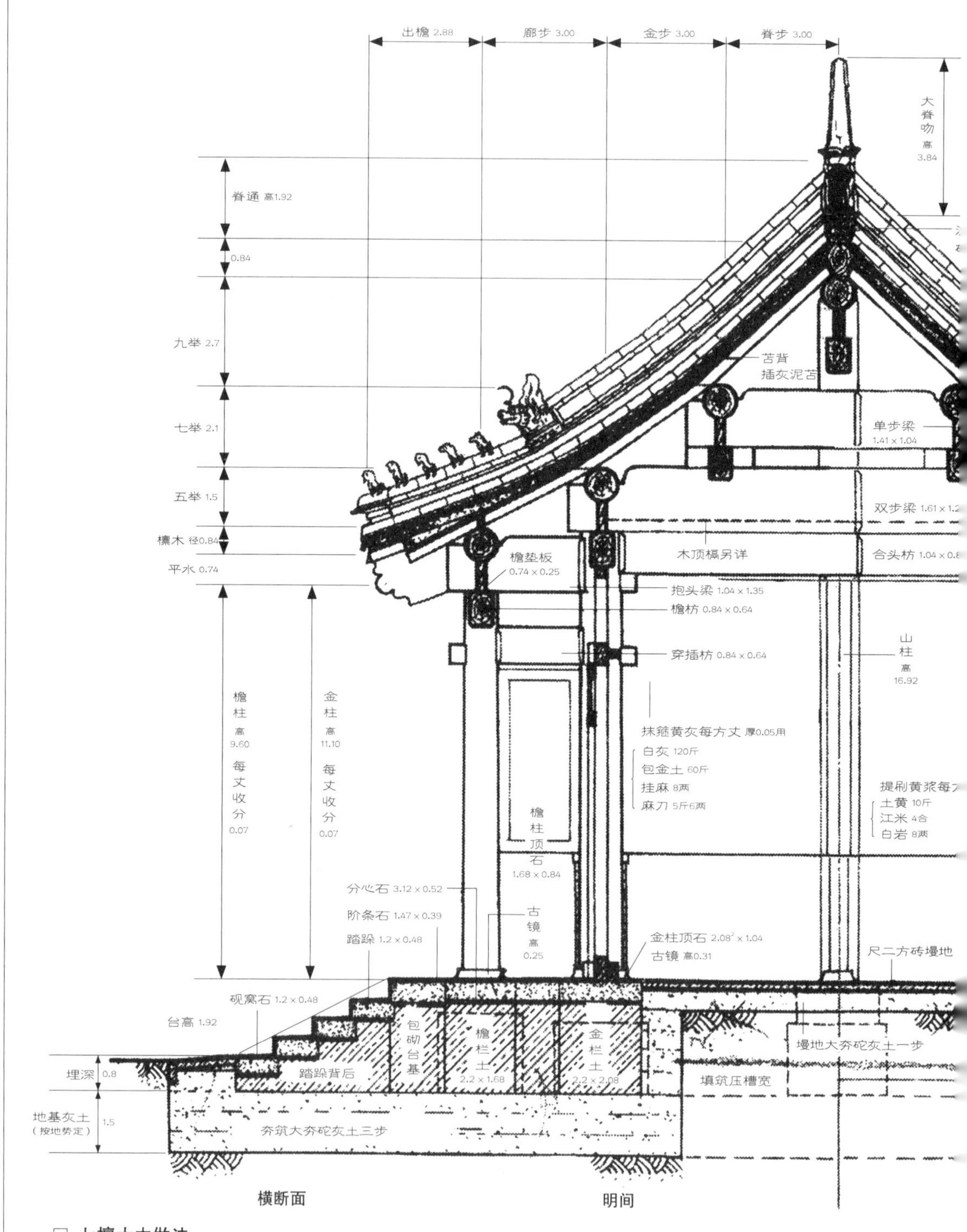

□ 七檩大木做法

此七檩前后廊式建筑是小式民居中体量最大、最为正式的建筑，常被用作主房，有时也被用作过厅。

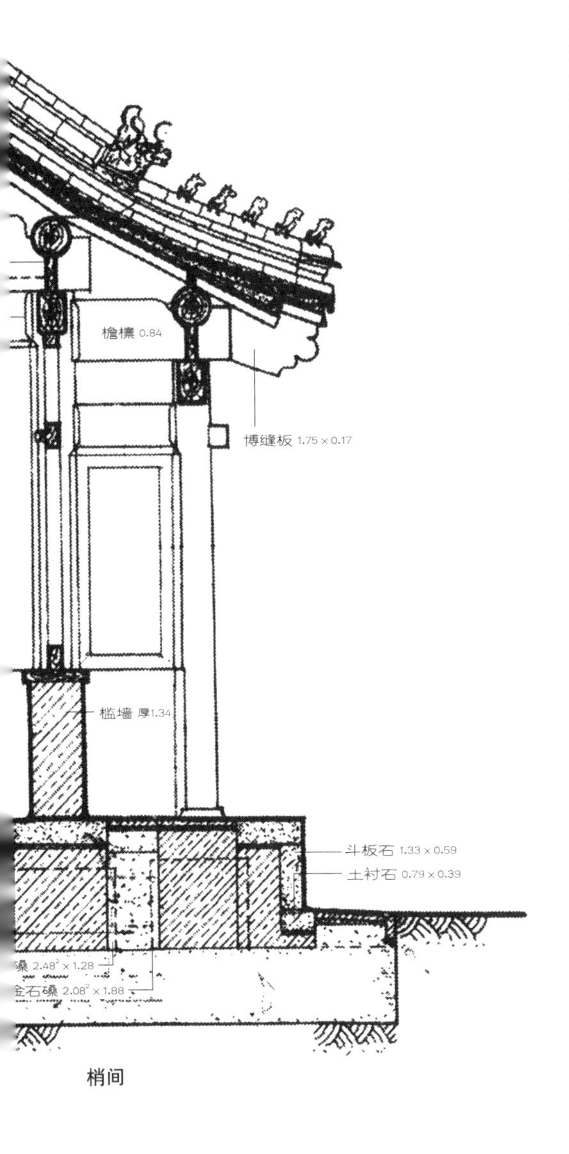

梢间

去长一份作飞檐头。以檩径十分之三定径寸。如檩径八寸四分，得径二寸五分。每椽空档，随椽径一份。每间椽数，俱应成双。档之宽窄，随数均匀。

凡花架椽以步架加举定长短。如步架深三尺，按一二五加举，得通长三尺七寸五分。径寸与檐椽同。

凡脑椽以步架加举定长短。如步架深三尺，按一三五加举，得通长四尺五分，径寸与檐椽同。以上檐、脑椽一头加搭交尺寸。花架椽两头各加搭交尺寸，俱照椽径加一份。

凡飞檐椽以出檐定长短。如出檐二尺八寸八分，三份分之，出头一份得长九寸六分，后尾二份得长一尺九寸二分，共长二尺八寸八分。又按一一五加举，得通长三尺三寸一分。见方与檐椽径寸同。

凡连檐以面阔定长短。如面阔一丈二尺，即长一丈二尺。梢间应加墀头分位。如悬山做法，随挑山之长。宽、厚同檐椽。

凡瓦口长短随连檐。以所用瓦料定高、厚。如头号板瓦中高二寸，三份均开，二份作底台，一份作山子，又加板瓦本身之高二寸，得头号瓦口净高四寸。如二号板瓦中高一寸七分，三份均开，二份作底台，一份作山子，又加板瓦本身之高一寸七分，得二号瓦口净高三寸四分。如三号板瓦中高一寸五分，三份均开，二份作底台，一份作山子，又加板瓦本身之高一寸五分，得三号瓦口净高三寸。其厚俱按瓦口净高尺寸四分之一，得头号瓦口厚一寸，二号瓦口厚八分，三号瓦口厚七分。如用筒瓦，即随头二三号板瓦之瓦口，应除山子一份之高。厚与板瓦瓦口同。

凡里口以面阔定长短。如面阔一丈二尺，即长一丈二尺。如悬山做法，随挑山之长。高、厚与飞檐椽同，再加望板之厚一份半，得里口之加高尺寸。

凡椽椀长短随里口。以椽径定高、厚。如椽径二寸五分，再加椽径三分之一，共得高三寸三分。以椽径三分之一定厚，得厚八分。

凡扶脊木长短径寸俱同脊檩。

凡博缝板照椽子净长尺寸，外加斜搭交之长，按本身宽尺寸。以椽径七根定宽。如椽径二寸五分，得宽一尺七寸五分。以椽径十分之七定厚，如椽径二寸五分，得厚一寸七分。

凡用横望板、压飞檐尾横望板以面阔、进深加举折见方丈定长、宽。以椽径十分之二定厚。如椽径二寸五分，得厚五分。

以上俱系大木做法，其余各项工料及装修等件逐款分别，另册开载。

如特将面阔、进深、柱高改放宽敞高矮，其木柱径寸等项，照所加高矮尺寸加算。耳房、配房、群廊等房，照正房配合高宽。其木柱径寸，亦照加高核算。

【译解】檐柱的高度由面宽的十分之八来确定，直径由面宽的百分之七来确定。若面宽为一丈二尺，可得檐柱的高度为九尺六寸，直径为八寸四分。次间和梢间的面宽比明间的小，但是其所使用的柱子、檩子、柁和枋子等木制构件的尺寸与明间的相同。具体的面宽尺寸需要在实际建造过程中由地势来确定。

金柱的高度由出廊的进深和举的比例来确定。若出廊的进深为三尺，使用五举的比例，可得高度为一尺五寸，再加檐柱的高度九尺六寸，可得金柱的总长度为一丈一尺一寸。以檐柱径增加二寸来确定金柱径。若檐柱径为八寸四分，可得金柱径为一尺四分。以上所提到的柱子，当直径为一尺时，外加的入榫的长度为三寸。

山柱的高度由进深和举的比例来确定。若通进深为一丈八尺，减去前后廊的进深六尺，可得净进深为一丈二尺。将此长度分为四步架，前后坡各为两步架，每步架的长度为三尺。第一步架使用七举的比例，可得高度为二尺一寸。第二步架使用九举的比例，可得高度为二尺七寸。外加平水的高度七寸四分，再加檩子直径的三分之一作为桁椀，桁椀的高度为二寸八分。前述各高度加金柱的高度一丈一尺一寸，可得山柱的总高度为一丈六尺九寸二分。山柱的直径与金柱的直径相同。当山柱的直径为一尺时，外加的榫的长度为三寸。

抱头梁的长度由出廊的进深来确定。若出廊的进深为三尺，一端增加檩子的直径，即为柁头的长度。一端增加金柱径的一半，再加出榫的长度，出榫的长度为檐柱径的一半，可得抱头梁的总长度为四尺七寸八分。以檐柱径增加二寸来确定抱头梁的厚度。若檐柱径为八寸四分，可得抱头梁的厚度为一尺四分。抱头梁的高度由抱头梁的厚度来确定，当其厚度为一尺时，高度为一尺三寸，由此可得抱头梁的高度为一尺三寸五分。

穿插枋的长度由出廊的进深来确定。若出廊的进深为三尺，一端增加檐柱径的一半，一端增加金柱径的一半，两端有出榫，出榫的长度为檐柱径的一半。由此可得穿插枋的总长度为四尺七寸八分。穿插枋的高度和厚度与檐枋的高度和厚度相同。

五架梁的长度由净进深来确定。若通进深为一丈八尺，减去前后廊的进深六尺，可得净进深为一丈二尺。两端各增加檩子的直径，作为柁头的长度。若檩子的直径为八寸四分，可得五架梁的总长度为一丈三尺六寸八分。以金柱径增加二寸来确定五架梁的厚度。若金柱径为一尺四分，可得五架梁的厚度为一尺二寸四分，五架梁的高度由五架梁的厚度来确定。当厚度为一尺时，高度为一尺三寸。由此可得五架梁的高度为一尺六寸一分。

五架随梁枋的长度由进深来确定。若进深为一丈二尺，减去柱径的尺寸，两端外加入榫的长度，入榫的长度均为柱径的四分之一，由此可得五架随梁枋的长度为一丈一尺四寸八分。五架随梁枋的高度和厚度在檐枋的基础上各增加二寸。

柁橔的高度，由步架的长度和举的比例来确定。若步架的长度为三尺，使用七举的比例，可得柁橔的高度为二尺一寸。减去五架梁的高度一尺六寸一分，可得柁橔的净高度为四寸九分。以三架梁的厚度减少二寸来确定柁橔的宽度，若三架梁的厚度为一尺四分，可得柁橔的宽度为八寸四分。以柁头长度的两倍来确定柁橔的长度。若柁头长度的两倍为一尺六寸八分，可得柁橔的长度为一尺六寸八分。

三架梁的长度，由步架长度的两倍来确定。若步架长度的两倍为六尺，两端各增加檩子的直径，作为柁头的长度。若檩子的直径为八寸四分，可得三架梁的总长度为七尺六寸八分。以五架梁的高度和厚度各减少二寸，来确定三架梁的高度和厚度。若五架梁的高度为一尺六寸一分，厚度为一尺二寸四分，可得三架梁的高度为一尺四寸一分，厚度为一尺四分。

双步梁的长度，由步架长度的两倍来确定。若步架长度的两倍为六尺，一端增加檩子的直径，作为柁头的长度。若檩子的直径为八寸四分，可得双步梁的总长度为六尺八寸四分。双步梁的高度和厚度与五架梁的高度和厚度相同。

合头枋的长度由步架长度的两倍来确定。若步架长度的两倍为六尺，两端分别减去柱径的一半，再加入榫的长度，入榫的长度为柱径的四分之一，可得合头枋的总长度为五尺四寸八分。合头枋的高度和厚度在檐枋的基础上各增加二寸。

单步梁的长度由步架的长度来确定。若步架的长度为三尺，一端增加檩子的直径，作为柁头的长度。若檩子的直径为八寸四分，可得单步梁的总长度为三尺八寸四分。单步梁的高度和厚度与三架梁的高度和厚度相同。

檐枋、老檐枋、金枋和脊枋的长度，由面宽来确定。若面宽为一丈二尺，减去柱径的尺寸，两端外加入榫的长度，入榫的长度各为柱径的四分之一，可得长度为一丈一尺五寸八分。以檐柱径来确定枋子的高度。若檐柱径为八寸四分，则枋子的高度为八寸四分。枋子的厚度为自身的高度减少二寸，可得枋子的厚度为六寸四分。在悬山顶建筑中，梢间檐枋的长度应当增加柱径的尺寸，即可确定箍头的位置。梢间檐枋的宽度和厚度与前述檐枋的宽度和厚度相同。若金枋和脊枋不使用垫板，其宽度和厚度在檐枋的基础各减少二寸。

金垫板、脊垫板和檐垫板的长度由面宽来确定。若面宽为一丈二尺，减去柁头占位的长度，两端外加入榫的长度。当柁头的厚度为一尺时，入榫的长度为一尺二寸，由此可得垫板的长度为一丈一尺一寸六分。以檐枋的高度减少一寸来确定垫板的高度。若檐枋的高度为八寸四分，可得垫板的高度为七寸四分。以檩子直径的十分之三来确定垫板的厚度。若檩子的直径为八寸四分，可得垫板的厚度为二寸五分。当垫板的宽度超过六寸时，则檐枋的高度减少一分。当垫板的宽度不足六寸时，则按实际数值进行计算。脊垫板为面宽减去脊瓜柱的直径，两端外加入榫的长度，入榫的长度为柱径的四分之一。

脊瓜柱的高度由步架的长度和举的比例来确定。若步架的长度为三尺，使用九举的比例，可得脊瓜柱的高度为二尺七寸。外加平水的高度七寸四分，再加由檩子直径的三分之一作为的桁椀的高度，桁椀的高度为二寸八分。几个高度相加，可得脊瓜柱的总高度为三尺七寸二分。减去三架梁的高度一尺四寸一分，可得脊瓜柱的净高度为二尺三寸一分。以三架梁的厚度减少二寸来确定脊瓜柱的厚度。若三架梁的厚度为一尺四分，可得脊瓜柱的厚度为八寸四分。脊瓜柱的宽度为脊瓜柱的厚度增加二寸，可得脊瓜柱的宽度为一尺四分。当脊瓜柱的宽度为一尺时，下方入榫的长度为三寸。

檩子的长度由面宽来确定。若面宽为一丈二尺，则檩子的长度为一丈二尺。当檩子的直径为一尺时，外加的搭交榫的长度为三寸。如果屋顶为硬山顶，则面宽方向只有一个明间，檩子两端应各增加山柱径的一半。如果面宽方向有次间或梢间，则应当在一端增加山柱径的一半。如果屋顶为悬山顶，则檩子应当按照出檐的计算方法加长。檩子的直径与檐柱的直径相同。

悬山顶桁条下皮的燕尾枋的长度，按照出檐的计算方法来确定。若出檐的长度为二尺八寸八分，则燕尾枋的长度为二尺八寸八分。以檩子直径的十分之三来确定燕尾枋的厚度。若檩子的直径为八寸四分，可得燕尾枋的厚度为二寸五分。燕尾枋的宽度为燕尾枋的厚度增加二寸，可得燕尾枋的宽度为四寸五分。

檐椽的长度，由出廊的进深加出檐的长度和举的比例来确定。若出廊的进深为三尺，出檐的长度为檐柱高度的十分之三，可得出檐的长度为二尺八寸八分，与出廊的进深相加后的长度为五尺八寸八分。使用一一五举的比例，可得檐椽的总长度为六尺七寸六分。若使用飞檐椽，则要把出檐的长度三等分，取其三分之二长度作为飞檐头。以檩子直径的十分之三来确定檐椽的直径。若檩子的直径为八寸四分，可得檐椽的直径为二寸五分。将每两根椽子的空档宽度，作为椽子的宽度。每个房间使用的椽子数量都应为双数，空档宽度应均匀。

花架椽的长度由步架的长度和举的比例来确定。若步架的长度为三尺，使用一二五举的比例，可得花架椽的长度为三尺七寸五分。椽子的直径与檐椽的直径相同。

脑椽的长度由步架的长度和举的比例来确定。若步架的长度为三尺，使用一三五举的比例，可得脑椽的长度为四尺五分。脑椽的直径与檐椽的直径相同。上述檐椽和脑椽在一端外加搭交的长度，在花架椽两端均外加搭交的长度，搭交的长度均与椽子的直径相同。

飞檐椽的长度由出檐的长度来确定。若出檐的长度为二尺八寸八分，把这个长度三等分，每小段长度为九寸六分。椽子的出头部分的长度与每小段长度相同，即九寸六分。椽子的后尾长度为该小段长度的两倍，即一尺九寸二分。将两个长度相加，可得总长度为二尺八寸八分。使用一一五举的比例，可得飞檐椽的总长度为三尺三寸一分。飞檐椽的截面正方形边长与檐椽的直径相同。

连檐的长度由面宽来确定。若面宽为一丈二尺，则连檐的长度为一丈二尺。梢间的连檐上要增加墀头的长度。在悬山顶建筑中，连檐的长度与挑山的长度相同。连檐的宽度和厚度与檐椽的直径相同。

瓦口的长度与连檐的长度相同。以所使用的瓦料情况来确定其高度和厚度。若头号板瓦的高度为二寸，把这个高度三等分，将其中的三分之二作为底台，三分之一作为山子。再加板瓦自身的高度二寸，可得头号瓦口的净高度为四寸。若二号板瓦的高度为一寸七分，则将这个高度三等分，将其中的三分之二作为底台，三分之一作为山子，再加板瓦自身的高度一寸七分，可得二号瓦口的净高度为三寸四分。若三号板瓦的高度为一寸五分，把这个高度三等分，将其中的三分之二作为底台，三分之一作为山子，再加板瓦自身的高度一寸五分，可得三号瓦口的净高度为三寸。上述瓦口的厚度均为瓦口净高度的四分之一，由此可得头号瓦口的厚度为一寸，二号瓦口的厚度为八分，三号瓦口的厚度为七分。若使用筒瓦，则其瓦口的高度为二号和三号板瓦瓦口的高度减去山子的高度，筒瓦瓦口的厚度与板瓦瓦口的厚度相同。

里口的长度由面宽来确定。若面宽为一丈二尺，则里口的长度为一丈二尺。在悬山顶建筑中，里口的长度与挑山的长度相同。里口的高度和厚度与飞檐椽的高度和厚度相同。再加望板厚度的一点五倍，可得里口加高的高度。

椽椀的长度与里口的长度相同，以椽子的直径来确定椽椀的高度和厚度。若椽子的直径为二寸五分，再加该直径的三分之一，可得椽椀的高度为三寸三分。以椽子直径的三分之一来确定椽椀的厚度，可得其厚度为八分。

扶脊木的长度和直径都与脊檩的长度和直径相同。

博缝板的长度与其所在椽子的长度相同。外加的斜搭交的长度，与自身的宽度相同。以椽子直径的七倍来确定博缝板的宽度。若椽子的直径为二寸五分，可得博缝板的宽度为一尺七寸五分。以椽子直径的十分之七来确定博缝板的厚度。若椽子的直径为二寸五分，可得博缝板的厚度为一寸七分。

横望板和压住飞檐尾铺设的横望板，其长度和宽度由面宽和进深加举的比例折算成矩形的边长来确定。以椽子直径的十分之二来确定横望板的厚度。若椽子的直径为二寸五分，可得横望板的厚度为五分。

上述计算方法均适用于大木建筑，其他工程所需的材料和装修配件，另行刊载。

若面宽、进深和柱子的高度有所改变，则配套的木柱直径尺寸应该按照改变的尺寸进行计算。耳房、配房和群廊等房间的高度和宽度，应当配合正房的尺寸。这些房间配套的木柱直径尺寸等，也应当按照实际情况进行计算。

卷十

本卷详述建造六檩进深的大木式建筑的方法。

六檩大木做法

【译解】建造六檩进深的大木式建筑的方法。

【原文】凡檐柱以面阔十分之八定高低，百分之七定径寸。如面阔一丈一尺，得柱高八尺八寸，径七寸七分。如次间、梢间面阔，比明间窄小者，其柱、檩、柁、枋等木径寸，仍照明间。至次间、梢间面阔，临期酌夺地势定尺寸。

凡金柱以出廊加举定高低。如出廊深三尺二寸，按五举加之，得高一尺六寸，并檐柱高八尺八寸，得通长一丈四寸。以檐柱径加二寸定径寸。如檐柱径七寸七分，得金柱径九寸七分。以上柱子每根径一尺，外加榫长三寸。

凡山柱以进深加举定高低。如通进深一丈六尺，内除前廊三尺二寸，进深得一丈二尺八寸。分为四步架，每坡得二步架，每步架深三尺二寸。第一步架按七举加之，得高二尺二寸四分。第二步架按九举加之，得高二尺八寸八分。又加平水高六寸七分，再加檩径三分之一作桁椀，得长二寸五分，并金柱之高一丈四寸，得通长一丈六尺四寸四分。径寸与金柱同。前落金做法[1]，后檐柱高低、径寸俱与前金柱同，每径一尺，加榫长三寸。

凡抱头梁以出廊定长短。如出廊深三尺二寸，一头加檩径一份，得柁头分位，一头加金柱径半份。又出榫照檐柱径半份，得通长四尺八寸四分。以檐柱径加二寸定厚。如柱径七寸七分，得厚九寸七分。高按本身之厚每尺加三寸，得高一尺二寸六分。

凡穿插枋以出廊定长短。如出廊深三尺二寸，一头加檐柱径半份，一头加金柱径半份，又两头出榫照檐柱径一份。得通长四尺八寸四分。高、厚与檐枋同。

凡五架梁以进深除廊定长短。如通进深一丈六尺，内除前廊三尺二寸，进深得一丈二尺八寸。两头各加檩径一份，得柁头分位。如檩径七寸七分，得通长一丈四尺三寸四分。以金柱径加二寸定厚。如柱径九寸七分，得厚一尺一寸七分。高按本身之厚每尺加三寸，得高一尺五寸二分。

凡随梁枋以进深定长短。如进深一丈二尺八寸，内除柱径一份。外加两头入榫分位，各按柱径四分之一，得长一丈二尺三寸一分。其高、厚俱按檐枋各加二寸。

凡金瓜柱以步架加举定高低。如步架深三尺二寸，按七举加之，得高二尺二寸四分，内除五架梁之高一尺五寸二分，得净高七寸二分。以三架梁之厚收二寸定厚，如三架梁厚九寸七分，得厚七寸七分，宽按本身之厚加二寸，得宽九寸七分。每宽一尺，外加上、下榫各长三寸。

凡三架梁以步架二份定长短。如步架二份深六尺四寸，两头各加檩径一份，得柁头分位。如檩径七寸七分，得通长七尺九寸四分。以五架梁高、厚各收二寸定高、厚。如五架梁高一尺五寸二分，厚一尺一寸七分，得高一尺三寸二分，厚九寸七分。

凡双步梁以步架二份定长短。如步架二份深六尺四寸，一头加檩径一份，得柁头分位；如檩径七寸七分，得通长七尺一寸七分。高、厚与五架梁同。

凡合头枋以步架二份定长短。如步架二份深六尺四寸，内除柱径各半份，外加两头入榫分位，各按柱径四分之一，得长五尺九寸一分。其高、厚俱按檐枋各加二寸。

凡单步梁以步架一份定长短。如步架一份深三尺二寸，一头加檩径一份得柁头分位。如檩径七寸七分，得通长三尺九寸七分。高、厚与三架梁同。

凡檐枋，老檐枋，金、脊枋以面阔定长短。如面阔一丈一尺，内除柱径一份，外加两头入榫分位，各按柱径四分之一，得长一丈六寸一分。以檐柱径寸定高。如柱径七寸七分，即高七寸七分。厚按本身之高收二寸，得厚五寸七分。如金、脊枋不用垫板，照檐枋宽、厚各收二寸。

凡金、脊、檐垫板以面阔定长短。如面阔一丈一尺，除柁头分位一份，外加两头入榫尺寸，照柁头之厚每尺加滚楞二寸，得长一丈二寸二分。以檐枋之高收一寸定高，如檐枋高七寸七分，得高六寸七分。以檩径十分之三定厚。如檩径七寸七分，得厚二寸三分。高六寸以上者，照檐枋之高收分一寸，六寸以下者不收分。其脊垫板，照面阔除脊瓜柱径一份，外加两头入榫尺寸，各按瓜柱径四分之一。

凡脊瓜柱以步架加举定高低。如步架深三尺二寸，按九举加之，得高二尺八寸八分，又加平水高六寸七分，再加檩径三分之一作桁椀，得长二寸五分，内除三架梁高一尺三寸二分，得净高二尺四寸八分。宽、厚同金瓜柱，每宽一尺，外加下榫长三寸。

凡檩木以面阔定长短。如面阔一丈一尺，即长一丈一尺。每径一尺，外加搭交榫长三寸。如硬山做法，独间成造者，应两头照山柱径各加半份。如有次间、梢间者，应一头照山柱径加半份。径寸俱与檐柱同。

凡前檐椽以出廊并出檐加举定长短。如出廊深三尺二寸，又加出檐尺寸照前檐柱高十分之三，得二尺六寸四分，共长五尺八寸四分。又按一一五加举，得通长六尺七寸一分。如后檐椽步架深三尺二寸，又加出檐尺寸照后檐柱高十分之三，得三尺一寸二分，共长六尺三寸二分。又按一二五加举，得通长七尺九寸。如用飞檐椽，以出檐尺寸分三份，去长一份作飞檐头。以檩径十分之三定径寸，如檩径七寸七分，得径二寸三分。每椽空档，随椽径一份。每间椽数，俱应成双，档之宽窄，随数均匀。

凡后檐封护檐[2]椽以步架加举定长短。如步架深三尺二寸，再加檩径半份，

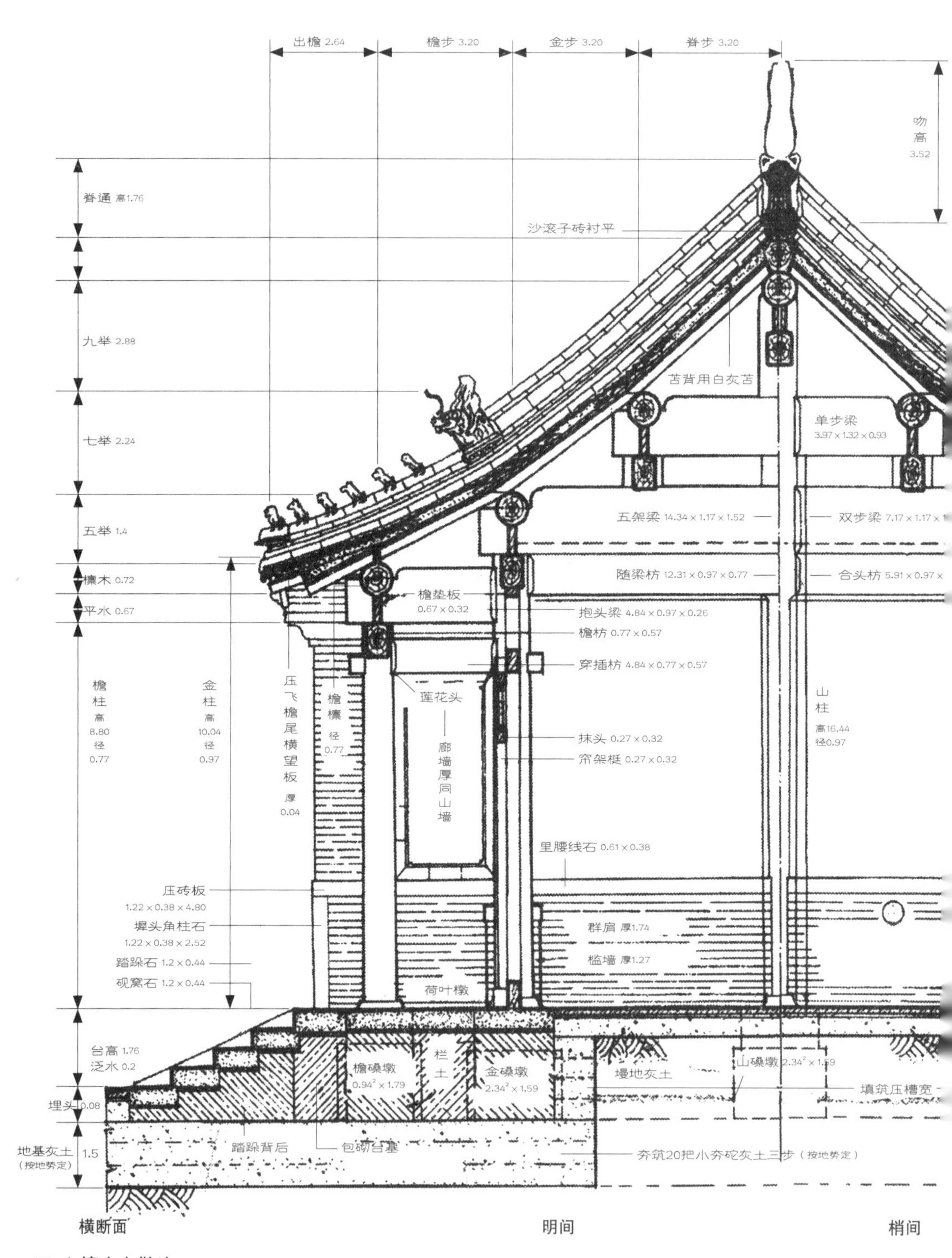

□ 六檩大木做法

此六檩前出廊式建筑在小式民居中常用作厢房、配房，有时也用作正房。

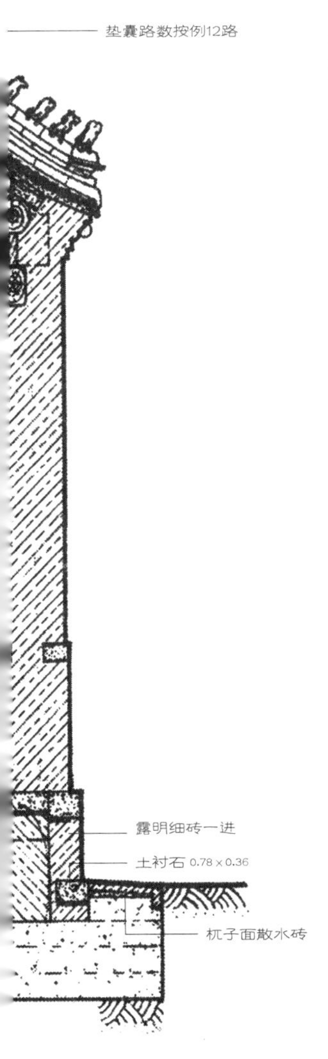

共长三尺五寸八分。又按一二五加举，得通长四尺四寸七分。径寸与前檐椽同。

凡前檐花架椽以步架加举定长短。如步架深三尺二寸，按一二五加举，得通长四尺。径寸与檐椽同。

凡脑椽以步架加举定长短。如步架深三尺二寸，按一三五加举，得通长四尺三寸二分。径寸与檐椽同。以上檐、脑椽一头加搭交尺寸；花架椽两头各加搭交尺寸，俱照椽径加一份。

凡飞檐椽以出檐定长短。如前出檐二尺六寸四分，三份分之，出头一份得长八寸八分，后尾二份得长一尺七寸六分，共长二尺六寸四分。又按一一五加举，得通长三尺三分。如后出檐三尺一寸二分，三份分之，出头一份得长一尺四分，后尾二份得长二尺八分，共长三尺一寸二分。又按一二五加举，得通长三尺九寸。见方与檐椽径寸同。

凡连檐以面阔定长短。如面阔一丈一尺，即长一丈一尺。梢间应加墀头分位。宽、厚同檐椽。

凡瓦口长短随连檐。以所用瓦料定高、厚。如头号板瓦中高二寸，三份均开，二份作底台，一份作山子，又加板瓦本身高二寸，得头号瓦口净高四寸。如二号板瓦中高一寸七分，三份均开，二份作底台，一份作山子，又加板瓦本身高一寸七分，得二号瓦口净高三寸四分。如三号板瓦中高一寸五分，三份均开，二份作底台，一份作山子，又加板瓦本身高一寸五分，得三号瓦口净高三寸。其厚俱按瓦口净高尺寸四分之一，得头号瓦口厚一寸，二号瓦口厚八分，三号瓦口厚七分。如用筒瓦，即随头二三号板瓦之瓦口，应除山子一份之高。厚与板瓦瓦口同。

凡里口以面阔定长短。如面阔一丈一尺，即长一丈一尺。高、厚与飞檐椽同，再加望板之厚一份半，得里口之加高数目。

凡椽椀长短随里口。以椽径定高、厚。如椽径二寸三分，再加椽径三分之一，共得高三寸。以椽径三分之一定厚，得厚七分。

凡扶脊木长短、径寸俱同脊檩。

凡用横望板、压飞檐尾横望板，以面阔、进深加举折见方丈定长、宽。以椽径十分之二定厚。如椽径二寸三分，得厚四分。

以上俱系大木做法，其余各项工料及装修等件逐款分别，另册开载。

如特将面阔、进深、柱高改放宽敞高矮，其木柱径寸等项，照所加高矮尺寸加算。耳房、配房、群廊等房，照正房配合高宽。其木柱径寸，亦照加高核算。

【注释】〔1〕落金做法：一种建筑形式，溜金斗栱后尾与金柱内侧相交，与其他部件无结构上的联系。

〔2〕封护檐：若檐椽不出檐，将檐头封起，使其不显露在外，这样的做法被称为“封护檐”。

【译解】檐柱的高度由面宽的十分之八来确定，直径由面宽的百分之七来确定。若面宽为一丈一尺，可得檐柱的高度为八尺八寸，直径为七寸七分。次间和梢间的面宽比明间的小，但是其所使用的柱子、檩子、柁和枋子等木制构件的尺寸与明间的相同。具体的面宽尺寸需要在实际建造过程中由地势来确定。

金柱的高度由出廊的进深和举的比例来确定。若出廊的进深为三尺二寸，使用五举的比例，可得高度为一尺六寸，再加檐柱的高度八尺八寸，可得金柱的总长度为一丈四寸。以檐柱径增加二寸来确定金柱径。若檐柱径为七寸七分，可得金柱径为九寸七分。以上所提到的柱子，当直径为一尺时，外加的入榫的长度为三寸。

山柱的高度由进深和举的比例来确定。若通进深为一丈六尺，减去前廊的进深三尺二寸，可得净进深为一丈二尺八寸。将此长度分为四步架，前后坡各为二步架，每步架的长度为三尺二寸。第一步架使用七举的比例，可得高度为二尺二寸四分。第二步架使用九举的比例，可得高度为二尺八寸八分。外加平水的高度六寸七分，再加檩子直径的三分之一作为桁椀，桁椀的高度为二寸五分。前述各高度加金柱的高度一丈四寸，可得山柱的总高度为一丈六尺四寸四分。如果使用前落金做法，后檐柱的高度和直径均与前金柱的高度和直径相同。当山柱径为一尺时，外加的榫的长度为三寸。

抱头梁的长度由出廊的进深来确定。若出廊的进深为三尺二寸，一端增加檩子的直径，即为柁头的长度。一端增加金柱径的一半，再加出榫的长度，出榫的长度为檐柱径的一半，可得抱头梁的总长度为四尺八寸四分。以檐柱径增加二寸来确定其厚度。若檐柱径为七寸七分，可得抱头梁的厚度为九寸七分。抱头梁的高度由抱头梁的厚度来确定，当厚度为一尺时，高度为一尺三寸，由此可得抱头梁的高度为一尺二寸六分。

穿插枋的长度由出廊的进深来确定。若出廊的进深为三尺二寸，一端增加檐柱径的一半，一端增加金柱径的一半，两端有出榫，出榫的长度为檐柱径的一半。由此可得穿插枋的总长度为四尺八寸四分。穿插枋的高度和厚度与檐枋的高度和厚度相同。

五架梁的长度由净进深来确定。若通进深为一丈六尺，减去前廊的进深三尺二寸，可得净进深为一丈二尺八寸。两端各增加檩子的直径，作为柁头的长度。若檩子的直径为七寸七分，可得五架梁的总长度为一丈四尺三寸四分。以金柱径增加二寸来确定五架梁的厚度。若金柱径为九寸七分，可得五架梁的厚度为一尺一寸七分，五架梁的高度由自身的厚度来确定。当厚度为一尺时，高度为一尺三寸。由此可得五架梁的高度为一尺五寸二分。

五架随梁枋的长度由进深来确定。若进深为一丈二尺八寸，减去柱径的尺寸，两端外加入榫的长度，入榫的长度各为柱径的四分之一，由此可得五架随梁枋的长度为一丈二尺三寸一分。五架随梁枋的高度和厚度在檐枋的基础上各增加二寸。

金瓜柱的高度由步架的长度和举的比例来确定。若步架的长度为三尺二寸，使用七举的比例，可得高度为二尺二寸四分。减去五架梁的高度一尺五寸二分，可得金瓜柱的净高度为七寸二分。以三架梁的厚度减少三寸来确定金瓜柱的厚度。若三架梁的厚度为九寸七分，可得金瓜柱的厚度为七寸七分。以自身的厚度增加二寸来确定金瓜柱的宽度，可得金瓜柱的宽度为九寸七分。当金瓜柱的宽度为一尺时，上、下入榫的长度各为三寸。

三架梁的长度由步架长度的两倍来确定。若步架长度的两倍为六尺四寸，两端各增加檩子的直径，作为柁头的长度。若檩子的直径为七寸七分，可得三架梁的总长度为七尺九寸四分。以五架梁的高度和厚度各减少二寸，来确定三架梁的高度和厚度。若五架梁的高度为一尺五寸二分，厚度为一尺一寸七分，可得三架梁的高度为一尺三寸二分，厚度为九寸七分。

双步梁的长度由步架长度的两倍来确定。若步架长度的两倍为六尺四寸，一端增加檩子的直径，作为柁头的长度。若檩子的直径为七寸七分，可得双步梁的总长度为七尺一寸七分。双步梁的高度和厚度与五架梁的高度和厚度相同。

合头枋的长度由步架长度的两倍来确定。若步架长度的两倍为六尺四寸，两端分别减去柱径的一半，再加入榫的长度，入榫的长度为柱径的四分之一，可得合头枋的总长度为五尺九寸一分。合头枋的高度和厚度在檐枋的基础上各增加二寸。

单步梁的长度由步架的长度来确定。若步架的长度为三尺二寸，一端增加檩子的直径，作为柁头的长度。若檩子的直径为七寸七分，可得单步梁的总长度为三尺九寸七分。单步梁的高度和厚度与三架梁的高度和厚度相同。

檐枋、老檐枋、金枋和脊枋的长度，由面宽来确定。若面宽为一丈一尺，减去柱径的尺寸，两端外加入榫的长度，入榫的长度各为柱径的四分之一，可得长度为一丈六寸一分。以檐柱径来确定枋子的高度。若檐柱径为七寸七分，则枋子的高度为七寸七分。枋子的厚度为自身的高度减少二寸，可得枋子的厚度为五寸七分。若金枋和脊枋不使用垫板，其宽度和厚度在檐枋的基础上各减少二寸。

金垫板、脊垫板和檐垫板的长度由面宽来确定。若面宽为一丈一尺，减去柁头占位的长度，两端外加入榫的长度。当柁头的厚度为一尺时，入榫的长度为一尺二寸，由此可得垫板的长度为一丈二寸二分。以檐枋的高度减少一寸来确定垫板的高度。若檐枋的高度为七寸七分，可得垫板的高度为六寸七分。以檩子直径的十分之三来确定垫板的厚度。若檩子的直径为七寸七分，可得垫板的厚度为二寸三分。当垫板的高度超过六寸时，则檐枋的高度减少一分。当垫板的高度不足六寸时，则按实际数值进行计算。脊垫板为面宽减去脊瓜柱的直径，两端外加入榫的长度，入榫的长度为柱径的四分之一。

脊瓜柱的高度由步架的长度和举的比例来确定。若步架的长度为三尺二寸，使用九举的比例，可得脊瓜柱的高度为二尺八寸八分。外加平水的高度六寸七分，再加檩子直径的三分之一作为桁椀，桁椀的高度为二寸五分。减去三架梁的高度一尺三寸二分，可得脊瓜柱的净高度为二尺四寸八分。脊瓜柱的宽度和厚度与金瓜柱的宽度和厚度相同。当脊瓜柱的宽度为一尺时，下方入榫的长度为三寸。

檩子的长度由面宽来确定。若面宽为一丈一尺，则檩子的长度为一丈一尺。当檩子的直径为一尺时，外加的搭交榫的长度为三寸。如果屋顶为硬山顶，且面宽方向只有一个明间，檩子两端各应增加山柱径的一半。如果面宽方向有次间或梢间，应当在一端增加山柱径的一半。檩子的直径与檐柱的直径相同。

前檐椽的长度，由出廊的进深加出檐的长度和举的比例来确定。若出廊的进深为三尺二寸，出檐的长度为前檐柱高度的十分之三，可得出檐的长度为二尺六寸四分，与出廊的进深相加后的长度为五尺八寸四分。使用一一五举的比例，可得前檐椽的总长度为六尺七寸一分。若步架的长度为三尺二寸，出檐的长度为后檐柱高度的十分之三，可得出檐的长度为三尺一寸二分，与步架的长度相加后的长度为六尺三寸二分。使用一二五举的比例，可得后檐椽的总长度为七尺九寸。若使用飞檐椽，则要把出檐的长度三等分，取其三分之二的长度作为飞檐头。以檩子直径的十分之三来确定檐椽的直径。若檩子的直径为七寸七分，可得檐椽的直径为二寸三分。将每两根椽子的空档宽度，作为椽子的宽度。每个房间使用的椽子数量都应为双数，空档宽度应均匀。

后檐的封护檐椽的长度由步架的长度和举的比例来确定。若步架的长度为三尺二寸，再加檩子直径的一半，可得总长度为三尺五寸八分。使用一二五举的比例，可得后檐的封护檐椽的总长度为四尺四寸七分。后檐的封护檐椽的直径与前檐椽的直径相同。

前檐花架椽的长度由步架的长度和

举的比例来确定。若步架的长度为三尺二寸，使用一二五举的比例，可得前檐花架椽的长度为四尺。椽子的直径与檐椽的直径相同。

脑椽的长度由步架的长度和举的比例来确定。若步架的长度为三尺二寸，使用一三五举的比例，可得脑椽的长度为四尺三寸二分。脑椽的直径与檐椽的直径相同。上述檐椽和脑椽一端外加的搭交的长度，在花架椽两端均外加搭交的长度，搭交的长度均与椽子的直径相同。

飞檐椽的长度由出檐的长度来确定。若前出檐的长度为二尺六寸四分，将此长度三等分，每小段长度为八寸八分。椽子的出头部分的长度为每小段长度，即八寸八分。椽子的后尾长度为每小段长度的两倍，即一尺七寸六分。将两个长度相加，可得总长度为二尺六寸四分。使用一一五举的比例，可得前飞檐椽的总长度为三尺三分。若后出檐的长度为三尺一寸二分，将此长度三等分，每小段长度为一尺四分。椽子的出头部分的长度为每小段长度，即一尺四分。椽子的后尾长度为每小段长度的两倍，即二尺八分。将两个长度相加，可得总长度为三尺一寸二分。使用一二五举的比例，可得后飞檐椽的总长度为三尺九寸。飞檐椽的截面正方形边长与檐椽的直径相同。

连檐的长度由面宽来确定。若面宽为一丈一尺，则连檐的长度为一丈一尺。在梢间的连檐上增加墀头的长度。在悬山顶建筑中，连檐的长度与挑山的长度相同。连檐的宽度和厚度与檐椽的直径相同。

瓦口的长度与连檐的长度相同。以使用的瓦料情况来确定瓦口的高度和厚度。若头号板瓦的高度为二寸，把这个高度三等分，将其中的三分之二作为底台，三分之一作为山子。再加板瓦自身的高度二寸，可得头号瓦口的净高度为四寸。若二号板瓦的高度为一寸七分，把这个高度三等分，其中的三分之二作为底台，三分之一作为山子，再加板瓦自身的高度一寸七分，可得二号瓦口的净高度为三寸四分。若三号板瓦的高度为一寸五分，把这个高度三等分，将其中的三分之二作为底台，三分之一作为山子，再加板瓦自身的高度一寸五分，可得三号瓦口的净高度为三寸。上述瓦口的厚度均为瓦口净高度的四分之一，由此可得头号瓦口的厚度为一寸，二号瓦口的厚度为八分，三号瓦口的厚度为七分。若使用筒瓦，瓦口的高度为二号和三号板瓦瓦口的高度减去山子的高度，筒瓦瓦口的厚度与板瓦瓦口的厚度相同。

里口的长度由面宽来确定。若面宽为一丈一尺，则里口的长度为一丈一尺。里口的高度和厚度与飞檐椽的高度和厚度相同。再加望板厚度的一点五倍，可得里口加高的高度。

椽椀的长度与里口的长度相同，以椽子的直径来确定椽椀的高度和厚度。若椽子的直径为二寸三分，再加该直径的三分之一，可得椽椀的高度为三寸。以椽子直径的三分之一来确定椽椀的厚度，可得其厚度为七分。

扶脊木的长度和直径都与脊檩的长度和直径相同。

横望板和压住飞檐尾铺设的横望板，其长度和宽度由面宽和进深加举的比例折算成矩形的边长来确定。以椽子直径的十分之二来确定横望板的厚度。若椽子的直径为二寸三分，可得横望板的厚度为四分。

上述计算方法均适用于大木建筑，其他工程所需的材料和装修配件，另行刊载。

若面宽、进深和柱子的高度有所改变，则配套的木柱直径尺寸应该按照改变的尺寸进行计算。耳房、配房和群廊等房间的高度和宽度，应当配合正房的尺寸。这些房间配套的木柱直径尺寸等，也应当按照实际情况进行计算。

卷十一

本卷详述建造五檩进深的大木式建筑的方法。

五檩大木做法

【译解】建造五檩进深的大木式建筑的方法。

【原文】凡檐柱以面阔十分之八定高低，百分之七定径寸。如面阔一丈，得柱高八尺，径七寸。每径一尺，外加榫长三寸。如次间、梢间面阔比明间窄小者，其柱、檩、柁、枋等木径寸，仍照明间。至次间、梢间面阔，临期酌夺地势定尺寸。

凡山柱以进深加举定高低。如进深一丈二尺，分为四步架，每坡得二步架，每步架深三尺。第一步架按五举加之，得高一尺五寸。第二步架按七举加之，得高二尺一寸。又加平水高六寸，再加檩径三分之一作桁椀，长二寸三分，并檐柱之高八尺，得通长一丈二尺四寸三分。以檐柱径加二寸定径寸。如柱径七寸，得径九寸，每径一尺，外加榫长三寸。

凡五架梁以进深定长短。如进深一丈二尺，两头各加檩径一份，得柁头分位。如檩径七寸，得通长一丈三尺四寸。以檐柱径加二寸定厚。如柱径七寸，得厚九寸。高按本身之厚每尺加三寸。得高一尺一寸七分。

凡随梁枋以进深定长短。如进深一丈二尺，内除柱径一份，外加两头入榫分位，各按柱径四分之一，得长一丈一尺六寸五分。其高、厚俱按檐枋各加二寸。

凡柁檄以步架加举定高低。如步架深三尺，按五举加之，得高一尺五寸，内除五架梁高一尺一寸七分，得净高三寸三分。以三架梁之厚收二寸定宽。如三架梁厚七寸，得宽五寸。以柁头二份定长。如柁头二份长一尺四寸，即长一尺四寸。

凡三架梁以步架二份定长短。如步架二份深六尺，两头各加檩径一份，得柁头分位。如檩径七寸，得通长七尺四寸。以五架梁高、厚各收二寸定高、厚。如五架梁高一尺一寸七分，厚九寸，得高九寸七分，厚七寸。

凡双步梁以步架二份定长短。如步架二份深六尺，一头加檩径一份，得柁头分位；如檩径七寸，得通长六尺七寸。高、厚与五架梁同。

凡合头枋以步架二份定长短。如步架二份深六尺，内除柱径各半份，外加两头入榫分位，各按檐柱径四分之一，得长五尺六寸。其高、厚俱按檐枋各加二寸。

凡单步梁以步架一份定长短。如步架一份深三尺，一头加檩径一份，得柁头分位。如檩径七寸，得通长三尺七寸。高、厚与三架梁同。

凡金、脊、檐枋以面阔定长短。如面阔一丈，内除柱径一份，外加两头入榫分位，各按柱径四分之一，得长九尺六寸五分。以檐柱径寸定高。如柱径七寸，即高七寸。厚按本身之高收二寸，得厚五寸。其悬山做法，梢间檐枋应照柱径尺寸加一份，得箍头分位。高、厚与檐枋同。如金、脊枋不用垫板，照檐枋之高、厚各收二寸。

凡金、脊、檐垫板以面阔定长短。如面阔一丈，内除柁头分位一份，外加两头入榫尺寸，照柁头之厚每尺加滚楞二寸，得长九尺二寸八分。以檐枋之高收一寸定高，如檐枋高七寸，得高六寸。以檩径十分之三定厚。如檩径七寸，得厚二寸一分。高六寸以上者，照檐枋之高收分一寸；六寸以下者不收分。其脊垫板，除脊瓜柱径一份，外加两头入榫尺寸，俱按瓜柱径四分之一。

凡脊瓜柱以步架加举定高低。如步架深三尺，按七举加之，得高二尺一寸，又加平水高六寸，再加檩径三分之一作桁椀，得长二寸三分。内除三架梁高九寸七分，得净高一尺九寸六分。以三架梁之厚收分二寸定厚。如三架梁厚七寸，得厚五寸。宽按本身之厚加二寸，得宽七寸。每宽一尺，外加下榫长三寸。

凡脊角背以步架一份定长短。如步架深三尺，即长三尺。以瓜柱之高、厚三分之一定宽、厚。如瓜柱净高一尺九寸六分，厚五寸，得宽六寸五分，厚一寸六分。

凡檩木以面阔定长短。如面阔一丈，即长一丈。每径一尺，外加搭交榫长三寸。如硬山做法，独间成造者，应两头照山柱径各加半份。如有次间、梢间者，应一头照山柱径半份。其悬山做法，应照出檐之法加长。径寸与檐柱同。

凡悬山桁条下皮用燕尾枋，以出檐之法得长。如出檐二尺四寸，即长二尺四寸。以檩径十分之三定厚。如檩径七寸，得厚二寸一分。宽按本身之厚加二寸，得宽四寸一分。

凡檐椽以步架并出檐加举定长短。如步架深三尺，又加出檐尺寸，照檐柱高十分之三，得二尺四寸，共长五尺四寸。又按一一五加举，得通长六尺二寸一分。如用飞檐椽，以出檐尺寸分三份，去长一份作飞檐头。以檩径十分之三定径寸。如檩径七寸，得径二寸一分。每椽空档，随椽径一份。每间椽数，俱应成双。档之宽窄，随数均匀。

凡脑椽以步架加举定长短。如步架深三尺，按一二五加举，得通长三尺七寸五分。径寸与檐椽同。以上檐、脑椽一头加搭交尺寸。俱照椽径加一份。

凡飞檐椽以出檐定长短。如出檐二尺四寸，三份分之，出头一份得长八寸，后尾二份得长一尺六寸，共长二尺四寸。又按一一五加举，得通长二尺七寸六分。见方与檐椽径寸同。

凡连檐以面阔定长短。如面阔一丈，即长一丈。梢间应加墀头分位。如悬山做法，随挑山之长。宽、厚同檐椽。

凡瓦口长短随连檐。以所用瓦料定高、厚。如头号板瓦中高二寸，三份均开，二份作底台，一份作山子，又加板瓦本身高二寸，得头号瓦口净高四寸。如二号板瓦中高一寸七分，三份均开，二份作

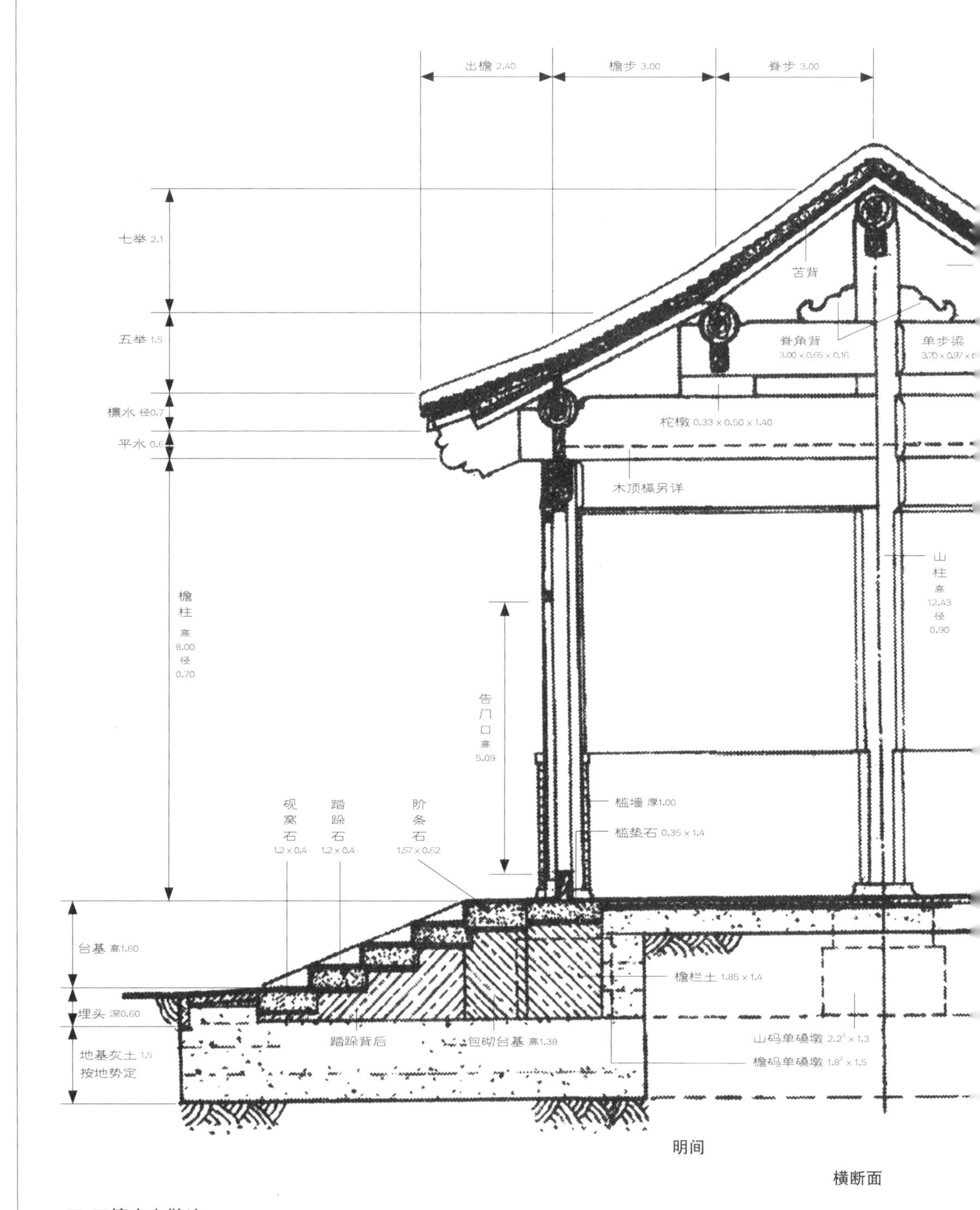

横断面

□ 五檩大木做法

此五檩无廊式建筑在小式民居中常用于无廊厢房、后罩房（四合院建筑中正房后面和正房平行的一排房屋）或倒座房（与正房相对坐南朝北的房子，又称“南房”）等。

底台，一份作山子，又加板瓦本身高一寸七分，得二号瓦口净高三寸四分。如三号板瓦中高一寸五分，三份均开，二份作底台，一份作山子，又加板瓦本身高一寸五分，得三号瓦口净高三寸。其厚俱按瓦口净高尺寸四分之一，得头号瓦口厚一寸，二号瓦口厚八分，三号瓦口厚七分。如用筒瓦，即随头二三号板瓦之瓦口，应除山子一份之高。厚与板瓦瓦口同。

凡里口以面阔定长短。如面阔一丈，即长一丈。如悬山做法，随挑山之长。高、厚与飞檐椽同，再加望板之厚一份半，得里口之加高数目。

凡椽椀长短随里口。以椽径定高、厚。如椽径二寸一分，再加椽径三分之一，共得高二寸八分。以椽径三分之一定厚，得厚七分。

凡博缝板照椽子净长尺寸，外加斜搭交之长，按本身宽尺寸。以椽径七根定宽。如椽径二寸一分，得宽一尺四寸七分。以椽径十分之七定厚，如椽径二寸一分。得厚一寸四分。

凡用横望板、压飞檐尾横望板以面阔、进深加举折见方丈定长、宽。以椽径十分之二定厚。如椽径二寸一分，得厚四分。

以上俱系大木做法，其余各项工料及装修等件逐款分别，另册开载。如特将面阔、进深、柱高改放宽敞高矮，其木柱径寸等项，照所加高矮尺寸加算。耳房、配房、群廊等房，照正房配合高宽。其木柱

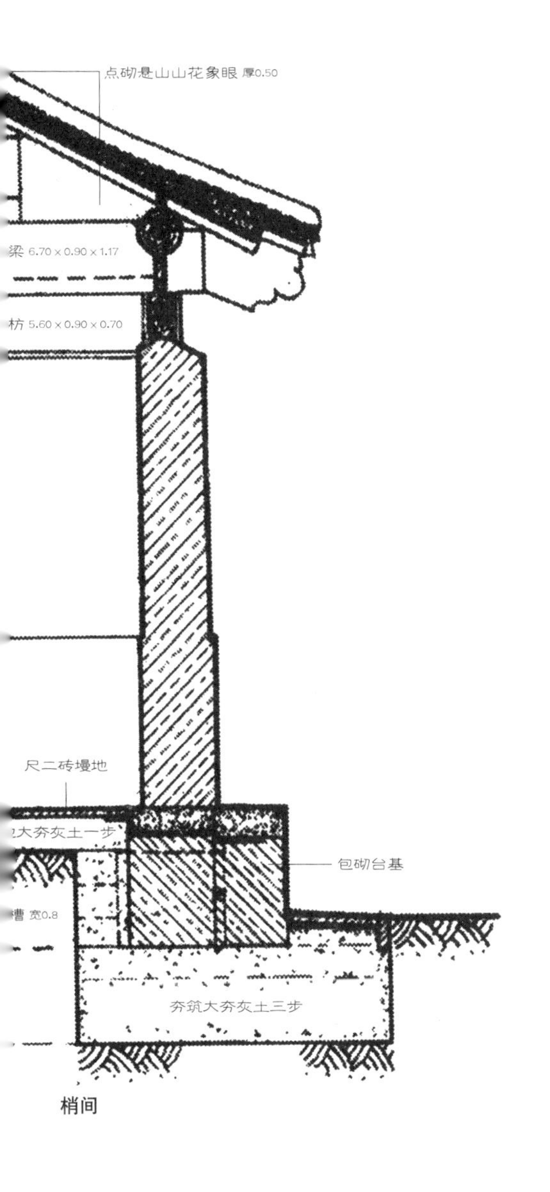

梢间

径寸，亦照加高核算。

【译解】檐柱的高度由面宽的十分之八来确定，檐柱的直径由面宽的百分之七来确定。若面宽为一丈，可得檐柱的高度为八尺，直径为七寸。当檐柱径为一尺时，外加的榫的长度为三寸。次间和梢间的面宽比明间的小，但是其所使用的柱子、檩子、柁和枋子等木制构件的尺寸与明间的相同。具体的面宽尺寸需要在实际建造过程中由地势来确定。

山柱的高度由进深和举的比例来确定。若进深为一丈二尺。将此长度分为四步架，前后坡各为两步架，每步架的长度为三尺。第一步架使用五举的比例，可得高度为一尺五寸。第二步架使用七举的比例，可得高度为二尺一寸。外加平水的高度六寸，再加檩子直径的三分之一作为桁椀，桁椀的高度为二寸三分。前述各高度的和加檐柱的高度八尺，可得山柱的总高度为一丈二尺四寸三分。以檐柱径增加二寸来确定山柱径。若檐柱径为七寸，可得山柱径为九寸。当山柱径为一尺时，外加的榫的长度为三寸。

五架梁的长度由进深来确定。若进深为一丈二尺，两端均增加檩子的直径作为柁头的长度。若檩子的直径为七寸，可得五架梁的总长度为一丈三尺四寸。以檐柱径增加二寸来确定五架梁的厚度。若檐柱径为七寸，可得五架梁的厚度为九寸，五架梁的高度由自身的厚度来确定。当厚度为一尺时，高度为一尺三寸。由此可得五架梁的高度为一尺一寸七分。

五架随梁枋的长度由进深来确定。若进深为一丈二尺，减去柱径的尺寸，两端外加入榫的长度，入榫的长度均为柱径的四分之一，由此可得五架随梁枋的长度为一丈一尺六寸五分。五架随梁枋的高度和厚度在檐枋的基础上各增加二寸。

柁墩的高度由步架的长度和举的比例来确定。若步架的长度为三尺，使用五举的比例，可得柁墩的高度为一尺五寸。减去五架梁的高度一尺一寸七分，可得柁墩的净高度为三寸三分。以三架梁的厚度减少二寸来确定柁墩的宽度，若三架梁的厚度为七寸，可得柁墩的宽度为五寸。以柁头长度的两倍来确定柁墩的长度。若柁头长度的两倍为一尺四寸，则柁墩的长度为一尺四寸。

三架梁的长度由步架长度的两倍来确定。若步架长度的两倍为六尺，两端均增加檩子的直径，作为柁头的长度。若檩子的直径为七寸，可得三架梁的总长度为七尺四寸。以五架梁的高度和厚度各减少二寸来确定三架梁的高度和厚度。若五架梁的高度为一尺一寸七分，厚度为九寸，可得三架梁的高度为九寸七分，厚度为七寸。

双步梁的长度由步架长度的两倍来确定。若步架长度的两倍为六尺，一端增加檩子的直径，作为柁头的长度。若檩子的直径为七寸，可得双步梁的总长度为六尺七寸。双步梁的高度和厚度与五架梁的高度和厚度相同。

合头枋的长度由步架长度的两倍来确

定。若步架长度的两倍为六尺，两端分别减去柱径的一半，再加入榫的长度，入榫的长度为柱径的四分之一，可得合头枋的总长度为五尺六寸。合头枋的高度和厚度在檐枋的基础上均增加二寸。

单步梁的长度由步架的长度来确定。若步架的长度为三尺，一端增加檩子的直径作为柁头的长度。若檩子的直径为七寸，可得单步梁的总长度为三尺七寸。单步梁的高度和厚度与三架梁的高度和厚度相同。

金枋、脊枋和檐枋的长度由面宽来确定。若面宽为一丈，减去柱径的尺寸，两端外加入榫的长度，入榫的长度均为柱径的四分之一，可得长度为九尺六寸五分。以檐柱径来确定枋子的高度。若檐柱径为七寸，则枋子的高度为七寸。枋子的厚度为枋子的高度减少二寸，可得枋子的厚度为五寸。在悬山顶建筑中，梢间的檐枋的长度应当增加柱径的尺寸，可确定箍头的位置。梢间的檐枋的高度和厚度与前述檐枋的高度和厚度相同。若金枋和脊枋不使用垫板，其高度和厚度在檐枋的基础上各减少二寸。

金垫板、脊垫板和檐垫板的长度由面宽来确定。若面宽为一丈，减去柁头占位的长度，两端外加入榫的长度。当柁头的厚度为一尺时，入榫的长度为一尺二寸，由此可得垫板的长度为九尺二寸八分。以檐枋的高度减少一寸来确定垫板的高度。若檐枋的高度为七寸，可得垫板的高度为六寸。以檩子直径的十分之三来确定垫板的厚度。若檩子的直径为七寸，可得垫板的厚度为二寸一分。当垫板的高度超过六寸时，则檐枋的高度减少一分。当垫板的高度不足六寸时，则按实际数值进行计算。脊垫板为面宽尺寸减去脊瓜柱的直径，两端外加入榫的长度，入榫的长度为柱径的四分之一。

脊瓜柱的高度由步架的长度和举的比例来确定。若步架的长度为三尺，使用七举的比例，可得脊瓜柱的高度为二尺一寸。外加平水的高度六寸，再加檩子直径的三分之一作为桁椀，桁椀的高度为二寸三分。减去三架梁的高度九寸七分，可得脊瓜柱的净高度为一尺九寸六分。以三架梁的厚度减少二寸来确定脊瓜柱的厚度。若三架梁的厚度为七寸，可得脊瓜柱的厚度为五寸。脊瓜柱的宽度为自身的厚度增加二寸，可得脊瓜柱的宽度为七寸。当脊瓜柱的宽度为一尺时，下方入榫的长度为三寸。

脊角背的长度由步架的长度来确定。若步架的长度为三尺，则脊角背的长度为三尺。以脊瓜柱的净高度和厚度的三分之一来确定脊角背的宽度和厚度。若脊瓜柱的净高度为一尺九寸六分，厚度为五寸，可得脊角背的宽度为六寸五分，厚度为一寸六分。

檩子的长度由面宽来确定。若面宽为一丈，则檩子的长度为一丈。当檩子的直径为一尺时，外加的搭交榫的长度为三寸。如果屋顶为硬山顶，面宽方向只有一个明间，在檩子的两端均应增加山柱径的一半。如果有次间或梢间，应当在一端增加山柱径的一半。如果屋顶为悬山顶，檩子应当按照出檐的计算方法加长。檩子的直径与檐柱的直径相同。

悬山顶桁条下皮的燕尾枋的长度，按照出檐的计算方法来确定。若出檐的长度为二尺四寸，则燕尾枋的长度为二尺四寸。以檩子直径的十分之三来确定燕尾枋的厚度。若檩子的直径为七寸，可得燕尾枋的厚度为二寸一分。燕尾枋的宽度为燕尾枋的厚度增加二寸，由此可得燕尾枋的宽度为四寸一分。

檐椽的长度由步架的长度加出檐的长度和举的比例来确定。若步架的长度为三尺，出檐的长度为檐柱高度的十分之三，可得出檐的长度为二尺四寸，与步架长度相加后的长度为五尺四寸。使用一一五举的比例，可得檐椽的总长度为六尺二寸一分。若使用飞檐椽，则要把出檐的长度三等分，取其三分之二的长度作为飞檐头。以檩子直径的十分之三来确定檐椽的直径。若檩子的直径为七寸，可得檐椽的直径为二寸一分。每两根椽子的空档宽度与椽子的宽度尺寸相同。每个房间使用的椽子数量都应为双数，空档宽度应均匀。

脑椽的长度由步架的长度和举的比例来确定。若步架的长度为三尺，使用一二五举的比例，可得脑椽的长度为三尺七寸五分。脑椽的直径与檐椽的直径相同。上述檐椽和脑椽一端外加搭交的长度，搭交的长度与椽子的直径尺寸相同。

飞檐椽的长度由出檐的长度来确定。若出檐的长度为二尺四寸，将此长度三等分，每小段长度为八寸。椽子出头部分的长度与每小段长度的尺寸相同，即八寸。椽子的后尾长度为每小段长度的两倍，即一尺六寸。将两个长度相加，可得总长度为二尺四寸。使用一一五举的比例，可得飞檐椽的总长度为二尺七寸六分。飞檐椽的截面正方形边长与檐椽的直径相同。

连檐的长度由面宽来确定。若面宽为一丈，则连檐的长度为一丈。在梢间的连檐上增加墀头的长度。在悬山顶建筑中，连檐的长度与挑山的长度相同。连檐的宽度和厚度与檐椽的直径相同。

瓦口的长度与连檐的长度相同。以所使用的瓦料情况来确定其高度和厚度。若头号板瓦的高度为二寸，把这个高度三等分，将其中的三分之二作为底台，三分之一作为山子。再加板瓦自身的高度二寸，可得头号瓦口的净高度为四寸。若二号板瓦的高度为一寸七分，把这个高度三等分，将其中的三分之二作为底台，三分之一作为山子，再加板瓦自身的高度一寸七分，可得二号瓦口的净高度为三寸四分。若三号板瓦的高度为一寸五分，把这个高度三等分，将其中的三分之二作为底台，三分之一作为山子，再加板瓦自身的高度一寸五分，可得三号瓦口的净高度为三寸。瓦口的厚度均为瓦口净高度的四分之一，由此可得头号瓦口的厚度为一寸，二号瓦口的厚度为八分，三号瓦口的厚度为七分。若使用筒瓦，则瓦口的高度为二号和三号板瓦瓦口的高度减去山子的高度，筒瓦瓦口的厚度与板瓦瓦口的厚度相同。

里口的长度由面宽来确定。若面宽为一丈，则里口的长度为一丈。在悬山顶建筑中，里口的长度与挑山的长度相同。里口的高度和厚度与飞檐椽的高度和厚度相同。再加望板厚度的一点五倍，可得里口加高的高度。

椽椀的长度与里口的长度相同，以椽子的直径来确定椽椀的高度和厚度。若椽子的直径为二寸一分，再加该直径的三分之一，可得椽椀的高度为二寸八分。以椽子直径的三分之一来确定椽椀的厚度，可得其椽椀的厚度为七分。

博缝板的长度与其所在椽子的长度相同。外加的斜搭交的长度，与自身的宽度相同。以椽子直径的七倍来确定博缝板的宽度。若椽子的直径为二寸一分，可得博缝板的宽度为一尺四寸七分。以椽子直径的十分之七来确定博缝板的厚度。若椽子的直径为二寸一分，可得博缝板的厚度为一寸四分。

横望板和压住飞檐尾铺设的横望板，其长度和宽度由面宽和进深加举的比例折算成矩形的边长来确定。以椽子直径的十分之二来确定横望板的厚度。若椽子的直径为二寸一分，可得横望板的厚度为四分。

上述计算方法均适用于大木建筑，其他工程所需的材料和装修配件，另行刊载。若面宽、进深和柱子的高度有所改变，则配套的木柱直径尺寸应该按照改变的尺寸进行计算。耳房、配房和群廊等房间的高度和宽度，应当配合正房的尺寸。这些房间配套的木柱直径尺寸等，也应当按照实际情况进行计算。

卷十二

本卷详述建造四檩进深的卷棚顶大木式建筑的方法。

四檩卷棚大木做法

【译解】建造四檩进深的卷棚顶大木式建筑的方法。

【原文】凡檐柱以面阔十分之八定高低，十分之七定径寸。如面阔一丈，得柱高八尺，径七寸。每径一尺，外加榫长三寸。如次间、梢间面阔比明间窄小者，其柱、檩、柁、枋等木径寸，仍照明间。至次间、梢间面阔，临期酌夺地势定尺寸。

凡四架梁以进深定长短。如进深一丈二尺，两头各加檩径一份，得柁头分位。如檩径七寸，得通长一丈三尺四寸。以檐柱径加二寸定厚，如柱径七寸，得厚九寸。高按本身厚每尺加三寸，得高一尺一寸七分。

凡随梁枋以进深定长短。如进深一丈二尺，内除柱径一份，外加两头入榫分位，各按柱径四分之一，得长一丈一尺六寸五分。其高、厚俱按檐枋各加二寸。

凡顶瓜柱以步架加举定高低。如进深一丈二尺，除月梁二尺四寸，前后步架各得四尺八寸，按五举加之，得高二尺四寸。内除四架梁高一尺一寸七分，得净高一尺二寸三分。以月梁之厚收二寸定厚。如月梁厚七寸，得厚五寸。宽按本身厚加二寸，得宽七寸。每宽一尺，外加上、下榫各长三寸。

凡月梁以进深定长短。如进深一丈二尺，五份分之，居中一份深二尺四寸，两头各加檩径一份，得柁头分位，如檩径七寸，得通长三尺八寸。以四架梁高、厚各收二寸定高、厚。如四架梁高一尺一寸七分，厚九寸，得高九寸七分，厚七寸。

凡角背长按月梁尺寸除柁头，加倍定长短。如月梁除柁头净长二尺四寸，角背应长四尺八寸。以瓜柱高、厚三分之一定宽、厚。如瓜柱净高一尺二寸三分，厚五寸，得宽四寸一分，厚一寸六分。

凡檐、脊枋以面阔定长短。如面阔一丈，内除柱径一份，外加两头入榫分位，各按柱径四分之一，得长九尺六寸五分。以檐柱径寸定高。如柱径七寸，即高七寸。厚按本身高收二寸，得厚五寸。其悬山做法，梢间檐枋应照柱径尺寸加一份，得箍头分位。高、厚与檐枋同。如脊枋不用垫板，照檐枋高、厚各收二寸。

凡檐、脊垫板以面阔定长短。如面阔一丈，内除柁头分位一份，外加两头入榫尺寸，照柁头厚每尺加滚楞二寸，得长九尺二寸八分。以檐枋之高收一寸定高，如檐枋高七寸，得高六寸。以檩径十分之三定厚。如檩径七寸，得厚二寸一分。高六寸以上者，照檐枋之高收分一寸，六寸以下者不收分。其脊垫板，照面阔除脊瓜柱径一份，外加两头入榫尺寸，各按瓜柱径四分之一。

凡檩木以面阔定长短。如面阔一丈，即长一丈。每径一尺，外加搭交榫长三寸。如硬山做法，独间成造者，应两头照柱径尺寸各加半份。若有次间、梢间者，应一头照柱径尺寸加半份。其悬山做法，照出檐之法加长。径寸俱与檐柱同。

凡机枋条子长随檩木。以檩径十分之三定高，如檩径七寸，得高二寸一分。以椽径三分之一定厚。如椽径二寸一分，得厚七分。

凡悬山桁条下皮用燕尾枋，以出檐之法得长。如出檐二尺四寸，即长二尺四寸。以檩径十分之三定厚。如檩径七寸，得厚二寸一分。高按本身之厚加二寸，得高四寸一分。

凡檐椽以步架并出檐加举定长短。如步架深四尺八寸，又加出檐尺寸，照檐柱高十分之三，得二尺四寸，共长七尺二寸。又按一一五加举，得通长八尺二寸八分。如用飞檐椽，以出檐尺寸分三份，去长一份作飞檐头。以檩径十分之三定径寸。如檩径七寸，得径二寸一分。一头加搭交尺寸，照椽径一份。每椽空档，随椽径一份。每间椽数，俱应成双。档之宽窄，随数均匀。

凡顶椽以月梁定长短。如月梁长二尺四寸，两头各加檩径半份，得通长三尺一寸。见方与檐椽同。

凡飞檐椽以出檐定长短。如出檐二尺四寸，三份分之，出头一份得长八寸，后尾二份得长一尺六寸，共长二尺四寸。又按一一五加举，得通长二尺七寸六分。见方与檐椽同。

凡连檐以面阔定长短。如面阔一丈，即长一丈。梢间应加墀头分位。如悬山做法，随挑山之长。宽、厚同檐椽。

凡瓦口长短随连檐。以所用瓦料定高、厚。如头号板瓦中高二寸，三份均开，二份作底台，一份作山子，又加板瓦本身高二寸，得头号瓦口净高四寸。如二号板瓦中高一寸七分，三份均开，二份作底台，一份作山子，又加板瓦本身之高一寸七分，得二号瓦口净高三寸四分。如三号板瓦中高一寸五分，三份均开，二份作底台，一份作山子，又加板瓦本身之高一寸五分，得三号瓦口净高三寸。其厚俱按瓦口净高尺寸四分之一，得头号瓦口厚一寸，二号瓦口厚八分，三号瓦口厚七分。如用筒瓦，即随头二三号板瓦瓦口，应除山子一份之高。厚与板瓦瓦口同。

凡里口以面阔定长短。如面阔一丈，即长一丈。如悬山做法，随挑山之长。高、厚与飞檐椽同，再加望板之厚一份半，得里口之加高尺寸。

凡椽椀长短随里口。以椽径定高、厚。如椽径二寸一分，再加椽径三分之一，共得高二寸八分。以椽径三分之一定厚，得厚七分。

凡博缝板照椽子净长尺寸，外加斜搭交之长，按本身宽尺寸。以椽径七根定宽。如椽径二寸一分，得宽一尺四寸七分。以椽径十分之七定厚，如椽径二寸一分，得厚一寸四分。

凡用横望板、压飞檐尾横望板，以面

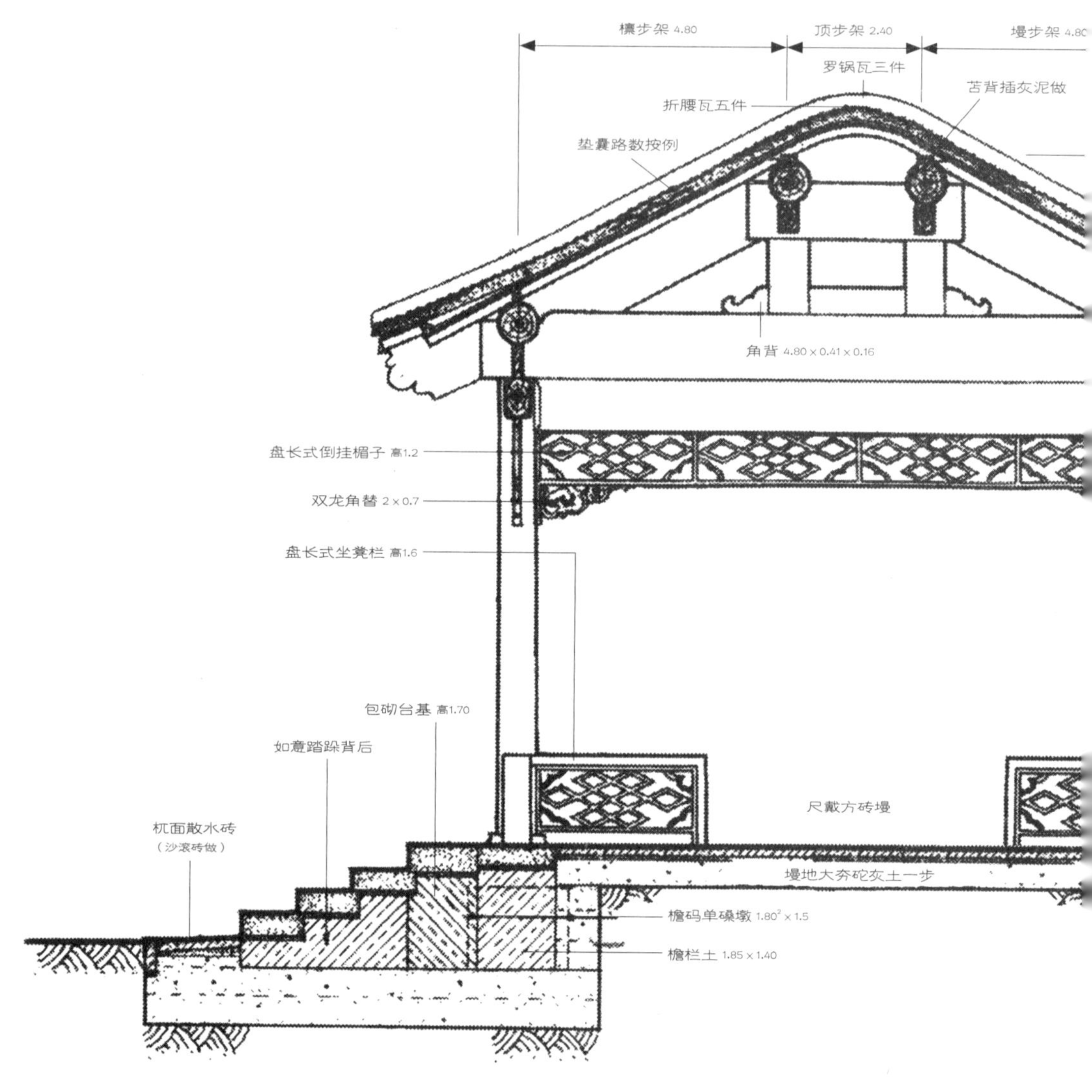

□ 四檩卷棚建筑

此类建筑的次间和梢间的面宽比明间的要小，而其柱、檩、柁和枋等构件的尺寸与明间的相同。当然，具体的面宽尺寸在实际建造过程中要由地势来确定。

阔、进深加举折见方丈定长、宽。以椽径十分之二定厚。如椽径二寸一分，得厚四分。

以上俱系大木做法，其余各项工料及装修等件逐款分别，另册开载。

如特将面阔、进深、柱高改放宽敞高矮，其木柱径寸等项，照所加高矮尺寸加算。耳房、配房、群廊等房，照正房配合高宽。其木柱径寸，亦照加高核算。

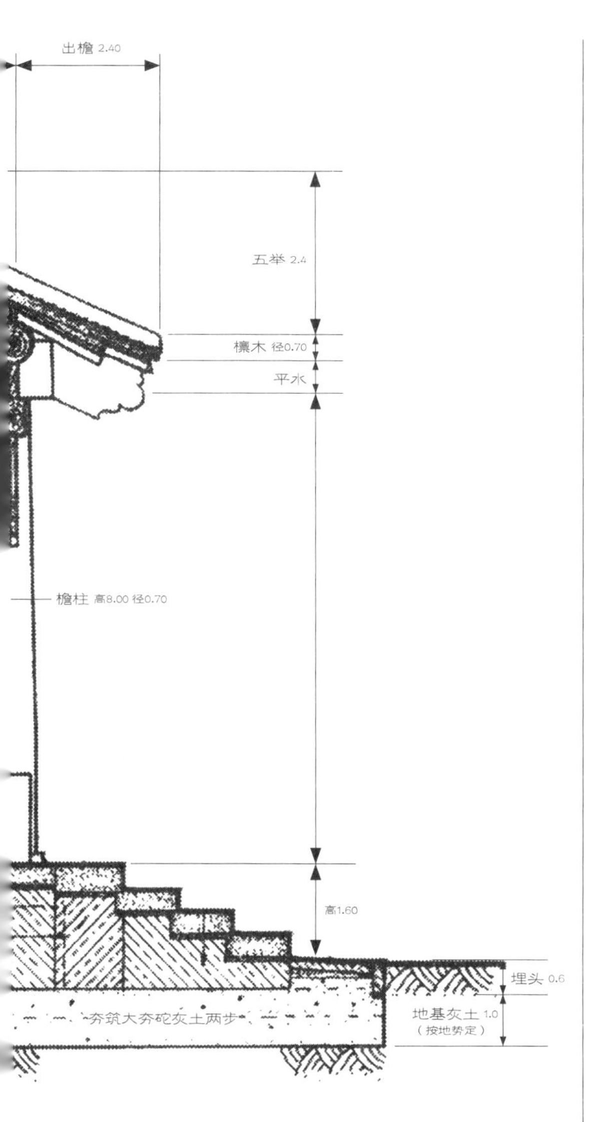

【详解】檐柱的高度由面宽的十分之八来确定，檐柱的直径由面宽的十分之七来确定。若面宽为一丈，可得檐柱的高度为八尺，直径为七寸。当檐柱径为一尺时，外加的榫的长度为三寸。次间和稍间的面宽比明间的小，但是其所使用的柱子、檩子、柁和枋子等木制构件的尺寸与明间所使用的相同。具体的面宽尺寸需要在实际建造过程中由地势来确定。

四架梁的长度由进深来确定。若进深为一丈二尺，两端均增加檩子的直径作为柁头的长度。若檩子的直径为七寸，可得四架梁的总长度为一丈三尺四寸。以檐柱径增加二寸来确定四架梁的厚度。若檐柱径为七寸，可得四架梁的厚度为九寸，四架梁的高度由四架梁的厚度来确定。当四架梁的厚度为一尺时，四架梁的高度为一尺三寸。由此可得四架梁的高度为一尺一寸七分。

四架随梁枋的长度由进深来确定。若进深为一丈二尺，减去柱径的尺寸，两端外加入榫的长度，入榫的长度均为柱径的四分之一，由此可得四架随梁枋的长度为一丈一尺六寸五分。四架随梁枋的高度和厚度在檐枋的基础上各增加二寸。

顶瓜柱的高度由步架的长度和举的比例来确定。若进深为一丈二尺，减去月梁的长度二尺四寸，前后两个步架每步架长度为四尺八寸，使用五举的比例，可得高度为二尺四寸。减去四架梁的高度一尺一寸七分，可得顶瓜柱的净高度为一尺二寸三分。以月梁的厚度减少二寸来确定顶瓜柱的厚度。若月梁的厚度为七寸，可得顶瓜柱的厚度为五寸。以自身的厚度增加二寸来确定自身的宽度，由此可得顶瓜柱的宽度为七寸。当顶瓜柱的宽度为一尺时，上、下入榫的长度各为三寸。

月梁的长度由进深来确定。若进深为一丈二尺，将该长度五等分，每小段长度为二尺四寸。在两端各增加檩子的直径，作为柁头的长度。若檩子的直径为七寸，可得月梁的总长度为三尺八寸。以四架梁的高度和厚度各减小二寸来确定月梁的高度和厚度。若四架梁的高度为一尺一寸七分，厚度为九寸，可得月梁的高度为九寸七分，厚度为七寸。

角背的长度，为月梁的长度减去柁头占位的净长度的两倍。若月梁的长度减去柁头占位的净长度为二尺四寸，则角背的长度为四尺八寸。以瓜柱的净高度和厚度的三分之一来确定角背的宽度和厚度。若瓜柱的净高度为一尺二寸三分，厚度为五寸，可得角背的宽度为四寸一分，厚度为一寸六分。

檐枋和脊枋的长度由面宽来确定。若面宽为一丈，减去柱径的尺寸，两端外加入榫的长度，入榫的长度均为柱径的四分之一，由此可得长度为九尺六寸五分。以檐柱径的尺寸来确定枋子的高度。若檐柱径为七寸，则枋子的高度为七寸。枋子的厚度为自身的高度减少二寸，可得枋子的厚度为五寸。在悬山顶建筑中，梢间的檐枋的长度应当增加柱径的尺寸来确定箍头的位置。梢间檐枋的高度和厚度与前述檐枋的高度和厚度相同。若脊枋不使用垫板，其高度和厚度在檐枋的基础上各减少二寸。

檐垫板和脊垫板的长度由面宽来确定。若面宽为一丈，减去柁头占位的长度，两端外加入榫的长度。当柁头的厚度为一尺时，入榫的长度为一尺二寸，由此可得垫板的长度为九尺二寸八分。以檐枋的高度减少一寸来确定垫板的高度。若檐枋的高度为七寸，可得垫板的高度为六寸。以檩子直径的十分之三来确定垫板的厚度。若檩子的直径为七寸，可得垫板的厚度为二寸一分。当垫板的高度超过六寸时，则檐枋的高度应减少一分。当垫板的高度不足六寸时，则按实际数值进行计算。脊垫板的尺寸为面宽减去脊瓜柱的直径，两端外加入榫的长度，入榫的长度为瓜柱径的四分之一。

檩子的长度由面宽来确定。若面宽为一丈，则檩子的长度为一丈。当檩子的直径为一尺时，外加的搭交榫的长度为三寸。如果屋顶为硬山顶，则面宽方向只有一个明间，檩子两端应各增加山柱径的一半。如果有次间或梢间，应当在一端增加山柱径的一半。如果屋顶为悬山顶，则檩子应当按照出檐的计算方法加长。檩子的直径与檐柱的直径相同。

机枋条子的长度与檩子的长度相同。以檩子直径的十分之三来确定机枋条子的高度。若檩子的直径为七寸，可得机枋条子的高度为二寸一分。以椽子直径的三分之一来确定机枋条子的厚度。若椽子的直径为二寸一分，可得机枋条子的厚度为七分。

悬山顶桁条下皮的燕尾枋的长度，按照出檐的计算方法来确定。若出檐的长度为二尺四寸，则燕尾枋的长度为二尺四寸。以檩子直径的十分之三来确定燕尾枋的厚度。若檩子的直径为七寸，可得燕尾枋的厚度为二寸一分。燕尾枋的高度为自身的厚度增加二寸，可得燕尾枋的高度为四寸一分。

檐椽的长度由步架的长度加出檐的长度和举的比例来确定。若步架的长度为四尺八寸，出檐的长度为檐柱高度的十分之三，可得出檐的长度为二尺四寸，与步架的长度相加后的长度为七尺二寸。使用一一五举的比例，可得檐椽的总长度为八尺二寸八分。若使用飞檐椽，则要把出檐的长度三等分，取其中的三分之二长度作为飞檐头。以檩子直径的十分之三来确定檐椽的直径。若檩子的直径为七寸，可得檐椽的直径为二寸一分。檐椽的一端与其他部件相交的出头部分的长度与椽子的直径尺寸相同。每两根椽子的空档宽度与椽子的宽度尺寸相同。每个房间使用的椽子数量都应为双数，空档宽度应均匀。

顶椽的长度由月梁的长度来确定。若月梁的长度为二尺四寸，两端均增加檩子直径的一半，可得顶椽的总长度为三尺一寸。顶椽的截面正方形边长与檐椽的直径相同。

飞檐椽的长度由出檐的长度来确定。若出檐的长度为二尺四寸，将该长度三等分，每小段长度为八寸。椽子出头部分的长度与每小段长度尺寸相同，即八寸。椽子的后尾长度为每小段长度的两倍，即一尺六寸。将两个长度相加，可得总长度为二尺四寸。使用一一五举的比例，可得飞檐椽的总长度为二尺七寸六分。飞檐椽的截面正方形边长与檐椽的直径相同。

连檐的长度由面宽来确定。若面宽为一丈，则连檐的长度为一丈。在梢间的连檐上要增加墀头的长度。在悬山顶建筑中，连檐的长度与挑山的长度相同。连檐的宽度和厚度与檐椽的直径相同。

瓦口的长度与连檐的长度相同。以所使用的瓦料情况来确定其高度和厚度。若头号板瓦的高度为二寸，把这个高度三等分，将其中的三分之二作为底台，三分之一作为山子。再加板瓦的高度二寸，可得头号瓦口的净高度为四寸。若二号板瓦的高度为一寸七分，把这个高度三等分，将其中的三分之二作为底台，三分之一作为山子，再加板瓦的高度一寸七分，可得二号瓦口的净高度为三寸四分。若三号板瓦的高度为一寸五分，把这个高度三等分，将其中的三分之二作为底台，三分之一作为山子，再加板瓦的高度一寸五分，可得三号瓦口的净高度为三寸。上述瓦口的厚度均为瓦口净高度的四分之一，由此可得头号瓦口的厚度为一寸，二号瓦口的厚度为八分，三号瓦口的厚度为七分。若使用筒瓦，则其瓦口的高度为二号和三号板瓦瓦口的高度减去山子的高度，筒瓦瓦口的厚度与板瓦瓦口的厚度相同。

里口的长度由面宽来确定。若面宽为一丈，则里口的长度为一丈。在悬山顶建筑中，里口的长度与挑山的长度相同。里口的高度和厚度与飞檐椽的高度和厚度相同。再加望板厚度的一点五倍，可得里口加高的高度。

椽椀的长度与里口的长度相同，以椽子的直径来确定椽椀的高度。若椽子的直径为二寸一分，再加该直径的三分之一，可得椽椀的高度为二寸八分。以椽子直径的三分之一来确定椽椀的厚度，可得其厚度为七分。

博缝板的长度与其所在椽子的长度相同。外加的斜搭交的长度与自身的宽度相同。以椽子直径的七倍来确定博缝板的宽度。若椽子的直径为二寸一分，可得博缝板的宽度为一尺四寸七分。以椽子直径的十分之七来确定博缝板的厚度。若椽子的直径为二寸一分，可得博缝板的厚度为一寸四分。

横望板和压住飞檐尾铺设的横望板，其长度和宽度由面宽和进深加举的比例折算成矩形的边长来确定。以椽子直径的十分之二来确定横望板的厚度。若椽子的直径为二寸一分，可得横望板的厚度为四分。

上述计算方法均适用于大木建筑，其他工程所需的材料和装修配件，另行刊载。

若面宽、进深和柱子的高度有所改变，则配套的木柱直径尺寸应该按照改变的尺寸进行计算。耳房、配房和群廊等房间的高度和宽度，应当配合正房的尺寸。这些房间配套的木柱直径尺寸等，也应当按照实际情况进行计算。

卷十三

本卷详述建造五檩进深的大木式川堂房子的方法。

五檩川堂大木做法

【译解】建造五檩进深的大木式川堂房的方法。

【原文】凡檐柱高低随前后房之柱高。如前后房檐柱高一丈，即长一丈。以面阔十分之七定径寸。如面阔一丈，得径七寸。如次间、梢间面阔比明间窄小者，其柱、檩、柁、枋等木径寸，仍照明间面阔，临期酌夺地势定尺寸。

凡五架梁以前后房明间面阔定长短。如前后房面阔一丈四尺，两头各加檩径一份，得柁头分位。如檩径七寸，得通长一丈五尺四寸。以檐柱径加二寸定厚。如柱径七寸，得厚九寸。高按本身厚每尺加三寸，得高一尺一寸七分。

凡随梁枋以进深定长短。如进深一丈四尺，内除柱径一份，外加两头入榫分位，各按柱径四分之一，得长一丈三尺六寸五分。其高、厚照檐枋各加二寸。

凡金瓜柱以步架一份加举定高低。如步架一份深三尺五寸，按五举加之，得高一尺七寸五分。内除五架梁高一尺一寸七分，得净高五寸八分。以三架梁厚收二寸定厚。如三架梁厚七寸，得厚五寸。宽按本身厚加二寸，得宽七寸。每宽一尺，外加上、下榫各长三寸。

凡三架梁以步架二份定长短。如步架二份深七尺，两头各加檩径一份，得柁头分位。如檩径七寸，得通长八尺四寸。以五架梁高、厚各收二寸定高、厚。如五架梁高一尺一寸七分，厚九寸，得高九寸七分，厚七寸。

凡脊瓜柱以步架一份加举定高低。如步架一份深三尺五寸，按七举加之，得高二尺四寸五分，又加平水高六寸，再加檩径三分之一作桁椀，长二寸三分，得通长三尺二寸八分。内除三架梁高九寸七分，得净高二尺三寸一分。宽、厚同金瓜柱。每宽一尺，外加下榫长三寸。

凡两山柁墩以步架一份加举定高低。如步架一份深三尺五寸，按五举加之，得高一尺七寸五分。内除五架梁高一尺一寸七分，又除前后房檐檩径半份，得净高二寸三分。以三架梁厚收二寸定宽。如三架梁厚七寸，得宽五寸。以柁头二份定长。如柁头二份长一尺四寸，即长一尺四寸。

凡金、脊、檐枋以面阔定长短。如面阔一丈，内除柱径一份，外加两头入榫分位，各按柱径四分之一，得通长九尺六寸五分。以檐柱径寸定高。如柱径七寸，即高七寸。厚按本身高收二寸，得厚五寸。如金、脊枋不用垫板，照檐枋高、厚各收二寸。

凡金、脊、檐垫板以面阔定长短。如面阔一丈，内除柁头分位一份，外加两头入榫尺寸，照柁头厚每尺加滚楞二寸，得通长九尺二寸八分。以檐枋之高收一寸定高，如檐枋高七寸，得高六寸。以檩径十分之三定厚。如檩径七寸，得厚二寸一分。宽六寸以上者，照檩枋之高收分一寸，六寸以下者不收分。其脊垫板，照面阔除脊瓜柱径一份，外加两头入榫尺寸，各按瓜柱径四分之一。

凡檩木以面阔定长短。如面阔一丈，即长一丈。每径一尺，外加搭交榫长三寸。梢间金檩一头加一步架，脊檩加二步架，径寸俱与檐柱同。

凡角梁以步架并出檐加举定长短。如步架深三尺五寸，出檐照檐柱高十分之三，得三尺，共长六尺五寸。用方五斜七之法得斜长，又按一一五加举，得通长一丈四寸六分。以椽径三份定高，二份定厚。如椽径二寸一分，得高六寸三分，厚四寸二分。

凡掖角仔角梁以出檐加举定长短。如出檐三尺，用方五斜七之法加斜长，又按一一五加举，共长四尺八寸三分。外加套兽榫，照本身厚一份，得通长五尺二寸五分。以椽径二份定高、厚。如椽径二寸一分，得高、厚四寸二分。如无飞檐椽，不用此款。

凡檐椽以步架并出檐加举定长短。如步架深三尺五寸，又加出檐尺寸，照檐柱高十分之三，得三尺，共长六尺五寸。又按一一五加举，得通长七尺四寸七分。如用飞檐椽，以出檐尺寸分三份，去长一份作飞檐头。以檩径十分之三定径寸。如檩径七寸，得径二寸一分。每椽空档，随椽径一份。每间椽数，俱应成双。档之宽窄，随数均匀。梢间面阔之外，加短椽一步架，折半核算。

凡脑椽以步架加举定长短。如步架深三尺五寸，按一二五加举，得通长四尺三寸七分。径寸与檐椽同。梢间面阔之外，加椽二步架，内有短椽一步架，折半核算。

凡飞檐椽以出檐加举定长短。如出檐三尺，三份分之，出头一份得长一尺，后尾二份得长二尺，共长三尺。又按一一五加举，得通长三尺四寸五分。见方与檐椽径同。

凡两山山花板以步架二份定宽。如步架二份深七尺，即宽七尺，内除柁橔一份，净宽五尺六寸。高随柁橔净高尺寸。如柁橔高二寸三分，即高二寸三分，厚五分。

凡象眼板[1]以步架一份定宽。如步架一份深三尺五寸，即宽三尺五寸，内除柁橔半份，净宽二尺八寸。以步架加举定高低。如步架深三尺五寸，按五举加之，得高一尺七寸五分，内除五架梁高一尺一寸七分，外加平水高六寸，檩径七寸，净得高一尺八寸八分，厚五分。

凡脊象眼板以步架二份定宽。如步架二份深七尺，内除瓜柱径一份，净宽六尺三寸。以步架一份加举定高低。如步架一份深三尺五寸，按七举加之，得高二尺四寸五分，内除三架梁高九寸七分，外加平水高六寸，檩径七寸，得净高二尺七寸

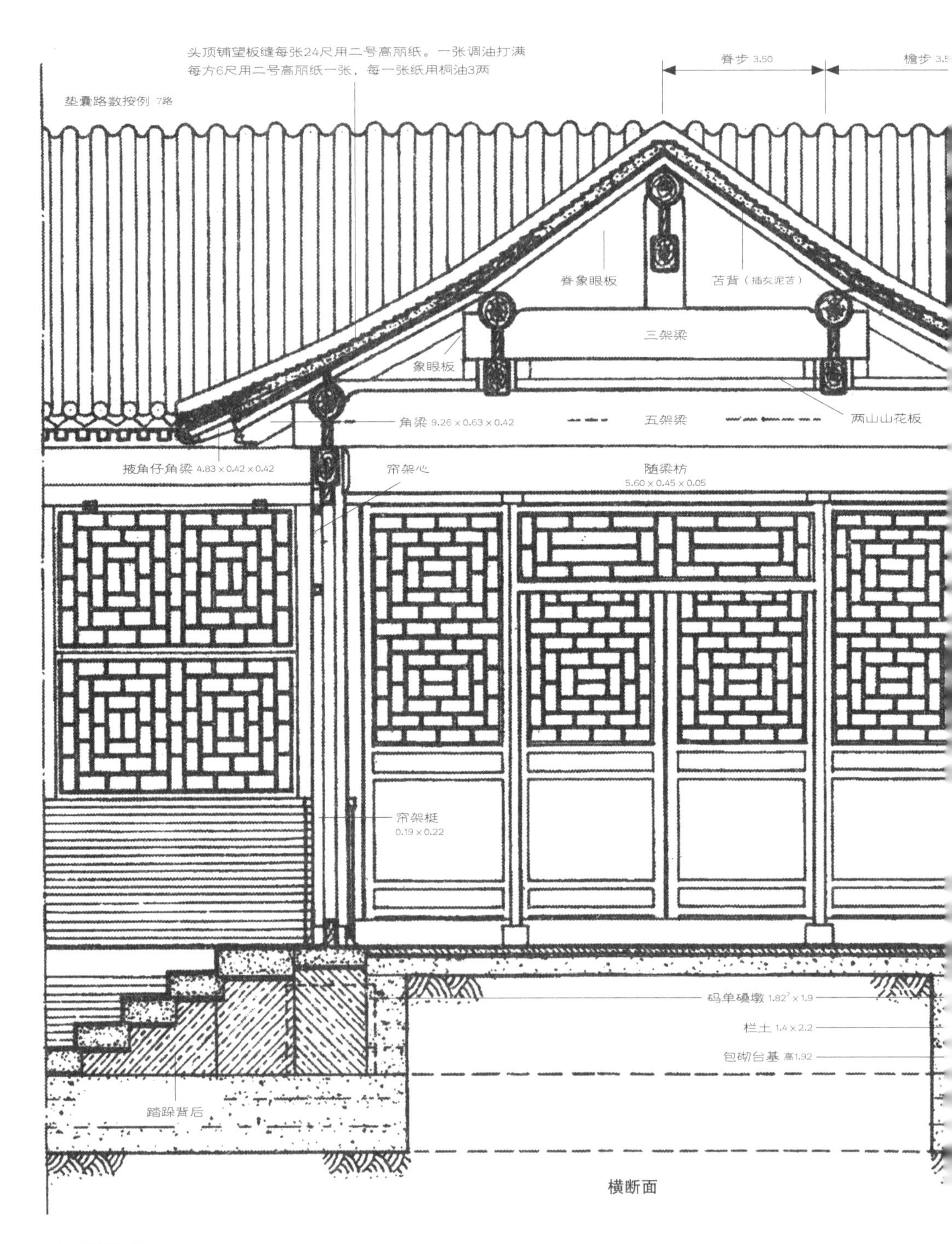

横断面

□ 五檩川堂

川堂即穿堂，指旧式房屋前后院中间的大厅，前后设门供人穿行，也可用于设座会客。

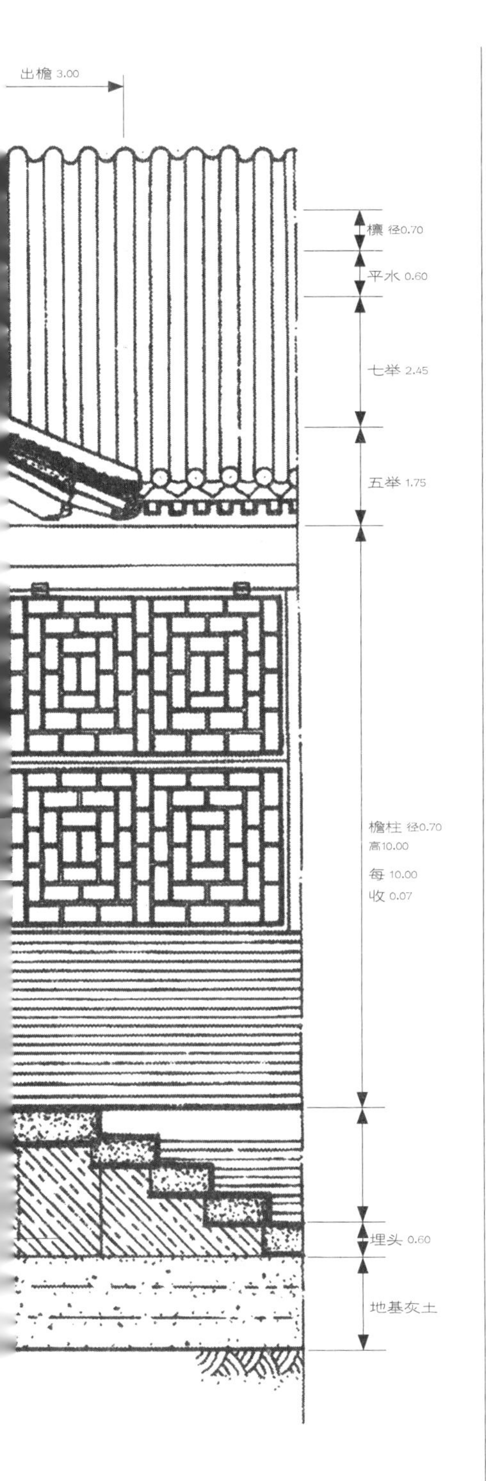

八分，厚五分。以上二项，系象眼做法，折半核算。

凡连檐以面阔定长短。如面阔一丈，即长一丈。梢间应收出檐分位。宽、厚同檐椽。

凡瓦口长短随连檐。以所用瓦料定高、厚。如头号板瓦中高二寸，三份均开，二份作底台，一份作山子，又加板瓦本身之高二寸，得头号瓦口净高四寸。如二号板瓦中高一寸七分，三份均开，二份作底台，一份作山子，又加板瓦本身之高一寸七分，得二号瓦口净高三寸四分。如三号板瓦中高一寸五分，三份均开，二份作底台，一份作山子，又加板瓦本身之高一寸五分，得三号瓦口净高三寸。其厚俱按瓦口净高尺寸四分之一，得头号瓦口厚一寸，二号瓦口厚八分，三号瓦口厚七分。如用筒瓦，即随头二三号板瓦瓦口，应除山子一份之高。厚与板瓦瓦口同。

凡里口以面阔定长短。如面阔一丈，即长一丈。梢间应收出檐分位，外加飞檐椽头一份。高、厚与飞檐椽同，再加望板之厚一份半，得里口加高尺寸。

凡椽椀以面阔定长短。如面阔一丈，即长一丈。梢间应除檩径一份。以椽径定高、厚。如椽径二寸一分，再加椽径三分之一，共得高二寸八分。以椽径三分之一定厚，得厚七分。

凡用横望板、压飞檐尾横望板，以面阔、进深加举折见方丈定长、宽。以椽径十分之二定厚。如椽径二寸一分，得厚四分。

以上俱系大木做法，其余各项工料及装修等件逐款分别，另册开载。

如特将面阔、进深、柱高改放宽敞高矮，其木柱径寸等项照所加高矮尺寸加算。耳房、配房、群廊等房，照正房配合高宽。其木柱径寸，亦照加高核算。

【注释】〔1〕象眼板：指在古代建筑中各部件所围成的三角形部分，通常被称为“象眼”。象眼板，用来封堵梁架空隙的三角形木板。

【译解】檐柱的高度由前后房檐柱的高度来确定，若前后房檐柱的高度为一丈，则川堂檐柱的长度也为一丈。檐柱径由面宽的十分之七来确定。若面宽为一丈，可得檐柱径为七寸。次间和梢间的面宽比明间的小，但是其所使用的柱子、檩子、柁和枋子等木制构件的尺寸与明间的相同。具体的面宽尺寸需要在实际建造过程中由地势来确定。

五架梁的长度由前后房明间的面宽来确定。若前后房明间的面宽为一丈四尺，两端均增加檩子的直径作为柁头的长度。若檩子的直径为七寸，可得五架梁的总长度为一丈五尺四寸。以檐柱径增加二寸来确定五架梁的厚度。若檐柱径为七寸，可得五架梁的厚度为九寸，五架梁的高度由自身的厚度来确定。当五架梁的厚度为一尺时，五架梁的高度为一尺三寸。由此可得五架梁的高度为一尺一寸七分。

五架随梁枋的长度由进深来确定。若进深为一丈四尺，减去柱径的尺寸，两端外加入榫的长度，入榫的长度均为柱径的四分之一，由此可得五架随梁枋的长度为一丈三尺六寸五分。五架随梁枋的高度和厚度在檐枋的基础上各增加二寸。

金瓜柱的高度由步架的长度和举的比例来确定。若步架的长度为三尺五寸，使用五举的比例，可得高度为一尺七寸五分。减去五架梁的高度一尺一寸七分，可得金瓜柱的净高度为五寸八分。以三架梁的厚度减少二寸来确定金瓜柱的厚度。若三架梁的厚度为七寸，可得金瓜柱的厚度为五寸。以自身的厚度增加二寸来确定金瓜柱的宽度，可得金瓜柱的宽度为七寸。当金瓜柱的宽度为一尺时，外加的上下榫的长度均为三寸。

三架梁的长度由步架长度的两倍来确定。若步架长度的两倍为七尺，两端均增加檩子的直径作为柁头的长度。若檩子的直径为七寸，可得三架梁的总长度为八尺四寸。以五架梁的高度和厚度各减少二寸来确定三架梁的高度和厚度。若五架梁的高度为一尺一寸七分，厚度为九寸，可得三架梁的高度为九寸七分，厚度为七寸。

脊瓜柱的高度由步架的长度和举的比例来确定。若步架的长度为三尺五寸，使用七举的比例，可得脊瓜柱的高度为二尺四寸五分。外加平水的高度六寸，再加檩子直径的三分之一作为桁椀，桁椀的长度为二寸三分。几个长度相加，得到的总长度为三尺二寸八分。减去三架梁的高度九寸七分，可得脊瓜柱的净高度为二尺三寸一分。脊瓜柱的宽度和厚度与金瓜柱的宽度和厚度相同。当脊瓜柱的宽度为一尺时，下方入榫的长度为三寸。

两山的柁橔的高度由步架的长度和举的比例来确定。若步架的长度为三尺五寸，使用五举的比例，可得柁橔的高度为一尺七寸五分。减去五架梁的高度一尺一寸七分，再减去前后房的檩子直径的一半，可得柁墩的净高度为二寸三分。以三架梁的厚度减少二寸来确定柁墩的宽度，若三架梁的厚度为七寸，可得柁墩的宽度为五寸。以柁头长度的两倍来确定柁墩的长度。若柁头长度的两倍为一尺四寸，则柁墩的长度为一尺四寸。

金枋、脊枋和檐枋的长度由面宽来确定。若面宽为一丈，减去柱径的尺寸，两端外加入榫的长度，入榫的长度均为柱径的四分之一，可得长度为九尺六寸五分。以檐柱径来确定枋子的高度。若檐柱径为七寸，则枋子的高度为七寸。枋子的厚度为枋子的高度减少二寸，由此可得枋子的厚度为五寸。若金枋和脊枋不使用垫板，其高度和厚度在檐枋的基础上各减少二寸。

金垫板、脊垫板和檐垫板的长度由面宽来确定。若面宽为一丈，减去柁头占位的长度，两端外加入榫的长度。当柁头的厚度为一尺时，入榫的长度为一尺二寸，由此可得垫板的长度为九尺二寸八分。以檐枋的高度减少一寸来确定垫板的高度。若檐枋的高度为七寸，可得垫板的高度为六寸。以檩子直径的十分之三来确定垫板的厚度。若檩子的直径为七寸，可得垫板的厚度为二寸一分。当垫板的宽度超过六寸时，檐枋的高度则减少一寸。当垫板的宽度不足六寸时，则按实际数值进行计算。脊垫板的长度为面宽减去脊瓜柱的直径，两端外加入榫的长度，入榫的长度为柱径的四分之一。

檩子的长度由面宽来确定。若面宽为一丈，则檩子的长度为一丈。当檩子的直径为一尺时，外加的搭交榫的长度为三寸。在梢间的金檩一端增加一步架长度，在脊檩一端增加二步架长度，檩子的直径与檐柱的直径相同。

角梁的长度由步架的长度加出檐的长度和举的比例来确定。若步架的长度为三尺五寸，出檐的长度为檐柱高度的十分之三，即三尺，与步架的长度相加后为六尺五寸。用方五斜七法计算斜边的长度，再使用一一五举的比例，可得总长度为一丈四寸六分。以椽子直径的三倍来确定角梁的高度，以檩子直径的两倍来确定角梁的厚度。若椽子的直径为二寸一分，可得角梁的高度为六寸三分，厚度为四寸二分。

掖角仔角梁的长度由出檐的长度和举的比例来确定。若出檐的长度为三尺，用方五斜七法计算斜边的长度，再使用一一五举的比例，可得总长度为四尺八寸三分。外加套兽的入榫的长度，其与自身的厚度尺寸相同，可得掖角仔角梁的总长度为五尺二寸五分。以椽子直径的两倍来确定掖角仔角梁的高度和厚度。若椽子的直径为二寸一分，可得掖角仔角梁的高度和厚度为四寸二分。如果没有飞檐椽，则不使用这样的仔角梁。

檐椽的长度由步架的长度加出檐的长度和举的比例来确定。若步架的长度为三尺五寸，出檐的长度为檐柱高度的十分之三，可得出檐的长度为三尺，与步架的长度相加后的长度为六尺五寸。使用一一五举的比例，可得檐椽的总长度为七尺四寸七分。若使用飞檐椽，则要把出檐的长度三等分，取其三分之二长度作为飞檐头。以檩子直径的十分之三来确定檐椽的直径。若檩子的直径为七寸，可得檐椽的直径为二寸一分。每两根椽子的空档宽度与椽子的宽度尺寸相同。每个房间使用的椽子数量都应为双数，空档宽度应均匀。在梢间面宽以外要增加一步架短椽，需进行折半核算。

脑椽的长度由步架的长度和举的比例来确定。若步架的长度为三尺五寸，使用一二五举的比例，可得脑椽的总长度为四尺三寸七分。脑椽的直径与檐椽的直径相同。在梢间面宽以外要增加二步架檐椽，其中有一步架檐椽为短椽，需进行折半核算。

飞檐椽的长度由出檐的长度和举的比例来确定。若出檐的长度为三尺，将此长度三等分，每小段长度为一尺。椽子的出头部分的长度与每小段长度尺寸相同，即一尺。椽子的后尾的长度为每小段长度的两倍，即二尺。将两个长度相加，可得总长度为三尺。使用一一五举的比例，可得飞檐椽的总长度为三尺四寸五分。飞檐椽的截面正方形边长与檐椽的直径相同。

两山的山花板的宽度由步架长度的两倍来确定。若步架长度的两倍为七尺，则山花板的宽度为七尺。减去柁墩的长度，可得山花板的净宽度为五尺六寸。山花板的高度与柁墩的净高度相同。若柁墩的净高度为二寸三分，则山花板的高度为二寸三分，厚度为五分。

象眼板的宽度由步架的长度来确定。若步架的长度为三尺五寸，则象眼板的宽度为三尺五寸。减去柁墩的一半，可得象眼板的净宽度为二尺八寸。以步架的长度和举的比例来确定象眼板的高度。若步架的长度为三尺五寸，使用五举的比例，可得高度为一尺七寸五分。减去五架梁的高度一尺一寸七分，外加平水的高度六寸，再加檩子的直径七寸，可得象眼板的净高度为一尺八寸八分，厚度为五分。

脊象眼板的宽度由步架长度的两倍来确定。若步架长度的两倍为七尺，减去瓜柱径的尺寸，可得脊象眼板的净宽度为六尺三寸。以步架的长度和举的比例来确定脊象眼板的高度。若步架的长度为三尺五寸，使用七举的比例，可得高度为二尺四寸五分。减去三架梁的高度九寸七分，外加平水的高度六寸，再加檩子的直径七寸，可得脊象眼板的净高度为二尺七寸八分，厚度为五分。以上两种为象眼的计算方法，需进行折半核算。

连檐的长度由面宽来确定。若面宽为一丈，则连檐的长度为一丈。梢间的连檐应减去出檐的长度，连檐的宽度和厚度与檐椽的直径相同。

瓦口的长度与连檐的长度相同。以所使用的瓦料情况来确定其高度和厚度。若头号板瓦的高度为二寸，把这个高度三等分，将其中的三分之二作为底台，三分之一作为山子。再加板瓦自身的高度二寸，可得头号瓦口的净高度为四寸。若二号板瓦的高度为一寸七分，把这个高度三等分，将其中的三分之二作为底台，三分之一作为山子，再加板瓦自身的高度一寸七分，可得二号瓦口的净高度为三寸四分。若三号板瓦的高度为一寸五分，把这个高度三等分，将其中的三分之二作为底台，三分之一作为山子，再加板瓦的高度一寸五分，可得三号瓦口的净高度为三寸。上述瓦口的厚度均为瓦口净高度的四分之一，由此可得头号瓦口的厚度为一寸，二号瓦口的厚度为八分，三号瓦口的厚度为七分。若使用筒瓦，则瓦口的高度为二号和三号板瓦瓦口的高度减去山子的高度，筒瓦瓦口的厚度与板瓦瓦口的厚度相同。

里口的长度由面宽来确定。若面宽为一丈，则里口的长度为一丈。如果采用悬山顶的建筑方法，里口的长度与挑山的长度相同。里口的高度和厚度与飞檐椽的相同。再加望板厚度的一点五倍，可得里口加高的高度。

椽椀的长度由面宽来确定。若面宽为一丈，则椽椀的长度为一丈。梢间的长度应减去檩径的尺寸。以椽子的直径来确定椽椀的高度和厚度。若椽子的直径为二寸一分，再加该直径的三分之一，可得椽椀的高度为二寸八分。以椽子直径的三分之一来确定椽椀的厚度，可得其厚度为七分。

横望板和压住飞檐尾铺设的横望板，其长度和宽度由面宽和进深加举的比例折算成矩形的边长来确定。以椽子直径的十分之二来确定横望板的厚度。若椽子的直径为二寸一分，可得横望板的厚度为四分。

上述计算方法均适用于大木建筑，其他工程所需的材料和装修配件，另行刊载。

若面宽、进深和柱子的高度有所改变，则配套的木柱直径尺寸应该按照改变的尺寸进行计算。耳房、配房和群廊等房间的高度和宽度，应当配合正房的尺寸。这些房间配套的木柱直径尺寸等，也应当按照实际情况进行计算。

卷十四

本卷详述上檐为七檩进深，下檐使用斗口为四寸的单昂斗栱建造三层歇山顶大木式正楼的方法。

上檐七檩三滴水歇山正楼[1]一座下檐斗口单昂斗科斗口四寸大木做法

【注释】〔1〕正楼：面南背北的建筑即为正楼。

【译解】上檐为七檩进深，下檐使用斗口为四寸的单昂斗栱建造三层檐歇山顶大木式正楼的方法。

【原文】凡明间以城门洞之宽定面阔。如门洞宽一丈八尺，每边各加三尺，得面阔二丈四尺。

凡次、梢间以斗科攒数定面阔。如斗口四寸，以科中分算，得斗科每攒宽四尺八寸。如面阔用平身斗科二攒，加两边柱头科各半攒，共斗科三攒，并之，得面阔一丈四尺四寸。

凡进深以城墙顶之宽，前后各收一廊尺寸定进深。如墙顶宽六丈四尺，廊深八尺，前后共收回水[1]一丈六尺，得通进深四丈八尺。

凡下檐柱以斗口三十五份定高。如斗口四寸，得檐柱高一丈四尺。每径一尺，外加上、下榫各长三寸。如柱径一尺六寸，得榫长各四寸八分。以斗口四份定径。如斗口四寸，得径一尺六寸，两山檐柱做法同。

凡外金柱以下檐柱之高定高。如下檐柱高一丈四尺，再加平板枋八寸，斗口单昂斗科高二尺八寸八分。桐柱[2]高七尺，平台平板枋八寸，品字科[3]高二尺八寸八分，间枋二尺一分，楼板二寸，上檐露明高一丈五寸，得通高四丈一尺七分。每径一尺，外加上、下榫各长三寸。以檐柱径定径。如檐柱径一尺六寸，加二寸，得径一尺八寸，再以每长一丈，加径一寸，共径二尺二寸一分。

凡里金柱以外金柱之高定高。如外金柱高四丈一尺七分，再加中檐平板枋八寸，斗口重昂斗科高三尺六寸八分，桐柱高七尺，上檐平板枋九寸，斗口重昂斗科高四尺一寸四分，得通高五丈七尺五寸九分，每径一尺，外加上、下榫各长三寸。以外金柱径定径。如外金柱径二尺二寸一分，加二寸，得径二尺四寸一分，再以外金柱加长尺寸，每长一丈，加径一寸，共径二尺五寸七分。

凡下檐大额枋以面阔定长。如面阔二丈四尺，内除檐柱径一份一尺六寸，得净长二丈二尺四寸。外加两头入榫分位，各按柱径四分之一。如檐柱径一尺六寸，得榫长各四寸。其廊子大额枋，一头加檐柱径一份，得霸王拳分位，一头除柱径半份，外加入榫分位，亦按柱径四分之一。以斗口四份半定高。如斗口四寸，得大额枋高一尺八寸。以本身之高每尺收三寸定厚，得厚一尺二寸六分。两山大额枋做法同。

凡平板枋以面阔定长。如面阔二丈四尺，即长二丈四尺，每宽一尺，外加扣榫长三寸。如平板枋宽一尺二寸，得扣榫长三寸六分。其廊子平板枋，一头加檐柱径一份，得交角出头分位。如檐柱径一尺六寸，得出头长一尺六寸。以斗口三份定宽，二份定高。如斗口四寸，得平板枋宽一尺二寸，高八寸。两山平板枋做法同。

凡踩步梁〔4〕以廊子进深并正心桁中至挑檐桁中定长。如廊深八尺，正心桁中至挑檐桁中长一尺二寸，又加一拽架长一尺二寸，得出头分位，再加升〔5〕底半份二寸六分，得通长一丈六寸六分。以檐柱径定厚。如檐柱径一尺六寸，即厚一尺六寸。以本身之厚每尺加三寸定高。如本身厚一尺六寸，得高二尺八分。两山踩步梁做法同。

凡穿插枋以廊子定长。如廊子深八尺，一头加檐柱径半份，又出榫照檐柱径加半份，共长九尺六寸。以斗口二份半定高。如斗口四寸，得高一尺。以本身之高减二寸定厚。如本身高一尺，得厚八寸。两山穿插枋做法同。

凡斜踩步梁，以正踩步梁之长，用方五斜七之法定长。如正踩步梁净长一丈四寸，得长一丈四尺五寸六分。宽、厚与正踩步梁同。

凡随梁以廊子定长。如廊子深八尺，用方五斜七之法得长一丈一尺二寸，外加二拽架长二尺四寸，再加昂嘴〔6〕一寸二分，共得长一丈三尺七寸二分。以斗口二份定高。如斗口四寸，得高八寸，以本身之高收二寸定厚，得厚六寸。

凡承椽枋以面阔定长。如面阔二丈四尺，内除外金柱径一份二尺二寸一分，得净长二丈一尺七寸九分。外加两头入榫分位，各按柱径四分之一。如柱径二尺二寸一分，得榫长各五寸五分。以椽径四份定高，三份定厚。如椽径四寸六分，得高一尺八寸四分，厚一尺三寸八分。两山承椽枋做法同。

凡仔角梁以出廊并出檐加举定长。如出廊深八尺，出檐八尺，共长一丈六尺，用方五斜七之法加长，又按一一五加举，得长二丈五尺七寸六分。再加翼角斜出椽径三份。如椽径四寸六分，得并长二丈七尺一寸四分。再加套兽榫照角梁本身之厚一份。如角梁厚九寸二分，即套兽榫长九寸二分，得仔角梁通长二丈八尺六分。以椽径三份定高，二份定厚。如椽径四寸六分，得仔角梁高一尺三寸八分，厚九寸二分。

凡老角梁以仔角梁之长，除飞檐头并套兽榫定长。如仔角梁长二丈八尺六分，内除飞檐头长四尺二寸八分，并套兽榫长九寸二分，得净长二丈二尺八寸六分。高、厚与仔角梁同。

【注释】〔1〕回水：在多层檐建筑中，下檐比上檐伸出部分减少的尺寸，能够使上檐流下的水不直接浇在建筑的底座上，从而对建筑物起保护作用。

〔2〕桐柱：位于梁背上的柱子，起着承托上层檐或平座支柱的作用。

〔3〕品字科：一种斗栱，常见于重檐建筑

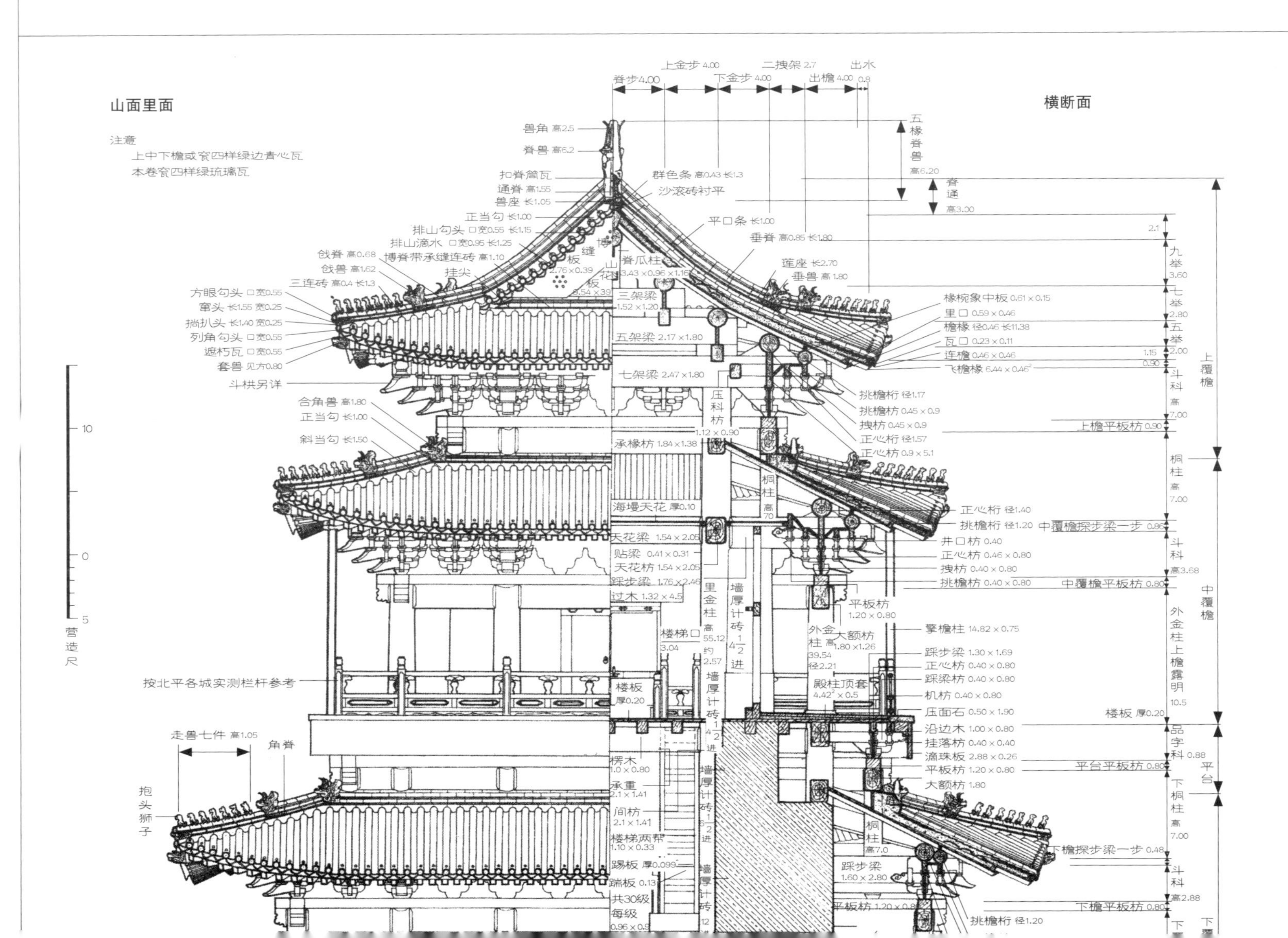
山面里面
横断面
注意
上中下檐或宫四样绿边青心瓦
本卷宫四样绿琉璃瓦
脊步 4.00
上金步 4.00
下金步 4.00
二拽架 2.7
出檐 4.00
出水 0.8
五檩脊兽 高6.20
脊通 高3.30
兽角 高2.5
脊兽 高6.2
扣脊筒瓦
通脊 高1.55
兽座 长1.05
正当勾 长1.00
排山勾头 □宽0.55 长1.15
排山滴水 □宽0.95 长1.25
博脊带承缝连砖 高1.10
戗脊 高0.68
戗兽 高1.62
三连砖 高0.4 长1.3
挂尖
方眼勾头 □宽0.55
窜头 长1.55 宽0.25
捎扒头 长1.40 宽0.25
列角勾头 □宽0.55
遮朽瓦 □宽0.55
套兽 见方0.80
斗栱另详
合角兽 高1.80
正当勾 长1.00
斜当勾 长1.50
群色条 高0.43 长1.3
沙滚砖衬平
平口条 长1.00
垂脊 高0.85 长1.80
莲座 长2.70
垂兽 高1.80
脊瓜柱 3.43×0.96×1.16
三架梁 1.52×1.20
五架梁 2.17×1.80
七架梁 2.47×1.80
压科枋 1.12×0.90
承椽枋 1.84×1.38
海墁天花 厚0.10
天花梁 1.54×2.05
贴梁 0.41×0.31
天花枋 1.54×2.05
踩步梁 1.76×2.46
过木 1.32×4.5
椽椀象中板 0.61×0.15
里口 0.59×0.46
檐椽 径0.46 长11.38
瓦口 0.23×0.11
连檐 0.46×0.46
飞檐椽 6.44×0.46²
挑檐桁 径1.17
挑檐枋 0.45×0.9
拽枋 0.45×0.9
正心桁 径1.57
正心枋 0.9×5.1
九举 3.60
七举 2.80
五举 2.00
斗科 高7.00
上檐平板枋 0.90
上覆檐
桐柱 高7.00
正心桁 径1.40
挑檐桁 径1.20
中覆檐探步梁一步 0.86
井口枋 0.40
正心枋 0.46×0.80
拽枋 0.40×0.80
挑檐枋 0.40×0.80
斗科 高3.68
中覆檐平板枋 0.80
中覆檐
平板枋 1.20×0.80
大额枋 1.80×1.26
外金柱 高39.54 径2.21
殿柱顶套 4.42²×0.5
擎檐柱 14.82×0.75
踩步梁 1.30×1.69
正心枋 0.40×0.80
踩梁枋 0.40×0.80
机枋 0.40×0.80
压面石 0.50×1.90
外金柱上檐露明 10.5
楼板 厚0.20
里金柱 高55.12 约2.57
墙厚计砖 4½进
楼梯口 3.04
沿边木 1.00×0.80
挂落枋 0.40×0.40
滴珠板 2.88×0.26
平板枋 1.20×0.80
大额枋 1.80
品字科 0.88
平台平板枋 0.80
平台
下桐柱 高7.00
下檐探步梁一步 0.48
斗科 高2.88
下檐平板枋 0.80
挑檐桁 径1.20
踩步梁 1.60×2.80
按北平各城实测栏杆参考
走兽七件 高1.05
角脊
抱头狮子
楞木 1.0×0.80
承重 2.1×1.41
间枋 2.1×1.41
楼梯两帮 1.10×0.33
踢板 厚0.099
踹板 0.13
共30级
每级 0.96×0.9
10
0
5
营造尺

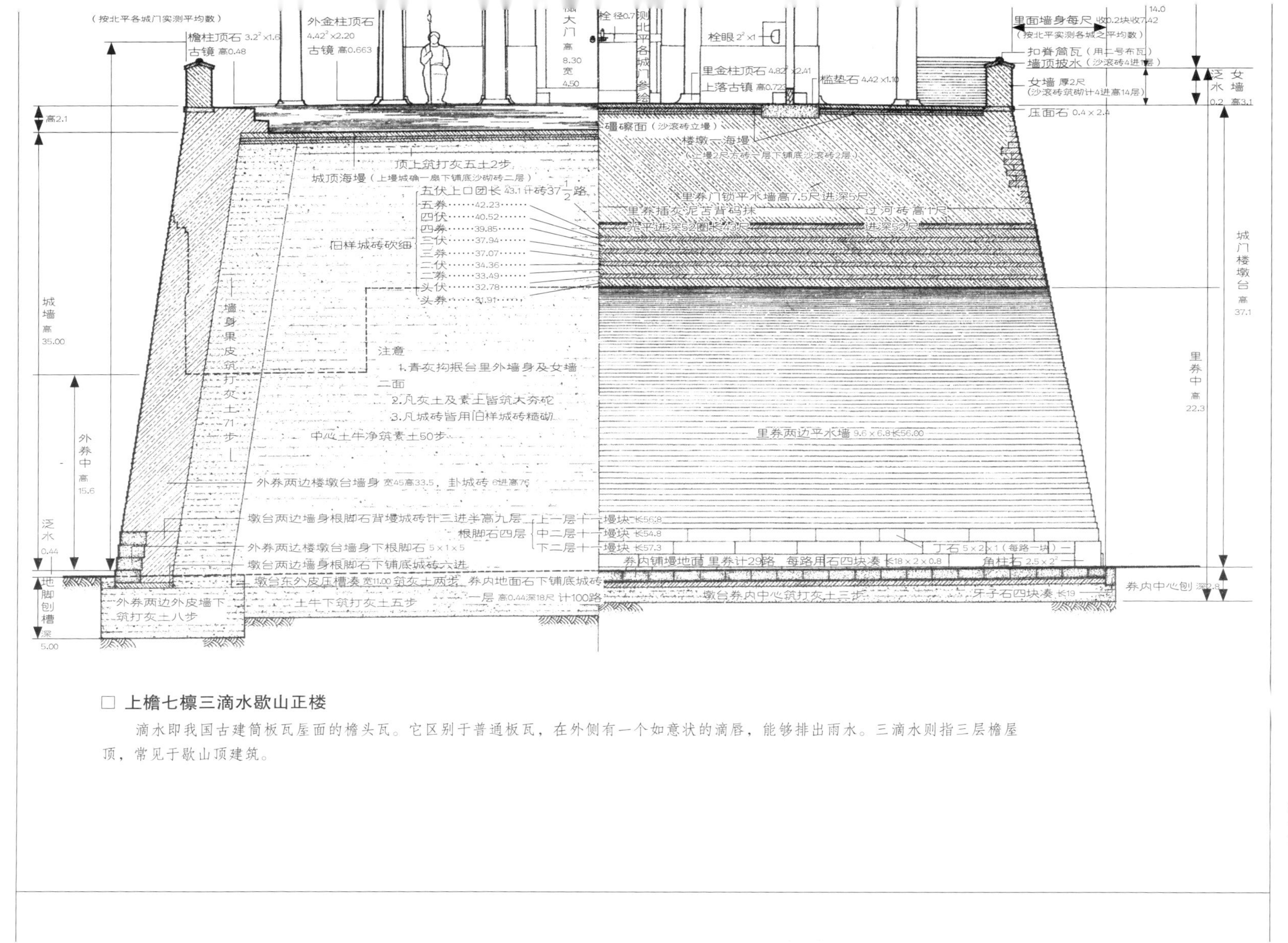

□ 上檐七檩三滴水歇山正楼

滴水即我国古建筒板瓦屋面的檐头瓦。它区别于普通板瓦，在外侧有一个如意状的滴唇，能够排出雨水。三滴水则指三层檐屋顶，常见于歇山顶建筑。

中，不出昂和蚂蚱头，既能起承重作用，又能起装饰作用。

〔4〕踩步梁：连接檐柱与金柱的梁。

〔5〕升：位于栱的两端上方，是左右开口的斗形木块，起着承托上层枋或栱的作用。

〔6〕昂嘴：昂向外伸出的部分。

【译解】明间的面宽由城门洞的宽度来确定。若城门洞的宽度为一丈八尺，两端均增加三尺，可得明间的面宽为二丈四尺。

次间和梢间的面宽由斗栱的套数来确定。如果斗口的宽度为四寸，可得一套斗栱的宽度为四尺八寸。面宽使用两套平身科斗栱，两边均使用半套柱头科斗栱，共计使用三套斗栱，可得面宽为一丈四尺四寸。

进深由城墙顶部的宽度减去前后廊的进深来确定。若城墙顶部的宽度为六丈四尺，前后廊的进深为八尺，再减去前后回水的长度共一丈六尺，可得通进深为四丈八尺。

下檐柱的高度由斗口宽度的三十五倍来确定。若斗口的宽度为四寸，可得下檐柱的高度为一丈四尺。当檐柱径为一尺时，外加的上下榫的长度均为三寸。若檐柱径为一尺六寸，可得榫的长度为四寸八分。以斗口宽度的四倍来确定下檐柱径的尺寸。若斗口的宽度为四寸，可得下檐柱径为一尺六寸。两山墙的檐柱尺寸的计算方法相同。

外金柱的高度由下檐柱的高度来确定。若下檐柱的高度为一丈四尺，平板枋的高度为八寸，斗口单昂斗栱的高度为二尺八寸八分，桐柱的高度为七尺，平台平板枋的高度为八寸，品字斗栱的高度为二尺八寸八分，间枋的高度为二尺一分，楼板的高度为二寸，上檐露明的高度为一丈五寸，将几个高度相加，可得外金柱的高度为四丈一尺七分。当外金柱的直径为一尺时，外加的上下榫的长度均为三寸。以檐柱径的尺寸来确定外金柱径。若檐柱径为一尺六寸，增加二寸．另外，再按每一丈长度增加一寸直径可得外金柱径为一尺八寸的计算方法，可计算出外金柱径为二尺二寸一分。

里金柱的高度由外金柱的高度来确定。若外金柱的高度为四丈一尺七分，中檐平板枋的高度为八寸，重昂斗栱的高度为三尺六寸八分，桐柱的高度为七尺，上檐平板枋的高度为九寸，重昂斗栱的高度为四尺一寸四分，将几个高度相加，可得里金柱的总高度为五丈七尺五寸九分。当里金柱的直径为一尺时，外加的上下榫的长度均为三寸。以外金柱的直径来确定里金柱的直径。若外金柱的直径为二尺二寸一分，增加二寸，可得里金柱的直径为二尺四寸一分。以外金柱的直径确定里金柱的直径。若外金柱的直径为二尺二寸一分，在此基础上增加二寸，得到数值二尺四寸一分。同时，每当里金柱比外金柱的高度增加一丈，直径就增加一寸，此处里金柱比外金柱高一丈六尺五寸二分，因此直径需增加一寸六分。由此可得里金柱直径应为二尺五寸七分。

下檐大额枋的长度由面宽来确定。如果面宽为二丈四尺，减去檐柱径的尺寸一尺六寸，可得大额枋的净长度为二丈二尺四寸。两端外加入榫的长度，入榫的长度为檐柱径的四分之一。若檐柱径为一尺六寸，可得入榫的长度为四寸。廊子里的大额枋，一端增加檐柱径的尺寸，作为霸王拳。一端减去檐柱径尺寸的一半，外加入榫的长度，入榫的长度为柱径的四分之一。用斗口宽度的四点五倍来确定大额枋的高度。如果斗口的宽度为四寸，可得大额枋的高度为一尺八寸。以大额枋的高度减少三寸来确定大额枋的厚度，可得其厚度为一尺二寸六分。两山墙的大额枋尺寸的计算方法相同。

平板枋的长度由面宽来确定。如果面宽为二丈四尺，则平板枋的长度为二丈四尺。当平板枋的宽度为一尺时，外加三寸扣榫的长度。如果平板枋的宽度为一尺二寸，可得扣榫的长度为三寸六分。廊上的平板枋在一头增加一个柱径的尺寸，作为出头部分。如果柱径为一尺六寸，则出头部分的长度为一尺六寸。以斗口宽度的三倍来确定平板枋的宽度，以斗口宽度的两倍来确定其高度。如果斗口的宽度为四寸，可得平板枋的宽度为一尺二寸，高度为八寸。两山墙的平板枋尺寸的计算方法相同。

踩步梁的长度，由廊子的进深和正心桁中心至挑檐桁中心的长度来确定。若廊的进深为八尺，正心桁中心至挑檐桁中心的长度为一尺二寸，再加一拽架的长度一尺二寸，将几个长度相加作为出头部分。再加升底高度的一半即二寸六分，可得踩步梁的长度为一丈六寸六分。以檐柱径的尺寸来确定踩步梁的厚度。若檐柱径为一尺六寸，则踩步梁的厚度为一尺六寸。以自身的厚度来确定其高度，当厚度为一尺时，自身的高度为一尺三寸。若厚度为一尺六寸，可得踩步梁的高度为二尺八分。两山墙的踩步梁尺寸的计算方法相同。

穿插枋的长度由出廊的进深来确定。若出廊的进深为八尺，一端增加檐柱径的一半，再加出榫的长度，出榫的长度为檐柱径的一半，由此可得穿插枋的总长度为九尺六寸。以斗口宽度的二点五倍来确定穿插枋的高度，若斗口的宽度为四寸，可得穿插枋的高度为一尺。以自身的高度减少二寸来确定穿插枋的厚度，若穿插枋的高度为一尺，可得穿插枋的厚度为八寸。两山墙的穿插枋尺寸的计算方法相同。

斜踩步梁的长度用方五斜七法计算后，由正踩步梁的长度来确定。若正踩步梁的净长度为一丈四寸，可得斜踩步梁的长度为一丈四尺五寸六分，其宽度、厚度与正踩步梁的宽度、厚度相同。

随梁的长度由廊的进深来确定。若廊的进深为八尺，用方五斜七法计算出的长度为一丈一尺二寸，加二拽架的长度二尺四寸，再加昂嘴的长度一寸二分，可得随梁的总长度为一丈三尺七寸二分。以斗口宽度的两倍来确定随梁的高度。若斗口的宽度为四寸，可得随梁的高度为八寸。以自身的高度减少二寸来确定随梁的厚度，由此可得随梁的厚度为六寸。

承椽枋的长度由面宽来确定。若面宽为二丈四尺，减去外金柱径的尺寸即二尺二寸一分，可得承椽枋的净长度为二丈一尺七寸九分。两端外加入榫的长度，入榫的长度均为柱径的四分之一，若柱径为二尺二寸一分，可得入榫的长度为五寸五分。以椽子直径的四倍来确定承椽枋的高度，以椽子直径的三倍来确定其厚度。若椽子的直径为四寸六分，可得承椽枋的高度为一尺八寸四分，厚度为一尺三寸八分。两山墙的承椽枋尺寸的计算方法相同。

仔角梁的长度由出廊的进深加出檐的长度和举的比例来确定。若出廊的进深为八尺，出檐的长度为八尺，两者相加后的长度为一丈六尺。用方五斜七法计算斜边长度，再使用一一五举的比例计算，可得长度为二丈五尺七寸六分。再加翼角的出头部分，其为椽子直径的三倍。若椽子的直径为四寸六分，得到的翼角的长度与前述长度相加，可得长度为二丈七尺一寸四分。再加套兽入榫的长度，该长度即为角梁的厚度。若角梁的厚度为九寸二分，则套兽入榫的长度为九寸二分。由此可得仔角梁的总长度为二丈八尺六分。以椽子直径的三倍来确定仔角梁的高度，以椽子直径的两倍来确定其厚度。若椽子的直径为四寸六分，可得仔角梁的高度为一尺三寸八分，厚度为九寸二分。

老角梁的长度由仔角梁的长度减去飞檐头和套兽入榫的长度来确定。若仔角梁的长度为二丈八尺六分，减去飞檐头的长度四尺二寸八分，再减去套兽入榫的长度九寸二分，可得老角梁的净长度为二丈二尺八寸六分。老角梁的高度、厚度与仔角梁的高度、厚度相同。

【原文】凡正心桁以面阔定长。如面阔二丈四尺，即长二丈四尺。其廊子正心桁，一头加交角出头分位，按本身之径一份。如本身径一尺四寸，得出头长一尺四寸。以斗口三份半定径。如斗口四寸，得正心桁径一尺四寸，每径一尺，外加搭交榫长三寸，如径一尺四寸，得榫长四寸二分。两山正心桁做法同。

凡正心枋以面阔定长。如面阔二丈四尺，内除踩步梁厚一尺六寸，外加两头入榫分位，各按本身之高半份，如本身高八寸，得榫长各四寸，得通长二丈三尺二寸。其廊子正心枋，照面阔一头除踩步梁之厚半份，外加入榫分位，仍照前法。以斗口二份定高。如斗口四寸，得正心枋高八寸。以斗口一份外加包掩定厚。如斗口四寸，加包掩六分，得正心枋厚四寸六分。两山正心枋做法同。

凡挑檐桁以面阔定长。如阔面二丈四尺，即长二丈四尺。每径一尺，外加扣榫长三寸。其廊子挑檐桁，一头加一拽架长一尺二寸，又加交角出头分位，按本身之径一份半，如本身径一尺二寸，得交角出头一尺八寸。以正心桁之径收二寸定径寸。如正心桁径一尺四寸，得挑檐桁径一尺二寸。两山挑檐桁做法同。

凡挑檐枋以面阔定长。如面阔二丈四尺，内除踩步梁厚一尺六寸，外加两头入榫分位，各按本身之厚一份。如本身厚四寸，得榫长各四寸，得通长二丈三尺二寸。其廊子挑檐枋，照面阔一头加一拽架长一尺二寸，又加交角出头分位，按挑檐桁之径一份半。如挑檐桁径一尺二寸，得出头长一尺八寸。一头除踩步梁之厚半份，外加入榫分位，仍照前法。以斗口二份定高，一份定厚。如斗口四寸，得高八寸，厚四寸。两山挑檐枋做法同。

凡檐椽以出廊并出檐加举定长。如出廊深八尺，出檐八尺，共长一丈六尺，内除飞檐椽头长二尺六寸六分，净长一丈三尺三寸四分，按一一五加举，得通长一丈五尺三寸四分。以桁条之径三分之一定径。如桁条径一尺四寸，得径四寸六分。两山檐椽做法同。每椽空档，随椽径一份。每间椽数，俱应成双，档之宽窄，随数均匀。

凡飞檐椽以出檐定长。如出檐八尺，三份分之，出头一份得长二尺六寸六分，后尾二份半，得长六尺六寸五分，又按一一五加举，得飞檐椽通长一丈七寸，见方与檐椽径寸同。

凡翼角翘椽长、径俱与平身檐椽同。其起翘处，以挑檐桁中至出檐尺寸，用方五斜七之法，再加廊深并正心桁中至挑檐桁中之拽架各尺寸定翘数。如挑檐桁中出檐六尺八寸，方五斜七加之，得长九尺五寸二分，再加廊深八尺，一拽架长一尺二寸，共长一丈八尺七寸二分。内除角梁之厚半份，得净长一丈八尺二寸六分，即系翼角椽档分位。翼角翘椽以成单为率，如逢双数，应改成单。

凡翘飞椽以平身飞檐椽之长，用方五斜七之法定长。如飞檐椽长一丈七寸，用方五斜七加之，第一翘得长一丈四尺九寸八分，其余以所定翘数每根递减长五分五厘。其高比飞檐椽加高半份，如飞檐椽高四寸六分，得翘飞椽高六寸九分，厚仍四寸六分。

凡顺望板以椽档定宽。如椽径四寸六分，档宽四寸六分，共宽九寸二分，即顺望板每块宽九寸二分。长随各椽净长尺寸。以椽径三分之一定厚。如椽径四寸六分，得顺望板厚一寸五分。

凡翘飞翼角横望板以起翘处并出檐加举折见方丈。飞檐压尾横望板，俱以面阔并飞檐尾之长折见方丈核算。以椽径十分之二定厚。如椽径四寸六分，得横望板厚九分。

凡里口以面阔定长，如面阔二丈四尺，即长二丈四尺。以椽径一份，再加望板之厚一份半定高。如椽径四寸六分，望板之厚一份半一寸三分，得里口高五寸九分。厚与椽径同。

凡闸档板以翘档分位定宽。如翘椽档宽四寸六分，即闸档板宽四寸六分。外加入槽每寸一分。高随椽径尺寸，以椽径十分之二定厚。如椽径四寸六分，得闸档板厚九分。其小连檐，自起翘处至老角梁得长。宽随椽径一份。厚照望板之厚一份半，得厚一寸三分。

凡连檐以面阔定长。如面阔二丈四尺，即长二丈四尺。其廊子连檐以出廊八尺，出檐八尺，共长一丈六尺，内除角梁之厚半份，净长一丈五尺五寸四分。两山同。以起翘处每尺加翘一寸，共长一丈七尺九分。高、厚与檐椽径寸同。

凡瓦口之长与连檐同。以椽径半份定高，如椽径四寸六分，得瓦口高二寸三分。以本身之高折半定厚。如本身高二寸三分，得厚一寸一分。

凡椽椀、椽中板以面阔定长。如面阔二丈四尺，即长二丈四尺。以椽径一份再加椽径三分之一定高。如椽径四寸六分，得椽椀并椽中板高六寸一分。以椽径三分之一定厚，得厚一寸五分。两山椽椀并椽中板做法同。

凡枕头木以出廊定长。如出廊深八尺，即长八尺。外加一拽架长一尺二寸，内除角梁之厚半份，得枕头木长八尺七寸四分。以挑檐桁之径十分之三定宽。如挑檐桁径一尺二寸，得枕头木宽三寸六分。正心桁上枕头木，以出廊定长。如出廊深八尺，内除角梁之厚半份，得正心桁上枕头木净长七尺五寸四分。以正心桁之径十分之三定宽。如正心桁径一尺四寸，得枕木头宽四寸二分。以椽径二份半定高。如椽径四寸六分，得枕头木一头高一尺一寸五分，一头斜尖与桁条平。两山枕头木做法同。

【译解】正心桁的长度由面宽来确定。若面宽为二丈四尺，则正心桁的长度为二丈四尺。廊子里的正心桁，一端与其他构件相交后出头，该出头部分的长度与本身的直径相同。若本身的直径为一尺四寸，可得出头部分的长度为一尺四寸。以斗口宽度的三点五倍来确定正心桁的直径。若斗口的宽度为四寸，可得正心桁的直径为一尺四寸。当正心桁的直径为一尺时，外加的相交部分的榫的长度为三寸。若正心桁的直径为一尺四寸，可得榫的长度为四寸二分。两山墙的正心桁尺寸的计算方法相同。

正心枋的长度由面宽来确定。若面宽为二丈四尺，减去踩步梁的厚度一尺六寸，两端外加入榫的长度，入榫的长度为自身高度的一半。若自身的高度为八寸，可得入榫的长度为四寸，由此可得正心枋的总长度为二丈三尺二寸。廊子里的正心枋，一端需减去踩步梁厚度的一半，外加入榫的长度，入榫的长度的计算方法与前述方法相同。以斗口宽度的两倍来确定正心枋的高度。若斗口的宽度为四寸，可得正心枋的高度为八寸。以斗口的宽度加包掩来确定正心枋的厚度。若斗口的宽度为四寸，包掩为六分，可得正心枋的厚度为四寸六分。两山墙的正心枋尺寸的计算方法相同。

挑檐桁的长度由面宽来确定。若面宽为二丈四尺，则挑檐桁的长度为二丈四尺。当挑檐桁的直径为一尺时，外加的扣榫的长度为三寸。廊子里的挑檐桁，一端需增加一拽架，其长度为一尺二寸。再加与其他构件相交之后的出头部分，该部分的长度为本身直径的一点五倍，若本身的直径为一尺二寸，可得该出头部分的长度为一尺八寸。以正心桁的直径减少二寸来确定挑檐桁的直径。若正心桁的直径为一尺四寸，可得挑檐桁的直径为一尺二寸。两山墙的挑檐桁尺寸的计算方法相同。

挑檐枋的长度由面宽来确定。若面宽为二丈四尺，减去踩步梁的厚度一尺六寸，两端外加入榫的长度，入榫的长度与自身的厚度相同。若自身的厚度为四寸，可得入榫的长度均为四寸，由此可得挑檐枋的总长度为二丈三尺二寸。廊子里的挑檐枋，一端需增加一拽架，其长度为一尺二寸。再加与其他构件相交之后的出头部分，该部分的长度为挑檐桁直径的一点五倍，若挑檐桁的直径为一尺二寸，可得该出头部分的长度为一尺八寸。一端减去踩步梁厚度的一半，外加入榫的长度，入榫的长度与自身的厚度相同。以斗口宽度的两倍来确定挑檐枋的高度，以斗口的宽度来确定其厚度。若斗口的宽度为四寸，可得挑檐枋的高度为八寸，厚度为四寸。两山墙的挑檐枋尺寸的计算方法相同。

檐椽的长度由出廊的进深加出檐的长度和举的比例来确定。若出廊的进深为八尺，出檐的长度为八尺，可得长度为一丈六尺。减去飞檐头的长度二尺六寸六分，可得净长度为一丈三尺三寸四分。使用一一五举的比例，可得檐椽的总长度为一丈五尺三寸四分。以桁条直径的三分之一来确定檐椽的直径。若桁条的直径为一尺四寸，可得檐椽的直径为四寸六分。两山墙的檐椽尺寸的计算方法相同。每两根椽子的空档宽度，与椽子的宽度相同。每个房间使用的椽子数量都应为双数，空档宽度应均匀。

飞檐椽的长度由出檐的长度来确定。若出檐的长度为八尺，将此长度三等分，可得每小段长度为二尺六寸六分。椽子出头部分的长度与每小段长度相同，即二尺六寸六分。椽子的后尾长度为每小段长度的二点五倍，即六尺六寸五分。将两个长度相加，再使用一一五举的比例，可得飞檐椽的总长度为一丈七寸。飞檐椽的截面正方形边长与檐椽的直径相同。

翼角翘椽的长度和直径都与平身檐椽的相同。椽子起翘的位置，由挑檐桁中心到出檐的长度，用方五斜七法计算后的斜边长度，以及廊的进深和正心桁中心到挑檐桁中心的拽架尺寸等数据共同来确定。若挑檐桁中心到出檐的长度为六尺八寸，用方五斜七法计算出的斜边长为九尺五寸二分，加廊的进深八尺，再加正心桁中心至挑檐桁中心的一拽架长度一尺二寸，得总长度为一丈八尺七寸二分，减去角梁厚度的一半，可得净长度为一丈八尺二寸六分。在翼角翘椽上量出这个长度，刻度处即为椽子起翘的位置。翼角翘椽的数量通常为单数，如果遇到是双数的情况，应当改变制作方法，使其数量为单数。

翘飞椽的长度，由平身飞檐椽的长度和方五斜七法计算之后的长度共同来确定。若飞檐椽的长度为一丈七寸，用方五斜七法计算之后，可以得出第一根翘飞椽的长度为一丈四尺九寸八分。其余的翘飞椽长度，可根据总翘数递减，每根的长度比前一根长度小五分五厘。翘飞椽的高度为飞檐椽高度的一点五倍，若飞檐椽的高度为四寸六分，可得翘飞椽的高度为六寸九分。翘飞椽的厚度为四寸六分。

顺望板的宽度由椽档的宽度来确定。若椽子的直径为四寸六分，椽档的宽度与椽子的直径相同，同为四寸六分，椽子加椽档的总宽度为九寸二分。由此可得每块顺望板的宽度为九寸二分。顺望板的长度与每根椽子的净长度相同。以椽子直径的三分之一来确定顺望板的厚度。若椽子的直径为四寸六分，可得顺望板的厚度为一寸五分。

翘飞翼角处的横望板的厚度，由起翘处的长度和出檐的长度加举的比例，折算成矩形的边长来确定。飞檐压尾处的横望板的厚度，由面宽和飞檐尾的长度，折算成矩形的边长来确定。以椽子直径的十分之二来确定横望板的厚度。若椽子的直径为四寸六分，可得横望板的厚度为九分。

里口的长度由面宽来确定。若面宽为二丈四尺，则里口的长度为二丈四尺。以椽子的直径加顺望板厚度的一点五倍，来确定里口的高度。若椽子的直径为四寸六分，则顺望板厚度的一点五倍为一寸三分，可得里口的高度为五寸九分。里口的厚度与椽子的直径相同。

闸档板的宽度由翘档的位置来确定。若椽子之间的宽度为四寸六分，则闸档板的宽度为四寸六分。在闸档板外侧开槽，每寸长度开槽一分。闸档板的高度与椽子的直径相同。以椽子直径的十分之二来确定闸档板的厚度。若椽子的直径为四寸六分，可得闸档板的厚度为九分。小连檐的长度为椽子起翘的位置到老角梁的距离。小连檐的宽度与椽子的直径相同。小连檐的厚度为望板厚度的一点五倍，可得其厚度为一寸三分。

连檐的长度由面宽来确定。若面宽为二丈四尺，则长为二丈四尺。廊子里的连檐由出廊的进深和出檐的长度来确定。出廊的进深为八尺，出檐的长度为八尺，得总长度为一丈六尺，减去角梁厚度的一半，可得连檐的净长度为一丈五尺五寸四分。两山墙的连檐尺寸的计算方法相同。每尺连檐需增加一寸翘长，总长度为一丈七尺九分。连檐的高度、厚度与檐椽的直径相同。

瓦口的长度与连檐的长度相同。以椽子直径的一半来确定瓦口的高度。若椽子的直径为四寸六分，可得瓦口的高度为二寸三分。以自身高度的一半来确定其厚度，若自身的高度为二寸三分，可得瓦口的厚度为一寸一分。

椽椀和椽中板的长度由面宽来确定。若面宽为二丈四尺，则椽椀和椽中板的长度为二丈四尺。以椽子的直径再加该直径的三分之一，来确定椽椀和椽中板的高度。若椽子的直径为四寸六分，可得椽椀和椽中板的高度为六寸一分。以椽子直径的三分之一来确定椽椀和椽中板的厚度，可得其厚度为一寸五分。两山墙的椽椀和椽中板尺寸的计算方法相同。

枕头木的长度由出廊的进深来确定。若出廊的进深为八尺，则枕头木的长度为八尺。再加一拽架的长度一尺二寸，减去角梁厚度的一半，可得枕头木的长度为八尺七寸四分。以挑檐桁直径的十分之三来确定枕头木的宽度。若挑檐桁的直径为一尺二寸，可得枕头木的宽度为三寸六分。正心桁上方的枕头木的长度由出廊的进深来确定。若出廊的进深为八尺，减去角梁厚度的一半，可得正心桁上方的枕头木净长度为七尺五寸四分。以正心桁直径的十分之三来确定其上的枕头木的宽度。若正心桁的直径为一尺四寸，可得正心桁上方的枕头木的宽度为四寸二分。以椽子直径的二点五倍来确定枕头木的高度。若椽子的直径为四寸六分，可得枕头木一端的高度为一尺一寸五分，另一端为斜尖状，与桁条平齐。两山墙的枕头木尺寸的计算方法相同。

平台品字科斗口四寸大木做法

【译解】使用斗口为四寸的品字科斗栱的大木式平台的建造方法。

【原文】凡平台海墁[1]下桐柱，即平台檐柱，以出廊半份并正心桁中至挑檐桁中一拽架尺寸加举定高。如出廊八尺，得深四尺，正心桁中至挑檐桁中一拽架深一尺二寸，共深五尺二寸，按五举加之，得高二尺六寸。再加椽径一份四寸六分，望顺板一份一寸五分，上头大额枋一尺八寸，博脊分位高一尺九寸九分，共得通高七尺。每柱径一尺，外加上、下榫各长三寸。以檐柱径收三寸定径，如檐柱径一尺六寸，得径一尺三寸。

凡大额枋以面阔定长。如面阔二丈四尺，内除桐柱径一份一尺三寸，得净长二丈二尺七寸，外加两头入榫分位，各按柱径四分之一，如柱径一尺三寸，得榫长各三寸二分。其廊子大额枋，照出廊尺寸，一头加桐柱径一份，得霸王拳分位，一头除桐柱径半份，外加入榫分位，按柱径四分之一。以斗口四份半定高。如斗口四寸，得大额枋高一尺八寸。以本身之高每尺收三寸定厚，得厚一尺二寸六分。两山大额枋做法同。

凡平板枋以面阔定长。如面阔二丈四尺，即长二丈四尺。每宽一尺，外加扣榫长三寸。其廊子平板枋，一头加柱径一份，得交角出头分位。如桐柱径一尺三寸，得出头长一尺三寸。以斗口三份定宽，二份定高。如斗口四寸，得平板枋宽一尺二寸，高八寸。两山平板枋做法同。

凡踩步梁以廊子半份并正心桁中至挑檐桁中定长。如廊子半份深四尺，外加二拽架长二尺四寸，再加升底半份二寸六分，共得长六尺六寸六分。以桐柱径定厚。如柱径一尺三寸，即厚一尺三寸。以本身之厚每尺加三寸定高。如本身厚一尺三寸，得高一尺六寸九分。两山踩步梁做法同。

凡斜踩步梁以正踩步梁之长，用方五斜七之法定长。如正踩步梁长六尺六寸六分，得长九尺三寸二分。宽、厚与正踩步梁同。

凡随梁以廊子半份得长，如廊子半份深四尺，即得四尺，外加二拽架长二尺四寸，再加升底半份二寸六分，共得长六尺六寸六分。四角随梁，以正随梁之长用方五斜七之法，得长九尺三寸二分。以斗口二份定高、厚，如斗口四寸，得高八寸，厚八寸，两山随梁做法同。

凡踩梁枋以廊子半份定长。如廊子半份深四尺，外加二拽架长二尺四寸，再加升底半份二寸六分，共得长六尺六寸六分。以斗口二份定高，一份定厚。如斗口四寸，得高八寸，厚四寸。两山踩梁枋做法同。

凡正心枋以面阔定长。如面阔二丈四尺，内除踩步梁之厚一尺三寸，外加两头入榫分位，各按本身之高半份，如本身高八寸，得榫长各四寸，得通长二丈三尺五寸。其廊子正心枋，照出廊尺寸，一头除踩步梁之厚半份，外加入榫分位，按本身之高半份，得榫长四寸。以斗口二份定高。如斗口四寸，得高八寸。以斗口一份，外加包掩定厚。如斗口四寸，加包掩六分，得正心枋厚四寸六分。两山正心枋做法同。

凡机枋以面阔定长，如面阔二丈四尺，内除踩步梁之厚一尺三寸，外加两头入榫分位，各按本身之厚一份，如本身厚四寸，得榫长各四寸，通长二丈三尺五寸。其廊子机枋，照出廊尺寸，一头除踩步梁厚半份，外加入榫分位，仍照前法。一头加一拽架长一尺二寸，以斗口二份定高，一份定厚。如斗口四寸，得高八寸，厚四寸。两山机枋做法同。

【注释】〔1〕海墁：一种较高级的铺墁方法，指在一定范围内全部使用砖石铺墁。

【译解】平台海墁上的下桐柱，也就是平台檐柱的高度，由出廊进深的一半，加正心桁中心至挑檐桁中心的一拽架长度，和举的比例来确定。若出廊的进深为八尺，一半为四尺，正心桁中心至挑檐桁中心的一拽架长度为一尺二寸，共长五尺二寸。使用五举的比例，可得高度为二尺六寸。再加椽子的直径四寸六分，顺望板的高度一寸五分，大额枋的高度一尺八寸，安装博脊枋的占位高度一尺九寸九分，可得桐柱的总高度为七尺。当桐柱径为一尺时，外加的上下榫的长度为三寸。以檐柱径减少三寸来确定桐柱径的尺寸，若檐柱径为一尺六寸，可得桐柱径的尺寸为一尺三寸。

大额枋的长度由面宽来确定。如果面宽为二丈四尺，减去桐柱径的尺寸一尺三寸，可得大额枋的净长度为二丈二尺七寸。两端外加入榫的长度，入榫的长度为檐柱径的四分之一。若檐柱径为一尺三寸，可得入榫的长度为三寸二分。廊子里的大额枋，一端增加桐柱径的尺寸，作为霸王拳。一端减去桐柱径的一半，外加入榫的长度，入榫的长度为柱径的四分之一。用斗口宽度的四点五倍来确定大额枋的高度。如果斗口的宽度为四寸，可得大额枋的高度为一尺八寸。用本身高度的十分之七来确定大额枋的厚度，可得其厚度为一尺二寸六分。两山墙的大额枋尺寸的计算方法相同。

平板枋的长度由面宽来确定。如果面宽为二丈四尺，则平板枋的长度为二丈四尺。当平板枋的宽度为一尺时，外加三寸扣榫的长度。廊上的平板枋在一头增加柱径的尺寸，作为出头部分。若桐柱径为一尺三寸，则出头部分的长度为一尺三寸。平板枋的宽度为斗口宽度的三倍，其高度为斗口宽度的两倍。如果斗口的宽度为四寸，可得平板枋的宽度为一尺二寸，高度为八寸。两山墙的平板枋尺寸的计算方法相同。

踩步梁的长度由廊子的进深和正心桁中心至挑檐桁中心的长度和举的比例来确定。若出廊进深的一半为四尺，再加二拽架的长度二尺四寸，再加升底高度的一半二寸六分，可得踩步梁的长度为六尺六寸六分。以桐柱径的尺寸来确定踩步梁的厚度。若桐柱径为一尺三寸，则踩步梁的厚度为一尺三寸。以自身的厚度来确定其高度，当厚度为一尺时，高度为一尺三寸。若厚度为一尺三寸，可得踩步梁的高度为一尺六寸九分。两山墙的踩步梁尺寸的计算方法相同。

斜踩步梁的长度由正踩步梁的长度用方五斜七法计算后所得的长度来确定。若正踩步梁的长度为六尺六寸六分，可得斜踩步梁的长度为九尺三寸二分。斜踩步梁的宽度、厚度与正踩步梁的宽度、厚度相同。

随梁的长度由廊子进深的一半来确定。若廊子进深的一半为四尺，可得长度为四尺，加二拽架的长度二尺四寸，再加升底的一半二寸六分，可得随梁的总长度为六尺六寸六分。平台四角随梁的长度由方五斜七法计算所得的正随梁的长度来确定，由此可以得出四角随梁的长度为九尺三寸二分。以斗口宽度的两倍来确定随梁的高度和厚度。若斗口的宽度为四寸，则随梁的高度和厚度均为八寸。两山墙的随梁枋尺寸的计算方法相同。

踩梁枋的长度由廊的进深的一半来确定。若廊进深的一半为四尺，加二拽架的长度二尺四寸，再加升底的一半二寸六分，可得踩梁枋的总长度为六尺六寸六分。以斗口宽度的两倍来确定踩梁枋的高度，以斗口的宽度来确定踩梁枋的厚度。若斗口的宽度为四寸，则踩梁枋的高度为八寸，厚度为四寸。两山墙的踩梁枋尺寸的计算方法相同。

正心枋的长度由面宽来确定。若面宽为二丈四尺，减去踩步梁的厚度一尺三寸，两端外加入榫的长度，入榫的长度为自身高度的一半。若自身的高度为八寸，可得入榫的长度为四寸，由此可得正心枋的总长度为二丈三尺五寸。廊子里的正心枋，一端需减去踩步梁厚度的一半，外加入榫的长度，入榫的长度为自身高度的一半。若自身的高度为八寸，则入榫的长度为四寸。以斗口宽度的两倍来确定正心枋的高度。若斗口的宽度为四寸，可得正心枋的高度为八寸。以斗口的宽度加包掩来确定正心枋的厚度。若斗口的宽度为四寸，包掩为六分，可得正心枋的厚度为四寸六分。两山墙的正心枋尺寸的计算方法相同。

机枋的长度由面宽来确定。若面宽为二丈四尺，减去踩步梁的厚度一尺三寸，两端外加入榫的长度，入榫的长度与自身的厚度相同。若自身的厚度为四寸，可得入榫的长度均为四寸，由此可得机枋的总长度为二丈三尺五寸。廊子里的机枋，一端需减去踩步梁厚度的一半，外加入榫的长度，入榫的长度为自身高度的一半。若自身的高度为四寸，可得入榫的长度为四寸。一端需增加一拽架长度一尺二寸，以斗口宽度的两倍来确定机枋的高度，以斗口的宽度来确定机枋的厚度。若斗口的宽度为四寸，可得机枋的高度为八寸，厚度为四寸。两山墙的机枋尺寸的计算方法相同。

【原文】凡挂落枋[1]以面阔定长。如面阔二丈四尺，即长二丈四尺。其廊子挂落枋，照出廊尺寸，一头带二拽架长二尺四寸，再加本身之厚一份，得通长六尺八寸。以斗口一份定见方。如斗口四寸，得见方四寸。两山挂落枋做法同。

凡沿边木[2]以面阔定长。如面阔二丈四尺，即长二丈四寸。其廊子沿边木，照出廊尺寸，一头加二拽架二尺四寸，再加挂落枋之厚一份四寸，得长六尺八分。以楼板之厚五份定宽。如楼板厚二寸，得宽一尺。以本身之宽减二寸定厚。如本身宽一尺，得厚八寸。两山沿边木做法同。

凡滴珠板[3]以面阔定宽。如面阔二丈四尺，即宽二丈四尺。其廊子滴珠板，照出廊尺寸，一头加二拽架长二尺四寸，再加挂落枋之厚一份四寸。又加本身之厚一份，得宽七尺六分。以斗科之高定高。如品字科高二尺四寸，又加斗底[4]四寸八分，共高二尺八寸八分，即高二尺八寸八分。以沿边木之厚三分之一定厚。如沿边木厚八寸，得厚二寸六分。两山滴珠板做法同。

凡间枋以面阔定长。如面阔二丈四尺，内除外金柱径二尺二寸一分，得长二丈一尺七寸九分，外加两头入榫分位，按柱径四分之一，如柱径二尺二寸一分，得榫长各五寸五分。以金柱径收二寸定高。如柱径二尺二寸一分，得高二尺一分。以本身之高每尺收三寸定厚。如本身高二尺一分，得厚一尺四寸一分。

凡承重以进深定长。如山明间一丈六尺，即长一丈六尺，山梢间八尺，即长八尺。高、厚与间枋同。

凡楞木以面阔定长。如面阔二丈四尺，即长二丈四尺。以承重之高折半定高。如承重高二尺一分，得楞木高一尺。以本身之高收二寸定厚。如本身高一尺，得厚八寸。

凡楼板以进深、面阔定长短、块数。内除楼梯分位，按门口尺寸，临期拟定。以楞木之厚四分之一定厚。如楞木厚八寸，得厚二寸。如墁砖，以楞木之厚减半得厚。

【注释】〔1〕挂落枋：古建筑构件，位于中额枋的下方，起着划分室内空间的作用，同时也有装饰作用。

〔2〕沿边木：位于平台边缘的枋子，起着固定滴珠板的作用。

〔3〕滴珠板：位于平台外檐的木板，起着保护平台斗栱的作用。

〔4〕斗底：斗的下半部分。

【译解】挂落枋的长度由面宽来确定。若面宽为二丈四尺，则挂落枋的长度为二丈四尺。廊子里的挂落枋，一端增加二拽架的长度二尺四寸，再加自身的厚度，可得总长度为六尺八寸。以斗口的宽度来确定挂落枋的横截面正方形的边长。若斗口的宽度为四寸，可得挂落枋的横截面正方形的边长为四寸。两山墙的挂落枋尺寸的计算方法相同。

沿边木的长度由面宽来确定。若面宽为二丈四尺，则沿边木的长度为二丈四尺。廊子里的沿边木，一端增加二拽架的长度二尺四寸，再加挂落枋的厚度四寸，可得总长度为六尺八寸。以楼板厚度的五倍来确定沿边木的宽度。若楼板的厚度为二寸，可得沿边木的宽度为一尺。以自身的宽度减少二寸来确定其厚度，若自身的宽度为一尺，则沿边木的厚度为八寸。两山墙的沿边木尺寸的计算方法相同。

滴珠板的宽度由面宽来确定。若面宽为二丈四尺，则滴珠板的宽度为二丈四尺。廊子里的滴珠板，一端增加二拽架的长度二尺四寸，再加挂落枋的厚度四寸，再加自身的厚度，可得总宽度为七尺六分。以斗栱的高度来确定滴珠板的高度。若品字科斗栱的高度为二尺四寸，加斗底的尺寸四寸八分，得总高度为二尺八寸八分，则滴珠板的高度为二尺八寸八分。以沿边木厚度的三分之一来确定滴珠板的厚度。若沿边木的厚度为八寸，可得滴珠板的厚度为二寸六分。两山墙的滴珠板尺寸的计算方法相同。

间枋的长度由面宽来确定。若面宽为二丈四尺，减去外金柱径的尺寸二尺二寸一分，可得长度为二丈一尺七寸九分。两端外加入榫的长度，入榫的长度为柱径的四分之一。若柱径为二尺二寸一分，可得入榫的长度为五寸五分。以金柱径减少二寸来确定间枋的高度。若金柱径为二尺二寸一分，可得间枋的高度为二尺一分。以自身的高度来确定其厚度，当高度为一尺时，厚度为高度的十分之七，即七寸。若自身的高度为二尺一分，可得间枋的厚度为一尺四寸一分。

承重的长度由进深来确定。若山明间

的进深为一丈六尺，则明间承重的长度为一丈六尺。若山梢间的进深为八尺，则梢间承重的长度为八尺。承重的高度、厚度与间枋的高度、厚度相同。

楞木的长度由面宽来确定。若面宽为二丈四尺，则楞木的长度为二丈四尺。以承重高度的一半来确定楞木的高度。若承重的高度为二尺一分，可得楞木的高度为一尺。以自身的高度减少二寸来确定其厚度，若自身的高度为一尺，可得楞木的厚度为八寸。

楼板的长度和块数由进深和面宽来确定。楼梯如何布置，需由门口的尺寸来确定，在建造时以实际情况为准。楼板的厚度为楞木厚度的四分之一。若楞木的厚度为八寸，则楼板的厚度为二寸。墁砖的厚度为楞木厚度的一半。

中覆檐斗口重昂斗科斗口四寸大木做法

【译解】使用斗口为四寸的重昂斗栱建造的中覆檐大木式建筑的方法。

【原文】凡擎檐柱[1]以檐高除举架定长。如檐柱露明一丈五寸，平板枋八寸，斗科二尺八寸八分，桁条一尺四寸，枕头木一尺一寸五分，望板九分，通高一丈六尺八寸二分。以出檐八尺，内除正心桁中至挑檐桁中二拽架二尺四寸，得长五尺六寸，按五举核算，应除长二尺八寸，净得擎檐柱长一丈四尺二分。以角梁之厚十分之八定见方。如角梁厚九寸二分，得见方七寸三分。

凡中覆檐大额枋以面阔定长。如面阔二丈四尺，内除外金柱径二尺二寸一分，得长二丈一尺七寸九分，外加两头入榫分位，各按柱径四分之一。如柱径二尺二寸一分，得榫长各五寸五分。其梢间大额枋，一头加上檐柱径一份，得霸王拳分位，一头除柱径半份，外加入榫分位，按柱径四分之一。以斗口四份半定高。如斗口四寸，得大额枋高一尺八寸。以本身之高每尺收三寸定厚，得厚一尺二寸六分。两山大额枋做法同。

凡平板枋以面阔定长。如面阔二丈四尺，即长二丈四尺。每宽一尺，外加扣榫长三寸。其梢间平板枋，一头加柱径一份，得交角出头分位，如柱径二尺二寸一分，即出头长二尺二寸一分。以斗口三份定宽，二份定高。如斗口四寸，得平板枋宽一尺二寸，高八寸。两山平板枋做法同。

凡踩步梁以廊子进深并正心桁中至挑檐桁中定长。如廊深八尺，正心桁中至挑檐桁中二拽架长二尺四寸，又加一拽架长一尺二寸，得出头分位，再加升底半份二寸六分，得通长一丈一尺八寸六分。以檐柱径十分之八定厚，如柱径二尺二寸一分，得厚一尺七寸六分。以本身之厚每尺加四寸定高。如本身厚一尺七寸六分，得高二尺四寸六分。

凡顺梁[2]以梢间面阔定长。如梢间面阔一丈四尺四寸，外加正心桁中至挑檐桁中二拽架长二尺四寸，又加一拽架长一尺二寸，得出头分位，再加升底半份二寸六分，得通长一丈八尺二寸六分。高、厚与踩步梁同。

【注释】〔1〕擎檐柱：在出檐较长的建筑物中，位于老檐柱前方的柱子，起着承托檐头荷载的辅助性作用。

〔2〕顺梁：建筑物山面的梁，与面宽方向平行，梁尾与金柱相交，梁背上放置瓜柱。

【译解】擎檐柱的高度由檐的高度减去举架的高度来确定。若檐柱露明的高度为一丈五寸，平板枋的高度为八寸，斗栱的高度为二尺八寸八分，桁条的高度为一尺四寸，枕头木的高度为一尺一寸五分，望板的高度为九分，将几个高度相加，可得擎檐柱的总高度为一丈六尺八寸二分。用出檐的长度八尺减去正心桁中心至挑檐桁中心的二拽架长度二尺四寸，可得长度为五尺六寸。使用五举的比例，可得长度为二尺八寸。由总高度减去二尺八寸，可得擎檐柱的净高度为一丈四尺二分。以角梁厚度的十分之八来确定擎檐柱截面的正方形边长。若角梁的厚度为九寸二分，可得擎檐柱的截面正方形边长为七寸三分。

大额枋的长度由面宽来确定。如果面宽为二丈四尺，减去外金柱径二尺二寸一分，可得大额枋的长度为二丈一尺七寸九分。两端外加入榫的长度，入榫的长度为柱径的四分之一。若柱径为二尺二寸一分，可得入榫的长度为五寸五分。梢间的大额枋，在一端增加上檐柱径的尺寸，作为霸王拳。一端减去柱径的一半，外加入榫的长度，入榫的长度为柱径的四分之一。用斗口宽度的四点五倍来确定大额枋的高度。如果斗口的宽度为四寸，可得大额枋的高度为一尺八寸。用本身的高度减少三寸来确定大额枋的厚度，可得其厚度为一尺二寸六分。两山墙的大额枋尺寸的计算方法相同。

平板枋的长度由面宽来确定。如果面宽为二丈四尺，则平板枋的长度为二丈四尺。当平板枋的宽度为一尺时，外加扣榫的长度三寸。梢间的平板枋在一头增加一个柱径的尺寸，作为出头部分。如果柱径为二尺二寸一分，则出头部分的长度为二尺二寸一分。用斗口宽度的三倍来确定平板枋的宽度，以斗口宽度的两倍来确定其高度。如果斗口的宽度为四寸，则平板枋的宽度为一尺二寸，高度为八寸。两山墙的平板枋尺寸的计算方法相同。

踩步梁的长度，由廊子的进深和正心桁中心至挑檐桁中心的长度和举的比例来确定。若廊的进深为八尺，正心桁的中心至挑檐桁中心的二拽架长度为二尺四寸，再加一拽架长度一尺二寸作为出头部分，再加升底高度的一半二寸六分，可得踩步梁的长度为一丈一尺八寸六分。以檐柱径的十分之八来确定踩步梁的厚度。若柱径为二尺二寸一分，则踩步梁的厚度为一尺七寸六分。以自身的厚度来确定其高度，当厚度为一尺时，高度为一尺四寸。若厚度为一尺七寸六分，则踩步梁的高度为二尺四寸六分。

顺梁的长度由梢间的面宽来确定。若梢间的面宽为一丈四尺四寸，加正心桁中心至挑檐桁中心的二拽架长度二尺四寸，再加一拽架的长度一尺二寸作为出头部分，再加升底的一半二寸六分，可得顺梁的总长度为一丈八尺二寸六分。顺梁的高度、厚度与踩步梁的高度、厚度相同。

【原文】凡仔角梁以出廊并出檐加举定长。如出廊深八尺，出檐八尺，共长一丈六尺，用方五斜七之法加长，又按一一五加举，得长二丈五尺七寸六分，再加翼角斜出椽径三份。如椽径四寸六分，共长二丈七尺一寸四分。再加套兽榫照角梁本身之厚一份，如角梁厚九寸二分，即套兽榫长九寸二分，得仔角梁通长二丈八尺六分。以椽径三份定高，二份定厚，如椽径四寸六分，得仔角梁高一尺三寸八分，厚九寸二分。

凡老角梁以仔角梁之长除飞檐头并套兽榫定长。如仔角梁长二丈八尺六分，内除飞檐头长四尺二寸八分，并套兽榫长九寸二分，得净长二丈二尺八寸六分。高、厚与仔角梁同。

凡正心桁以面阔定长。如面阔二丈四尺，即长二丈四尺。其梢间正心桁，一头加交角出头分位，按本身之径一份。如本身径一尺四寸，得出头长一尺四寸。以斗口三份半定径，如斗口四寸，得正心桁径一尺四寸。外每桁条径一尺，加搭交榫长三寸，如径一尺四寸，得榫长四寸二分。两山正心桁做法同。

凡正心枋计三层，以面阔定长。如面阔二丈四尺，内除踩步梁之厚一尺七寸六分，得长二丈二尺二寸四分。外加两头入榫分位，各按本身之高半份。如本身高八寸，得榫长各四寸。其梢间正心枋，一头除踩步梁之厚半份，外加入榫分位，按本身之高半份，得榫长四寸。第一层，一头带蚂蚱头长三尺六寸；第二层，一头带撑头木长二尺四寸；第三层，照面阔之长，除梁头之厚，加入榫分位，按本身之高各半份。以斗口二份定高，如斗口四寸，得正心枋高八寸。以斗口一份，外加包掩定厚。如斗口四寸，加包掩六分，得正心枋厚四寸六分。两山正心枋做法同。

凡挑檐桁以面阔定长。如面阔二丈四尺，即长二丈四尺，每径一尺，外加扣榫长三寸。其梢间挑檐桁，一头加二拽架长二尺四寸，又加交角出头分位，按本身之径一份半，如本身径一尺二寸，得交角出头一尺八寸。以正心桁之径收二寸定径寸。如正心桁径一尺四寸，得挑檐桁径一尺二寸。两山挑檐桁做法同。

凡挑檐枋以面阔定长。如面阔二丈四尺，内除踩步梁之厚一尺七寸六分，得长二丈二尺二寸四分。外加两头入榫分位，按本身之高各半份，如本身高八寸，得榫长各四寸。其梢间挑檐枋，一头加二拽架长二尺四寸，又加交角出头分位，按挑檐桁之径一份半，如挑檐桁径一尺二寸，得出头长一尺八寸，一头除踩步梁头之厚半份，外加入榫分位，仍照前法。以斗口二份定高，一份定厚。如斗口四寸，得高八寸，厚四寸。两山挑檐枋做法同。

凡拽枋以面阔定长。如面阔二丈四尺，内除踩步梁之厚一尺七寸六分，得长二丈二尺二寸四分，外加两头入榫分位，按本身之高各半份，如本身高八寸，得榫长各四寸。其梢间拽枋，一头除踩步梁之厚半份，外加入榫分位，仍照前法。一头加二拽架长二尺四寸。高、厚与挑檐枋同。两山拽枋做法同。

凡檐椽以出廊并出檐加举定长。如出廊深八尺，出檐八尺，共长一丈六尺，内除飞檐椽头二尺六寸六分，净长一丈三尺三寸四分。按一一五加举，得通长一丈五尺三寸四分。径与下檐檐椽同。两山檐椽做法同。每椽空档，随椽径一份。每间椽数，俱应成双，档之宽窄，随数均匀。

【译解】仔角梁的长度，由出廊的进深加出檐的长度和举的比例来确定。若出廊的进深为八尺，出檐的长度为八尺，二者相加得总长度为一丈六尺。再用方五斜七法计算后，再使用一一五举的比例，可得长度为二丈五尺七寸六分。再加翼角的出头部分，其为椽子直径的三倍。若椽子的直径为四寸六分，将所得到的翼角的长度与前述长度相加，可得总长度为二丈七尺一寸四分。再加套兽入榫的长度，入榫的长度与角梁的厚度相同。若角梁的厚度为九寸二分，则套兽入榫的长度为九寸二分。由此可得仔角梁的总长度为二丈八尺六分。仔角梁的高度为椽子直径的三倍，其厚度为椽子直径的两倍。若椽子的直径为四寸六分，则仔角梁的高度为一尺三寸八分，厚度为九寸二分。

老角梁的长度为仔角梁的长度减去飞檐头和套兽入榫的长度。若仔角梁的长度为二丈八尺六分，减去飞檐头的长度四尺二寸八分，再减去套兽入榫的长度九寸二分，可得老角梁的净长度为二丈二尺八寸六分。老角梁的高度、厚度与仔角梁的高度、厚度相同。

正心桁的长度由面宽来确定。若面宽为二丈四尺，则正心桁的长度为二丈四尺。梢间的正心桁，一端与其他构件相交后出头，该出头部分的长度与本身的直径尺寸相同。若本身的直径为一尺四寸，可得出头部分的长度为一尺四寸。正心桁的直径为斗口宽度的三点五倍。若斗口的宽度为四寸，则正心桁的直径为一尺四寸。当正心桁的直径为一尺时，外加搭交的榫的长度为三寸。若直径为一尺四寸，则榫的长度为四寸二分。两山墙的正心桁尺寸的计算方法相同。

正心枋共有三层，长度由面宽来确定。若面宽为二丈四尺，减去踩步梁的厚度一尺七寸六分，可得长度为二丈二尺二寸四分。两端外加入榫的长度，入榫的长度为自身高度的一半。若自身的高度为八寸，则入榫的长度为四寸。梢间的正心枋，一端需减去踩步梁厚度的一半，外加入榫的长度，其长度为自身高度的一半，由此可得入榫的长度为四寸。第一层正心枋，其一端有蚂蚱头，长度为三尺六寸；第二层正心枋，其一端有撑头木，长度为二尺四寸；第三层正心枋，长度为面宽减去梁头的厚度，两端再加入榫的长度，入榫的长度为自身高度的一半。正心枋的高度为斗口宽度的两倍。若斗口的宽度为四寸，则正心枋的高度为八寸。用斗口的宽度加包掩来确定正心枋的厚度。若斗口的宽度为四寸，包掩为六分，则正心枋的厚度为四寸六分。两山墙的正心枋尺寸的计算方法相同。

挑檐桁的长度由面宽来确定。若面宽为二丈四尺，则挑檐桁的长度为二丈四尺。当挑檐桁的直径为一尺时，外加的扣榫的长度为三寸。梢间的挑檐桁，一端增加二拽架的长度二尺四寸。再加与其他构件相交之后的出头部分，该部分的长度为本身直径的一点五倍，若本身的直径为一尺二寸，则该出头部分的长度为一尺八寸。挑檐桁的直径为正心桁的直径减少二寸。若正心桁的直径为一尺四寸，则挑檐桁的直径为一尺二寸。两山墙的挑檐桁尺寸的计算方法相同。

挑檐枋的长度由面宽来确定。若面宽为二丈四尺，减去踩步梁的厚度一尺七寸六分，可得长度为二丈二尺二寸四分。两端外加入榫的长度，入榫的长度为自身高度的一半。若自身的高度为八寸，则入榫的长度均为四寸。梢间的挑檐枋，一端需增加二拽架的长度二尺四寸。再加与其他构件相交之后的出头部分，该部分的长度为挑檐桁直径的一点五倍，若挑檐桁的直径为一尺二寸，可得该出头部分的长度为一尺八寸。一端减去踩步梁厚度的一半，外加入榫的长度，入榫的长度的计算方法与前述方法相同。挑檐枋的高度为斗口宽度的两倍，其厚度与斗口的宽度相同。若斗口的宽度为四寸，则挑檐枋的高度为八寸，厚度为四寸。两山墙的挑檐枋尺寸的计算方法相同。

拽枋的长度由面宽来确定。若面宽为二丈四尺，减去踩步梁的厚度一尺七寸六分，可得其长度为二丈二尺二寸四分。两端外加入榫的长度，入榫的长度为自身高度的一半。若拽枋的高度为八寸，可得入榫的长度为四寸。梢间的拽枋，一端减去踩步梁厚度的一半，外加入榫的长度，入榫的长度的计算方法与前述方法相同。一端加二拽架的长度二尺四寸。拽枋的高度、厚度与挑檐枋的高度、厚度相同。两山墙的拽枋尺寸的计算方法相同。

檐椽的长度由出廊的进深加出檐的长度和举的比例来确定。若出廊的进深为八尺，出檐的长度为八尺，可得总长度为一丈六尺。减去飞檐头的长度二尺六寸六分，可得净长度为一丈三尺三寸四分。使用一一五举的比例，可得檐椽的总长度为一丈五尺三寸四分。檐椽的直径与下檐檐椽的直径相同。两山墙的檐椽尺寸的计算方法相同。每两根椽子的空档宽度与椽子的宽度相同。每个房间使用的椽子数量都应为双数，空档宽度应均匀。

【原文】凡飞檐椽以出檐定长，如出檐八尺，三份分之，出头一份得长二尺六寸六分，后尾二份半，得长六尺六寸五分，又按一一五加举，得飞檐椽通长一丈七寸。见方与檐椽径寸同。

凡翼角翘椽长、径与平身檐椽同。其起翘处，以挑檐桁中至出檐尺寸，用方五斜七之法，再加廊深并正心桁中至挑檐桁中之拽架各尺寸定翘数。如挑檐桁中至出檐长五尺六寸，方五斜七加之，得七尺八寸四分，再加廊深八尺，又加二拽架长二尺四寸，共长一丈八尺二寸四分，内除角梁之厚半份，得净长一丈七尺七寸八分，即系翼角椽档分位。翼角翘椽以成单为率，如逢双数，应改成单。

凡翘飞椽以平身飞檐椽之长用方五斜七之法定长。如飞檐椽长一丈七寸，用方五斜七加之，第一翘得长一丈四尺九寸八分，其余以所定翘数每根递减长五分五厘。其高比飞檐椽加高半份。如飞檐椽高四寸六分，得翘飞椽高六寸九分。厚仍四寸六分。

凡横望板、压飞檐尾横望板以面阔、进深并出檐加举折见方丈定长宽。以椽径十分之二定厚。如椽径四寸六分，得横望板厚九分。

凡里口以面阔定长。如面阔二丈四尺，即长二丈四尺。以椽径一份再加望板之厚一份半定高。如椽径四寸六分，望板厚一份半一寸三分，得里口高五寸九分。厚与椽径同。两山里口做法同。

凡闸档板以翘档分位定宽。如翘椽档宽四寸六分，即闸档板宽四寸六分。外加入槽每寸一分，高随椽径尺寸。以椽径十分之二定厚，如椽径四寸六分，得闸档板厚九分。其小连檐，自起翘处至老角梁得长，宽随椽径一份，厚照望板之厚一份半，得厚一寸三分。两山闸档板、小连檐做法同。

凡连檐以面阔定长。如面阔二丈四尺，即长二丈四尺。其廊子连檐以出廊八尺，出檐八尺，共长一丈六尺，除角梁厚半份，净长一丈五尺五寸四分，以每尺加翘一寸，得通长一丈七尺九分。高、厚与檐椽径寸同。两山连檐做法同。

凡瓦口长与连檐同。以椽径半份定高，如椽径四寸六分，得瓦口高二寸三分。以本身之高折半定厚，得厚一寸一分。

凡椽椀、椽中板以面阔定长。如面阔二丈四尺，即长二丈四尺。以椽径一份，再加椽径三分之一定高，如椽径四寸六分，得椽椀并椽中板高六寸一分，以椽径三分之一定厚，得厚一寸五分。两山椽中板并椽椀做法同。

【译解】飞檐椽的长度由出檐的长度来确定。若出檐的长度为八尺，将此长度三等分。椽子的出头部分的长度与每小段长度相同，即二尺六寸六分。椽子的后尾长度为每小段长度的二点五倍，即六尺六寸五分。将两个长度相加，再使用一一五举的比例，可得飞檐椽的总长度为一丈七寸。飞檐椽的截面正方形边长与檐椽的直径相同。

翼角翘椽的长度和直径与平身檐椽的长度和直径相同。椽子起翘的位置，由挑檐桁中心到出檐的长度，用方五斜七法计算后所得到的斜边长度，以及廊的进深和正心桁中心到挑檐桁中心的拽架尺寸等数据共同来确定。若挑檐桁中心到出檐的长度为五尺六寸，用方五斜七法计算出的斜边长为七尺八寸四分，加廊的进深八尺，再加正心桁中心至挑檐桁中心的二拽架长度二尺四寸，得总长度为一丈八尺二寸四分，减去角梁厚度的一半，可得净长度为一丈七尺七寸八分。在翼角翘椽上量出这个长度，刻度处即为椽子起翘的位置。翼角翘椽的数量通常变为单数，如果遇到是双数的情况，应当改变制作方法，使其数量变为单数。

翘飞椽的长度由平身飞檐椽的长度根据方五斜七法计算之后来确定。若飞檐椽的长度为一丈七寸，用方五斜七法计算之后，可以得出第一根翘飞椽的长度为一丈四尺九寸八分。其余的翘飞椽长度，可根据总翘数递减，每根的长度比前一根长度小五分五厘。翘飞椽的高度为飞檐椽高度的一点五倍，若飞檐椽的高度为四寸六分，则翘飞椽的高度为六寸九分。翘飞椽的厚度为四寸六分。

横望板和压住飞檐尾铺设的横望板，其长度和宽度由面宽和进深加举的比例折算成矩形的边长来确定。横望板的厚度为椽子直径的十分之二。若椽子的直径为四寸六分，则横望板的厚度为九分。

里口的长度由面宽来确定。若面宽为二丈四尺，则里口的长度为二丈四尺。里口的高度为椽子的直径加顺望板厚度的一点五倍。若椽子的直径为四寸六分，顺望板厚度的一点五倍为一寸三分，可得里口的高度为五寸九分。里口的厚度与椽子的直径相同。两山墙的里口的尺寸计算方法相同。

闸档板的宽度，由翘档的位置来确定。若椽子之间的宽度为四寸六分，则闸档板的宽度为四寸六分。在闸档板外侧开槽，每寸长度开槽一分。闸档板的高度与椽子的直径相同。闸档板的厚度为椽子直径的十分之二。若椽子的直径为四寸六分，则闸档板的厚度为九分。小连檐的长度为椽子起翘的位置到老角梁的距离。小连檐的宽度与椽子的直径相同。小连檐的厚度是望板厚度的一点五倍，可得其厚度为一寸三分。两山墙的闸档板和小连檐的尺寸的计算方法相同。

连檐的长度由面宽来确定。若面宽为二丈四尺，则长为二丈四尺。廊子里的连檐由出廊的进深和出檐的长度来确定。若出廊的进深为八尺，出檐的长度为八尺，得总长度为一丈六尺，减去角梁厚度的一半，可得连檐的净长度为一丈五尺五寸四分。每尺连檐需增加一寸翘长，得总长度为一丈七尺九分。连檐的高度、厚度与檐椽的直径相同。两山墙的连檐尺寸的计算方法相同。

瓦口的长度与连檐的长度相同。瓦口的高度为椽子直径的一半。若椽子的直径为四寸六分，则瓦口的高度为二寸三分。瓦口的厚度为自身高度的一半，若自身的高度为二寸三分，则瓦口的厚度为一寸一分。

椽椀和椽中板的长度由面宽来确定。若面宽为二丈四尺，则椽椀和椽中板的长度为二丈四尺。椽椀和椽中板的高度为椽子的直径加该直径的三分之一。若椽子的直径为四寸六分，则椽椀和椽中板的高度为六寸一分。椽椀和椽中板的厚度为椽子直径的三分之一，即一寸五分。两山墙的椽椀和椽中板的尺寸的计算方法相同。

【原文】凡枕头木以出廊定长。如出廊深八尺，外加二拽架长二尺四寸，内除角梁厚半份，得枕头木通长九尺九寸四分。以挑檐桁径十分之三定宽。如挑檐桁径一尺二寸，得枕头木宽三寸六分。正心桁上枕头木，以出廊定长。如出廊深八尺，内除角梁之厚半份。得正心桁上枕头木净长七尺五寸四分。以正心桁径十分之三定宽，如正心桁径一尺四寸，得枕头木宽四寸二分。以椽径二份半定高，如椽径四寸六分，得枕头木一头高一尺一寸五分，一头斜尖与桁条平。两山枕头木做法同。

凡天花梁以进深定长。如进深一丈六尺，内除里金柱径二尺五寸七分，得长一丈三尺四寸三分。外加两头入榫分位，各按柱径四分之一。如柱径二尺五寸七分，得榫长六寸四分。以里金柱径十分之六定厚，十分之八定高。如里金柱径二尺五寸七分，得厚一尺五寸四分，高二尺五分。

凡天花枋以面阔定长。如面阔二丈四尺，内除柱径二尺五寸七分，得净长二丈一尺四寸三分。外加两头入榫分位，各按柱径四分之一。如柱径二尺五寸七分，得榫各长六寸四分。高、厚与天花梁同。

凡贴梁长随面阔、进深，内除枋、梁之厚各半份。以天花梁之高五分之一定宽。如天花梁高二尺五分，得宽四寸一分。以本身之宽收一寸定厚，得厚三寸一分。

凡海墁天花[1]每间按面阔、进深，除枋、梁各半份得长、宽。如面阔二丈四尺，内除天花梁之厚一尺五寸四分，得长二丈二尺四寸六分，如进深除廊一丈六尺，内除天花枋之厚一尺五寸四分，得长一丈四尺四寸六分。以贴梁之厚三分之一定厚。如贴梁厚三寸一分，得厚一寸。

凡四角顶柱[2]以桐柱之高定高。如桐柱高七尺，再加上檐平板枋九寸，斗科四尺一寸四分，正心桁之径一尺五寸七分，得共高一丈三尺六寸一分。以上檐顺梁之厚十分之七定宽，如顺梁厚一尺八寸二分，得宽一尺二寸七分。以本身之宽十分之七定厚。如本身宽一尺二寸七分，得厚八寸八分。

凡承椽枋以面阔定长。如面阔二丈四尺，即长二丈四尺。以椽径四份定高，三份定厚。如椽径四寸六分，得高一尺八寸四分，厚一尺三寸八分。

【注释】〔1〕海墁天花：一种常见的天花形式，指使用木制构件吊挂的方式把木格挂在梁架上所形成的天花。

〔2〕四角顶柱：底面是四边形的柱子，因为每一个端面都有四个角，所以称为“四角顶柱”。

【译解】枕头木的长度由出廊的进深来确定。若出廊的进深为八尺，再加二拽架的长度二尺四寸，减去角梁厚度的一半，可得枕头木的长度为九尺九寸四分。枕头木的宽度为挑檐桁直径的十分之三。若挑檐桁的直径为一尺二寸，则枕头木的宽度为三寸六分。正心桁上方的枕头木长度由出廊的进深来确定。若出廊的进深为八尺，减去角梁厚度的一半，可得正心桁上方的枕头木的净长度为七尺五寸四分。正心枋上方的枕头木的宽度为正心桁直径的十分之三。若正心桁的直径为一尺四寸，则正心桁上方的枕头木的宽度为四寸二分。枕头木的高度为椽子直径的二点五倍。若椽子的直径为四寸六分，则枕头木一端的高度为一尺一寸五分，另一端为斜尖状，与桁条平齐。两山墙的枕头木尺寸的计算方法相同。

天花梁的长度由进深来确定。若进深为一丈六尺，减去里金柱径的尺寸二尺五寸七分，可得长度为一丈三尺四寸三分。两端外加入榫的长度，入榫的长度为柱径的四分之一。若柱径为二尺五寸七分，则入榫的长度为六寸四分。天花梁的厚度为里金柱径的十分之六，高度为十分之八。若里金柱径为二尺五寸七分，则天花梁的厚度为一尺五寸四分，高度为二尺五分。

天花枋的长度由面宽来确定。若面宽为二丈四尺，减去里金柱径二尺五寸七分，可得净长度为二丈一尺四寸三分。两端外加入榫的长度，入榫的长度为里金柱径的四分之一。若里金柱径为二尺五寸七分，则入榫的长度为六寸四分。天花枋的高度、厚度与天花梁的高度、厚度相同。

贴梁的长度等于面宽和进深减去枋子和梁的厚度的一半。贴梁的宽度为天花梁高度的五分之一。若天花梁的高度为二尺五分，则贴梁的宽度为四寸一分。天花梁的厚度为其宽度减少一寸，即三寸一分。

海墁天花的长度和宽度为每个房间的面宽和进深减去枋子和梁的厚度的一半。若面宽为二丈四尺，减去天花梁的厚度为一尺五寸四分，可得天花的长度为二丈二尺四寸六分。若通进深减去廊的进深为一丈六尺，减去天花枋的厚度一尺五寸四分，可得天花的宽度为一丈四尺四寸六分。天花的厚度为贴梁厚度的三分之一。若贴梁的厚度为三寸一分，则天花的厚度为一寸。

四角顶柱的高度由桐柱的高度来确定。若桐柱的高度为七尺，上檐平板枋的高度为九寸，斗栱的高度为四尺一寸四分，正心桁的直径为一尺五寸七分，将几个高度相加可得总高度为一丈三尺六寸一分。四角顶柱的宽度为上檐顺梁厚度的十分之七。若顺梁的厚度为一尺八寸二分，则四角顶柱的宽度为一尺二寸七分。四角顶柱的厚度是自身宽度的十分之七。若自身的宽度为一尺二寸七分，则四角顶柱的厚度为八寸八分。

承椽枋的长度由面宽来确定。若面宽为二丈四尺，则承椽枋的长度为二丈四尺。承椽枋的高度是椽子直径的四倍，其厚度是椽子直径的三倍。若椽子的直径为四寸六分，则承椽枋的高度为一尺八寸四分，厚度为一尺三寸八分。

上覆檐斗口重昂斗科斗口四寸五分大木做法

【译解】使用斗口为四寸五分的重昂斗栱建造上覆檐大木式建筑的方法。

【原文】凡桐柱以出廊半份并正心桁中至挑檐桁中二拽架尺寸加举定高。如出廊深八尺，得深四尺，正心桁中至挑檐桁中二拽架深二尺七寸，共深六尺七寸，按五举加之，得高三尺三寸五分，再加椽径四寸六分，望板九分，共高三尺九寸，上头大额枋二尺二分，共得五尺九寸二分，博脊分位高一尺八分，共得高七尺。径与平台桐柱径寸同。

凡大额枋以面阔定长。如面阔二丈四尺，两头共除柱径一份一尺三寸，得长二丈二尺七寸。外加两头入榫分位，各按柱径四分之一。如柱径一尺三寸，得榫长各三寸二分。其梢间大额枋，照面阔收一步架深四尺，得长一丈四寸，一头加桐柱径一份，得霸王拳分位，一头除柱径半份，外加入榫分位，仍照前法。以斗口四份半定高，如斗口四寸五分，得大额枋高二尺二分，以本身之高每尺收三寸定厚，得厚一尺四寸二分。

凡平板枋以面阔定长。如面阔二丈四尺，即长二丈四尺。每宽一尺，外加扣榫长三寸。其梢间平板枋，照面阔收一步架深四尺，得长一丈四寸。一头加柱径一份，得交角出头分位。如桐柱径一尺三寸，得出头长一尺三寸。以斗口三份定宽，二份定高。如斗口四寸五分，得平板枋宽一尺三寸五分，高九寸。两山平板枋做法同。

凡顺梁以梢间面阔定长。如面阔一丈四尺四寸，收一步架深四尺，得长一丈四寸，一头加三拽架长四尺五分，又加升底半份二寸九分，共得长一丈四尺七寸四分。以斗口四份半定高，如斗口四寸五分，得高二尺二分。以本身之高减二寸定厚。如本身高二尺二分。得厚一尺八寸二分。

【译解】桐柱的高度由出廊进深的一半加正心桁中心至挑檐桁中心的二拽架长度和举的比例来确定。若出廊的进深为八尺，则一半尺寸为四尺，正心桁中心至挑檐桁中心的二拽架长度为二尺七寸，得总长六尺七寸。使用五举的比例，可得高度为三尺三寸五分。再加椽子的直径四寸六分，望板的高度九分，可得高度为三尺九寸。再加大额枋的高度二尺二分，可得高度为五尺九寸二分，再加安博脊枋的占位的高度一尺八分，可得桐柱的总高度为七尺。桐柱的直径与平台桐柱的直径相同。

大额枋的长度由面宽来确定。如果面宽为二丈四尺，减去桐柱径一尺三寸，可得大额枋的净长度为二丈二尺七寸。两端外加入榫的长度，入榫的长度为檐柱径的四分之一。若柱径为一尺三寸，则入榫的长度为三寸二分。梢间里的大额枋长度减少一步架长度四尺后，可得其长度为一丈四寸。一端增加桐柱径的长度，作为霸王拳。一端减去桐柱径的一半，外加入榫的长度，入榫的长度为柱径的四分之一。大额枋的高度为斗口宽度的四点五倍。如果斗口的宽度为四寸五分，则大额枋的高度为二尺二分。大额枋的厚度为其高度减少三寸，可得其厚度为一尺四寸二分。

平板枋的长度由面宽来确定。如果面宽为二丈四尺，则平板枋的长度为二丈四尺。每一尺平板枋的宽度要加三寸扣榫的长度。梢间的平板枋减去一步架长度四尺，可得长度为一丈四寸。一端增加柱径的长度作为出头部分。若桐柱径为一尺三寸，则出头部分的长度为一尺三寸。平板枋的宽度为斗口宽度的三倍，高度为斗口宽度的两倍。如果斗口的宽度为四寸五分，则平板枋的宽度为一尺三寸五分，高度为九寸。两山墙的平板枋尺寸的计算方法相同。

顺梁的长度由梢间的面宽来确定。若梢间的面宽为一丈四尺四寸，减去一步架长度四尺，可得长度为一丈四寸。一端加三拽架的长度四尺五分，再加升底的一半二寸九分，可得顺梁的总长度为一丈四尺七寸四分。顺梁的高度为斗口宽度的四点五倍。若斗口的宽度为四寸五分，则顺梁的高度为二尺二分。顺梁的厚度为自身的高度减少二寸。若自身的高度为二尺二分，则顺梁的厚度为一尺八寸二分。

【原文】凡七架梁以进深定长。如进深二丈四尺，两头各加三拽架四尺五分，再加升底半份二寸九分，共长三丈二尺六寸八分。以斗口五份半定高，四份定宽。如斗口四寸五分，得高二尺四寸七分，得宽一尺八寸。

凡踩步金以进深定长。如山明间进深一丈六尺，两头各加桁条之径一份半，得假桁条头分位。如桁条径一尺五寸七分，各得长二尺三寸五分，得通长二丈七寸。以七架梁之高收三寸定高，如七架梁高二尺四寸七分，得高二尺一寸七分。以七架梁之宽定宽，如七架梁宽一尺八寸，即宽一尺八寸。

凡五架梁以步架四份定长。如步架四份深一丈六尺，两头各加桁条径一份，得柁头分位。如桁条径一尺五寸七分，得通长一丈九尺一寸四分，高、厚与踩步金同。

凡三架梁以步架二份定长。如步架二份深八尺，两头各加桁条径一份，得柁头分位。如桁条径一尺五寸七分，得通长一丈一尺一寸四分。以五架梁之高每尺收三寸定高。如五架梁高二尺一寸七分，得高一尺五寸二分。以五架梁之宽收六寸定宽，如五架梁宽一尺八寸，得宽一尺二寸。

凡下金柁檄以步架加举定高。如步架深四尺，再加二拽架二尺七寸，共深六尺七寸，按五举加之，得高三尺三寸五分，内除七架梁高二尺四寸七分，得净高八寸八分。以五架梁之宽，每尺收滚楞二寸定宽，如五架梁宽一尺八寸，得宽一尺四寸四分。以柁头二份定长。如柁头长一尺五寸七分，得长三尺一寸四分。

凡上金柁檄以步架加举定高。如步架深四尺，按七举加之，得高二尺八寸。内除五架梁高二尺一寸七分，得净高六寸三分。以三架梁之宽每尺收滚楞二寸定厚，如三架梁宽一尺二寸，得厚九寸六分。以本身之厚加二寸定宽。如本身厚九寸六分。得宽一尺一寸六分。以柁头二份定长。如柁头长一尺五寸七分，得长三尺一寸四分。

凡脊瓜柱以步架加举定高。如步架深四尺，按九举加之，得高三尺六寸，又加平水一尺三寸五分，得共高四尺九寸五分，内除三架梁高一尺五寸二分，净高三尺四寸三分，外加桁条径三分之一作上桁椀。如桁条径一尺五寸七分，得桁椀五寸二分，又以本身每宽一尺加下榫长三寸，如本身宽一尺一寸六分，得下榫长三寸四分。以三架梁之宽，每尺收滚楞二寸定厚。如三架梁宽一尺二寸，得厚九寸六分，以本身之厚加二寸定宽，如本身厚九寸六分，得宽一尺一寸六分。

【译解】七架梁的长度由进深来确定。若进深为二丈四尺，两端均增加三拽架的长度四尺五分，均增加升底的一半二寸九分，可得七架梁的总长度为三丈二尺六寸八分。七架梁的高度为斗口宽度的五点五倍，宽度为斗口宽度的四倍。若斗口的宽度为四寸五分，则七架梁的高度为二尺四寸七分，宽度为一尺八寸。

踩步金的长度由进深来确定。若两山的明间进深为一丈六尺，两端外加桁条直径的一点五倍，作为假桁条头。若桁条的直径为一尺五寸七分，则假桁条头的长度均为二尺三寸五分，由此可得踩步金的长度为二丈七寸。踩步金的高度为七架梁的高度减少三寸。若七架梁的高度为二尺四寸七分，则踩步金的高度为二尺一寸七分。以七架梁的宽度来确定踩步金的宽度，若七架梁的宽度为一尺八寸，则踩步金的宽度为一尺八寸。

五架梁的长度为步架长度的四倍。若步架长度的四倍为一丈六尺，两端均增加桁条的直径，作为柁头的长度。若桁条的直径为一尺五寸七分，则五架梁的总长度为一丈九尺一寸四分。五架梁的高度、厚度与踩步金的高度、厚度相同。

三架梁的长度为步架长度的两倍。若步架长度的两倍为八尺，两端均增加桁条的直径，作为柁头的长度。若桁条的直径为一尺五寸七分，可得三架梁的总长度为一丈一尺一寸四分。以五架梁的高度来确定三架梁的高度，当五架梁的高度为一尺时，三架梁的高度为七寸，若五架梁的高度为二尺一寸七分，则三架梁的高度为一尺五寸二分。三架梁的宽度为五架梁的宽度减少六寸，若五架梁的宽度为一尺八寸，则三架梁的宽度为一尺二寸。

下金柁橔的高度由步架的长度和举的比例来确定。若步架的长度为四尺，再加二拽架的长度二尺七寸，可得长度为六尺七寸。使用五举的比例，可得下金柁橔的高度为三尺三寸五分。减去七架梁的高度二尺四寸七分，可得柁橔的净高度为八寸八分。以五架梁的宽度来确定下金柁橔的宽度，当五架梁的宽度为一尺时，柁橔的宽度为八寸。若五架梁的宽度为一尺八寸，可得下金柁橔的宽度为一尺四寸四分。柁橔的长度为柁头长度的两倍。若柁头的长度为一尺五寸七分，则柁橔的长度为三尺一寸四分。

上金柁橔的高度由步架的长度和举的比例来确定。若步架的长度为四尺，使用七举的比例，可得上金柁橔的高度为二尺八寸。减去五架梁的高度二尺一寸七分，可得柁橔的净高度为六寸三分。以三架梁的宽度来确定下金柁橔的厚度，当宽度为一尺时，柁橔的厚度为八寸。若三架梁的宽度为一尺二寸，则上金柁橔的厚度为九寸六分。以上金柁橔的厚度增加二寸来确定其宽度。若上金柁橔的厚度为九寸六分，可得上金柁橔的宽度为一尺一寸六分。柁橔的长度为柁头长度的两倍。若柁头的长度为一尺五寸七分，柁橔的长度为三尺一寸四分。

脊瓜柱的高度由步架的长度和举的比例来确定。若步架的长度为四尺，使用九举的比例，可得脊瓜柱的高度为三尺六寸。外加平水的高度一尺三寸五分，可得高度为四尺九寸五分。减去三架梁的高度一尺五寸二分，可得脊瓜柱的净高度为三尺四寸三分。外加桁条直径的三分之一作为桁椀的高度，若桁条的直径为一尺五寸七分，则桁椀的高度为五寸二分。当脊瓜柱的宽度为一尺时，下方入榫的长度为三寸。若脊瓜柱的宽度为一尺一寸六分，则下方入榫的长度为三寸四分。以三架梁的宽度来确定脊瓜柱的厚度。当三架梁的宽度为一尺时，脊瓜柱的厚度为八寸。若三架梁的宽度为一尺二寸，则脊瓜柱的厚度为九寸六分。以脊瓜柱的厚度增加二寸来确定其宽度。若脊瓜柱的厚度为九寸六分，则脊瓜柱的宽度为一尺一寸六分。

【原文】凡正心桁以面阔定长。如面阔二丈四尺，即长二丈四尺。其梢间桁条，一头收一步架定长。如梢间面阔一丈四尺四寸，收一步架深四尺，得长一丈四寸，外加一头交角出头分位，按本身径一份。如本身径一尺五寸七分，得长一丈一尺九寸七分。以斗口三份半定径。如斗口四寸五分，得径一尺五寸七分。每径一尺，外加搭交榫长三寸。两山正心桁做法同。

凡正心枋三层，以面阔定长。如面阔二丈四尺，内除七架梁头厚一尺八寸，外加两头入榫分位，各按本身高半份，如本身高九寸，得榫长各四寸五分，得通长二丈三尺一寸。其梢间正心枋，照面阔一头收一步架，又除七架梁头厚半份，外加入榫分位，按本身高半份，如本身高九寸，得榫长四寸五分。第一层，一头外带蚂蚱头长四尺五分；第二层，一头外带撑头木长二尺七寸；第三层，照面阔之长，除梁头之厚一份，外加入榫分位，按本身之高各半份。以斗口二份定高。如斗口四寸五分，得高九寸。以斗口一份，外加包掩定厚，如斗口四寸五分，加包掩六分，得正心枋厚五寸一分。两山正心枋做法同。

凡挑檐桁以面阔定长。如面阔二丈四尺，即长二丈四尺。每径一尺，外加扣榫长三寸。其梢间挑檐桁照面阔一头收一步架四尺，一头加二拽架长二尺七寸，又加交角出头分位，按本身径一份半，如本身径一尺一寸七分，得交角出头一尺七寸五分。以正心桁之径收四寸定径寸。如正心桁径一尺五寸七分，得挑檐桁径一尺一寸七分。两山挑檐桁做法同。

凡挑檐枋以面阔定长。如面阔二丈四尺，内除七架梁头厚一尺八寸，得净长二丈二尺二寸。外加两头入榫分位，各按本身高半份。如本身高九寸，得榫长各四寸五分。其梢间挑檐枋照面阔一头收一步架，又除七架梁头厚半份，外加入榫分位，仍照前法。一头带二拽架长二尺七寸，又加交角出头分位，按挑檐桁之径一份半，如挑檐桁径一尺一寸七分，得交角出头一尺七寸五分。以斗口二份定高，一份定厚。如斗口四寸五分，得高九寸，厚四寸五分。

凡拽枋以面阔定长。如面阔二丈四尺，内除七架梁头厚一尺八寸，得净长二丈二尺二寸，外加两头入榫分位，各按本身高半份，如本身高九寸五分，得榫长各四寸五分。其梢间拽枋照面阔一头收一步架，又除七架梁头厚半份，外加入榫分位，仍照前法。一头加二拽架长二尺七寸。高、厚与挑檐枋同。两山拽枋做法同。

凡金、脊桁以面阔定长。如面阔二丈四尺，即长二丈四尺。每径一尺，外加扣榫长三寸。其梢间桁条一头收正心桁之径一份定长，如梢间面阔一丈四尺四寸，一头收正心桁径一尺五寸七分，得净长一丈二尺八寸三分。径寸与正心桁同。

凡金、脊枋以面阔定长。如面阔二丈四尺，两头共除柁墩、瓜柱之厚一份，外加两头入榫分位，各按柁墩、瓜柱之厚四分之一。其梢间一头收一步架定长。如梢间面阔一丈四尺四寸，收一步架深四尺，得长一丈四寸，除柁墩、瓜柱半份，外加入榫，仍照前法。以斗口三份定高，二份定厚。如斗口四寸五分，得高一尺三寸五分，厚九寸。

【译解】正心桁的长度由面宽来确定。若面宽为二丈四尺，则正心桁的长度为二丈四尺。梢间的正心桁的长度与梢间面宽的长度减少一步架长度的尺寸相同。若梢间的面宽为一丈四尺四寸，减少一步架长度四尺，可得梢间正心桁的长度为一丈四寸。正心桁与其他构件相交后出头，该出头部分的长度与本身的直径相同。若本身的直径为一尺五寸七分，可得正心桁的总长度一丈一尺九寸七分。正心桁的直径为斗口宽度的三点五倍。若斗口的宽度为四寸五分，则正心桁的直径为一尺五寸七分。当正心桁的直径为一尺时，外加的搭交榫的长度为三寸。两山墙的正心桁尺寸的计算方法相同。

正心枋共有三层，长度由面宽来确定。若面宽为二丈四尺，减去七架梁梁头的厚度一尺八寸，两端外加入榫的长度，入榫的长度为自身高度的一半，若自身的高度为九寸，可得入榫的长度为四寸五分，由此可得正心枋的长度为二丈三尺一寸。梢间的正心枋，一端减少一步架长度，再减去七架梁梁头厚度的一半，外加入榫的长度。入榫的长度为自身高度的一半，若自身的高度为九寸，则入榫的长度为四寸五分。第一层正心枋，一端有蚂蚱头，长度为四尺五分；第二层正心枋，一端有撑头木，长度为二尺七寸；第三层正心枋，长度为面宽减去梁头的厚度，再加两端入榫的长度，入榫的长度为自身高度的一半。正心枋的高度为斗口宽度的两倍。若斗口的宽度为四寸五分，则正心枋的高度为九寸。正心枋的厚度为斗口的宽度加包掩。若斗口的宽度为四寸五分，包掩为六分，则正心枋的厚度为五寸一分。两山墙的正心枋尺寸的计算方法相同。

挑檐桁的长度由面宽来确定。若面宽为二丈四尺，则挑檐桁的长度为二丈四尺。当挑檐桁的直径为一尺时，外加的扣榫的长度为三寸。梢间的挑檐桁，一端减少一步架长度四尺，一端增加二拽架长度二尺七寸，再加与其他构件相交之后的出头部分，该部分的长度为自身直径的一点五倍，若自身的直径为一尺一寸七分，可得该出头部分的长度为一尺七寸五分。挑檐桁的直径为正心桁的直径减少四寸。若正心桁的直径为一尺五寸七分，则挑檐桁的直径为一尺一寸七分。两山墙的挑檐桁尺寸的计算方法相同。

挑檐枋的长度由面宽来确定。若面宽为二丈四尺，减去七架梁梁头的厚度一尺八寸，可得净长度为二丈二尺二寸。两端外加入榫的长度，入榫的长度为自身高度的一半。若自身的高度为九寸，则入榫的长度为四寸五分。梢间的挑檐枋，一端减去一步架长度，减去七架梁梁头厚度的一半，外加入榫的长度（入榫的长度为自身高度的一半），一端增加二拽架的长度二尺七寸，再加与其他构件相交之后的出头部分，该部分的长度为挑檐桁直径的一点五倍，若挑檐桁的直径为一尺一寸七分，则该出头部分的长度为一尺七寸五分。挑檐枋的高度为斗口宽度的两倍，挑檐枋的厚度与斗口的宽度相同。若斗口的宽度为四寸五分，可得挑檐枋的高度为九寸，厚度为四寸五分。

拽枋的长度由面宽来确定。若面宽为二丈四尺，减去七架梁梁头的厚度一尺八寸，可得净长度为二丈二尺二寸。两端外加入榫的长度，入榫的长度为自身高度的一半。若拽枋自身的高度为九寸五分，则入榫的长度为四寸五分。梢间的拽枋，一端减去一步架长度，再减去七架梁梁头厚度的一半，外加入榫的长度，入榫的长度的计算方法与前述方法相同。一端加二拽架的长度二尺七寸。拽枋的高度、厚度与挑檐枋的高度、厚度相同。两山墙的拽枋尺寸的计算方法相同。

金桁、脊桁的长度由面宽来确定。若面宽为二丈四尺，则金桁、脊桁的长度为二丈四尺。当桁条的直径为一尺时，外加扣榫的长度为三寸。梢间的桁条的长度为梢间的面宽减去正心桁的直径。若梢间的面宽为一丈四尺四寸，一端减去正心桁的直径一尺五寸七分，可得梢间桁条的净长度为一丈二尺八寸三分。金桁、脊桁的直径与正心桁的直径相同。

金枋、脊枋的长度由面宽来确定。若面宽为二丈四尺，两端减去柁橔和瓜柱的厚度，外加入榫的长度，入榫的长度为柁橔和瓜柱厚度的四分之一。梢间的枋子的长度为梢间的面宽尺寸减去一步架长度。若梢间的面宽为一丈四尺四寸，减少一步架长度四尺，可得长度为一丈四寸。减去柁橔和瓜柱长度的一半，外加入榫的长度，入榫长度的计算方法与前述方法相同。枋子的高度为斗口宽度的三倍，枋子的厚度为斗口宽度的两倍。若斗口的宽度为四寸五分，可得脊枋、金枋的高度为一尺三寸五分，厚度为九寸。

【原文】凡后尾压科枋[1]以面阔定长。如面阔二丈四尺，内除七架梁厚一尺八寸，外加两头入榫分位，各按本身厚半份。其梢间并两山压科枋，照面阔一头除七架梁厚半份，一头收二拽架长二尺七寸，外加斜交分位，按本身厚一份，如本身厚九寸，即长九寸。以斗口二份半定高，二份定厚。如斗口四寸五分，得高一尺一寸二分，厚九寸。

凡金、脊垫板以面阔定长。如面阔二丈四尺，内除柱径一份，外加两头入榫分位，各按柱径十分之二。以斗口三份定高，半份定厚。如斗口四寸五分，得厚二寸二分，高一尺三寸五分。其脊垫板，照面阔除脊瓜柱之厚一份，外加两头入榫，各按脊瓜柱之厚四分之一。

凡仔角梁以步架并出檐加举定长。如步架深四尺，挑檐桁中至正心桁中二拽架长二尺七寸，出檐四尺，外加出水[2]二份，得八寸，共长一丈一尺五寸，用方五斜七之法加长，又按一一五加举，得长一丈八尺五寸一分，再加翼角斜出椽径三份，如椽径四寸六分，得并长一丈九尺八寸九分。再加套兽榫照角梁厚一份，如角梁厚九寸二分，即套兽榫长九寸二分，得仔角梁通长二丈八寸一分。以椽径三份定高，二份定厚。如椽径四寸六分，得高一尺三寸八分，厚九寸二分。

凡老角梁以仔角梁之长，除飞檐头并套兽榫定长。如仔角梁长二丈八寸一分，内除飞檐头长二尺五寸七分，并套兽榫长九寸二分，得净长一丈七尺三寸二分。外加后尾三岔头照桁条之径一份，如桁条径一尺五寸七分，共得长一丈八尺八寸九分。高、厚与仔角梁同。

凡枕头木以步架定长。如步架深四尺，即长四尺。外加二拽架长二尺七寸，共长六尺七寸。内除角梁厚半份，得枕头木长六尺二寸四分。以挑檐桁径十分之三定宽。如挑檐桁径一尺一寸七分，得宽三寸五分。正心桁上枕头木，以步架定长。如步架深四尺，即长四尺，内除角梁厚半份，得正心桁上枕头木净长三尺五寸四分。以正心桁径十分之三定宽，如正心桁径一尺五寸七分，得宽四寸七分。以椽径二份半定高。如椽径四寸六分，得枕头木一头高一尺一寸五分，一头斜尖与桁条平。两山枕头木做法同。

【注释】〔1〕后尾压科枋：压住斗栱后尾的枋子，起着防止斗栱外倾的作用，常见于城楼式建筑。

〔2〕出水：檐檩中心到飞檐椽外皮的距离为上出檐。因为屋檐向下流水，所以称为“出水”。

【译解】后尾压科枋的长度由面宽来确定。若面宽为二丈四尺，减去七架梁的厚度一尺八寸，两端外加入榫的长度，入榫的长度为自身厚度的一半。梢间和两山的压科枋，一端减去七架梁厚度的一半，一端减去二拽架的长度二尺七寸，外加的斜搭交的长度与其厚度相同。若斜搭交的厚度为九寸，则它的长度也为九寸。压科枋的高度为斗口宽度的二点五倍，厚度为斗口宽度的两倍。若斗口的宽度为四寸五分，则压科枋的高度为一尺一寸二分，厚度为九寸。

金垫板、脊垫板的长度由面宽来确定。若面宽为二丈四尺，减去柱径，两端外加入榫的长度，入榫的长度为柱径的十分之二。垫板的高度为斗口宽度的三倍，垫板的厚度为斗口宽度的一半。若斗口的宽度为四寸五分，则垫板的高度为一尺三寸五分，厚度为二寸二分。脊垫板的长度为面宽减去脊瓜柱的厚度，两端外加入榫的长度，入榫的长度为脊瓜柱厚度的四分之一。

仔角梁的长度由步架的长度加出檐的长度和举的比例来确定。若步架的长度为四尺，挑檐桁中心至正心桁中心为二拽架的长度二尺七寸，出檐的长度为四尺，再加出水长度的两倍，即八寸，可得总长度为一丈一尺五寸。用方五斜七法计算后，再使用一一五举的比例计算，可得长度为一丈八尺五寸一分。再加翼角的出头部分，其为椽子直径的三倍。若椽子的直径为四寸六分，将所得到的翼角的长度与前述长度相加，可得长度为一丈九尺八寸九分。再加套兽入榫的长度（入榫的长度与角梁的厚度相同）。若角梁的厚度为九寸二分，则套兽入榫的长度为九寸二分。由此可得仔角梁的总长度为二丈八寸一分。仔角梁的高度为椽子直径的三倍，厚度为椽子直径的两倍。若椽子的直径为四寸六分，可得仔角梁的高度为一尺三寸八分，厚度为九寸二分。

老角梁的长度由仔角梁的长度减去飞檐头和套兽入榫的长度来确定。若仔角梁的长度为二丈八寸一分，减去飞檐头的长度二尺五寸七分，再减去套兽入榫的长度九寸二分，可得老角梁的净长度为一丈七尺三寸二分。后尾的三岔头长度与桁条的直径相同。若桁条的直径为一尺五寸七分，可得老角梁的总长度为一丈八尺八寸九分。老角梁的高度、厚度与仔角梁的高度、厚度相同。

枕头木的长度由步架的长度来确定。若步架的长度为四尺，则枕头木的长度为四尺。再加二拽架的长度二尺七寸，得总长度为六尺七寸。再减去角梁厚度的一半，可得枕头木的长度为六尺二寸四分。枕头木的宽度为挑檐桁直径的十分之三。若挑檐桁的直径为一尺一寸七分，则枕头木的宽度为三寸五分。正心桁上方的枕头木的长度由步架的长度来确定。若步架的长度为四尺，则枕头木的长度为四尺。减去角梁厚度的一半，可得正心桁上方的枕头木的净长度为三尺五寸四分。枕头木的宽度为正心桁直径的十分之三。若正心桁的直径为一尺五寸七分，可得正心桁上方的枕头木的宽度为四寸七分。枕头木的高度为椽子直径的二点五倍。若椽子的直径为四寸六分，则枕头木一端的高度为一尺一寸五分，另一端为斜尖状，与桁条平齐。两山墙的枕头木尺寸的计算方法相同。

【原文】凡椽椀、椽中板以面阔定长。如面阔二丈四尺，即长二丈四尺。以椽径一份，再加椽径三分之一定高。如椽径四寸六分，得椽椀并椽中板高六寸一分。以椽径三分之一定厚，得厚一寸五分。两山椽椀并椽中板做法同。

凡檐椽以步架并出檐加举定长。如步架深四尺，正心桁中至挑檐桁中二拽架二尺七寸，出檐四尺，又加出水八寸，共长一丈一尺五寸，内除飞檐头一尺六寸，净长九尺九寸，按一一五加举，得通长一丈一尺三寸八分。外加一头搭交尺寸，按本身径一份，如本身径四寸六分，即长四寸六分。径与下檐檐椽径寸同。两山檐椽做法同。每椽空档，随椽径一份。每间椽数，俱应成双，档之宽窄，随数均匀。

凡飞檐椽以出檐定长。如出檐四尺八寸，三份分之，出头一份得长一尺六寸，后尾二份半得长四尺，又按一一五加举，得飞檐椽通长六尺四寸四分。见方与檐椽径寸同。

凡翼角翘椽长、径俱与平身檐椽同。其起翘处以挑檐桁中至出檐尺寸，用方五斜七之法，再加步架并正心桁中至挑檐桁中之拽架各尺寸定翘数。如挑檐桁中出檐四尺八寸，方五斜七加之，得长六尺七寸二分，再加步架深四尺，二拽架长二尺七寸，共长一丈三尺四寸二分。内除角梁厚半份四寸六分，得净长一丈二尺九寸六分，即系翼角椽档分位。翼角翘椽以成单为率，如逢双数，应改成单。

凡翘飞椽以平身飞檐椽之长，用方五斜七之法定长，如飞檐椽长六尺四寸四分，用方五斜七加之，第一翘得长九尺一分，其余以所定翘数每根递减长五分五厘。其高比飞檐椽加高半份，如飞檐椽高四寸六分，得翘飞椽高六寸九分。厚仍四寸六分。

凡花架椽以步架加举定长。如步架深四尺，按一二五加举，得长五尺，两头各加搭交尺寸，按本身径一份。径与檐椽同。

凡脑椽以步架加举定长。如步架深四尺，按一三五加举，得长五尺四寸，一头加搭交尺寸，按本身径一份。径与檐椽同。

【译解】椽椀和椽中板的长度由面宽来确定。若面宽为二丈四尺，则椽椀和椽中板的长度为二丈四尺。以椽子的直径再加该直径的三分之一，来确定椽椀和椽中板的高度。若椽子的直径为四寸六分，可得椽椀和椽中板的高度为六寸一分。椽椀和椽中板的厚度为椽子直径的三分之一，即一寸五分。两山墙的椽椀和椽中板尺寸的计算方法相同。

檐椽的长度由步架的长度加出檐的长度和举的比例来确定。若步架的长度为四尺，正心桁中心到挑檐桁中心的二拽架长度为二尺七寸，出檐的长度为四尺，出水的长度为八寸，将几个高度相加，可得总长度为一丈一尺五寸。减去飞檐椽头的长度一尺六寸，可得净长度为九尺九寸。使用一一五举的比例，可得檐椽的总长度为一丈一尺三寸八分。一端增加搭交的长度，搭交的长度与自身的直径相同。若自身的直径为四寸六分，则加长的长度为四寸六分。檐椽的直径与下檐檐椽的直径相同。两山墙的檐椽尺寸的计算方法相同。每两根椽子的空档宽度与椽子的宽度相同。每个房间使用的椽子数量都应为双数，空档宽度应均匀。

飞檐椽的长度由出檐的长度来确定。若出檐的长度为四尺八寸，将此长度三等分，每小段长度为一尺六寸。椽子的出头部分长度与每小段长度相同，即一尺六寸。椽子的后尾长度为每小段长度的二点五倍，即四尺。将两个长度相加，再使用一一五举的比例，可得飞檐椽的总长度为六尺四寸四分。飞檐椽的截面正方形边长与檐椽的直径相同。

翼角翘椽的长度和直径都与平身檐椽的相同。椽子起翘的位置，由挑檐桁中心到出檐的长度，用方五斜七法计算后的斜边长度，以及步架的长度和正心桁中心到挑檐桁中心的拽架尺寸等数据共同来确定。若挑檐桁中心到出檐的长度为四尺八寸，用方五斜七法计算出的斜边长为六尺七寸二分，加步架的长度四尺，再加二拽架的长度二尺七寸，可得总长度为一丈三尺四寸二分。减去角梁厚度的一半四寸六分，可得净长度为一丈二尺九寸六分。在翼角翘椽上量出这个长度，刻度处即为椽子起翘的位置。翼角翘椽的数量通常为单数，如果遇到是双数的情况，应当改变制作方法，使其变为单数。

翘飞椽的长度由平身飞檐椽的长度用方五斜七法计算之后来确定。若飞檐椽的长度为六尺四寸四分，用方五斜七法计算之后，可以得出第一根翘飞椽的长度为九尺一分。其余的翘飞椽长度，可根据总翘数递减，每根长度比前一根长度小五分五厘。翘飞椽的高度为飞檐椽高度的一点五倍，若飞檐椽的高度为四寸六分，可得翘飞椽的高度为六寸九分。翘飞椽的厚度为四寸六分。

花架椽的长度由步架的长度和举的比例来确定。若步架的长度为四尺，使用一二五举的比例，可得花架椽的长度为五尺。两端外加的搭交长度与自身的直径相同。花架椽的直径与檐椽的直径相同。

脑椽的长度由步架的长度和举的比例来确定。若步架的长度为四尺，使用一三五举的比例，可得脑椽的长度为五尺四寸。一端外加的搭交长度与自身的直径相同。脑椽的直径与檐椽的直径相同。

【原文】凡两山出梢哑叭花架、脑椽，俱与正花架、脑椽同。哑叭檐椽以挑山檩之长得长，系短椽折半核算。

凡横望板、压飞檐尾横望板，俱以面阔、进深加举折见方丈定长、宽。以椽径十分之二定厚。如椽径四寸六分，得厚若九分。

凡里口以面阔定长。如面阔二丈四尺，即长二丈四尺。以椽径一份，再加望板厚一份半定高。如椽径四寸六分，望板厚一份半一寸三分，得里口高五寸九分。厚与椽径同。两山里口做法同。

凡闸档板以椽档分位定宽。如椽档宽四寸六分，即闸档板宽四寸六分。外加入槽每寸一分。高随椽径尺寸，以椽径十分之二定厚。如椽径四寸六分，得闸档板厚九分。其小连檐自起翘处至老角梁得长。宽随椽径一份，厚照望板厚一份半，得厚一寸三分。两山闸档板、小连檐做法同。

凡连檐以面阔定长。如面阔二丈四尺，即长二丈四尺。其梢间连檐照面阔一头收一步架四尺，净长一丈四寸，外加出檐四尺，并出水八寸，又加正心桁中至挑檐桁中二拽架二尺七寸，共长一丈七尺九分，除角梁厚半份，净长一丈七尺四寸四分。其起翘处起至仔角梁，每尺加翘一寸。高、厚与檐椽径寸同。两山连檐做法同。

凡瓦口长与连檐同。以椽径半份定高。如椽径四寸六分，得瓦口高二寸三分。以本身之高折半定厚，得厚一寸一分。

凡扶脊木长、径俱与脊桁同。脊桩，照通脊之高，再加扶脊木之径一份，桁条之径四分之一得长。宽照椽径一份。厚按本身之宽折半。

【译解】两山墙的梢间哑叭花架椽与脑椽的计算方法与正花架椽和脑椽的相同。哑叭檐椽的长度由挑山檩的长度来确定。哑叭檐椽为短椽，其长度需进行折半核算。

横望板和压住飞檐尾铺设的横望板，其长度和宽度由面宽和进深加举的比例折算成矩形的边长来确定。横望板的厚度为椽子直径的十分之二。若椽子的直径为四寸六分，可得横望板的厚度为九分。

里口的长度由面宽来确定。若面宽为二丈四尺，则里口的长度为二丈四尺。里口的高度为椽子的直径加顺望板的厚度的一点五倍。若椽子的直径为四寸六分，顺望板厚度的一点五倍即一寸三分，可得里口的高度为五寸九分。里口的厚度与椽子的直径相同。两山墙的里口尺寸的计算方法相同。

闸档板的宽度由椽档的位置来确定。若椽子之间的宽度为四寸六分，则闸档板的宽度为四寸六分。在闸档板外侧开槽，每寸开槽一分。闸档板的高度与椽子的直径相同。闸档板的厚度为椽子直径的十分之二。若椽子的直径为四寸六分，可得闸档板的厚度为九分。小连檐的长度为椽子起翘的位置到老角梁的距离。小连檐的宽度与椽子的直径相同，厚度为望板厚度的一点五倍，可得其厚度为一寸三分。两山墙的闸档板和小连檐尺寸的计算方法相同。

连檐的长度由面宽来确定。若面宽为二丈四尺，则长为二丈四尺。梢间的连檐，一端减去一步架的长度四尺，可得净长度为一丈四寸。加出檐的长度四尺，加出水的长度八寸，再加正心桁中心至挑檐桁中心的二拽架长度二尺七寸，得长度为一丈七尺九分，减去角梁厚度的一半，可得连檐的净长度为一丈七尺四寸四分。每尺连檐需增加一寸翘长。连檐的高度、厚度与檐椽的直径相同。两山墙的连檐尺寸的计算方法相同。

瓦口的长度与连檐的长度相同。瓦口的高度是椽子直径的一半。若椽子的直径为四寸六分，则瓦口的高度为二寸三分。瓦口的厚度为自身高度的一半，则瓦口的厚度为一寸一分。

扶脊木的长度、直径都与脊桁的相同。脊桩的长度是通脊的高度加扶脊木的直径，再加桁条直径的四分之一。脊桩的宽度与椽子的直径相同，厚度为自身宽度的一半。

【原文】凡榻脚木以步架四份，外加桁条径二份定长。如步架四份长一丈六尺，外加两头桁条之径各一份，如桁条径一尺五寸七分，得榻脚木通长一丈九尺一寸四分。见方与桁条径寸同。

凡草架柱子以步架加举定高。如步架深四尺，第一步架按七举加之，得高二尺八寸；第二步架按九举加之，得高三尺六寸。二步架共高六尺四寸，脊桁下柱子即高六尺四寸。外加两头入榫分位，按本身之宽、厚折半，如本身宽、厚七寸八分，得榫长各三寸九分。以榻脚木见方尺寸折半定宽、厚。如榻脚木见方一尺五寸七分，得草架柱子见方七寸八分。其穿以步架二份定长。如步架二份共长八尺，即长八尺。宽、厚与草架柱子同。

凡山花板以进深定宽。如进深二丈四尺，前后各收一步架深四尺。得山花板通宽一丈六尺。以脊中草架柱子之高，加扶脊木并桁条之径定高。如草架柱子高六尺四寸，扶脊木、脊桁各径一尺五寸七分，得山花板定高九尺五寸四分。系尖高做法，均折核算。以桁条之径四分之一定厚。如桁条径一尺五寸七分，得山花板厚三寸九分。

凡博缝板随各椽之长得长。如花架椽长五尺，花架博缝板即长五尺，如脑椽长五尺四寸，脑博缝板即长五尺四寸。每博缝板外加搭岔分位，照本身之宽加长，如本身宽二尺七寸六分，即每块加长二尺七寸六分。以椽径六份定宽。如椽径四寸六分，得博缝板宽二尺七寸六分。厚与山花板之厚同。

以上俱系大木做法，其余斗科及装修等件并各项工料，逐款分别，另册开载。

【译解】榻脚木的长度与四倍步架长度加两倍桁条直径的长度相同。若四倍步架长度为一丈六尺，两端均加桁条的直径，若桁条的直径为一尺五寸七分，可得榻脚木的总长度为一丈九尺一寸四分。榻脚木的截面正方形边长与桁条的直径相同。

草架柱子的高度由步架的长度加举的比例来确定。若步架的长度为四尺，第一步架使用七举的比例，可得高度为二尺八寸；第二步架使用九举的比例，可得高度为三尺六寸，两步架的总高度为六尺四寸，则脊桁下方的草架柱子的高度为六尺四寸。两端外加入榫的长度，入榫的长度为自身宽度、厚度的一半。若自身的宽度、厚度为七寸八分，可得入榫的长度为三寸九分。草架柱子的宽度、厚度与折半的榻脚木的截面正方形边长尺寸相同。若榻脚木的截面正方形边长为一尺五寸七分，可得草架柱子的截面正方形边长为七寸八分。穿的长度是步架长度的两倍。若步架长度的两倍为八尺，则穿的长度为八尺。穿的宽度、厚度与草架柱子的宽度、厚度相同。

山花板的宽度由进深来确定。若进深为二丈四尺，前后坡均减一步架长度四尺，可得山花板的宽度为一丈六尺。以脊中的草架柱子的高度加扶脊木和桁条的直径来确定山花板的高度。若草架柱子的高度为六尺四寸，扶脊木和脊桁的直径均为一尺五寸七分，三者相加，可得屋顶最高处的山花板的高度为九尺五寸四分，其余高度都要按比例进行核算。桁条直径的四分之一为山花板的厚度。若桁条的直径为一尺五寸七分，可得山花板的厚度为三寸九分。

博缝板的长度与其所在的椽子的长度相同。若花架椽的长度为五尺，则花架博缝板的长度为五尺。若脑椽的长度为五尺四寸，则脑博缝板的长度为五尺四寸。每个博缝板外侧都需外加搭岔，加长的长度与博缝板自身的宽度尺寸相同。若博缝板的宽度为二尺七寸六分，每块需加长的长度为二尺七寸六分。椽子直径的六倍为博缝板的宽度。若椽子的直径为四寸六分，可得博缝板的宽度为二尺七寸六分。博缝板的厚度与山花板的厚度相同。

上述计算方法均适用于大木建筑，其他斗栱和装修部件等工程材料的款式和类别，另行刊载。

卷十五

本卷详述下层使用斗口为四寸的一斗三升式斗栱，建造七檩进深的重檐歇山顶四层大木式转角楼的方法。

重檐七檩歇山转角楼一座计四层下层一斗三升斗口四寸大木做法

【译解】下层使用斗口为四寸的一斗三升式斗栱，建造七檩进深的重檐歇山顶，四层大木式转角楼的方法。

【原文】凡面阔、进深以斗科攒数而定，每攒以口数十二份定宽。如斗口四寸，以科中分算，得斗科每攒宽四尺八寸。如面阔用平身科二攒，加两边柱头科各半攒，共斗科三攒，得面阔一丈四尺四寸。梢间如收半攒，即“连瓣科[1]”，得面阔一丈二尺。如进深共用斗科五攒，得进深二丈四尺。

凡下檐柱以楼三层之高定高，如楼三层每层八尺，内上层加平板枋八寸，一斗三升[2]斗科二尺八分，共高一丈八寸八分，得檐柱通高二丈六尺八寸八分。每径一尺，外加上、下榫各长三寸。如柱径一尺六寸，得榫长各四寸八分。以斗口四份定径。如斗口四寸，得径一尺六寸。

凡前檐金柱，以下檐柱之高定高。如下檐柱通高二丈六尺八寸八分，再加承重一尺六寸，上檐露明柱高八尺，大额枋一尺八寸，得通长三丈八尺二寸八分。每径一尺，外加上、下榫各长三寸。以檐柱径定径寸。如檐柱径一尺六寸，加二寸，得径一尺八寸。再以每长一丈加径一寸，共径二尺一寸八分。

凡山柱长与金柱同。以檐柱径加二寸定径寸，如檐柱径一尺六寸，得径一尺八寸。每径一尺，外加上、下榫各长三寸。

凡转角房山柱，以两山山柱之长定长。如山柱长三丈八尺二寸八分，再加平板枋八寸，斗科二尺八寸八分，得长四丈一尺九寸六分。每径一尺，外加上、下榫各长三寸。以金柱径加二寸定径。如金柱径二尺一寸八分，得径二尺三寸八分。

凡下、中二层承重以进深定长。如进深二丈四尺，即长二丈四尺。两山分间承重，得长一丈二尺。以檐柱径定高，如檐柱径一尺六寸，即高一尺六寸，以本身之高收二寸定厚，如本身高一尺六寸，得厚一尺四寸。

【注释】〔1〕连瓣科：一种斗栱，指将三个或三个以上的坐斗做成一个整体，起着增加角科斗栱承载力的作用，多用于城楼式建筑。

〔2〕一斗三升：一种斗栱，以一个坐斗为底，栱上有三个升。

【译解】面宽和进深都由斗栱的套数来确定，一套斗栱的宽度为斗口宽度的十二倍。如果斗口的宽度为四寸，可得一套斗栱的宽度为四尺八寸。如果面宽使用两套平身科斗栱，加上两端各使用的半套柱头科斗栱，共计使用三套斗栱，可得面宽为一丈四尺四寸。如果梢间少用半套斗栱，也就是连瓣科斗栱，则可得面宽为一丈二尺。如果进深共使用五套斗栱，可得进深为二丈四尺。

下檐柱的高度以三层楼的高度来确定。如果每层楼的高度为八尺，共三层。其中，上层平板枋的高度为八寸，一斗三升式斗栱的高度为二尺八分，由此可得上层的总高度为一丈八寸八分。将几层楼的高度相加，可得下檐柱的高度为二丈六尺八寸八分。当柱径为一尺时，外加的上、下榫的长度为三寸。如果柱径为一尺六寸，可得榫的长度为四寸八分。柱径的尺寸为斗口宽度的四倍。如果斗口的宽度为四寸，可得柱径为一尺六寸。

前檐金柱的高度由下檐柱的高度来确定。下檐柱的总高度为二丈六尺八寸八分，承重梁的高度为一尺六寸，上檐露明柱的高度为八尺，大额枋的高度为一尺八寸，将几个高度相加，可得前檐金柱的总高度为三丈八尺二寸八分。当柱径为一尺时，外加的上、下榫的长度为三寸。以檐柱径来确定前檐金柱的直径。若檐柱径为一尺六寸，增加二寸，可得前檐金柱的直径一尺八寸。当前檐金柱的长度为一丈时，在前述直径的基础上增加一寸，则直径为二尺一寸八分。

山柱的长度与金柱的长度相同。以檐柱径增加二寸来确定山柱径的尺寸。若檐柱径为一尺六寸，可得山柱径为一尺八寸。当山柱径为一尺时，外加的上下榫的长度为三寸。

转角房的山柱的长度由两山墙的山柱的长度来确定。若山柱的长度为三丈八尺二寸八分，平板枋的高度为八寸，斗栱的高度为二尺八寸八分，可得转角房山柱的总长度为四丈一尺九寸六分。当山柱径为一尺时，外加的上下榫的长度均为三寸。以金柱径增加二寸来确定山柱径的尺寸。若金柱径为二尺一寸八分，可得转角房的山柱径为二尺三寸八分。

下层和中层的承重梁的长度由进深来确定。若进深为二丈四尺，则承重梁的长度为二丈四尺。两山分间中的承重梁，长度为一丈二尺。以檐柱径来确定承重梁的高度。若檐柱径为一尺六寸，则承重梁的高度为一尺六寸。以承重梁的高度减少二寸来确定其厚度。若承重梁的高度为一尺六寸，可得承重梁的厚度为一尺四寸。

【原文】凡转角斜承重[1]以进深定长，如转角房见方二丈四尺，分间得长一丈二尺，用方五斜七之法得斜承重长一丈六尺八寸。高、厚与正承重同。

凡下层间枋以面阔定长。如面阔一丈四尺四寸，前檐除前金柱径二尺一寸八分，后檐除檐柱径一尺六寸，外加两头入榫分位各按柱径四分之一。如转角分间得长一丈二尺。以檐柱径收三寸定高。如檐柱径一尺六寸，得高一尺三寸。以本身之高每尺收三寸定厚。如本身高一尺三寸，得厚九寸一分。

凡中、上层间枋长与下层间枋同。以檐柱径折半定见方。如檐柱径一尺六寸，得见方八寸。

凡上、中、下三层楞木以面阔定

□ 重檐七檩歇山转角楼

所谓重檐，就是在原本歇山顶的下方，再加上一层屋檐。此类屋顶形制在等级上高于单檐庑殿顶，仅低于重檐庑殿顶。

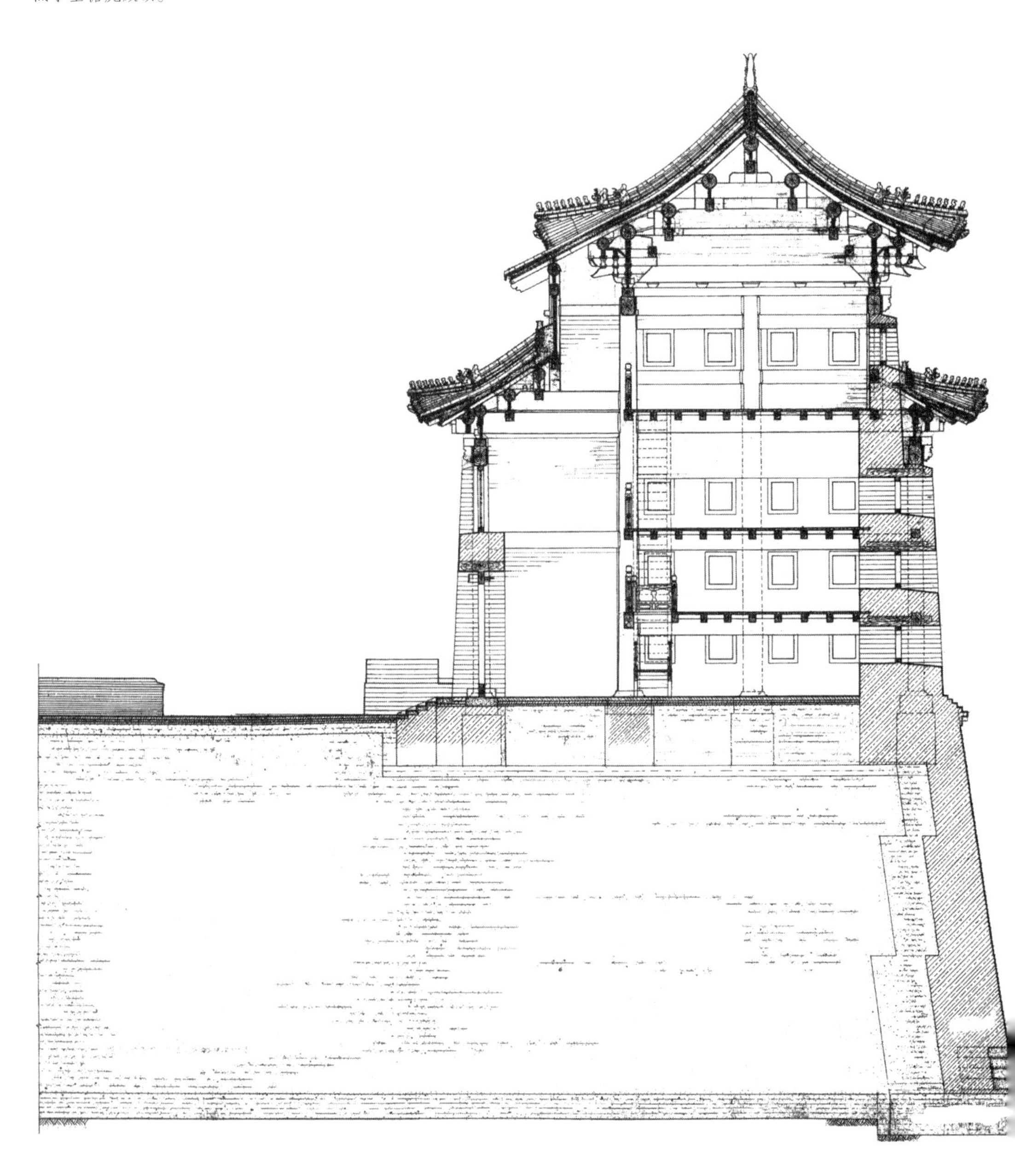

长。如面阔一丈四尺四寸，即长一丈四尺四寸。以承重之高折半定高，如承重高一尺六寸，得高八寸。以本身之高收二寸定厚，如本身高八寸，得厚六寸。

凡上层挑檐承重梁以进深定长。如进深二丈四尺，即长二丈四尺。一头外加一步架长四尺，又加一拽架长一尺二寸，再加出头分位，照挑檐桁之径一份，如挑檐桁径一尺二寸，即出一尺二寸，共长三丈四寸。两山分间承重，每根得一丈二尺，一头外加一步架长四尺，又加一拽架长一尺二寸。再加出头分位，照挑檐桁之径一份，共长一丈八尺四寸。高、厚与下层承重同。

凡斜挑檐承重以正挑檐承重之长定长。如正挑檐承重长一丈八尺四寸，用方五斜七加之，得长二丈五尺七寸六分。高、厚与正承重同。

凡间枋、楞木，长、宽、厚俱与下层间枋、楞木同。

凡楼板三层，俱以面阔、进深定长短、块数。内除楼梯分位，按门口尺寸，临期酌定。以楞木厚四分之一定厚。如楞木厚六寸，得厚一寸五分。如墁砖，以楞木之厚折半得厚。

凡两山挑檐踩步梁以步架定长。如步架深四尺，又加一拽架长一尺二寸，再加出头分，照挑檐桁之径一份，如挑檐桁径一尺二寸，即出一尺二寸，共长六尺四寸。以山柱径定高。如山柱径一尺八寸，即高一尺八寸。以本身之高每尺收三寸定厚，如本身高一尺八寸，得厚一尺二寸六分。

【注释】〔1〕斜承重：位于转角处的承重梁，与山面和檐面各成45度角。

【译解】转角斜承重梁的长度由进深来确定。若转角房的横截面边长为二丈四尺，则面宽与进深均为二丈四尺，分间的进深为一丈二尺，用方五斜七法计算可得斜承重梁的长度为一丈六尺八寸。斜承重梁的高度和厚度与正承重梁的高度和厚度相同。

下层间枋的长度由面宽来确定。若面宽为一丈四尺四寸，前檐减去前檐金柱径二尺一寸八分，后檐减去檐柱径一尺六寸，两端外加入榫的长度，入榫的长度均为柱径的四分之一。转角分间的间枋的长度为一丈二尺。以檐柱径减少三寸来确定下层间枋的高度。若檐柱径为一尺六寸，可得下层间枋的高度为一尺三寸。以下层间枋的高度来确定其厚度。当高度为一尺时，厚度为七寸。若下层间枋的高度为一尺三寸，可得下层间枋的厚度为九寸一分。

中层和上层间枋的长度与下层间枋的长度相同。以檐柱径减半来确定间枋的横截面正方形的边长。若檐柱径为一尺六寸，可得间枋的横截面正方形的边长为八寸。

上层、中层和下层的楞木的长度由面宽来确定。若面宽为一丈四尺四寸，则楞木的长度为一丈四尺四寸。以承重高度的一半来确定楞木的高度。若承重的高度为一尺六寸，可得楞木的高度为八寸。以楞木的高度减少二寸来确定其厚度，若楞木的高度为八寸，可得楞木的厚度为六寸。

上层挑檐承重梁的长度由进深来确定。若进深为二丈四尺，可得承重梁的长度为二丈四尺。在一端加一步架长度四尺，一拽架长度一尺二寸，再加与其他构件相交的出头部分，出头部分的长度与挑檐桁的直径尺寸相同。若挑檐桁的直径为一尺二寸，则出头部分的长度为一尺二寸。将几个长度相加，可得承重梁的总长度为三丈四寸。两山分间中的承重梁，每根长为一丈二尺，再加一步架长度四尺，一拽架长度一尺二寸，出头部分的长度与挑檐桁的直径尺寸相同，将几个长度相加，可得总长度为一丈八尺四寸。上层挑檐承重梁的高度和厚度与下层承重梁的高度和厚度相同。

斜挑檐承重梁的长度由正挑檐承重梁的长度来确定。若正挑檐承重梁的长度为一丈八尺四寸，用方五斜七法计算后可得斜挑檐承重梁的长度为二丈五尺七寸六分。斜挑檐承重梁的高度和厚度与正挑檐承重梁的高度和厚度相同。

中层和上层间枋、楞木的长度、宽度和厚度均与下层间枋的相同。

三层楼板的长度和块数均由进深和面宽来确定。楼梯如何布置，需由门口的尺寸来确定，在建造时以实际情况为准。楼板的厚度为楞木厚度的四分之一。若楞木的厚度为六寸，可得楼板的厚度为一寸五分。墁砖的厚度为楞木厚度的一半。

两山的挑檐踩步梁的长度由步架的长度来确定。若步架的长度为四尺，加一拽架长度一尺二寸，再加出头部分。出头部分的长度与挑檐桁的直径尺寸相同。若挑檐桁的直径为一尺二寸，则出头部分的长度为一尺二寸。将几个长度相加，可得挑檐踩步梁的长度为六尺四寸。以山柱径来确定踩步梁的高度。若山柱径为一尺八寸，则踩步梁的高度为一尺八寸。以踩步梁的高度来确定其厚度。当高度为一尺时，厚度为七寸。若踩步梁的高度为一尺八寸，可得挑檐踩步梁的厚度为一尺二寸六分。

【原文】凡四角斜挑檐踩步梁以正挑檐踩步梁之长定长。如正挑檐踩步梁长六尺四寸，用方五斜七之法得长八尺九寸六分。高、厚与正挑檐踩步梁同。

凡正心桁以面阔定长。如面阔一丈四尺四寸，即长一丈四尺四寸。其梢间及转角正心桁，照面阔，后檐一头加一步架，又加交角出头分位，按本身之径一份，共长一丈七尺四寸，前檐照梢间面阔加两头交角出头分位，俱按本身之径一份，如本身径一尺四寸，即出头长一尺四寸。两山正心桁，前后各加一步架，又加交角出头分位，按本身之径一份。以斗口三份半定径寸。如斗口四寸，得径一尺四寸。每径一尺，外加搭交榫长三寸。如径一尺四寸，得榫长四寸二分。

凡正心枋以面阔定长。如面阔一丈四尺四寸，内除挑檐踩步梁厚一尺二寸六分，得净长一丈三尺一寸四分。外加两头入榫分位，各按本身高半份，如本身高八寸，得榫长各四寸，通长一丈三尺九寸四分。其梢间及转角，照面阔。两山按进深各折半尺寸，一头加一步架，一头除挑檐踩步梁厚半份，外加入榫分位，仍照前法。以斗口二份定高。如斗口四寸，得正心枋高八寸。以斗口一份，外加包掩定厚。如斗口四寸，加包掩六分，得正心枋厚四寸六分。

凡挑檐桁以面阔定长，如面阔一丈四尺四寸，即长一丈四尺四寸。每径一尺，外加扣榫长三寸。其梢间及转角后檐挑檐桁，一头加一步架，又加一拽架，再加交角出头分位，按本身之径一份半。如梢间及转角分间做法，得长一丈二尺，一步架深四尺，一拽架长一尺二寸，交角出头一尺八寸，共长一丈九尺。前檐照梢间面阔，一头加交角分位，按一拽架尺寸，一头加一拽架，又加交角出头分位，按本身之径一份半。两山挑檐桁，前后各加一步架并一拽架及交角出头分位按本身之径一份半。以正心桁之径收二寸定径，如正心桁径一尺四寸，得挑檐桁径一尺二寸。

【译解】四角的斜挑檐踩步梁的长度由正挑檐踩步梁的长度来确定。若正挑檐踩步梁的长度为六尺四寸，用方五斜七法计算后可得斜挑檐踩步梁的长度为八尺九寸六分。斜挑檐踩步梁的高度和厚度与正挑檐踩步梁的高度和厚度相同。

正心桁的长度由面宽来确定。若面宽为一丈四尺四寸，则正心桁的长度为一丈四尺四寸。梢间和转角房的正心桁的长度，在面宽的基础上，在后檐一端增加一步架长度，与其他构件相交后出头，该出头部分的长度与自身的直径尺寸相同，得总长度为一丈七尺四寸。前檐在梢间面宽的基础上，两端分别出头，出头的长度与自身的直径尺寸相同。若自身的直径为一尺四寸，可得出头部分的长度为一尺四寸。两山的正心桁，前后各增加一步架长度，再加出头部分，出头部分的长度与自身的直径尺寸相同。以斗口宽度的三点五倍来确定正心桁的直径。若斗口的宽度为四寸，可得正心桁的直径为一尺四寸。当正心桁的直径为一尺时，外加的搭交榫的长度为三寸。若正心桁的直径为一尺四寸，可得榫的长度为四寸二分。

正心枋的长度由面宽来确定。若面宽为一丈四尺四寸，减去挑檐踩步梁的厚度一尺二寸六分，可得其长度为一丈三尺一寸四分。两端外加入榫的长度，入榫的长度为自身高度的一半。若自身的高度为八寸，可得入榫的长度为四寸，由此可得正心枋的总长度为一丈三尺九寸四分。梢间和转角房的正心枋的长度，在面宽的基础上，一端增加一步架长度，一端减去挑檐踩步梁厚度的一半，外加入榫的长度，入榫的长度为自身高度的一半。两山的正心枋的长度，在进深一半的基础上，一端增加一步架长度，一端减去挑檐踩步梁厚度的一半，外加入榫的长度，入榫的长度为自身高度的一半。以斗口宽度的两倍来确定正心枋的高度。若斗口的宽度为四寸，可得正心枋的高度为八寸。正心枋的厚度为斗口的宽度加包掩。若斗口的宽度为四寸，包掩为六分，可得正心枋的厚度为四寸六分。

挑檐桁的长度由面宽来确定。若面宽为一丈四尺四寸，则挑檐桁的长度为一丈四尺四寸。当挑檐桁的直径为一尺时，外加的扣榫的长度为三寸。梢间和转角房后檐的挑檐桁，一端增加一步架长度、一拽架长度，再加与其他构件相交之后的出头部分，出头部分的长度为挑檐桁直径的一点五倍。若梢间的面宽为一丈二尺，加一步架长度四尺，加一拽架长度一尺二寸，再加出头部分的长度一尺八寸，可得挑檐桁的总长度为一丈九尺。前檐在梢间面宽的基础上，一端增加一拽架长度作为出头部分，另一端增加一拽架长度，再加出头部分。出头部分的长度为前檐直径的一点五倍。两山的挑檐桁，前后各增加一步架长度，再加一拽架长度和出头部分，出头部分的长度为挑檐桁直径的一点五倍。以正心桁的直径减少二寸来确定挑檐桁的直径。若正心桁的直径为一尺四寸，可得挑檐桁的直径为一尺二寸。

【原文】凡挑檐枋以面阔定长。如面阔一丈四尺四寸，内除挑檐踩步梁厚一尺二寸六分，得净长一丈三尺一寸四分。外加两头入榫分位，各按本身高半份，如本身高八寸，得榫长各四寸，得通长一丈三尺九寸四分。其梢间及转角后檐，一头加一步架，又加一拽架，再加交角出头分位按挑檐桁之径一份半，如挑檐桁径一尺二寸，得出头长一尺八寸，一头除踩步梁厚半份，外加入榫分位，仍照前法。转角前檐照面阔尺寸。两山挑檐枋与梢间后檐尺寸同。以斗口二份定高，一份定厚。如斗口四寸，得高八寸，厚四寸。

凡坐斗枋[1]以面阔定长。如面阔一丈四尺四寸，即长一丈四尺四寸。每宽一尺，外加扣榫长三寸。如坐斗枋宽一尺二寸，得扣榫长三寸六分。其梢间及转角后檐并梢间前檐坐斗枋，一头俱加一步架，两山两头各加一步架长四尺，再加本身宽一份，得斜交分位，如本身宽一尺二寸，即加长一尺二寸，得通长三丈四尺四寸。以斗口三份定宽，二份定高，如斗口四寸，得宽一尺二寸，高八寸。

凡踩斗板以面阔定长。如面阔一丈四尺四寸，即长一丈四尺四寸。其梢间及转角后檐并梢间前檐踩斗板，一头俱加一步架。两山两头各加一步架，再加本身厚一份得搭交尺寸。以斗口二份，再加斗底五分之三定高，如斗口四寸，得高八寸，斗底四寸八分，共高一尺二寸八分。以斗口一份定厚，如斗口四寸，即厚四寸。

【注释】〔1〕坐斗枋：坐斗，位于平板枋上方，是正心瓜栱与头翘下方的斗，是一组位于斗栱中最下方的斗，是承载一套斗栱荷载的集中点，也被称为“大斗”。坐斗枋，即平板枋。

【译解】挑檐枋的长度由面宽来确定。若面宽为一丈四尺四寸，减去挑檐踩步梁的厚度一尺二寸六分，可得净长度为一丈三尺一寸四分。两端外加入榫的长度，入榫的长度为自身高度的一半。若自身的高度为八寸，可得入榫的长度为四寸，由此可得挑檐枋的总长度为一丈三尺九寸四分。梢间和转角房后檐的挑檐枋，一端增加一步架长度，又加一拽架长度，再加与其他构件相交之后的出头部分。出头部分的长度为挑檐桁直径的一点五倍，若挑檐桁的直径为一尺二寸，可得该出头部分的长度为一尺八寸。一端减去踩步梁厚度的一半，外加入榫的长度，入榫的长度的计算方法与前述方法相同。转角房前檐的挑檐枋的长度与面宽相同。两山的挑檐枋的长度与梢间后檐的挑檐枋相同。挑檐枋的高度为斗口宽度的两倍，厚度与斗口的宽度相同。若斗口的宽度为四寸，可得挑檐枋的高度为八寸，厚度为四寸。

坐斗枋的长度由面宽来确定。若面宽为一丈四尺四寸，则坐斗枋的长度为一丈四尺四寸。当坐斗枋的宽度为一尺时，外加的扣榫的长度为三寸。若坐斗枋的宽度为一尺二寸，可得扣榫的长度为三寸六分。梢间和转角房后檐，以及梢间前檐的坐斗枋，一端均增加一步架长度。两山的坐斗枋在两端均增加一步架的长度四尺，再加坐斗枋的宽度，作为斜搭交的长度。若坐斗枋的宽度为一尺二寸，则加长部分的长度为一尺二寸，由此可得总长度为三丈四尺四寸。以斗口宽度的三倍来确定坐斗枋的宽度，以斗口宽度的两倍来确定其高度。若斗口的宽度为四寸，可得坐斗枋的宽度为一尺二寸，高度为八寸。

踩斗板的长度由面宽来确定。若面宽为一丈四尺四寸，则踩斗板的长度为一丈四尺四寸。梢间和转角房后檐，以及梢间前檐的踩斗板，一端均增加一步架长度。两山的踩斗板，两端均增加一步架长度，再加踩斗板的厚度作为斜搭交的长度。以斗口宽度的两倍，再加斗底的五分之三来确定踩斗板的高度。若斗口的宽度为四寸，可得高度八寸，再加斗底的高度四寸八分，可得踩斗板的高度为一尺二寸八分。踩斗板的厚度与斗口的宽度相同，若斗口的宽度为四寸，则踩斗板的厚度为四寸。

【原文】凡仔角梁以步架并出檐加举定长，如步架深四尺，拽架长一尺二寸，出檐四尺，共长九尺二寸，用方五斜七之法加长，又按一一五加举，得长一丈四尺八寸一分。再加翼角斜出椽径三份，如椽径四寸六分，得并长一丈六尺一寸九分，再加套兽榫，照角梁本身之厚一份，如角梁厚九寸二分，即套兽榫长九寸二分，得仔角梁通长一丈七尺一寸一分。以椽径三份定高，二份定厚。如椽径四寸六分，得仔角梁高一尺三寸八分，厚九寸二分。转角角梁同。

凡老角梁以仔角梁之长，除飞檐头并套兽榫定长。如仔角梁长一丈七尺一寸一分，内除飞檐头长二尺一寸四分，并套兽榫长九寸二分，得净长一丈四尺五分。高、厚与仔角梁同。转角角梁同。

凡枕头木以步架定长，如步架深四尺，即长四尺，外加一拽架长一尺二寸，内除角梁厚半份四寸六分，得枕头木长四尺七寸四分。以挑檐桁径十分之三定宽，如挑檐桁径一尺二寸，得枕头木宽三寸六分。正心桁上枕头木以步架定长。如步架深四尺，内除角梁厚半份，得正心桁上枕头木长三尺五寸四分。以正心桁径十分之三定宽，如正心桁径一尺四寸，得枕头木宽四寸二分。以椽径二份半定高。如椽径四寸六分，得枕头木一头高一尺一寸五分，一头斜尖与桁条平。两山枕头木做法同。

凡承椽枋以面阔定长。如面阔一丈四尺四寸，前檐除金柱径一份，后檐除檐柱径一份，两山一头除山柱径半份，一头除檐柱径半份。外加两头入榫分位各按柱径四分之一。以檐柱径收二寸定高。如檐柱径一尺六寸，得高一尺四寸。以本身之高每尺收三寸定厚，如本身高一尺四寸，得厚九寸八分。

【译解】仔角梁的长度由步架的长度加出檐的长度和举的比例来确定。若步架的长度为四尺，拽架的长度为一尺二寸，出檐的长度为四尺，可得总长度为九尺二寸。用方五斜七法计算后，再使用一一五举的比例，可得长度为一丈四尺八寸一分。再加翼角的出头部分，出头部分为椽子直径的三倍。若椽子的直径为四寸六分，将所得到的翼角的长度与前述长度相加，可得长度为一丈六尺一寸九分。再加套兽入榫的长度，入榫的长度与角梁的厚度相同。若角梁的厚度为九寸二分，则套兽入榫的长度为九寸二分。由此可得仔角梁的总长度为一丈七尺一寸一分。以椽子直径的三倍来确定仔角梁的高度，以椽子直径的两倍来确定其厚度。若椽子的直径为四寸六分，可得仔角梁的高度为一尺三寸八分，厚度为九寸二分。转角房的仔角梁尺寸的计算方法相同。

老角梁的长度由仔角梁的长度减去飞檐头和套兽入榫的长度来确定。若仔角梁的长度为一丈七尺一寸一分，减去飞檐头的长度二尺一寸四分，再减去套兽入榫的长度九寸二分，可得老角梁的净长度为一丈四尺五分。老角梁的高度、厚度与仔角梁的高度、厚度相同。转角房的老角梁尺寸的计算方法相同。

枕头木的长度由步架的长度来确定。若步架的长度为四尺，则长为四尺。再加一拽架长度一尺二寸，减去角梁厚度的一半四寸六分，可得枕头木的长度为四尺七寸四分。枕头木的宽度为挑檐桁直径的十分之三。若挑檐桁的直径为一尺二寸，可得枕头木的宽度为三寸六分。正心桁上方的枕头木的长度由步架的长度来确定。若步架的长度为四尺，则长为四尺。减去角梁厚度的一半，可得正心桁上方的枕头木的净长度为三尺五寸四分。以正心桁直径的十分之三来确定其上的枕头木的宽度。若正心桁的直径为一尺四寸，可得正心桁上方的枕头木的宽度为四寸二分。以椽子直径的二点五倍来确定枕头木的高度。若椽子的直径为四寸六分，可得枕头木一端的高度为一尺一寸五分，另一端为斜尖状，与桁条平齐。两山墙的枕头木尺寸的计算方法相同。

承椽枋的长度由面宽来确定。若面宽为一丈四尺四寸，前檐减去金柱径的尺寸，后檐减去檐柱径的尺寸。两山的承椽枋，一端减去山柱径的一半，一端减去檐柱径的一半，两端外加入榫的长度，入榫的长度为柱径的四分之一。以檐柱径减少二寸来确定承椽枋的高度，若檐柱径为一尺六寸，可得承椽枋的高度为一尺四寸。以自身的高度来确定其厚度，当高度为一尺时，厚度为七寸。若承椽枋自身的高度为一尺四寸，可得承椽枋的厚度为九寸八分。

【原文】凡檐椽以步架并出檐加举定长。如步架深四尺，一拽架长一尺二寸，出檐四尺，共长九尺二寸，内除飞檐椽头一尺三寸三分，净长七尺八寸七分，按一一五加举，得通长九尺五分。以桁条径三分之一定径寸，如桁条径一尺四寸，得径四寸六分。两山檐椽做法同。每椽空档，随椽径一份。每间椽数，俱应成双，档之宽窄，随数均匀。

凡飞檐椽以出檐定长。如出檐四尺，三份分之，出头一份得长一尺三寸三分，后尾二份半，得长三尺三寸二分，又按一一五加举，得飞檐椽通长五尺三寸四分。见方与檐椽径寸同。

凡翼角翘椽长、径俱与平身檐椽同。其起翘处以挑檐桁中至出檐尺寸，用方五斜七之法，再加一步架并正心桁中至挑檐桁中之拽架各尺寸定翘数，如挑檐桁中出檐四尺，方五斜七加之，得长五尺六寸，再加一步架深四尺，一拽架长一尺二寸，共长一丈八寸，内除角梁厚半份，得净长一丈三寸四分，即系翼角椽档分位。翼角翘椽以成单为率，如逢双数，应改成单。

凡翘飞椽以平身飞檐椽之长，用方五斜七之法定长。如飞檐椽长五尺三寸四分，用方五斜七加之，第一翘得长七尺四寸七分，其余以所定翘数每根递减长五分五厘。其高比飞檐椽加高半份。如飞檐椽高四寸六分，得翘飞椽高六寸九分，厚仍四寸六分。

凡横望板、压飞檐尾横望板，以面阔、进深加举折见方丈定长、宽。以椽径十分之二定厚。如椽径四寸六分，得厚九分。

【译解】檐椽的长度由步架的长度加出檐的长度和举的比例来确定。若步架的长度为四尺，一拽架的长度为一尺二寸，出檐的长度为四尺，得总长度为九尺二寸。减去飞檐椽头的长度一尺三寸三分，可得净长度为七尺八寸七分。使用一一五举的比例，可得檐椽的总长度为九尺五分。以桁条直径的三分之一来确定檐椽的直径。若桁条的直径为一尺四寸，可得檐椽的直径为四寸六分。两山墙的檐椽尺寸的计算方法相同。每两根椽子的空档宽度与椽子的宽度相同。每个房间使用的椽子数量都应为双数，空档宽度应均匀。

飞檐椽的长度由出檐的长度来确定。若出檐的长度为四尺，将此长度三等分，每小段长度则为一尺三寸三分。椽子的出头部分的长度与每小段长度相同，即为一尺三寸三分。椽子的后尾长度为每小段长度的二点五倍，即三尺三寸二分。两个长度相加，再使用一一五举的比例，可得飞檐椽的总长度为五尺三寸四分。飞檐椽的截面正方形边长与檐椽的直径相同。

翼角翘椽的长度和直径都与平身檐椽的相同。椽子起翘的位置由挑檐桁中心到出檐的长度，用方五斜七法计算后的斜边长度，以及步架长度和正心桁中心到挑檐桁中心的拽架尺寸等数据共同来确定。若挑檐桁中出檐的长度为四尺，用方五斜七法计算出的斜边长为五尺六寸，加一步架的长度四尺，再加一拽架的长度一尺二寸，得总长度为一丈八寸。减去角梁厚度的一半，可得净长度为一丈三寸四分。在翼角翘椽上量出这个长度，刻度处即为椽子起翘的位置。翼角翘椽的数量通常为单数，如果遇到是双数的情况，应当改变制作方法，使其数量变为单数。

翘飞椽的长度由平身飞檐椽的长度，用方五斜七法计算之后来确定。若飞檐椽的长度为五尺三寸四分，用方五斜七法计算之后，可以得出第一根翘飞椽的长度为七尺四寸七分。其余的翘飞椽长度，可根据总翘数递减，每根的长度比前一根小五分五厘。翘飞椽的高度为飞檐椽高度的一点五倍，若飞檐椽的高度为四寸六分，可得翘飞椽的高度为六寸九分。翘飞椽的厚度为四寸六分。

横望板和压住飞檐尾铺设的横望板，其长度和宽度由面宽和进深加举的比例折算成矩形的边长来确定。以椽子直径的十分之二来确定横望板的厚度。若椽子的直径为四寸六分，可得横望板的厚度为九分。

【原文】凡里口以面阔定长。如面阔一丈四尺四寸，即长一丈四尺四寸。以椽径一份再加望板厚一份半定高。如椽径四寸六分，望板厚一份半一寸三分，得里口高五寸九分。厚与椽径同。两山里口做法同。

凡闸档板以翘椽档分位定宽。如翘椽档宽四寸六分，即闸档板宽四寸六分，外加入槽每寸一分。高随椽径尺寸。以椽径十分之二定厚，如椽径四寸六分，得闸档板厚九分。其小连檐自起翘处至老角梁得长。宽随椽径一份，厚照望板之厚一份半，得厚一寸三分。两山闸档板小连檐做法同。

凡连檐以面阔定长。如面阔一丈四

尺四寸，即长一丈四尺四寸，其梢间及转角连檐一头加一步架并出檐尺寸，又加正心桁中至挑檐桁中一拽架共长二丈一尺二寸，内除角梁之厚半份，净长二丈七寸四分。其起翘处起至仔角梁每尺加翘一寸。高、厚与檐椽径寸同。两山连檐做法同。

凡瓦口长与连檐同。以椽径半份定高。如椽径四寸六分，得瓦口高二寸三分。以本身之高折半定厚。如本身高二寸三分，得厚一寸一分。

凡椽椀、椽中板以面阔定长。如面阔一丈四尺四寸，即长一丈四尺四寸。以椽径一份再加椽径三分之一定高。如椽径四寸六分，得椽椀并椽中板高六寸一分。以椽径三分之一定厚，得厚一寸五分。两山椽椀并椽中板做法同。

凡周围榻脚木以面阔定长。如面阔一丈四尺四寸，即长一丈四尺四寸。以椽径一份半定宽，一份定厚。如椽径四寸六分，得宽六寸九分，厚四寸六分。

【译解】里口的长度由面宽来确定。若面宽为一丈四尺四寸，则里口的长度为一丈四尺四寸。以椽子的直径加顺望板厚度的一点五倍来确定里口的高度。若椽子的直径为四寸六分，顺望板厚度的一点五倍为一寸三分，可得里口的高度为五寸九分。里口的厚度与椽子的直径相同。两山墙的里口尺寸的计算方法相同。

闸档板的宽度由翘椽档的位置来确定。若椽子之间的宽度为四寸六分，则闸档板的宽度为四寸六分。在闸档板的外侧开槽，每寸长度开槽一分。闸档板的高度与椽子的直径相同。以椽子直径的十分之二来确定闸档板的厚度。若椽子的直径为四寸六分，可得闸档板的厚度为九分。小连檐的长度为椽子起翘的位置到老角梁的距离。小连檐的宽度与椽子的直径尺寸相同。小连檐的厚度为望板厚度的一点五倍，可得其厚度为一寸三分。两山墙的闸档板和小连檐尺寸的计算方法相同。

连檐的长度由面宽来确定。若面宽为一丈四尺四寸，则长为一丈四尺四寸。梢间和转角房的连檐，一端增加一步架长度和出檐长度，再加正心桁中心至挑檐桁中心的一拽架长度，可得总长度为二丈一尺二寸。减去角梁厚度的一半，可得连檐的净长度为二丈七寸四分。从起翘处到仔角梁之间，每尺需增加一寸翘长。连檐的高度、厚度与檐椽的直径相同。两山墙的连檐尺寸的计算方法相同。

瓦口的长度与连檐的长度相同。以椽子直径的一半来确定瓦口的高度。若椽子的直径为四寸六分，可得瓦口的高度为二寸三分。以自身高度的一半来确定其厚度，若瓦口的高度为二寸三分，可得瓦口的厚度为一寸一分。

椽椀和椽中板的长度由面宽来确定。若面宽为一丈四尺四寸，则椽椀和椽中板的长度为一丈四尺四寸。以椽子的直径再加该直径的三分之一来确定椽椀和椽中板的高度。若椽子的直径为四寸六分，可得椽椀和椽中板的高度为六寸一分。以椽子直径的三分之一来确定椽椀和椽中板的厚度，可得其厚度为一寸五分。两山墙的椽椀和椽中板尺寸的计算方法相同。

周围榻脚木的长度由面宽来确定。若面宽为一丈四尺四寸，则榻脚木的长度为一丈四尺四寸。以椽子直径的一点五倍来确定榻脚木的宽度，以椽子的直径来确定其厚度。若椽子的直径为四寸六分，可得榻脚木的宽度为六寸九分，厚度为四寸六分。

上檐单翘单昂斗科斗口四寸大木做法

【译解】上檐使用斗口为四寸的单翘单昂斗科的大木式建筑的建造方法。

【原文】凡上覆檐桐柱之高，以步架尺寸加举定高。如步架深四尺，按五举加之，得高二尺，露明檐柱高八尺，额枋一尺八寸，共高一丈一尺八寸。每径一尺，外加上、下榫各长三寸。径与檐柱径寸同。

凡大额枋以面阔定长。如面阔一丈四尺四寸，内除桐柱径一尺六寸，得净长一丈二尺八寸。外加两头入榫分位，各按柱径四分之一。如柱径一尺六寸，得榫长各四寸。共长一丈三尺六寸。前檐除金柱径一份，外加入榫仍照前法。其梢间及转角并两山大额枋，一头加桐柱径一份得霸王拳分位。如柱径一尺六寸，即出一尺六寸。一头除柱径半份，外加入榫分位，仍照前法。以斗口四份半定高。如斗口四寸，得高一尺八寸。以本身之高每尺收三寸定厚。如本身高一尺八寸，得厚一尺二寸六分。

凡平板枋以面阔定长。如面阔一丈四尺四寸，即长一丈四尺四寸。每宽一尺，外加扣榫长三寸。其梢间及转角，照面阔，一头加桐柱径一份。两山按进深两头各加桐柱径一份，得交角出头分位。如柱径一尺六寸，得出头长一尺六寸。以斗口三份定宽，二份定高。如斗口四寸，得平板枋宽一尺二寸，高八寸。

凡七架梁以进深定长。如进深二丈四尺，两头各加三拽架三尺六寸，再加升底半份二寸六分，共得长三丈一尺七寸二分。以斗口七份定高，四份半定厚。如斗口四寸，得高二尺八寸，厚一尺八寸，以斗口四份定梁头之厚，如斗口四寸，得梁头厚一尺六寸。

【译解】上覆檐桐柱的高度由步架的长度和举的比例来确定。若步架的长度为四尺，使用五举的比例，可得高度为二尺。露明檐柱的高度为八尺，额枋的高度为一尺八寸，由此可得桐柱的总高度为一丈一尺八寸。当桐柱径为一尺时，外加的上下榫的长度均为三寸。桐柱径与檐柱径相同。

大额枋的长度由面宽来确定。如果面

宽为一丈四尺四寸，减去桐柱径的尺寸一尺六寸，可得大额枋的净长度为一丈二尺八寸。两端外加入榫的长度，入榫的长度为柱径的四分之一。若柱径为一尺六寸，可得入榫的长度为四寸。由此可得大额枋的总长度为一丈三尺六寸。前檐大额枋减去金柱径的尺寸，外加入榫的长度，入榫的长度的计算方法与前述方法相同。梢间、转角房和两山的大额枋，一端增加桐柱径的尺寸作为霸王拳的出头长度。若桐柱径为一尺六寸，则霸王拳的出头长度为一尺六寸。一端减去桐柱径的一半，外加入榫的长度，入榫的长度为柱径的四分之一。用斗口宽度的四点五倍来确定大额枋的高度。如果斗口的宽度为四寸，可得大额枋的高度为一尺八寸。用大额枋高度的十分之七来确定大额枋的厚度，若大额枋的高度为一尺八寸，可得其厚度为一尺二寸六分。

平板枋的长度由面宽来确定。若面宽为一丈四尺四寸，则平板枋的长度为一丈四尺四寸。当平板枋的宽度为一尺时，外加的扣榫的长度为三寸。梢间和转角房的平板枋，一端增加桐柱径的尺寸。两山的平板枋在两端分别增加桐柱径的尺寸作为出头部分。若桐柱径为一尺六寸，可得出头部分的长度为一尺六寸。以斗口宽度的三倍来确定平板枋的宽度，以斗口宽度的两倍来确定其高度。如果斗口的宽度为四寸，可得平板枋的宽度为一尺二寸，高度为八寸。

七架梁的长度由进深来确定。若进深为二丈四尺，两端均增加三拽架的长度三尺六寸，均增加升底的一半二寸六分，可得七架梁的总长度为三丈一尺七寸二分。以斗口宽度的七倍来确定七架梁的高度，以斗口宽度的四点五倍来确定其厚度。若斗口的宽度为四寸，可得七架梁的高度为二尺八寸，厚度为一尺八寸。以斗口宽度的四倍来确定梁头的厚度。若斗口的宽度为四寸，可得七架梁梁头的厚度为一尺六寸。

【原文】凡随梁枋以进深定长。如进深二丈四尺，内除前后柱径各半份，外加入榫分位，各按柱径四分之一，得通长二丈三尺五分。以檐柱径定高。如柱径一尺六寸，即高一尺六寸，以本身之高每尺收二寸定厚。如本身高一尺六寸，得厚一尺二寸八分。

凡两山代梁头以拽架定长。如单翘单昂里外各二拽架长二尺四寸，再加蚂蚱头长一尺二寸，又加升底半份二寸六分，里外共长七尺七寸二分。高、厚与七架梁同。

凡两山由额[1]枋以进深定长。如进深二丈四尺，分间得一丈二尺，内除柱径各半份，外加入榫分位，各按柱径四分之一，得通长一丈一尺一寸五分。以大额枋之高收二寸定高，如大额枋高一尺八寸，得高一尺六寸。以大额枋之厚每尺收滚楞二寸定厚。如大额枋厚一尺二寸六分，得厚一尺一分。

凡扒梁以梢间面阔定长。如梢间面阔一丈二尺，即长一丈二尺。以七架梁之高折半定高。如七架梁高二尺八寸，得高一尺四寸。以本身之高收二寸定厚，如本身高一尺四寸，得厚一尺二寸。

凡踩步金以步架四份定长。如步架四份深一丈六尺，两头各加桁条径一份半得假桁条头分位，如桁条径一尺四寸，各加长二尺一寸，得通长二丈二寸。高、厚与三架梁同。

【注释】〔1〕由额：位于两根檐柱之间，起着加强连接檐柱的作用，也被称为“小额枋”。

【译解】随梁枋的长度由进深来确定。若进深为二丈四尺，各减去前后柱径的一半，外加入榫的长度，入榫的长度为柱径的四分之一，可得随梁枋的总长度为二丈三尺五分。以檐柱径来确定随梁枋的高度。若檐柱径为一尺六寸，则随梁枋的高度为一尺六寸。以自身的高度来确定其厚度，当高度为一尺时，厚度为八寸。若随梁枋的高度为一尺六寸，可得随梁枋的厚度为一尺二寸八分。

两山的代梁头的长度由拽架的长度来确定。若使用单翘单昂斗栱，里外均加二拽架，其长度均为二尺四寸，里外均加蚂蚱头的长度一尺二寸、升底的一半二寸六分，可得里外代梁头的总长度为七尺七寸二分。代梁头的高度、厚度与七架梁的高度、厚度相同。

两山的由额枋的长度由进深来确定。若进深为二丈四尺，则分间的进深为一丈二尺，减去柱径的一半，外加入榫的长度，入榫的长度为柱径的四分之一，由此可得两山由额枋的长度为一丈一尺一寸五分。以大额枋的高度减少二寸来确定由额枋的高度。若大额枋的高度为一尺八寸，可得由额枋的高度为一尺六寸。以大额枋的厚度来确定由额枋的厚度。当大额枋的厚度为一尺时，由额枋的厚度为八寸。若大额枋的厚度为一尺二寸六分，可得由额枋的厚度为一尺一分。

扒梁的长度由梢间面宽来确定。若梢间的面宽为一丈二尺，则扒梁的长度为一丈二尺。以七架梁高度的一半来确定扒梁的高度。若七架梁的高度为二尺八寸，可得扒梁的高度为一尺四寸。以自身的高度减少二寸来确定厚度。若扒梁的高度为一尺四寸，可得扒梁的厚度为一尺二寸。

踩步金的长度由步架长度的四倍来确定。若步架长度的四倍为一丈六尺，两端均增加桁条直径的一点五倍，作为假桁条的位置。若桁条的直径为一尺四寸，两端均增加二尺一寸，可得踩步金的总长度为二丈二寸。踩步金的高度、厚度与三架梁的高度、厚度相同。

【原文】凡踩步金枋以步架四份定长。如步架四份深一丈六尺，内除上金柁橔之厚一份，外加入榫分位，按本身厚四分之一，得通长一丈五尺五寸三分。以七架随梁之厚定高。如七架随梁厚一尺二寸八分，即高一尺二寸八分，以踩步金之厚每尺收滚楞二寸定厚。如踩步金厚一尺一寸六分，得厚九寸三分。

凡递角梁以进深并拽架定长。如进深二丈四尺，两头各加三拽架长三尺六寸，共长三丈一尺二寸，用方五斜七之法，得长四丈三尺六寸八分。以转角山柱径定厚。如山柱径二尺三寸八分，即厚二尺三寸八分，以本身之厚每尺加二寸定高，如本身厚二尺三寸八分，得高二尺八寸五分。

凡随梁以进深定长。如进深二丈四尺，分间得一丈二尺，用方五斜七加之，得长一丈六尺八寸。高、厚与七架随梁同。

凡五架梁以步架四份定长。如步架四份深一丈六尺，两头各加桁条径一份，得柁头分位，如桁条径一尺四寸，得通长一丈八尺八寸。以七架梁之厚定高。如七架梁厚一尺八寸，即高一尺八寸。以本身之高每尺收二寸定厚。如本身高一尺八寸，得厚一尺四寸四分。

凡三架梁以步架二份定长。如步架二份深八尺，两头各加桁条径一份，得柁头分位。如桁条径一尺四寸，即各加长一尺四寸，得通长一丈八寸。以五架梁之厚定高，如五架梁厚一尺四寸四分，即高一尺四寸四分。以本身之高每尺收二寸定厚。如本身高一尺四寸四分，得厚一尺一寸六分。

凡下金柁橔以步架加举定高。如步架深四尺，再加二拽架二尺四寸，共深六尺四寸，按五举加之，得高三尺二寸，内除七架梁之高二尺八寸，净高四寸。以柁头二份定长。如柁头长一尺四寸，得长二尺八寸。以五架梁之厚每尺收滚楞二寸定宽。如五架梁厚一尺四寸四分，得宽一尺一寸六分。

凡上金柁橔以步架加举定高。如步架深四尺，按七举加之，得高二尺八寸，内除五架梁高一尺八寸，得净高一尺。以三架梁之厚每尺收滚楞二寸定厚。如三架梁厚一尺一寸六分，得厚九寸三分。以柁头二份定长。如柁头长一尺四寸，得长二尺八寸。

【译解】踩步金枋的长度由步架长度的四倍来确定。若步架长度的四倍为一丈六尺，减去上金柁橔的厚度，两端外加入榫的长度，入榫的长度均为自身厚度的四分之一，由此可得踩步金枋的总长度为一丈五尺五寸三分。以七架随梁枋的厚度来确定踩步金枋的高度。若七架随梁枋的厚度为一尺二寸八分，则踩步金枋的高度为一尺二寸八分。以踩步金的厚度来确定踩步金枋的高度。当踩步金的厚度为一尺时，踩步金枋的厚度为八寸。若踩步金的厚度为一尺一寸六分，可得踩步金枋的厚度为九寸三分。

递角梁的长度由进深和拽架的长度来确定。若进深为二丈四尺，两端均增加三拽架的长度三尺六寸，得总长度为三丈一尺二寸。使用方五斜七法计算后可得递角梁的长度为四丈三尺六寸八分。以转角房的山柱径来确定递角梁的厚度。若山柱径为二尺三寸八分，可得递角梁的厚度为二尺三寸八分。递角梁的高度由递角梁的厚度来确定，当厚度为一尺时，高度为一尺二寸。若递角梁的厚度为二尺三寸八分，可得递角梁的高度为二尺八寸五分。

随梁的长度由进深来确定。若进深为二丈四尺，则分间的进深为一丈二尺，用方五斜七法计算后可得随梁的长度为一丈六尺八寸。随梁的高度、厚度与七架随梁的高度、厚度相同。

五架梁的长度由步架长度的四倍来确定。若步架长度的四倍为一丈六尺，两端均增加桁条的直径作为柁头的长度。若桁条的直径为一尺四寸，可得五架梁的总长度为一丈八尺八寸。以七架梁的厚度来确定五架梁的高度。若七架梁的厚度为一尺八寸，则五架梁的高度为一尺八寸。以自身高度的十分之八来确定自身的厚度。若五架梁的高度为一尺八寸，可得五架梁的厚度为一尺四寸四分。

三架梁的长度由步架长度的两倍来确定。若步架长度的两倍为八尺，两端均增加桁条的直径作为柁头的长度。若桁条的直径为一尺四寸，则两端均加长一尺四寸，由此可得三架梁的总长度为一丈八寸。以五架梁的厚度来确定三架梁的高度。若五架梁的厚度为一尺四寸四分，可得三架梁的高度为一尺四寸四分。以自身的高度来确定其厚度，当高度为一尺时，厚度为八寸。若三架梁的高度为一尺四寸四分，可得三架梁的厚度为一尺一寸六分。

下金柁橔的高度由步架的长度和举的比例来确定。若步架的长度为四尺，再加二拽架的长度二尺四寸，可得长度为六尺四寸。使用五举的比例，可得下金柁橔的高度为三尺二寸。减去七架梁的高度二尺八寸，可得柁橔的净高度为四寸。以柁头长度的两倍来确定柁橔的长度。若柁头的长度为一尺四寸，可得柁橔的长度为二尺八寸。以五架梁的厚度来确定下金柁橔的宽度，当五架梁的宽度为一尺时，柁橔的宽度为八寸。若五架梁的厚度为一尺四寸四分，可得下金柁橔的宽度为一尺一寸六分。

上金柁橔的高度由步架的长度和举的比例来确定。若步架的长度为四尺，使用七举的比例，可得上金柁橔的高度为二尺八寸。减去五架梁的高度一尺八寸，可得柁橔的净高度为一尺。以三架梁的厚度来确定下金柁橔的厚度，当厚度为一尺时，柁橔的厚度为八寸。若三架梁的厚度为一尺一寸六分，可得上金柁橔的厚度为九寸三分。以柁头长度的两倍来确定柁橔的长度。若柁头的长度为一尺四寸，可得柁橔的长度为二尺八寸。

【原文】凡四角瓜柱以步架加举定高。如步架深四尺，再加二拽架二尺四寸，共六尺四寸，按五举加之，得高三尺二寸。内除扒梁高半份七寸，踩步金一尺四寸四分，净长一尺六分。每宽一尺，外加下榫长三寸。以五架梁之厚，每尺收滚楞二寸定厚。如五架梁厚一尺四寸四分，得厚一尺一寸六分。以本身之厚加二寸定宽。如本身厚一尺一寸六分，得宽一尺三寸六分。

凡脊瓜柱以步架加举定高。如步架深四尺，按九举加之，得高三尺六寸，内除三架梁高一尺四寸四分，得净高二尺一寸六分，外加平水高八寸，桁条径三分之一作上桁椀。如桁条径一尺四寸，得桁椀高四寸六分。又以本身每宽一尺外加下榫长三寸。如本身宽一尺一寸三分，得下榫长三寸三分。以三架梁之厚每尺收滚楞二寸定厚。如三架梁宽一尺一寸六分，得厚九寸三分。以本身之厚加二寸定宽。如本身厚九寸三分，得宽一尺一寸三分。

凡正心桁以面阔定长。如面阔一丈四尺四寸，即长一丈四尺四寸。其梢间及转角正心桁，外加一头交角出头分位，按本身径一份，如本身径一尺四寸，即加长一尺四寸。以斗口三份半定径寸。如斗口四寸，得径一尺四寸。每径一尺，外加搭交榫长三寸。两山正心桁做法同。

凡正心枋三层，以面阔定长。如面阔一丈四尺四寸，内除七架梁头厚一尺六寸，得净长一丈二尺八寸。外加两头入榫分位，各按本身高半份。如本身高八寸，得榫长各四寸。其梢间及转角照面阔，两山按进深各折半尺寸，一头除七架梁头厚半份，外加入榫分位，按本身高半份。第一层，一头带蚂蚱头长三尺六寸；第二层，一头带撑头木长二尺四寸；第三层，照面阔之长，除梁头之厚，加入榫分位，仍照前法。以斗口二份定高。如斗口四寸，得高八寸。以斗口一份，外加包掩定厚，如斗口四寸，加包掩六分，得厚四寸六分。

凡挑檐桁以面阔定长。如面阔一丈四尺四寸，即长一丈四尺四寸。每径一尺，外加扣榫长三寸。其梢间及转角并两山挑檐桁，一头加二拽架长二尺四寸，又加交角出头分位，按本身之径一份半，如本身径一尺二寸，得交角出头一尺八寸。以正心桁之径收二寸定径。如正心桁径一尺四寸，得挑檐桁径一尺二寸。

凡挑檐枋以面阔定长。如面阔一丈四尺四寸，内除七架梁头厚一尺六寸，得净长一丈二尺八寸。外加两头入榫分位，各按本身高半份。如本身高八寸，得榫长各四寸。其梢间及转角并两山挑檐枋，一头除七架梁头厚半份，外加入榫分位，按本身之厚一份，一头外带二拽架长二尺四寸，又加交角出头分位，按挑檐桁之径一份半，如挑檐桁径一尺二分，得交角出头一尺八寸。以斗口二份定高，一份定厚。如斗口四寸，得高八寸，厚四寸。

【译解】四角瓜柱的高度由步架的长度和举的比例来确定。若步架的长度为四尺，再加二拽架的长度二尺四寸，得总长度为六尺四寸。使用五举的比例，可得高度为三尺二寸。减去扒梁高度的一半七寸，再减去踩步金的高度一尺四寸四分，可得四角瓜柱的净高度为一尺六分。当瓜柱的宽度为一尺时，上、下入榫的长度均为三寸。以五架梁的厚度来确定四角瓜柱的厚度。当五架梁的厚度为一尺时，瓜柱的厚度为八寸。若五架梁的厚度为一尺四寸四分，可得四角瓜柱的厚度为一尺一寸六分。以自身的厚度增加二寸来确定宽度，若四角瓜柱的厚度为一尺一寸六分，可得四角瓜柱的宽度为一尺三寸六分。

脊瓜柱的高度由步架的长度和举的比例来确定。若步架的长度为四尺，使用九举的比例，可得高度为三尺六寸。减去三架梁的高度一尺四寸四分，可得脊瓜柱的净高度为二尺一寸六分。加平水的高度八寸，外加桁条直径的三分之一作为上桁椀。若桁条的直径为一尺四寸，可得桁椀的高度为四寸六分。当脊瓜柱的宽度为一尺时，下方入榫的长度为三寸。若脊瓜柱的宽度为一尺一寸三分，可得下方入榫的长度为三寸三分。以三架梁的厚度来确定脊瓜柱的厚度。当三架梁的厚度为一尺时，脊瓜柱的厚度为八寸。若三架梁的宽度为一尺一寸六分，可得脊瓜柱的厚度为九寸三分。以自身的厚度增加二寸来确定其宽度。若脊瓜柱的厚度为九寸三分，可得脊瓜柱的宽度为一尺一寸三分。

正心桁的长度由面宽来确定。若面宽为一丈四尺四寸，则正心桁的长度为一丈四尺四寸。梢间和转角房的正心桁长度，在面宽的基础上，一端与其他构件相交后出头，该出头部分的长度与自身的直径尺寸相同。若自身的直径为一尺四寸，则出头部分的长度为一尺四寸。以斗口宽度的三点五倍来确定正心桁的直径。若斗口的宽度为四寸，可得正心桁的直径为一尺四寸。当正心桁的直径为一尺时，外加的搭交榫的长度为三寸。两山墙的正心桁尺寸的计算方法相同。

正心枋共有三层，其长度由面宽来确定。若面宽为一丈四尺四寸，减去七架梁梁头的厚度一尺六寸，可得净长度为一丈二尺八寸。两端外加入榫的长度，入榫的长度为自身高度的一半。若自身的高度为八寸，可得入榫的长度为四寸。梢间和转角房的正心枋的长度与面宽相同，两山的正心枋的长度为进深的一半，一端减去七架梁梁头厚度的一半，外加入榫的长度，其长度为自身高度的一半。第一层正心枋，一端有蚂蚱头，长度为三尺六寸；第二层正心枋，一端有撑头木，长度为二尺四寸；第三层正心枋，长度为面宽减去梁头的厚度，再加两端的入榫长度，入榫的长度为自身高度的一半。以斗口宽度的两倍来确定正心枋的高度。若斗口的宽度为四寸，可得正心枋的高度为八寸。用斗口的宽度加包掩来确定正心枋的厚度。若斗口的宽度为四寸，包掩为六分，可得正心枋的厚度为四寸六分。

挑檐桁的长度由面宽来确定。若面宽为一丈四尺四寸，则挑檐桁的长度为一丈四尺四寸。当挑檐桁的直径为一尺时，外加的扣榫的长度为三寸。梢间和转角房以及两山的挑檐桁，一端增加二拽架的长度二尺四寸，再加与其他构件相交之后的出头部分，该部分的长度为自身直径的一点五倍，若自身的直径为一尺二寸，可得出头部分的长度为一尺八寸。以正心桁的直径减少二寸来确定挑檐桁的直径。若正心桁的直径为一尺四寸，可得挑檐桁的直径为一尺二寸。

挑檐枋的长度由面宽来确定。若面宽为一丈四尺四寸，减去七架梁梁头的厚度一尺六寸，可得净长度为一丈二尺八寸。两端外加入榫的长度，入榫的长度为自身高度的一半。若自身的高度为八寸，可得入榫的长度为四寸。梢间和转角房以及两山的挑檐枋，一端减去七架梁梁头厚度的一半，外加入榫的长度，入榫的长度与自身的厚度尺寸相同。一端增加二拽架的长度二尺四寸，再加与其他构件相交之后的出头部分，该部分的长度为挑檐桁直径的一点五倍，若挑檐桁的直径为一尺二分，可得该出头部分的长度为一尺八寸。以斗口宽度的两倍来确定挑檐枋的高度，以斗口的宽度来确定其厚度。若斗口的宽度为四寸，可得挑檐枋的高度为八寸，厚度为四寸。

【原文】凡拽枋以面阔定长。如面阔一丈四尺四寸，内除七架梁头厚一尺六寸，得长一丈二尺八寸。外加两头入榫分位，各按本身高半份。如本身高八寸，得榫长各四寸。其梢间及转角并两山拽枋，一头加二拽架尺寸，一头除七架梁头厚半份。外加入榫，仍照前法，得通长一丈四尺。高、厚与挑檐枋同。

凡后尾压科枋以面阔定长。如面阔一丈四尺四寸，内除七架梁之厚一尺八寸，外加两头入榫分位，各按本身厚半份。如本身厚八寸，得榫长各四寸。其梢间及转角并两山压科枋，一头收二拽架长二尺四寸，外加斜交分位，按本身之厚一份，如本身厚八寸，即长八寸。一头除七架梁厚一份，外加入榫，仍照前法。以斗口二份半定高，二份定厚。如斗口四寸，得高一尺，厚八寸。

凡斜五架梁[1]以步架四份定长。如步架等分长一丈六尺，两头各加桁条之径一份，得柁头分位。如桁条径一尺四寸，得通长一丈八尺八寸，用方五斜七之法，得长二丈六尺三寸二分，以递角梁之厚定高。如递角梁厚二尺三寸八分，即高二尺三寸八分。以本身之高每尺收二寸定厚，如本身高二尺三寸八分，得厚一尺九寸一分。

凡转角踩步金以面阔定长。如通面阔二丈四尺，内收桁条之径一份，如桁条径一尺四寸，得长二丈二尺六寸。高、厚与五架梁同（即转角下金桁）。

凡下金柁墩以步架加举定高。如步架四尺，再加二拽架二尺四寸，共深六尺四寸，按五举加之，得高三尺二寸。内除递角梁之高二尺八寸五分，得净高三寸五分。以柁头二份定长。如柁头长一尺四寸，得长二尺八寸。以斜五架梁之厚，每尺收滚楞二寸定宽，如五架梁厚一尺九寸一分，得宽一尺五寸三分。

凡斜三架梁以步架二份定长。如步架

二份深八尺，两头各加桁条之径一份，得柁头分位。如桁条径一尺四寸，得通长一丈八寸，用方五斜七之法，得长一丈五尺一寸二分。以斜五架梁之厚定高。如五架梁厚一尺九寸一分，即高一尺九寸一分。以本身之高每尺收二寸定厚。如本身高一尺九寸一分，得厚一尺五寸三分。

凡上金柁橔以步架加举定长。如步架深四尺，按七举加之，得高二尺八寸。内除斜五架梁之高二尺三寸八分，得净高四寸二分。以斜三架梁之厚，每尺收滚楞二寸定宽。如三架梁厚一尺五寸三分，得宽一尺二寸三分。以柁头二份定长。如柁头长一尺四寸，得长二尺八寸。

【注释】〔1〕斜五架梁：位于建筑物转角处的五架梁，与山面和檐面各成45度角。

【译解】拽枋的长度由面宽来确定。若面宽为一丈四尺四寸，减去七架梁梁头的厚度一尺六寸，可得其长度为一丈二尺八寸。两端外加入榫的长度，入榫的长度为自身高度的一半。若拽枋的高度为八寸，可得入榫的长度为四寸。梢间和转角房以及两山的拽枋，一端增加二拽架的长度，一端减去七架梁梁头的厚度的一半，外加入榫的长度，入榫的长度的计算方法与前述方法相同，由此可得拽枋的总长度为一丈四尺。拽枋的高度、厚度与挑檐枋的高度、厚度相同。

后尾压科枋的长度由面宽来确定。若面宽为一丈四尺四寸，减去七架梁的厚度一尺八寸，两端外加入榫的长度，入榫的长度为自身厚度的一半。若自身的厚度为八寸，可得入榫的长度为四寸。梢间和转角房以及两山的压科枋，一端减去二拽架的长度二尺四寸，外加的斜搭交的长度与自身的厚度相同。若自身的厚度为八寸，则斜搭交的长度为八寸。一端减去七架梁厚度的一半，外加入榫的长度，入榫的长度的计算方法与前述方法相同。以斗口宽度的二点五倍来确定压科枋的高度，以斗口宽度的两倍来确定其厚度。若斗口的宽度为四寸，可得压科枋的高度为一尺，厚度为八寸。

斜五架梁的长度由步架长度的四倍来确定。若步架长度的四倍为一丈六尺，两端均增加桁条的直径，即为柁头的长度。若桁条的直径为一尺四寸，可得总长度为一丈八尺八寸。用方五斜七法计算后可得斜五架梁的长度为二丈六尺三寸二分。以递角梁的厚度来确定斜五架梁的高度。若递角梁的厚度为二尺三寸八分，则斜五架梁的高度为二尺三寸八分。以自身的高度来确定其厚度。当高度为一尺时，厚度为八寸，若自身的高度为二尺三寸八分，可得斜五架梁的厚度为一尺九寸一分。

转角踩步金的长度由面宽来确定。若面宽为二丈四尺，减去桁条的直径，若桁条的直径为一尺四寸，可得转角踩步金的长度为二丈二尺六寸。转角踩步金的高度、厚度与五架梁的高度、厚度相同。

下金柁橔的高度由步架的长度和举的比例来确定。若步架的长度为四尺，再加二拽架的长度二尺四寸，可得长度为六尺四寸。使用五举的比例，可得下金柁橔的高度为三尺二寸。减去递角梁的高度二尺八寸五分，可得柁橔的净高度为三寸五分。以柁头长度的两倍来确定柁橔的长度。若柁头的长度为一尺四寸，可得柁橔的长度为二尺八寸。以斜五架梁的厚度来确定下金柁橔的宽度，当斜五架梁的厚度为一尺时，柁橔的宽度为八寸。若斜五架梁的厚度为一尺九寸一分，可得下金柁橔的宽度为一尺五寸三分。

斜三架梁的长度由步架长度的两倍来确定。若步架长度的两倍为八尺，两端均增加桁条的直径，作为柁头的长度。若桁条的直径为一尺四寸，由此可得总长度为一丈八寸。用方五斜七法计算后可得斜三架梁的长度为一丈五尺一寸二分。以斜五架梁的厚度来确定三架梁的高度。若斜五架梁的厚度为一尺九寸一分，可得斜三架梁的高度为一尺九寸一分。以自身的高度来确定自身的厚度，当高度为一尺时，厚度为八寸。若斜三架梁的高度为一尺九寸一分，可得斜三架梁的厚度为一尺五寸三分。

上金柁橔的高度由步架的长度和举的比例来确定。若步架的长度为四尺，使用七举的比例，可得上金柁橔的高度为二尺八寸。减去斜五架梁的高度二尺三寸八分，可得柁橔的净高度为四寸二分。以斜三架梁的厚度来确定上金柁橔的宽度，当斜三架梁的厚度为一尺时，上金柁橔的宽度为八寸。若斜三架梁的厚度为一尺五寸三分，可得上金柁橔的宽度为一尺二寸三分。以柁头长度的两倍来确定柁橔的长度。若柁头的长度为一尺四寸，可得柁橔的长度为二尺八寸。

【原文】凡脊瓜柱以步架加举定高，如步架四尺，按九举加之，得高三尺六寸。内除斜三架梁之高一尺九寸一分，得净高一尺六寸九分。外加平水高八寸，桁条径三分之一作上桁椀。如桁条径一尺四寸，得桁椀高四寸六分，又以本身每径一尺加下榫长三寸。如本身径一尺二寸三分，得下榫长三寸六分。以斜三架梁之厚每尺收滚楞二寸定径，如三架梁厚一尺五寸三分，得径一尺二寸三分。

凡金、脊枋以面阔定长。如面阔一丈四尺四寸，内除柁橔或瓜柱之厚一份，外加两头入榫分位，各按柁橔、瓜柱厚四分之一。其梢间，一头收一步架定长。如梢间面阔一丈二尺，收一步架深四尺，得长八尺。除柁橔、瓜柱一份，外加入榫，仍照前法。以斗口三份定高，二份定厚。如斗口四寸，得高一尺二寸，厚八寸。

凡金、脊垫板以面阔定长。如面阔一丈四尺四寸，内除柁头或瓜柱之厚一份，外加两头入榫分位，各按柁头或瓜柱之厚每尺加入榫二寸。其梢间垫板，一头收一步架，再除柁头或瓜柱之厚，外加入榫，仍照前法。以斗口二份定高，半份定厚。如斗口四寸，得高八寸，厚二寸。

凡金、脊桁以面阔定长，如面阔一丈四尺四寸，即长一丈四尺四寸。其梢间桁条，一头收正心桁之径一份。如梢间面阔一丈二尺，一头收正心桁径一尺四寸，得净长一丈六寸。径寸与正心桁同。每径一尺，外加扣榫长三寸。

【译解】脊瓜柱的高度由步架的长度和举的比例来确定。若步架的长度为四尺，使用九举的比例，可得高度为三尺六寸。减去斜三架梁的高度一尺九寸一分，可得脊瓜柱的净高度为一尺六寸九分。再加平水的高度八寸，外加桁条直径的三分之一，作为上桁椀的高度。若桁条的直径为一尺四寸，可得桁椀的高度为四寸六分。当脊瓜柱的宽度为一尺时，下方入榫的长度为三寸。若脊瓜柱的宽度为一尺二寸三分，可得下方入榫的长度为三寸六分。以斜三架梁的厚度来确定脊瓜柱的直径。当斜三架梁的厚度为一尺时，脊瓜柱的直径为八寸。若斜三架梁的厚度为一尺五寸三分，可得脊瓜柱的直径为一尺二寸三分。

金枋、脊枋的长度由面宽来确定。若面宽为一丈四尺四寸，两端减去柁橔或瓜柱的厚度，外加入榫的长度，入榫的长度为柁橔和瓜柱厚度的四分之一。梢间的枋子的长度为梢间的面宽减去一步架长度。若梢间的面宽为一丈二尺，减少一步架长度四尺，可得长度为八尺。减去柁橔和瓜柱长度的一半，外加入榫的长度，入榫的长度的计算方法与前述方法相同。以斗口宽度的三倍来确定枋子的高度，以斗口宽度的两倍来确定枋子的厚度。若斗口的宽度为四寸，可得脊枋、金枋的高度为一尺二寸，厚度为八寸。

金垫板、脊垫板的长度由面宽来确定。若面宽为一丈四尺四寸，减去柁橔或瓜柱的厚度，两端外加入榫的长度。当柁头或瓜柱的厚度为一尺时，入榫的长度为二寸。梢间的垫板，一端减去一步架长度，再减去柁头或者瓜柱的厚度，外加入榫的长度，入榫的长度的计算方法与前述方法相同。以斗口宽度的两倍来确定垫板的高度，以斗口宽度的一半来确定垫板的厚度。若斗口的宽度为四寸，可得垫板的高度为八寸，厚度为二寸。

金桁、脊桁的长度由面宽来确定。若面宽为一丈四尺四寸，则金桁、脊桁的长度为一丈四尺四寸。梢间的桁条的长度为梢间的面宽减去正心桁的直径。若梢间的面宽为一丈二尺，一端减去正心桁的直径一尺四寸，可得梢间的桁条的净长度为一丈六寸。金桁、脊桁的直径与正心桁的直径相同。当金桁、脊桁的直径为一尺时，外加的扣榫的长度为三寸。

【原文】凡转角下金枋以面阔定长。如通面阔二丈四尺，内除一步架深四尺，得长二丈，两头共除柁橔、瓜柱之厚一份。外加两头入榫分位，各按柁橔、瓜柱厚四分之一，内有短枋一步架长四尺，两头共除柁橔、瓜柱之厚一份，外加两头入榫分位，仍照前法。高、厚与金、脊枋同（即踩步随梁枋）。

凡转角上金枋以面阔定长。如通面

阔二丈四尺，内除一步架深四尺，得长二丈，两头共除柁橔、瓜柱之厚一份，外加两头入榫分位，各按柁橔、瓜柱厚四分之一，内有短枋一步架长四尺，两头共除柁橔、瓜柱之厚一份，外加两头入榫分位，仍照前法。高、厚与下金枋同。

凡转角脊枋以面阔定长。如面阔二丈四尺，内除一步架深四尺，得长二丈，两头共除柁橔、瓜柱之厚一份，外加两头入榫分位，各按柁橔、瓜柱厚四分之一，内有短枋二步架长八尺，两头共除柁橔、瓜柱之厚一份，外加两头入榫分位，仍照前法。高、厚与下金枋同。

凡转角里上金枋以二步架得长，下金枋一步架得长，两头共除柁橔、瓜柱之厚一份，外加两头入榫分位，仍照前法。高、厚与金、脊枋同。

凡转角外上、下金、脊垫板长，与金、脊枋之净长同。里面上、下金垫板，与内里上、下金枋之净长同。外加两头入榫分位，各按柁头之厚每尺加入榫二寸。高、厚俱与金、脊垫板同。

凡转角外上金、脊桁以面阔定长。如通面阔二丈四尺，内一头收桁条径一份。如桁条径一尺四寸，得长二丈二尺六寸。里下金桁一步架得长四尺，上金桁二步架得长八尺，一头外加本身之径各一份，得交角出头分位之长。径与正心桁之径同。

凡转角外面假桁条头以步架定长。如下金桁条头一步架长四尺，内一头收桁条径一份一尺四寸，一头收桁条径半份长七寸，外加入榫按本身径四分之一。上金桁条头二步架长八尺，内一头收桁条径一份一尺四寸，得长六尺六寸。径与金、脊桁之径同。

【译解】转角下金枋的长度由面宽来确定。若面宽为二丈四尺，减去一步架的长度四尺，可得长度为二丈。两端减去柁橔和瓜柱的厚度，外加入榫的长度，入榫的长度为柁橔和瓜柱厚度的四分之一。内侧有短枋，其长度为一步架，即四尺。两端减去柁橔和瓜柱的厚度，外加入榫的长度，入榫的长度的计算方法与前述方法相同。转角下金枋的高度、厚度与金枋、脊枋的高度、厚度相同。

转角上金枋的长度由面宽来确定。若面宽为二丈四尺，减去一步架的长度四尺，可得长度为二丈。两端减去柁橔和瓜柱的厚度，外加入榫的长度，入榫的长度为柁橔和瓜柱厚度的四分之一。内侧有短枋，长度为一步架，即四尺。两端减去柁橔和瓜柱的厚度，外加入榫的长度，入榫的长度的计算方法与前述方法相同。转角上金枋的高度、厚度与转角下金枋的高度、厚度相同。

转角脊枋的长度由面宽来确定。若面宽为二丈四尺，减去一步架的长度四尺，可得长度为二丈。两端减去柁橔和瓜柱的厚度，外加入榫的长度，入榫的长度为柁橔和瓜柱厚度的四分之一。内侧有短枋，长度为二步架，即八尺。两端减去柁橔和瓜柱的厚度，外加入榫的长度，入榫的长度的计算方法与前述方法相同。转角脊枋的高度、厚度与转角下金枋的高度、厚度相同。

转角里上金枋的长度为二步架，下金枋的长度为一步架。两端减去柁橔和瓜柱的厚度，外加入榫的长度，入榫的长度的计算方法与前述方法相同。转角里上金枋、下金枋的高度、厚度与金枋和脊枋的高度、厚度相同。

转角外面的上金垫板、下金垫板的长度与金枋、脊枋的净长度相同。转角里面的上金垫板、下金垫板的长度与里上金枋、下金枋的净长度相同。两端外加入榫的长度，当柁头的厚度为一尺时，入榫的长度为二寸。转角外面的上金垫板、下金垫板的高度、厚度与金垫板、脊垫板的高度、厚度相同。

转角外上金桁、上脊桁的长度由面宽来确定。若面宽为二丈四尺，一端减去桁条的直径。若桁条的直径为一尺四寸，可得长度为二丈二尺六寸。里下金桁的长度为一步架，即四尺，里上金桁的长度为二步架，即八尺。两根桁条均与其他构件相交并出头，出头部分的长度与自身的直径相同。转角外上金桁、上脊桁的直径与正心桁的直径相同。

转角外面假桁条头的长度由步架来确定。若下金桁条头的长度为一步架，即四尺，一端减去桁条的直径即一尺四寸，一端减去桁条直径的一半，即七寸。两端外加入榫的长度，入榫的长度为自身直径的四分之一。上金桁条头的长度为二步架，即八尺。一端减去桁条的直径即一尺四寸，可得长度为六尺六寸。桁条头的直径与金桁、脊桁的直径相同。

【原文】凡仔角梁以步架并出檐加举定长。如步架深四尺，二拽架长二尺四寸，出檐四尺，外加出水二份得八寸，共长一丈一尺二寸，用方五斜七之法加长，又按一一五加举，共长一丈八尺三分。再加翼角斜出椽径三份。如椽径四寸六分，得并长一丈九尺四寸一分。再加套兽榫照角梁本身之厚一份，如角梁厚九寸二分，即套兽榫长九寸二分，得仔角梁通长二丈三寸三分。以椽径三份定高，二份定厚。如椽径四寸六分，得仔角梁高一尺三寸八分，厚九寸二分。

凡老角梁以仔角梁之长除飞檐头并套兽榫定长。如仔角梁长二丈三寸三分，内除飞檐头长二尺五寸七分，并套兽榫长九寸二分，得净长一丈六尺八寸四分，外加后尾三岔头照桁条之径一份，如桁条径一尺四寸，共得长一丈八尺二寸四分。高、厚与仔角梁同。

凡转角里掖角角梁以步架定长。如步架深四尺，用方五斜七之法，又按一一五加举，得通长六尺四寸四分。高、厚与仔角梁同。

凡转角四面花架由戗以步架一份定长。如步架一份深四尺，用方五斜七之法，又按一二五加举，得通长七尺。高、厚与仔角梁同。二面二根，以椽径二份定高、厚。如椽径四寸六分，得高、厚九寸二分。

凡转角四面脊由戗以步架一份定长。如步架一份深四尺，用方五斜七之法，又按一三五加举，得通长七尺五寸六分。高、厚与仔角梁同。二面二根，以椽径二份定高、厚。如椽径四寸六分，得高、厚九寸二分。以上由戗，每根一头加斜搭交尺寸，按本身之厚一份。

【译解】仔角梁的长度由步架的长度加出檐的长度和举的比例来确定。若步架的长度为四尺，二拽架的长度为二尺四寸，出檐的长度为四尺，再加出水的长度的两倍，即八寸，可得总长度为一丈一尺二寸。用方五斜七法计算后，再使用一一五举的比例，可得长度为一丈八尺三分。再加翼角的出头部分，其为椽子直径的三倍。若椽子的直径为四寸六分，将得到的翼角的长度与前述长度相加，可得长度为一丈九尺四寸一分。再加套兽入榫的长度，其与角梁的厚度相同。若角梁的厚度为九寸二分，则套兽入榫的长度为九寸二分。由此可得仔角梁的总长度为二丈三寸三分。以椽子直径的三倍来确定仔角梁的高度，以椽子直径的两倍来确定其厚度。若椽子的直径为四寸六分，可得仔角梁的高度为一尺三寸八分，厚度为九寸二分。

老角梁的长度由仔角梁的长度减去飞檐头和套兽入榫的长度来确定。若仔角梁的长度为二丈三寸三分，减去飞檐头的长度二尺五寸七分，再减去套兽入榫的长度九寸二分，可得老角梁的净长度为一丈六尺八寸四分。后尾的三岔头长度与桁条的直径相同。若桁条的直径为一尺四寸，可得老角梁的总长度为一丈八尺二寸四分。老角梁的高度、厚度与仔角梁的高度、厚度相同。

转角里掖角角梁的长度由步架的长度来确定。若步架的长度为四尺，用方五斜七法计算之后，再使用一一五举的比例，可得转角里掖角角梁的长度为六尺四寸四分。转角里掖角角梁的高度、厚度与仔角梁的高度、厚度相同。

转角房四面的花架由戗的长度由步架的长度来确定。若步架的长度为四尺，用方五斜七法计算之后，再使用一二五举的比例，可得长度为七尺。转角房四面的花架由戗的高度、厚度与仔角梁的高度、厚度相同。两面各有两根花架由戗，以椽子直径的两倍来确定其高度和厚度。若椽子的直径为四寸六分，可得花架由戗的高度和厚度均为九寸二分。

转角房四面的脊由戗长度由步架的长度来确定。若步架的长度为四尺，用方五斜七法计算之后，再使用一三五举的比例，可得脊由戗的总长度为七尺五寸六分，转角房四面的脊由戗的高度、厚度与仔角梁的高度、厚度相同。两面各有两根脊由戗，以椽子直径的两倍来确定其高度、厚度。若椽子的直径为四寸六分，可得脊由戗的高度和厚度均为九寸二分。上述每根由戗都需要增加斜搭交的长度，斜搭交的长度与自身的厚度相同。

【原文】凡外面枕头木以步架定长。如步架深四尺，即长四尺。外加二拽架长二尺四寸，内除角梁之厚半份四寸六分，得枕头木长五尺九寸四分。以挑檐桁径十分之三定宽。如挑檐桁径一尺二寸，得宽三寸六分。正心桁上枕头木，以步架定长。如步架深四尺，内除角梁厚半份四寸六分，得正心桁上枕头木净长三尺五寸四分。以正心桁径十分之三定宽。如正心桁径一尺四寸，得宽四寸二分。以椽径二份半定高。如椽径四寸六分，得枕头木一头高一尺一寸五分，一头斜尖与桁条平。两山枕头木做法同。

凡檐椽以步架并出檐加举定长。如步架深四尺，二拽架长二尺四寸。出檐四尺，又加出水八寸，共长一丈一尺二寸。内除飞檐头长一尺六寸，净长九尺六寸，按一一五加举，得通长一丈一尺四分。再加一头搭交尺寸，按本身之径一份。如本身径四寸六分，即长四寸六分。径与下檐檐椽同。两山檐椽做法同。每椽空档，随椽径一份。每间椽数，俱应成双，档之宽窄，随数均匀。里檐转角之处，以出檐尺寸，见方分短椽根数折半核算。

凡飞檐椽以出檐定长。如出檐并出水共四尺八寸，三份分之，出头一份得长一尺六寸，后尾二份半得长四尺。又按一一五加举，得飞檐椽通长六尺四寸四分。见方与檐椽径寸同。

凡翼角翘椽长、径俱与平身檐椽同。其起翘处，以挑檐桁中至出檐尺寸用方五斜七之法，再加二步架并正心桁中至挑檐桁中之拽架各尺寸定翘数。如挑檐桁中出檐四尺八寸，方五斜七加之，得长六尺七寸二分，再加步架深四尺，二拽架长二尺四寸，共长一丈三尺一寸二分，内除角梁厚半份四寸六分，得净长一丈二尺六寸六分，即系翼角椽档分位。翼角翘椽以成单为率，如逢双数，应改成单。

【译解】外面枕头木的长度由步架的长度来确定。若步架的长度为四尺，则长为四尺。再加二拽架的长度二尺四寸，减去角梁厚度的一半四寸六分，可得枕头木的长度为五尺九寸四分。以挑檐桁直径的十分之三来确定枕头木的宽度。若挑檐桁的直径为一尺二寸，可得枕头木的宽度为三寸六分。正心桁上方的枕头木的长度由步架的长度来确定。若步架的长度为四尺，则长为四尺。减去角梁厚度的一半四寸六分，可得正心桁上方的枕头木的净长度为三尺五寸四分。以正心桁直径的十分之三来确定其上的枕头木的宽度。若正心桁的直径为一尺四寸，可得正心桁上方的枕头木的宽度为四寸二分。以椽子直径的二点五倍来确定枕头木的高度。若椽子的直径为四寸六分，可得枕头木一端的高度为一尺一寸五分，另一端为斜尖状，与桁条平齐。两山墙的枕头木尺寸的计算方法相同。

檐椽的长度由步架的长度加出檐的长度和举的比例来确定。若步架的长度为四尺，二拽架的长度为二尺四寸，出檐的长度为四尺，出水的长度为八寸，几个高度相加，可得总长度为一丈一尺二寸。减去飞檐椽头的长度一尺六寸，可得净长度为九尺六寸。使用一一五举的比例，可得檐椽的总长度为一丈一尺四分。一端增加搭交的长度，搭交的长度与自身的直径相同。若自身的直径为四寸六分，则加长的长度为四寸六分。檐椽的直径与下檐檐椽的直径相同。两山墙的檐椽尺寸的计算方法相同。每两根椽子的空档宽度与椽子的宽度相同。每个房间使用的椽子数量都应为双数，空档宽度应均匀。里檐的转角处所使用的短椽根数，由出檐的长度除以椽子的截面正方形边长折半后来确定。

飞檐椽的长度由出檐的长度来确定。若出檐的长度加出水的长度为四尺八寸，将此长度三等分，每小段长度为一尺六寸。椽子的出头部分的长度与每小段长度尺寸相同，即一尺六寸。椽子的后尾长度为每小段长度的二点五倍，即四尺。两个长度相加，再使用一一五举的比例，可得飞檐椽的总长度为六尺四寸四分。飞檐椽的截面正方形边长与檐椽的直径相同。

翼角翘椽的长度、直径都与平身檐椽的长度、直径相同。椽子起翘的位置由挑檐桁中心到出檐的长度，用方五斜七法计算后的斜边长度，以及步架长度和正心桁中心到挑檐桁中心的拽架尺寸等数据共同来确定。若挑檐桁中出檐的长度为四尺八寸，用方五斜七法计算后为六尺七寸二分，加一步架长度四尺，再加二拽架长度二尺四寸，得总长度为一丈三尺一寸二分。减去角梁厚度的一半四寸六分，可得净长度为一丈二尺六寸六分。在翼角翘椽上量出这个长度，刻度处即为椽子起翘的位置。翼角翘椽的数量通常为单数，如果遇到是双数的情况，应当改变制作方法，使其仍为单数。

【原文】凡翘飞椽以平身飞檐椽之长，用方五斜七之法定长，如飞檐椽长六尺四寸四分，用方五斜七加之，第一翘得长九尺一分，其余以所定翘数每根递减长五分五厘。其高比飞檐椽加高半份。如飞檐椽高四寸六分，得翘飞椽高六寸九分。厚仍四寸六分。以上椽子转角同。

凡花架椽以步架加举定长。如步架深四尺，按一二五加举，得长五尺。两头各加搭交尺寸按本身径一份。如本身径四寸六分，即加长四寸六分。径与檐椽径寸同。

凡脑椽以步架加举定长。如步架深四尺，按一三五加举，得长五尺四寸，一头加搭交尺寸，按本身径一份。径与檐椽径寸同。

凡转角里檐椽以步架加举定长。如步架深四尺，按一一五加举，得长四尺六寸。径与前檐椽同。一步架得短椽根数，折半核算。

凡转角里花架椽以步架加举定长。如步架深四尺，按一二五加举，得长五尺。径与前檐花架椽同。二步架得椽根数，内有短椽一步架，折半核算。

凡转角里脑椽以步架加举定长。如步架深四尺，按一三五加举，得长五尺四寸。径与前檐脑椽同。三步架得椽根数，内有短椽一步架，折半核算。

凡转角外六面花架椽以步架加举定长。如步架深四尺，按一二五加举，得长五尺。内二面，每面二步架有短椽一步架，四面，每面一步架俱系短椽，折半核算。径与檐椽径寸同。

【译解】翘飞椽的长度由平身飞檐椽的长度，用方五斜七法计算之后来确定。若飞檐椽的长度为六尺四寸四分，用方五斜七法计算之后，可以得出第一根翘飞椽的长度为九尺一分。其余的翘飞椽长度，可根据总翘数递减，每根的长度比前一根长度小五分五厘。翘飞椽的高度为飞檐椽高度的一点五倍，若飞檐椽的高度为四寸六分，可得翘飞椽的高度为六寸九分。翘飞椽的厚度为四寸六分。转角处的上述椽子尺寸的计算方法相同。

花架椽的长度由步架的长度和举的比例来确定。若步架的长度为四尺，使用一二五举的比例，可得花架椽的长度为五尺。两端外加的搭交的长度与自身的直径相同。若自身的直径为四寸六分，则加长的长度为四寸六分。花架椽的直径与檐椽的直径相同。

脑椽的长度由步架的长度和举的比例来确定。若步架的长度为四尺，使用一三五举的比例，可得脑椽的长度为五尺四寸。一端外加的搭交的长度与自身的直径相同。脑椽的直径与檐椽的直径相同。

转角里檐椽的长度由步架的长度和举的比例来确定。若步架的长度为四尺，使用一一五举的比例，可得转角里檐椽的长度为四尺六寸。转角里檐椽的直径与前檐椽的直径相同。由一步架长度得出所使用的短椽的根数，需进行折半计算。

转角里花架椽的长度由步架的长度和举的比例来确定。若步架的长度为四尺，使用一二五举的比例，可得转角里花架椽的长度为五尺。转角里花架椽的直径与前檐花架椽的直径相同。根据二步架的长度可计算出所使用的椽子的根数，其中有一步架使用短椽，需进行折半计算。

转角里脑椽的长度由步架的长度和举的比例来确定。若步架的长度为四尺，使用一三五举的比例，可得转角里脑椽的长度为五尺四寸。转角里脑椽的直径与前檐脑椽的直径相同。根据三步架的长度可计算出椽子的根数，其中有一步架使用短椽，需进行折半计算。

转角外六面花架椽的长度由步架的长度和举的比例来确定。若步架的长度为四尺，使用一二五举的比例，可得转角外花架椽的长度为五尺。其中的两面，每面使用两步架椽子，其中一步架为短椽。其余四面，每面使用一步架椽子，且均为短椽，尺寸需要进行折半计算。转角外六面花架椽的直径与檐椽的直径相同。

【原文】凡转角外六面脑椽以步架加举定长。如步架深四尺，按一三五加举，得长五尺四寸。内二面，每面三步架。四面，每面二步架得平身椽数，俱有短椽一步架，折半核算。径与檐椽径寸同。

凡两山及转角两山哑叭花架、脑椽，俱与正花架、脑椽同。以一步架尺寸，除桁条之径一份得椽根数，如步架四尺，除桁条径一尺四寸，净得二尺六寸，分椽根数。花架有短椽，折半核算。

凡横望板、压飞檐尾横望板，俱以面阔、进深加举折见方丈定长、宽。以椽径十分之二定厚。如椽径四寸六分，得厚九分。

凡连檐以面阔定长。如面阔一丈四尺四寸，即长一丈四尺四寸。其梢间及转角并两山连檐，一头加出檐并出水尺寸，又加正心桁中至挑檐桁中二拽架，共长一丈九尺二寸。内除角梁之厚半份，净长一丈八尺七寸四分。其起翘处起至仔角梁，每尺加翘一寸。高、厚与檐椽径寸同。

凡瓦口长与连檐同。以椽径半份定高。如椽径四寸六分，得瓦口高二寸三分。以本身之高折半定厚。如本身高二寸三分，得厚一寸一分。

凡里口以面阔定长。如面阔一丈四尺四寸，即长一丈四尺四寸。梢间及转角照面阔一头收一步架。两山两头各收一步架分位。以椽径一份再加望板厚一份半定高。如椽径四寸六分，望板之厚一份半一寸三分，得里口高五寸九分。厚与椽径同。

凡闸档板以翘椽档分位定宽。如翘椽档宽四寸六分，即闸档板宽四寸六分。外加入槽每寸一分。高随椽径尺寸，以椽径十分之二定厚。如椽径四寸六分，得闸档板厚九分。其小连檐，自起翘处至老角梁得长。宽随椽径一份。厚照望板之厚一份半，得厚一寸三分。两山闸档板、小连檐做法同。

【译解】转角外六面脑椽的长度由步架的长度和举的比例来确定。若步架的长度为四尺，使用一三五举的比例，可得脑椽的长度为五尺四寸。其中的两面，每面为三步架，其余四面，每面为二步架。以上述步架的长度来计算其所使用的椽子的根数。内侧与外侧均使用一步架短椽，根数需进行折半计算。脑椽的直径与檐椽的直径相同。

两山墙和转角房的哑叭花架与脑椽，其计算方法与正花架和脑椽的相同。以一步架长度减去桁条的直径之后所剩余的长度来确定所使用的椽子的根数。若步架的长度为四尺，减去桁条的直径一尺四寸，可得长度为二尺六寸。由此来确定椽子的根数。花架椽中的短椽需要进行折半计算。

横望板和压住飞檐尾铺设的横望板，其长度和宽度由面宽和进深加举的比例折算成矩形的边长来确定。以椽子直径的十分之二来确定横望板的厚度。若椽子的直径为四寸六分，可得横望板的厚度为九分。

连檐的长度由面宽来确定。若面宽为一丈四尺四寸，则长为一丈四尺四寸。梢间、转角房和两山墙的连檐，加出檐的长度和出水的长度，再加正心桁中心至挑檐桁中心的二拽架长度，得总长度为一丈九尺二寸，减去角梁厚度的一半，可得连檐的净长度为一丈八尺七寸四分。从起翘的位置到仔角梁之间的每尺连檐需增加一寸的翘长，连檐的高度、厚度与檐椽的直径相同。

瓦口的长度与连檐的长度相同。以椽子直径的一半来确定瓦口的高度。若椽子的直径为四寸六分，可得瓦口的高度为二寸三分。以自身高度的一半来确定自身的厚度，若瓦口的高度为二寸三分，可得瓦口的厚度为一寸一分。

里口的长度由面宽来确定。若面宽为一丈四尺四寸，则里口的长度为一丈四尺四寸。梢间和转角房的里口的长度在面宽的基础上减少一步架长度。在两山墙的里口两端均减少一步架长度。以椽子的直径加顺望板厚度的一点五倍来确定里口的高度。若椽子的直径为四寸六分，顺望板厚度的一点五倍为一寸三分，可得里口的高度为五寸九分。里口的厚度与椽子的直径相同。

闸档板的宽度由椽档的位置来确定。若椽子之间的宽度为四寸六分，则闸档板的宽度为四寸六分。在闸档板的外侧开槽，每寸长度开槽一分。闸档板的高度与椽子的直径相同。以椽子直径的十分之二来确定闸档板的厚度。若椽子的直径为四寸六分，可得闸档板的厚度为九分。小连檐的长度为椽子起翘的位置到老角梁的距离。小连檐的宽度与椽子的直径相同。小连檐的厚度是望板厚度的一点五倍，可得其厚度为一寸三分。两山墙的闸档板和小连檐尺寸的计算方法相同。

【原文】凡椽椀、椽中板以面阔定长。如面阔一丈四尺四寸，即长一丈四尺四寸。梢间及转角照面阔一头收一步架。两山两头各收一步架分位。以椽径一份再加椽径三分之一定高。如椽径四寸六分，得椽椀并椽中板高六寸一分。以椽径三分之一定厚，得厚一寸五分。

凡扶脊木长、径俱与脊桁同。脊桩，照通脊之高再加扶脊木之径一份，桁条径四分之一得长。宽照椽径一份，厚按本身之宽折半。

凡榻脚木以步架四份，外加桁条之径二份定长。如步架四份长一丈六尺，外加两头桁条径各一份，如桁条径一尺四寸，得榻脚木通长一丈八尺八寸。见方与桁条径寸同。

凡草架柱子以步架加举定高。如步架深四尺，第一步架按七举加之，得高二尺八寸。第二步架按九举加之，得高三尺六寸，二步架共高六尺四寸，脊桁下草架柱子即高六尺四寸。外加两头入榫分位，按本身之宽、厚折半，如本身宽、厚七寸，得榫长各三寸五分。以榻脚木见方尺寸折半定宽、厚。如榻脚木见方一尺四寸，得草架柱子见方七寸。其穿以步架二份定长。如步架二份共长八尺，即长八尺。

宽、厚与草架柱子同。

凡山花板以进深定宽。如进深二丈四尺，前后各收一步架深四尺，得山花板通宽一丈六尺。以脊中草架柱子之高，加扶脊木并桁条之径定高。如草架柱子高六尺四寸，扶脊木、脊桁各径一尺四寸，得山花板中高九尺二寸，系尖高做法，折半核算。以桁条径四分之一定厚。如桁条径一尺四寸，得山花板厚三寸五分。

凡博缝板随各椽之长得长。如花架椽长五尺，花架博缝板即长五尺。如脑椽长五尺四寸，脑博缝板即长五尺四寸。每博缝板外加搭岔分位，照本身之宽加长。如本身宽二尺七寸六分，每块即加长二尺七寸六分。以椽径六份定宽。如椽径四寸六分，得博缝板宽二尺七寸六分。厚与山花板之厚同。

凡转角二面榻脚木、山花、博缝、草架柱子、穿，长、高、厚俱与两山同。

【译解】椽椀和椽中板的长度由面宽来确定。若面宽为一丈四尺四寸，则椽椀和椽中板的长度为一丈四尺四寸。梢间和转角房的椽椀和椽中板的长度在面宽的基础上减少一步架的长度。在两山墙的椽椀和椽中板两端均减少一步架长度。以椽子的直径再加该直径的三分之一来确定椽椀和椽中板的高度。若椽子的直径为四寸六分，可得椽椀和椽中板的高度为六寸一分。以椽子直径的三分之一来确定椽椀和椽中板的厚度，可得其厚度为一寸五分。

扶脊木的长度和直径都与脊桁的相同。脊桩的长度为通脊的高度加扶脊木的直径，再加桁条直径的四分之一。脊桩的宽度与椽子的直径尺寸相同，厚度是自身宽度的一半。

榻脚木的长度由步架长度的四倍加桁条直径的两倍来确定。若步架长度的四倍为一丈六尺，两端各加桁条的直径，若桁条的直径为一尺四寸，可得榻脚木的总长度为一丈八尺八寸。榻脚木的截面正方形边长与桁条的直径相同。

草架柱子的高度由步架的长度加举的比例来确定。若步架的长度为四尺，第一步架使用七举的比例，可得高度为二尺八寸；第二步架使用九举的比例，可得高度为三尺六寸，两步架的总高度为六尺四寸，则脊桁下方的草架柱子的高度为六尺四寸。两端外加入榫的长度，入榫的长度为自身宽度和厚度的一半。若自身的宽度和厚度为七寸，可得入榫的长度为三寸五分。草架柱子的宽度、厚度由榻脚木的截面正方形边长折半后来确定。若榻脚木的截面正方形边长为一尺四寸，可得草架柱子的截面正方形边长为七寸。穿的长度为步架长度的两倍。若步架长度的两倍为八尺，则穿的长度为八尺。穿的宽度、厚度与草架柱子的宽度、厚度相同。

山花板的宽度由进深来确定。若进深为二丈四尺，各减去前后一步架的长度四尺，可得山花的宽度为一丈六尺。以脊中的草架柱子的高度加扶脊木和桁条的直径来确定山花板的高度。若草架柱子的高度为六尺四寸，扶脊木和脊桁的直径均为一尺四寸，三者相加，可得屋顶最高处的山花高度为九尺二寸。其余山花的高度都要按比例进行核算。以桁条直径的四分之一来确定山花的厚度。若桁条的直径为一尺四寸，则山花的厚度为三寸五分。

博缝板的长度与其所在椽子的长度相同。若花架椽的长度为五尺，则花架博缝板的长度为五尺。若脑椽的长度为五尺四寸，则脑博缝板的长度为五尺四寸。每个博缝板外侧都需外加搭岔的尺寸，加长的长度与博缝板的宽度相同。若博缝板的宽度为二尺七寸六分，每块需加长的长度为二尺七寸六分。以椽子直径的六倍来确定博缝板的宽度。若椽子的直径为四寸六分，可得博缝板的宽度为二尺七寸六分。博缝板的厚度与山花板的厚度相同。

转角房两面的榻脚木、山花板、博缝板、草架柱子、穿的长度、高度和厚度均与两山墙的上述构件尺寸的计算方法相同。

前接檐一檩转角雨搭一座大木做法

【译解】建造一檩进深的，前接檐的，转角大木式雨搭的方法。

【原文】凡进深以正楼面阔定进深。如正楼面阔一丈四尺四寸，雨搭连庑[1]座即进深一丈四尺四寸，内二份均之，得雨搭进深七尺二寸。

凡桐柱以正楼前金柱之高定高。如前金柱上层露明柱高八尺，大额枋一尺八寸，平板枋八寸，斗科二尺八寸八分，正心桁一尺四寸，共高一丈四尺八寸八分，内以一步架七尺二寸，按五举核算，除三尺六寸，又除三架梁高一尺九寸，净得桐柱高九尺三寸八分，再加桁条径三分之一作桁椀，如桁条径一尺二寸，得桁椀高四寸，共长九尺七寸八分。每径一尺加下榫长三寸，以三架梁之厚收二寸定径，如三架梁厚一尺二寸，得径一尺。

凡檐桁以面阔定长。如面阔一丈四尺四寸，即长一丈四尺四寸，每径一尺，外加搭交榫长三寸。其梢间桁条一头加一步架长四尺，内收本身径一份，如本身径一尺二寸，即收一尺二寸，得长一丈七尺二寸。转角一头加交角出头分位，按本身之径一份。以挑檐桁之径定径。如挑檐桁径一尺二寸，即径一尺二寸。

凡檐枋以面阔定宽。如面阔一丈四尺四寸，内除桐柱径一份。外加入榫分位，各按柱径四分之一。以斗口二份半定高，二份定厚。如斗口四寸，得高一尺，厚八寸。

凡檐垫板以面阔定长。如面阔一丈四尺四寸，内除桐柱径一份，外加入榫分位，各按柱径十分之二。以檐枋之厚定高。如檐枋厚八寸，得高八寸。以本身高四分之一定厚。如本身高八寸，得厚二寸。

凡靠背走马板[2]以面阔定宽。如面阔一丈四尺四寸，内除桐柱径一尺，净宽

一丈三尺四寸。以桐柱净高尺寸定高。如桐柱净高九尺三寸八分，折半得四尺六寸九分，内除檐枋一尺，垫板八寸，得净高二尺八寸九分。其厚一寸。

【注释】〔1〕庑：建筑物四周的廊屋。
〔2〕走马板：大门上方的槅板。

【译解】进深由正楼的面宽来确定。若正楼的面宽为一丈四尺四寸，则雨搭加廊的进深为一丈四尺四寸。将此长度平分为两份，可得雨搭的进深为七尺二寸。

桐柱的高度由正楼的前金柱的高度来确定。若前金柱上层露明柱的高度为八尺，大额枋的高度为一尺八寸，平板枋的高度为八寸，斗栱的高度为二尺八寸八分，正心桁的高度为一尺四寸，几个高度相加，可得总高度为一丈四尺八寸八分。一步架的长度为七尺二寸，使用五举的比例，可得长度为三尺六寸。以上述的高度减去三尺六寸，再减去三架梁的高度一尺九寸，可得桐柱的净高度为九尺三寸八分。再加桁条直径的三分之一作为桁椀的高度。如果桁条的直径为一尺二寸，则桁椀的高度为四寸。由此可得桐柱的总高度为九尺七寸八分。当桐柱的直径为一尺时，下方入榫的长度为三寸。以三架梁的厚度减少二寸来确定桐柱的直径。若三架梁的厚度为一尺二寸，可得桐柱的直径为一尺。

檐桁的长度由面宽来确定。若面宽为一丈四尺四寸，则檐桁的长度为一丈四尺四寸。当檐桁的直径为一尺时，外加的搭交榫的长度为三寸。梢间的檐桁，一端增加一步架长度四尺，再减去自身的直径，若自身的直径为一尺二寸，则减少的长度为一尺二寸，由此可得檐桁的长度为一丈七尺二寸。转角房的檐桁，一端与其他构件相交并出头，出头部分的长度与自身的直径尺寸相同。以挑檐桁的直径来确定檐桁的直径。若挑檐桁的直径为一尺二寸，则檐桁的直径为一尺二寸。

檐枋的宽度由面宽来确定。若面宽为一丈四尺四寸，减去桐柱径的尺寸，两端外加入榫的长度，入榫的长度为桐柱径的四分之一。以斗口宽度的二点五倍来确定檐枋的高度，以斗口宽度的两倍来确定其厚度。若斗口的宽度为四寸，可得檐枋的高度为一尺，厚度为八寸。

檐垫板的长度由面宽来确定。若面宽为一丈四尺四寸，减去桐柱径的尺寸，两端外加入榫的长度，入榫的长度为柱径的十分之二。以檐枋的厚度来确定檐垫板的高度。若檐枋的厚度为八寸，可得檐垫板的高度为八寸。以自身高度的四分之一来确定自身的厚度。若檐垫板的高度为八寸，可得檐垫板的厚度为二寸。

靠背走马板的宽度由面宽来确定。若面宽为一丈四尺四寸，减去桐柱径一尺，可得净宽度为一丈三尺四寸。以桐柱的净高度来确定走马板的高度。若桐柱的净高度为九尺三寸八分，该高度减半后为四尺六寸九分，减去檐枋的高度一尺，再减去檐垫板的高度八寸，可得走马板的净高度为二尺八寸九分。走马板的厚度为一寸。

凡下槛[1]并引条已于装修册内声明

【注释】〔1〕下槛：位于槛框的下部，紧贴地面，俗称“门槛”。

【译解】下槛和引条的制作方法已经在装修一卷中写明。

【原文】凡穿插枋以步架定长。如步架深七尺二寸，即长七尺二寸，外加两头出头尺寸，各按桐柱径一份。如柱径一尺，得通长九尺二寸。高、厚与檐枋同。

凡转角斜穿插枋以正穿插枋之长定长。如正穿插枋长九尺二寸，用方五斜七之法得长一丈二尺八寸八分。高、厚与正穿插枋同。

凡里角梁以步架并出檐加举定长。如步架深七尺二寸，出檐以步架折半得三尺六寸，出水二份得七寸二分，共长一丈一尺五寸二分。又按一一五加举，得通长一丈三尺二寸四分。外加套兽榫照本身之厚一份。如本身厚九寸二分，即出九寸二分。以椽径五份定高，二份定厚。如椽径四寸六分，得高二尺三寸，厚九寸二分。

凡博缝板以步架并出檐定长。如步架深七尺二寸，内除二拽架二尺四寸，外加博脊一尺五寸，又加出檐并出水尺寸，共长一丈六寸二分。按一一五加举，得通长一丈二尺二寸一分。以椽径四份定宽。如椽径四寸六分，得宽一尺八寸四分。以桁条径四分之一定厚。如桁条径一尺二寸，得厚三寸。

凡山花板以步架定宽。如步架七尺二寸，内除二拽架二尺四寸，净宽四尺八寸，外加挑檐桁径半份六寸，共宽五尺四寸。以金柱定高。如金柱上檐露明八尺，大额枋一尺八寸，平板枋八寸，斗科二尺八寸八分，挑檐桁一尺二寸，椽径四寸六分，共高一丈五尺一寸四分。内除博缝板一尺八寸四分，净高一丈三尺三寸。外加椽径一份得搭头分位，系二斜做法，三份均之，得高四尺四寸三分。以椽径四分之一定厚。如椽径四寸六分，得厚一寸一分。

凡檐椽以步架并出檐加举定长。如步架深七尺二寸，博脊一尺五寸，再加出檐照步架半份三尺六寸，出水七寸二分，共长一丈三尺二分。内除飞檐出头一尺六寸，净长一丈一尺四寸二分，按一一五加举，得通长一丈三尺一寸三分。一头外加搭交尺寸，按本身之径一份。径与正楼檐椽径寸同。

凡转角檐椽以出檐尺寸定长。如出檐四尺三寸二分，其檐椽根数，俱系短椽，折半核算。径寸与檐椽同。

【译解】穿插枋的长度由步架的长度来确定。若步架的长度为七尺二寸，则长为七尺二寸。两端分别与其他构件相交并出头，出头部分的长度与桐柱径的尺寸相同。若桐柱径为一尺，可得穿插枋的总长度为九尺二寸。穿插枋的高度、厚度与檐枋的高度、厚度相同。

转角斜穿插枋的长度由正穿插枋的长度来确定。若正穿插枋的长度为九尺二寸，用方五斜七法计算后可得斜穿插枋的长度为一丈二尺八寸八分。斜穿插枋的高度、厚度与正穿插枋的高度、厚度相同。

里角梁的长度由步架的长度加出檐的长度和举的比例来确定。若步架的长度为七尺二寸，出檐的长度为步架长度的一半，即三尺六寸，出水的长度为七寸二分，将几个长度相加，得一丈一尺五寸二分。使用一一五举的比例，可得长度为一丈三尺二寸四分。再加套兽入榫的长度，其与自身的厚度相同。若自身的厚度为九寸二分，则套兽入榫的长度为九寸二分。以椽子直径的五倍来确定里角梁的高度，以椽子直径的两倍来确定其厚度。若椽子的直径为四寸六分，可得里角梁的高度为二尺三寸，厚度为九寸二分。

博缝板的长度由步架的长度和出檐的长度来确定。若步架的长度为七尺二寸，减去二拽架的长度二尺四寸，加博脊的长度一尺五寸，再加出檐和出水的长度，可得长度为一丈六寸二分。使用一一五举的比例计算，可得总长度为一丈二尺二寸一分。以椽子直径的四倍来确定博缝板的宽度。若椽子的直径为四寸六分，可得博缝板的宽度为一尺八寸四分。以桁条直径的四分之一来确定博缝板的厚度。若桁条的直径为一尺二寸，可得博缝板的厚度为三寸。

山花板的宽度由步架的长度来确定。若步架的长度为七尺二寸，减去二拽架的长度二尺四寸，可得净宽度为四尺八寸。加挑檐桁直径的一半，即六寸，可得山花板的总宽度为五尺四寸。以金柱的高度来确定山花板的高度。若金柱上檐露明柱的高度为八尺，大额枋的高度为一尺八寸，平板枋的高度为八寸，斗栱的高度为二尺八寸八分，挑檐桁的高度为一尺二寸，椽子的直径为四寸六分，将几个高度相加，可得总高度为一丈五尺一寸四分。减去博缝板的高度一尺八寸四分，可得净高度为一丈三尺三寸。加椽子的直径作为出头部分，采用二斜的制作方法。将净高度一丈三尺三寸三等分，可得出头部分的高度为四尺四寸三分。以椽子直径的四分之一来确定山花板的厚度。若椽子的直径为四寸六分，可得山花板的厚度为一寸一分。

檐椽的长度由步架的长度加出檐的长度和举的比例来确定。若步架的长度为七尺二寸，博脊的长度为一尺五寸，出檐的长度为步架长度的一半，即三尺六寸，出水的长度为七寸二分，几个高度相加，可得总长度为一丈三尺二分。减去飞檐椽头的长度一尺六寸，可得净长度为一丈一尺四寸二分。使用一一五举的比例，可得檐椽的总长度为一丈三尺一寸三分。一端增加搭交的长度，搭交的长度与自身的直径相同。檐椽的直径与正楼檐椽的直径相同。

转角房的檐椽由出檐的长度来确定。若出檐的长度为四尺三寸二分，则该檐椽为短椽，那么使用的檐椽的数量需进行折半核算。转角檐椽的直径与檐椽的直径相同。

雨搭前接檐三檩转角庑座大木做法

【译解】建造三檩进深的，雨搭为前接檐的大木式转角庑座的方法。

【原文】凡面阔与正楼面阔同。

凡檐柱长、径俱与正楼檐柱同。

凡大额枋以面阔定长。如面阔一丈四尺四寸，两头共除柱径一尺六寸，得净长一丈二尺八寸。外加两头入榫分位，各按柱径四分之一。如柱径一尺六寸，得榫长各四寸。其梢间及转角并两山大额枋，一头加柱径一份得箍头分位。如柱径一尺六寸，即出一尺六寸，一头除柱径半份，外加入榫分位，按柱径四分之一。以斗口四份半定高。如斗口四寸，得高一尺八寸。以本身之高每尺收三寸定厚。如本身高一尺八寸，得厚一尺二寸六分。

凡承重以进深定长。如庑座连雨搭通进深一丈四尺四寸，外加一头出榫照檐柱径加一份，如檐柱径一尺六寸，即长一尺六寸，通长一丈六尺。高、厚与正楼承重同。

凡斜承重以正承重之长定长。如正承重长一丈六尺，用方五斜七之法得长二丈二尺四寸。高、厚与正承重同。

凡五架梁以进深定长。如通进深一丈四尺四寸，一头加二拽架长二尺四寸，通长一丈六尺八寸。以斗口五份定高。如斗口四寸，得高二尺。以本身之高每尺收三寸定厚。如本身高二尺，得厚一尺四寸。

凡五架递角梁，以正五架梁之长定长。如正五架梁长一丈六尺八寸，用方五斜七之法，得通长二丈三尺五寸二分。高、厚与正五架梁同。

凡柁橔以步架加举定高。如步架二尺八寸五分，按五举加之，得一尺四寸二分，应除五架梁高二尺，但五架梁之高过于加举，此款不用。

【译解】面宽与正楼的面宽相同。

檐柱的长度、直径均与正楼檐柱的相同。

大额枋的长度由面宽来确定。如果面宽为一丈四尺四寸，两端共减去柱径的尺寸一尺六寸，可得大额枋的净长度为一丈二尺八寸。两端外加入榫的长度，入榫的长度为柱径的四分之一。若柱径为一尺六寸，可得入榫的长度为四寸。梢间、转角以及两山的大额枋，一端增加柱径的尺寸，作为箍头的位置。若柱径的尺寸为一尺六寸，则出头的长度为一尺六寸。一端减去柱径的一半，外加入榫的长度，入榫的长度为柱径的四分之一。以斗口宽度的四点五倍来确定大额枋的高度。如果斗口的宽度为四寸，可得大额枋的高度为一尺八寸。用自身的高度来确定大额枋的厚度，当高度为一尺时，大额枋的厚度为七寸。若大额枋的高度为一尺八寸，可得其厚度为一尺二寸六分。

承重的长度由进深来确定。若庑座和雨搭的通进深为一丈四尺四寸，一端外加出榫的长度，出榫的长度与檐柱径的尺寸相同。若檐柱径为一尺六寸，则出榫的长度为一尺六寸，由此可得承重的总长度为一丈六尺。承重的高度、厚度与正楼承重的高度、厚度相同。

斜承重的长度由正承重的长度来确定。若正承重的长度为一丈六尺，用方五斜七法计算后可得斜承重的长度为二丈二尺四寸。斜承重的高度、厚度与正承重的高度、厚度相同。

五架梁的长度由进深来确定。若通进深为一丈四尺四寸，一端增加二拽架的长度二尺四寸，可得五架梁的总长度为一丈六尺八寸。以斗口宽度的五倍来确定五架梁的高度。若斗口的宽度为四寸，可得五架梁的高度为二尺。以自身的高度来确定自身的厚度。当高度为一尺时，厚度为七寸。若五架梁的高度为二尺，可得五架梁的厚度为一尺四寸。

五架递角梁的长度由正五架梁的长度来确定。若正五架梁的长度为一丈六尺八寸，使用方五斜七法计算后可得五架递角梁的长度为二丈三尺五寸二分。五架递角梁的高度、厚度与正五架梁的高度、厚度相同。

柁墩的高度由步架的长度和举的比例来确定。若步架的长度为二尺八寸五分，使用五举的比例，可得柁墩的高度为一尺四寸二分。应减去五架梁的高度二尺，但是在该建筑中，五架梁的高度高于使用五举计算后的高度，因此此处不适用减法。

【原文】凡三架梁以步架定长。如步架二尺八寸五分，雨搭一步架长七尺二寸，又加博脊分位一尺五寸，再一头加桁条径一份得柁头分位，如桁条径一尺二寸，即加长一尺二寸，得通长一丈二尺七寸五分。以五架梁之高、厚各收二寸定高、厚。如五架梁高二尺，厚一尺四寸，得高一尺八寸，厚一尺二寸。

凡斜三架梁以正三架梁之长定长。如正三架梁长一丈二尺七寸五分，用方五斜七之法，得通长一丈七尺八寸五分。高、厚与正三架梁同。

凡脊瓜柱以步架加举定长。如步架二尺八寸五分，按七举加之，得高一尺九寸九分。内除三架梁高一尺八寸，得净高一寸九分。再加桁条径三分之一作桁椀。如桁条径一尺二寸，得高四寸，共高五寸九分。每径一尺，外加下榫长三寸。以三架梁之厚收二寸定径。如三架梁厚一尺二寸，得径一尺。

凡金、脊枋以面阔定长。如面阔一丈四尺四寸，内除柁墩、瓜柱各一份，外加入榫分位各按柁墩、瓜柱厚四分之一。以斗口二份半定高，二份定厚。如斗口四寸，得高一尺，厚八寸。

凡金、脊垫板以面阔定长。如面阔一丈四尺四寸，内除柁墩、瓜柱各一份，外加入榫分位，各按柁墩、瓜柱厚，每尺加入榫二寸。以金枋之厚定高，如金枋厚八寸，得高八寸。以本身之高四分之一定厚。如本身高八寸，得厚二寸。

凡金、脊桁以面阔定长。如面阔一

丈四尺四寸，即长一丈四尺四寸。每径一尺，外加扣榫长三寸。其梢间桁条，一头加一步架长四尺，内收本身径一份。如本身径一尺二寸，得长一丈七尺二寸，径与正心桁同。

【译解】三架梁的长度由步架的长度来确定。若步架的长度为二尺八寸五分，雨搭的长度为七尺二寸，博脊的长度为一尺五寸，一端增加桁条的直径作为柁头的长度。若桁条的直径为一尺二寸，则加长一尺二寸，由此可得三架梁的总长度为一丈二尺七寸五分。分别以五架梁的高度和厚度减少二寸来确定三架梁的高度、厚度。若五架梁的高度为二尺，厚度为一尺四寸，可得三架梁的高度为一尺八寸，厚度为一尺二寸。

斜三架梁的长度由正三架梁的长度来确定。若正三架梁的长度为一丈二尺七寸五分，使用方五斜七法计算后可得斜三架梁的长度为一丈七尺八寸五分。斜三架梁的高度、厚度与正三架梁的高度、厚度相同。

脊瓜柱的高度由步架的长度和举的比例来确定。若步架的长度为二尺八寸五分，使用七举的比例，可得高度为一尺九寸九分。减去三架梁的高度一尺八寸，可得脊瓜柱的净高度为一寸九分。加桁条直径的三分之一作为桁椀。若桁条的直径为一尺二寸，可得桁椀的高度为四寸。由此可得脊瓜柱的总高度为五寸九分。当脊瓜柱的宽度为一尺时，下方入榫的长度为三寸。以三架梁的厚度减少二寸来确定脊瓜柱的直径。若三架梁的厚度为一尺二寸，可得脊瓜柱的直径为一尺。

金枋、脊枋的长度由面宽来确定。若面宽为一丈四尺四寸，减去柁墩、瓜柱的厚度，外加入榫的长度，入榫的长度为柁墩和瓜柱厚度的四分之一。以斗口宽度的二点五倍来确定枋子的高度，以斗口宽度的两倍来确定枋子的厚度。若斗口的宽度为四寸，可得脊枋、金枋的高度为一尺，厚度为八寸。

金垫板、脊垫板的长度由面宽来确定。若面宽为一丈四尺四寸，减去柁墩、瓜柱的厚度，两端外加入榫的长度。当柁头或瓜柱的厚度为一尺时，入榫的长度为二寸。以金枋的厚度来确定垫板的高度。若金枋的厚度为八寸，则垫板的高度为八寸。以自身高度的四分之一来确定自身的厚度，若高度为八寸，可得垫板的厚度为二寸。

金桁、脊桁的长度由面宽来确定。若面宽为一丈四尺四寸，则金桁、脊桁的长度为一丈四尺四寸。当桁条的直径为一尺时，外加的扣榫的长度为三寸。梢间的桁条长度，一端增加一步架长度四尺，减去自身的直径。若自身的直径为一尺二寸，可得梢间桁条的净长度为一丈七尺二寸。金桁、脊桁的直径与正心桁的直径相同。

【原文】凡坐斗枋以面阔定长。如面阔一丈四尺四寸，即长一丈四尺四寸。其梢间坐斗枋，一头加一步架长四尺，又加合角尺寸，按本身之宽一份。两山按进深

收一步架，两头各加搭角尺寸，按本身之宽一份。转角一头加搭交尺寸，亦按本身之宽一份。以斗口三份定宽，二份定厚。如斗口四寸，得宽一尺二寸，厚八寸。

凡踩斗板以面阔定长。如面阔一丈四尺四寸，即长一丈四尺四寸。其梢间踩斗板，一头加一步架长四尺，又加合角尺寸按本身之厚一份。两山收一步架，两头各加合角尺寸，转角一头加合角尺寸，俱按本身之厚一份。以斗口四份定高。如斗口四寸，得高一尺六寸，再加斗底五分之三得四寸八分，共高二尺八分。以斗口一份定厚。如斗口四寸，即厚四寸。

凡正心桁以面阔定长。如面阔一丈四尺四寸，即长一丈四尺四寸。其梢间正心桁，一头加一步架深四尺，再加交角出头分位，按本身之径一份，如本身径一尺二寸，得出头长一尺二寸，通长一丈九尺六寸。两山收一步架，两头各加交角出头分位，转角一头加交角出头分位，仍照前法。径与雨搭檐桁之径同。每桁条径一尺，加搭交榫长三寸，如桁条径一尺二寸，得榫长三寸六分。

凡挑檐桁以面阔定长。如面阔一丈四尺四寸，即长一丈四尺四寸。每径一尺，外加扣榫长三寸。其梢间挑檐桁，一头加一步架，又加一拽架，再加交角出头分位，按本身之径一份半。如梢间面阔一丈四尺四寸，一步架深四尺，一拽架长一尺二寸。交角出头一尺八寸，共长二丈一尺四寸。两山照进深，里一头收一步架深四尺，外加合角尺寸，按本身之径半份。外一头加一拽架长一尺二寸，又加交角出头分位，按本身之径一份半。转角一头加交角尺寸，按本身之径一份半。径与正楼下檐挑檐桁径寸同。

凡挑檐枋以面阔定长。如面阔一丈四尺四寸，内除五架梁厚一尺四寸，得净长一丈三尺。外加两头入榫分位，各按本身高半份，如本身高八寸，得榫长各四寸。其梢间一头除五架梁厚半份，外加入榫分位，仍照前法。一头加一步架，又加一拽架。再加交角出头分位，按挑檐桁之径一份半，如挑檐桁径一尺二寸，得出头长一尺八寸。两山一头收一步架，一头加一拽架。转角一头加一拽架得长。以斗口二份定高，一份定厚。如斗口四寸，得高八寸，厚四寸。

凡仔角梁以步架并出檐加举定长。如步架深二尺八寸五分，出檐四尺，拽架长一尺二寸，共长八尺五分。用方五斜七之法加长，又按一一五加举，得长一丈二尺九寸六分。再加翼角斜出椽径三份，如椽径四寸六分，得并长一丈四尺三寸四分。再加套兽榫照角梁本身之厚一份，如角梁厚九寸二分，即套兽榫长九寸二分，得仔角梁通长一丈五尺二寸六分。以椽径三份定高，二份定厚。如椽径四寸六分，得仔角梁高一尺三寸八分，厚九寸二分。

凡老角梁以仔角梁之长除飞檐头并套兽榫定长。如仔角梁长一丈五尺二寸六分，内除飞檐头长二尺一寸四分，并套兽榫长九寸二分，得净长一丈二尺二寸。外加后尾三岔头照桁条径一份，如桁条径一尺二寸，即长一尺二寸。高、厚与仔角梁同。

凡里角梁并转角里角梁之长与老角梁同。内除后尾三岔头尺寸。以椽径四份定高。如椽径四寸六分，得高一尺八寸四分，厚与老角梁厚同。

【译解】坐斗枋的长度由面宽来确定。若面宽为一丈四尺四寸，则坐斗枋的长度为一丈四尺四寸。梢间的坐斗枋，一端增加一步架长度四尺，再加合角的长度，合角的长度与自身的宽度相同。两山的坐斗枋，在进深的长度的基础上减少一步架长度，两端均增加自身的宽度作为搭角的长度。以斗口宽度的三倍来确定坐斗枋的宽度，以斗口宽度的两倍来确定其厚度。若斗口的宽度为四寸，可得坐斗枋的宽度为一尺二寸，厚度为八寸。

踩斗板的长度由面宽来确定。若面宽为一丈四尺四寸，则踩斗板的长度为一丈四尺四寸。梢间的踩斗板，一端增加一步架长度四尺，再加合角的长度，合角的长度与自身的厚度相同。两山的踩斗板需减少一步架长度，两端均增加合角的长度。在转角的踩斗板一端增加合角的长度。上述合角的长度均与自身的厚度尺寸相同。以斗口宽度的四倍来确定踩斗板的高度。若斗口的宽度为四寸，可得其高度为一尺六寸，再加斗底高度的五分之三，即四寸八分，可得踩斗板的高度为二尺八分。以斗口的宽度来确定其厚度，若斗口的宽度为四寸，则踩斗板的厚度为四寸。

正心桁的长度由面宽来确定。若面宽为一丈四尺四寸，则正心桁的长度为一丈四尺四寸。梢间的正心桁，一端增加一步架长度四尺，与其他构件相交后出头，该出头部分的长度与本身的直径相同，若自身的直径为一尺二寸，则出头部分的长度为一尺二寸，由此可算出正心桁的总长度为一丈九尺六寸。两山的正心桁减少一步架长度，两端分别加出头部分。在转角的正心桁一端增加出头部分，上述出头部分的长度均与自身的直径相同。正心桁的直径与雨搭檐桁的直径相同。当正心桁的直径为一尺时，外加的搭交榫的长度为三寸。若桁条的直径为一尺二寸，可得榫的长度为三寸六分。

挑檐桁的长度由面宽来确定。若面宽为一丈四尺四寸，则挑檐桁的长度为一丈四尺四寸。当挑檐桁的直径为一尺时，外加的扣榫的长度为三寸。梢间的挑檐桁，一端增加一步架长度，加一拽架长度，再加与其他构件相交之后的出头部分，该部分的长度是自身直径的一点五倍。若梢间的面宽为一丈四尺四寸，加一步架长度四尺，加一拽架长度一尺二寸，再加出头部分的长度一尺八寸，可得挑檐桁的总长度为二丈一尺四寸。两山的挑檐桁在内侧减少一步架长度，再加合角的长度，合角的长度是自身直径的一半。外侧增加一拽架长度和出头部分，拽架的长度为一尺二寸，出头部分的长度是自身直径的一点五倍。转角的挑檐桁在一端增加该出头部分，该出头部分的长度是自身直径的一点五倍。正心桁的直径与正楼下檐的挑檐桁的直径相同。

挑檐枋的长度由面宽来确定。若面宽为一丈四尺四寸，减去五架梁的厚度一尺四寸，可得净长度为一丈三尺。两端外加入榫的长度，入榫的长度是自身高度的一半。若自身的高度为八寸，可得入榫的长度为四寸。梢间的挑檐枋，一端减去五架梁厚度的一半，外加入榫的长度，入榫的长度的计算方法与前述方法相同。一端增加一步架长度，加一拽架长度，再加与其他构件相交之后的出头部分，该部分的长度是挑檐桁直径的一点五倍，若挑檐桁的直径为一尺二寸，可得该出头部分的长度为一尺八寸。在两山的挑檐枋一端减少一步架长度，一端增加一拽架长度。在转角的挑檐枋一端增加一拽架长度。以斗口宽度的两倍来确定挑檐枋的高度，以斗口的宽度来确定其厚度。若斗口的宽度为四寸，可得挑檐枋的高度为八寸，厚度为四寸。

仔角梁的长度由步架的长度加出檐的长度和举的比例来确定。若步架的长度为二尺八寸五分，出檐的长度为四尺，拽架的长度为一尺二寸，可得总长度为八尺五分。用方五斜七法计算后，再使用一一五举的比例，可得长度为一丈二尺九寸六分。再加翼角的出头部分，其为椽子直径的三倍。若椽子的直径为四寸六分，得到的翼角的长度与前述长度相加，可得长度为一丈四尺三寸四分。再加套兽的入榫的长度，其与角梁的厚度相同。若角梁的厚度为九寸二分，则套兽的入榫的长度为九寸二分。由此可得仔角梁的总长度为一丈五尺二寸六分。以椽子直径的三倍来确定仔角梁的高度，以椽子直径的两倍来确定其厚度。若椽子的直径为四寸六分，可得仔角梁的高度为一尺三寸八分，厚度为九寸二分。

老角梁的长度由仔角梁的长度，减去飞檐头和套兽入榫的长度来确定。若仔角梁的长度为一丈五尺二寸六分，减去飞檐头的长度二尺一寸四分，再减去套兽的入榫的长度九寸二分，可得老角梁的净长度为一丈二尺二寸。老角梁后尾的三岔头长度与桁条的直径相同。若桁条的直径为一尺二寸，则三岔头的长度为一尺二寸。老角梁的高度、厚度与仔角梁的高度、厚度相同。

里角梁和转角里角梁的长度与老角梁的长度相同。内侧需减去后尾三岔头的长度。以椽子直径的四倍来确定里角梁的高度。若椽子的直径为四寸六分，可得里角梁的高度为一尺八寸四分，里角梁的厚度与老角梁的厚度相同。

【原文】凡枕头木以步架定长。如步架深四尺，即长四尺。外加一拽架长一尺二寸，内除角梁之厚半份，得枕头木长四尺七寸四分。以挑檐桁径十分之三定宽。如挑檐桁径一尺二寸，得宽三寸六分。正心桁上枕头木以步架定长，如步架深四尺，内除角梁之厚半份，得正心桁上枕头木净长三尺五寸四分。以正心桁径十分之三定宽，如正心桁径一尺二寸，得宽三寸六分。以椽径二份半定高。如椽径四寸六分，得枕头木一头高一尺一寸五分，一头斜尖与桁条平。两山枕头木做法同。

凡檐椽以步架并出檐加举定长。如步架深二尺八寸五分，一拽架长一尺二寸，出檐四尺，共长八尺五分，内除飞檐头一尺三寸三分，净长六尺七寸二分，按一一五加举，得通长七尺七寸二分。再加一头搭交尺寸，按本身径一份，如本身径四寸六分，即长四寸六分。径与上檐檐椽同。两山檐椽做法同。每椽空档，随椽径一份。每间椽数，俱应成双，档之宽窄，随数均匀。

凡飞檐椽以出檐定长。如出檐四尺，三份分之，出头一份得长一尺三寸三分，后尾二份半得长三尺三寸二分，又按一一五加举，得飞檐椽通长五尺三寸四分。见方与檐椽径寸同。

凡翼角翘椽长、径俱与平身檐椽同。其起翘处以挑檐桁中至出檐尺寸，用方五斜七之法，再加一步架并正心桁中至挑檐桁中之拽架各尺寸定翘数。如挑檐桁中出檐四尺，方五斜七加之，得长五尺六寸，再加步架深四尺，一拽架一尺二寸，共长一丈八寸。内除角梁厚半份，得净长一丈三寸四分，即系翼角椽档分位。翼角翘椽以成单为率，如逢双数，应改成单。

凡翘飞椽以平身飞檐椽之长，用方五斜七之法定长。如飞檐椽长五尺三寸四分，用方五斜七加之，第一翘得长七尺四寸七分，其余以所定翘数每根递减长五分五厘。其高比飞檐椽加高半份。如飞檐椽高四寸六分，得翘飞椽高六寸九分，厚仍四寸六分。

凡脑椽以步架加举得长。如步架深二尺八寸五分，按一二五加举，得长三尺五寸六分，一头加搭交尺寸，按本身径一份，如本身径四寸六分，即加长四寸六分。径与檐椽径寸同。

凡横望板、压飞檐尾横望板俱以面阔、进深加举折见方丈定长、宽。以椽径十分之二定厚。如椽径四寸六分，得厚九分。

凡连檐以面阔定长。如面阔一丈四尺四寸，即长一丈四尺四寸。其梢间连檐，一头加一步架深四尺，一拽架一尺二寸，出檐四尺，共长二丈三尺六寸。内除角梁厚半份，净长二丈三尺一寸四分。其起翘处起至仔角梁，每尺加翘一寸。高、厚与檐椽径寸同。两山连檐做法同。

【译解】枕头木的长度由步架的长度来确定。若步架的长度为四尺，则长为四尺。再加一拽架长度一尺二寸，减去角梁厚度的一半，可得枕头木的长度为四尺七寸四分。以挑檐桁直径的十分之三来确定枕头木的宽度。若挑檐桁的直径为一尺二寸，可得枕头木的宽度为三寸六分。正心桁上方的枕头木的长度由步架的长度来确定。若步架的长度为四尺，则长为四尺。

减去角梁厚度的一半，可得正心桁上方的枕头木的净长度为三尺五寸四分。以正心桁直径的十分之三来确定其上的枕头木的宽度。若正心桁的直径为一尺二寸，可得正心桁上方的枕头木的宽度为三寸六分。以椽子直径的二点五倍来确定枕头木的高度。若椽子的直径为四寸六分，可得枕头木一端的高度为一尺一寸五分，另一端为斜尖状，与桁条平齐。两山墙的枕头木的计算方法相同。

檐椽的长度由步架的长度加出檐的长度和举的比例来确定。若步架的长度为二尺八寸五分，一拽架的长度为一尺二寸，出檐的长度为四尺，得总长度为八尺五分。减去飞檐椽头的长度一尺三寸三分，可得净长度为六尺七寸二分。使用一一五举的比例，可得檐椽的总长度为七尺七寸二分。一端外加的搭交的长度与自身的直径相同。若自身的直径为四寸六分，则所加的搭交的长度为四寸六分。两山墙的檐椽的计算方法相同。每两根椽子的空档宽度与椽子的宽度相同。每个房间使用的椽子数量都应为双数，空档宽度应均匀。

飞檐椽的长度由出檐的长度来确定。若出檐的长度为四尺，将此长度三等分，则每小段长度为一尺三寸三分。椽了出头部分的长度与每小段长度相同，即一尺三寸三分。椽子的后尾长度为该小段长度的二点五倍，即三尺三寸二分。两个长度相加，再使用一一五举的比例，可得飞檐椽的总长度为五尺三寸四分。飞檐椽的截面正方形边长与檐椽的直径相同。

翼角翘椽的长度、直径都与平身檐椽的长度、直径相同。椽子起翘的位置由挑檐桁中心到出檐的长度，用方五斜七法计算之后，再加步架的长度和正心桁中心到挑檐桁中心的拽架尺寸来确定。若挑檐桁中出檐的长度为四尺，用方五斜七法计算后得到的长度为五尺六寸，加一步架长度四尺，再加一拽架长度一尺二寸，得总长度为一丈八寸。减去角梁厚度的一半，可得净长度为一丈三寸四分。在翼角翘椽上量出这个长度，刻度处即为椽子起翘的位置。翼角翘椽的数量通常为单数，如果遇到是双数的情况，则应当改变制作方法，使其仍为单数。

翘飞椽的长度由平身飞檐椽的长度，用方五斜七法计算之后来确定。若飞檐椽的长度为五尺三寸四分，用方五斜七法计算之后，可以得出第一根翘飞椽的长度为七尺四寸七分。其余的翘飞椽长度，可根据总翘数递减，每根翘飞椽的长度比前一根小五分五厘。翘飞椽的高度是飞檐椽高度的一点五倍，若飞檐椽的高度为四寸六分，可得翘飞椽的高度为六寸九分。翘飞椽的厚度为四寸六分。

脑椽的长度由步架的长度和举的比例来确定。若步架的长度为二尺八寸五分，使用一二五举的比例，可得脑椽的长度为三尺五寸六分。一端外加的搭交的长度与自身的直径相同。若自身的直径为四寸六分，则搭交的长度为四寸六分。脑椽的直径与檐椽的直径相同。

横望板和压住飞檐尾铺设的横望板，

其长度和宽度由面宽和进深加举的比例折算成矩形的边长来确定。以椽子直径的十分之二来确定横望板的厚度。若椽子的直径为四寸六分，可得横望板的厚度为九分。

连檐的长度由面宽来确定。若面宽为一丈四尺四寸，则长为一丈四尺四寸。梢间的连檐，一端增加一步架长度四尺，加一拽架长度一尺二寸，出檐的长度四尺，可得总长度为二丈三尺六寸。减去角梁厚度的一半，可得连檐的净长度为二丈三尺一寸四分。从起翘处到仔角梁之间，每尺需增加一寸翘长。连檐的高度、厚度与檐椽的直径相同。两山墙的连檐尺寸的计算方法相同。

【原文】凡瓦口长与连檐同。以椽径半份定高。如椽径四寸六分，得瓦口高二寸三分。以本身之高折半定厚。如本身高二寸三分，得厚一寸一分。

凡里口以面阔定长。如面阔一丈四尺四寸，即长一丈四尺四寸。两山收一步架尺寸。以椽径一份，再加望板厚一份半定高。如椽径四寸六分，望板厚一份半一寸三分，得里口高五寸九分。厚与椽径同。

凡闸档板以翘椽档分位定宽。如翘椽档宽四寸六分，即闸档板宽四寸六分。外加入槽每寸一分。高随椽径尺寸。以椽径十分之二定厚。如椽径四寸六分，得闸档板厚九分。其小连檐自起翘处至老角梁得长。宽随椽径一份，厚照望板之厚一份半，得厚一寸三分。两山闸档板、小连檐做法同。

凡椽椀、椽中板以面阔定长。如面阔一丈四尺四寸，即长一丈四尺四寸。两山收一步架尺寸，以椽径一份，再加椽径三分之一定高。如椽径四寸六分，得椽椀并椽中板高六寸一分，以椽径三分之一定厚，得厚一寸五分。

凡山花板以步架定宽。如前檐步架一份二尺八寸五分，后檐步架一份七尺二寸，内除柱径半份一尺九分，得六尺一寸一分，再加博脊一尺五寸，共宽一丈四寸六分。以步架加举定高。如前檐步架深二尺八寸五分，按七举加之，得高一尺九寸九分，再加桁条之径一份一尺二寸，共高三尺一寸九分，系斜尖做法。以桁条径四分之一定厚。如桁条径一尺二寸，得山花板厚三寸。

凡博缝板以步架加举定长。如前坡一步架深二尺八寸五分，博脊分位一尺五寸，按一二五加举，得通长五尺四寸三分。后坡六尺一寸，按一一五加举，得通长七尺一分。以椽径六份定宽。如椽径四寸六分，得博缝宽二尺七寸六分。厚与山花板之厚同。

以上俱系大木做法，其余斗科及装修等件并各项工料，逐款分别，另册开载。

【译解】瓦口的长度与连檐的长度相同。以椽子直径的一半来确定瓦口的高度。若椽子的直径为四寸六分，可得瓦口的高度为二寸三分。以自身高度的一半来确定自身的厚度，若自身的高度为二寸三分，可得瓦口的厚度为一寸一分。

里口的长度由面宽来确定。若面宽为一丈四尺四寸，则里口的长度为一丈四尺四寸。以椽子的直径加顺望板厚度的一点五倍来确定里口的高度。若椽子的直径为四寸六分，顺望板厚度的一点五倍为一寸三分，可得里口的高度为五寸九分。里口的厚度与椽子的直径相同。

闸档板的宽度由翘椽档的位置来确定。若椽子之间的宽度为四寸六分，则闸档板的宽度为四寸六分。在闸档板的外侧开槽，每寸长度开槽一分。闸档板的高度与椽子的直径相同。以椽子直径的十分之二来确定闸档板的厚度。若椽子的直径为四寸六分，可得闸档板的厚度为九分。小连檐的长度为椽子起翘的位置到老角梁的距离。小连檐的宽度与椽子的直径相同。小连檐的厚度是望板厚度的一点五倍，可得其厚度为一寸三分。两山墙的闸档板和小连檐尺寸的计算方法相同。

椽椀和椽中板的长度由面宽来确定。若面宽为一丈四尺四寸，则椽椀和椽中板的长度为一丈四尺四寸。椽子的直径再加该直径的三分之一，可确定椽椀和椽中板的高度。若椽子的直径为四寸六分，可得椽椀和椽中板的高度为六寸一分。以椽子直径的三分之一来确定椽椀和椽中板的厚度，可得其厚度为一寸五分。

山花板的宽度由步架的长度来确定。若前檐的步架长度为二尺八寸五分，后檐步架的长度为七尺二寸，减去柱径的一半一尺九分，可得宽度为六尺一寸一分。加博脊的长度一尺五寸，可得山花板的总宽度为一丈四寸六分。以步架的长度和举的比例来确定山花板的高度。若前檐的步架长度为二尺八寸五分，使用七举的比例，可得高度为一尺九寸九分。再加桁条的直径一尺二寸，可得山花板的高度为三尺一寸九分。以桁条直径的四分之一来确定山花板的厚度。若桁条的直径为一尺二寸，可得山花板的厚度为三寸。

博缝板的长度由步架的长度和举的比例来确定。若前坡的步架长度为二尺八寸五分，博脊的长度为一尺五寸，使用一二五举的比例，可得前坡博缝板的长度为五尺四寸三分。后坡的步架长度为六尺一寸，使用一一五举的比例，可得后坡博缝板的长度为七尺一分。以椽子直径的六倍来确定博缝板的宽度。若椽子的直径为四寸六分，可得博缝板的宽度为二尺七寸六分。博缝板的厚度与山花板的厚度相同。

上述计算方法均适用于大木建筑，其他斗栱和装修部件等工程材料的款式和类别，另行刊载。

卷十六

本卷详述使用斗口宽度为四寸的一斗三升斗栱来建造七檩进深的，重檐歇山顶四层大木式箭楼的方法。

重檐七檩歇山箭楼一座计四层下檐一斗三升斗口四寸大木做法

【译解】使用斗口宽度为四寸的一斗三升斗栱来建造七檩进深的，重檐歇山顶四层大木式箭楼的方法。

【原文】凡面阔、进深以斗科攒数而定。每攒以口数十二份定宽。如斗口四寸，以科中分算，得斗科每攒宽四尺八寸。如面阔用平身科两攒，加两边柱头科各半攒，共斗科三攒，得面阔一丈四尺四寸。梢间如收半攒，即连瓣科，得面阔一丈二尺。如进深共用斗科五攒，得进深二丈四尺。

凡下檐柱以楼三层之高定高。如楼三层每层八尺，内上层加平板枋八寸，一斗三升斗科二尺八分，共高一丈八寸八分，得檐柱通高二丈六尺八寸八分。每径一尺，外加上、下榫各长三寸。如柱径一尺六寸，得榫长各四寸八分。以斗口四份定径。如斗口四寸，得径一尺六寸。

凡前檐金柱以下檐柱之高定高。如下檐柱通高二丈六尺八寸八分，再以步架四尺按五举加之，得承椽枋分位高二尺，承重一尺六寸，上檐露明柱高八尺，额枋一尺八寸，得金柱通长四丈二寸八分。每径一尺，外加上、下榫各长三寸。以檐柱径定径寸。如檐柱径一尺六寸，加二寸得一尺八寸。再以每长一丈加径一寸，共径二尺二寸。

凡山柱长与金柱同。以檐柱径加二寸定径。如檐柱径一尺六寸，得径一尺八寸，每径一尺，外加上、下榫各长三寸。

凡下、中二层承重以进深定长。如进深二丈四尺，即长二丈四尺。两山分间承重得长一丈二尺。以檐柱径定高。如檐柱径一尺六寸，即高一尺六寸，以本身之高收二寸定厚。如本身高一尺六寸，得厚一尺四寸。

凡下、中二层间枋以面阔定长。如面阔一丈四尺四寸，前檐除前金柱径二尺二寸，后檐除檐柱径一尺六寸，外加两头入榫分位，各按柱径四分之一。以檐柱径收三寸定高。如檐柱径一尺六寸，得高一尺三寸。以本身之高，每尺收三寸定厚。如本身高一尺三寸，得厚九寸一分。

凡下、中二层楞木以面阔定长。如面阔一丈四尺四寸，即长一丈四尺四寸。以承重之高折半定高。如承重高一尺六寸，得高八寸。以本身之高收二寸定厚。如本身高八寸，得厚六寸。

凡上层挑檐承重梁以进深定长。如进深二丈四尺，即长二丈四尺。一头外加一步架长四尺，又加一拽架长一尺二寸，再加出头分位，照挑檐桁之径一份，如挑檐桁径一尺二寸，即出一尺二寸，共长三丈四寸。两山分间承重每根得一丈二尺。一头外加一步架长四尺，又加一拽架长一尺二寸，再加出头分位照挑檐桁之径一份，共长一丈八尺四寸。高、厚与下层承重同。

【译解】面宽和进深都由斗栱的套数来确定，一套斗栱的宽度是斗口宽度的十二倍。如果斗口的宽度为四寸，可得一套斗栱的宽度为四尺八寸。如果面宽使用两套平身科斗栱，加上两端各使用的半套柱头科斗栱，共计使用三套斗栱，可得面宽为一丈四尺四寸。如果梢间少用半套斗栱，也就是连瓣科斗栱，则可得面宽为一丈二尺。如果进深共使用五套斗栱，可得进深为二丈四尺。

下檐柱的高度以三层楼的高度来确定。如果每层楼的高度为八尺，共三层。其中，上层的平板枋的高度为八寸，一斗三升式斗栱的高度为二尺八分，由此可得上层的总高度为一丈八寸八分。将几层楼的高度相加，可得下檐柱的高度为二丈六尺八寸八分。当柱径为一尺时，外加的上、下榫的长度为三寸。如果柱径为一尺六寸，可得榫的长度为四寸八分。柱径的尺寸是斗口宽度的四倍。如果斗口的宽度为四寸，可得柱径的尺寸为一尺六寸。

前檐金柱的高度由下檐柱的高度来确定。下檐柱的总高度为二丈六尺八寸八分，步架的长度为四尺，使用五举的比例，可得承椽枋的高度为二尺，承重梁的高度为一尺六寸，上檐露明柱的高度为八尺，额枋的高度为一尺八寸，将几个高度相加，可得前檐金柱的总高度为四丈二寸八分。当柱径为一尺时，外加的上、下榫的长度为三寸。以檐柱径来确定前檐金柱径。若檐柱径为一尺六寸，增加二寸，可得直径为一尺八寸。当前檐金柱的长度为一丈时，在前述直径的基础上增加一寸，则可得前檐金柱的直径为二尺二寸。

山柱的长度与金柱的长度相同。以檐柱径增加二寸来确定山柱径的尺寸。若檐柱径为一尺六寸，可得山柱径为一尺八寸。当山柱径为一尺时，外加的上下榫的长度为三寸。

下层和中层承重梁的长度由进深来确定。若进深为二丈四尺，则承重梁的长度为二丈四尺。两山分间中的承重梁长度为一丈二尺。以檐柱径来确定承重梁的高度。若檐柱径为一尺六寸，则承重梁的高度为一尺六寸。以承重梁的高度减少二寸来确定承重梁的厚度。若承重梁的高度为一尺六寸，可得承重梁的厚度为一尺四寸。

下层和中层间枋的长度由面宽来确定。若面宽为一丈四尺四寸，前檐减去前檐金柱径二尺二寸，后檐减去檐柱径一尺六寸，两端外加入榫的长度，入榫的长度均为柱径的四分之一。以檐柱径减少三寸来确定下层间枋和中层间枋的高度。若檐柱径为一尺六寸，可得下层间枋和中层间枋的高度为一尺三寸。以下层间枋和中层间枋的高度来确定下层间枋和中层间枋的厚度。当高度为一尺时，下层间枋和中层间枋的厚度为七寸。若自身的高度为一尺三寸，可得下层间枋和中层间枋的厚度为九寸一分。

下层和中层的楞木长度由面宽来确定。若面宽为一丈四尺四寸，则楞木的长

□ 重檐七檩歇山箭楼

箭楼是一种很科学的古代军事建筑。我国古代，在城楼外壁的四周布多个具远望、射箭等功用窗孔。

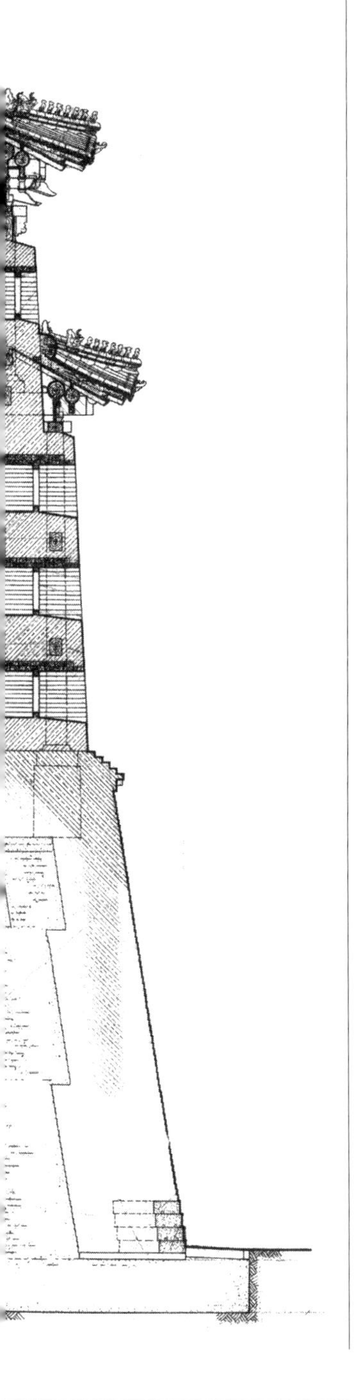

度为一丈四尺四寸。以承重的高度的一半来确定楞木的高度。若承重的高度为一尺六寸，可得楞木的高度为八寸。以楞木的高度减少二寸来确定楞木的厚度，若楞木的高度为八寸，可得楞木的厚度为六寸。

上层挑檐承重梁的长度由进深来确定。若进深为二丈四尺，可得上层挑檐承重梁的长度为二丈四尺。一端加一步架长度四尺、一拽架长度一尺二寸，再加与其他构件相交的出头部分，出头部分的长度与挑檐桁的直径尺寸相同。若挑檐桁的直径为一尺二寸，则出头部分的长度为一尺二寸。将几个长度相加，可得承重梁的总长度为三丈四寸。两山分间中的承重梁，每根长一丈二尺，再加一步架长度四尺、一拽架长度一尺二寸，加出头部分的长度，出头部分的长度与挑檐桁的直径尺寸相同，将几个长度相加，可得总长度为一丈八尺四寸。上层挑檐承重梁的高度、厚度与下层承重梁的高度、厚度相同。

【原文】凡间枋、楞木长、宽、厚俱与下层间枋、楞木同。

凡楼板三层俱以面阔、进深定长短、块数。内除楼梯分位，按门口尺寸，临期酌定。以楞木厚四分之一定厚。如楞木厚六寸，得厚一寸五分。如墁砖以楞木之厚折半得厚。

凡两山挑檐踩步梁以步架定长。如步架深四尺，又加一拽架长一尺二寸，再加出头分位，照挑檐桁之径一份，如挑檐桁径一尺二寸，即出一尺二寸，共长六尺四寸。以山柱径定高。如山柱径一尺八寸，即高一尺八寸。以本身之高每尺收三寸定厚。如本身高一尺八寸，得厚一尺二寸六分。

凡四角斜挑檐踩步梁以正挑檐踩步梁之长定长。如正挑檐踩步梁长六尺四寸，用方五斜七之法，得长八尺九寸六分。高、厚与正挑檐踩步梁同。

凡正心桁以面阔定长。如面阔一丈四尺四寸，即长一丈四尺四寸。其梢间、正心桁照面阔。后檐一头加一步架，又加交角出头分位，按本身之径一份，共长一丈七尺四寸。前檐照梢间面阔加两头交角出头分位，俱按本身之径一份，如本身径一尺四寸，即出头长一尺四寸。两山正心桁前后各加一步架，又加交角出头分位按本身之径一份。以斗口三份半定径寸。如斗口四寸，得径一尺四寸。每径一尺，外加搭交榫长三寸。如径一尺四寸，得榫长四寸二分。

凡正心枋以面阔定长。如面阔一丈四尺四寸，内除挑檐踩步梁厚一尺二寸六分，得净长一丈三尺一寸四分。外加两头入榫分位，各按本身高半份，如本身高八寸，得榫长各四寸，通长一丈三尺九寸四分。其梢间照面阔。两山按进深各折半尺寸，一头加一步架，一头除挑檐踩步梁厚半份，外加入榫分位，仍照前法，以斗口二份定高。如斗口四寸，得正心枋高八寸。以斗口一份外加包掩定厚。如斗口四寸，加包掩六分，得正心枋厚四寸六分。

【译解】中层间枋和上层间枋，楞木的长度、宽度和厚度均与下层间枋的相同。

三层楼板的长度和块数均由进深和面宽来确定。楼梯如何布置，需由门口的尺寸来确定，在建造时以实际情况为准。楼板的厚度是楞木厚度的四分之一。若楞木的厚度为六寸，可得楼板的厚度为一寸五分。墁砖的厚度是楞木厚度的一半。

两山的挑檐踩步梁的长度由步架的长度来确定。若步架的长度为四尺，加一拽架长度一尺二寸，再加与挑檐桁直径相同的出头部分。若挑檐桁的直径为一尺二寸，则出头部分的长度为一尺二寸。将几个长度相加，可得挑檐踩步梁的长度为六尺四寸。以山柱径来确定踩步梁的高度。若山柱径为一尺八寸，则踩步梁的高度为一尺八寸。以踩步梁的高度来确定踩步梁的厚度。当高度为一尺时，踩步梁的厚度为七寸。若踩步梁的高度为一尺八寸，可得挑檐踩步梁的厚度为一尺二寸六分。

四角的斜挑檐踩步梁的长度由正挑檐踩步梁的长度来确定。若正挑檐踩步梁的长度为六尺四寸，用方五斜七法计算可得斜挑檐踩步梁的长度为八尺九寸六分。斜挑檐踩步梁的高度与厚度与正挑檐踩步梁的高度和厚度相同。

正心桁的长度由面宽来确定。若面宽为一丈四尺四寸，则正心桁的长度为一丈四尺四寸。梢间的正心桁的长度，在面宽的基础上，其后檐一端增加一步架长度，与其他构件相交后出头，该出头部分的长度与自身的直径相同，总长度为一丈七尺四寸。前檐在梢间面宽的基础上，两端分别出头，出头的长度与自身的直径尺寸相同。若自身的直径为一尺四寸，可得出头的长度为一尺四寸。两山的正心桁，在前后各增加一步架长度，再加出头部分的长度，该部分的长度与自身的直径尺寸相同。以斗口宽度的三点五倍来确定正心桁的直径。若斗口的宽度为四寸，可得正心桁的直径为一尺四寸。当正心桁的直径为一尺时，外加的搭交榫的长度为三寸。若正心桁的直径为一尺四寸，可得榫的长度为四寸二分。

正心枋的长度由面宽来确定。若面宽

为一丈四尺四寸，减去挑檐踩步梁的厚度一尺二寸六分，可得净长度为一丈三尺一寸四分。两端外加入榫的长度，入榫的长度是自身高度的一半。若自身的高度为八寸，可得入榫的长度为四寸，由此可得正心枋的总长度为一丈三尺九寸四分。梢间的正心枋的长度与面宽的长度相同。两山的正心枋的长度，在进深一半的基础上，一端增加一步架长度，一端减去挑檐踩步梁厚度的一半，外加入榫的长度，入榫的长度是自身高度的一半。以斗口宽度的两倍来确定正心枋的高度。若斗口的宽度为四寸，可得正心枋的高度为八寸。用斗口的宽度加包掩来确定正心枋的厚度。若斗口的宽度为四寸，包掩为六分，可得正心枋的厚度为四寸六分。

【原文】凡挑檐桁以面阔定长。如面阔一丈四尺四寸，即长一丈四尺四寸。每径一尺，外加扣榫长三寸。其梢间、后檐挑檐桁一头加一步架，又加一拽架，再加交角出头分位，按本身之径一份半，如梢间面阔一丈二尺，一步架深四尺，一拽架长一尺二寸，交角出头一尺八寸，共长一丈九尺。前檐照梢间面阔，一头加交角分位，按一拽架尺寸，一头加一拽架，又加交角出头分位，按本身之径一份半。两山挑檐桁前后各加一步架，并一拽架及交角出头分位，按本身之径一份半。以正心桁之径收二寸定径。如正心桁径一尺四寸，得挑檐桁径一尺二寸。

凡挑檐枋以面阔定长。如面阔一丈四尺四寸，内除挑檐踩步梁厚一尺二寸六分，得净长一丈三尺一寸四分。外加两头入榫分位，各按本身高半份。如本身高八寸，得榫长各四寸。得通长一丈三尺九寸四分。其梢间、后檐一头加一步架，又加一拽架，再加交角出头分位，按挑檐桁之径一份半，如挑檐桁径一尺二寸，得出头长一尺八寸。一头除踩步梁厚半份，外加入榫分位，仍照前法。前檐加一拽架，再加交角出头分位，得长一丈四尺七寸七分。两山挑檐枋与梢间后檐尺寸同。以斗口二份定高，一份定厚。如斗口四寸，得高八寸，厚四寸。

凡坐斗枋以面阔定长。如面阔一丈四尺四寸，即长一丈四尺四寸。每宽一尺，外加扣榫长三寸。如坐斗枋宽一尺二寸，得扣榫长三寸六分。其梢间，后檐坐斗枋一头加一步架。两山两头各加一步架长四尺，再加本身宽一份，得斜交分位，如本身宽一尺二寸，即加长一尺二寸，得通长三丈四尺四寸。以斗口三份定宽，二份定高，如斗口四寸，得宽一尺二寸，高八寸。

凡踩斗板以面阔定长。如面阔一丈四尺四寸，即长一丈四尺四寸。其梢间，后檐踩斗板一头加一步架，两山两头各加一步架，再加本身厚一份得搭交尺寸。以斗口二份，再加斗底五分之三定高。如斗口四寸，得高八寸，斗底四寸八分，共高一尺二寸八分。以斗口一份定厚，如斗口四寸，即厚四寸。

【译解】挑檐桁的长度由面宽来确定。若面宽为一丈四尺四寸，则挑檐桁的长度为一丈四尺四寸。当挑檐桁的直径为一尺时，外加的扣榫的长度为三寸。梢间和后檐的挑檐桁，一端增加一步架长度，加一拽架长度，再加与其他构件相交之后的出头部分，该出头部分的长度是自身直径的一点五倍。若梢间的面宽为一丈二尺，一步架长度为四尺，一拽架长度为一尺二寸，出头部分的长度为一尺八寸，则可得挑檐桁的总长度为一丈九尺。前檐在梢间面宽的基础上，一端增加一拽架长度作为出头部分，另一端增加一拽架长度，再加出头部分，该部分的长度是自身直径的一点五倍。两山的挑檐桁，在前后各增加一步架长度，再加一拽架长度和出头部分，出头部分的长度是自身直径的一点五倍。以正心桁的直径减少二寸来确定挑檐桁的直径。若正心桁的直径为一尺四寸，可得挑檐桁的直径为一尺二寸。

挑檐枋的长度由面宽来确定。若面宽为一丈四尺四寸，减去挑檐踩步梁的厚度一尺二寸六分，可得净长度为一丈三尺一寸四分。两端外加入榫的长度，入榫的长度是自身高度的一半。若自身的高度为八寸，可得入榫的长度为四寸，由此可得挑檐枋的总长度为一丈三尺九寸四分。梢间和后檐的挑檐枋，一端增加一步架长度，加一拽架长度，再加与其他构件相交之后的出头部分，该出头部分的长度是挑檐桁直径的一点五倍，若挑檐桁的直径为一尺二寸，可得该出头部分的长度为一尺八寸。一端减去踩步梁厚度的一半，外加入榫的长度，入榫的长度的计算方法与前述的方法相同。前檐的挑檐枋的长度在面宽的基础上增加一拽架长度，再加出头部分，可得总长度为一丈四尺七寸七分。两山的挑檐枋的长度与梢间后檐的挑檐枋的长度相同。以斗口宽度的两倍来确定挑檐枋的高度，以斗口的宽度来确定挑檐枋的厚度。若斗口的宽度为四寸，可得挑檐枋的高度为八寸，厚度为四寸。

坐斗枋的长度由面宽来确定。若面宽为一丈四尺四寸，则坐斗枋的长度为一丈四尺四寸。当坐斗枋的宽度为一尺时，外加的扣榫的长度为三寸。若坐斗枋的宽度为一尺二寸，可得扣榫的长度为三寸六分。梢间和后檐的坐斗枋，在一端增加一步架长度。两山的坐斗枋，在两端均增加一步架的长度四尺，再加自身的宽度作为斜搭交的长度。若自身的宽度为一尺二寸，加该部分的长度为一尺二寸，由此可得总长度为三丈四尺四寸。以斗口宽度的三倍来确定坐斗枋的宽度，以斗口宽度的两倍来确定坐斗枋的高度。若斗口的宽度为四寸，可得坐斗枋的宽度为一尺二寸，高度为八寸。

踩斗板的长度由面宽来确定。若面宽为一丈四尺四寸，则踩斗板的长度为一丈四尺四寸。梢间和后檐的踩斗板，在一端增加一步架长度。两山的踩斗板，在两端均增加一步架长度，再加自身的厚度作为斜搭交的长度。以斗口宽度的两倍，再加斗底宽度的五分之三来确定踩斗板的高度。若斗口的宽度为四寸，则可得踩斗板的高度为八寸，再加斗底的高度四寸八分，可得踩斗板的高度为一尺二寸八分。以斗口的宽度来确定踩斗板的厚度，若斗口的宽度为四寸，则踩斗板的厚度为四寸。

【原文】凡仔角梁以步架并出檐加举定长。如步架深四尺，拽架长一尺二寸，出檐四尺，共长九尺二寸。用方五斜七之法加长，又按一一五加举，得长一丈四尺八寸一分。再加翼角斜出椽径三份，如椽径四寸六分，得并长一丈六尺一寸九分。再加套兽榫照角梁本身之厚一份，如角梁厚九寸二分，即套兽榫长九寸二分，得仔角梁通长一丈七尺一寸一分。以椽径三份定高，二份定厚。如椽径四寸六分，得仔角梁高一尺二寸八分，厚九寸二分。

凡老角梁以仔角梁之长除飞檐头并套兽榫定长。如仔角梁长一丈七尺一寸一分，内除飞檐头长二尺一寸四分，并套兽榫九寸二分，得净长一丈四尺五分。高、厚与仔角梁同。

凡枕头木以步架定长。如步架深四尺，即长四尺。外加一拽架长一尺二寸，内除角梁厚半份四寸六分，得枕头木长四尺七寸四分。以挑檐桁径十分之三定宽。如挑檐桁径一尺二寸，得枕头木宽三寸六分。正心桁上枕头木以步架定长。如步架深四尺，内除角梁厚半份，得正心桁上枕头木净长三尺五寸四分。以正心桁径十分之三定宽，如正心桁径一尺四寸，得枕头木宽四寸二分。以椽径二份半定高。如椽径四寸六分，得枕头木一头高一尺一寸五分，一头斜尖与桁条平。两山枕头木做法同。

凡承椽枋以面阔定长。如面阔一丈四尺四寸，前檐除金柱径一份，后檐除檐柱径一份，两山一头除山柱径半份，一头除檐柱径半份，外加两头入榫分位，各按柱径四分之一。以檐柱径收二寸定高。如檐柱径一尺六寸，得高一尺四寸。以本身之高每尺收三寸定厚，如本身高一尺四寸，得厚九寸八分。

凡檐椽以步架并出檐加举定长。如步架深四尺，一拽架长一尺二寸，出檐四尺，共长九尺二寸。内除飞檐椽头一尺三寸三分，净长七尺八寸七分，按一一五加举，得通长九尺五分。以桁条径三分之一定径寸，如桁条径一尺四寸，得径四寸六分。两山檐椽做法同。每椽空档，随椽径一份。每间椽数，俱应成双。档之宽窄，随数均匀。

【译解】仔角梁的长度，由步架的长度加出檐的长度和举的比例来确定。若步架的长度为四尺，拽架的长度为一尺二寸，出檐的长度为四尺，可得总长度为九尺二寸。用方五斜七法计算，再使用一一五举的比例计算，可得长度为一丈四尺八寸一分。再加翼角的出头部分，其为椽子直径的三倍。若椽子的直径为四寸六分，将得到的翼角的长度与前述的长度相加，得长度为一丈六尺一寸九分。再加套兽的入榫的长度，其与角梁的厚度相同。若角梁的厚度为九寸二分，则套兽的入榫的长度为九寸二分。由此可得仔角梁的总长度为一丈七尺一寸一分。以椽子直径的三倍来确定仔角梁的高度，以椽子直径的两倍来确定仔角梁的厚度。若椽子的直径为四寸六分，可得仔角梁的高度为一尺二寸八分，厚度为九寸二分。

老角梁的长度由仔角梁的长度减去飞檐头和套兽入榫的长度来确定。若仔角梁的长度为一丈七尺一寸一分，减去飞檐头的长度二尺一寸四分，再减去套兽的入榫的长度九寸二分，可得老角梁的净长度为一丈四尺五分。老角梁的高度和厚度与仔角梁的高度和厚度相同。

枕头木的长度由步架的长度来确定。若步架的长度为四尺，则长度为四尺。再加一拽架长度一尺二寸，减去角梁厚度的一半四寸六分，可得枕头木的长度为四尺七寸四分。以挑檐桁直径的十分之三来确定枕头木的宽度。若挑檐桁的直径为一尺二寸，可得枕头木的宽度为三寸六分。正心桁上方的枕头木的长度由步架的长度来确定。若步架的长度为四尺，减去角梁厚度的一半，可得正心桁上方的枕头木的净长度为三尺五寸四分。以正心桁直径的十分之三，来确定其上的枕头木的宽度。若正心桁的直径为一尺四寸，可得正心桁上方的枕头木的宽度为四寸二分。以椽子直径的二点五倍来确定枕头木的高度。若椽子的直径为四寸六分，可得枕头木一端的高度为一尺一寸五分，另一端为斜尖状，与桁条平齐。两山墙的枕头木的计算方法相同。

承椽枋的长度由面宽来确定。若面宽为一丈四尺四寸，前檐减去金柱径的尺寸，后檐减去檐柱径的尺寸。两山的承椽枋，一端减去山柱径的一半，一端减去檐柱径的一半，两端外加入榫的长度，入榫的长度均为檐柱径的四分之一。以檐柱径减少二寸来确定承椽枋的高度，若檐柱径为一尺六寸，可得承椽枋的高度为一尺四寸。以承椽枋的高度来确定承椽枋的厚度，当高度为一尺时，厚度为七寸。若承椽枋的高度为一尺四寸，可得承椽枋的厚度为九寸八分。

檐椽的长度由步架的长度加出檐的长度和举的比例来确定。若步架的长度为四尺，一拽架的长度为一尺二寸，出檐的长度为四尺，总长度为九尺二寸。减去飞檐椽头的长度一尺三寸三分，可得净长度为七尺八寸七分。使用一一五举的比例，可得檐椽的总长度为九尺五分。以桁条直径的三分之一来确定檐椽的直径。若桁条的直径为一尺四寸，可得檐椽的直径为四寸六分。两山墙的檐椽的计算方法相同。每两根椽子的空档宽度，与椽子的宽度相同。每个房间使用的椽子数量都应为双数，空档宽度应均匀。

【原文】凡飞檐椽以出檐定长。如出

檐四尺，三份分之，出头一份得长一尺三寸三分，后尾二份半得长三尺三寸二分。又按一一五加举，得飞檐椽通长五尺三寸四分。见方与檐椽径寸同。

凡翼角翘椽长、径俱与平身檐椽同。其起翘处以挑檐桁中至出檐尺寸，用方五斜七之法，再加一步架，并正心桁中至挑檐桁中之拽架各尺寸定翘数。如挑檐桁中出檐四尺，方五斜七加之，得长五尺六寸，再加一步架深四尺，一拽架长一尺二寸，共长一丈八寸。内除角梁厚半分，得净长一丈三寸四分。即系翼角椽档分位。翼角翘椽以成单为率，如逢双数，应改成单。

凡翘飞椽以平身飞檐椽之长，用方五斜七之法定长。如飞檐椽长五尺三寸四分，用方五斜七加之，第一翘得长七尺四寸七分。其余以所定翘数每根递减长五分五厘。其高比飞檐椽加高半份。如飞檐椽高四寸六分，得翘飞椽高六寸九分，厚仍四寸六分。

凡横望板、压飞檐尾横望板以面阔、进深加举折见方丈定长、宽。以椽径十分之二定厚。如椽径四寸六分，得厚九分。

凡里口以面阔定长。如面阔一丈四尺四寸，即长一丈四尺四寸。以椽径一份，再加望板厚一份半定高。如椽径四寸六分，望板厚一份半一寸三分，得里口高五寸九分。厚与椽径同。两山里口做法同。

【译解】飞檐椽的长度由出檐的长度来确定。若出檐的长度为四尺，将此长度三等分，每小段长度为一尺三寸三分。椽子的出头部分的长度与每小段长度相同，即一尺三寸三分。椽子的后尾的长度为每小段长度的二点五倍，即三尺三寸二分。将两个长度相加，再使用一一五举的比例，可得飞檐椽的总长度为五尺三寸四分。飞檐椽的截面正方形边长与檐椽的直径相同。

翼角翘椽的长度和直径都与平身檐椽的长度和直径相同。椽子起翘的位置，由挑檐桁中心到出檐的长度，用方五斜七法计算之后，再加步架的长度和正心桁中心到挑檐桁中心的拽架尺寸共同来确定。若挑檐桁中心到出檐的长度为四尺，用方五斜七法计算出的斜边长为五尺六寸，加一步架长度四尺，再加一拽架长度一尺二寸，得总长度为一丈八寸。减去角梁厚度的一半，可得净长度为一丈三寸四分。在翼角翘椽上量出这个长度，刻度处即为椽子起翘的位置。翼角翘椽的数量通常为单数，如果遇到是双数的情况，应当改变制作方法，使其仍为单数。

翘飞椽的长度由平身飞檐椽的长度，用方五斜七法计算之后来确定。若飞檐椽的长度为五尺三寸四分，用方五斜七法计算之后，可以得出第一根翘飞椽的长度为七尺四寸七分。其余的翘飞椽长度，可根据总翘数递减，每根长度比前一根长度小五分五厘。翘飞椽的高度是飞檐椽高度的一点五倍，若飞檐椽的高度为四寸六分，可得翘飞椽的高度为六寸九分。翘飞椽的厚度为四寸六分。

横望板和压住飞檐尾铺设的横望板，其长度和宽度由面宽和进深加举的比例折算成矩形的边长来确定。以椽子直径的十分之二来确定横望板的厚度。若椽子的直径为四寸六分，可得横望板的厚度为九分。

里口的长度由面宽来确定。若面宽为一丈四尺四寸，则里口的长度为一丈四尺四寸。以椽子的直径加顺望板厚度的一点五倍来确定里口的高度。若椽子的直径为四寸六分，顺望板厚度的一点五倍为一寸三分，可得里口的高度为五寸九分。里口的厚度与椽子的直径相同。两山墙的里口的计算方法相同。

【原文】凡闸档板以翘椽档分位定宽。如翘椽档宽四寸六分，即闸档板宽四寸六分，外加入槽，每寸一分。高随椽径尺寸。以椽径十分之二定厚。如椽径四寸六分，得闸档板厚九分。其小连檐自起翘处至老角梁得长。宽随椽径一份，厚照望板之厚一份半，得厚一寸三分。两山闸档板、小连檐做法同。

凡连檐以面阔定长。如面阔一丈四尺四寸，即长一丈四尺四寸。其梢间连檐，一头加一步架并出檐尺寸，又加正心桁中至挑檐桁中一拽架，共长二丈一尺二寸。内除角梁厚半份，净长二丈七寸四分。其起翘处起至仔角梁，每尺加翘一寸。高、厚与檐椽径寸同。两山连檐做法同。

凡瓦口长与连檐同。以椽径半份定高。如椽径四寸六分，得瓦口高二寸三分。以本身之高折半定厚，如本身高二寸三分，得厚一寸一分。

凡椽椀、椽中板以面阔定长。如面阔一丈四尺四寸，即长一丈四尺四寸，以椽径一份，再加椽径三分之一定高。如椽径四寸六分，得椽椀并椽中板高六寸一分。以椽径三分之一定厚。得厚一寸五分。两山椽椀并椽中板做法同。

凡周围榻脚木以面阔定长。如面阔一丈四尺四寸，即长一丈四尺四寸。以椽径一份半定宽，一份定厚。如椽径四寸六分，得宽六寸九分，厚四寸六分。

【译解】闸档板的宽度由翘椽档的位置来确定。若椽子之间的宽度为四寸六分，则闸档板的宽度为四寸六分。在闸档板的外侧开槽，每寸长度开槽一分。闸档板的高度与椽子的直径相同。以椽子直径的十分之二来确定闸档板的厚度。若椽子的直径为四寸六分，可得闸档板的厚度为九分。小连檐的长度为椽子起翘的位置到老角梁的距离。小连檐的宽度与椽子的直径相同。小连檐的厚度是望板厚度的一点五倍，可得其厚度为一寸三分。两山墙的闸档板和小连檐的计算方法相同。

连檐的长度由面宽来确定。若面宽为一丈四尺四寸，则长为一丈四尺四寸。梢间的连檐，一端增加一步架长度和出檐的长度，再加正心桁中心至挑檐桁中心的一拽架长度，可得总长度为二丈一尺二寸。

减去角梁厚度的一半，可得连檐的净长度为二丈七寸四分。从起翘处到仔角梁之间，每尺需增加一寸翘长。连檐的高度和厚度与檐椽的直径相同。两山墙的连檐的计算方法相同。

瓦口的长度与连檐的长度相同。以椽子直径的一半来确定瓦口的高度。若椽子的直径为四寸六分，可得瓦口的高度为二寸三分。以自身高度的一半来确定其厚度，若自身的高度为二寸三分，可得瓦口的厚度为一寸一分。

椽椀和椽中板的长度由面宽来确定。若面宽为一丈四尺四寸，则椽椀和椽中板的长度为一丈四尺四寸。椽子的直径再加该直径的三分之一可确定椽椀和椽中板的高度。若椽子的直径为四寸六分，可得椽椀和椽中板的高度为六寸一分。以椽子直径的三分之一来确定椽椀和椽中板的厚度，可得其厚度为一寸五分。两山墙的椽椀和椽中板的计算方法相同。

周围榻脚木的长度由面宽来确定。若面宽为一丈四尺四寸，则榻脚木的长度为一丈四尺四寸。以椽子直径的一点五倍来确定榻脚木的宽度，以椽子的直径来确定榻脚木的厚度。若椽子的直径为四寸六分，可得榻脚木的宽度为六寸九分，厚度为四寸六分。

上檐斗口单昂斗科斗口四寸大木做法

【译解】上檐使用斗口宽度为四寸的单昂斗科建造大木式建筑的方法。

【原文】凡上覆檐桐柱之高以步架尺寸加举定高。如步架深四尺，按五举加之，得高二尺，露明檐柱高八尺，额枋一尺八寸。得共高一丈一尺八寸。每径一尺，外加上、下榫各长三寸。径与檐柱径寸同。

凡大额枋以面阔定长。如面阔一丈四尺四寸，内除桐柱径一尺六寸，得净长一丈二尺八寸。外加两头入榫分位，各按柱径四分之一，如柱径一尺六寸，得榫长各四寸，共长一丈三尺六寸。前檐除金柱径一份，外加入榫，仍照前法。其梢间并两山大额枋，一头加桐柱径一份，得霸王拳分位。如柱径一尺六寸，即出一尺六寸。一头除柱径半份，外加入榫分位，仍照前法。以斗口四份半定高，如斗口四寸，得高一尺八寸。以本身之高每尺收三寸定厚，如本身高一尺八寸，得厚一尺二寸六分。

凡平板枋以面阔定长。如面阔一丈四尺四寸，即长一丈四尺四寸。每宽一尺，外加扣榫长三寸。其梢间照面阔一头加桐柱径一份，两山按进深两头各加桐柱径一份，得交角出头分位。如柱径一尺六寸，得出头长一尺六寸。以斗口三份定宽，二份定高。如斗口四寸，得平板枋宽一尺二寸，高八寸。

凡七架梁以进深定长。如进深二丈四尺，两头各加二拽架长二尺四寸，再加升

底半份二寸六分，共得长二丈九尺三寸二分。以斗口七份定高，四份半定厚。如斗口四寸，得高二尺八寸，厚一尺八寸。以斗口四份定梁头之厚，如斗口四寸，得梁头厚一尺六寸。

【译解】上覆檐桐柱的高度由步架的长度和举的比例来确定。若步架的长度为四尺，使用五举的比例，可得高度为二尺。露明檐柱的高度为八尺，额枋的高度为一尺八寸，由此可得桐柱的总高度为一丈一尺八寸。当桐柱的直径为一尺时，外加的上下榫的长度各为三寸。桐柱径与檐柱径相同。

大额枋的长度由面宽来确定。如果面宽为一丈四尺四寸，减去桐柱径一尺六寸，可得大额枋的净长度为一丈二尺八寸。两端外加入榫的长度，入榫的长度是柱径的四分之一。若柱径为一尺六寸，可得入榫的长度为四寸。由此可得大额枋的总长度为一丈三尺六寸。前檐大额枋减去金柱径的尺寸，外加入榫的长度，入榫长度的计算方法与前述方法相同。梢间的大额枋，一端增加桐柱径的尺寸，作为霸王拳。若桐柱径为一尺六寸，则霸王拳出头的长度为一尺六寸。一端减去桐柱径的一半，外加入榫的长度，入榫的长度是柱径的四分之一。以斗口宽度的四点五倍来确定大额枋的高度。如果斗口的宽度为四寸，可得大额枋的高度为一尺八寸。以大额枋的高度来确定大额枋的厚度，当高度为一尺时，大额枋的厚度为七寸。若大额枋的高度为一尺八寸，可得大额枋的厚度为一尺二寸六分。

平板枋的长度由面宽来确定。如果面宽为一丈四尺四寸，则平板枋的长度为一丈四尺四寸。当平板枋的宽度为一尺时，外加扣榫的长度为三寸。梢间的平板枋，在一端增加桐柱径的尺寸。两山的平板枋在两端各增加桐柱径的尺寸作为出头部分。若桐柱径为一尺六寸，可得出头部分的长度为一尺六寸。用斗口宽度的三倍来确定平板枋的宽度，用斗口宽度的两倍来确定平板枋的高度。如果斗口的宽度为四寸，可得平板枋的宽度为一尺二寸，高度为八寸。

七架梁的长度由进深来确定。若进深为二丈四尺，在两端各增加二拽架的长度二尺四寸，两端再各加升底的一半二寸六分，可得七架梁的总长度为二丈九尺三寸二分。以斗口宽度的七倍来确定七架梁的高度，以斗口宽度的四点五倍来确定七架梁的厚度。若斗口的宽度为四寸，可得七架梁的高度为二尺八寸，厚度为一尺八寸。以斗口宽度的四倍来确定七架梁梁头的厚度。若斗口的宽度为四寸，可得七架梁梁头的厚度为一尺六寸。

【原文】凡随梁以进深定长。如进深二丈四尺，内除前后柱径各半份，外加入榫分位，各按柱径四分之一，得通长二丈三尺五分。以檐柱径定高。如柱径一尺六寸，即高一尺六寸。以本身之高，每尺收二寸定厚。如本身高一尺六寸，得厚一尺

二寸八分。

凡两山代梁头以拽架定长。如斗口单昂，里外各一拽架长一尺二寸，再加蚂蚱头长一尺二寸，又加升底半份二寸六分，里外共长五尺三寸二分。高、厚与七架梁同。

凡两山由额枋以进深定长。如进深二丈四尺，分间得一丈二尺，内除柱径各半份，外加入榫分位，各按柱径四分之一，得通长一丈一尺一寸五分。以大额枋之高收二寸定高，如大额枋高一尺八寸，得高一尺六寸。以大额枋之厚每尺收滚楞二寸定厚。如大额枋厚一尺二寸六分，得厚一尺一分。

凡扒梁以梢间面阔定长。如梢间面阔一丈二尺，即长一丈二尺。以七架梁之高折半定高。如七架梁高二尺八寸，得高一尺四寸。以本身之高收二寸定厚。如本身高一尺四寸，得厚一尺二寸。

凡五架梁以步架四份定长。如步架四份深一丈六尺，两头各加桁条径一份，得柁头分位。如桁条径一尺四寸。得通长一丈八尺八寸。以七架梁之厚定高。如七架梁厚一尺八寸，即高一尺八寸。以本身之高每尺收二寸定厚，如本身高一尺八寸，得厚一尺四寸四分。

【译解】随梁枋的长度由进深来确定。若进深为二丈四尺，各减去前后柱径的一半，外加入榫的长度，入榫的长度为柱径的四分之一，可得随梁枋的总长度为二丈三尺五分。以檐柱径来确定随梁枋的高度。若檐柱径为一尺六寸，则随梁枋的高度为一尺六寸。以随梁枋的高度来确定随梁枋的厚度，当高度为一尺时，厚度为八寸。若自身的高度为一尺六寸，可得随梁枋的厚度为一尺二寸八分。

两山代梁头的长度由拽架的长度来确定。若使用单昂斗栱，里外各有一拽架，每拽架的长度为一尺二寸，加蚂蚱头的长度一尺二寸，再加升底的一半二寸六分，由此可得里外代梁头的总长度为五尺三寸二分。代梁头的高度和厚度与七架梁的高度和厚度相同。

两山由额枋的长度由进深来确定。若进深为二丈四尺，则分间的进深为一丈二尺，减去柱径的一半，外加入榫的长度，入榫的长度为柱径的四分之一，由此可得两山由额枋的长度为一丈一尺一寸五分。以大额枋的高度减少二寸来确定由额枋的高度。若大额枋的高度为一尺八寸，可得由额枋的高度为一尺六寸。以大额枋的厚度来确定由额枋的厚度。当大额枋的厚度为一尺时，由额枋的厚度为八寸。若大额枋的厚度为一尺二寸六分，可得由额枋的厚度为一尺一分。

扒梁的长度由梢间的面宽来确定。若梢间的面宽为一丈二尺，则扒梁的长度为一丈二尺。以七架梁高度的一半来确定扒梁的高度。若七架梁的高度为二尺八寸，可得扒梁的高度为一尺四寸。以扒梁的高度减少二寸来确定扒梁的厚度。若扒梁的高度为一尺四寸，可得扒梁的厚度为一尺二寸。

五架梁的长度由步架长度的四倍来确定。若步架长度的四倍为一丈六尺，两端各增加桁条的直径，作为柁头的长度。若桁条的直径为一尺四寸，可得五架梁的总长度为一丈八尺八寸。以七架梁的厚度来确定五架梁的高度。若七架梁的厚度为一尺八寸，则五架梁的高度为一尺八寸。以自身的高度来确定其厚度。当高度为一尺时，厚度为八寸。若五架梁的高度为一尺八寸，可得五架梁的厚度为一尺四寸四分。

【原文】凡三架梁以步架二份定长。如步架二份深八尺，两头各加桁条径一份，得柁头分位。如桁条径一尺四寸，即各加长一尺四寸，得通长一丈八寸。以五架梁之厚定高。如五架梁厚一尺四寸四分，即高一尺四寸四分。以本身之高每尺收二寸定厚，如本身高一尺四寸四分，得厚一尺一寸六分。

凡踩步金以步架四份定长。如步架四份深一丈六尺，两头各加桁条径一份半，得假桁条头分位。如桁条径一尺四寸，各加长二尺一寸，得通长二丈二寸。高、厚与三架梁同。

凡踩步金枋以步架四份定长。如步架四份深一丈六尺，内除上金柁墩之厚一份，外加入榫分位按本身厚四分之一，得通长一丈五尺五寸三分。以七架随梁之厚定高。如七架随梁厚一尺二寸八分，即高一尺二寸八分。以踩步金之厚每尺收滚楞二寸定厚。如踩步金厚一尺一寸六分，得厚九寸三分。

凡下金柁橔以步架加举定高。如步架深四尺，再加一拽架一尺二寸，共深五尺二寸，按五举加之，得高二尺六寸。应除七架梁高二尺八寸，但七架梁之高过于举架尺寸，此款不用。

凡上金柁橔以步架加举定高。如步架深四尺，按七举加之，得高二尺八寸。内除五架梁高一尺八寸，得净高一尺。以三架梁之厚每尺收滚楞二寸定厚。如三架梁厚一尺一寸六分，得厚九寸三分。以柁头二份定长。如柁头长一尺四寸，得长二尺八寸。

【译解】三架梁的长度由步架长度的两倍来确定。若步架长度的两倍为八尺，在两端各增加桁条的直径，作为柁头的长度。若桁条的直径为一尺四寸，则两端各加长一尺四寸，由此可得三架梁的总长度为一丈八寸。以五架梁的厚度来确定三架梁的高度。若五架梁的厚度为一尺四寸四分，可得三架梁的高度为一尺四寸四分。以自身的高度来确定自身的厚度。当自身的高度为一尺时，厚度为八寸。若三架梁的高度为一尺四寸四分，可得三架梁的厚度为一尺一寸六分。

踩步金的长度由步架长度的四倍来确定。若步架长度的四倍为一丈六尺，两端各增加桁条直径的一点五倍，作为假桁条的位置。若桁条的直径为一尺四寸，两端各增加二尺一寸，可得踩步金的总长度为二丈二寸。踩步金的高度和厚度与三架梁的高度和厚度相同。

踩步金枋的长度由步架长度的四倍来确定。若步架长度的四倍为一丈六尺，减去上金柁橔的厚度，外加入榫的长度，入榫的长度均为自身厚度的四分之一，可得踩步金枋的总长度为一丈五尺五寸三分。以七架随梁枋的厚度来确定踩步金枋的高度。若七架随梁枋的厚度为一尺二寸八分，则踩步金枋的高度为一尺二寸八分。以踩步金的厚度来确定踩步金枋的高度。当踩步金的厚度为一尺时，踩步金枋的厚度为八寸。若踩步金的厚度为一尺一寸六分，可得踩步金枋的厚度为九寸三分。

下金柁橔的高度由步架的长度和举的比例来确定。若步架的长度为四尺，再加一拽架长度一尺二寸，可得长度为五尺二寸。使用五举的比例，可得下金柁橔的高度为二尺六寸。本应减去七架梁的高度二尺八寸，但因七架梁的高度高于二尺六寸，所以此处不做减法。

上金柁橔的高度由步架的长度和举的比例来确定。若步架的长度为四尺，使用七举的比例，可得上金柁橔的高度为二尺八寸。减去五架梁的高度一尺八寸，可得上金柁橔的净高度为一尺。以三架梁的厚度来确定下金柁橔的厚度，当三架梁的厚度为一尺时，下金柁橔的厚度为八寸。若三架梁的厚度为一尺一寸六分，可得上金柁橔的厚度为九寸三分。以柁头长度的两倍来确定柁橔的长度。若柁头的长度为一尺四寸，可得柁橔的长度为二尺八寸。

【原文】凡四角瓜柱以步架加举定高。如步架深四尺，再加一拽架一尺二寸，共五尺二寸。按五举加之，得高二尺六寸，内除扒梁高半份七寸，踩步金一尺四寸四分，净长四寸六分。每宽一尺，外加下榫长三寸。以五架梁之厚每尺收滚楞二寸定厚。如五架梁厚一尺四寸四分。得厚一尺一寸六分。以本身之厚加二寸定宽，如本身厚一尺一寸六分，得宽一尺三寸六分。

凡脊瓜柱以步架加举定高。如步架深四尺，按九举加之，得高三尺六寸。内除三架梁高一尺四寸四分，净高二尺一寸六分。外加平水高八寸，桁条径三分之一作上桁椀，如桁条径一尺四寸，得桁椀高四寸六分，又以本身每宽一尺外加下榫长三寸，如本身宽一尺一寸三分，得下榫长三寸三分。以三架梁之厚每尺收滚楞二寸定厚。如三架梁宽一尺一寸六分，得厚九寸三分，以本身之厚加二寸定宽，如本身厚九寸三分，得宽一尺一寸三分。

凡正心桁以面阔定长。如面阔一丈四尺四寸，即长一丈四尺四寸。其梢间正心桁外加一头交角出头分位，按本身径一份。如本身径一尺四寸，即加长一尺四寸。以斗口三份半定径寸，如斗口四寸，得径一尺四寸。每径一尺，外加搭交榫长三寸。两山正心桁做法同。

凡正心枋二层，以面阔定长。如面

阔一丈四尺四寸，内除七架梁头厚一尺六寸，得净长一丈二尺八寸。外加两头入榫分位，各按本身高半份，如本身高八寸，得榫长各四寸。其梢间照面阔，两山按进深各折半尺寸。一头除七架梁头厚半份，外加入榫分位，按本身高半份。第一层一头带撑头木长一尺二寸，第二层照面阔之长除梁头之厚，加入榫分位，仍照前法。以斗口二份定高。如斗口四尺，得高八寸。以斗口一份外加包掩定厚。如斗口四寸，加包掩六分，得厚四寸六分。

【译解】四角瓜柱的高度由步架的长度和举的比例来确定。若步架的长度为四尺，再加一拽架长度一尺二寸，则总长度为五尺二寸。使用五举的比例，可得四角瓜柱的高度为二尺六寸。减去扒梁高度的一半七寸，再减去踩步金的高度一尺四寸四分，可得四角瓜柱的净长度为四寸六分。当瓜柱的宽度为一尺时，上、下入榫的长度各为三寸。以五架梁的厚度来确定四角瓜柱的厚度。当五架梁的厚度为一尺时，瓜柱的厚度需减少二寸，即八寸。若五架梁的厚度为一尺四寸四分，可得四角瓜柱的厚度为一尺一寸六分。以自身的厚度增加二寸来确定自身的宽度，可得四角瓜柱的宽度为一尺三寸六分。

脊瓜柱的高度由步架的长度和举的比例来确定。若步架的长度为四尺，使用九举的比例，可得高度为三尺六寸。减去三架梁的高度一尺四寸四分，可得脊瓜柱的净高度为二尺一寸六分。加平水的高度八寸，外加桁条直径的三分之一，作为上桁椀的高度。若桁条的直径为一尺四寸，可得桁椀的高度为四寸六分。当脊瓜柱的宽度为一尺时，下方入榫的长度为三寸。若脊瓜柱的宽度为一尺一寸三分，可得下方入榫的长度为三寸三分。以三架梁的厚度来确定脊瓜柱的厚度。当三架梁的厚度为一尺时，脊瓜柱的厚度为八寸。若三架梁的宽度为一尺一寸六分，可得脊瓜柱的厚度为九寸三分。以自身的厚度增加二寸来确定自身的宽度。若脊瓜柱的厚度为九寸三分，可得脊瓜柱的宽度为一尺一寸三分。

正心桁的长度由面宽来确定。若面宽为一丈四尺四寸，则正心桁的长度为一丈四尺四寸。梢间的正心桁的长度，在面宽的基础上，一端与其他构件相交后出头，该出头部分的长度与自身的直径相同。若自身的直径为一尺四寸，则出头部分的长度为一尺四寸。以斗口宽度的三点五倍来确定正心桁的直径。若斗口的宽度为四寸，可得正心桁的直径为一尺四寸。当正心桁的直径为一尺时，外加的搭交榫的长度为三寸。两山墙的正心桁的计算方法相同。

正心枋共有两层，长度由面宽来确定。若面宽为一丈四尺四寸，减去七架梁梁头的厚度一尺六寸，可得净长度为一丈二尺八寸。两端外加入榫的长度，入榫的长度是自身高度的一半。若自身的高度为八寸，可得入榫的长度为四寸。梢间的正心枋的长度与面宽相同。两山的正心枋的长度是进深的一半，一端减去七架梁梁头厚度的一半，外加入榫的长度，长度为自身高度的一半。第一层正心枋，一端有撑头木，长度为一尺二寸；第二层正心枋，长度为面宽减去梁头的厚度，两端再加入榫的长度，入榫的长度为自身高度的一半。以斗口宽度的两倍来确定正心枋的高度。若斗口的宽度为四寸，可得正心枋的高度为八寸（此处原文有误，斗口应为四寸，而不是四尺）。以斗口的宽度加包掩来确定正心枋的厚度。若斗口的宽度为四寸，包掩为六分，可得正心枋的厚度为四寸六分。

【原文】凡挑檐桁以面阔定长。如面阔一丈四尺四寸，即长一丈四尺四寸。每径一尺，外加扣榫长三寸。其梢间并两山挑檐桁，一头加一拽架长一尺二寸，又加交角出头分位，按本身之径一份半。如本身径一尺二寸，得交角出头一尺八寸，以正心桁之径收二寸定径。如正心桁径一尺四寸，得挑檐桁径一尺二寸。

凡挑檐枋以面阔定长。如面阔一丈四尺四寸，内除七架梁头厚一尺六寸，得净长一丈二尺八寸。外加两头入榫分位，各按本身高半份，如本身高八寸，得榫长各四寸。其梢间并两山挑檐枋，一头除七架梁头厚半份，外加入榫分位，按本身之厚一份，一头外带一拽架长一尺二寸，又加交角出头分位，按挑檐桁之径一份半。如挑檐桁径一尺二寸，得交角出头一尺八寸。以斗口二份定高，一份定厚。如斗口四寸，得高八寸，厚四寸。

凡后尾压科枋以面阔定长。如面阔一丈四尺四寸，内除七架梁厚一尺八寸，外加两头入榫分位，各按本身厚半份，如本身厚八寸，得榫长各四寸。其梢间并两山压科枋，一头收一拽架长一尺二寸，外加斜交分位，按本身之厚一份。如本身厚八寸，即长八寸。一头除七架梁厚半份，外加入榫，仍照前法。以斗口二份半定高，二份定厚。如斗口四寸，得高一尺，厚八寸。

凡金、脊枋以面阔定长。如面阔一丈四尺四寸，内除柁橔或瓜柱之厚一分，外加两头入榫分位，各按柁橔、瓜柱厚四分之一。其梢间一头收一步架定长。如梢间面阔一丈二尺，收一步架深四尺，得长八尺。除柁橔、瓜柱一份，外加入榫，仍照前法。以斗口三份定高，二份定厚，如斗口四寸，得高一尺二寸，厚八寸。

凡金、脊垫板以面阔定长。如面阔一丈四尺四寸，内除柁头或瓜柱之厚一份，外加两头入榫分位，各按柁头或瓜柱之厚每尺加入榫二寸。其梢间垫板，一头收一步架，再除柁头或瓜柱之厚，外加入榫，仍照前法。以斗口二份定高，半份定厚。如斗口四寸，得高八寸，厚二寸。

凡金、脊桁以面阔定长。如面阔一丈四尺四寸，即长一丈四尺四寸。其梢间桁条一头收正心桁之径一份。如梢间面阔一丈二尺，一头收正心桁径一尺四寸，得净长一丈六寸。径寸与正心桁同。每径一尺，外加扣榫长三寸。

【译解】挑檐桁的长度由面宽来确定。若面宽为一丈四尺四寸，则挑檐桁的长度为一丈四尺四寸。当挑檐桁的直径为一尺时，外加的扣榫的长度为三寸。梢间和两山的挑檐桁，在一端增加一拽架长度一尺二寸，再加与其他构件相交之后的出头部分，该部分的长度为自身直径的一点五倍，若自身的直径为一尺二寸，可得出头部分的长度为一尺八寸。以正心桁的直径减少二寸来确定挑檐桁的直径。若正心桁的直径为一尺四寸，可得挑檐桁的直径为一尺二寸。

挑檐枋的长度由面宽来确定。若面宽为一丈四尺四寸，减去七架梁梁头的厚度一尺六寸，可得净长度为一丈二尺八寸。两端外加入榫的长度，入榫的长度是自身高度的一半。若自身的高度为八寸，可得入榫的长度均为四寸。梢间和两山的挑檐枋，在一端减去七架梁梁头厚度的一半，外加入榫的长度，入榫的长度与自身的厚度相同。一端增加一拽架长度一尺二寸，再加与其他构件相交之后的出头部分，该部分的长度为挑檐桁直径的一点五倍，若挑檐桁的直径为一尺二寸，可得该出头部分的长度为一尺八寸。以斗口宽度的两倍来确定挑檐枋的高度，以斗口的宽度来确定挑檐枋的厚度。若斗口的宽度为四寸，可得挑檐枋的高度为八寸，厚度为四寸。

后尾压科枋的长度由面宽来确定。若面宽为一丈四尺四寸，减去七架梁的厚度一尺八寸，两端外加入榫的长度，入榫的长度是自身厚度的一半。若自身的厚度为八寸，可得入榫的长度为四寸。梢间和两山的压科枋，在一端减去一拽架长度一尺二寸，外加的斜搭交的长度与自身的厚度相同。若自身的厚度为八寸，则斜搭交的长度为八寸。在另一端减去七架梁厚度的一半，外加入榫的长度，入榫的长度的计算方法与前述方法相同。以斗口宽度的二点五倍来确定压科枋的高度，以斗口宽度的两倍来确定压科枋的厚度。若斗口的宽度为四寸，可得压科枋的高度为一尺，厚度为八寸。

金枋、脊枋的长度由面宽来确定。若面宽为一丈四尺四寸，减去柁墩或瓜柱的厚度，两端外加入榫的长度，入榫的长度为柁墩和瓜柱厚度的四分之一。梢间的枋子的长度为梢间的面宽减去一步架长度。若梢间的面宽为一丈二尺，减少一步架长度四尺，可得梢间枋子的长度为八尺。减去柁墩和瓜柱长度的一半，外加入榫的长度，入榫的长度的计算方法与前述方法相同。以斗口宽度的三倍来确定枋子的高度，以斗口宽度的两倍来确定枋子的厚度。若斗口的宽度为四寸，可得脊枋、金枋的高度为一尺二寸，厚度为八寸。

金垫板、脊垫板的长度由面宽来确定。若面宽为一丈四尺四寸，减去柁墩或瓜柱的厚度，两端外加入榫的长度。当柁头或瓜柱的厚度为一尺时，入榫的长度为二寸。在梢间的垫板的一端减去一步架长度，再减去柁头或者瓜柱的厚度，外加入椽的长度，入椽的长度的计算方法与前述方法相同。以斗口宽度的两倍来确定垫板的高度，以斗口宽度的一半来确定垫板的厚度。若斗口的宽度为四寸，可得垫板的高度为八寸，厚度为二寸。

金桁、脊桁的长度由面宽来确定。若面宽为一丈四尺四寸，则金桁、脊桁的长度为一丈四尺四寸。梢间的桁条的长度与梢间的面宽减去正心桁的直径相同。若梢间的面宽为一丈二尺，一端减去正心桁的直径一尺四寸，可得梢间桁条的净长度为一丈六寸。金桁、脊桁的直径与正心桁的直径相同。当金桁、脊桁的直径为一尺时，外加的扣椽的长度为三寸。

【原文】凡仔角梁以步架并出檐加举定长。如步架深四尺，挑檐桁中至正心桁中一拽架长一尺二寸，出檐四尺，外加出水二份得八寸，共长一丈，用方五斜七之法加长，又按一一五加举，得长一丈六尺一寸，再加翼角斜出椽径三份，如椽径四寸六分，得并长一丈七尺四寸八分。再加套兽榫照角梁本身之厚一份，如角梁厚九寸二分，即套兽榫长九寸二分，得仔角梁通长一丈八尺四寸。以椽径三份定高，二份定厚。如椽径四寸六分，得高一尺三寸八分，厚九寸二分。

凡老角梁以仔角梁之长除飞椽头并套兽榫定长。如仔角梁长一丈八尺四寸，内除飞檐头长二尺五寸七分，并套兽榫长九寸二分，得长一丈四尺九寸一分。外加后尾三岔头，照桁条径一份，如桁条径一尺四寸，即长一尺四寸，得通长一丈六尺三寸一分。高、厚与仔角梁同。

凡枕头木以步架定长。如步架深四尺，外加一拽架长一尺二寸，内除角梁厚半份四寸六分，得枕头木长四尺七寸四分。以挑檐桁径十分之三定宽。如挑檐桁径一尺二寸，得宽三寸六分。

凡正心桁上枕头木以步架定长。如步架深四尺，内除角梁厚半份，得正心桁上枕头木净长三尺五寸四分。以正心桁径十分之三定宽。如正心桁径一尺四寸，得宽四寸二分。以椽径二份半定高。如椽径四寸六分，得枕头木一头高一尺一寸五分，一头斜尖与桁条平。两山枕头木做法同。

凡檐椽以步架并出檐加举定长。如步架深四尺，一拽架长一尺二寸，出檐四尺，又加出水八寸，共长一丈。内除飞檐头一尺六寸，净长八尺四寸。按一一五加举，得通长九尺六寸六分。外加一头搭交尺寸，按本身径一份，如本身径四寸六分，即长四寸六分。径与下檐檐椽同。两山檐椽做法同。每椽空档，随椽径一份。每间椽数，俱应成双。档之宽窄，随数均匀。

凡飞檐椽以出檐定长。如出檐并出水共四尺八寸，三份分之，出头一份得长一尺六寸，后尾二份半得长四尺，又按一一五加举，得飞檐椽通长六尺四寸四分。见方与檐椽径寸同。

【译解】仔角梁的长度由步架的长度加出檐的长度和举的比例来确定。若步架的长度为四尺，挑檐桁中心至正心桁中心的一拽架长度为一尺二寸，出檐的长度为四尺，再加出水长度的两倍，即八寸，可得总长度为一丈。用方五斜七法计算，再使用一一五举的比例，可得长度为一丈六尺一寸。再加翼角的出头部分，其为椽子直径的三倍。若椽子的直径为四寸六分，将得到的翼角的出头部分的长度与前述长度相加，可得长度为一丈七尺四寸八分。再加套兽的入榫的长度，其与角梁的厚度相同。若角梁的厚度为九寸二分，则套兽的入榫的长度为九寸二分。由此可得仔角梁的总长度为一丈八尺四寸。以椽子直径的三倍来确定仔角梁的高度，以椽子直径的两倍来确定仔角梁的厚度。若椽子的直径为四寸六分，可得仔角梁的高度为一尺三寸八分，厚度为九寸二分。

老角梁的长度，由仔角梁的长度减去飞檐头和套兽入榫的长度来确定。若仔角梁的长度为一丈八尺四寸，减去飞檐头的长度二尺五寸七分，再减去套兽的入榫的长度九寸二分，可得老角梁的净长度为一丈四尺九寸一分。后尾的三岔头的长度与桁条的直径相同。若桁条的直径为一尺四寸，可得老角梁的总长度为一丈六尺三寸一分。老角梁的高度和厚度与仔角梁的高度和厚度相同。

枕头木的长度由步架的长度来确定。若步架的长度为四尺，加一拽架长度一尺二寸，再减去角梁厚度的一半四寸六分，可得枕头木的长度为四尺七寸四分。以挑檐桁直径的十分之三来确定枕头木的宽度。若挑檐桁的直径为一尺二寸，可得枕头木的宽度为三寸六分。

正心桁上方的枕头木的长度由步架的长度来确定。若步架的长度为四尺，减去角梁厚度的一半，可得正心桁上方的枕头木的净长度为三尺五寸四分。以正心桁直径的十分之三来确定其上枕头木的宽度。若正心桁的直径为一尺四寸，可得正心桁上方的枕头木的宽度为四寸二分。以椽子直径的二点五倍来确定枕头木的高度。若椽子的直径为四寸六分，可得枕头木一端的高度为一尺一寸五分，另一端为斜尖状，与桁条平齐。两山墙的枕头木的计算方法相同。

檐椽的长度由步架的长度加出檐的长度和举的比例来确定。若步架的长度为四尺，一拽架长度为一尺二寸，出檐的长度为四尺，再加出水的长度八寸，可得总长度为一丈。减去飞檐头的长度一尺六寸，可得净长度为八尺四寸。使用一一五举的比例，可得檐椽的总长度为九尺六寸六分。一端外加的搭交的尺寸与自身的直径相同。若自身的直径为四寸六分，则搭交的长度为四寸六分。檐椽的直径与下檐椽的直径相同。两山墙的檐椽的计算方法相同。每两根椽子的空档宽度与椽子的宽度相同。每个房间使用的椽子数量都应为双数，空档宽度应均匀。

飞檐椽的长度由出檐的长度来确定。若出檐的长度为四尺八寸，将此长度三等分，每小段长度为一尺六寸。椽子出头部分的长度与每小段长度相同，即一尺六寸。椽子的后尾长度为每小段长度的二点五倍，即四尺。将两个长度相加，再使用一一五举的比例，可得飞檐椽的总长度为六尺四寸四分。飞檐椽的截面正方形边长与檐椽的直径相同。

【原文】凡翼角翘椽长、径俱与平身檐椽同。其起翘处以挑檐桁中至出檐尺寸，用方五斜七之法，再加一步架，并正心桁中至挑檐桁中之拽架各尺寸定翘数。如挑檐桁中出檐并出水共四尺八寸，方五斜七加之，得长六尺七寸二分，再加步架深四尺，一拽架长一尺二寸，共长一丈一尺九寸二分，内除角梁厚半份，得净长一丈一尺四寸六分，即系翼角椽档分位。翼角翘椽以成单为率，如逢双数，应改成单。

凡翘飞椽以平身飞檐椽之长用方五斜七之法定长。如飞檐椽长六尺四寸四分，用方五斜七加之，第一翘得长九尺一分，其余以所定翘数每根递减长五分五厘。其高比飞檐椽加高半份，如飞檐椽高四寸六分，得翘飞椽高六寸九分，厚仍四寸六分。

凡花架椽以步架加举定长。如步架深四尺，按一二五加举，得长五尺，两头各加搭交尺寸，按本身径一份，如本身径四寸六分，即加长四寸六分。径与檐椽径寸同。

凡前檐下花架椽以步架加举定长。如步架深四尺，按一一五加举，得长四尺六寸。两头各加搭交尺寸，按本身径一份。径与檐椽径寸同。

凡脑椽以步架加举定长。如步架深四尺，按一三五加举，得长五尺四寸。一头加搭交尺寸，按本身径一份。径与檐椽径寸同。

凡两山出梢哑叭花架、脑椽俱与正脑椽、花架椽同。哑叭檐椽以挑山檩之长得长。系短椽折半核算。

凡横望板、压飞檐尾横望板俱以面阔、进深加举折见方丈定长宽。以椽径十分之二定厚。如椽径四寸六分，得厚九分。

【译解】翼角翘椽的长度和直径都与平身檐椽的相同。椽子起翘的位置，由挑檐桁中心到出檐的长度，用方五斜七法计算之后，再加步架的长度和正心桁中心到挑檐桁中心的拽架尺寸共同来确定。若挑檐桁中心到出檐的长度为四尺八寸，用方五斜七法计算出的斜边长为六尺七寸二分，加步架的长度四尺，再加一拽架长度一尺二寸，得总长度为一丈一尺九寸二分。减去角梁厚度的一半，可得净长度为一丈一尺四寸六分。在翼角翘椽上量出这个长度，刻度处即为椽子起翘的位置。翼角翘椽的数量通常为单数，如果遇到是双数的情况，应当改变制作方法，使其仍为单数。

翘飞椽的长度，由平身飞檐椽的长度，用方五斜七法计算之后来确定。若飞檐椽的长度为六尺四寸四分，用方五斜七法计算之后，可以得出第一根翘飞椽的长度为九尺一分。其余的翘飞椽的长度，可根据总翘数递减，每根长度比前一根长度小五分五厘。翘飞椽的高度是飞檐椽高度的一点五倍，若飞檐椽的高度为四寸六分，可得翘飞椽的高度为六寸九分。翘飞椽的厚度为四寸六分。

花架椽的长度由步架的长度和举的比例来确定。若步架的长度为四尺，使用一二五举的比例，可得花架椽的长度为五尺。两端外加的搭交的长度，与自身的直径尺寸相同。若自身的直径为四寸六分，则加长的长度为四寸六分。花架椽的直径与檐椽的直径相同。

前檐花架椽的长度由步架的长度和举的比例来确定。若步架的长度为四尺，使用一一五举的比例，可得前檐花架椽的长度为四尺六寸。两端外加的搭交的长度，与自身的直径尺寸相同。前檐花架椽的直径与檐椽的直径相同。

脑椽的长度由步架的长度和举的比例来确定。若步架的长度为四尺，使用一三五举的比例，可得脑椽的长度为五尺四寸。一端外加的搭交的长度与自身的直径尺寸相同。脑椽的直径与檐椽的直径相同。

两山墙的梢间哑叭花架椽与脑椽的计算方法与正花架椽和脑椽的相同。哑叭檐椽的长度由挑山檩的长度来确定。若哑叭檐椽为短椽，长度需进行折半核算。

横望板和压住飞檐尾铺设的横望板，其长度和宽度由面宽和进深加举的比例折算成矩形的边长来确定。以椽子直径的十分之二来确定横望板的厚度。若椽子的直径为四寸六分，可得横望板的厚度为九分。

【原文】凡连檐以面阔定长。如面阔一丈四尺四寸，即长一丈四尺四寸。其梢间并两山连檐，一头加出檐并出水尺寸，又加正心桁中至挑檐桁中一拽架，共长一丈八尺，内除角梁厚半份，净长一丈七尺五寸四分。其起翘处起至仔角梁每尺加翘一寸。高、厚与檐椽径寸同。

凡瓦口长与连檐同。以椽径半份定高。如椽径四寸六分，得瓦口高二寸三分。以本身之高折半定厚。如本身高二寸三分，得厚一寸一分。

凡里口以面阔定长。如面阔一丈四尺四寸，即长一丈四尺四寸。梢间照面阔一头收一步架，两山两头各收一步架分位。以椽径一份再加望板厚一份半定高。如椽径四寸六分，望板厚一份半一寸三分，得里口高五寸九分。厚与椽径同。两山里口做法同。

凡闸档板以翘椽档分位定宽。如翘椽档宽四寸六分，即闸档板宽四寸六分。外加入槽，每寸一分。高随椽径尺寸。以椽径十分之二定厚。如椽径四寸六分，得闸档板厚九分。其小连檐自起翘处至老角梁得长。宽随椽径一份。厚照望板之厚一份半，得厚一寸三分。两山闸档板、小连檐做法同。

凡椽椀、椽中板以面阔定长。如面阔一丈四尺四寸，即长一丈四尺四寸。梢间照面阔一头收一步架，两山两头各收一步架分位。以椽径一份，再加椽径三分之一定高。如椽径四寸六分，得椽椀并椽中板高六寸一分。以椽径三分之一定厚，得厚一寸五分。

【译解】连檐的长度由面宽来确定。若面宽为一丈四尺四寸，则连檐的长度为一丈四尺四寸。梢间和两山的连檐，在一端增加出檐的长度和出水的长度，再加正心桁中心至挑檐桁中心的一拽架长度，可得总长度为一丈八尺。减去角梁厚度的一半，可得连檐的净长度为一丈七尺五寸四分。从起翘处到仔角梁之间，每尺需增加一寸翘长。连檐的高度和厚度与檐椽的直径相同。

瓦口的长度与连檐的长度相同。以椽子直径的一半来确定瓦口的高度。若椽子的直径为四寸六分，可得瓦口的高度为二寸三分。以自身高度的一半来确定自身的厚度，若瓦口的高度为二寸三分，可得瓦口的厚度为一寸一分。

里口的长度由面宽来确定。若面宽为一丈四尺四寸，则里口的长度为一丈四尺四寸。梢间的里口在面宽的基础上减少一步架长度，在两山的里口两端各减少一步架长度。以椽子的直径加顺望板厚度的一点五倍来确定里口的高度。若椽子的直径为四寸六分，顺望板厚度的一点五倍为一寸三分，可得里口的高度为五寸九分。里口的厚度与椽子的直径相同。

闸档板的宽度由翘椽档的位置来确定。若椽子之间的宽度为四寸六分，则闸档板的宽度为四寸六分。在闸档板的外侧开槽，每寸长度开槽一分。闸档板的高度与椽子的直径相同。以椽子直径的十分之二来确定闸档板的厚度。若椽子的直径为四寸六分，可得闸档板的厚度为九分。小连檐的长度为椽子起翘的位置到老角梁的距离。小连檐的宽度与椽子的直径相同。小连檐的厚度是望板厚度的一点五倍，可得其厚度为一寸三分。两山墙的闸档板、小连檐的计算方法相同。

椽椀和椽中板的长度由面宽来确定。若面宽为一丈四尺四寸，则椽椀和椽中板的长度为一丈四尺四寸。梢间的椽椀和椽中板在面宽的基础上减少一步架长度，两山的椽椀和椽中板在两端各减少一步架长度。以椽子的直径再加该直径的三分之一来确定椽椀和椽中板的高度。若椽子的直径为四寸六分，可得椽椀和椽中板的高度为六寸一分。以椽子直径的三分之一来确定椽椀和椽中板的厚度，可得其厚度为一寸五分。

【原文】凡扶脊木长、径俱与脊桁同。脊桩，照通脊之高再加扶脊木之径一份，桁条径四分之一得长。宽照椽径一份，厚按本身之宽折半。

凡榻脚木以步架四份外加桁条之径二份定长。如步架四份长一丈六尺，外加两头桁条径各一份，如桁条径一尺四寸，得榻脚木通长一丈八尺八寸。见方与桁条径寸同。

凡草架柱子以步架加举定高。如步架深四尺，第一步架按七举加之，得高二尺八寸；第二步架按九举加之，得高三尺六寸，二步架共高六尺四寸，脊桁下草架柱子即高六尺四寸。外加两头入榫分位，按本身之宽、厚折半。如本身宽、厚七寸，得榫长各三寸五分。以榻脚木见方尺寸折半定宽、厚。如榻脚木见方一尺四寸，得草架柱子见方七寸。其穿以步架二份定长。如步架二份共长八尺，即长八尺。宽、厚与草架柱子同。

凡山花板以进深定宽。如进深二丈四尺，前后各收一步架深四尺，得山花板通宽一丈六尺。以脊中草架柱子之高加扶脊木并桁条之径定高。如草架柱子高六尺四寸，扶脊木、脊桁各径一尺四寸，得山花板中高九尺二寸。系尖高做法，折半核算。以桁条径四分之一定厚。如桁条径一尺四寸，得山花板厚三寸五分。

凡博缝板随各椽之长得长。如花架椽长五尺，花架博缝板即长五尺。如脑椽长五尺四寸，即脑博缝板即长五尺四寸。每博缝板外加搭岔分位，照本身之宽加长，如本身宽二尺七寸六分，每块即加长二尺七寸六分。以椽径六份定宽。如椽径四寸六分，得博缝板宽二尺七寸六分，厚与山花板之厚同。

【译解】扶脊木的长度和直径都与脊桁的长度和直径相同。脊桩的长度，为通脊的高度加扶脊木的直径，再加桁条直径的四分之一。脊桩的宽度与椽子的直径相同，厚度是自身宽度的一半。

榻脚木的长度由步架长度的四倍加桁条直径的两倍来确定。若步架长度的四倍为一丈六尺，两端各加桁条的直径，若桁条的直径为一尺四寸，可得榻脚木的总长度为一丈八尺八寸。榻脚木的截面正方形边长与桁条的直径相同。

草架柱子的高度由步架的长度加举的比例来确定。若步架的长度为四尺，第一步架使用七举的比例，可得高度为二尺八寸；第二步架使用九举的比例，可得高度为三尺六寸；两步架的总高度为六尺四寸，则脊桁下方的草架柱子的高度为六尺四寸。两端外加入榫的长度，入榫的长度为自身的宽度、厚度的一半。若自身的宽度、厚度为七寸，可得入榫的长度均为三寸五分。草架柱子的宽度和厚度由折半的榻脚木的截面正方形边长来确定。若榻脚木的截面正方形边长为一尺四寸，可得草架柱子的截面正方形边长为七寸。穿的长度为步架长度的两倍。若步架长度的两倍为八尺，则穿的长度为八尺。穿的宽度和厚度与草架柱子的宽度和厚度相同。

山花板的宽度由进深来确定。若进深为二丈四尺，前后各减去一步架长度四尺，可得山花板的宽度为一丈六尺。以脊中的草架柱子的高度加扶脊木和桁条的直径，来确定山花板的高度。若草架柱子的高度为六尺四寸，扶脊木和脊桁的直径各为一尺四寸，三者相加，可得屋顶最高处的山花板的高度为九尺二寸。其余的山花板的高度都要按比例进行核算。以桁条直径的四分之一来确定山花板的厚度。若桁条的直径为一尺四寸，可得山花的厚度为三寸五分。

博缝板的长度与其所在椽子的长度相同。若花架椽的长度为五尺，则花架博缝板的长度为五尺。若脑椽的长度为五尺四寸，则脑博缝板的长度为五尺四寸。每个博缝板的外侧都需外加搭岔的尺寸，加长的长度为博缝板的宽度。若博缝板的宽度为二尺七寸六分，则每块需加长的长度为二尺七寸六分。以椽子直径的六倍来确定博缝板的宽度。若椽子的直径为四寸六分，可得博缝板的宽度为二尺七寸六分。博缝板的厚度与山花板的厚度相同。

前接檐二檩雨搭一座大木做法

【译解】二檩进深的，前接檐大木式雨搭的建造方法。

【原文】凡桐柱以正楼前金柱之高定高。如前金柱上层露明柱高八尺，大额枋一尺八寸，平板枋八寸，斗科二尺八寸八分，正心桁一尺四寸，共高一丈四尺八寸八分。内以二步架九尺五寸，按五举核算，除四尺七寸五分，又除三架梁一份高一尺七寸，净得桐柱高八尺四寸三分，外加桁条径三分之一作桁椀，如桁条径一尺二寸，得桁椀高四寸，共长八尺八寸三分。每径一尺，加下榫长三寸。以三架梁之厚收二寸定径。如三架梁厚一尺三寸，得径一尺一寸。

凡金、檐桁以面阔定长。如面阔一丈四尺四寸。即长一丈四尺四寸，每径一尺，外加搭交榫长三寸，其梢间桁条一头加一步架长四尺，内收本身径一份，如本身径一尺二寸，即收一尺二寸。得长一丈七尺二寸。以挑檐桁之径定径。如挑檐桁径一尺二寸，即径一尺二寸。

凡金、檐枋以面阔定长。如面阔一丈四尺四寸，内除桐柱、瓜柱径各一份，外加入榫分位，各按柱径四分之一。以斗口二份半定高，二份定厚。如斗口四寸，得高一尺，厚八寸。

凡金、檐垫板以面阔定长。如面阔一丈四尺四寸，内除桐柱、瓜柱径各一份，外加入榫分位，各按柱径十分之二。以金、檐枋之厚定高。如金、檐枋厚八寸，得高八寸。以本身高四分之一定厚。如本身高八寸，得厚二寸。

凡瓜柱以桐柱之高折半定长。如桐柱高八尺四寸三分，得金瓜柱长四尺二寸一分。再加桁条径三分之一作桁椀。如桁条径一尺二寸，得桁椀高四寸。每宽一尺，外加下榫长三寸，以二穿梁[1]之厚每尺收滚楞二寸定厚。如二穿梁厚一尺，得厚八寸。以本身之厚加二寸定宽，得宽一尺。

【注释】〔1〕穿梁：位于草架柱子之间，榻脚木的上方，起着加强草架柱子间的连接作用。

【译解】桐柱的高度由正楼的前金柱的高度来确定。若前金柱上层露明柱的高度为八尺，大额枋的高度为一尺八寸，平板枋的高度为八寸，斗栱的高度为二尺八寸八分，正心桁的高度为一尺四寸，将几个高度相加，可得高度为一丈四尺八寸八分。二步架的长度为九尺五寸，使用五举的比例，可得四尺七寸五分。一丈四尺八寸八分，减去四尺七寸五分，再减去三架梁的高度一尺七寸，可得桐柱的净高度为八尺四寸三分。再加桁条直径的三分之一作为桁椀。如果桁条的直径为一尺二寸，则桁椀的高度为四寸。由此可得桐柱的总高度为八尺八寸三分。当桐柱的直径为一尺时，下方入榫的长度为三寸。以三架梁的厚度减少二寸来确定桐柱的直径。若三架梁的厚度为一尺三寸，可得桐柱的直径为一尺一寸。

金桁、檐桁的长度由面宽来确定。若面宽为一丈四尺四寸，则金桁、檐桁的长度为一丈四尺四寸。当金桁、檐桁的直径为一尺时，外加的搭交榫的长度为三寸。梢间的桁条，一端增加一步架长度四尺，再减去自身的直径，若自身的直径为一尺二寸，则减少的长度为一尺二寸，由此可得檐桁的长度为一丈七尺二寸。以挑檐桁的直径来确定檐桁的直径。若挑檐桁的直径为一尺二寸，则檐桁的直径为一尺二寸。

金枋、檐枋的长度由面宽来确定。若面宽为一丈四尺四寸，减去桐柱径和瓜柱径的尺寸，两端外加入榫的长度，入榫的长度各为柱径的四分之一。以斗口宽度的二点五倍来确定金枋、檐枋的高度，以斗口宽度的两倍来确定金枋、檐枋的厚度。若斗口的宽度为四寸，可得金枋和檐枋的高度为一尺，厚度为八寸。

金垫板、檐垫板的长度由面宽来确定。若面宽为一丈四尺四寸，减去桐柱径和瓜柱径的尺寸，两端外加入榫的长度，入榫的长度为柱径的十分之二。以金枋、檐枋的厚度来确定垫板的高度。若金枋和檐枋的厚度为八寸，可得垫板的高度为八寸。以自身高度的四分之一来确定自身的厚度。若垫板的高度为八寸，可得垫板的厚度为二寸。

瓜柱的长度是桐柱高度的一半。若桐柱的高度为八尺四寸三分，可得金瓜柱的长度为四尺二寸一分。再加桁条直径的三分之一作为桁椀。如果桁条的直径为一尺二寸，则桁椀的高度为四寸。当瓜柱的宽度为一尺时，外加的下榫的长度为三寸。以二穿梁的厚度来确定瓜柱的厚度。当二穿梁的厚度为一尺时，瓜柱的厚度为八寸。若二穿梁的厚度为一尺，可得瓜柱的厚度为八寸。以自身的厚度增加二寸来确定自身的宽度，由此可得瓜柱的宽度为一尺。

【原文】凡角背以步架一份定长。如

步架一份深四尺七寸五分，即长四尺七寸五分。以瓜柱之净高、厚三分之一定高厚。如瓜柱除桁椀净高四尺二寸一分，厚九寸六分，得角背高一尺四寸，厚三寸二分。

凡靠背走马板以面阔定宽。如面阔一丈四尺四寸，内除桐柱径一尺一寸，净宽一丈三尺三寸。以桐柱之净高尺寸定高。如桐柱净高八尺四寸三分，折半得四尺二寸一分。内除檐枋一尺，垫板八寸，得净高二尺四寸一分。其厚一寸。

凡下槛并引条已于装修册内声明。

凡博缝板以步架并出檐定长。如步架深九尺五寸，内除一拽架长一尺二寸，外加博脊一尺五寸，又加出檐照半步架二尺三寸七分，出水照正楼八寸，共长一丈二尺九寸七分，按一一五加举，得通长一丈四尺九寸一分。以椽径四份定宽。如椽径四寸六分，得宽一尺八寸四分。以桁条径四分之一定厚。如桁条径一尺二寸，得厚三寸。

凡山花板以步架定宽。如步架九尺五寸，内除一拽架一尺二寸，净宽八尺三寸。外加挑檐桁径半份六寸，共宽八尺九寸。以金柱定高。如金柱上檐露明八尺，大额枋一尺八寸，平板枋八寸，斗科二尺八寸八分，挑檐桁一尺二寸，椽径四寸六分，共高一丈五尺一寸四分。内除博缝板一尺八寸四分，净高一丈三尺三寸。外加椽径一份得搭头分位，系二斜做法。三份均之，得高四尺四寸三分。以椽径四分之一定厚。如椽径四寸六分，得厚一寸一分。

凡檐椽以步架并出檐加举定长。如步架深九尺五寸，博脊一尺五寸，再加出檐照步架半份二尺三寸七分，出水八寸，共长一丈四尺一寸七分。内除飞檐出头一尺六寸，净长一丈二尺五寸七分。按一一五加举，得通长一丈四尺四寸五分。一头外加搭交尺寸，按本身之径一份。径与箭楼檐椽径寸同。

【译解】角背的长度由步架的长度来确定。若步架的长度为四尺七寸五分，则角背的长度为四尺七寸五分。以瓜柱的净高度和厚度的三分之一来确定角背的高度和厚度。瓜柱的高度减去椀桁的尺寸可得净高度为四尺二寸一分，厚度为九寸六分。由此可得角背的高度为一尺四寸，厚度为三寸二分。

靠背走马板的宽度由面宽来确定。若面宽为一丈四尺四寸，减去桐柱径一尺一寸，可得靠背走马板的净宽度为一丈三尺三寸。以桐柱的净高度来确定走马板的高度。若桐柱的净高度为八尺四寸三分，该高度减半后则为四尺二寸一分，减去檐枋的高度一尺，再减夫檐垫板的高度八寸，可得走马板的净高度为二尺四寸一分。由此可得走马板的厚度为一寸。

下槛和引条的制作方法已经在装修一章中写明。

博缝板的长度由步架的长度和出檐的长度来确定。若步架的长度为九尺五寸，减去一拽架长度一尺二寸，加博脊的长度一尺五寸，再加出檐的长度，其为步架长度的一半，即二尺三寸七分，加出水的长度八寸，可得长度为一丈二尺九寸七分。使用一一五举的比例，可得总长度为一丈四尺九寸一分。以椽子直径的四倍来确定博缝板的宽度。若椽子的直径为四寸六分，可得博缝板的宽度为一尺八寸四分。以桁条直径的四分之一来确定博缝板的厚度。若桁条的直径为一尺二寸，可得博缝板的厚度为三寸。

山花板的宽度由步架的长度来确定。若步架的长度为九尺五寸，减去一拽架长度一尺二寸，可得净宽度为八尺三寸。加挑檐桁直径的一半，即六寸，可得山花板的总宽度为八尺九寸。以金柱的高度来确定山花板的高度。若金柱上檐露明柱的高度为八尺，大额枋的高度为一尺八寸，平板枋的高度为八寸，斗栱的高度为二尺八寸八分，挑檐桁的高度为一尺二寸，椽子的直径为四寸六分，几个高度相加，可得高度为一丈五尺一寸四分。减去博缝板的高度一尺八寸四分，可得净高度为一丈三尺三寸。加椽子的直径作为出头部分，采用二斜的制作方法。将净高度三等分，可得出头部分的高度为四尺四寸三分。以椽子直径的四分之一来确定山花板的厚度。若椽子的直径为四寸六分，可得山花板的厚度为一寸一分。

檐椽的长度由步架的长度加出檐的长度和举的比例来确定。若步架的长度为九尺五寸，博脊的长度为一尺五寸，出檐的长度为步架长度的一半，即二尺三寸七分，出水的长度为八寸，将几个高度相加，可得总长度为一丈四尺一寸七分。减去飞檐椽头的长度一尺六寸，可得净长度为一丈二尺五寸七分。使用一一五举的比例，可得檐椽的总长度为一丈四尺四寸五分。一端增加搭交的长度，搭交的长度与自身的直径相同。檐椽的直径与箭楼檐椽的直径相同。

雨搭前接檐四檩庑座大木做法

【译解】四檩进深的，雨搭前接檐大木式庑座的建造方法。

【原文】凡面阔与箭楼面阔同。

凡檐柱长、径俱与箭楼檐柱同。

凡承重枋以进深定长。如庑座连雨搭通进深二丈五寸，一头除柱径半份，外加入榫分位按柱径四分之一。一头外加出榫照檐柱径加一份，如檐柱径一尺六寸，即长一尺六寸，通长二丈一尺七寸。高、宽与箭楼承重同。

凡间枋以面阔定长。如面阔一丈四尺四寸，内除柱径一份，外加入榫分位，按柱径四分之一，如柱径一尺六寸，得榫各长四寸。高、宽与箭楼间枋同。

凡七架梁以进深定长。如通进深二丈五寸，一头加一步架长四尺，又加二拽架长二尺四寸，得通长二丈六尺九寸。以斗口五份定高。如斗口四寸，得高二尺。以本身之高每尺收三寸定厚。如本身高二尺，得厚一尺四寸。

凡五架梁以步架并博脊分位定长。如步架四份长一丈九尺，再加博脊一尺五寸，一头加桁条径一份得柁头分位，如桁条径一尺二寸，即加长一尺二寸，得通长二丈一尺七寸。以七架梁之高收二寸定高。如七架梁高二尺，得高一尺八寸。厚与七架梁厚同。

凡三架梁以步架并博脊分位定长。如步架三份长一丈四尺二寸五分，再加博脊一尺五寸，一头加桁条径一份，得柁头分位，如桁条径一尺二寸，即加长一尺二寸，得通长一丈六尺九寸五分。以五架梁之高、厚各收一寸定高、厚。如五架梁高一尺八寸，厚一尺四寸，得高一尺七寸，厚一尺三寸。

【译解】庑座连雨搭的面宽与箭楼的面宽相同。

檐柱的长度和直径均与箭楼檐柱的长度和直径相同。

承重的长度由进深来确定。若庑座和雨搭的通进深为二丈五寸，一端减去柱径的一半，外加入榫的长度，入榫的长度为柱径的四分之一。一端外加出榫的长度，出榫的长度与檐柱径的尺寸相同。若檐柱径为一尺六寸，则出榫的长度为一尺六寸，由此可得承重的总长度为二丈一尺七寸。承重的高度和宽度与箭楼承重的高度和宽度相同。

间枋的长度由面宽来确定。若面宽为一丈四尺四寸，减去柱径的尺寸，外加入榫的长度，入榫的长度为柱径的四分之一。若柱径为一尺六寸，可得入榫的长度为四寸。间枋的高度和宽度与箭楼间枋的高度和宽度相同。

七架梁的长度由进深来确定。若进深为二丈五寸，一端增加一步架长度四尺，再加二拽架的长度二尺四寸，可得七架梁的总长度为二丈六尺九寸。以斗口宽度的五倍来确定七架梁的高度。若斗口的宽度为四寸，可得七架梁的高度为二尺，以七架梁的高度来确定七架梁的厚度。当七架梁的高度为一尺时，七架梁的厚度为七寸。若七架梁的高度为二尺，可得七架梁的厚度为一尺四寸。

五架梁的长度由步架的长度和博脊的长度来确定。若步架长度的四倍为一丈九尺，加博脊的长度一尺五寸，一端增加桁条的直径，作为柁头的长度。若桁条的直径为一尺二寸，则加长的长度为一尺二寸，可得五架梁的总长度为二丈一尺七寸。以七架梁的高度减少二寸来确定五架梁的高度。若七架梁的高度为二尺，可得五架梁的高度为一尺八寸。五架梁的厚度与七架梁的厚度相同。

三架梁的长度由步架的长度和博脊的长度来确定。若步架长度的三倍为一丈四尺二寸五分，博脊的长度为一尺五寸，一端增加桁条的直径作为柁头的长度。若桁条的直径为一尺二寸，则加长的长度为一尺二寸，由此可得三架梁的总长度为一丈六尺九寸五分。以五架梁的高度和厚度各减少一寸来确定三架梁的高度和厚度。若五架梁的高度为一尺八寸，厚度为一尺四寸，可得三架梁的高度为一尺七寸，厚度为一尺三寸。

【原文】凡二穿梁以步架定长。如步架二份深九尺五寸，一头加檩径一份，得出榫分位，如檩径一尺二寸，即加长一尺二寸，得通长一丈七寸。以三架梁之厚收一寸定高。如三架梁厚一尺三寸，得高一尺二寸，以本身之高收二寸定厚，得厚一尺。

凡两山踩步梁以步架定长。如步架深四尺，一头加一拽架长一尺二寸，再加出头分位，照挑檐桁之径一尺二寸，共长六尺四寸，高、厚与七架梁同。

凡两山斜踩步梁以正踩步梁之长定长。如正踩步梁长六尺四寸，用方五斜七之法，得长八尺九寸六分。高、厚与正踩步梁同。

凡金、脊桁以面阔定长。如面阔一丈四尺四寸，即长一丈四尺四寸。每径一尺，外加搭交榫长三寸。其梢间桁条一头加一步架长四尺，内收本身径一份，如本身径一尺二寸，得长一丈七尺二寸。径与正心桁同。

凡金、脊枋以面阔定长。如面阔一丈四尺四寸，内除柁墩、瓜柱各一份，外加入榫分位，各按柁墩、瓜柱厚四分之一。以斗口二份半定高，二份定厚。如斗口四寸，得高一尺，厚八寸。

【译解】二穿梁的长度由步架的长度来确定。若步架长度的两倍为九尺五寸，一端增加檩子的直径，可得出榫的尺寸。若檩子的直径为一尺二寸，则出榫的长度为一尺二寸。由此可得二穿梁的长度为一丈七寸。以三架梁的厚度减少一寸来确定二穿梁的高度。若三架梁的厚度为一尺三寸，可得二穿梁的高度为一尺二寸。以自身的高度减少二寸来确定二穿梁的厚度，可得二穿梁的厚度为一尺。

两山踩步梁的长度由步架的长度来确定。若步架的长度为四尺，一端增加一拽架长度一尺二寸，再加出头部分的长度，出头部分的长度为挑檐桁的直径一尺二寸，由此可得踩步梁的总长度为六尺四寸。踩步梁的高度和厚度与七架梁的高度和厚度相同。

两山斜踩步梁的长度由正踩步梁的长度来确定。若正踩步梁的净长度为六尺四寸，用方五斜七法可得斜踩步梁的长度为八尺九寸六分。斜踩步梁的高度和厚度与正踩步梁的高度和厚度相同。

金桁、脊桁的长度由面宽来确定。若面宽为一丈四尺四寸，则金桁、脊桁的长度为一丈四尺四寸。当金桁、脊桁的直径为一尺时，外加的搭交榫的长度为三寸。梢间的桁条长度，一端增加一步架长度四尺，减去自身的直径。若自身的直径为一尺二寸，可得梢间桁条的长度为一丈七尺二寸。金桁、脊桁的直径与正心桁的直径相同。

金枋、脊枋的长度由面宽来确定。若面宽为一丈四尺四寸，减去柁橔和瓜柱的厚度，两端外加入榫的长度，入榫的长度为柁橔和瓜柱厚度的四分之一。以斗口宽度的二点五倍来确定枋子的高度，以斗口宽度的两倍来确定枋子的厚度。若斗口的宽度为四寸，可得脊枋、金枋的高度为一尺，厚度为八寸。

【原文】凡金、脊垫板以面阔定长。如面阔一丈四尺四寸，内除柁头、瓜柱各一份，外加入榫分位，各按柁头、瓜柱厚每尺加入榫二寸。以金枋之厚定高。如金枋厚八寸，得高八寸。以本身之高四分之一定厚。如本身高八寸，得厚二寸。

凡坐斗枋以面阔定长。如面阔一丈四尺四寸，即长一丈四尺四寸。其梢间坐斗枋，一头加一步架长四尺，再加本身之宽一份，得斜交分位，如本身宽一尺，即加长一尺。两山以进深得长，外加斜交分位，仍照前法。以斗口三份定宽，二份定高。如斗口四寸，得宽一尺二寸，高八寸。

凡正心桁以面阔定长。如面阔一丈四尺四寸，即长一丈四尺四寸。每径一尺，外加搭交榫长三寸。其梢间正心桁，一头加一步架深四尺，再加交角出头分位，按本身之径一份，如本身径一尺二寸，得出头长一尺二寸，通长一丈九尺六寸。两山以进深得长。外两头各加交角出头分位，仍照前法。径与雨搭檐桁之径同。

凡正心枋以面阔定长。如面阔一丈四尺四寸，内除七架梁头厚一尺四寸。得正心枋净长一丈三尺。外加两头入榫分位，各按本身之高半份。如本身高八寸，得榫长各四寸。其梢间正心枋一头加一步架长四尺，一头除七架梁头厚半分，外加入榫分位，仍照前法。以斗口二份定高，一份定厚。如斗口四寸，得高八寸，厚四寸。两山正心枋做法同。

【译解】金垫板、脊垫板的长度由面宽来确定。若面宽为一丈四尺四寸，减去柁橔和瓜柱的厚度，两端外加入榫的长度。当柁头或瓜柱的厚度为一尺时，入榫的长度为二寸。以金枋的厚度来确定垫板的高度。若金枋的厚度为八寸，可得垫板的高度为八寸。以垫板高度的四分之一来确定垫板的厚度，若垫板的高度为八寸，可得垫板的厚度为二寸。

坐斗枋的长度由面宽来确定。若面宽为一丈四尺四寸，则坐斗枋的长度为一丈四尺四寸。梢间的坐斗枋，一端增加一步架长度四尺，再加自身的宽度作为斜搭交的长度。若自身的宽度为一尺，则加长的长度为一尺。两山的坐斗枋，在进深的长度的基础上增加自身的宽度，作为搭交的长度。以斗口宽度的三倍来确定坐斗枋的宽度，以斗口宽度的两倍来确定坐斗枋的高度。若斗口的宽度为四寸，可得坐斗枋的宽度为一尺二寸，高度为八寸。

正心桁的长度由面宽来确定。若面

宽为一丈四尺四寸，则正心桁的长度为一丈四尺四寸。当正心桁的直径为一尺时，外加的搭交榫的长度为三寸。梢间的正心桁，一端增加一步架长度四尺，与其他构件相交后出头，该出头部分的长度与自身的直径相同，若自身的直径为一尺二寸，则出头部分的长度为一尺二寸，由此得出正心桁的总长度为一丈九尺六寸。两山的正心桁在进深长度的基础上两端分别加出头部分，该部分长度的计算方法与前述方法相同。正心桁的直径与雨搭檐桁的直径相同。

正心枋的长度由面宽来确定。若面宽为一丈四尺四寸，减去七架梁梁头的厚度一尺四寸，可得正心枋的长度为一丈三尺。两端外加入榫的长度，入榫的长度为入榫高度的一半。若自身的高度为八寸，可得入榫的长度为四寸。梢间的正心枋的长度，在面宽的基础上，一端增加一步架长度四尺，一端减去七架梁梁头厚度的一半，外加入榫的长度，入榫的长度为自身高度的一半。以斗口宽度的两倍来确定正心枋的高度，以斗口的宽度来确定正心枋的厚度。若斗口的宽度为四寸，可得正心枋的高度为八寸，厚度为四寸。两山墙的正心枋的计算方法相同。

【原文】凡挑檐桁以面阔定长。如面阔一丈四尺四寸，即长一丈四尺四寸。每径一尺，外加扣榫长三寸。其梢间挑檐桁一头加一步架深四尺，再加一拽架长一尺二寸，又加交角出头分位按本身之径一份半，如本身径一尺二寸，得交角出头一尺八寸，通长二丈一尺四寸。两山照进深收一步架深四尺。一头加一拽架长一尺二寸，又加交角尺寸按本身之径一份半。径与正楼下檐挑檐桁径寸同。

凡挑檐枋以面阔定长。如面阔一丈四尺四寸，内除七架梁厚一尺四寸，得净长一丈三尺。外加两头入榫分位，各按本身高半份，如本身高八寸，得榫长各四寸，其梢间一头除七架梁厚半份，外加入榫分位，仍照前法。一头加一步架，又加一拽架，又加交角出头分位，按挑檐桁之径一份半，得通长二丈一尺一寸。以斗口二份定高，一份定厚。如斗口四寸，得高八寸，厚四寸。

凡踩斗板以面阔定长。如面阔一丈四尺四寸，即长一丈四尺四寸。其梢间踩斗板一头加一步架长四尺，又加合角尺寸，按本身之厚一份。以斗口二份定高。如斗口四寸，得高八寸。又加斗底四寸八分，共得高一尺二寸八分。以斗口一份定厚。如斗口四寸，即厚四寸。两山踩斗板做法同。

【译解】挑檐桁的长度由面宽来确定。若面宽为一丈四尺四寸，则挑檐桁的长度为一丈四尺四寸。当挑檐桁的直径为一尺时，外加的扣榫的长度为三寸。梢间的挑檐桁，一端增加一步架长度四尺，加一拽架长度一尺二寸，再加与其他构件相交之后的出头部分，该部分的长度为自身直径的一点五倍，若自身的直径为一尺二寸，出头部分的长度为一尺八寸，则梢间挑檐桁的总长度为二丈一尺四寸。两山的挑檐桁，在进深的基础上减少一步架长度四尺，一端增加一拽架长度一尺二寸，出头部分的长度为自身直径的一点五倍。挑檐桁的直径与下檐挑檐桁的直径相同。

挑檐枋的长度由面宽来确定。若面宽为一丈四尺四寸，减去七架梁的厚度一尺四寸，可得净长度为一丈三尺。两端外加入榫的长度，入榫的长度为自身高度的一半。若自身的高度为八寸，可得入榫的长度均为四寸。梢间的挑檐枋，一端减去七架梁厚度的一半，外加入榫的长度，入榫的长度与自身的高度尺寸相同。一端增加一步架长度，加一拽架长度，再加与其他构件相交之后的出头部分，该部分的长度为挑檐桁直径的一点五倍，由此可得梢间挑檐枋的总长度为二丈一尺一寸。以斗口宽度的两倍来确定挑檐枋的高度，以斗口的宽度来确定挑檐枋的厚度。若斗口的宽度为四寸，可得挑檐枋的高度为八寸，厚度为四寸。

踩斗板的长度由面宽来确定。若面宽为一丈四尺四寸，则踩斗板的长度为一丈四尺四寸。梢间的踩斗板，一端增加一步架长度四尺，再加合角的长度，合角的长度与自身的厚度尺寸相同。以斗口宽度的两倍来确定踩斗板的高度。若斗口的宽度为四寸，可得踩斗板的高度为八寸，再加斗底的高度四寸八分，可得踩斗板的高度为一尺二寸八分。以斗口的宽度来确定踩斗板的厚度，若斗口的宽度为四寸，则踩斗板的厚度为四寸。两山的踩斗板的计算方法相同。

【原文】凡仔角梁以步架并出檐加举定长。如步架深四尺，拽架长一尺二寸，出檐四尺，共长九尺二寸，用方五斜七之法加长，又按一一五加举，得长一丈四尺八寸一分，再加翼角斜出椽径三份，如椽径四寸六分，并长一丈六尺一寸九分。再加套兽榫照角梁本身之厚一份，如角梁厚九寸二分，即套兽榫长九寸二分，得仔角梁通长一丈七尺一寸一分。以椽径三份定高，二份定厚。如椽径四寸六分，得仔角梁高一尺三寸八分，厚九寸二分。

凡老角梁以仔角梁之长除飞檐头并套兽榫定长。如仔角梁长一丈七尺一寸一分，内除飞檐头长二尺一寸四分，并套兽榫九寸二分，得净长一丈四尺五分。外加后尾三岔头照桁条径一份，如桁条径一尺二寸，即长一尺二寸。高、厚与仔角梁同。

凡里角梁之长与老角梁同。内除后尾三岔头尺寸，以椽径四份定高。如椽径四寸六分，得高一尺八寸四分。厚与老角梁厚同。

凡柁橔以步架加举定高。如步架深四尺，一拽架长一尺二寸，共长五尺二寸。按五举加之，得高二尺六寸。内除七架梁高二尺，得净高六寸。以五架梁之厚，每尺收滚楞二寸定宽。如五架梁厚一尺四寸，得宽一尺一寸二分。以柁头二份定长。如柁头长一尺二寸，得长二尺四寸。

凡上金瓜柱以步架加举定高。如步架深四尺七寸五分，按七举加之，得高三尺三寸二分。内除五架梁高一尺八寸，净高一尺五寸二分。以三架梁之厚，每尺收滚楞二寸定厚。如三架梁厚一尺三寸，得厚一尺四分。以本身之厚，加二寸定宽，如本身厚一尺四分，得宽一尺二寸四分。每宽一尺，加上、下榫各长三寸。

【译解】仔角梁的长度由步架的长度加出檐的长度和举的比例来确定。若步架的长度为四尺，则拽架的长度为一尺二寸，出檐的长度为四尺，可得总长度为九尺二寸。用方五斜七法计算，再使用一一五举的比例，可得长度为一丈四尺八寸一分。再加翼角的出头部分，其为椽子直径的三倍。若椽子的直径为四寸六分，所得到的翼角的长度与前述长度相加，可得长度为一丈六尺一寸九分。再加套兽的入榫的长度；其与角梁的厚度尺寸相同。若角梁的厚度为九寸二分，则套兽的入榫的长度为九寸二分。由此可得仔角梁的总长度为一丈七尺一寸一分。以椽子直径的三倍来确定仔角梁的高度，以椽子直径的两倍来确定仔角梁的厚度。若椽子的直径为四寸六分，可得仔角梁的高度为一尺三寸八分，厚度为九寸二分。

老角梁的长度由仔角梁的长度，减去飞檐头和套兽入榫的长度来确定。若仔角梁的长度为一丈七尺一寸一分，减去飞檐头的长度二尺一寸四分，再减去套兽的入榫的长度九寸二分，可得老角梁的净长度为一丈四尺五分。外加的后尾三岔头的长度与桁条的直径相同。若桁条的直径为一尺二寸，则三岔头的长度为一尺二寸。老角梁的高度和厚度与仔角梁的高度和厚度相同。

里角梁的长度与老角梁的长度相同。内侧需减去后尾三岔头的长度。以椽子直径的四倍来确定里角梁的高度。若椽子的直径为四寸六分，可得里角梁的高度为一尺八寸四分，里角梁的厚度与老角梁的厚度相同。

柁墩的高度由步架的长度和举的比例来确定。若步架的长度为四尺，一拽架长度为一尺二寸，则总长度为五尺二寸。使用五举的比例，可得柁墩的高度为二尺六寸。减去七架梁的高度二尺，可得柁墩的净高度为六寸。以五架梁的厚度来确定柁墩的宽度，当五架梁的厚度为一尺时，柁墩的宽度为八寸。若五架梁的厚度为一尺四寸，可得柁墩的宽度为一尺一寸二分。以桁条直径的两倍来确定柁墩的长度。若桁条的直径为一尺二寸，可得柁墩的长度为二尺四寸。

上金瓜柱的高度由步架的长度和举的比例来确定。若步架的长度为四尺七寸五分，使用七举的比例，可得上金瓜柱的高度为三尺三寸二分。减去五架梁的高度一尺八寸，可得上金瓜柱的净高度为一尺五寸二分。以三架梁的厚度来确定上金瓜柱的厚度，当三架梁的厚度为一尺时，上金瓜柱的厚度为八寸。当三架梁的厚度为一尺三寸，可得上金瓜柱的厚度为一尺四分。以上金瓜柱的厚度增加二寸来确定上金瓜柱的宽度。若上金瓜柱的厚度为一尺四分，可得上金瓜柱的宽度为一尺二寸四分。当上金瓜柱的宽度为一尺时，上、下入榫的长度均为三寸。

【原文】凡脊瓜柱以步架加举定高。如步架深四尺七寸五分，按九举加之，得高四尺二寸七分，内除三架梁高一尺七寸，净高二尺五寸七分。外加平水八寸，桁条径三分之一作上桁椀，如桁条径一尺二寸，得桁椀高四寸。每宽一尺，加下榫长三寸。以三架梁之厚，每尺收滚楞二寸定厚。如三架梁厚一尺三寸，得厚一尺四分。以本身之厚，加二寸定宽。如本身厚一尺四分，得宽一尺二寸四分。

凡枕头木以步架定长。如步架深四尺，外加一拽架长一尺二寸，内除角梁厚半份，得枕头木长四尺七寸四分。以挑檐桁径十分之三定宽。如挑檐桁径一尺二寸，得宽三寸六分。正心桁上枕头木以步架定长。如步架深四尺，内除角梁厚半份，得正心桁上枕头木净长三尺五寸四分。以正心桁径十分之三定宽。如正心桁径一尺二寸，得宽三寸六分。以椽径二份半定高。如椽径四寸六分，得枕头木一头高一尺一寸五分，一头斜尖与桁条平。两山枕头木做法同。

凡檐椽以步架并出檐加举定长。如步架深四尺，一拽架长一尺二寸，出檐四尺，共长九尺二寸。内除飞檐椽头一尺三寸三分，净长七尺八寸七分。按一一五加举，得通长九尺五分。再加一头搭交尺寸，按本身之径一份，如本身径四寸六分，即长四寸六分。两山檐椽不加搭交尺寸。径与上檐檐椽同。每椽空档，随椽径一份。每间椽数，俱应成双。档之宽窄，随数均匀。

凡飞檐椽以出檐定长。如出檐四尺，三份分之，出头一份得长一尺三寸三分，后尾二份半，得长三尺三寸二分，又按一一五加举，得飞檐椽通长五尺三寸四分。见方与檐椽径寸同。

【译解】脊瓜柱的高度由步架的长度和举的比例来确定。若步架的长度为四尺七寸五分，使用九举的比例，可得高度为四尺二寸七分。减去三架梁的高度一尺七寸，可得脊瓜柱的净高度为二尺五寸七分。加平水的高度八寸，外加桁条直径的三分之一，作为上桁椀。若桁条的直径为一尺二寸，可得桁椀的高度为四寸。当脊瓜柱的宽度为一尺时，下方入榫的长度为三寸。以三架梁的厚度来确定脊瓜柱的厚度。当三架梁的厚度为一尺时，脊瓜柱的厚度为八寸。若三架梁的厚度为一尺三寸，可得脊瓜柱的厚度为一尺四分。以脊瓜柱的厚度增加二寸来确定脊瓜柱的宽度。若脊瓜柱的厚度为一尺四分，可得脊瓜柱的宽度为一尺二寸四分。

枕头木的长度由步架的长度来确定。

若步架的长度为四尺，再加一拽架长度一尺二寸，减去角梁厚度的一半，可得枕头木的长度为四尺七寸四分。以挑檐桁直径的十分之三来确定枕头木的宽度。若挑檐桁的直径为一尺二寸，可得枕头木的宽度为三寸六分。正心桁上方的枕头木的长度由步架的长度来确定。若步架的长度为四尺，减去角梁厚度的一半，可得正心桁上方的枕头木的净长度为三尺五寸四分。以正心桁直径的十分之三来确定其上的枕头木的宽度。若正心桁的直径为一尺二寸，可得正心桁上方的枕头木的宽度为三寸六分。以椽子直径的二点五倍来确定枕头木的高度。若椽子的直径为四寸六分，可得枕头木一端的高度为一尺一寸五分，另一端为斜尖状，与桁条平齐。两山墙的枕头木的计算方法相同。

檐椽的长度由步架的长度加出檐的长度和举的比例来确定。若步架的长度为四尺，一拽架的长度为一尺二寸，出檐的长度为四尺，总长度为九尺二寸。减去飞檐椽头的长度一尺三寸三分，可得净长度为七尺八寸七分。使用一一五举的比例，可得檐椽的总长度为九尺五分。一端增加的斜搭交的长度，其与自身的直径相同。若自身的直径为四寸六分，则加长的长度为四寸六分。两山的檐椽不增加斜搭交的长度。檐椽的直径与上檐檐椽的直径相同。每两根椽子的空档宽度，与椽子的宽度相同。每个房间使用的椽子数量都应为双数，空档宽度应均匀。

飞檐椽的长度由出檐的长度来确定。若出檐的长度为四尺，将此长度三等分，每小段长度为一尺三寸三分。椽子的出头部分的长度与每小段长度相同，即一尺三寸三分。椽子的后尾长度为该小段长度的二点五倍，即三尺三寸二分。将两个长度相加，再使用一一五举的比例，可得飞檐椽的总长度为五尺三寸四分。飞檐椽的截面正方形边长与檐椽的直径相同。

【原文】凡翼角翘椽长、径俱与平身檐椽同。其起翘处以挑檐桁中至出檐尺寸用方五斜七之法，再加一步架并正心桁中至挑檐桁中之拽架各尺寸定翘数。如挑檐桁中出檐四尺，方五斜七加之，得长五尺六寸，再加步架深四尺，一拽架长一尺二寸，共长一丈八寸。内除角梁厚半份，得净长一丈三寸四分。即系翼角椽档分位。翼角翘椽以成单为率，如逢双数，应改成单。

凡翘飞椽以平身飞檐椽之长，用方五斜七之法定长。如飞檐椽长五尺三寸四分，用方五斜七加之，第一翘得长七尺四寸七分，其余以所定翘数每根递减长五分五厘。其高比飞檐椽加高半份。如飞檐椽高四寸六分，得翘飞椽高六寸九分，厚仍四寸六分。

凡花架椽以步架加举定长。如步架深四尺七寸五分，按一二五加举，得长五尺九寸三分。两头各加搭交尺寸，按本身之径一份。如本身径四寸六分，即长四寸六分。径与檐椽径寸同。

凡脑椽以步架加举定长。如步架四尺七寸五分，按一三五加举，得长六尺四寸一分，一头加搭交尺寸，按本身之径一份，如本身径四寸六分，即长四寸六分。径与檐椽同。

凡横望板、压飞檐尾横望板俱以面阔、进深加举折见方丈定长宽。以椽径十分之二定厚。如椽径四寸六分，得横望板厚九分。

凡连檐以面阔定长。如面阔一丈四尺四寸，即长一丈四尺四寸。其梢间连檐一头加一步架深四尺，一拽架长一尺二寸，出檐四尺，共长二丈三尺六寸。内除角梁厚半份，净长二丈三尺一寸四分。两山以进深尺寸，一头加一拽架并出檐除角梁厚半份得长。其起翘处起至仔角梁，每尺加翘一寸。高、厚与檐椽径寸同。

凡瓦口长与连檐同。以椽径半份定高。如椽径四寸六分，得瓦口高二寸三分。以本身之高折半定厚，如本身高二寸三分，得厚一寸一分。

凡里口以面阔定长。如面阔一丈四尺四寸，即长一丈四尺四寸。两山以进深收一步架长四尺。以椽径一份再加望板厚一份半定高。如椽径四寸六分，望板厚一份半一寸三分，得里口高五寸九分，厚与椽径同。

凡闸档板以翘椽档分位定宽。如翘椽档宽四寸六分，即闸档板宽四寸六分，外加入槽每寸一分。高随椽径尺寸。以椽径十分之二定厚。如椽径四寸六分，得闸档板厚九分。其小连檐自起翘处至老角梁得长。宽随椽径一份，厚照望板之厚一份半，得厚一寸三分。两山闸档板做法同。

凡椽椀、椽中板以面阔定长。如面阔一丈四尺四寸，即长一丈四尺四寸。以椽径一份，再加椽径三分之一定高。如椽径四寸六分，得椽椀并椽中板高六寸一分。以椽径三分之一定厚。得厚一寸五分。两山椽椀、椽中板做法同。

凡山花板以步架定宽。如前坡步架二份九尺五寸，后坡步架二份九尺五寸。内除柱径半份一尺一寸，得八尺四寸，再加博脊一尺五寸，共宽一丈九尺四寸。以步架加举定高。如前坡步架深四尺七寸五分，第一步架按七举加之，得高三尺三寸二分，第二步架按九举加之，得高四尺二寸七分，二步架共得尖高七尺五寸九分，再加桁条径一尺二寸，共高八尺八寸，系斜长做法。以桁条径四分之一定厚。如桁条径一尺二寸，得山花板厚三寸。

凡博缝板以步架加举定长。如步架深四尺七寸五分，前坡第一步架按一二五加举，得长五尺九寸三分，即长五尺九寸三分。第二步架按一三五加举，得长六尺四寸一分，即长六尺四寸一分。后坡一步架并博脊分位，按一一五加举，得通长七尺一寸八分。以椽径六份定宽。如椽径四寸六分，得博缝板宽二尺七寸六分。厚与山花板之厚同。

以上俱系大木做法，其余斗科及装修等件并各项工料，逐款分别，另册开载。

【译解】翼角翘椽的长度和直径，都与平身檐椽的长度和直径相同。椽子起翘的位置，由挑檐桁中心到出檐的长度，用方五斜七法计算之后，再加步架的长度和正心桁中心到挑檐桁中心的拽架的尺寸共同来确定。若挑檐桁中心到出檐的长度为四尺，用方五斜七法计算出的斜边长为五尺六寸，加一步架长度四尺，再加一拽架长度一尺二寸，得总长度为一丈八寸。减去角梁厚度的一半，可得净长度为一丈三寸四分。在翼角翘椽上量出这个长度，刻度处即为椽子起翘的位置。翼角翘椽的数量通常为单数，如果遇到是双数的情况，应当改变制作方法，使其仍为单数。

翘飞椽的长度由平身飞檐椽的长度，用方五斜七法计算之后来确定。若飞檐椽的长度为五尺三寸四分，用方五斜七法计算之后，可以得出第一根翘飞椽的长度为七尺四寸七分。其余的翘飞椽长度可根据总翘数递减，每根长度比前一根长度小五分五厘。翘飞椽的高度是飞檐椽高度的一点五倍，若飞檐椽的高度为四寸六分，可得翘飞椽的高度为六寸九分。翘飞椽的厚度为四寸六分。

花架椽的长度由步架的长度和举的比例来确定。若步架的长度为四尺七寸五分，使用一二五举的比例，可得花架椽的长度为五尺九寸三分。两端外加的搭交的长度，与自身的直径尺寸相同。若自身的直径为四寸六分，则加长的长度为四寸六分。花架椽的直径与檐椽的直径相同。

脑椽的长度由步架的长度和举的比例来确定。若步架的长度为四尺七寸五分，使用一三五举的比例，可得脑椽的长度为六尺四寸一分。一端外加的搭交的长度与自身的直径尺寸相同。若自身的直径为四寸六分，则搭交的长度为四寸六分。脑椽的直径与檐椽的直径相同。

横望板和压住飞檐尾铺设的横望板，其长度和宽度由面宽和进深加举的比例折算成矩形的边长来确定。以椽子直径的十分之二来确定横望板的厚度。若椽子的直径为四寸六分，可得横望板的厚度为九分。

连檐的长度由面宽来确定。若面宽为一丈四尺四寸，则连檐的长度为一丈四尺四寸。梢间的连檐，一端增加一步架长度四尺，加一拽架长度一尺二寸，再加出檐的长度四尺，可得总长度为二丈三尺六寸。减去角梁厚度的一半，可得连檐的净长度为二丈三尺一寸四分。两山的连檐，在进深的基础上增加一拽架长度，再加出檐的长度，减去角梁厚度的一半。从起翘处到仔角梁之间，每尺需增加一寸翘长。连檐的高度和厚度与檐椽的直径相同。

瓦口的长度与连檐的长度相同。以椽子直径的一半来确定瓦口的高度。若椽子的直径为四寸六分，可得瓦口的高度为二寸三分。以自身高度的一半来确定瓦口的厚度，若自身的高度为二寸三分，可得瓦口的厚度为一寸一分。

里口的长度由面宽来确定。若面宽为一丈四尺四寸，则里口的长度为一丈四尺四寸。两山的里口在进深的基础上减少一步架长度四尺。以椽子的直径加顺望板厚度的一点五倍来确定里口的高度。若椽子的直径为四寸六分，顺望板厚度的一点五倍为一寸三分，可得里口的高度为五寸九分。里口的厚度与椽子的直径相同。

闸档板的宽度由翘椽档的位置来确定。若椽子之间的宽度为四寸六分，则闸档板的宽度为四寸六分。在闸档板的外侧开槽，每寸长度需开槽一分。闸档板的高度与椽子的直径尺寸相同。以椽子直径的十分之二来确定闸档板的厚度。若椽子的直径为四寸六分，可得闸档板的厚度为九分。小连檐的长度，为椽子起翘的位置到老角梁的距离。小连檐的宽度与椽子的直径尺寸相同。小连檐的厚度为望板厚度的一点五倍，可得其厚度为一寸三分。两山墙的闸档板的计算方法相同。

椽椀和椽中板的长度由面宽来确定。若面宽为一丈四尺四寸，则椽椀和椽中板的长度为一丈四尺四寸。以椽子的直径再加该直径的三分之一，来确定椽椀和椽中板的高度。若椽子的直径为四寸六分，可得椽椀和椽中板的高度为六寸一分。以椽子直径的三分之一来确定椽椀和椽中板的厚度，可得其厚度为一寸五分。两山墙的椽椀和椽中板的计算方法相同。

山花板的宽度由步架的长度来确定。若前坡步架长度的两倍为九尺五寸，后坡步架长度的两倍为九尺五寸。减去柱径的一半一尺一寸，可得山花板的宽度为八尺四寸。再加博脊的长度一尺五寸，可得山花板的总长度为一丈九尺四寸。以步架的长度和举的比例来确定山花板的高度。若前坡步架的长度为四尺七寸五分，第一步架使用七举的比例，可得高度为三尺三寸二分。第二步架使用九举的比例，可得高度为四尺二寸七分。两个步架的高度相加，可得高度为七尺五寸九分。再加桁条的直径一尺二寸，可得山花板的总高度为八尺八寸。此为斜长山花板的制作方法。以桁条直径的四分之一来确定山花板的厚度。若桁条的直径为一尺二寸，可得山花板的厚度为三寸。

博缝板的长度由步架的长度和举的比例来确定。若前坡步架的长度为四尺七寸五分，前坡第一步架使用一二五举的比例，可得博缝板的长度为五尺九寸三分。第二步架使用一三五举的比例，可得博缝板的长度为六尺四寸一分。后坡一步架长度加博脊的长度，使用一一五举的比例，可得后坡博缝板的长度为七尺一寸八分。以椽子直径的六倍来确定博缝板的宽度。若椽子的直径为四寸六分，可得博缝板的宽度为二尺七寸六分。博缝板的厚度与山花板的厚度相同。

上述计算方法均适用于大木建筑，其他斗栱和装修部件等工程材料的款式和类别，另行刊载。

卷十七

本卷详述建造五檩进深歇山顶带转角的大木式闸楼的方法。

五檩歇山转角闸楼大木做法

【译解】建造五檩进深歇山顶带转角的大木式闸楼的方法。

【原文】凡明间以门洞之宽定面阔。如外门洞宽一丈三尺四寸，每边各加一尺八寸，得面阔一丈七尺。

凡梢间以明间面阔十分之七定面阔。如明间面阔一丈七尺，得面阔一丈一尺九寸。

凡进深以瓮城[1]墙之顶宽折半定进深。如墙顶除墙皮中宽三丈四尺，折半得进深一丈七尺。

凡下檐柱以城墙高十分之二定高。如城墙高三丈五尺，得高七尺。内除柱顶石[2]六寸，得檐柱净高六尺四寸。以梢间面阔十分之七定径寸。如梢间面阔一丈一尺九寸，得径八寸三分。

凡上檐柱以下檐柱之高定高。如下檐柱高七尺，再加檐枋之高一份八寸三分，共高七尺八寸三分。径与下檐柱径寸同。每径一尺，外加上、下榫各长三寸。

凡承重枋以进深定长。如进深一丈七尺，再加两头出头照檐柱径各一份半，如柱径八寸三分，得长二尺四寸九分，共长一丈九尺四寸九分。以檐柱径加二寸定厚。如柱径八寸三分，得厚一尺三分。以本身之厚每尺加四寸定高。如本身厚一尺三分。得高一尺四寸四分。

凡楞木以面阔定长。如面阔一丈七尺，即长一丈七尺。以承重枋之高折半定径寸，如承重枋高一尺四寸四分，得厚七寸二分。

凡楼板以进深、面阔定长短块数。内除楼梯分位，按门口尺寸，临期酌定。以楞木之厚四分之一定厚。如楞木厚七寸二分，得厚一寸八分。如墁砖，以楞木之厚，折半得厚。

【注释】〔1〕瓮城：位于城门外呈半圆形或方形的小城，其为封闭式结构，形似瓮，因此被称为“瓮城”，起着加强城墙防守的作用。

〔2〕柱顶石：位于柱子下方，一部分埋于台基下，一部分露出台面，起着固定和承托柱子的作用，也被称为“柱础”。

【译解】明间的面宽由城门洞的宽度来确定。若外门洞的宽度为一丈三尺四寸，在两侧各增加一尺八寸，可得明间的面宽为一丈七尺。

梢间的面宽由明间面宽的十分之七来确定。若明间的面宽为一丈七尺，可得梢间的面宽为一丈一尺九寸。

进深由瓮城城墙顶部的宽度折半来确定。若减去墙皮的厚度之后的城墙顶部的宽度为三丈四尺，折半计算后，可得进深为一丈七尺。

下檐柱的高度由城墙高度的十分之二来确定。若城墙的高度为三丈五尺，可得下檐柱的总高度为七尺，减去柱顶石的高度六寸，可得下檐柱的净高度为六尺四寸。以梢间面宽的十分之七来确定下檐柱的直径。若梢间的面宽为一丈一尺九寸，可得下檐柱的直径为八寸三分。

上檐柱的高度由下檐柱的高度来确定。若下檐柱的高度为七尺，加檐枋的高度八寸三分，可得上檐柱的总高度为七尺八寸三分。上檐柱的直径与下檐柱的直径相同。当上檐柱的直径为一尺时，外加的上下榫的长度均为三寸。

承重枋的长度由进深来确定。若进深为一丈七尺，则两端出头部分的长度为檐柱径的一点五倍。若檐柱径为八寸三分，可得出头部分的长度为二尺四寸九分，由此可得承重枋的总长度为一丈九尺四寸九分。以檐柱径增加二寸来确定承重枋的厚度。若檐柱径为八寸三分，可得承重枋的厚度为一尺三分。以自身的厚度来确定承重枋的高度。当自身的厚度为一尺时，承重枋的高度为一尺四寸。若自身的厚度为一尺三分，可得承重枋的高度为一尺四寸四分。

楞木的长度由面宽来确定。若面宽为一丈七尺，则楞木的长度为一丈七尺。以承重枋高度的一半来确定楞木的厚度。若承重枋的高度为一尺四寸四分，可得楞木的厚度为七寸二分。

楼板的长度和块数，均由进深和面宽来确定。楼梯如何布置，需由门口的尺寸来确定，在建造时以实际情况来确定楼板的厚度。以楞木厚度的四分之一来确定楼板的厚度。若楞木的厚度为七寸二分，可得楼板的厚度为一寸八分。墁砖的厚度是楞木厚度的一半。

【原文】凡坠千金栈转柱以下檐柱定高。如下檐柱高六尺四寸，又加柱顶六寸，共高七尺，即高七尺。以檐柱之径加二寸定径。如柱径八寸三分，得径一尺三分。

凡转杆以进深一份定长。如进深一丈七尺，三份分之，得长五尺六寸六分。以转柱之径三分之一定径。如柱径一尺三分，得径三寸四分。

凡转柱顶以转柱径加倍定见方。如柱径一尺三分，得见方二尺六分。以本身之见方折半定高，如见方二尺六分，得高一尺三分。

凡千金栈两旁承重柱以下檐柱之高定高。如下檐柱净高六尺四寸，即高六尺四寸。径与檐柱同。

凡上檐顺扒梁以进深定长。如梢间进深一丈七尺，即长一丈七尺。外加桁条脊面半份，如桁条径八寸三分，得脊面二寸四分，加长一寸二分。以檐柱径加二寸定厚。如柱径八寸三分，得厚一尺三分。以本身之厚每尺加三寸定高。如本身厚一尺三分，得高一尺三寸三分。

凡踩步金以步架定长。如步架二份长八尺五寸，两头各加桁条之径一份半，得假桁条头分位。如桁条径八寸三分，各得长一尺二寸四分，通长一丈九寸八分。以扒梁之高、厚，各收二寸定高、厚。如扒

□ 五檩歇山转角闸楼

闸楼是位于瓮城门洞上方的楼，因有控制入城闸门（吊桥）的作用而被称为“闸楼”。

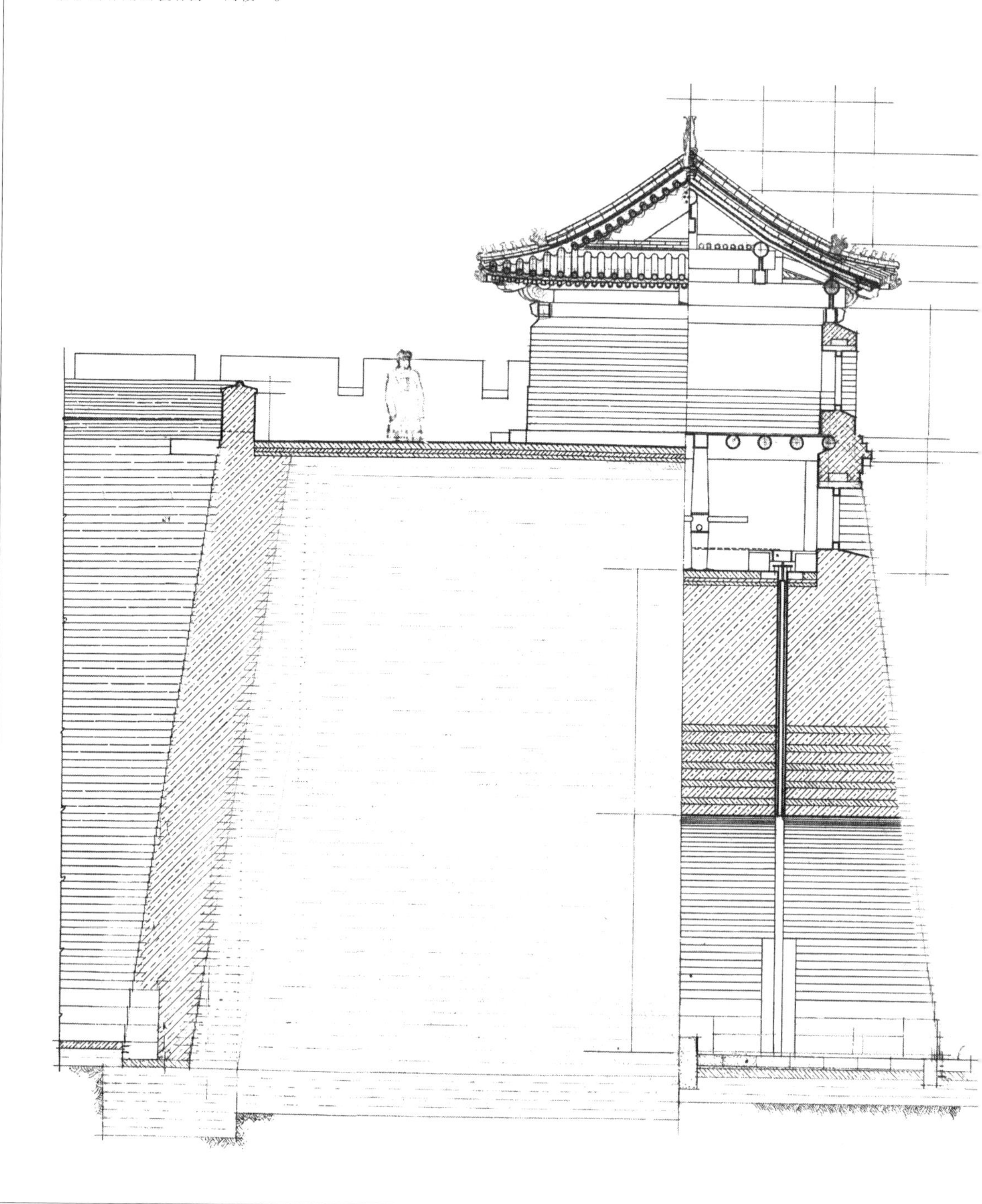

梁高一尺三寸三分，厚一尺三分，得踩步金高一尺一寸三分，厚八寸三分。

凡踩步金枋以步架二份定长，如步架二份长八尺五寸，内除交金墩之宽一份六寸五分，净长七尺八寸五分。外加两头入榫分位，各按交金墩宽四分之一，高与金枋同。厚与交金墩之宽同。

凡四角交金墩以步架定高。如步架深四尺二寸五分，按五举加之，得高二尺一寸二分，内除扒梁之高半份六寸六分，净高一尺四寸六分。以踩步金之厚定宽。如踩步金厚八寸三分，每尺收滚楞二寸，得宽六寸六分。以假桁条头长二份定长。如假桁条头长一尺二寸四分，得长二尺四寸八分。

【译解】坠千金栈转柱的高度由下檐柱的高度来确定。若下檐柱的高度为六尺四寸，加柱顶石六寸，得总高度为七尺，则坠千金栈转柱的高度为七尺。以檐柱径增加二寸来确定坠千金栈转柱的直径。若柱径为八寸三分，可得坠千金栈转柱的直径为一尺三分。

转杆的长度由进深来确定。若进深为一丈七尺，将该长度三等分，每小段长度为五尺六寸六分，则转杆的长度为五尺六寸六分。以转柱直径的三分之一来确定转杆的直径。若转柱的直径为一尺三分，可得转杆的直径为三寸四分。

转柱顶的截面正方形边长为转柱直径的两倍。若转柱的直径为一尺三分，可得转柱顶的截面正方形边长为二尺六分。以自身的截面边长的一半来确定转柱顶的高度。若自身的截面边长为二尺六分，可得转柱顶的高度为一尺三分。

千金栈两侧的承重柱的高度由下檐柱的高度来确定。若下檐柱的净高度为六尺四寸，则承重柱的高度为六尺四寸。承重柱的直径与檐柱的直径相同。

上檐顺扒梁的长度由进深来确定。若梢间的进深为一丈七尺，则顺扒梁的长度为一丈七尺。外加的桁条为脊面的一半。若桁条的直径为八寸三分，可得脊面为二寸四分，加长的长度为一寸二分。以檐柱径增加二寸来确定顺扒梁的厚度。若檐柱径为八寸三分，可得顺扒梁的厚度为一尺三分。以自身的厚度来确定顺扒梁的高度。当自身的厚度为一尺时，顺扒梁的高度为一尺三寸。若自身的厚度为一尺三分，可得顺扒梁的高度为一尺三寸三分。

踩步金的长度由步架的长度来确定。若步架长度的两倍为八尺五寸，在两端各增加桁条直径的一点五倍，作为假桁条的位置。若桁条的直径为八寸三分，则两端各增加一尺二寸四分，可得踩步金的总长度为一丈九寸八分。以扒梁的高度和厚度各减少二寸来确定踩步金的高度和厚度。若扒梁的高度为一尺三寸三分，厚度为一尺三分，可得踩步金的高度为一尺一寸三分，厚度为八寸三分。

踩步金枋的长度由步架长度的两倍来确定。若步架长度的两倍为八尺五寸，减去交金墩的宽度六寸五分，可得踩步金枋的净长度为七尺八寸五分。两端外加入榫的长度，入榫的长度均为交金墩宽度的四分之一。踩步金枋的高度与金枋的高度相同，踩步金枋的厚度与交金墩的宽度相同。

四角交金墩的高度由步架的长度来确定。若步架的长度为四尺二寸五分，使用五举的比例，可得交金墩的高度为二尺一寸二分。减去扒梁高度的一半六寸六分，可得交金墩的净高度为一尺四寸六分。以踩步金的厚度来确定交金墩的宽度。若踩步金的厚度为八寸三分，可得交金墩的宽度为六寸六分。以假桁条长度的两倍来确定交金墩的长度。若假桁条的长度为一尺二寸四分，可得交金墩的长度为二尺四寸八分。

【原文】凡五架梁以进深定长。如进深一丈七尺，即长一丈七尺。两头各加桁条之径一份，得柁头分位。如桁条径八寸三分，得五架梁通长一丈八尺六寸六分。高、厚与顺扒梁同。

凡随梁以进深定长。如进深一丈七尺，内除柱径一份，外加两头入榫分位，各按柱径四分之一。以檐柱之径定厚。如柱径八寸三分，即厚八寸三分。以本身之厚加二寸定高。如本身厚八寸三分，得高一尺三分。

凡三架梁以步架二份定长。如步架二份深八尺五寸，即长八尺五寸。两头各加桁条径一份得柁头分位，如桁条径八寸三分，得三架梁通长一丈一寸六分。高、厚与踩步金同。

凡金瓜柱以步架加举定高。如步架深四尺二寸五分，按五举加之，得高二尺一寸二分。内除五架梁之高一尺三寸三分，得净高七寸九分。以三架梁之厚每尺收滚楞二寸定厚。如三架梁厚八寸三分，得厚六寸六分，宽按本身之厚加二寸，得宽八寸六分。每宽一尺，外加上、下榫各长三寸。

凡脊瓜柱以步架加举定高。如步架深四尺二寸五分，按七举加之，得高二尺九寸七分，又加平水高七寸三分，共高三尺七寸，再加桁条径三分之一作桁椀，得二寸七分。内除三架梁之高一尺一寸三分，得净高二尺八寸四分。宽、厚同金瓜柱。每宽一尺，外加下榫长三寸。

凡檐枋以面阔定长。如面阔一丈七尺，内除柱径一份，外加入榫分位，各按柱径四分之一。其梢间照面阔一头加柱径一份，得箍头分位，一头除柱径半份，外加入榫分位，按柱径四分之一。两山两头各加柱径一份，以檐柱径寸定高，如柱径八寸三分，即高八寸三分。厚按本身之高收二寸，得厚六寸三分。

【译解】五架梁的长度由进深来确定。若进深为一丈七尺，则五架梁的长度为一丈七尺。在两端各增加桁条的直径，作为柁头的长度。若桁条的直径为八寸三分，可得五架梁的总长度为一丈八尺六寸六分。五架梁的高度和厚度与顺扒梁的高度和厚度相同。

随梁枋的长度由进深来确定。若进深为一丈七尺，减去柱径的一半，外加入榫的长度，入榫的长度为柱径的四分之一。以檐柱径来确定随梁枋的厚度。若柱径为八寸三分，则随梁枋的厚度为八寸三分。以自身的厚度增加二寸来确定随梁枋的高度，若自身的厚度为八寸三分，可得随梁枋的高度为一尺三分。

三架梁的长度由步架长度的两倍来确定。若步架长度的两倍为八尺五寸，则三架梁的长度为八尺五寸。两端各增加桁条的直径作为柁头的长度。若桁条的直径为八寸三分，可得三架梁的总长度为一丈一寸六分。三架梁的高度和厚度与踩步金的高度和厚度相同。

金瓜柱的高度由步架的长度和举的比例来确定。若步架的长度为四尺二寸五分，使用五举的比例，可得高度为二尺一寸二分。减去五架梁的高度一尺三寸三分，可得金瓜柱的净高度为七寸九分。以三架梁的厚度来确定金瓜柱的厚度，当三架梁的厚度为一尺时，金瓜柱的厚度为八寸。若三架梁的厚度为八寸三分，可得金瓜柱的厚度为六寸六分。以自身的厚度增加二寸来确定金瓜柱的宽度，可得金瓜柱的宽度为八寸六分。当金瓜柱的宽度为一尺时，外加的上、下入榫的长度各为三寸。

脊瓜柱的高度由步架的长度和举的比例来确定。若步架的长度为四尺二寸五分，使用七举的比例，可得高度为二尺九寸七分。加平水的高度七寸三分，可得总高度为三尺七寸。外加桁条直径的三分之一作为桁椀，可得桁椀的高度为二寸七分。减去三架梁的高度一尺一寸三分，可得脊瓜柱的净高度为二尺八寸四分。脊瓜柱的宽度和厚度与金瓜柱的宽度和厚度相同。当脊瓜柱的宽度为一尺时，下方的入榫的长度为三寸。

檐枋的长度由面宽来确定。若面宽为一丈七尺，减去柱径的尺寸，两端外加入榫的长度，入榫的长度各为柱径的四分之一。梢间的檐枋在面宽的基础上，一端增加柱径的尺寸，作为箍头，一端减去柱径的一半，外加入榫的长度，入榫的长度为柱径的四分之一。在两山的檐枋两端均增加柱径的尺寸。以檐柱径来确定檐枋的高度。若檐柱径为八寸三分，则檐枋的高度为八寸三分。以自身的高度减少二寸来确定檐枋的厚度，可得其厚度为六寸三分。

【原文】凡金、脊枋以面阔定长，如面阔一丈七尺，内除瓜柱、柁橔各一份，外加入榫分位，各按瓜柱、柁橔宽、厚四分之一。其梢间金、脊枋照面阔一头收一步架深四尺二寸五分，一头除柱径半份，外加入榫分位，按柱径四分之一，高、厚与檐枋同。如不用垫板，照檐枋高、厚各收二寸。

凡檐垫板以面阔定长。如面阔一丈七尺，内除柁头一份，外加两头入榫分位，各按柁头十分之二。两山与进深同。以檐枋之高收一寸定宽，如檐枋高八寸三分，得宽七寸三分。以桁条径十分之三定厚。如桁条径八寸三分，得厚二寸四分。宽六寸以上收分一寸，六寸以下不收分。

凡金、脊垫板以面阔定长。如面阔一丈七尺，内除瓜柱、柁橔之宽、厚各一份，外加入榫分位，各按瓜柱、柁橔宽、厚十分之二。其梢间垫板照面阔一头收一步架尺寸深四尺二寸五分，一头除柁头半份，外加入榫，照柁头之厚每尺加滚楞二寸。宽、厚与檐垫板同。踩步金垫板之宽照交金橔之高。内除踩步金枋之高得宽。其脊垫板照面阔除脊瓜柱径一份，外加两头入榫尺寸，各按瓜柱径四分之一。

凡檐桁以面阔定长。如面阔一丈七尺，即长一丈七尺。其梢间桁条照面阔一头加交角出头分位，按本身之径一份，如本身径八寸三分，得出头长八寸三分。两山两头各加交角出头分位，按本身之径一份得长。每径一尺，外加搭交榫长三寸。径寸与檐柱同。

凡金、脊桁以面阔定长。如面阔一丈七尺，即长一丈七尺。其梢间桁条照面阔一头收桁条之径一份。如面阔一丈一尺九寸，内除桁条之径八寸三分，得净长一丈一尺七分。径与檐桁同。每径一尺，外加搭交榫长三寸。

【译解】金枋、脊枋的长度由面宽来确定。若面宽为一丈七尺，两端减去柁橔和瓜柱的厚度，外加入榫的长度，入榫的长度是柁橔和瓜柱厚度的四分之一。梢间的枋子的长度为梢间的面宽减去一步架长度四尺二寸五分，一端减去柱径的一半，外加入榫的长度，入榫的长度为柱径的四分之一。金枋、脊枋的高度和厚度与檐枋的高度和厚度相同。如果不使用垫板，则枋子的高度和厚度在檐枋的基础上各减少二寸。

檐垫板的长度由面宽来确定。若面宽为一丈七尺，减去柁头的长度，两端外加入榫的长度，入榫的长度为柁头长度的十分之二。两山的檐垫板的长度与进深相同。以檐枋的高度减少一寸来确定檐垫板的宽度。若檐枋的高度为八寸三分，可得檐垫板的宽度为七寸三分。以桁条直径的十分之三来确定檐垫板的厚度。若桁条的直径为八寸三分，可得檐垫板的厚度为二寸四分。若檐垫板的高度超过六寸，则其高度需要比檐枋的高度减少一寸。若檐垫板的高度在六寸以下，则其高度与檐枋的高度相同。

金垫板、脊垫板的长度由面宽来确定。若面宽为一丈七尺，减去柁橔和瓜柱的宽度和厚度，两端外加入榫的长度，入榫的长度是瓜柱和柁橔宽度和厚度的十分之二。梢间的垫板在面宽的基础上，一端减少一步架长度四尺二寸五分，一端减少柁头长度的一半，外加入榫的长度，当柁头的长度为一尺时，入榫的长度为一尺二寸。金垫板、脊垫板的宽度和厚度与檐垫板的宽度和厚度相同。踩步金垫板的宽度与交金橔的高度减去踩步金枋的高度相同。脊垫板在面宽的基础上减去脊瓜柱的直径，两端外加入榫的长度，入榫的长度为瓜柱径的四分之一。

檐桁的长度由面宽来确定。若面宽为一丈七尺，则檐桁的长度为一丈七尺。梢间的檐桁，在面宽的基础上，一端与其他构件相交并出头，出头部分的长度与自身的直径尺寸相同。若自身的直径为八寸三分，可得出头部分的长度为八寸三分。两山的檐桁，两端分别出头，出头部分的长度与自身的直径相同。当檐桁的直径为一尺时，外加的搭交榫的长度为三寸。檐桁的直径与檐柱的直径相同。

金桁、脊桁的长度由面宽来确定。若面宽为一丈七尺，则金桁、脊桁的长度为一丈七尺。梢间的桁条的长度，在面宽的基础上，一端减去桁条的直径。若面宽为一丈一尺九寸，减去桁条的直径八寸三分，可得梢间桁条的净长度为一丈一尺七分。金桁、脊桁的直径与檐桁的直径相同。当金桁、脊桁的直径为一尺时，外加的搭交榫的长度为三寸。

【原文】凡两山代梁头以桁条之径三份定长。如桁条径八寸三分，得长二尺四寸九分。以平水一份半定高。如平水高七寸三分，得高一尺九分。厚与五架梁同。分间做法用此。

凡四角花梁头[1]以代梁头之长定长。如代梁头长二尺四寸九分，用方五斜七之法，得通长三尺四寸八分。高、厚与代梁头同。

凡仔角梁以步架并出檐加举定长。如步架深四尺二寸五分，出檐照檐柱高十分之三，得二尺三寸四分，得长六尺五寸九分。用方五斜七之法加长，又按一一五加举，共长一丈六寸一分。再加翼角斜出椽径三份，如椽径二寸四分，得并长一丈一尺三寸三分。再加套兽榫照角梁本身之厚一份，如角梁厚四寸八分，即套兽榫长四寸八分，得仔角梁通长一丈一尺八寸一分。以椽径三份定高，二份定厚。如椽径二寸四分，得仔角梁高七寸二分，厚四寸八分。

凡老角梁以仔角梁之长除飞檐头并套兽榫定长。如仔角梁长一丈一尺八寸一分，内除飞檐头长一尺二寸五分，并套兽榫长四寸八分，得长一丈八分。高、厚与仔角梁同。

凡枕头木以步架定长。如步架深四尺二寸五分，内除角梁之厚半份，得枕头木长四尺一分。以桁条之径十分之三定宽。如桁条径八寸三分，得枕头木宽二寸四分。以椽径二份半定高。如椽径二寸四分，得枕头木一头高六寸，一头斜尖与桁条平。两山枕头木做法同。

【注释】〔1〕四角花梁头：位于角柱柱头位置的梁头，沿柱头的角平分线放置，起着承托搭接檩的作用。在亭式建筑中，下部构架中的柱子、额枋等柱头的角云，也被称为“花梁头”。

【译解】两山的代梁头的长度由桁条直径的三倍来确定。若桁条的直径为八寸三分，可得代梁头的长度为二尺四寸九分。以平水高度的一点五倍来确定代梁头的高度。若平水的高度为七寸三分，可得代梁头的高度为一尺九分。代梁头的厚度与五架梁的厚度相同。分间的代梁头使用上述制作方法。

四角花梁头的长度由代梁头的长度来确定。若代梁头的长度为二尺四寸九分，用方五斜七法计算可得花梁头的长度为三尺四寸八分。花梁头的高度和厚度与代梁头的高度和厚度相同。

仔角梁的长度由步架的长度加出檐的长度和举的比例来确定。若步架的长度为四尺二寸五分，则出檐的长度为檐柱高度的十分之三，即二尺三寸四分，二者相加，可得总长度为六尺五寸九分。用方五斜七法计算，再使用一一五举的比例，可得长度为一丈六寸一分。再加翼角的出头部分，其为椽子直径的三倍。若椽子的直径为二寸四分，将得到的翼角的长度与前述长度相加，可得长度为一丈一尺三寸三分。再加套兽的入榫长度，其与角梁的厚度尺寸相同。若角梁的厚度为四寸八分，则套兽入榫的长度为四寸八分。由此可得仔角梁的总长度为一丈一尺八寸一分。以椽子直径的三倍来确定仔角梁的高度，以椽子直径的两倍来确定仔角梁的厚度。若椽子的直径为二寸四分，可得仔角梁的高度为七寸二分，厚度为四寸八分。

老角梁的长度由仔角梁的长度减去飞檐头和套兽入榫的长度来确定。若仔角梁的长度为一丈一尺八寸一分，减去飞檐头的长度一尺二寸五分，再减去套兽入榫的长度四寸八分，可得老角梁的净长度为一丈八分。老角梁的高度和厚度与仔角梁的高度和厚度相同。

枕头木的长度由步架的长度来确定。若步架的长度为四尺二寸五分，减去角梁厚度的一半，可得枕头木的长度为四尺一分。以桁条直径的十分之三来确定枕头木的宽度。若桁条的直径为八寸三分，可得枕头木的宽度为二寸四分。以椽子直径的二点五倍来确定枕头木的高度。若椽子的直径为二寸四分，可得枕头木一端的高度为六寸，另一端为斜尖状，与桁条平齐。两山墙的枕头木的计算方法相同。

【原文】凡檐椽以步架并出檐加举定长。如步架深四尺二寸五分，又加出檐尺寸照上檐柱高十分之三，得二尺三寸四分，共长六尺五寸九分。内除飞檐椽头一份七寸八分。净长五尺八寸一分。又按一一五加举，得通长六尺六寸八分。以桁条之径十分之三定径寸。如桁条径八寸三分，得径二寸四分。两山檐椽做法同。每椽空档，随椽径一份。每间椽数，俱应成双。档之宽窄，随数均匀。

凡飞檐椽以出檐定长。如出檐二尺三寸四分，三份分之，出头一份得长七寸八分，后尾两份半得长一尺九寸五分，又按一一五加举，得飞檐椽通长三尺一寸三分。见方与檐椽径寸同。

凡翼角翘椽长、径俱与平身檐椽

同。其起翘之处以出檐尺寸用方五斜七之法，再加步架尺寸定翘数。如出檐二尺三寸四分，方五斜七加之，得长三尺二寸七分。再加步架四尺二寸五分，共长七尺五寸二分。内除角梁之厚半份，得净长七尺二寸八分，即系翼角椽档分位。但翼角翘椽以成单为率，如逢双数，应改成单。

凡翘飞椽以平身飞檐椽之长，用方五斜七之法定长。如飞檐椽长三尺一寸三分，用方五斜七加之，第一翘得长四尺三寸八分，其余以所定翘数每根递减长五分五厘。其高比飞檐椽加高半份。如飞檐椽高二寸四分，得翘飞椽高三寸六分，厚仍二寸四分。

凡脑椽以步架加举定长。如步架深四尺二寸五分，按一二五加举，得长五尺三寸一分。径与檐椽同。以上檐、脑椽外加一头搭交尺寸，按本身之径一份。如本身径二寸四分，即加长二寸四分。

【译解】檐椽的长度由步架的长度加出檐的长度和举的比例来确定。若步架的长度为四尺二寸五分，出檐的长度为上檐柱高度的十分之三，即二尺三寸四分，二者相加可得总长度为六尺五寸九分。减去飞檐椽头的长度七寸八分，可得净长度为五尺八寸一分。使用一一五举的比例，可得檐椽的总长度为六尺六寸八分。以桁条直径的十分之三来确定檐椽的直径。若桁条的直径为八寸三分，可得檐椽的直径为二寸四分。两山墙的檐椽的计算方法相同。每两根椽子的空档宽度与椽子的宽度相同。每个房间使用的椽子数量都应为双数，空档宽度应均匀。

飞檐椽的长度由出檐的长度来确定。若出檐的长度为二尺三寸四分，将此长度三等分，每小段长度为七寸八分。椽子出头部分的长度与每小段长度的尺寸相同，即七寸八分。椽子的后尾的长度为每小段长度的二点五倍，即一尺九寸五分。将两个长度相加，再使用一一五举的比例，可得飞檐椽的总长度为三尺一寸三分。飞檐椽的截面正方形边长与檐椽的直径相同。

翼角翘椽的长度和直径都与平身檐椽的长度和直径相同。椽子起翘的位置，由挑檐桁中心到出檐的长度，用方五斜七法计算之后，再加步架的长度和正心桁中心到挑檐桁中心的拽架尺寸来确定。若出檐的长度为二尺三寸四分，用方五斜七法计算出其长度为三尺二寸七分，加一步架长度四尺二寸五分，得总长度为七尺五寸二分。减去角梁厚度的一半，可得净长度为七尺二寸八分。在翼角翘椽上量出这个长度，刻度处即为椽子起翘的位置。翼角翘椽的数量通常为单数，如果遇到是双数的情况，应当改变制作方法，使其仍为单数。

翘飞椽的长度由平身飞檐椽的长度，用方五斜七法计算之后来确定。若飞檐椽的长度为三尺一寸三分，用方五斜七法计算之后，可以得出第一根翘飞椽的长度为四尺三寸八分。其余的翘飞椽的长度，可根据总翘数递减，每根比前一根长度减少五分五厘。翘飞椽的高度为飞檐椽高度的一点五倍，若飞檐椽的高度为二寸四分，可得翘飞椽的高度为三寸六分。翘飞椽的厚度为二寸四分。

脑椽的长度由步架的长度和举的比例来确定。若步架的长度为四尺二寸五分，使用一二五举的比例，可得脑椽的长度为五尺三寸一分。脑椽的直径与檐椽的直径相同。上檐椽和脑椽一端外加的搭交的长度与自身的直径尺寸相同。若自身的直径为二寸四分，则搭交的长度为二寸四分。

【原文】凡两山出梢哑叭脑椽与正脑椽长、径同。哑叭檐椽以挑山檩之长得长。系短椽折半核算。

凡横望板、压飞檐尾横望板俱以面阔、进深加举折见方丈核算。以椽径十分之二定厚。如椽径二寸四分，得厚四分。

凡连檐以面阔定长。如面阔一丈七尺，即长一丈七尺。其梢间连檐面阔一丈一尺九寸，出檐二尺三寸四分，共长一丈四尺二寸四分。内除角梁之厚半份，净长一丈四尺。以起翘处每尺加翘一寸，共长一丈五尺四寸，两山同。高、厚与檐椽径寸同。

凡瓦口之长与连檐同。以椽径半份定高。如椽径二寸四分，得瓦口高一寸二分。以本身之高折半定厚，得厚六分。

凡里口以面阔定长。如面阔一丈七尺，即长一丈七尺。其梢间照面阔一头收一步架深四尺二寸五分。两山两头各收一步架尺寸得长。以椽径一份，再加望板之厚一份半定高。如椽径二寸四分，望板之厚一份半六分，得里口高三寸。厚与椽径同。

凡闸档板以翘档分位定宽。如翘椽档宽二寸四分，即闸档板宽二寸四分，外加入槽每寸一分。高随椽径尺寸。以椽径十分之二定厚。如椽径二寸四分，得闸档板厚四分。其小连檐自起翘处至老角梁得长。宽随椽径一份。厚照望板之厚一份半，得厚六分。两山闸档板做法同。

【译解】两山墙的梢间哑叭花架椽与脑椽的计算方法与正花架椽和脑椽的相同。哑叭檐椽的长度由挑山檩的长度来确定。哑叭檐椽为短椽，其长度需进行折半核算。

横望板和压住飞檐尾铺设的横望板，其长度和宽度由面宽和进深加举的比例折算成矩形的边长来确定。以椽子直径的十分之二来确定横望板的厚度。若椽子的直径为二寸四分，可得横望板的厚度为四分。

连檐的长度由面宽来确定。若面宽为一丈七尺，则连檐的长度为一丈七尺。梢间连檐的面宽为一丈一尺九寸，加出檐的长度二尺三寸四分，可得总长度为一丈四尺二寸四分。减去角梁厚度的一半，可得连檐的净长度为一丈四尺。从起翘处到仔角梁之间，每尺需增加一寸翘长，则总长度为一丈五尺四寸。连檐的高度和厚度与檐椽的直径相同。

瓦口的长度与连檐的长度相同。以椽子直径的一半来确定瓦口的高度。若椽子的直径为二寸四分，可得瓦口的高度为一寸二分。以自身高度的一半来确定瓦口的厚度，可得瓦口的厚度为六分。

里口的长度由面宽来确定。若面宽为一丈七尺，则里口的长度为一丈七尺。梢间的里口在面宽的基础上减少一步架长度，两山的里口在两端各减少一步架长度。以椽子的直径加顺望板厚度的一点五倍，可确定里口的高度。若椽子的直径为二寸四分，顺望板厚度的一点五倍为六分，可得里口的高度为三寸。里口的厚度与椽子的直径相同。

闸档板的宽度由翘椽档的位置来确定。若椽子之间的宽度为二寸四分，则闸档板的宽度为二寸四分。在闸档板的外侧开槽，每寸长度开槽一分。闸档板的高度与椽子的直径相同。以椽子直径的十分之二来确定闸档板的厚度。若椽子的直径为二寸四分，可得闸档板的厚度为四分。小连檐的长度为椽子起翘的位置到老角梁的距离。小连檐的宽度与椽子的直径尺寸相同。小连檐的厚度是望板厚度的一点五倍，可得其厚度为六分。两山墙的闸档板的计算方法相同。

【原文】凡椽椀长随里口。以椽径一份，再加椽径三分之一定高。如椽径二寸四分，得椽椀高三寸二分。以椽径三分之一定厚，得厚八分。两山椽椀做法同。

凡榻脚木以步架二份，外加桁条之径二份定长。如步架二份长八尺五寸，外加两头桁条之径各一份，如桁条径八寸三分，得榻脚木通长一丈一寸六分。见方与桁条之径同。

凡草架柱子以步架加举定高。如步架深四尺二寸五分，按七举加之，得高二尺九寸七分。脊桁下草架柱子即高二尺九寸七分。外加两头入榫分位。按本身之宽、厚折半。如本身宽、厚四寸一分，得榫长二寸。以榻脚木见方尺寸折半定宽、厚。如榻脚木见方八寸三分，得草架柱子见方四寸一分。

凡山花板以步架定宽。如步架二份深八尺五寸，即宽八尺五寸。以脊中草架柱子之高加桁条之径定高。如草架柱子高二尺九寸七分，桁条径八寸三分，得山花板中高三尺八寸。系尖高做法，均折核算。以桁条之径四分之一定厚。如桁条径八寸三分，得山花板厚二寸。

凡博缝板随各椽之长得长。如脑椽长五尺三寸一分，即长五尺三寸一分。外加斜尖分位照本身之宽加长，如本身宽一尺四寸四分，每块即加长一尺四寸四分。以椽径六份定宽。如椽径二寸四分，得博缝板宽一尺四寸四分。厚与山花板同。

以上俱系大木做法，其余各项工料及装修等件，逐款分别，另册开载。

【译解】椽椀的长度与里口的相同。以椽子的直径再加该直径的三分之一来确定椽椀的高度。若椽子的直径为二寸四分，可得椽椀的高度为三寸二分。以椽子直径的三分之一来确定椽椀的厚度，可得其厚度为八分。两山墙的椽椀的计算方法相同。

榻脚木的长度由步架长度的两倍来确定。若步架长度的两倍为八尺五寸，两端各加桁条的直径，若桁条的直径为八寸三分，可得榻脚木的总长度为一丈一寸六分。榻脚木的截面正方形边长与桁条的直径相同。

草架柱子的高度由步架的长度加举的比例来确定。若步架的长度为四尺二寸五分，使用七举的比例，可得高度为二尺九寸七分，则脊桁下方的草架柱子的高度为二尺九寸七分。两端外加入榫的长度，入榫的长度是自身宽度和厚度的一半。若自身的宽度和厚度为四寸一分，可得入榫的长度各为二寸。草架柱子的宽度和厚度，由榻脚木的截面正方形边长折半来确定。若榻脚木的截面正方形边长为八寸三分，可得草架柱子的截面正方形边长为四寸一分。

山花板的宽度由步架的长度来确定。若步架长度的两倍为八尺五寸，则山花板的宽度为八尺五寸。以脊中的草架柱子的高度加扶脊木和桁条的直径来确定山花板的高度。若草架柱子的高度为二尺九寸七分，桁条的直径为八寸三分，二者相加，可得屋顶最高处的山花板的高度为三尺八寸。其余山花板的高度都要按比例进行核算。以桁条直径的四分之一来确定山花板的厚度。若桁条的直径为八寸三分，可得山花板的厚度为二寸。

博缝板的长度与其所在椽子的长度相同。若脑椽的长度为五尺三寸一分，则博缝板的长度为五尺三寸一分。每个博缝板的外侧都需外加斜尖的长度，加长的长度为博缝板的宽度。若博缝板的宽度为一尺四寸四分，每块需加长的长度为一尺四寸四分。以椽子直径的六倍来确定博缝板的宽度。若椽子的直径为二寸四分，可得博缝板的宽度为一尺四寸四分。博缝板的厚度与山花板的厚度相同。

上述计算方法均适用于大木建筑，其他工程所需的材料和装修配件，另行刊载。

卷十八

本卷详述建造五檩进深的硬山顶大木式闸楼的方法。

五檩硬山闸楼大木做法

【译解】建造五檩进深的硬山顶大木式闸楼的方法。

【原文】凡明间以门洞之宽定面阔。如外门洞宽一丈三尺四寸，每边各加一尺八寸，得面阔一丈七尺。

凡梢间以明间面阔十分之七定面阔。如明间一丈七尺，得面阔一丈一尺九寸。

凡进深以城墙之顶宽折半定进深。如墙顶除墙皮中宽三丈四尺，折半得进深一丈七尺。

凡下檐柱以城墙高十分之二定高。如城墙高三丈五尺，得高七尺。内除柱顶石六寸，檐柱净高六尺四寸。每径一尺，外加上、下榫各长三寸。以梢间面阔十分之七定径寸。如梢间面阔一丈一尺九寸，得径八寸三分。

凡上檐柱以下檐柱之高定高。如下檐柱高七尺，再加檐枋之高一份八寸三分，共高七尺八寸三分。每径一尺，外加上、下榫各长三寸。径与下檐柱之径同。

凡山柱以步架加举定高。如进深一丈七尺，每步架得深四尺二寸五分。第一步架按五举加之，得高二尺一寸二分。第二步架按七举加之，得高二尺九寸七分，再加檐柱高七尺八寸三分，得通高一丈二尺九寸二分。再加平水一份七寸三分，又加桁条径三分之一作桁椀，如桁条径八寸三分，得桁椀二寸七分，共高一丈三尺九寸二分。每径一尺，外加下榫长三寸。以檐柱径加二寸定径。如檐柱径八寸三分，得径一尺三分。

【译解】明间的面宽由城门洞的宽度来确定。若外门洞的宽度为一丈三尺四寸，在两侧各增加一尺八寸，可得明间的面宽为一丈七尺。

梢间的面宽由明间面宽的十分之七来确定。若明间的面宽为一丈七尺，可得梢间的面宽为一丈一尺九寸。

进深由城墙顶部的宽度折半来确定。若减去墙皮厚度之后的城墙顶部的宽度为三丈四尺，折半计算后可得进深为一丈七尺。

下檐柱的高度由城墙高度的十分之二来确定。若城墙的高度为三丈五尺，可得下檐柱的总高度为七尺，减去柱顶石的高度六寸，可得下檐柱的净高度为六尺四寸。当檐柱径为一尺时，外加的上下榫的长度为三寸。以梢间面宽的十分之七来确定下檐柱的直径。若梢间的面宽为一丈一尺九寸，可得下檐柱的直径为八寸三分。

上檐柱的高度由下檐柱的高度来确定。若下檐柱的高度为七尺，加檐枋的高度八寸三分，可得上檐柱的总高度为七尺八寸三分。当上檐柱的直径为一尺时，外加的上下榫的长度均为三寸。上檐柱的直径与下檐柱的直径相同。

山柱的高度由步架的长度和举的比例来确定。若进深为一丈七尺，每步架的长度为四尺二寸五分。第一步架使用五举的比例，可得高度为二尺一寸二分。第二步架使用七举的比例，可得高度为二尺九寸七分。加檐柱的高度七尺八寸三分，可得高度为一丈二尺九寸二分。加平水的高度七寸三分，再加桁条直径的三分之一作为桁椀，若桁条的直径为八寸三分，可得桁椀的高度为二寸七分。将前述各高度相加，可得山柱的总高度为一丈三尺九寸二分。当山柱的直径为一尺时，外加的榫的长度为三寸。以檐柱径增加二寸来确定山柱径。若檐柱径为八寸三分，可得山柱径为一尺三分。

【原文】凡承重枋以进深定长。如进深一丈七尺，再加两头出头照檐柱径各一份半，如柱径八寸三分，得长二尺四寸九分，共长一丈九尺四寸九分。以檐柱径加二寸定厚。如柱径八寸三分，得厚一尺三分。以本身之厚每尺加四寸定高。如本身厚一尺三分。得高一尺四寸四分。

凡楞木以面阔定长。如面阔一丈七尺，即长一丈七尺。以承重枋之高折半定径寸，如承重枋高一尺四寸四分，得径七寸二分。

凡楼板以进深、面阔定长短、块数。内除楼梯分位，按门口尺寸，临期酌定。以楞木厚四分之一定厚。如楞木厚七寸二分，得厚一寸八分。如墁砖，以楞木之厚折半得厚。

凡坠千金栈转柱以下檐柱定高。如下檐柱高六尺四寸，又加柱顶六寸，共高七尺，即高七尺。以檐柱之径加二寸定径。如柱径八寸三分，得径一尺三分。

凡转杆以进深三分之一定长。如进深一丈七尺，三份分之，得长五尺六寸六分。以转柱之径三分之一定径。如柱径一尺三分，得径三寸四分。

凡转柱顶以转柱径加倍定见方。如柱径一尺三分，得见方二尺六分。以本身之见方折半定高，如见方二尺六分，得高一尺三分。

【译解】承重枋的长度由进深来确定。若进深为一丈七尺，其两端出头部分的长度均为檐柱径的一点五倍。若檐柱径为八寸三分，可得两端出头部分的总长度为二尺四寸九分，由此可得承重枋的总长度为一丈九尺四寸九分。以檐柱径增加二寸来确定承重枋的厚度。若檐柱径为八寸三分，可得承重枋的厚度为一尺三分。以自身的厚度来确定自身的高度。当自身的厚度为一尺时，其高度为一尺四寸。若自身的厚度为一尺三分，可得承重枋的高度为一尺四寸四分。

楞木的长度由面宽来确定。若面宽为一丈七尺，则楞木的长度为一丈七尺。以承重枋高度的一半来确定楞木的直径。若承重枋的高度为一尺四寸四分，可得楞木的直径为七寸二分。

楼板的长度和块数，均由进深和面宽来确定。楼梯如何布置，需由门口的尺寸来确定，在建造时以实际情况为准。楼板

□ 五檩硬山闸楼

闸楼的外观类似于小型的箭楼，其外壁也有用于观察、射箭的窗口。不过与箭楼不同的是，闸楼下方虽有孔洞，但不设门扇，而是装有由闸楼控制的可以吊起或放下的“千斤闸”（吊桥）。

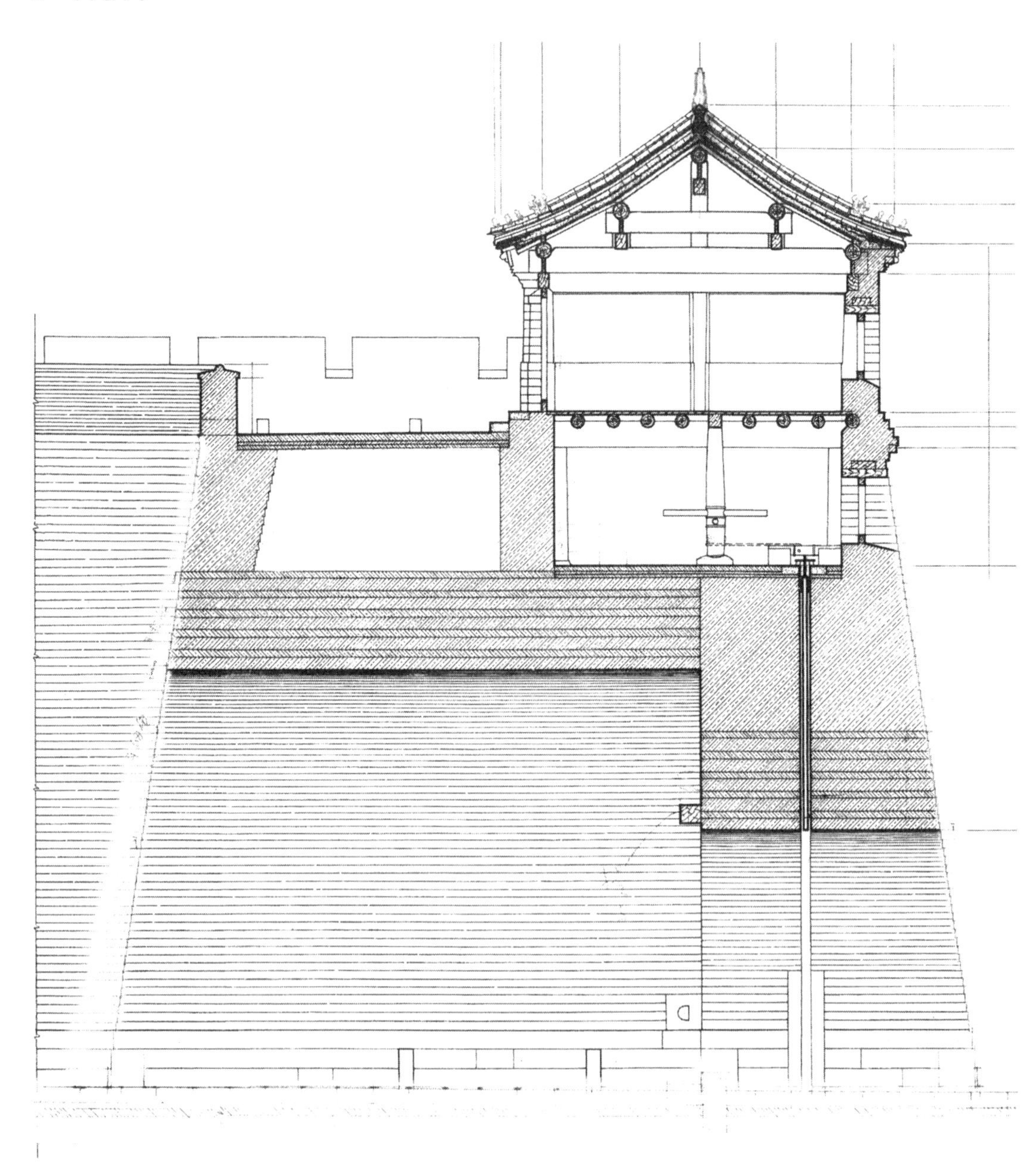

的厚度为楞木厚度的四分之一。若楞木的厚度为七寸二分，可得楼板的厚度为一寸八分。墁砖的厚度为楞木厚度的一半。

坠千金栈转柱的高度由下檐柱的高度来确定。若下檐柱的高度为六尺四寸，加柱顶石六寸，得总高度为七尺，则坠千金栈转柱的高度为七尺。以檐柱径增加二寸来确定坠千金栈转柱的直径。若檐柱径为八寸三分，可得坠千金栈转柱的直径为一尺三分。

转杆的长度由进深的三分之一来确定。若进深为一丈七尺，将该长度三等分，每小段长度为五尺六寸六分，则转杆的长度为五尺六寸六分。以转柱直径的三分之一来确定转杆的直径。若转柱的直径为一尺三分，可得转杆的直径为三寸四分。

转柱顶的截面正方形的边长为转柱直径的两倍。若转柱的直径为一尺三分，可得转柱顶的截面正方形的边长为二尺六分。以自身的截面正方形的边长的一半来确定转柱顶的高度。若自身的截面正方形的边长为二尺六分，可得转柱顶的高度为一尺三分。

【原文】凡千金栈两旁承重柱以下檐柱之高定高。如下檐柱净高六尺四寸，即高六尺四寸。径与檐柱同。

凡五架梁以进深定长。如进深一丈七尺，即长一丈七尺。外加两头桁条径各一份，得柁头分位。如桁条径八寸三分，共长一丈八尺六寸六分。以檐柱径加二寸定厚。如柱径八寸三分，得厚一尺三分。以本身之厚每尺加三寸定高，如本身厚一尺三分，得高一尺三寸三分。

凡随梁以进深定长。如进深一丈七尺，内除柱径一份，外加两头入榫分位，各按柱径四分之一。以檐柱径定厚。如柱径八寸三分，即厚八寸三分。以本身之厚加二寸定高。如本身厚八寸三分，得高一尺三分。

凡三架梁以步架二份定长。如步架二份深八尺五寸，即长八尺五寸。两头各加桁条径一份得柁头分位，如桁条径八寸三分，共长一丈一寸六分。以五架梁之高、厚各收二寸定高、厚。如五架梁高一尺三寸三分。厚一尺三分，得三架梁高一尺一寸三分，厚八寸三分。

凡双步梁以步架二份定长。如步架二份长八尺五寸，即长八尺五寸。外加一头桁条之径一份，得柁头分位。如桁条径八寸三分，共长九尺三寸三分。高、厚与五架梁同。

凡单步梁以步架一份定长。如步架一份长四尺二寸五分，即长四尺二寸五分。一头加桁条径一份得柁头分位，如桁条径八寸三分，共长五尺八分。高、厚与三架梁同。

【译解】千金栈两侧的承重柱的高度由下檐柱的高度来确定。若下檐柱的净高度为六尺四寸，则承重柱的高度为六尺四寸。承重柱的直径与檐柱径的直径相同。

五架梁的长度由进深来确定。若进深为一丈七尺，则五架梁的长度为一丈七尺。两端各增加桁条的直径作为柁头的长度。若桁条的直径为八寸三分，可得五架梁的总长度为一丈八尺六寸六分。以檐柱径增加二寸来确定五架梁的厚度。若檐柱径为八寸三分，可得五架梁的厚度为一尺三分。以自身的厚度来确定五架梁的高度。当自身的厚度为一尺时，五架梁的高度为一尺三寸。若自身的厚度为一尺三分，可得五架梁的高度为一尺三寸三分。

随梁枋的长度由进深来确定。若进深为一丈七尺，减去柱径的一半，外加入榫的长度，入榫的长度为柱径的四分之一。以檐柱径来确定随梁枋的厚度。若檐柱径为八寸三分，则随梁枋的厚度为八寸三分。以自身的厚度增加二寸来确定随梁枋的高度，若自身的厚度为八寸三分，可得随梁枋的高度为一尺三分。

三架梁的长度由步架长度的两倍来确定。若步架长度的两倍为八尺五寸，则三架梁的长度为八尺五寸。两端各增加桁条的直径作为柁头的长度。若桁条的直径为八寸三分，可得三架梁的总长度为一丈一寸六分。以五架梁的高度和厚度均减少二寸来确定三架梁的高度和厚度。若五架梁的高度为一尺三寸三分，厚度为一尺三分，可得三架梁的高度为一尺一寸三分，厚度为八寸三分。

双步梁的长度由步架长度的两倍来确定。若步架长度的两倍为八尺五寸，则双步梁的长度为八尺五寸。一端增加桁条的直径作为柁头的长度。若桁条的直径为八寸三分，可得双步梁的总长度为九尺三寸三分。双步梁的高度和厚度与五架梁的高度和厚度相同。

单步梁的长度由步架的长度来确定。若步架的长度为四尺二寸五分，则单步梁的长度为四尺二寸五分。一端增加桁条的直径作为柁头的长度。若桁条的直径为八寸三分，可得单步梁的总长度为五尺八分。单步梁的高度和厚度与三架梁的高度和厚度相同。

【原文】凡合头枋以步架二份定长。如步架二份长八尺五寸，内除前后柱径各半份，外加入榫分位，各按柱径四分之一。高、厚与随梁枋同。

凡金瓜柱以步架加举定高。如步架深四尺二寸五分，按五举加之，得高二尺一寸二分。内除五架梁之高一尺三寸三分，得净高七寸九分。以三架梁之厚每尺收滚楞二寸定厚。如三架梁厚八寸三分，得厚六寸六分。宽按本身之厚加二寸，得宽八寸六分，每宽一尺，外加上、下榫各长三寸。

凡脊瓜柱以步架加举定高。如步架深四尺二寸五分，按七举加之，得高二尺九寸七分，又加平水高七寸三分，共高三尺七寸。再加桁条径三分之一作桁椀，得二寸七分。内除三架梁之高一尺一寸三分，得净高二尺八寸四分。宽、厚同金瓜柱，每宽一尺，外加下榫长三寸。

凡金、脊、檐枋以面阔定长。如面阔一丈七尺，内除柱径一份，外加入榫分位，各按柱径四分之一。以檐柱之径定高，如柱径八寸三分，即高八寸三分。厚按本身之高收二寸，得厚六寸三分。如金、脊枋不用垫板，照檐枋宽、厚各收二寸。

凡金、脊、檐垫板以面阔定长。如面阔一丈七尺，内除柁头之厚一份，外加入榫照柁头之厚每尺加滚楞二寸，以檐枋之高收一寸定宽，如檐枋高八寸三分，得宽七寸三分。以桁条之径十分之三定厚。如桁条径八寸三分，得厚二寸四分。宽六寸以上照檐枋之高收分一寸，六寸以下不收分。其脊垫板照面阔除脊瓜柱径一份，外加两头入榫尺寸，各按瓜柱径四分之一。

【译解】合头枋的长度由步架长度的两倍来确定。若步架长度的两倍为八尺五寸，减去前后柱径的一半，再加入榫的长度，入榫的长度为柱径的四分之一。合头枋的高度和厚度与随梁枋的高度和厚度相同。

金瓜柱的高度由步架的长度和举的比例来确定。若步架的长度为四尺二寸五分，使用五举的比例，可得高度为二尺一寸二分。减去五架梁的高度一尺三寸三分，可得金瓜柱的净高度为七寸九分。以三架梁的厚度来确定金瓜柱的厚度，当三架梁的厚度为一尺时，金瓜柱的厚度为八寸。若三架梁的厚度为八寸三分，可得金瓜柱的厚度为六寸六分。以自身的厚度增加二寸来确定金瓜柱的宽度，由此可得金瓜柱的宽度为八寸六分。当金瓜柱的宽度为一尺时，外加的上、下入榫的长度各为三寸。

脊瓜柱的高度由步架的长度和举的比例来确定。若步架的长度为四尺二寸五分，使用七举的比例，可得高度为二尺九寸七分。加平水的高度七寸三分，可得总高度为三尺七寸。外加桁条直径的三分之一作为桁椀的位置，可得桁椀的高度为二寸七分。减去三架梁的高度一尺一寸三分，可得脊瓜柱的净高度为二尺八寸四分。脊瓜柱的宽度和厚度与金瓜柱的宽度和厚度相同。当脊瓜柱的宽度为一尺时，下方入榫的长度为三寸。

金枋、脊枋和檐枋的长度由面宽来确定。若面宽为一丈七尺，减去柱径的尺寸，外加入榫的长度，入榫的长度为柱径的四分之一。以檐柱径来确定枋子的高度。若檐柱径为八寸三分，则枋子的高度为八寸三分。枋子的厚度为自身的高度减少二寸，由此可得枋子的厚度为六寸三分。如果金枋和脊枋不使用垫板，则枋子的宽度和厚度在檐枋的基础上各减少二寸。

金垫板、脊垫板和檐垫板的长度由面宽来确定。若面宽为一丈七尺，减去柁头的厚度，外加入榫的长度。当柁头的厚度为一尺时，外加的入榫的长度为八寸。以檐枋的高度减少一寸来确定垫板的宽度。若檐枋的高度为八寸三分，可得垫板的宽度为七寸三分。以桁条直径的十分之三来确定垫板的厚度。若桁条的直径为八寸三分，可得垫板的厚度为二寸四分。当垫板的宽度超过六寸时，垫板的高度较檐枋的高度减少一分。当垫板的宽度不足六寸时，垫板的高度则按实际数值进行计算。脊垫板为面宽减去脊瓜柱的直径，两端外加入榫的长度，入榫的长度为柱径的四分之一。

【原文】凡桁条以面阔定长，如面阔一丈七尺，即长一丈七尺。其梢间桁条，一头照山柱径加半份，每径一尺，外加搭交榫长三寸。径与檐柱同。

凡前檐椽以步架并出檐加举定长。如步架深四尺二寸五分，又加出檐尺寸，照上檐柱高十分之三，得二尺三寸四分，共长六尺五寸九分。又按一一五加举，得通长七尺五寸七分。如用飞檐椽，以出檐尺寸分三份，去长一份作飞檐头。以桁条径十分之三定径寸，如桁条径八寸三分，得径二寸四分。每椽空档，随椽径一份。每间椽数，俱应成双，档之宽窄，随数均匀。

凡后檐椽以步架加举定长。如步架深四尺二寸五分，按一一五加举，得通长四尺八寸八分，再加桁条之径半份，得四寸一分，共长五尺二寸九分。径寸与前檐椽同。

凡飞檐椽以出檐定长。如出檐二尺三寸四分，三份分之，出头一份得长七寸八分，后尾二份得长一尺五寸六分，共长二尺三寸四分。又按一一五加举，得通长二尺六寸九分。见方与檐椽之径同。

凡脑椽以步架加举定长。如步架深四尺二寸五分，即长四尺二寸五分，又按一二五加举，得通长五尺三寸一分。径寸与檐椽同。以上檐、脑椽一头加搭交尺寸，俱照椽径加一份。

凡连檐以面阔定长。如面阔一丈七尺，即长一丈七尺。梢间应加墀头分位。宽、厚与檐椽径寸同。

【译解】桁条的长度由面宽来确定。若面宽为一丈七尺，则桁条的长度为一丈七尺。在梢间桁条的一端增加山柱径的一半。当桁条的直径为一尺时，外加的搭交榫的长度为三寸。桁条的直径与檐柱的直径相同。

前檐椽的长度由步架的长度加出檐的长度和举的比例来确定。若步架的长度为四尺二寸五分，出檐的长度为上檐柱高度的十分之三，即二尺三寸四分，二者相加可得总长度为六尺五寸九分。使用一一五举的比例，可得前檐椽的总长度为七尺五寸七分。若使用飞檐椽，则要把出檐的长度三等分，取其三分之二的长度作为飞檐头。以桁条直径的十分之三来确定檐椽的直径。若桁条的直径为八寸三分，可得檐椽的直径为二寸四分。每两根椽子的空档宽度与椽子的宽度尺寸相同。每个房间使用的椽子数量都应为双数，空档宽度应均匀。

后檐椽的长度由步架的长度加出檐的长度和举的比例来确定。若步架的长度为四尺二寸五分，使用一一五举的比例，可得总长度为四尺八寸八分。再加桁条直径的一半四寸一分，可得后檐椽的总长度为五尺二寸九分。后檐椽的直径与前檐椽的直径相同。

飞檐椽的长度由出檐的长度来确定。若出檐的长度为二尺三寸四分，将此长度三等分，每小段长度为七寸八分。椽子出头部分的长度与每小段长度的尺寸相同，即七寸八分。椽子的后尾的长度为每小段长度的两倍，即一尺五寸六分。将两个长度相加，可得长度为二尺三寸四分，使用一一五举的比例，可得飞檐椽的总长度为二尺六寸九分。飞檐椽的截面正方形边长与檐椽的直径相同。

脑椽的长度由步架的长度和举的比例来确定。若步架的长度为四尺二寸五分，可得长度为四尺二寸五分。使用一二五举的比例，可得脑椽的长度为五尺三寸一分。脑椽的直径与檐椽的直径相同。上檐椽和脑椽一端外加的搭交的长度与自身的直径尺寸相同。

连檐的长度由面宽来确定。若面宽为一丈七尺，则连檐的长度为一丈七尺。梢间的连檐，应当增加墀头的长度。连檐的宽度和厚度与檐椽的直径相同。

【原文】凡瓦口长随连檐。以所用瓦料定高、厚。如头号板瓦中高二寸，三份均开，二份作底台，一份作山子，又加板瓦本身之高二寸，得头号瓦口净高四寸。如二号板瓦中高一寸七分，三份均开，二份作底台，一份作山子，又加板瓦本身之高一寸七分，得二号瓦口净高三寸四分。如三号板瓦中高一寸五分，三份均开，二份作底台，一份作山子，又加板瓦本身之高一寸五分，得三号瓦口净高三寸。其厚俱按瓦口净高尺寸四分之一。得头号瓦口厚一寸，二号瓦口厚八分，三号瓦口厚七分。如用筒瓦，即随头二三号板瓦瓦口，应除山子一份之高，厚与板瓦瓦口同。

凡里口以面阔定长。如面阔一丈七尺，即长一丈七尺。高、厚与飞檐椽同。再加望板之厚一份半，得里口之加高尺寸。

凡椽椀长短随里口。以椽径定高，如椽径二寸四分，再加椽径三分之一，共得高三寸二分。以椽径三分之一定厚，得厚八分。

凡横望板、压飞檐尾横望板以面阔、进深加举折见方丈核算。以椽径十分之二定厚。如椽径二寸四分，得厚四分。

以上俱系大木做法，其余各项工料及装修等件，逐款分别，另册开载。

【译解】瓦口的长度与连檐的长度相同。以所使用的瓦料的情况来确定瓦口的高度和厚度。若头号板瓦的高度为二寸，把这个高度三等分，将其中的三分之二作为底台，三分之一作为山子，再加板瓦自身的高度二寸，可得头号瓦口的净高度为四寸。若二号板瓦的高度为一寸七分，把这个高度三等分，将其中的三分之二作为底台，三分之一作为山子，再加板瓦的高度一寸七分，可得二号瓦口的净高度为三寸四分。若三号板瓦的高度为一寸五分，把这个高度三等分，将其中的三分之二作为底台，三分之一作为山子，再加板瓦的高度一寸五分，可得三号瓦口的净高度为三寸。上述瓦口的厚度均为其瓦口净高度的四分之一，由此可得头号瓦口的厚度为一寸，二号瓦口的厚度为八分，三号瓦口的厚度为七分。若使用筒瓦，则瓦口的高度为二号板瓦和三号板瓦瓦口的高度减去山子的高度，筒瓦瓦口的厚度与板瓦瓦口的厚度相同。

里口的长度由面宽来确定。若面宽为一丈七尺，则里口的长度为一丈七尺。里口的高度和厚度与飞檐椽的高度和厚度相同。再加望板厚度的一点五倍，可得里口加高的高度。

椽椀的长度与里口的相同，以椽子的直径来确定椽椀的高度和厚度。若椽子的直径为二寸四分，再加该直径的三分之一，可得椽椀的高度为三寸二分。以椽子直径的三分之一来确定椽椀的厚度，可得其厚度为八分。

横望板和压住飞檐尾铺设的横望板，其长度和宽度由面宽和进深加举的比例折算成矩形的边长来确定。以椽子直径的十分之二来确定横望板的厚度。若椽子的直径为二寸四分，可得横望板的厚度为四分。

上述计算方法均适用于大木建筑，其他工程所需的材料和装修配件，另行刊载。

卷十九

本卷详述建造十一檩进深的，面宽为一丈三尺，进深为四丈五尺，檐柱高为一丈二尺五寸，檐柱径为一尺的挑山顶大木式仓房的方法。

十一檩挑山仓房，面阔一丈三尺，进深四丈五尺，檐柱高一丈二尺五寸，径一尺，所有大木做法

【译解】建造十一檩进深的，面宽为一丈三尺的，进深为四丈五尺的，檐柱高为一丈二尺五寸的，檐柱径为一尺的挑山顶大木式仓房的方法。

【原文】凡里金柱以进深加举定高低。如进深四丈五尺，分为三份，每份得进深一丈五尺，内二份各得三步架，每步架深五尺。第一步架按四举加之，得高二尺。第二步架按五举加之，得高二尺五寸。第三步架按六举加之，得高三尺。共高七尺五寸，并檐柱高一丈二尺五寸，得通长二丈。以檐柱径加四寸定径寸。如柱径一尺，得径一尺四寸。以上柱子，每径一尺，外加榫长三寸。

凡三穿梁以通进深三分之一定长短。如通进深四丈五尺，一份得长一丈五尺，即长一丈五尺。一头加檩径一份得柁头分位，一头加里金柱径半份，又出榫照檐柱径半份，得通长一丈七尺二寸，径一尺五寸。瓜柱以步架加举定高低。如步架深五尺，按四举加之，得高二尺，内除三穿梁头下皮做平分位高一尺三寸五分，得净高六寸五分，径一尺。

凡双步梁以步架二份定长短。如步架二份深一丈，一头加檩径一份得柁头分位，一头加金柱径半份，又出榫照檐柱径半份，得通长一丈二尺二寸，径一尺三寸。瓜柱以步架加举定高低。如步架深五尺，按五举加之，得高二尺五寸，内除双步梁头下皮做平分位高一尺一寸五分，得净高一尺三寸五分，径一尺。

凡单步梁以步架一份定长短。如步架一份深五尺，一头加檩径一份得柁头分位，一头加金柱径半份，又出榫照檐柱径半份，得通长七尺二寸，径一尺一寸。

凡五架梁以通进深三分之一定长短。如通进深四丈五尺，一份得一丈五尺，两头各加檩径一份得柁头分位。如檩径一尺，得通长一丈七尺，径一尺五寸。瓜柱以步架加举定高低。如步架深三尺七寸五分，按七举加之，得高二尺六寸二分，内除五架梁头下皮做平分位高一尺三寸五分，得净高一尺二寸七分，径一尺。以上瓜柱，每径一尺，外加上、下榫各长三寸。

凡三架梁以步架二份定长。如步架二份深七尺五寸。两头各加檩径一份得柁头分位，如檩径一尺，得通长九尺五寸，径一尺三寸。瓜柱以步架加举定高低。如步架深三尺七寸五分，按八举加之，得高三尺，又加平水高八寸，再加檩径三分之一作桁椀，长三寸三分，得通高四尺一寸三分。内除三架梁头下皮做平分位高一尺一寸五分，得净高二尺九寸八分，径一尺。每径一尺，外加下榫长三寸。

【译解】里金柱的高度由进深和举的比例来确定。若通进深为四丈五尺，将此长度均分为三段，每段长度为一丈五尺。将其中的两段各分为三步架，每步架的长度为五尺。第一步架使用四举的比例，可得高度为二尺。第二步架使用五举的比例，可得高度为二尺五寸。第三步架使用六举的比例，可得高度为三尺。将几个高度相加，可得总高度为七尺五寸。加檐柱的高度一丈二尺五寸，可得里金柱的总长度为二丈。以檐柱径增加四寸来确定里金柱的直径。若檐柱径为一尺，可得里金柱的直径为一尺四寸。以上所提到的几种柱子，当直径为一尺时，需外加的入榫的长度为三寸。

三穿梁的长度由通进深的三分之一来确定。若通进深为四丈五尺，其中的一段为一丈五尺，则三穿梁的长度为一丈五尺。一端增加檩子的直径作为柁头的长度。一端增加里金柱直径的一半，再加出榫的长度，出榫的长度为檐柱径的一半，由此可得三穿梁的总长度为一丈七尺二寸，直径为一尺五寸。瓜柱的高度由步架的长度和举的比例来确定。若步架的长度为五尺，使用四举的比例，可得瓜柱的高度为二尺。减去三穿梁的梁头下皮找平的高度一尺三寸五分，可得瓜柱的净高度为六寸五分，直径为一尺。

双步梁的长度由步架长度的两倍来确定。若步架长度的两倍为一丈，一端增加檩子的直径，作为柁头的长度。一端增加金柱径的一半，再加出榫的长度，出榫的长度为檐柱径的一半，由此可得双步梁的总长度为一丈二尺二寸，直径为一尺三寸。瓜柱的高度由步架的长度和举的比例来确定。若步架的长度为五尺，使用五举的比例，可得瓜柱的高度为二尺五寸。减去双步梁的梁头下皮找平的高度为一尺一寸五分，可得瓜柱的净高度为一尺三寸五分，直径为一尺。

单步梁的长度由步架的长度来确定。若步架的长度为五尺，一端增加檩子的直径，作为柁头的长度。一端增加金柱径的一半，再加出榫的长度，出榫的长度为檐柱径的一半，由此可得单步梁的总长度为七尺二寸，直径为一尺一寸。

五架梁的长度由通进深的三分之一来确定。若通进深为四丈五尺，其中的三分之一为一丈五尺，两端各增加檩子的直径，作为柁头的长度。若檩子的直径为一尺，可得五架梁的总长度为一丈七尺，直径为一尺五寸。瓜柱的高度由步架的长度和举的比例来确定。若步架的长度为三尺七寸五分，使用七举的比例，可得瓜柱的高度为二尺六寸二分。减去五架梁的梁头下皮找平的高度一尺三寸五分，可得瓜柱的净高度为一尺二寸七分，直径为一尺。以上所提到的瓜柱，当直径为一尺时，外加的上下榫的长度为三寸。

三架梁的长度由步架长度的两倍来确定。若步架长度的两倍为七尺五寸，两端各增加檩子的直径作为柁头的长度。若檩子的直径为一尺，可得三架梁的总长度为九尺五寸，直径为一尺三寸。瓜柱的高

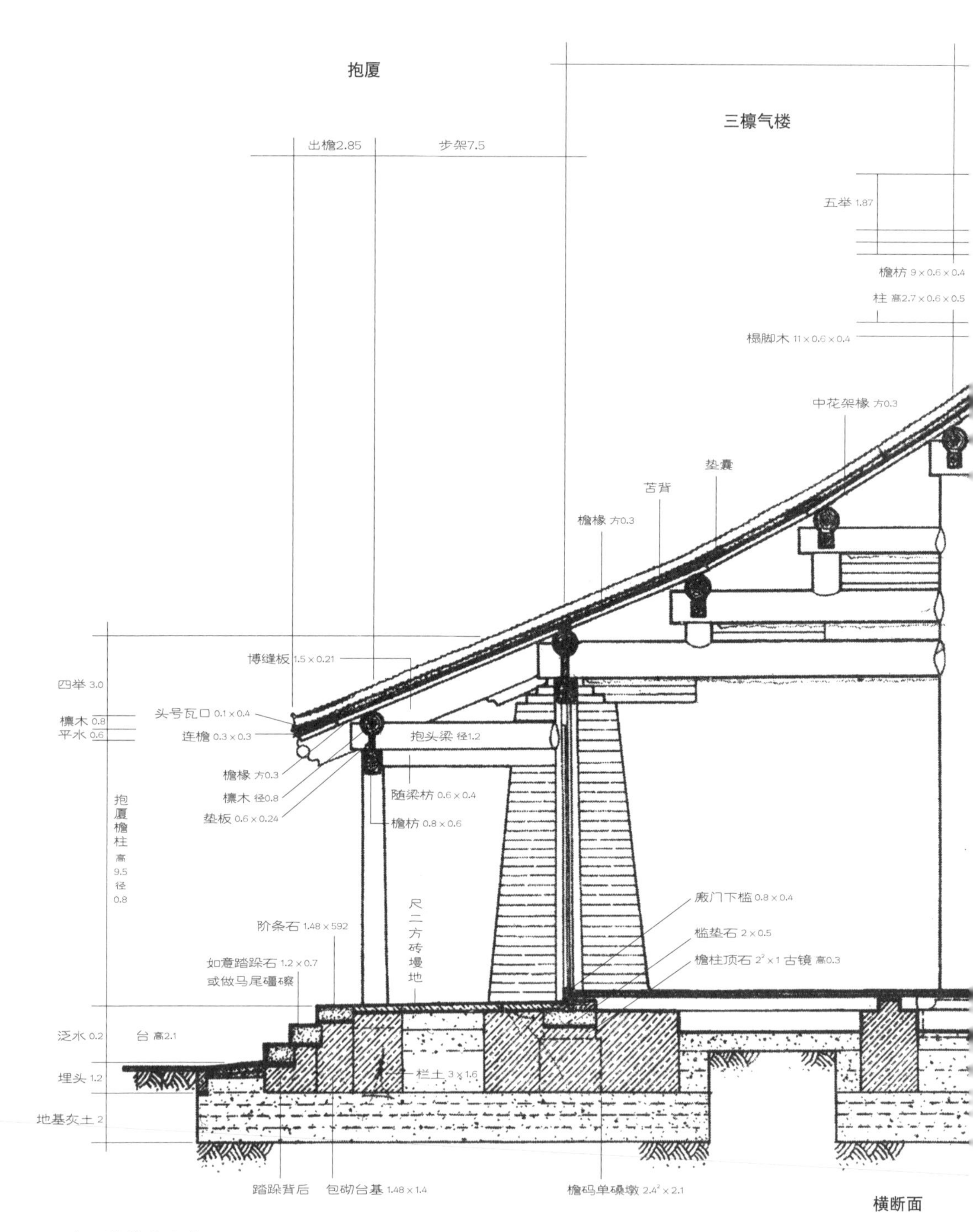

横断面

□ 十一檩挑山仓房

挑山也即悬山，其山面梁架上的各道檩子会伸出山墙或山面梁架以外，由此，挑山建筑的屋面会有一部分悬挑于山墙或山面梁架之外，故称“悬山”或“挑山”，其挑出的部分被称为“出梢”。

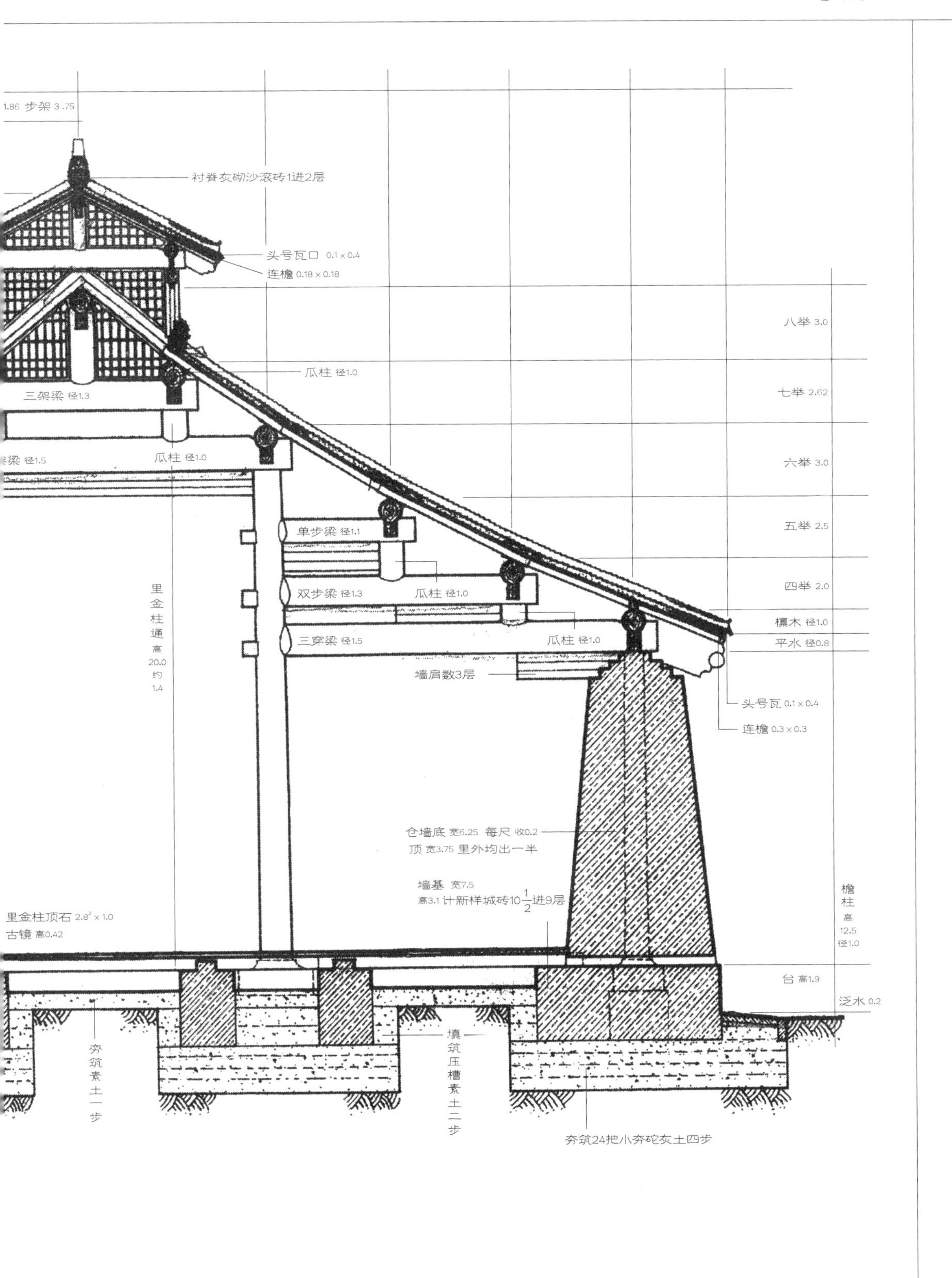
1.86 步架 3.75
衬脊灰砌沙滚砖1进2层
头号瓦口 0.1×0.4
连檐 0.18×0.18
八举 3.0
瓜柱 径1.0
三架梁 径1.3
七举 2.62
梁 径1.5
瓜柱 径1.0
六举 3.0
单步梁 径1.1
五举 2.5
里金柱通高20.0约1.4
双步梁 径1.3
瓜柱 径1.0
四举 2.0
檩木 径1.0
三穿梁 径1.5
瓜柱 径1.0
平水 径0.8
墙肩数3层
头号瓦 0.1×0.4
连檐 0.3×0.3
仓墙底 宽6.25 每尺 收0.2
顶 宽3.75 里外均出一半
墙基 宽7.5
高3.1 计新样城砖10 1/2 进9层
檐柱高12.5径1.0
里金柱顶石 2.8²×1.0
古镜 高0.42
台 高1.9
泛水 0.2
夯筑素土一步
填筑压槽素土二步
夯筑24把小夯砣灰土四步

度由步架的长度和举的比例来确定。若步架的长度为三尺七寸五分，使用八举的比例，可得高度为三尺。加平水的高度八寸，再加檩子直径的三分之一作为桁椀，桁椀的长度为三寸三分，由此可得瓜柱的总高度为四尺一寸三分。减去三架梁的梁头下皮找平的高度一尺一寸五分，可得瓜柱的净高度为二尺九寸八分，直径为一尺。当瓜柱的直径为一尺时，外加的上下榫的长度为三寸。

【原文】凡檐枋以面阔定长短。如面阔一丈三尺，内除柱径一份，外加两头入榫分位，各按柱径四分之一，得长一丈二尺五寸。以檐柱径寸定高。如柱径一尺，即高一尺。厚按本身高收三寸，得厚七寸。如金、脊枋不用垫板，照檐枋宽、厚各收二寸。

凡垫板以面阔定长短。如面阔一丈三尺，内除柁头分位一份，外加两头入榫尺寸，照柁头之厚每尺加滚楞二寸，得长一丈二尺四分。以檐枋高收二寸定宽。如檐枋高一尺，得宽八寸。以檩径十分之三定厚。如檩径一尺，得厚三寸。

凡檩木以面阔定长短。如面阔一丈三尺，即长一丈三尺。每径一尺，外加搭交榫长三寸。悬山做法，梢间应照出檐之法加长。径寸俱与檐柱同。

凡檐椽以步架并出檐加举定长短。如步架深五尺，又加出檐尺寸照檐柱高十分之三，得三尺七寸五分，共长八尺七寸五分。又按一一加举，得通长九尺六寸二分。再加搭头分位，照檩径一份。廒[1]门口一间，檐椽不加出檐尺寸。

凡下花架椽以步架加举定长短。如步架深五尺，按一 一五加举，得通长五尺七寸五分。

凡中花架椽以步架加举定长短。如步架深五尺，按一二加举，得通长六尺。

凡上花架椽以步架加举定长短。如步架深三尺七寸五分，按一二五加举，得通长四尺六寸八分。

凡脑椽以步架加举定长短。如步架深三尺七寸五分，按一三加举，得通长四尺八寸七分。以上椽子俱见方三寸。檐、脑椽一头加搭头尺寸，花架椽两头各加搭头尺寸，俱照檩径一份。

凡连檐以面阔定长短。如面阔一丈三尺，即长一丈三尺。悬山做法随挑山之长。宽、厚同檐椽。

【注释】[1] 廒：用于储存粮食的仓房。

【译解】檐枋的长度由面宽来确定。若面宽为一丈三尺，减去柱径的尺寸，外加入榫的长度，入榫的长度为柱径的四分之一，由此可得檐枋的长度为一丈二尺五寸。以檐柱径来确定枋子的高度。若檐柱径为一尺，则枋子的高度为一尺。枋子的厚度为自身的高度减少三寸，由此可得枋子的厚度为七寸。如果金枋和脊枋不使用垫板，则枋子的宽度和厚度在檐枋的基础上各减少二寸。

垫板的长度由面宽来确定。若面宽为一丈三尺，减去柁头的厚度，外加入榫的长度。当柁头的厚度为一尺时，外加的入榫的长度为一尺二寸，由此可得垫板的长度为一丈二尺四分。以檐枋的高度减少二寸来确定垫板的宽度。若檐枋的高度为一尺，可得垫板的宽度为八寸。以檩子直径的十分之三来确定垫板的厚度。若桁条的直径为一尺，可得垫板的厚度为三寸。

檩子的长度由面宽来确定。若面宽为一丈三尺，则檩子的长度为一丈三尺。当檩子的直径为一尺时，外加的搭交榫的长度为三寸。在悬山顶建筑中，梢间的檩子应当增加出檐的长度。檩子的直径与檐柱的直径相同。

檐椽的长度由步架的长度加出檐的长度和举的比例来确定。若步架的长度为五尺，则出檐的长度为檐柱高度的十分之三，即三尺七寸五分，二者相加可得总长度为八尺七寸五分。使用一一举的比例，可得檐椽的总长度为九尺六寸二分。外加的搭头的长度与檩子的直径尺寸相同。廒中使用的檐椽，不增加出檐的长度。

下花架椽的长度由步架的长度和举的比例来确定。若步架的长度为五尺，使用一一五举的比例，可得下花架椽的长度为五尺七寸五分。

中花架椽的长度由步架的长度和举的比例来确定。若步架的长度为五尺，使用一二举的比例，可得中花架椽的长度为六尺。

上花架椽的长度由步架的长度和举的比例来确定。若步架的长度为三尺七寸五分，使用一二五举的比例，可得上花架椽的长度为四尺六寸八分。

脑椽的长度由步架的长度和举的比例来确定。若步架的长度为三尺七寸五分，使用一三举的比例，可得脑椽的长度为四尺八寸七分。上述椽子的截面正方形的边长均为三寸。檐椽、脑椽一端与其他部件相交的出头部分的长度，与花架椽两端与其他部件相交的出头部分的长度，都与椽子的直径相同。

连檐的长度由面宽来确定。若面宽为一丈三尺，则连檐的长度为一丈三尺。悬山顶建筑中的连檐的长度与挑山的长度相同，其宽度和厚度与檐椽的宽度和厚度相同。

【原文】凡瓦口长短随连檐。以所用瓦料定高、厚。如头号板瓦中高二寸，三份均开，二份作底台，一份作山子，又加板瓦本身之高二寸，得头号瓦口净高四寸。如二号板瓦中高一寸七分，三份均开，二份作底台，一份作山子，又加板瓦本身之高一寸七分，得二号瓦口净高三寸四分。俱厚一寸。

凡博缝板照椽子净长尺寸，外加斜搭交之长按本身宽尺寸。以椽径七份定宽。如椽径三寸，得宽二尺一寸。以椽径十分之七定厚，得厚二寸一分。

凡山墙上象眼窗[1]以脊瓜柱定高低。如脊瓜柱除桁椀高一尺八寸五分，再加檩径、平水各一份，共得高三尺六寸五分，折半核算。以步架一份除瓜柱径定长短。如步架一份深三尺七寸五分，内除瓜柱径一份，得净长二尺七寸五分。每扇直楞厚一寸，宽一寸五分，每空二寸得八根五分，横穿五根，宽与直楞之厚同，厚以直楞厚减半，得厚五分。周围边档抹头〔2〕宽、厚俱与直楞同。

凡廒门下槛以面阔定长短。如面阔一丈三尺。内除柱径一份，外加两头榫木各二寸，得长一丈二尺四寸。以柱径十分之八定宽。如柱径一尺，得下槛宽八寸，以本身宽折半定厚，得厚四寸。

凡间抱柱〔3〕以檐柱定长短。如檐柱高一丈二尺五寸，内除檐枋高一尺，下槛宽八寸，得间抱柱净长一丈七寸，外加两头榫木各二寸。宽、厚与下槛同。

凡闸板〔4〕之高同抱柱净长尺寸。长按净面阔，内除间抱柱分位，两头各加入槽尺寸照本身厚各一份，以抱柱四分之一定厚。如抱柱厚四寸，得厚一寸。

【注释】〔1〕象眼窗：位于建筑的山墙上，是瓜柱、梁头上皮和椽子三者围成的三角形部分。

〔2〕抹头：位于槅扇和槛窗扇上的横向构件，起加固作用，同时还有一定的装饰作用。

〔3〕抱柱：位于框架的左右两侧，是紧贴柱子的竖木。

〔4〕闸板：即闸档板。

【详解】瓦口的长度与连檐的长度相同。以所使用的瓦料的情况来确定瓦口的高度和厚度。若头号板瓦的高度为二寸，把这个高度三等分，将其中的三分之二作为底台，三分之一作为山子，再加板瓦的高度二寸，可得头号瓦口的净高度为四寸。若二号板瓦的高度为一寸七分，把这个高度三等分，将其中的三分之二作为底台，三分之一作为山子，再加板瓦的高度一寸七分，可得二号瓦口的净高度为三寸四分。上述瓦口的厚度均为一寸。

博缝板的长度与其所在椽子的长度相同。外加的斜搭交的长度与自身的宽度尺寸相同。以椽子直径的七倍来确定博缝板的宽度。若椽子的直径为三寸，可得博缝板的宽度为二尺一寸。以椽子直径的十分之七来确定博缝板的厚度，可得博缝板的厚度为二寸一分。

山墙上的象眼窗的高度由脊瓜柱的高度来确定。若脊瓜柱减去桁椀之后的净高度为一尺八寸五分，再加檩子的直径和平水的高度，可得象眼窗最高处的高度为三尺六寸五分，其余两个尖的高度需进行折半计算。以步架的长度减去瓜柱径来确定象眼窗的长度。若步架的长度为三尺七寸五分，减去瓜柱径的尺寸，可得象眼窗的净长度为二尺七寸五分。每扇象眼窗的直楞的厚度为一寸，宽度为一寸五分，每两根直楞之间的空档距离为二寸，需使用八根直楞。象眼窗的横穿共有五根，横穿的宽度与直楞的厚度相同，穿的厚度为直楞的厚度的一半，即五分。象眼窗边的抹头的宽度和厚度与直楞的宽度和厚度相同。

廒门的下槛的长度由面宽来确定。若面宽为一丈三尺，减去柱径的尺寸一尺，两端外加入榫的长度，入榫的长度为二寸，可得下槛的总长度为一丈二尺四寸。以柱径的十分之八来确定下槛的宽度，可得下槛的宽度为八寸。以自身的宽度折半来确定下槛的厚度，可得下槛的厚度为四寸。

间抱柱的长度由檐柱来确定。若檐柱的高度为一丈二尺五寸，减去檐枋的高度一尺，再减去下槛的宽度八寸，可得间抱柱的净长度为一丈七寸。两端外加入榫的长度，入榫的长度均为二寸。间抱柱的宽度和厚度与下槛的宽度和厚度相同。

闸板的高度与间抱柱的净长度相同。闸板的长度在净面宽的基础上，减去间抱柱的宽度，在两端开槽，开槽的深度与自身的厚度尺寸相同。以抱柱厚度的四分之一来确定闸板的厚度。若抱柱的厚度为四寸，可得闸板的厚度为一寸。

三檩气楼〔1〕面阔九尺，进深七尺五寸，柱高二尺七寸，宽六寸，厚五寸，所有大木做法

【注释】〔1〕气楼：位于仓房上方的小楼，起着通风和采光的作用。

【译解】建造三檩进深的，面宽为九尺的，进深为七尺五寸的，柱高为二尺七寸的，宽度为六寸的，厚度为五寸的大木式气楼的方法。

【原文】凡榻脚木以面阔定长短。如面阔九尺，两头各加一尺，得通长一丈一尺。宽、厚同檐枋。

凡三架梁以进深定长短。如进深七尺五寸，两头各加檩径一份得柁头分位。如檩径六寸，得通长八尺七寸。以檐柱径加一寸定厚。如柱宽六寸，得厚七寸。高按本身厚每尺加二寸，得高八寸四分。

凡檐枋以面阔定长短。如面阔九尺，即长九尺。两头应照柱径尺寸加一份得箍头分位。以檐柱径寸定高。如柱宽六寸，即高六寸。厚按本身高收二寸，得厚四寸。

凡脊枋以面阔定长短。如面阔九尺，内除柱径一份，外加两头入榫分位各按柱径四分之一，得长八尺五寸二分。宽、厚照檐枋各收二寸。

凡垫板以面阔定长短。如面阔九尺，内除柁头分位一份，外加两头入榫尺寸照柁头之厚每尺加滚楞二寸，得长八尺四寸四分。以檐枋之高收一寸定宽。如檐枋高六寸，得宽五寸。以檩径十分之三定厚。如檩径六寸，得厚一寸八分。

凡脊瓜柱以步架加举定高低。如步架深三尺七寸五分，按五举加之，得高一尺八寸七分。再加檩径三分之一作桁椀，得长二寸，内除三架梁之高八寸四分，得净高一尺二寸三分。以三架梁之厚收一寸定径寸。如三架梁厚七寸，得径六寸。每径一尺，外加下榫长三寸。

凡檩木以面阔定长短。如面阔九

尺，两头各加挑山一尺，共得长一丈一尺。径寸同檐柱之宽。如檐柱宽六寸，即径六寸。

凡檐椽以步架并出檐加举定长短。如步架深三尺七寸五分，又加出檐尺寸，以柱高并塌脚木十分之六得一尺八寸六分，共长五尺六寸一分。又按一一五加举，得通长六尺四寸五分。以檩径十分之三定径寸，如檩径六寸，得见方一寸八分。

凡连檐、瓦口做法同前。

凡博缝板照椽子净长尺寸，外加斜搭交之长按本身宽尺寸。以椽径五份定宽。如椽径一寸八分，得宽九寸。以椽径十分之七定厚，得厚一寸二分。

凡前、后风窗[1]以面阔定长短。如面阔九尺，内除柱宽一份，得净长八尺四寸。高按檐柱高尺寸，除檐枋分位，得净高二尺一寸。做法与山墙象眼窗同。

凡两山上、下象眼窗以进深定长短。如进深七尺五寸，内除柱厚一份，得净长七尺。以脊瓜柱之高定高。如脊瓜柱高一尺八寸七分，内除三架梁高八寸四分，再加檩径一份得高，折半核算。其做法与廒房山墙象眼窗同。

【注释】〔1〕风窗：常见于仓房和库房上的窗，起着通风和透气的作用。

【译解】周围榻脚木的长度由面宽来确定。若面宽为九尺，两端都加一尺，可得榻脚木的总长度为一丈一尺。榻脚木的宽度和厚度与檐枋的宽度和厚度相同。

三架梁的长度由进深来确定。若进深为七尺五寸，两端均增加檩子的直径作为柁头的长度。若檩子的直径为六寸，可得三架梁的总长度为八尺七寸。三架梁的厚度由檐柱径加一寸来确定，若柱径为六寸，则三架梁的厚度为七寸。三架梁的高度以自身的厚度来确定。当厚度为一尺时，高度为一尺二寸。由此可得三架梁的高度为八寸四分。

檐枋的长度由面宽来确定。若面宽为九尺，则檐枋的长度为九尺。两端增加柱径的尺寸作为箍头的位置。以檐柱径来确定檐枋的高度。若檐柱径为六寸，则檐枋的高度为六寸。檐枋的厚度为自身的高度减少二寸，由此可得檐枋的厚度为四寸。

脊枋的长度由面宽来确定。若面宽为九尺，减去柱径的尺寸六寸，两端外加入榫，入榫的长度为柱径的四分之一，由此可得脊枋的长度为八尺五寸二分（实为八尺七寸）。脊枋的宽度和厚度在檐枋的基础上各减少二寸。

垫板的长度由面宽来确定。若面宽为九尺，减去柁头的厚度，两端外加入榫。当柁头的厚度为一尺时，外加的入榫的长度为一尺二寸。由此可得垫板的长度为八尺四寸四分。以檐枋的高度减少一寸来确定垫板的宽度。若檐枋的高度为六寸，可得垫板的宽度为五寸。以檩子直径的十分之三来确定垫板的厚度。若檩子的直径为六寸，可得垫板的厚度为一寸八分。

脊瓜柱的高度由步架的长度和举的比例来确定。若步架的长度为三尺七寸五分，使用五举的比例，可得高度为一尺八寸七分。外加檩子直径的三分之一作为桁椀，可得桁椀的高度为二寸。减去三架梁的高度八寸四分，可得脊瓜柱的净高度为一尺二寸三分。以三架梁的厚度减少一寸来确定脊瓜柱的直径。若三架梁的厚度为七寸，可得脊瓜柱的直径为六寸。当脊瓜柱的直径为一尺时，下方的入榫的长度为三寸。

檩子的长度由面宽来确定。若面宽为九尺，两端均加挑山的长度一尺，可得檩子的总长度为一丈一尺。檩子的直径与檐柱的宽度相同。若檐柱的宽度为六寸，则檩子的直径为六寸。

檐椽的长度由步架的长度加出檐的长度和举的比例来确定。若步架的长度为三尺七寸五分，则出檐的长度为檐柱的高度加榻脚木高度的十分之六，即一尺八寸六分，将二者相加可得总长度为五尺六寸一分。使用一一五举的比例，可得檐椽的总长度为六尺四寸五分。以檩子直径的十分之三来确定檐椽的直径。若檩子的直径为六寸，可得檐椽的直径为一寸八分。

连檐和瓦口的计算方法与前述方法相同。

博缝板的长度与其所在椽子的长度相同。外加的斜搭交的长度与自身的宽度尺寸相同。以椽子直径的五倍来确定博缝板的宽度。若椽子的直径为一寸八分，可得博缝板的宽度为九寸。以椽子直径的十分之七来确定博缝板的厚度，可得博缝板的厚度为一寸二分。

前后风窗的长度由面宽来确定。若面宽为九尺，减去檐柱的宽度，可得风窗的净长度为八尺四寸。风窗的高度在檐柱高度的基础上减去檐枋的高度，可得其净高度为二尺一寸。风窗的制作方法与山墙上的象眼窗的制作方法相同。

两山的上、下象眼窗的长度由进深来确定。若进深为七尺五寸，减去檐柱的厚度，可得象眼窗的净长度为七尺。以脊瓜柱的高度来确定象眼窗的高度。若脊瓜柱的高度为一尺八寸七分，减去三架梁的高度八寸四分，再加檩子的直径，可得象眼窗最高处的高度，其余两个尖的高度需进行折半计算。两山的象眼窗的制作方法与廒房山墙上的象眼窗的制作方法相同。

抱厦[1]面阔一丈三尺，进深七尺五寸，柱高九尺五寸，径八寸，所有大木做法

【注释】〔1〕抱厦：位于建筑物的前后左右，是接建而出的小房子。

【译解】面宽为一丈三尺，进深为七尺五寸，檐柱高为九尺五寸，直径为八寸的大木式抱厦的建造方法。

【原文】凡抱头梁以进深定长短。如进深七尺五寸，一头加檩径一份得柁头分位，一头加檐柱径半份，又出榫照抱厦檐柱径半份，得通长九尺二寸。径一尺

二寸。

凡随梁枋以进深定长短。如进深七尺五寸，内除柱径各半份。外加两头入榫分位，各按柱径四分之一，得长七尺五分。其高、厚比檐枋各收二寸。

凡檐枋以面阔定长短。如面阔一丈三尺，两头应照柱径各加一份得箍头分位，得通长一丈四尺六寸。以檐柱径寸定高。如柱径八寸，即高八寸。厚按本身高收二寸，得厚六寸。

凡垫板以面阔定长短。如面阔一丈三尺，即长一丈三尺，内除柁头分位一份，外加两头入榫尺寸，照柁头之厚每尺加滚楞二寸。以檐枋之高收二寸定宽。如檐枋高八寸，得宽六寸。以檩径十分之三定厚。如檩径八寸，得厚二寸四分。

凡檩木以面阔定长短。如面阔一丈三尺，两头各加挑山一尺，共得长一丈五尺。径寸与檐柱同。

凡檐椽以步架定长短。如步架长七尺五寸，又加出檐尺寸照檐柱高十分之三，得二尺八寸五分，共长一丈三寸五分。又按一一加举，得通长一丈一尺三寸八分。见方三寸。

凡连檐、瓦口做法同前。

凡博缝板照椽子净长尺寸。如椽子通长一丈一尺三寸八分，即长一丈一尺三寸八分。以椽径五份定宽。如椽径三寸，得宽一尺五寸。以椽径十分之七定厚，如椽径三寸，得厚二寸一分。

【译解】抱头梁的长度由进深来确定。若进深为七尺五寸，一端增加檩子的直径，即为柁头的长度；一端增加檐柱径的一半，再加出榫的长度，出榫的长度为檐柱径的一半，由此可得抱头梁的长度为九尺二寸，直径为一尺二寸。

随梁枋的长度由进深来确定。若进深为七尺五寸，减去柱径的尺寸，两端外加入榫的长度，入榫的长度均为柱径的四分之一，可得随梁枋的长度为七尺五分。随梁枋的高度和厚度在檐枋的高度和厚度的基础上各减少二寸。

檐枋的长度由面宽来确定。若面宽为一丈三尺，两端均增加柱径的尺寸，作为箍头的位置，由此可得檐枋的总长度为一丈四尺六寸。以檐柱径来确定檐枋的高度。若檐柱径为八寸，则檐枋的高度为八寸。檐枋的厚度为自身的高度减少二寸，由此可得檐枋的厚度为六寸。

垫板的长度由面宽来确定。若面宽为一丈三尺，则垫板的长度为一丈三尺，减去柁头的厚度，外加入榫的长度。当柁头的厚度为一尺时，外加的入榫的长度为一尺二寸。以檐枋的高度减少二寸来确定垫板的宽度。若檐枋的高度为八寸，可得垫板的宽度为六寸。以檩子直径的十分之三来确定垫板的厚度。若檩子的直径为八寸，可得垫板的厚度为二寸四分。

檩子的长度由面宽来确定。若面宽为一丈三尺，两端均加挑山的长度一尺，可得檩子的总长度为一丈五尺。檩子的直径与檐柱的直径相同。

檐椽的长度由步架的长度来确定。若步架的长度为七尺五寸，则出檐的长度为檐柱高度的十分之三，即二尺八寸五分，将二者相加可得总长度为一丈三寸五分。使用一一举的比例，可得檐椽的总长度为一丈一尺三寸八分。檐椽的截面边长为三寸。

连檐和瓦口的计算方法与前述方法相同。

博缝板的长度与其所在的椽子的长度相同。若椽子的长度为一丈一尺三寸八分，则博缝板的长度为一丈一尺三寸八分。以椽子直径的五倍来确定博缝板的宽度。若椽子的直径为三寸，可得博缝板的宽度为一尺五寸。以椽子直径的十分之七来确定博缝板的厚度，若椽子的直径为三寸，可得博缝板的厚度为二寸一分。

卷二十

本卷详述建造七檩进深的，后檐为封护檐的硬山大木式库房的方法。

七檩硬山封护檐库房大木做法

【译解】建造七檩进深的，后檐为封护檐的硬山大木式库房的方法。

【原文】凡檐柱以面阔十分之八定高低、径寸。如面阔一丈四尺，得柱高一丈一尺二寸，径一尺一寸二分。如次间、梢间面阔比明间窄小者，其柱、檩、柁、枋等木径寸，仍照明间。其面阔临期酌夺地势定尺寸。

凡金柱以出廊加举定高低。如出廊深七尺，按五举加之，得高三尺五寸，并檐柱高一丈一尺二寸，得通长一丈四尺七寸。以檐柱之径加二寸定径寸。如檐柱径一尺一寸二分，得金柱径一尺三寸二分。以上柱子每径一尺，外加榫长三寸。

凡抱头梁以出廊定长短。如出廊深七尺，一头加檩径一份得柁头分位，一头加金柱径半分。又出榫照檐柱径半份，得通长九尺三寸四分。以檐柱径加二寸定厚。如柱径一尺一寸二分，得厚一尺三寸二分。高按本身之厚每尺加三寸，得高一尺七寸一分。

凡穿插枋以出廊定长短。如出廊深七尺，一头加檐柱径半份，一头加金柱径半份，又两头出榫照檐柱径一份。得通长九尺三寸四分。高、厚与檐枋同。

凡五架梁以进深定长短。如通进深三丈四尺，内除前后廊一丈四尺，进深得二丈。两头各加檩径一份得柁头分位。如檩径一尺一寸二分，得通长二丈二尺二寸四分。以金柱径加二寸定厚。如柱径一尺三寸二分，得厚一尺五寸二分。高按本身之厚每尺加三寸，得高一尺九寸七分。

凡随梁枋以进深定长短。如进深二丈，内除柱径一份。外加两头入榫分位，各按柱径四分之一，得长一丈九尺三寸四分。其高、厚比檐枋各加二寸。

凡金瓜柱以步架加举定高低。如步架深五尺，按七举加之。得高三尺五寸，内除五架梁高一尺九寸七分，得净高一尺五寸三分。以三架梁之厚收二寸定径寸。如三架梁厚一尺三寸二分，得金瓜柱径一尺一寸二分。每径一尺，外加上、下榫各长三寸。

【译解】檐柱的高度和直径由面宽的十分之八来确定。若面宽为一丈四尺，可得檐柱的高度为一丈一尺二寸，直径为一尺一寸二分。次间和梢间的面宽比明间的小，但是其所使用的柱子、檩子、柁和枋子等木制构件的尺寸与明间的相同。具体的面宽尺寸需要在实际建造过程中由地势来确定。

金柱的高度由出廊的进深和举的比例来确定。若出廊的进深为七尺，使用五举的比例，可得高度为三尺五寸，再加檐柱的高度一丈一尺二寸，可得金柱的总高度为一丈四尺七寸。以檐柱径增加二寸来确定金柱径。若檐柱径为一尺一寸二分，可得金柱径为一尺三寸二分。以上所提到的柱子，当直径为一尺时，外加的入榫的长度为三寸。

抱头梁的长度由出廊的进深来确定。若出廊的进深为七尺，一端增加檩子的直径，即为柁头的长度；一端增加金柱径的一半，再加出榫的长度，出榫的长度为檐柱径的一半，可得抱头梁的总长度为九尺三寸四分。以檐柱径的尺寸增加二寸来确定抱头梁的厚度。若檐柱径为一尺一寸二分，可得抱头梁的厚度为一尺三寸二分。抱头梁的高度由自身的厚度来确定，当自身的厚度为一尺时，高度为一尺三寸，由此可得抱头梁的高度为一尺七寸一分。

穿插枋的长度由出廊的进深来确定。若出廊的进深为七尺，一端增加檐柱径的一半，一端增加金柱径的一半，两端有出榫，出榫的长度为檐柱径的一半。由此可得穿插枋的总长度为九尺三寸四分。穿插枋的高度和厚度与檐枋的高度和厚度相同。

五架梁的长度由进深来确定。若通进深为三丈四尺，减去前后廊的进深一丈四尺，可得净进深为二丈。两端均增加檩子的直径作为柁头的长度。若檩子的直径为一尺一寸二分，可得五架梁的总长度为二丈二尺二寸四分。以金柱径增加二寸来确定五架梁的厚度。若金柱径为一尺三寸二分，可得五架梁的厚度为一尺五寸二分。五架梁的高度由自身的厚度来确定。当厚度为一尺时，高度为一尺三寸。由此可得五架梁的高度为一尺九寸七分。

随梁枋的长度由进深来确定。若进深为二丈，减去柱径的尺寸，两端外加入榫的长度，入榫的长度均为柱径的四分之一，由此可得随梁枋的长度为一丈九尺三寸四分。随梁枋的高度和厚度在檐枋的基础上各增加二寸。

金瓜柱的高度由步架的长度和举的比例来确定。若步架的长度为五尺，使用七举的比例，可得高度为三尺五寸。减去五架梁的高度一尺九寸七分，可得金瓜柱的净高度为一尺五寸三分。以三架梁的厚度减少二寸来确定金瓜柱的直径。若三架梁的厚度为一尺三寸二分，可得金瓜柱的直径为一尺一寸二分。当金瓜柱的宽度为一尺时，上、下入榫的长度均为三寸。

【原文】凡三架梁以步架二份定长短。如步架二份深一丈，两头各加檩径一份得柁头分位。如檩径一尺一寸二分，得通长一丈二尺二寸四分。以五架梁高、厚各收二寸定高、厚。如五架梁高一尺九寸七分，厚一尺五寸二分，得高一尺七寸七分，厚一尺三寸二分。

凡脊瓜柱以步架加举定高低。如步架深五尺，按九举加之，得高四尺五寸，又加平水高一尺二分，再加檩径三分之一作桁椀，得长三寸七分。共高五尺八寸九分。内除三架梁高一尺七寸七分，净高四尺一寸二分。径寸同金瓜柱。每径一尺，外加下榫长三寸。

凡檐、金、脊枋以面阔定长短。如面

□ 七檩硬山封护檐库房

硬山式建筑的屋面仅有前后两坡，其左右两侧的山墙与屋面边缘相交，山面梁架上的各道檩子则止于山面梁架并被封于山墙之内。硬山与悬山形制建筑的屋顶皆为两坡形。

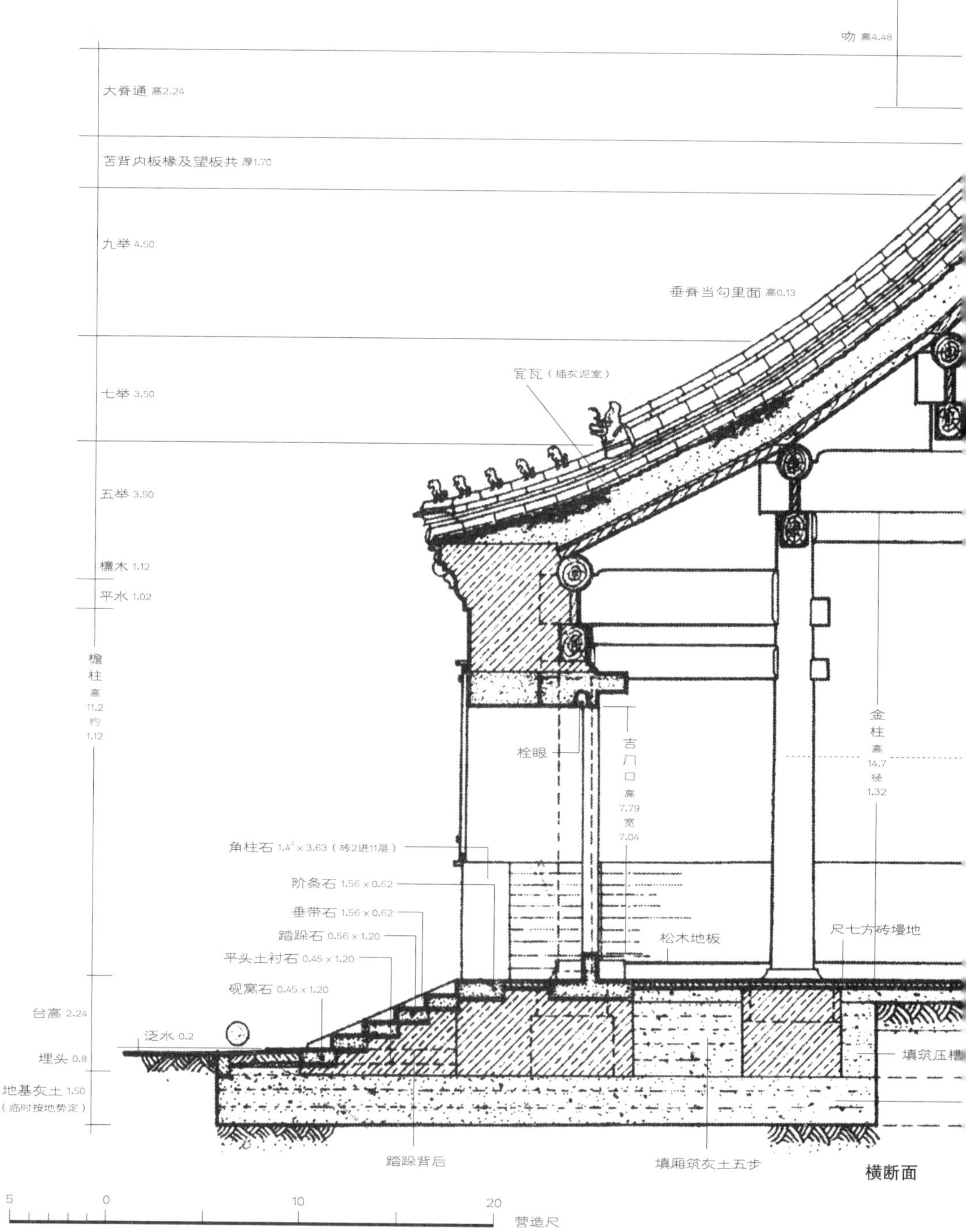

吻 高4.48
大脊通 高2.24
苫背内板椽及望板共 厚1.70
九举 4.50
垂脊当勾里面 高0.13
宽瓦（插灰泥室）
七举 3.50
五举 3.50
檩木 1.12
平水 1.02
檐柱 高 11.2 约 1.12
栓眼
吉门口 高 7.79 宽 7.04
金柱 高 14.7 径 1.32
角柱石 1.4² x 3.63（砖2进11层）
阶条石 1.56 x 0.62
垂带石 1.56 x 0.62
踏跺石 0.56 x 1.20
平头土衬石 0.45 x 1.20
砚窝石 0.45 x 1.20
松木地板
尺七方砖墁地
台高 2.24
泛水 0.2
埋头 0.8
地基灰土 1.50
（临时按地势定）
填筑压槽
踏跺背后
填厢筑灰土五步
5 0 10 20 营造尺

横断面

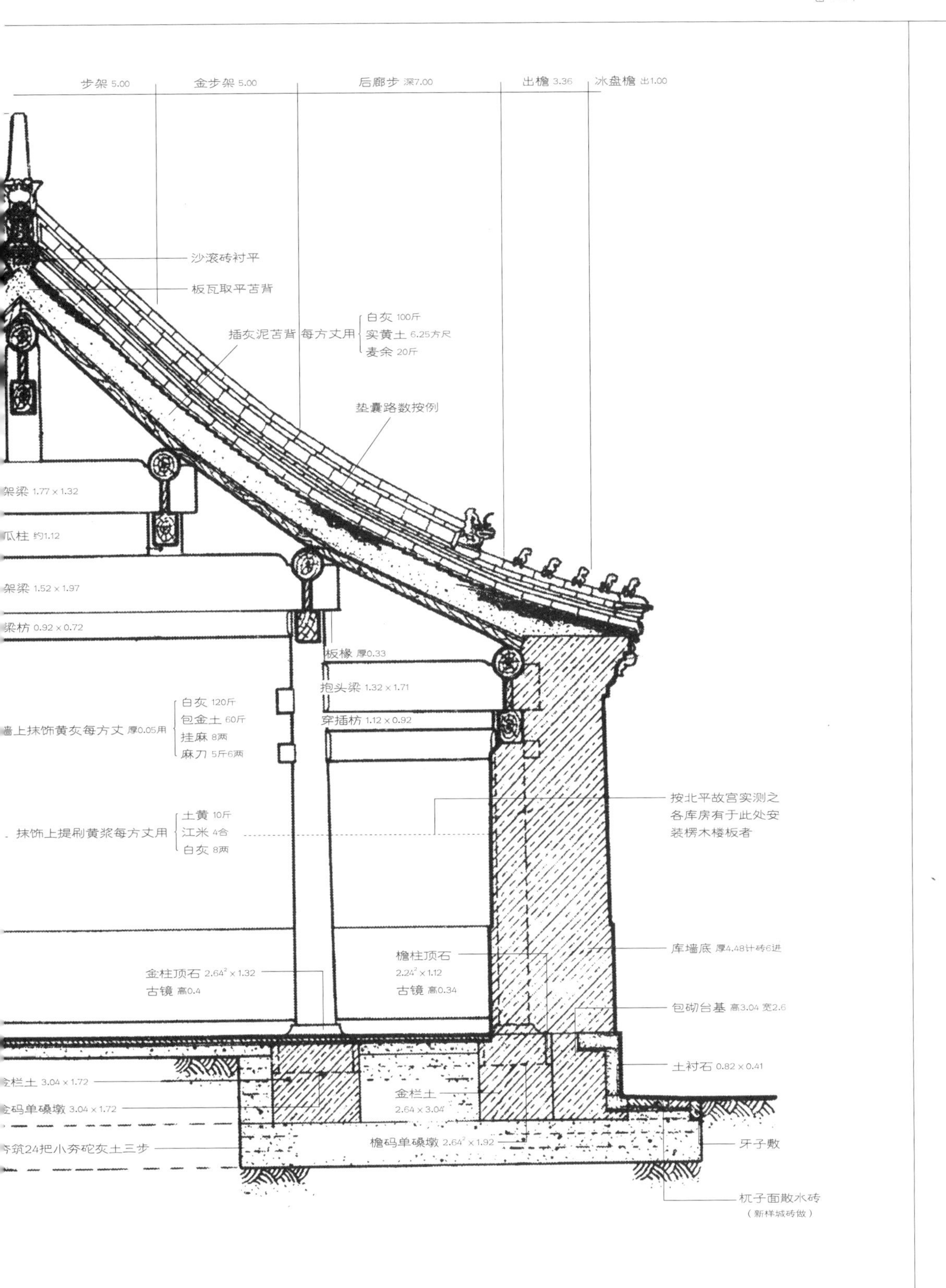
步架 5.00
金步架 5.00
后廊步 深7.00
出檐 3.36
冰盘檐 出1.00
沙滚砖衬平
板瓦取平苫背
插灰泥苫背 每方丈用
白灰 100斤
实黄土 6.25方尺
麦余 20斤
垫囊路数按例
架梁 1.77 × 1.32
瓜柱 约1.12
架梁 1.52 × 1.97
梁枋 0.92 × 0.72
板椽 厚0.33
抱头梁 1.32 × 1.71
穿插枋 1.12 × 0.92
墙上抹饰黄灰每方丈 厚0.05用
白灰 120斤
包金土 60斤
挂麻 8两
麻刀 5斤6两
抹饰上提刷黄浆每方丈用
土黄 10斤
江米 4合
白灰 8两
按北平故宫实测之
各库房有于此处安
装楞木楼板者
檐柱顶石
2.24² × 1.12
古镜 高0.34
库墙底 厚4.48计砖6进
金柱顶石 2.64² × 1.32
古镜 高0.4
包砌台基 高3.04 宽2.6
土衬石 0.82 × 0.41
栏土 3.04 × 1.72
码单磉墩 3.04 × 1.72
金栏土
2.64 × 3.04
筑24把小夯硪灰土三步
檐码单磉墩 2.64² × 1.92
牙子敷
杌子面敢水砖
（新样城砖做）

阔一丈四尺，内除柱径一份，外加两头入榫分位，各按柱径四分之一，得长一丈三尺四寸四分。以檐柱径寸定高。如柱径一尺一寸二分，即高一尺一寸二分。厚按本身之高收二寸，得厚九寸二分。

凡金、脊、檐垫板以面阔定长短。如面阔一丈四尺，内除柁头分位一份，外加两头入榫尺寸，照柁头之厚每尺加滚楞二寸，得长一丈二尺九寸四分。以檐枋之高收一寸定高，如檐枋高一尺一寸二分，得高一尺二分。以檩径十分之三定厚。如檩径一尺一寸二分，得厚三寸三分。高六寸以上者，照椽枋之高收分一寸，六寸以下者不收分。其脊垫板，照面阔除脊瓜柱径一份，外加两头入榫尺寸，各按瓜柱径四分之一。

凡檩木以面阔定长短。如面阔一丈四尺，即长一丈四尺。每径一尺，外加搭交榫长三寸。梢间应一头照柱径加半份。径寸俱与檐柱同。

凡板椽[1]以面阔、进深加举，前、后檐各加檩径半份，折见方丈定长、宽。以檩径十分之三定厚。如檩径一尺一寸二分，得厚三寸三分。

凡横望板亦以面阔、进深加举，前、后檐各加檩径半份，折见方丈定长、宽。以檩径十分之一定厚。如檩径一尺一寸二分，得厚一寸一分。

以上俱系大木做法，其余各项工料及装修等件，逐款分别，另册开载。

【注释】〔1〕板椽：位于挑檐桁上方的琉璃构件，起着承托屋顶出檐的作用。由于将椽子和望板烧制在一起，因此被称为“板椽”。

【译解】三架梁的长度由步架长度的两倍来确定。若步架长度的两倍为一丈，两端均增加檩子的直径作为柁头的长度。若檩子的直径为一尺一寸二分，可得三架梁的总长度为一丈二尺二寸四分。以五架梁的高度和厚度各减少二寸来确定三架梁的高度和厚度。若五架梁的高度为一尺九寸七分，厚度为一尺五寸二分，可得三架梁的高度为一尺七寸七分，厚度为一尺三寸二分。

脊瓜柱的高度由步架的长度和举的比例来确定。若步架的长度为五尺，使用九举的比例，可得高度为四尺五寸；外加平水的高度一尺二分，再加檩子直径的三分之一作为桁椀，桁椀的高度为三寸七分，由此可得总高度为五尺八寸九分，减去三架梁的高度一尺七寸七分，可得脊瓜柱的净高度为四尺一寸二分。脊瓜柱的直径与金瓜柱的直径相同。当脊瓜柱的直径为一尺时，下方入榫的长度为三寸。

檐枋、金枋和脊枋的长度由面宽来确定。若面宽为一丈四尺，减去柱径的尺寸，两端外加入榫的长度，入榫的长度均为柱径的四分之一，可得长度为一丈三尺四寸四分。以檐柱径来确定枋子的高度。若檐柱径为一尺一寸二分，则枋子的高度为一尺一寸二分。枋子的厚度为自身的高度减少二寸，可得枋子的厚度为九寸二分。

金垫板、脊垫板和檐垫板的长度由面宽来确定。若面宽为一丈四尺，减去柁头占位的长度，两端外加入榫的长度。当柁头的厚度为一尺时，入榫的长度为一尺二寸，由此可得垫板的长度为一丈二尺九寸四分。以檐枋的高度减少一寸来确定垫板的高度。若檐枋的高度为一尺一寸二分，可得垫板的高度为一尺二分。以檩子直径的十分之三来确定垫板的厚度。若檩子的直径为一尺一寸二分，可得垫板的厚度为三寸三分。当垫板的高度超过六寸时，较檐枋的高度减少一分。当垫板的高度不足六寸时，则按实际数值进行计算。脊垫板的长度为面宽减去脊瓜柱的直径，两端外加入榫的长度，入榫的长度为柱径的四分之一。

檩子的长度由面宽来确定。若面宽为一丈四尺，则檩子的长度为一丈四尺。当檩子的直径为一尺时，外加的搭交榫的长度为三寸。梢间的檩子，只一端增加柱径的一半。檩子的直径与檐柱的直径相同。

板椽的长度和宽度由面宽、进深加举的比例和前后檐各增加檩子直径的一半长度，折算成矩形的边长来确定。以椽子直径的十分之三来确定板椽的厚度。若椽子的直径为一尺一寸二分，可得板椽的厚度为三寸三分。

横望板的长度和宽度由面宽、进深和前后檐各增加檩子的直径的一半长度，加举的比例折算成矩形的边长来确定。以椽子直径的十分之一来确定横望板的厚度。若椽子的直径为一尺一寸二分，可得横望板的厚度为一寸一分。

上述计算方法均适用于大木建筑，其他工程所需的材料和装修配件，另行刊载。

卷二十一

本卷详述建造三檩进深带垂花门的大木式建筑的方法。

三檩垂花门[1]大木做法

【注释】〔1〕垂花门：位于建筑物院落内部的门，起着分隔前院和内宅的作用。其檐柱垂在屋檐下，不与地面接触，因下方的柱头上有花瓣状的装饰，故称为“垂花门”。

【译解】建造三檩进深带垂花门的大木式建筑的方法。

【原文】凡中柱[1]以面阔之外每丈加四尺定长短。如面阔一丈，得高一丈四尺，以面阔十分之一定见方，如面阔一丈，得见方一尺。如梢间面阔比明间窄小者，其柱、檩、柁、枋等木径寸，仍照明间。梢间面阔，临期酌夺地势定尺寸。

凡边柱[2]以中柱定长短。如中柱高一丈四尺，内除脊檩一份，计六寸，正心枋一份，计三寸，斗科四寸八分，坐斗枋一份，计八寸，共二尺一寸八分，得净长一丈一尺八寸二分。径寸与中柱同。以上柱子，每见方一尺，加榫长三寸。

凡垂莲柱[3]以中柱高三分之一定长短。如中柱一丈四尺，得长四尺六寸六分，边间[4]以中间垂莲柱高尺寸内除檩枋、斗科、坐斗枋分位，得高二尺四寸八分。以中柱见方尺寸十分之六定径寸。如中柱见方一尺，得径

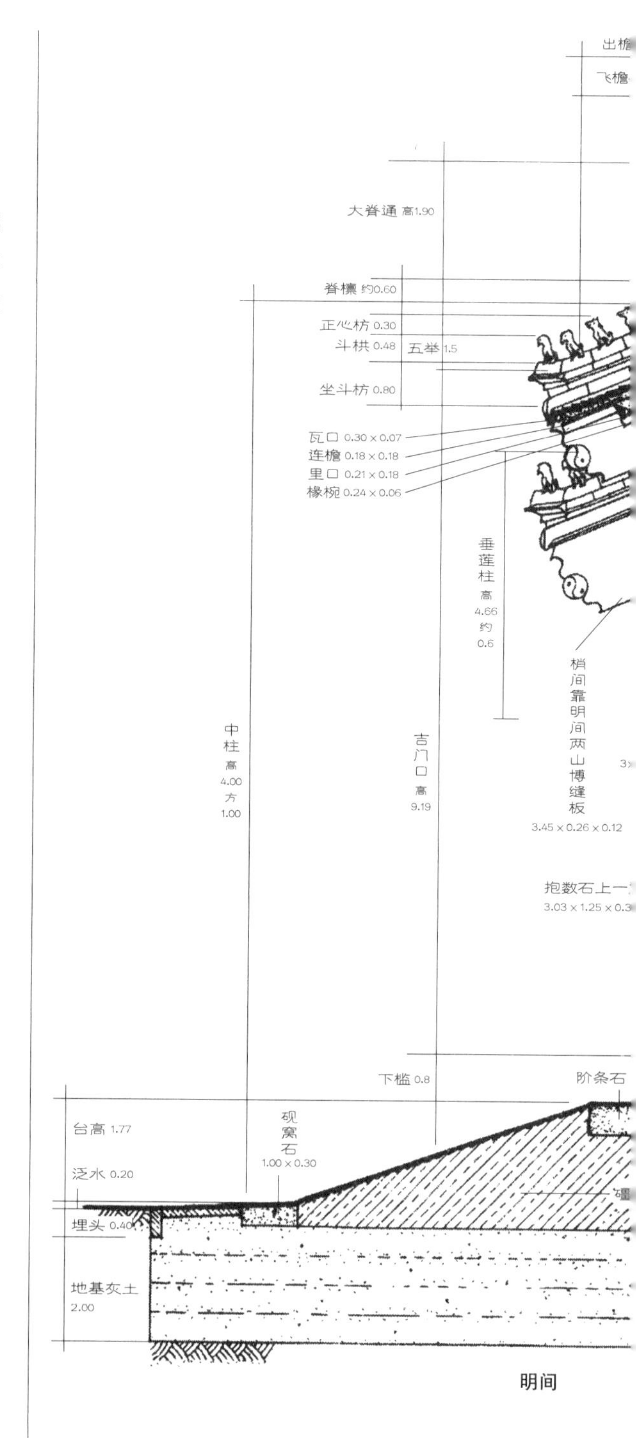

□ 垂花门

垂花门是内宅与外宅（前院）的分界线和唯一通道。旧时人们常说“大门不出，二门不迈”，“二门”即指此垂花门。垂花门内有一很大的空间，里面可摆设桌凳，闲时便可在此品茗。它主要有两个作用：一是护卫作用，二是屏障作用。垂花门的装饰相当华丽，往往它的装饰手法也被用到园林的大门装饰上。

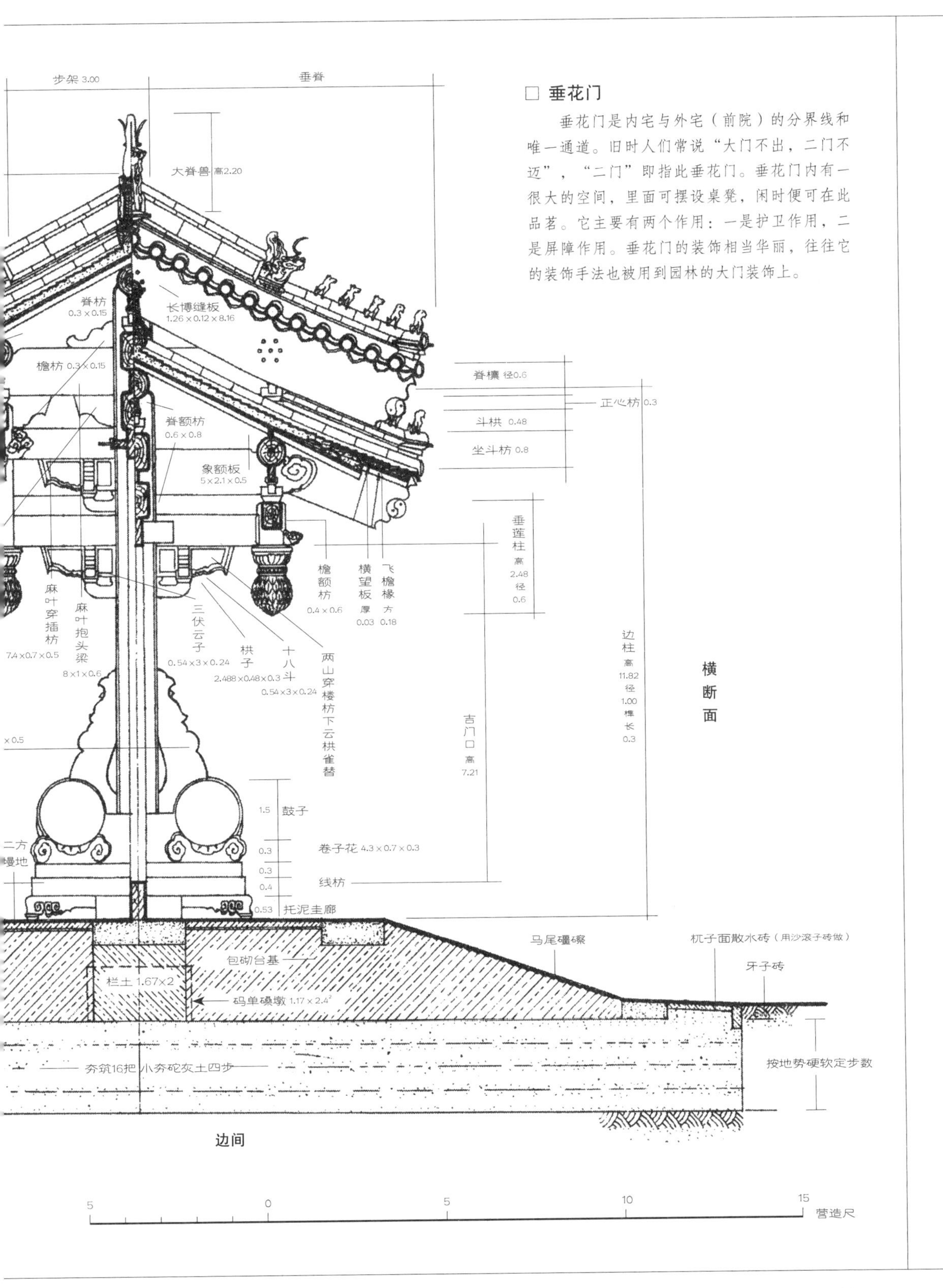

六寸。

凡脊额枋以面阔定长短。如面阔一丈，即长一丈。以中柱径寸收二寸定高。如中柱见方一尺，得高八寸。厚按本身高收二寸，得厚六寸。

凡棋枋板以面阔定宽。如面阔一丈，内除柱径一份，得净宽九尺。以额枋厚十分之二定厚，如额枋厚六寸，得厚一寸二分。高按中柱之高，内除檩枋，斗科，吉门[5]口上、下槛各分位得高，临期拟定。

凡坐斗枋长、宽、厚俱与脊额枋同。

凡正心、檐、脊枋以面阔定长短。如面阔一丈，即长一丈。以斗口二份定高，一份定厚。如斗口一寸五分，得高三寸，厚一寸五分。

凡悬山桁条下皮用燕尾枋，以挑山之长定长短。如挑山长一尺，即长一尺。外一头加柱径半份。以檩径十分之三定厚。如檩径六寸。得厚一寸八分。宽按本身厚加二寸，得宽三寸八分。

凡檐、脊檩木以面阔定长短。如面阔一丈，即长一丈。外加两头柱径各半份，再加挑山长各一尺，得通长一丈三尺。梢间按面阔一头加挑山之长。以斗口四份定径寸。如斗口一寸五分，得径六寸。

【注释】〔1〕中柱：位于建筑物内部的柱子，起着支撑屋脊的作用。

〔2〕边柱：位于建筑四周外墙上的柱子。

〔3〕垂莲柱：位于垂花门上，下方悬空，柱头有莲花状的装饰，因此称为“垂莲柱”。

〔4〕边间：即梢间。

〔5〕吉门：廊心墙上开设的小门。

【译解】中柱的长度由面宽来确定。当面宽为一丈时，中柱的长度为一丈四尺。若面宽为一丈，可得中柱的长度为一丈四尺。中柱的截面正方形边长由面宽的十分之一来确定。若面宽为一丈，可得中柱的截面正方形边长为一尺。若梢间的面宽比明间的小，但是使用的柱子、檩子、柁和枋子等木制构件，尺寸与明间的相同。具体的面宽尺寸需要在实际建造过程中由地势来确定。

边柱的长度由中柱来确定。若中柱的高度为一丈四尺，减去脊檩的高度，即六寸，减去正心枋的高度，即三寸，减去斗栱的高度四寸八分，减去坐斗枋的高度，即八寸，共减去高度二尺一寸八分，可得边柱的净长度为一丈一尺八寸二分。边柱的直径与中柱的直径相同。上述柱子，当截面的边长为一尺时，外加的榫的长度为三寸。

垂莲柱的长度由中柱高度的三分之一来确定。若中柱的高度为一丈四尺，可得垂莲柱的长度为四尺六寸六分。梢间的垂莲柱，在明间垂莲柱长度的基础上，减去檩子、枋子、斗栱和坐斗枋的高度，可得其高度为二尺四寸八分。以中柱的截面边长的十分之六来确定垂莲柱的直径。若中柱的截面边长为一尺，可得垂莲柱的直径为六寸。

脊额枋的长度由面宽来确定。若面宽

为一丈，则脊额枋的长度为一丈。以中柱径减少二寸来确定脊额枋的高度。若中柱的截面边长为一尺，可得脊额枋的高度为八寸。脊额枋的厚度为自身的高度减少二寸，由此可得脊额枋的厚度为六寸。

棋枋板的宽度由面宽来确定。若面宽为一丈，减去柱径的尺寸，可得棋枋板的净宽度为九尺。以额枋厚度的十分之二来确定棋枋板的厚度。若额枋的厚度为六寸，可得棋枋板的厚度为一寸二分。棋枋板的高度为中柱的高度减去檩子、枋子、斗栱、吉门口上槛和下槛的高度，在建造时以实际情况为准。

坐斗枋的长度、宽度和厚度均与脊额枋的相同。

正心枋、檐枋和脊枋的长度由面宽来确定。若面宽为一丈，则各枋子的长度为一丈。以斗口宽度的两倍来确定各枋子的高度，以斗口的宽度来确定各枋子的厚度。若斗口的宽度为一寸五分，可得各枋子的高度为三寸，厚度为一寸五分。

悬山顶桁条下皮的燕尾枋的长度，由挑山的长度来确定。若挑山的长度为一尺，则燕尾枋的长度为一尺。外侧的一端需增加柱径的一半。以檩子直径的十分之三来确定燕尾枋的厚度。若檩子的直径为六寸，可得燕尾枋的厚度为一寸八分。燕尾枋的宽度为自身的厚度增加二寸，可得燕尾枋的宽度为三寸八分。

檐檩、脊檩的长度由面宽来确定。若面宽为一丈，则各檩子的长度为一丈。两端各增加柱径的一半，再加挑山的长度一尺，可得各檩子的总长度为一丈三尺。梢间的檩子，在面宽的基础上增加挑山的长度。以斗口宽度的四倍来确定檩子的直径。若斗口的宽度为一寸五分，可得檩子的直径为六寸。

【原文】凡麻叶抱头梁[1]以进深定长短。如进深六尺，两头各按本身高加一份得麻叶头[2]分位。如本身高一尺，得通长八尺。以中柱见方尺寸定宽。如中柱见方一尺，即高一尺。以柱宽十分之六定厚。如柱宽一尺，得厚六寸。

凡麻叶穿插枋[3]以进深定长短。如进深六尺，两头各按本身之高加一份得麻叶头分位。如本身高七寸，得通长七尺四寸。以抱头梁宽十分之七定宽。如抱头梁宽一尺，得宽七寸。厚按本身宽收二寸，得厚五寸。

凡檐额枋以面阔定长短。如面阔一丈，两头各加檩径一份得箍头分位。如檩径六寸，得通长一丈一尺二寸。梢间一头加檩径一份得箍头分位。以垂柱[4]径寸定高。如柱径六寸，即高六寸，厚按本身高收二寸，得厚四寸。

凡檐椽以步架一份并出檐加举定长短。如步架一份深三尺，出檐以中柱之高，内除举架尺寸并麻叶抱头梁之高一份，净高一丈一尺五寸，出檐照柱高十分之三，得三尺四寸五分。檐不过步[5]，如步架深三尺，出檐不过三尺，共长六尺，又按一一五加举，得通长六尺九寸。

如用飞檐椽，以出檐尺寸分三份，去长一份作飞檐头。以檩径十分之三定径寸，如檩径六寸，得径一寸八分。每椽空档，随椽径一份。每间椽数，俱应成双，档之宽窄，随数均匀。

【注释】〔1〕麻叶抱头梁：由梁头制作成麻叶状的抱头梁，在垂花门建筑中为主梁。

〔2〕麻叶头：雕刻成麻叶云形状的梁头。

〔3〕麻叶穿插枋：由出榫制作成麻叶状的穿插枋，常见于垂花门建筑。

〔4〕垂柱：即垂莲柱。

〔5〕檐不过步：指出檐尺寸需小于步架的长度。

【译解】麻叶抱头梁的长度由进深来确定。若进深为六尺，两端各增加自身的高度，即为麻叶头的位置。若自身的高度为一尺，可得抱头梁的总长度为八尺。以中柱的截面边长来确定抱头梁的宽度。若中柱的截面边长为一尺，可得抱头梁的宽度为一尺。以中柱宽度的十分之六来确定抱头梁的厚度。若中柱的宽度为一尺，可得抱头梁的厚度为六寸。

麻叶穿插枋的长度由进深来确定。若进深为六尺，两端各增加自身的高度，即为麻叶头的位置。若自身的高度为七寸，可得穿插枋的总长度为七尺四寸。以抱头梁宽度的十分之七来确定穿插枋的宽度。若抱头梁的宽度为一尺，可得穿插枋的宽度为七寸。穿插枋的厚度为自身的宽度减少二寸，由此可得穿插枋的厚度为五寸。

檐额枋的长度由面宽来确定。如果面宽为一丈，两端各增加檩子的直径作为箍头的位置。若檩子的直径为六寸，可得额枋的总长度为一丈一尺二寸。梢间的额枋，一头增加檩子的直径作为箍头的位置。以垂莲柱的直径来确定额枋的高度。若垂莲柱的直径为六寸，则额枋的高度为六寸。额枋的厚度为自身的高度减少二寸，由此可得其厚度为四寸。

檐椽的长度由步架的长度加出檐的长度和举的比例来确定。若步架的长度为三尺，出檐的长度由中柱的高度来确定。中柱的高度减去举架的高度和麻叶抱头梁的高度，可得中柱的净高度为一丈一尺五寸。出檐的长度为中柱高度的十分之三，可得长度为三尺四寸五分。由于出檐的长度不得超过步架的长度，若步架的长度为三尺，出檐的长度需小于或等于三尺。将二者相加，得长度为六尺，再使用一一五举的比例，可得檐椽的总长度为六尺九寸。若使用飞檐椽，则要把出檐的长度三等分，取其三分之二长度作为飞檐头。以檩子直径的十分之三来确定檐椽的直径。若檩子的直径为六寸，可得檐椽的直径为一寸八分。每两根椽子的空档宽度为椽子的宽度。每个房间使用的椽子数量都应为双数，空档宽度应均匀。

【原文】凡飞檐椽以出檐定长短。如出檐三尺，三份分之，出头一份得长一尺，后尾二份得长二尺，共长三尺，又按一一五加举，得通长三尺四寸五分。见方与檐椽径同。

凡连檐以面阔定长短。如面阔一丈，即长一丈。两头各加挑山之长。梢间一头加挑山之长。宽、厚同檐椽。

凡瓦口长短随连檐。以所用瓦料定高、厚。如二号板瓦中高一寸七分，三份均开，二份作底台，一份作山子，又加板瓦本身高一寸七分，得二号瓦口净高三寸四分。如三号板瓦中高一寸五分，三份均开，二份作底台，一份作山子，又加板瓦本身高一寸五分，得三号瓦口净高三寸。如拾样板瓦[1]中高一寸，三份均开，二份作底台，一份作山子，又加板瓦本身高一寸，得二号瓦本身高一寸，得拾样瓦口净高二寸。其厚俱按瓦口净高尺寸四分之一，得二号瓦口厚八分，三号瓦口厚七分，拾样瓦口厚五分。如用筒瓦，即随二三号，拾样板瓦瓦口应除山子一份之高。厚与板瓦瓦口同。

凡里口以面阔定长短。如面阔一丈，两头各加挑山之长，得通长一丈二尺。梢间一头加挑山之长。高、厚与飞檐椽同。再加望板厚一份半，得里口加高尺寸。

【注释】〔1〕拾样板瓦：即十号板瓦。

【译解】飞檐椽的长度由出檐的长度来确定。若出檐的长度为三尺，将此长度三等分，则每小段长度为一尺。椽子的出头部分的长度与每小段长度尺寸相同，即一尺。椽子的后尾长度为每小段长度的两倍，即二尺。将两个长度相加，可得长度为三尺，使用一一五举的比例，可得飞檐椽的总长度为三尺四寸五分。飞檐椽截面的正方形边长与檐椽的直径相同。

连檐的长度由面宽来确定。若面宽为一丈，则连檐的长度为一丈。在两山的连檐两端各增加挑山的长度。梢间的连檐，一段增加挑山的长度。连檐的宽度和厚度与檐椽的直径相同。

瓦口的长度与连檐的长度相同。以所使用的瓦料情况来确定其高度和厚度。若二号板瓦的高度为一寸七分，把这个高度三等分，将其中的三分之二作为底台，三分之一作为山子，再加板瓦的高度一寸七分，可得二号瓦口的净高度为三寸四分。若三号板瓦的高度为一寸五分，把这个高度三等分，将其中的三分之二作为底台，三分之一作为山子，再加板瓦的高度一寸五分，可得三号瓦口的净高度为三寸。若十号板瓦的高度为一寸，把这个高度三等分，将其中的三分之二作为底台，三分之一作为山子，再加板瓦的高度一寸，可得二号瓦口的高度为一寸，十号瓦口的净高度为二寸。瓦口的厚度均为瓦口净高度的四分之一，由此可得二号瓦口的厚度为八分，三号瓦口的厚度为七分，十号瓦口的厚度为五分。若使用筒瓦，其瓦口的高度与二号板瓦、三号板瓦和十号板瓦瓦口的高度减去山子的高度的尺寸相同，筒瓦瓦口的厚度与板瓦瓦口的厚度相同。

里口的长度由面宽来确定。若面宽为一丈，两端各增加挑山的长度，可得里口的长度为一丈二尺。在梢间的里口的一端增加挑山的长度。里口的高度和厚度与飞檐椽的高度和厚度相同。再加望板厚度的一点五倍，可得里口加高的高度。

【原文】凡椽椀长短随里口。以椽径定高、厚。如椽径一寸八分，再加椽径三分之一，共得高二寸四分。以椽径三分之一定厚，得厚六分。

凡博缝板照椽子净长尺寸，外加斜搭交之长按本身宽尺寸。以椽径七份定宽，如椽径一寸八分，得宽一尺二寸六分。以椽径十分之七定厚。如椽径一寸八分，得厚一寸二分。

凡梢间靠明间两山博缝头〔1〕以出檐定长。如出檐三尺，按一一五加举，得通长三尺四寸五分。宽、厚与长博缝同。

凡用横望板、压飞檐尾横望板以面阔、进深加举折见方丈定长、宽。以椽径十分之二定厚。如椽径一寸八分，得厚三分。

凡抱鼓石〔2〕上壶瓶牙子〔3〕以抱鼓石高定高。如抱鼓石高三尺三分，即高三尺三分。以抱鼓石长减半定宽。如抱鼓石长二尺五寸，得宽一尺二寸五分。以中柱径十分之三定厚。如中柱径一尺，得厚三寸。其石鼓高、宽尺寸，载于石作册内。

凡两山穿插枋下云栱〔4〕雀替以进深定长短。如通进深六尺，内除垂柱径六寸，中柱见方一尺，外得长四尺四寸，每坡得二尺二寸，四份分之，雀替得三份，长一尺六寸五分，再加一倍尺寸，并中柱径一份，得通长四尺三寸。以穿插枋之宽定高。如穿插枋宽七寸，即高七寸。以柱径十分之三定厚。如柱径一尺，得厚三寸。

【注释】〔1〕博缝头：位于两山的博缝板，起着封堵山墙缝隙的作用。

〔2〕抱鼓石：门枕石的一种，形似一个安放在石座上的圆鼓，因此被称为“抱鼓石”。

〔3〕壶瓶牙子：位于抱鼓石与柱子之间，起着辅助固定柱子的作用，材质为石质或木质。

〔4〕云栱：位于脊瓜柱上方、脊檩下方的栱。

【译解】椽椀的长度与里口的相同，以椽子的直径来确定椽椀的高度和厚度。若椽子的直径为一寸八分，再加该直径的三分之一，可得椽椀的高度为二寸四分。以椽子直径的三分之一来确定椽椀的厚度，可得其厚度为六分。

博缝板的长度与其所在椽子的长度相同。外加的斜搭交的长度与自身的宽度相同。以椽子直径的七倍来确定博缝板的宽度。若椽子的直径为一寸八分，可得博缝板的宽度为一尺二寸六分。以椽子直径的十分之七来确定博缝板的厚度，若椽子的直径为一寸八分，可得博缝板的厚度为一寸二分。

梢间紧邻明间的两山博缝头长度由出檐的长度来确定。若出檐的长度为三尺，使用一一五举的比例，可得两山博缝头的总长度为三尺四寸五分。博缝头的宽度、厚度和博缝板的宽度、厚度相同。

横望板和压住飞檐尾铺设的横望板，其长度和宽度由面宽和进深加举的比例折算成矩形的边长来确定。以椽子直径的十分之二来确定横望板的厚度。若椽子的直径为一寸八分，可得横望板的厚度为三分。

抱鼓石上方的壶瓶牙子的高度由抱鼓石的高度来确定。若抱鼓石的高度为三尺三分，则壶瓶牙子的高度为三尺三分。以抱鼓石的长度减半来确定壶瓶牙子的宽度。若抱鼓石的长度为二尺五寸，可得壶瓶牙子的宽度为一尺二寸五分。以中柱径的十分之三来确定壶瓶牙子的厚度。若中柱径为一尺，可得壶瓶牙子的厚度为三寸。抱鼓石高度和宽度的计算方法，已刊载于石质构件制作的内容中。

两山穿插枋下方的云栱雀替长度由进深来确定。若通进深为六尺，减去垂莲柱的直径六寸，再减去中柱的截面边长一尺，可得长度为四尺四寸，每坡的长度为二尺二寸。将此长度四等分，每份长度为五寸五分，雀替的长度为三份，即长为一尺六寸五分。将此长度加倍，再加中柱的截面边长，可得雀替的总长度为四尺三寸。以穿插枋的宽度来确定雀替的高度。若穿插枋的宽度为七寸，则雀替的高度为七寸。以柱径的十分之三来确定雀替的厚度。若柱径为一尺，可得雀替的厚度为三寸。

【原文】凡三伏云子以穿插枋厚三份定长。如穿插枋厚五寸，得长一尺五寸，高同雀替。厚按雀替之厚去包掩六分，如雀替厚三寸，得厚二寸四分。

凡栱子以口数六寸二分定长短。如口数二寸四分，六二加之，得长一尺四寸八分八厘，外加入榫分位按中柱径一份，共得长二尺四寸八分八厘。以斗口二份定高。如斗口二寸四分，得高四寸八分。厚与雀替同。

凡十八斗以雀替之厚一八定长短。如雀替厚三寸，一八加之，得长五寸四分。以三伏云厚得宽，如三伏云厚二寸四分，外加包掩六分，得宽三寸。高与三伏云厚同。

凡厢穿插档[1]用假素雀替[2]连垫栱板[3]以进深定长短。如进深六尺，内除两头垂柱径各半份，得长五尺四寸。外加两头入榫尺寸照垂柱径四分之一，得通长五尺七寸。以穿插档之宽定宽。如穿插档宽七寸，即宽七寸。以穿插枋厚三分之一定厚。如穿插枋厚六寸，得厚二寸。

凡厢象眼用角背或象眼板，临期拟定。如用角背，以步架一份定长短。如步架一份深三尺，即长三尺。以中柱举架高三分之一定宽。如举架高一尺五寸，得宽五寸。以中柱见方三分之一定厚。如柱见方一尺，得厚三寸三分。如用象眼板，以步架二份定宽。如步架二份深六尺，内除中柱径一份，净宽五尺。以步架一份加举定高低，如步架一份深三尺，按五举加之，得高一尺五寸。外加檩径六寸，共得高二尺一寸。厚五分。系象眼做法，折半核算。

【注释】〔1〕穿插档：廊心墙砖构件，位

于廊心墙上的抱头梁下方，是安装穿插枋的辅助构件。

〔2〕素雀替：由木材直接雕刻而成，是不贴金、不上彩的雀替。

〔3〕垫栱板：位于正心枋和平板枋之间的垫板，起着封堵斗栱之间空隙的作用。

【译解】三伏云子的长度由檐枋厚度的三倍来确定。若檐枋的厚度为五寸，可得三伏云子的长度为一尺五寸。三伏云子的高度与雀替的高度相同，其厚度为雀替的厚度减去包掩的厚度六分，若雀替的厚度为三寸，可得三伏云子的厚度为二寸四分。

栱的长度由斗口的宽度来确定。当斗口的宽度为一寸时，栱的长度为六寸二分。若斗口的宽度为二寸四分，可得栱的长度为一尺四寸八分八厘。外加入榫的长度，入榫的长度为中柱径的尺寸，由此可得栱的总长度为二尺四寸八分八厘。以斗口宽度的两倍来确定其高度。若斗口的宽度为二寸四分，可得栱的高度为四寸八分。栱的厚度与雀替的厚度相同。

十八斗的长度由雀替厚度的一点八倍来确定。若雀替的厚度为三寸，乘以一点八倍，可得十八斗的长度为五寸四分。以三伏云子的厚度来确定十八斗的宽度。若三伏云子的厚度为二寸四分，外加包掩六分，可得十八斗的宽度为三寸。十八斗的高度与三伏云子的厚度相同。

厢房的穿插档上所使用的假素雀替和垫栱板的长度由进深来确定。若进深为六尺，两端各减去垂莲柱直径的一半，可得长度为五尺四寸。两端外加入榫的长度，入榫的长度为垂莲柱直径的四分之一，由此可得假素雀替和垫栱板的长度为五尺七寸。以穿插档的宽度来确定假素雀替和垫栱板的宽度。若穿插档的宽度为七寸，则假素雀替和垫栱板的宽度为七寸。以穿插枋厚度的三分之一来确定假素雀替和垫栱板的厚度。若穿插枋的厚度为六寸，可得假素雀替和垫栱板的厚度为二寸。

厢房的象眼使用角背或使用象眼板，具体使用需要在建造时根据实际情况来确定。若使用角背，角背的长度由步架的长度来确定。若步架的长度为三尺，则角背的长度为三尺。以中柱的举架高度的三分之一来确定角背的宽度。若举架的高度为一尺五寸，可得角背的宽度为五寸。以中柱的截面边长的三分之一来确定角背的厚度。若中柱的截面边长为一尺，可得角背的厚度为三寸三分。若使用象眼板，象眼板的宽度由步架长度的两倍来确定。若步架长度的两倍为六尺，减去中柱的直径，可得象眼板的净宽度为五尺。以步架的长度和举的比例来确定象眼板的高度。若步架的长度为三尺，使用五举的比例，可得高度为一尺五寸。再加檩子的直径，可得象眼板的总高度为二尺一寸。象眼板的厚度为五分。此为象眼的制作方法，需进行折半核算。

【原文】凡檐、脊檩按一斗三升斗科。以斗口八份定攒数。如明间面阔一丈，斗口一寸五分，得平身科八攒。每攒大斗一个，以斗口三份定长、宽，二份定高。如斗口一寸五分，得长、宽各四寸五分，高三寸。正心瓜栱[1]一件，以口数六寸二分定长短。如斗口一寸五分，六二加之，得长九寸三分，以斗口每寸加二分四厘定厚。如斗口一寸五分，二四加之，得三分六厘，加斗口一份，得厚一寸八分六厘。明间斗科攒数，俱应成双，档之宽窄，随数均匀。

凡柱头科，大斗以斗口四份定长，三份定宽，二份定高。如斗口一寸五分，得长六寸，宽四寸五分，高三寸。正心瓜栱一件，长、高、厚俱与平身科瓜栱同。

凡斗科每攒槽升[2]三件，每件以斗口之数外加十分之三定长短。如斗口一寸五分，一三加之，得长一寸九分五厘。以斗口之数外加十分之七二定宽，如斗口一寸五分，七二加之，得宽二寸五分八厘。以斗口一份定高，如斗口一寸五分，即高一寸五分。

以上俱系大木做法，其余各项工料及装修等件，逐款分别，另册开载。

【注释】〔1〕正心瓜栱：瓜栱，是位于坐斗翘或昂头上方的栱，根据位置不同，名称也有所不同。正心瓜栱，即正出于坐斗左右的第一层横栱。

〔2〕槽升：即槽升子，是位于正心瓜栱两端的升，在外侧开槽，起着承托上层正心栱或正心枋、固定斗栱垫板的作用。

【译解】檐檩和脊檩使用一斗三升斗栱。每套斗栱的宽度为斗口宽度的八倍。若明间的面宽为一丈，斗口的宽度为一寸五分，将有八套平身科斗栱。每套斗栱中有一个大斗，以斗口宽度的三倍来确定其长度和宽度，以斗口宽度的两倍来确定其高度。若斗口的宽度为一寸五分，可得大斗的长度和宽度各为四寸五分，高度为三寸。使用一件正心瓜栱，长度为斗口宽度的六点二倍。若斗口的宽度为一寸五分，乘以六点二，可得正心瓜栱的长度为九寸三分。以斗口宽度的零点二四倍来确定其厚度。若斗口的宽度为一寸五分，乘以零点二四，可得其厚度为三分六厘，再加斗口的宽度，可得正心瓜栱的厚度为一寸八分六厘。明间使用的斗栱的套数均应为双数，空档宽度应均匀。

柱头科斗栱中的大斗，以斗口宽度的四倍来确定其长度，以斗口宽度的三倍来确定其宽度，以斗口宽度的两倍来确定其高度。若斗口的宽度为一寸五分，可得大斗的长度为六寸，宽度为四寸五分，高度为三寸。使用一件正心瓜栱，其长度、高度、厚度都与平身科正心瓜栱的长度、高度、厚度相同。

在每套斗栱中使用三件槽升子，每件槽升子的长度为斗口的宽度再加斗口宽度的十分之三。若斗口的宽度为一寸五分，乘以一点三，可得槽升子的长度为一寸九分五厘。以斗口宽度的一点七二倍来确定槽升子的宽度。若斗口的宽度为一寸五分，乘以一点七二，可得槽升子的宽度为二寸五分八厘。以斗口的宽度来确定槽升子的高度。若斗口的宽度为一寸五分，则槽升子的高度为一寸五分。

上述计算方法均适用于大木建筑，其他工程所需的材料和装修配件，另行刊载。

卷二十二

本卷详述建造四角攒尖顶的大木式方亭的方法。

四角攒尖[1]方亭大木做法

【注释】〔1〕攒尖：古建筑中的一种屋顶形式。屋顶的每个面向中间交会，形成尖顶。此类屋顶多用于亭式建筑。

【译解】建造四角攒尖顶的大木式方亭的方法。

【原文】凡檐柱以面阔十分之八定高，百分之七定径寸。如面阔一丈，得柱高八尺，径七寸。每柱径一尺，加榫长三寸。

凡箍头檐枋以面阔定长。如面阔一丈，外加两头箍头分位各按檐柱径一份，如柱径七寸，得通长一丈一尺四寸。以柱径定高，即高七寸，厚按本身之高收二寸，得厚五寸。

凡垫板以面阔定长。如面阔一丈，内除花梁头厚一份，如花梁头厚九寸，除之，得长九尺一寸。外加两头入榫分位，照花梁头之厚每尺加入榫二寸，得榫长一寸八分。以檐枋之高收一寸定高。如檐枋高七寸，得高六寸。以桁条径十分之三定厚。如桁条径七寸，得厚二寸一分。

凡四角花梁头以桁条之径三份定长。如桁条径三份共长二尺一寸，用方五斜七加之，得通长二尺九寸四分。以水平一份半定高。如水平高六寸，得高九寸。以檐柱径加二寸定厚，得厚九寸。

凡桁条以面阔定长。如面阔一丈，即长一丈，外加两头搭交出头各按本身径一份半，如本身径七寸，得搭交出头各长一尺五分。径与檐柱同。

凡抹角梁[1]以面阔半份，桁条脊面一份，用方五斜七定长。如面阔半份宽五尺，桁条脊面宽二寸一分，方五斜七加之，得通长七尺二寸九分。以檐柱径加二寸定厚，得厚九寸。以本身之厚每尺加二寸定高，得高一尺八分。

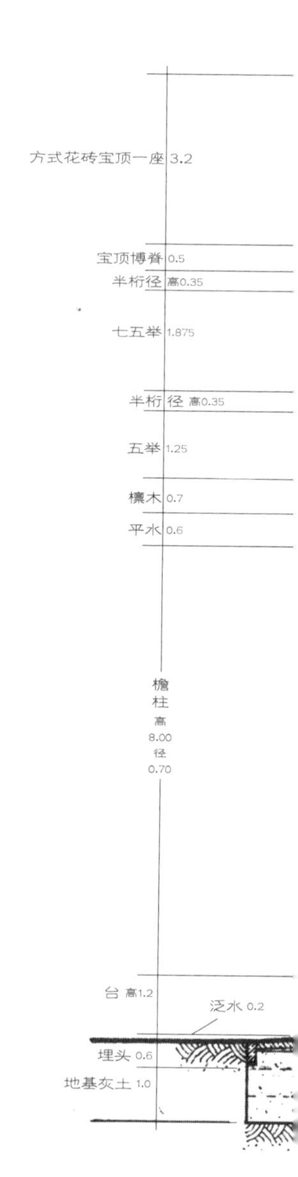

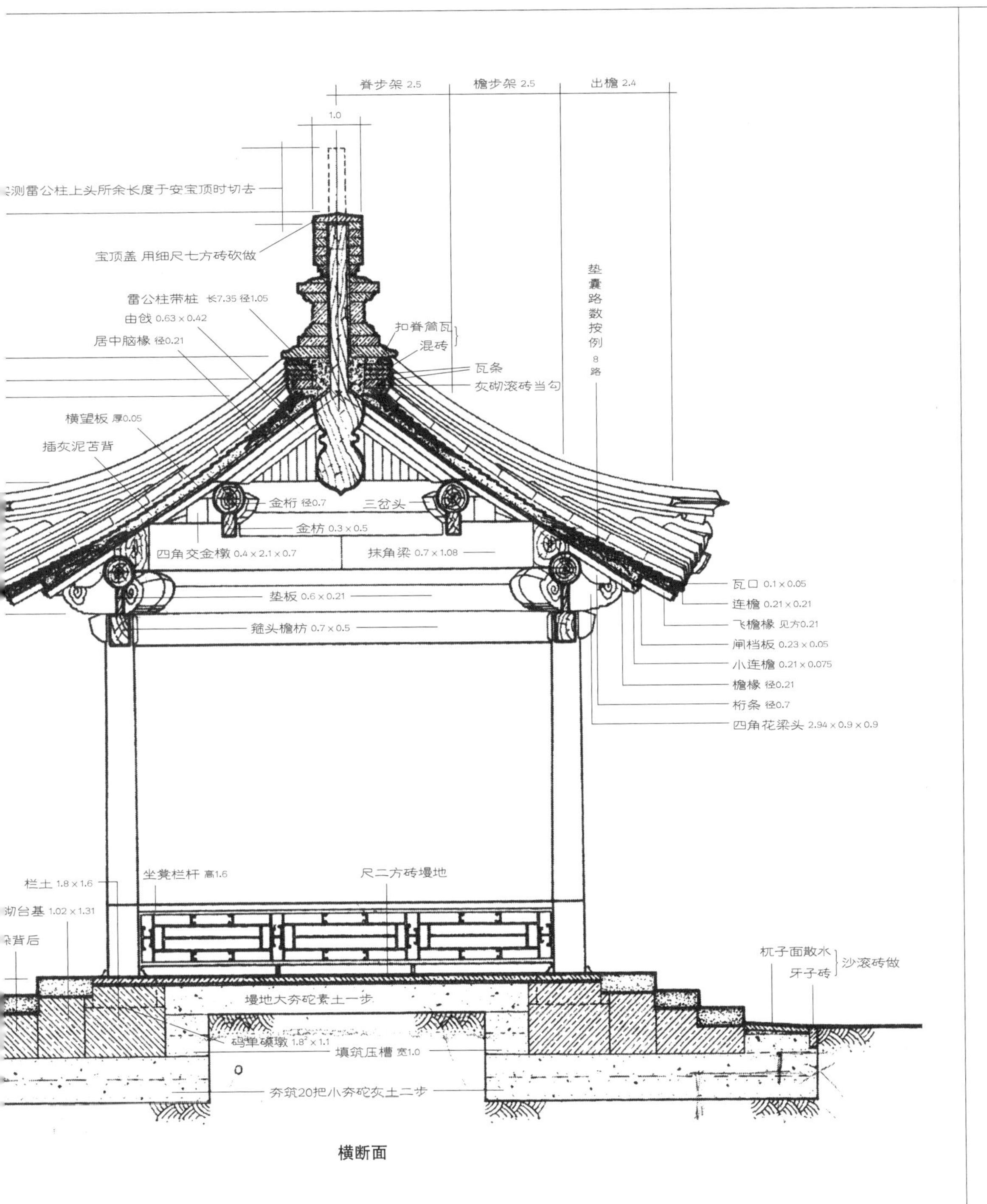

横断面

□ 四角攒尖方亭

此类单檐的四角亭构造比较简单，其平面呈正方形，有四柱，另有四坡屋面相交，形成四条屋脊，屋脊再于顶部汇成攒尖，攒尖之处则安装宝顶。

【注释】〔1〕抹角梁：位于转角处的扒梁，与角梁垂直，与檐面和山面各成45度角，起着加强角梁后尾稳定性的作用。

【译解】檐柱的高度由面宽的十分之八来确定，其直径由面宽的百分之七来确定。若面宽为一丈，可得檐柱的高度为八尺，直径为七寸。当柱径为一尺时，外加的榫的长度为三寸。

箍头檐枋的长度由面宽来确定。若面宽为一丈，两端外加的箍头的长度为檐柱径的尺寸。若檐柱径为七寸，可得檐枋的总长度为一丈一尺四寸。以柱径来确定檐枋的高度，则高度为七寸。檐枋的厚度为自身的高度减少二寸，由此可得箍头檐枋的厚度为五寸。

垫板的长度由面宽来确定。若面宽为一丈，减去花梁头的厚度。若花梁头的厚度为九寸，可得垫板的长度为九尺一寸。两端外加入榫的长度。当花梁头的厚度为一尺时，入榫的长度为一尺二寸，由此可得入榫的长度为一寸八分。以檐枋的高度减少一寸来确定垫板的高度。若檐枋的高度为七寸，可得垫板的高度为六寸。以桁条直径的十分之三来确定垫板的厚度。若桁条的直径为七寸，可得垫板的厚度为二寸一分。

四角花梁头的长度由桁条直径的三倍来确定。若桁条直径的三倍为二尺一寸，用方五斜七法计算后可得花梁头的长度为二尺九寸四分。以平水高度的一点五倍来确定花梁头的高度。若平水的高度为六寸，可得花梁头的高度为九寸。以檐柱径增加二寸来确定花梁头的厚度，可得四角花梁头的厚度为九寸。

桁条的长度由面宽来确定。若面宽为一丈，则桁条的长度为一丈。两端外加的搭交榫的长度为自身直径的一点五倍。若自身的直径为七寸，可得搭交的长度为一尺五分。桁条的直径与檐柱的直径相同。

抹角梁的长度由面宽的一半加桁条脊面的宽度，再用方五斜七法计算之后来确定。若面宽的一半为五尺，桁条脊面的宽度为二寸一分，使用方五斜七法可得抹角梁的长度为七尺二寸九分。以檐柱径增加二寸来确定抹角梁的厚度，由此可得抹角梁的厚度为九寸。以自身的厚度来确定其高度。当厚度为一尺时，高度为一尺二寸。由此可得抹角梁的高度为一尺八分。

【原文】凡四角交金橔以步架加举定高。如步架深二尺五寸，按五举加之，得高一尺二寸五分。又加桁椀高二寸三分，共高一尺四寸八分。内除抹角梁之高一尺八分，得交金橔净高四寸。以桁条径三份定长，得长二尺一寸。以抹角梁之厚收二寸定厚，得厚七寸。

凡金枋以面阔半份定长。如面阔半份宽五尺，即长五尺。不用垫板，照檐枋高、厚各收二寸定高、厚，得高五寸，厚三寸。

凡金桁以面阔半份定长。如面阔半份宽五尺，即长五尺，外加两头搭交出头各按本身径一份半，如本身径七寸，得搭交出头各长一尺五分。径与檐桁同。

凡雷公柱[1]以檐柱径一份半定径。如檐柱径七寸，得径一尺五分。以本身之径七份定长，得长七尺三寸五分。

凡仔角梁以步架一份，并出檐各尺寸，用方五斜七举架定长。如步架深二尺五寸，出檐二尺四寸，得长四尺九寸。用方五斜七之法加长，又按一一五加举，共长七尺八寸八分。再加翼角斜出椽径三份，如椽径二寸一分，共得长八尺五寸一分。再加套兽榫，照角梁本身厚一份，如角梁厚四寸二分，即套兽榫长四寸二分，得仔角梁通长八尺九寸三分。以椽径三份定高，二份定厚。得高六寸三分，厚四寸二分。

凡老角梁以仔角梁之长，除飞檐头并套兽榫定长。如仔角梁长八尺九寸三分，内除飞檐头长一尺二寸八分，并套兽榫长四寸二分，得长七尺二寸三分。外加后尾三岔头照交金橔厚一份。如交金橔厚七寸，得老角梁通长七尺九寸三分。高、厚与仔角梁同。

【注释】〔1〕雷公柱：位于攒尖顶建筑宝顶中心的下方，是由戗支撑的短柱，下端悬空，柱头通常制作成花饰。

【译解】四角交金橔的高度由步架的长度和举的比例来确定。若步架的长度为二尺五寸，使用五举的比例，可得高度为一尺二寸五分，加桁椀的高度二寸三分，可得交金橔的总高度为一尺四寸八分。减去抹角梁的高度一尺八分，可得交金橔的净高度为四寸。以桁条直径的三倍来确定交金橔的长度，可得交金橔的长度为二尺一寸。以抹角梁的厚度减少二寸来确定交金橔的厚度，可得交金橔的厚度为七寸。

金枋的长度由面宽的一半来确定。若面宽的一半为五尺，则金枋的长度为五尺。如果不使用垫板，则枋子的高度和厚度在檐枋的基础上各减少二寸，由此可得金枋的高度为五寸，厚度为三寸。

金桁的长度由面宽的一半来确定。若面宽的一半为五尺，则金桁的长度为五尺。两端外加的搭交的长度为自身直径的一点五倍，若自身的直径为七寸，可得搭交的长度为一尺五分。金桁的直径与檐桁的直径相同。

雷公柱的直径由檐柱径的一点五倍来确定。若檐柱径为七寸，可得雷公柱的直径为一尺五分。以自身直径的七倍来确定雷公柱的长度，可得雷公柱的长度为七尺三寸五分。

仔角梁的长度由步架的长度加出檐的长度和举的比例，再用方五斜七法计算后来确定。若步架的长度为二尺五寸，出檐的长度为二尺四寸，将二者相加，可得总长度为四尺九寸。用方五斜七法计算，再使用一一五举的比例，可得长度为七尺八寸八分。再加翼角的出头部分，其为椽子直径的三倍。若椽子的直径为二寸一分，将得到的翼角的长度与前述长度相加，可得长度为八尺五寸一分。再加套兽的入榫的长度，其为角梁的厚度。若角梁的厚度为四寸二分，则套兽的入榫的长度为四寸二分。由此可得仔角梁的总长度为八尺九寸三分。以椽子直径的三倍来确定仔角梁的高度，以椽子直径的两倍来确定仔角梁的厚度，由此可得仔角梁的高度为六寸三分，厚度为四寸二分。

老角梁的长度由仔角梁的长度，减去飞檐头和套兽入榫的长度来确定。若仔角梁的长度为八尺九寸三分，减去飞檐头的长度一尺二寸八分，再减去套兽的入榫的长度四寸二分，可得老角梁的净长度为七尺二寸三分。外加的后尾三岔头的长度为交金墩的厚度。若交金墩的厚度为七寸，可得老角梁的总长度为七尺九寸三分。老角梁的高度和厚度与仔角梁的高度和厚度相同。

【原文】凡由戗以步架一份定长。如步架一份深二尺五寸，用方五斜七之法加斜长，又按一二五加举，得长四尺三寸七分。高、厚与仔角梁同。

凡枕头木以步架一份定长。如步架深二尺五寸。内除角梁厚半份，得枕头木长二尺二寸九分。以桁条径十分之三定宽。如桁条径七寸，得宽二寸一分。以椽径二份半定高。如椽径二寸一分，得高五寸二分，一头斜尖与桁条平。

凡檐椽以步架并出檐加举定长。如步架深二尺五寸，又加出檐照柱高十分之三，得二尺四寸，共长四尺九寸。又按一一五加举，得通长五尺六寸三分。如用飞檐椽，内除飞檐头长九寸二分，得檐椽净长四尺七寸一分。以桁条径十分之三定径寸。如桁条径七寸，得径二寸一分。每椽空档，随椽径一份。但椽数应成双。档之宽窄，随数均匀。

凡翼角翘椽长、径俱与平身檐椽同。其起翘之处以出檐尺寸用方五斜七之法，再加步架尺寸定翘数。如出檐二尺四寸，方五斜七加之，得长三尺三寸六分。再加步架一份深二尺五寸，共长五尺八寸六分，内除角梁之厚半份，得净长五尺六寸五分，即系翼角椽档分位。翼角翘椽以成单为率，如逢双数，应改成单。

凡飞檐椽以出檐定长。如出檐二尺四寸，按一一五加举，得长二尺七寸六分。三份分之，出头一份得长九寸二分，后尾二份半得长二尺三寸，加之，得飞檐椽通长三尺二寸二分。见方与檐椽径寸同。

凡翘飞椽以平身飞檐椽之长，用方五斜七之法定长。如飞檐椽长三尺二寸二分，方五斜七加之，第一翘得长四尺五寸。其余以第一翘之长逐根减短。其高比飞檐椽加高半份，如飞檐椽高二寸一分，得翘椽高三寸一分，厚与飞檐椽同。

【译解】由戗的长度由步架的长度来确定。若步架的长度为二尺五寸，用方五斜七法计算之后，再使用一二五举的比例，可得由戗的长度为四尺三寸七分。由戗的高度和厚度与仔角梁的高度和厚度相同。

枕头木的长度由步架的长度来确定。若步架的长度为二尺五寸，减去角梁厚度的一半，可得枕头木的净长度为二尺二寸九分。以桁条直径的十分之三来确定枕头木的宽度。若桁条的直径为七寸，可得枕头木的宽度为二寸一分。以椽子直径的二点五倍来确定枕头木的高度。若椽子的直径为二寸一分，可得枕头木一端的高度为五寸二分，另一端为斜尖状，与桁条平齐。

檐椽的长度由步架的长度加出檐的长度和举的比例来确定。若步架的长度为二尺五寸，出檐的长度为檐柱高度的十分之三，即二尺四寸，将两个长度相加，可得总长度为四尺九寸。使用一一五举的比例，可得檐椽的总长度为五尺六寸三分。若使用飞檐椽，需减去飞檐头的长度九寸二分，可得檐椽的净长度为四尺七寸一分。以桁条直径的十分之三来确定檐椽的直径。若桁条的直径为七寸，可得檐椽的直径为二寸一分。每两根椽子的空档宽度为椽子的宽度。每个房间使用的椽子数量都应为双数，空档宽度应均匀。

翼角翘椽的长度和直径都与平身檐椽的相同。椽子起翘的位置由挑檐桁中心到出檐的长度，用方五斜七法计算之后，再加步架的长度来确定。若出檐的长度为二尺四寸，用方五斜七法计算后为三尺三寸六分，加一步架长度二尺五寸，得总长度为五尺八寸六分。减去角梁厚度的一半，可得净长度为五尺六寸五分。在翼角翘椽上量出这个长度，刻度处即为椽子起翘的位置。翼角翘椽的数量通常为单数，如果遇到是双数的情况，应当改变制作方法，使其仍为单数。

飞檐椽的长度由出檐的长度来确定。若出檐的长度为二尺四寸，使用一一五举的比例，可得长度为二尺七寸六分。将此长度三等分，每小段长度为九寸二分。椽子的出头部分的长度与每小段长度相同，即九寸二分。椽子后尾的长度为每小段长度的二点五倍，即二尺三寸。将两个长度相加，可得飞檐椽的总长度为三尺二寸二分。飞檐椽的截面正方形边长与檐椽的直径相同。

翘飞椽的长度由平身飞檐椽的长度，用方五斜七法计算之后来确定。若飞檐椽的长度为三尺二寸二分，用方五斜七法计算之后，可以得出第一根翘飞椽的长度为四尺五寸。其余的翘飞椽长度，可根据总翘数递减。翘飞椽的高度为飞檐椽高度的一点五倍，若飞檐椽的高度为二寸一分，可得翘飞椽的高度为三寸一分。翘飞椽的厚度与飞檐椽的厚度相同。

【原文】凡脑椽以面阔半份定根数。以步架加举定长。如步架深二尺五寸，按一二五加举，得居中脑椽二根长三尺一寸二分。其余长短椽折半核算。径与檐椽同。

凡连檐以面阔定长。如面阔一丈，即长一丈。外加翼角之长，得连檐通长之数。高、厚与飞檐椽见方同。

凡瓦口之长与连檐同。以椽径半份定

高。如椽径二寸一分，得瓦口高一寸。以本身之高折半定厚，得厚五分。

凡闸档板以椽档分位定长。如椽档宽二寸一分，即闸档板长二寸一分。外加入槽，每寸一分。高随椽径尺寸。以椽径十分之二定厚。如椽径二寸一分，得闸档板厚五分。

凡小连檐以通面阔得长。其宽随椽径一份。厚照望板之厚一份半。

凡横望板以面阔、进深、出檐并加举折见方丈核算。以椽径十分之二定厚。如椽径二寸一分，得望板厚五分。

以上俱系大木做法。内由戗、脑椽或按一三加举，或一三五加举核算，临期酌定。其余斗科及装修等件并各项工料，逐款分别，另册开载。

【译解】脑椽的根数由面宽的一半来确定，脑椽的长度由步架的长度和举的比例来确定。若步架的长度为二尺五寸，使用一二五举的比例，可得中间两根脑椽的长度为三尺一寸二分。其余的脑椽长度则需折半计算。脑椽的直径与檐椽的直径相同。

连檐的长度由面宽来确定。若面宽为一丈，则连檐的长度为一丈。外加翼角的长度，可得连檐的总长度。连檐的高度和厚度与飞檐椽的截面边长相同。

瓦口的长度与连檐的长度相同。以椽子直径的一半来确定瓦口的高度。若椽子的直径为二寸一分，可得瓦口的高度为一寸。以自身高度的一半来确定瓦口的厚度，可得瓦口的厚度为五分。

闸档板的长度由椽档的位置来确定。若椽子之间的宽度为二寸一分，则闸档板的长度为二寸一分。在闸档板的外侧开槽，每寸长度开槽一分。闸档板的高度与椽子的直径相同。以椽子直径的十分之二来确定闸档板的厚度。若椽子的直径为二寸一分，可得闸档板的厚度为五分。

小连檐的长度由通面宽来确定。小连檐的宽度与椽子的直径相同，厚度为望板厚度的一点五倍。

横望板的长度和宽度由面宽、进深和出檐的长度加举的比例折算成矩形的边长来确定。以椽子直径的十分之二来确定横望板的厚度。若椽子的直径为二寸一分，可得横望板的厚度为五分。

上述计算方法均适用于大木建筑。建筑内部的由戗和脑椽在制作时，可使用一三举的比例或一三五举的比例进行计算，具体计算方法由实际情况来确定。其他斗栱和装修部件等工程材料的款式和类别，另行刊载。

卷二十三

本卷详述使用六根柱子建造大木式圆亭的方法。

六柱圆亭[1]大木做法

【注释】〔1〕圆亭：底部平面为圆形的亭子。圆亭的顶通常使用圆形攒尖顶，可形成上下呼应的效果。

【译解】使用六根柱子建造大木式圆亭的方法。

【原文】凡进深以面阔加倍定丈尺。如每面阔五尺，得进深一丈。

凡每面阔以进深减半定丈尺。如进深一丈，得每面阔五尺。

凡檐柱以进深十分之八定高，百分之七定径寸。如进深一丈，得檐柱高八尺，径七寸。每柱径一尺，加榫长三寸。

凡圆檐枋以每面阔定长。如每面阔五尺，内除檐柱径七寸，净长四尺三寸。外加两头入榫分位，各按柱径四分之一。以柱径定高，即高七寸。厚按本身之高收二寸，得厚五寸。

凡圆垫板[1]以每面阔定长。如每面阔五尺，内除花梁头之厚一份，如花梁头厚九寸，除之，得长四尺一寸。外加两头入榫分位，照花梁头之厚每尺加入榫二寸，得榫长一寸八分，以檐枋之高收一寸定高。如檐枋高七寸，得高六寸。以桁条径十分之三定厚。如桁条径七寸，得厚二寸一分。

凡花梁头以桁条之径三份定长。如桁条三份共长二尺一寸，即花梁头长二尺一寸。以平水一份半定高。如平水高六寸，得高九寸。以檐柱径加二寸定厚，得厚九寸。

凡圆桁条以每面阔定长。如每面阔五尺，即长五尺。每径一尺，外加搭交榫长三寸。径与檐柱径同。

【注释】〔1〕圆垫板：圆亭及其他圆形建筑中使用的垫板，平面为弧形。

【译解】进深的长度由面宽的两倍来确定。若每相邻两根柱子之间的面宽为五尺，可得进深为一丈。

面宽的长度由进深的一半来确定。若进深为一丈，可得每相邻两根柱子之间的面宽为五尺。

檐柱的高度由进深的十分之八来确定，檐柱的直径由面宽的百分之七来确定。若进深为一丈，可得檐柱的高度为八尺，檐柱的直径为七寸。当檐柱径为一尺时，外加的榫的长度为三寸。

圆檐枋的长度由每相邻两根柱子之间的面宽来确定。若面宽为五尺，减去檐柱径七寸，可得圆檐枋的净长度为四尺三寸。两端外加入榫的长度，入榫的长度为檐柱径的四分之一。以檐柱径来确定圆檐枋的高度，则圆檐枋的高度为七寸。圆檐枋的厚度为自身的高度减少二寸，由此可得圆檐枋的厚度为五寸。

圆垫板的长度由每相邻两根柱子之间的面宽来确定。若面宽为五尺，减去花梁头的厚度。若花梁头的厚度为九寸，可得圆垫板的长度为四尺一寸。两端外加入榫的长度。当花梁头的厚度为一尺时，入榫的长度为二寸，由此可得入榫的长度为一寸八分。以檐枋的高度减少一寸来确定垫板的高度。若檐枋的高度为七寸，可得垫板的高度为六寸。以桁条直径的十分之三来确定垫板的厚度。若桁条的直径为七寸，可得垫板的厚度为二寸一分。

花梁头的长度由桁条直径的三倍来确定。若桁条直径的三倍为二尺一寸，则花梁头的长度为二尺一寸。以平水高度的一点五倍来确定花梁头的高度。若平水的高度为六寸，可得花梁头的高度为九寸。以檐柱径增加二寸来确定花梁头的厚度，可得花梁头的厚度为九寸。

圆桁条的长度由每相邻两根柱子之间的面宽来确定。若面宽为五尺，则圆桁条的长度为五尺。当圆桁条的直径为一尺时，两端外加的搭交榫的长度为三寸。圆桁条的直径与檐柱的直径相同。

【原文】凡扒梁以进深八五定长。如进深一丈，得扒梁长八尺五寸。外加桁条径脊面一份，如脊面宽二寸一分，并之，得扒梁通长八尺七寸一分。以檐柱径加二寸定厚，得厚九寸。以本身之厚每尺加二寸定高，得高一尺八分。

凡井口扒梁以每面阔定长。如每面阔五尺，即长五尺。高、厚与扒梁同。

凡交金橔以步架加举定高。如步架深二尺五寸，按五举加之，得高一尺二寸五分。又加桁椀高二寸三分，共高一尺四寸八分。内除扒梁之高一尺八分，得交金橔净高四寸。以桁条径三份定长，得长二尺一寸。以扒梁之厚收二寸定厚，得厚七寸。

凡金枋以每面阔半份定长。如每面阔五尺，即金枋长二尺五寸。不用垫板，照檐枋高、厚各收二寸定高、厚。

凡金桁以每面阔半份定长。如每面阔五尺，即长二尺五寸。每径一尺，外加搭交榫长三寸。径与檐桁同。

凡由戗以步架一份定长。如步架一份深二尺五寸，用方五斜七之法加斜长，又按一二五加举，得长四尺三寸七分。以椽径三份定高，二份定厚，得高六寸三分，厚四寸二分。

凡雷公柱以檐柱径一份半定径。如檐柱径七寸，得径一尺五分。以本身之径七份定长，得长七尺三寸五分。

【译解】扒梁的长度由进深的零点八五倍来确定。若进深为一丈，可得扒梁的长度为八尺五寸。外加桁条的脊面宽度，若桁条的脊面宽度为二寸一分，与前述长度相加，可得扒梁的总长度为八尺七寸一分。以檐柱径增加二寸来确定扒梁的厚度，由此可得扒梁的厚度为九寸。以自身的厚度来确定扒梁的高度。当自身的厚度为一尺时，扒梁的高度为一尺二寸。由此可得扒梁的高度为一尺八分。

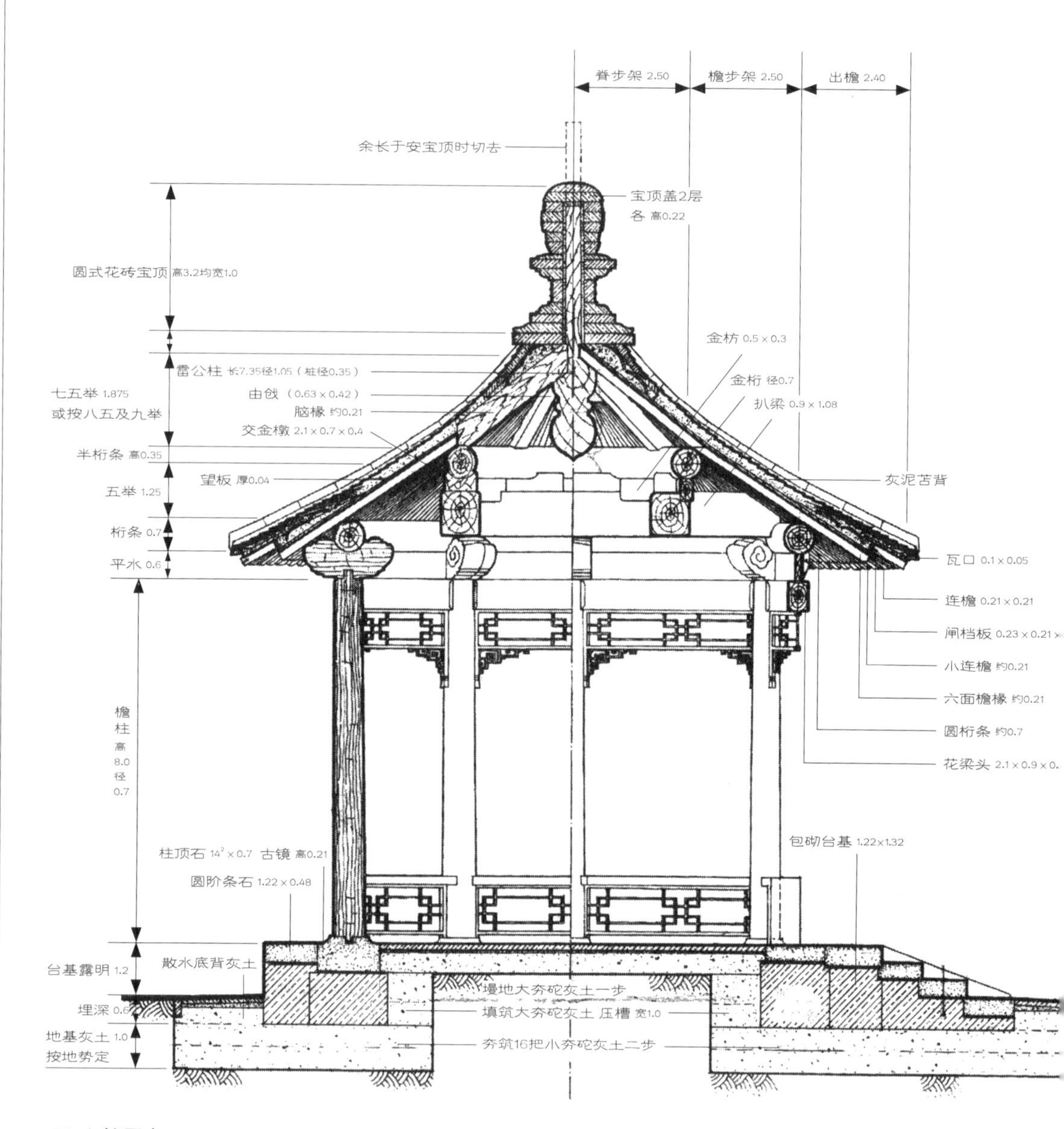

□ 六柱圆亭

相较八柱亭台而言，六柱亭台属于体量较小的建筑，此类圆亭的顶通常为圆形攒尖顶，以形成上下呼应的效果。

井口扒梁的长度由每相邻两根柱子之间的面宽来确定。若面宽为五尺，则井口扒梁的长度为五尺。井口扒梁的高度和厚度与扒梁的高度和厚度相同。

交金墩的高度由步架的长度和举的比例来确定。若步架的长度为二尺五寸，使用五举的比例，可得交金墩的高度为一尺二寸五分，加桁椀的高度二寸三分，可得交金墩的总高度为一尺四寸八分。减去扒梁的高度一尺八分，可得交金墩的净高度为四寸。以桁条直径的三倍来确定交金墩的长度，可得交金墩的长度为二尺一寸。以扒梁的厚度减少二寸来确定交金墩的厚度，可得交金墩的厚度为七寸。

金枋的长度由每相邻两根柱子之间的面宽的一半来确定。若面宽为五尺，则金枋的长度为二尺五寸。如果不使用垫板，则枋子的高度和厚度在檐枋的基础上各减少二寸。

金桁的长度由每相邻两根柱子之间的面宽的一半来确定。若面宽为五尺，则金桁的长度为二尺五寸。当金桁的直径为一尺时，两端外加的搭交榫的长度为三寸。金桁的直径与檐桁的直径相同。

由戗的长度由步架的长度来确定。若步架的长度为二尺五寸，用方五斜七法计算之后，再使用一二五举的比例，可得由戗的长度为四尺三寸七分。以椽子直径的三倍来确定由戗的高度，以椽子直径的两倍来确定由戗的厚度，可得由戗的高度为六寸三分，由戗的厚度为四寸二分。

雷公柱的直径由檐柱径的一点五倍来确定。若檐柱径为七寸，可得雷公柱的直径为一尺五分。以自身直径的七倍来确定雷公柱的长度，可得雷公柱的长度为七尺三寸五分。

【原文】凡六面檐椽以步架并出檐加举定长。如步架深二尺五寸，又加出檐照柱高十分之三，得二尺四寸，共长四尺九寸。又按一一五加举，得通长五尺六寸三分。如用飞檐椽，内除飞檐头长九寸二分，得檐椽子净长四尺七寸一分。以桁条径十分之三定径寸。如桁条径七寸，得径二寸一分。每椽空档，随椽径一份，但椽数应成双。档之宽窄，随数均匀。

凡六面飞檐椽以出檐定长。如出檐二尺四寸，按一一五加举，得长二尺七寸六分。三份分之，出头一份得长九寸二分，后尾二份半得长二尺三寸，加之，得飞檐椽通长三尺二寸二分。见方与檐椽径寸同。

凡脑椽以面阔半份定根数。以步架加举定长。如步架深二尺五寸，按一二五加举，得脑椽长三尺一寸二分。每面长椽二根，其余长短椽折半核算。径与檐椽同。

凡连檐以每面阔定长。如每面阔五尺，即长五尺。高、厚与飞檐椽见方同。

凡瓦口之长与连檐同。以椽径半份定高。如椽径二寸一分，得瓦口高一寸。以本身之高折半定厚，得厚五分。

【译解】六面檐椽的长度由步架的长度加出檐的长度和举的比例来确定。若步架的长度为二尺五寸，出檐的长度为檐柱高度的十分之三，即二尺四寸，将两个高度相加，可得总长度为四尺九寸。使用一一五举的比例，可得檐椽的总长度为五尺六寸三分。若使用飞檐椽，需减去飞檐头的长度九寸二分，可得檐椽的净长度为四尺七寸一分。以桁条直径的十分之三来确定檐椽的直径。若桁条的直径为七寸，可得檐椽的直径为二寸一分。每两根椽子的空档宽度与椽子的宽度相同。每个房间使用的椽子数量都应为双数，空档宽度应均匀。

六面飞檐椽的长度由出檐的长度来确定。若出檐的长度为二尺四寸，使用一一五举的比例，可得六面飞檐椽的长度为二尺七寸六分。将此长度三等分，每小段长度为九寸二分。椽子的出头部分的长度与每小段长度的尺寸相同，即九寸二分。椽子的后尾长度为该小段长度的二点五倍，即二尺三寸。将两个长度相加，可得飞檐椽的总长度为三尺二寸二分。飞檐椽的截面正方形边长与檐椽的直径相同。

脑椽的根数由面宽的一半来确定，脑椽的长度由步架的长度和举的比例来确定。若步架的长度为二尺五寸，使用一二五举的比例，可得脑椽的长度为三尺一寸二分。每个面使用两根长椽，其余椽子的长度按比例进行计算。脑椽的直径与檐椽的直径相同。

连檐的长度由每相邻两根柱子之间的面宽来确定。若面宽为五尺，则连檐的长度为五尺。连檐的高度和厚度与飞檐椽的截面边长相同。

瓦口的长度与连檐的长度相同。以椽子直径的一半来确定瓦口的高度。若椽子的直径为二寸一分，可得瓦口的高度为一寸。以自身高度的一半来确定瓦口的厚度，可得瓦口的厚度为五分。

【原文】凡闸档板以椽档分位定长。如椽档宽二寸一分，即闸档板长二寸一分。外加入槽每寸一分。高随椽径尺寸。以椽径十分之二定厚。如椽径二寸一分，得闸档板厚五分。

凡小连檐以每面阔得长。其宽随椽径一份。厚照望板之厚一份半。

凡望板以面阔、进深、出檐并加举折见方丈核算。以椽径十分之二定厚。如椽径二寸一分，得望板厚四分。

凡圆枋、垫板、桁条木料，应加二倍核算，每净厚一寸，得厚三寸，其锯下木料量材选用。

以上俱系大木做法。内由戗、脑椽或按一三加举，或一三五加举核算，临期酌定。其余斗科及装修等件并各项工料，逐款分别，另册开载。

凡四柱、六柱、八柱圆亭，俱按所定进深以径一围三分算面阔尺寸。如进深一丈，得径三丈，四柱每面阔七尺五寸，八柱每面阔三尺七寸五分。

【译解】闸档板的长度由椽档的位置来确定。若椽子之间的宽度为二寸一分，则闸档板的长度为二寸一分。在闸档板的外侧开槽，每寸长度开槽一分。闸档板的高度与椽子的直径相同。以椽子直径的十分之二来确定闸档板的厚度。若椽子的直径为二寸一分，可得闸档板的厚度为五分。

小连檐的长度由每相邻两根柱子之间的面宽来确定。小连檐的宽度与椽子的直径尺寸相同，小连檐的厚度为望板厚度的一点五倍。

望板的长度和宽度由面宽、进深和出檐的长度加举的比例折算成矩形的边长来确定。以椽子直径的十分之二来确定横望板的厚度。若椽子的直径为二寸一分，可得横望板的厚度为四分。

制作枋子、垫板和桁条等所使用的木料，应当在用量的基础上增加二倍备料。若工件的净厚度为一寸，则木料的厚度应为三寸。锯下的木料可根据实际情况，在制作其他构件时选取使用。

上述计算方法均适用于大木建筑。内由戗和脑椽在制作时，可使用一三举的比例或一三五举的比例进行计算，具体计算方法由实际情况来确定。其他斗栱和装修部件等工程材料的款式和类别，另行刊载。

使用四根、六根和八根柱子的圆亭，按事先确定的进深来计算亭子的周长，并由此计算面宽，进深与亭子的周长的比例为一比三。若进深为一丈，可得亭子的周长为三丈。使用四根柱子的亭子，每相邻两根柱子之间的面宽为七尺五寸。使用八根柱子的亭子，每相邻两根柱子之间的面宽为三尺七寸五分。

卷二十四

本卷详述建造七檩进深的，大木小式建筑的方法。

七檩小式大木做法

【译解】建造七檩进深的大木小式建筑的方法。

【原文】凡檐柱以面阔十分之八定高低，百分之七定径寸。如面阔一丈五寸，得柱高八尺四寸，径七寸三分。如次间、梢间面阔比明间窄小者，其柱、檩、柁、枋等木径寸，仍照明间。至次间、梢间面阔，临期酌夺地势定尺寸。

凡金柱以出廊加举定高低。如出廊深三尺，按五举加之，得高一尺五寸。并檐柱高八尺四寸，得通长九尺九寸。以檐柱径加一寸定径寸。如檐柱径七寸三分，得金柱径八寸三分。以上柱子，每径一尺，外加榫长一寸五分。

凡山柱以进深加举定高低。如通进深一丈八尺，内除前后廊六尺，得进深一丈二尺。分为四步架，每坡得二步架，每步架深三尺。第一步架按七举加之，得高二尺一寸。第二步架按九举加之，得高二尺七寸，又加平水高六寸三分，再加檩径三分之一作桁椀，长二寸四分，共高五尺六寸七分，并金柱之高九尺九寸，得通长一丈五尺五寸七分。径寸与金柱同。每径一尺，外加榫长一寸五分。

凡抱头梁以出廊定长短。如出廊深三尺，一头加檩径一份，得柁头分位，一头加金柱径半份，又出榫照檐柱径半份，得通长四尺五寸一分。以檐柱径加一寸定厚。如柱径七寸三分，得厚八寸三分。高按本身厚每尺加二寸，得高九寸九分。

凡穿插枋以出廊定长短。如出廊深三尺，一头加檐柱径半分，一头加金柱径半分，又两头出榫照檐柱径一份，得通长四尺五寸一分。高、厚与檐枋同。

【译解】檐柱的高度由面宽的十分之八来确定，直径由面宽的百分之七来确定。若面宽为一丈五寸，可得檐柱的高度为八尺四寸，直径为七寸三分。次间和梢间的面宽比明间的小，但是其所使用的柱子、檩子、柁和枋子等木制构件，尺寸与明间的相同。具体的面宽尺寸需在实际建造过程中由地势来确定。

金柱的高度由出廊的进深和举的比例来确定。若出廊的进深为三尺，使用五举的比例，可得高度为一尺五寸，再加檐柱的高度八尺四寸，可得金柱的总高度为九尺九寸。以檐柱径增加一寸来确定金柱径。若檐柱径为七寸三分，可得金柱径为八寸三分。以上所提到的柱子，当直径为一尺时，外加的入榫的长度为一寸五分。

山柱的高度由进深和举的比例来确定。若通进深为一丈八尺，减去前后廊的进深六尺，可得净进深为一丈二尺。将此长度分为四个步架，前后坡各为两个步架，每步架的长度为三尺。第一步架使用七举的比例，可得高度为二尺一寸。第二步架使用九举的比例，可得高度为二尺七寸。外加平水的高度六寸三分，再加檩子直径的三分之一作为桁椀，桁椀的高度为二寸四分，前述各高度相加，可得高度为五尺六寸七分，再加金柱的高度九尺九寸，可得山柱的总高度为一丈五尺五寸七分。山柱径与金柱径尺寸相同。当山柱径为一尺时，外加的榫的长度为一寸五分。

抱头梁的长度由出廊的进深来确定。若出廊的进深为三尺，一端增加檩子的直径，即为柁头的长度。一端增加金柱径的一半，再加出榫的长度，出榫的长度为檐柱径的一半，可得抱头梁的总长度为四尺五寸一分。以檐柱径的长度增加一寸来确定檐柱径的厚度。若檐柱径为七寸三分，可得抱头梁的厚度为八寸三分。抱头梁的高度由自身的厚度来确定，当自身的厚度为一尺时，抱头梁的高度为一尺二寸，由此可得抱头梁的高度为九寸九分。

穿插枋的长度由出廊的进深来确定。若出廊的进深为三尺，一端增加檐柱径的一半，一端增加金柱径的一半，两端有出榫，出榫的长度为檐柱径的一半。由此可得穿插枋的总长度为四尺五寸一分。穿插枋的高度和厚度与檐枋的高度和厚度相同。

【原文】凡五架梁以进深定长短。如通进深一丈八尺，内除前后廊六尺，得进深一丈二尺。两头各加檩径一份得柁头分位。如檩径七寸三分，得通长一丈三尺四寸六分。以金柱径加一寸定厚，如柱径八寸三分，得厚九寸三分，高按本身厚加二寸，得高一尺一寸三分。

凡金瓜柱以步架一份加举定高低。如步架一份深三尺，按七举加之，得高二尺一寸，内除五架梁高一尺一寸三分，得净高九寸七分。以三架梁之厚收一寸定径寸，如三架梁厚七寸三分，得径六寸三分，外加上、下榫各长三寸。

凡三架梁以步架二份定长短。如步架二份深六尺，两头各加檩径一份，得柁头分位。如檩径七寸三分，得通长七尺四寸六分。以五架梁高、厚各收二寸定高、厚。如五架梁高一尺一寸三分，厚九寸三分，得高九寸三分，厚七寸三分。

凡脊瓜柱以步架一份加举定高低。如步架一份深三尺，按九举加之，得高二尺七寸，又加平水高六寸三分，再加檩径三分之一作桁椀，长二寸四分。共高三尺五寸七分。内除三架梁之高九寸三分，得净高二尺六寸四分。径寸与金瓜柱同。外加下榫长一寸五分。

凡双步梁以步架二份定长短。如步架二份深六尺，一头加檩径一份，得柁头分位。如檩径七寸三分，得通长六尺七寸三分。以金柱径加一寸定厚，如柱径八寸三分，得厚九寸三分。高按本身厚每尺加二寸，得高一尺一寸[illegible]分。

凡单步梁以步架一份定长短。如步架一份深三尺，一头加檩径一份得柁头分位，如檩径七寸三分，得通长三尺七寸三分。以双步梁高、厚各收二寸定高、厚。如双步梁高一尺一寸一分。厚九寸三分，

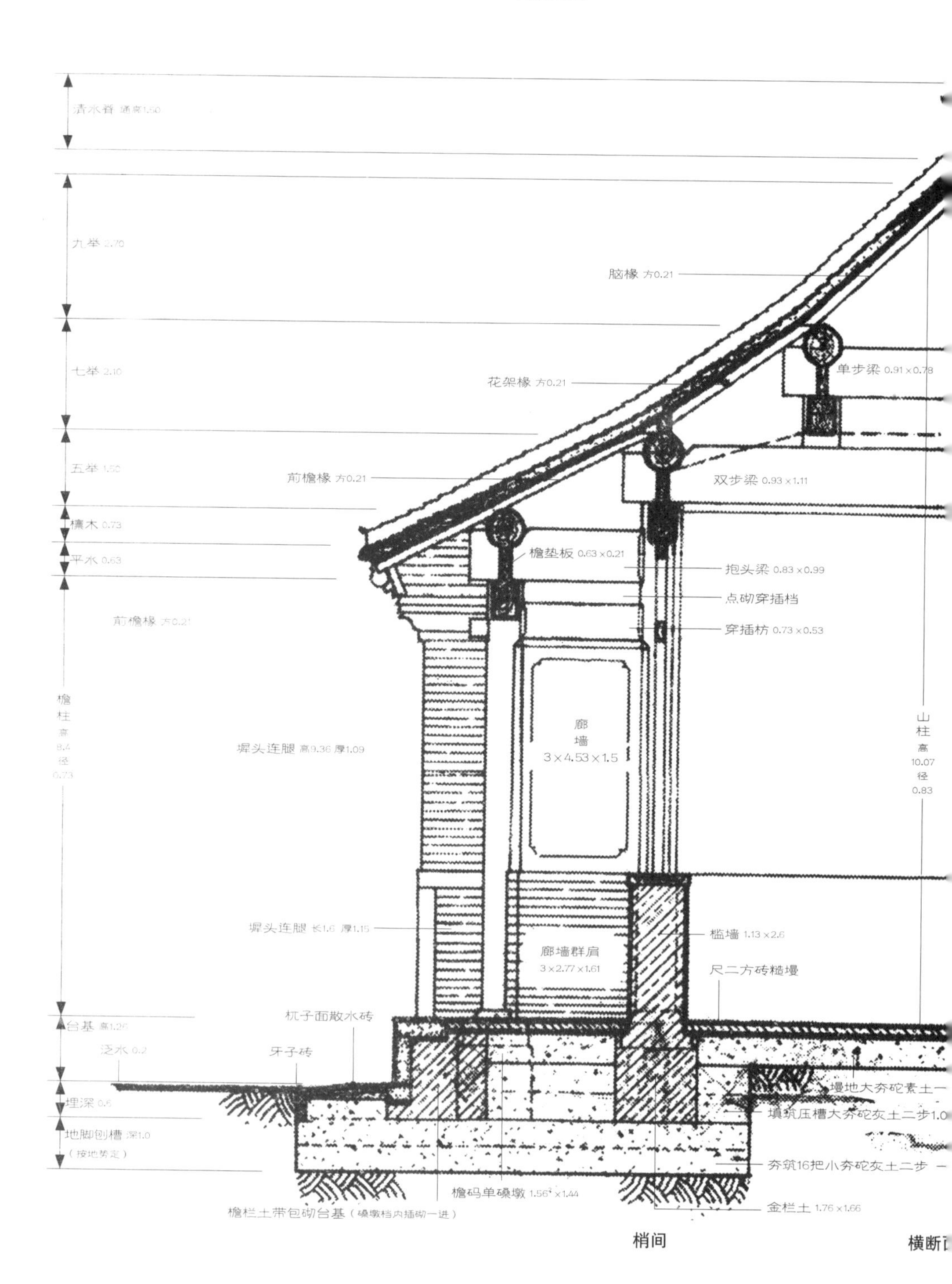
山面立面
清水脊 通高1.60
九举 2.70
七举 2.10
五举 1.50
檩木 0.73
平水 0.63
前檐椽 方0.21
檐柱 高 8.4 径 0.73
台基 高1.26
泛水 0.2
埋深 0.5
地脚刨槽 深1.0 （按地势定）
脑椽 方0.21
花架椽 方0.21
前檐椽 方0.21
单步梁 0.91×0.78
双步梁 0.93×1.11
檐垫板 0.63×0.21
抱头梁 0.83×0.99
点砌穿插档
穿插枋 0.73×0.53
山柱 高 10.07 径 0.83
墀头连腿 高9.36 厚1.09
廊墙 3×4.53×1.5
墀头连腿 长1.6 厚1.15
槛墙 1.13×2.6
廊墙群肩 3×2.77×1.61
尺二方砖糙墁
机子面散水砖
牙子砖
墁地大夯砣素土一
填筑压槽大夯砣灰土二步1.0
夯筑16把小夯砣灰土二步
檐码单磉墩 1.56²×1.44
金栏土 1.76×1.66
檐栏土带包砌台基（磉墩档内插砌一进）
梢间
横断

□ 七檩小式大木做法

在我国古代的大木建筑中，小式建筑是一类级别低于大式建筑的建筑结构和制作方法的统称。此二者最明显的区别在于：大式建筑绝大多数使用斗栱，小式建筑则不使用斗栱。后者常见于宫殿、寺庙等官式建筑的配房或配殿，亦常见于民间建筑。屋脊，屋脊于顶部汇成攒尖，在攒尖之处则安装宝顶。

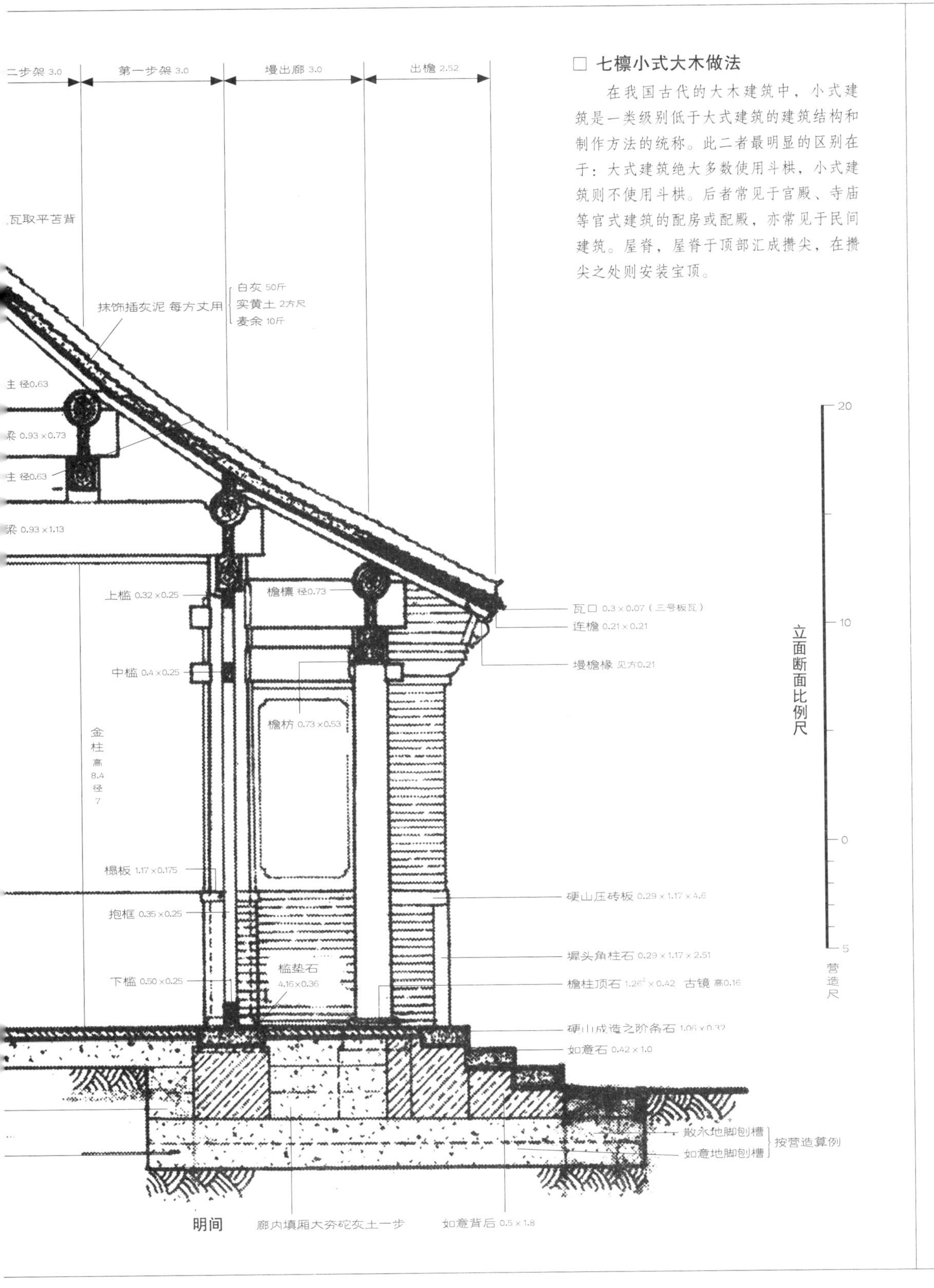

得高九寸一分。厚七寸三分。

【译解】五架梁的长度由进深来确定。若通进深为一丈八尺，减去前后廊的进深六尺，可得净进深为一丈二尺。两端各增加檩子的直径作为柁头的长度。若檩子的直径为七寸三分，可得五架梁的总长度为一丈三尺四寸六分。以金柱径增加一寸来确定五架梁的厚度。若金柱径为八寸三分，可得五架梁的厚度为九寸三分，五架梁的高度由自身的厚度来确定。当五架梁的厚度为一尺时，高度为一尺二寸。由此可得五架梁的高度为一尺一寸三分。

金瓜柱的高度由步架的长度和举的比例来确定。若步架的长度为三尺，使用七举的比例，可得金瓜柱的高度为二尺一寸。减去五架梁的高度一尺一寸三分，可得金瓜柱的净高度为九寸七分。以三架梁的厚度减少一寸来确定金瓜柱的直径，若三架梁的厚度为七寸三分，可得金瓜柱的直径为六寸三分。金瓜柱外加的上下榫的长度均为三寸。

三架梁的长度由步架长度的两倍来确定。若步架长度的两倍为六尺，两端各增加檩子的直径作为柁头的长度。若檩子的直径为七寸三分，可得三架梁的总长度为七尺四寸六分。以五架梁的高度和厚度各减少二寸来确定三架梁的高度和厚度。若五架梁的高度为一尺一寸三分，厚度为九寸三分，可得三架梁的高度为九寸三分，厚度为七寸三分。

脊瓜柱的高度由步架的长度和举的比例来确定。若步架的长度为三尺，使用九举的比例，可得脊瓜柱的高度为二尺七寸。外加平水的高度六寸三分，再加檩子直径的三分之一作为桁椀，桁椀的高度为二寸四分。将几个高度相加，可得高度为三尺五寸七分。减去三架梁的高度九寸三分，可得脊瓜柱的净高度为二尺六寸四分。脊瓜柱的直径与金瓜柱的直径相同。脊瓜柱下方入榫的长度为一寸五分。

双步梁的长度由步架长度的两倍来确定。若步架长度的两倍为六尺，一端增加檩子的直径作为柁头的长度。若檩子的直径为七寸三分，可得双步梁的总长度为六尺七寸三分。以金柱径增加一寸来确定双步梁的厚度。若金柱径为八寸三分，可得双步梁的厚度为九寸三分。双步梁的高度为自身的厚度增加二寸，由此可得双步梁的高度为一尺一寸一分。

单步梁的长度由步架的长度来确定。若步架的长度为三尺，一端增加檩子的直径作为柁头的长度。若檩子的直径为七寸三分，可得单步梁的总长度为三尺七寸三分。以双步梁的高度和厚度各减少二寸来确定单步梁的高度和厚度。若双步梁的高度为一尺一寸一分，厚度为九寸三分，可得单步梁的高度为九寸一分，厚度为七寸三分。

【原文】凡金、脊、檐枋以面阔定长短。如面阔一丈五寸，内除柱径一份，外加两头入榫分位，各按柱径四分之一，得长一丈一寸三分。以檐柱径寸定高。如柱

径七寸三分，即高七寸三分。厚按本身高收二寸，得厚五寸三分。如金、脊枋不用垫板，照檐枋宽、厚各收二寸。

凡垫板以面阔定长短。如面阔一丈五寸，内除柁头分位一份，外加两头入榫尺寸，照柁头之厚每尺加滚楞二寸，得长九尺八寸三分。以檐枋之高收一寸定宽。如檐枋高七寸三分，得宽六寸三分。以檩径十分之三定厚。如檩径七寸三分，得厚二寸一分。宽六寸以上者，照檐枋高收分一寸；六寸以下者不收分。其脊垫板照面阔除脊瓜柱径一份。外加两头入榫尺寸，各按瓜柱径四分之一。

凡檩木以面阔定长短。如面阔一丈五寸，即长一丈五寸。如独间成造者，应两头照柱径各加半份。若有次间、梢间者，应一头加山柱径半份。径寸俱与檐柱同。

凡前后檐椽以出廊并出檐加举定长短。如出廊深三尺，又加出檐尺寸照檐柱高十分之三，得二尺五寸二分，共长五尺五寸二分。又按一一五加举，得通长六尺三寸四分。以檩径十分之三定见方，如檩径七寸三分，得见方二寸一分。每丈用椽二十根。每间椽数，俱应成双。

凡花架椽以步架一份加举定长短。如步架一份深三尺，按一二五加举，得通长三尺七寸五分。见方与檐椽同。

【译解】金枋、脊枋和檐枋的长度由面宽来确定。若面宽为一丈五寸，减去檐柱径的尺寸，两端外加入榫的长度，入榫的长度均为檐柱径的四分之一，可得檐枋的长度为一丈一寸三分。以檐柱径来确定枋子的高度。若檐柱径为七寸三分，则枋子的高度为七寸三分。枋子的厚度为自身的高度减少二寸，由此可得枋子的厚度为五寸三分。若金枋和脊枋不使用垫板，则其宽度和厚度在檐枋的基础上各减少二寸。

垫板的长度由面宽来确定。若面宽为一丈五寸，减去柁头的长度，两端外加入榫的长度。当柁头的厚度为一尺时，入榫的长度为一尺二寸，由此可得垫板的长度为九尺八寸三分。以檐枋的高度减少一寸来确定垫板的宽度。若檐枋的高度为七寸三分，可得垫板的宽度为六寸三分。以檩子直径的十分之三来确定垫板的厚度。若檩子的直径为七寸三分，可得垫板的厚度为二寸一分。当垫板的宽度超过六寸时，垫板的高度较檐枋的高度减少一分。当垫板的宽度不足六寸时，按实际数值进行计算。脊垫板为面宽减去脊瓜柱的直径，两端外加入榫的长度，入榫的长度为柱径的四分之一。

檩子的长度由面宽来确定。若面宽为一丈五寸，则檩子的长度为一丈五寸。如果面宽方向只有一个明间，那么檩子两端均应增加山柱径的一半。如果面宽方向有次间或梢间，应当只在一端增加山柱径的一半。檩子的直径与檐柱的直径相同。

前后檐椽的长度由出廊的进深加出檐的长度和举的比例来确定。若出廊的进深为三尺，出檐的长度为檐柱高度的十分之三，即二尺五寸二分，与出廊的进深相加后的长度为五尺五寸二分。使用一一五举的比例，可得檐椽的总长度为六尺三寸四分。以檩子直径的十分之三来确定檐椽的截面正方形的边长。若檩子的直径为七寸三分，可得檐椽的截面正方形的边长为二寸一分。每丈宽度使用二十根椽子。每个房间使用的椽子数量都应为双数，空档宽度应均匀。

花架椽的长度由步架的长度和举的比例来确定。若步架的长度为三尺，使用一二五举的比例，可得花架椽的长度为三尺七寸五分。花架椽的截面边长与檐椽的截面边长相同。

【原文】凡脑椽以步架一份加举定长短。如步架一份深三尺，按一三五加举，得通长四尺五分。见方与檐椽同。以上檐、脑椽一头加搭交尺寸，花架椽两头各加搭交尺寸，俱照椽径一份。

凡连檐以面阔定长短。如面阔一丈，即长一丈。梢间应加墀头分位。宽、厚同檐椽。

凡瓦口长短随连檐。以所用瓦料定高、厚。如头号板瓦中高二寸，三份均开，二份作底台，一份作山子，又加板瓦本身高二寸，得头号瓦口净高四寸。如二号板瓦中高一寸七分，三份均开，二份作底台，一份作山子，又加板瓦本身高一寸七分，得二号瓦口净高三寸四分。如三号板瓦中高一寸五分，三份均开，二份作底台，一份作山子，又加板瓦本身高一寸五分，得三号瓦口净高三寸。其厚俱按瓦口净高尺寸四分之一，得头号瓦口厚一寸，二号瓦口厚八分，三号瓦口厚七分。如用筒瓦，即随头二三号板瓦瓦口，应除山子一份之高。厚与板瓦瓦口同。

以上俱系大木做法。其余各项工料及装修等件，逐款分别，另册开载。

如特将面阔、进深、柱高改放宽敞高矮，其木柱径寸等项，照所加高矮尺寸加算。耳房、配房、群廊等房，照正房配合高、宽，其木柱径寸，亦照加高核算。

【译解】脑椽的长度由步架的长度和举的比例来确定。若步架的长度为三尺，使用一三五举的比例，可得脑椽的长度为四尺五分。脑椽的截面边长与檐椽的截面边长相同。上述的檐椽和脑椽一端外加搭交的长度，在花架椽两端均外加搭交的长度，搭交的长度均与椽子的直径相同。

连檐的长度由面宽来确定。若面宽为一丈，则连檐的长度为一丈。在梢间的连檐上要增加墀头的长度。连檐的宽度和厚度与檐椽的直径相同。

瓦口的长度与连檐的长度相同。以所使用的瓦料情况来确定瓦口的高度和厚度。若头号板瓦的高度为二寸，把它三等分，将其中的三分之二作为底台，三分之一作为山子。再加板瓦的高度二寸，可得头号瓦口的净高度为四寸。若二号板瓦的高度为一寸七分，把它三等分，将其中的三分之二作为底台，三分之一作为山子，再加板瓦的高度一寸七分，可得二号瓦口的净高度为三寸四分。若三号板瓦的高度为一寸五分，把它三等分，将其中的三分之二作为底台，三分之一作为山子，再加板瓦的高度一寸五分，可得三号瓦口的净高度为三寸。瓦口的厚度均为瓦口净高度的四分之一，由此可得头号瓦口的厚度为一寸，二号瓦口的厚度为八分，三号瓦口的厚度为七分。若使用筒瓦，则瓦口的高度为二号和三号板瓦瓦口的高度减去山子的高度，而筒瓦瓦口的厚度与板瓦瓦口的厚度相同。

上述计算方法均适用于大木建筑，其他工程所需的材料和装修配件，另行刊载。

若面宽、进深和柱子的高度有所改变，则配套的木柱的直径尺寸应该按照改变的尺寸进行计算。耳房、配房和群廊等房间的高度和宽度，应当配合正房的尺寸。这些房间配套的木柱的直径尺寸等，也应当按照实际情况进行计算。

卷二十五

本卷详述建造六檩进深的大木小式建筑的方法。

六檩小式大木做法

【译解】建造六檩进深的大木小式建筑的方法。

【原文】凡檐柱以面阔十分之七五定高低，百分之六定径寸。如面阔一丈，得柱高七尺五寸，径六寸。如次间、梢间面阔比明间窄小者，其柱、檩、柁、枋等木径寸，仍照明间。至次间、梢间面阔，临期酌夺地势定尺寸。

凡金柱以出廊加举定高低。如出廊深三尺，按五举加之，得高一尺五寸。并檐柱高七尺五寸，得通长九尺。以檐柱径加一寸定径寸，如柱径六寸，得径七寸。以上柱子，每径一尺，外加榫长一寸五分。

凡山柱以进深加举除廊定高低。如通进深一丈五尺，内除前廊三尺，进深得一丈二尺，分为四步架，每坡得二步架，每步架深三尺。第一步架按七举加之，得高二尺一寸。第二步架按九举加之，得高二尺七寸，又加平水高五寸，再加檩径三分之一作桁椀，得长二寸，并金柱高九尺，得通长一丈四尺五寸。径寸与金柱同。每径一尺，外加榫长一寸五分。

凡抱头梁以出廊定长短。如出廊深三尺，一头加檩径一份得柁头分位，一头加金柱径半份，又出榫照檐柱径半份，得通长四尺二寸五分。以檐柱径加一寸定厚。如柱径六寸，得厚七寸。高按本身厚每尺加二寸，得高八寸四分。

凡穿插枋以出廊定长短。如出廊深三尺，一头加檐柱径半份，一头加金柱径半份，又两头出榫，照檐柱径一分，得通长四尺二寸五分。高、厚与檐枋同。

【译解】檐柱的高度由面宽的十分之七点五来确定，直径由面宽的百分之六来确定。若面宽为一丈，可得檐柱的高度为七尺五寸，直径为六寸。次间和梢间的面宽比明间的小，但其所使用的柱子、檩子、柁和枋子等木制构件的尺寸与明间的相同。具体的面宽尺寸需要在实际建造过程中由地势来确定。

金柱的高度由出廊的进深和举的比例来确定。若出廊的进深为三尺，使用五举的比例，可得金柱的高度为一尺五寸，再加檐柱的高度七尺五寸，可得金柱的总高度为九尺。以檐柱径增加一寸来确定金柱径。若檐柱径为六寸，可得金柱径为七寸。以上所提到的柱子，当直径为一尺时，外加的入榫的长度为一寸五分。

山柱的高度由进深和举的比例来确定。若通进深为一丈五尺，减去前廊的进深三尺，可得净进深为一丈二尺。将此长度分为四个步架，前后坡各为两步架，每步架的长度为三尺。第一步架使用七举的比例，可得高度为二尺一寸。第二步架使用九举的比例，可得高度为二尺七寸。外加平水的高度五寸，再加檩子直径的三分之一作为桁椀，桁椀的高度为二寸。前述各高度加金柱的高度九尺，可得山柱的总高度为一丈四尺五寸。山柱径与金柱径相同。当山柱径为一尺时，外加的榫的长度为一寸五分。

抱头梁的长度由出廊的进深来确定。若出廊的进深为三尺，一端增加檩子的直径，即为柁头的长度。一端增加金柱径的一半，再加出榫的长度，出榫的长度为檐柱径的一半，可得抱头梁的总长度为四尺二寸五分。以檐柱径的长度增加一寸来确定抱头梁的厚度。若檐柱径为六寸，可得抱头梁的厚度为七寸。抱头梁的高度由自身的厚度来确定，当自身的厚度为一尺时，其高度为一尺二寸，由此可得抱头梁的高度为八寸四分。

穿插枋的长度由出廊的进深来确定。若出廊的进深为三尺，一端增加檐柱径的一半，一端增加金柱径的一半，两端有出榫，出榫的长度为檐柱径的一半。由此可得穿插枋的总长度为四尺二寸五分。穿插枋的高度和厚度与檐枋的高度和厚度相同。

【原文】凡五架梁以进深除廊定长短。如通进深一丈五尺，内除前廊三尺，进深得一丈二尺。两头各加檩径一份得柁头分位。如檩径六寸，得通长一丈三尺二寸。以金柱径加一寸定厚。如柱径七寸，得厚八寸。高按本身厚加二寸，得高一尺。

凡金瓜柱以步架一份加举定高低。如步架一份深三尺，按七举加之，得高二尺一寸，内除五架梁高一尺，得净高一尺一寸。以三架梁之厚收一寸定径寸，如三架梁厚六寸，得径五寸。每径一尺，外加上、下榫长三寸。

凡三架梁以步架二份定长短。如步架二份深六尺，两头各加檩径一份，得柁头分位。如檩径六寸，得通长七尺二寸。以五架梁高、厚各收二寸定高、厚。如五架梁高一尺，厚八寸，得高八寸，厚六寸。

凡脊瓜柱以步架一份加举定高低。如步架一份深三尺，按九举加之，得高二尺七寸，又加平水高五寸，再加檩径三分之一作桁椀，得长二寸。通高三尺四寸。内除三架梁高八寸，得净高二尺六寸。径寸与金瓜柱同。每径一尺，外加下榫长一寸五分。

凡双步梁以步架二份定长短。如步架二份深六尺，一头加檩径一份得柁头分位。如檩径六寸，得通长六尺六寸。以金柱径加一寸定厚，如柱径七寸，得厚八寸。高按本身厚每尺加二寸，得高九寸六分。

凡单步梁以步架一份定长短。如步架一份深三尺，一头加檩径一份得柁头分位。如檩径六寸，得通长三尺六寸。以双步梁高、厚各收二寸定高、厚。如双步梁高九寸六分，厚八寸，得高七寸六分，厚六寸。

【译解】五架梁的长度由通进深减

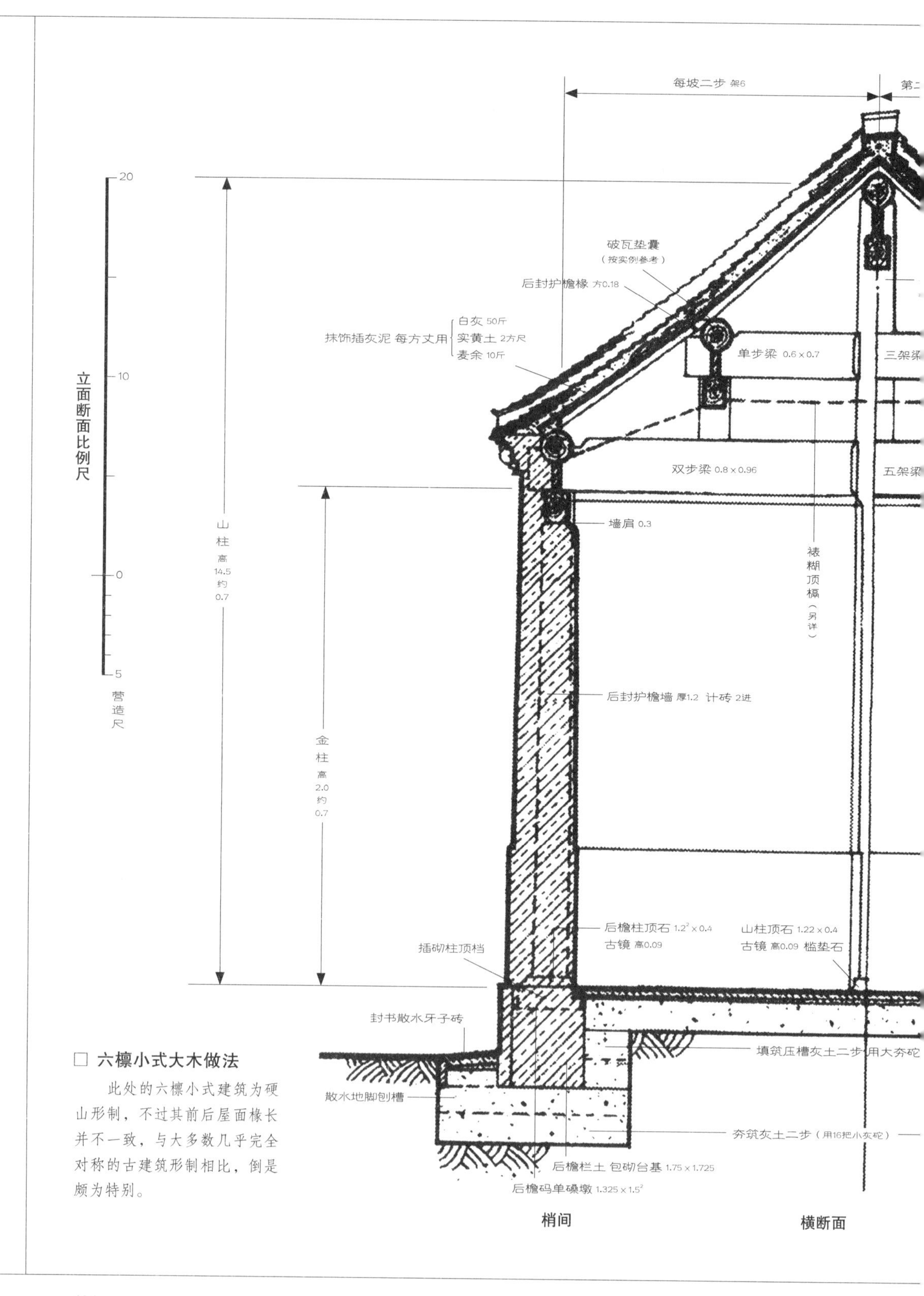

□ 六檩小式大木做法

此处的六檩小式建筑为硬山形制，不过其前后屋面椽长并不一致，与大多数几乎完全对称的古建筑形制相比，倒是颇为特别。

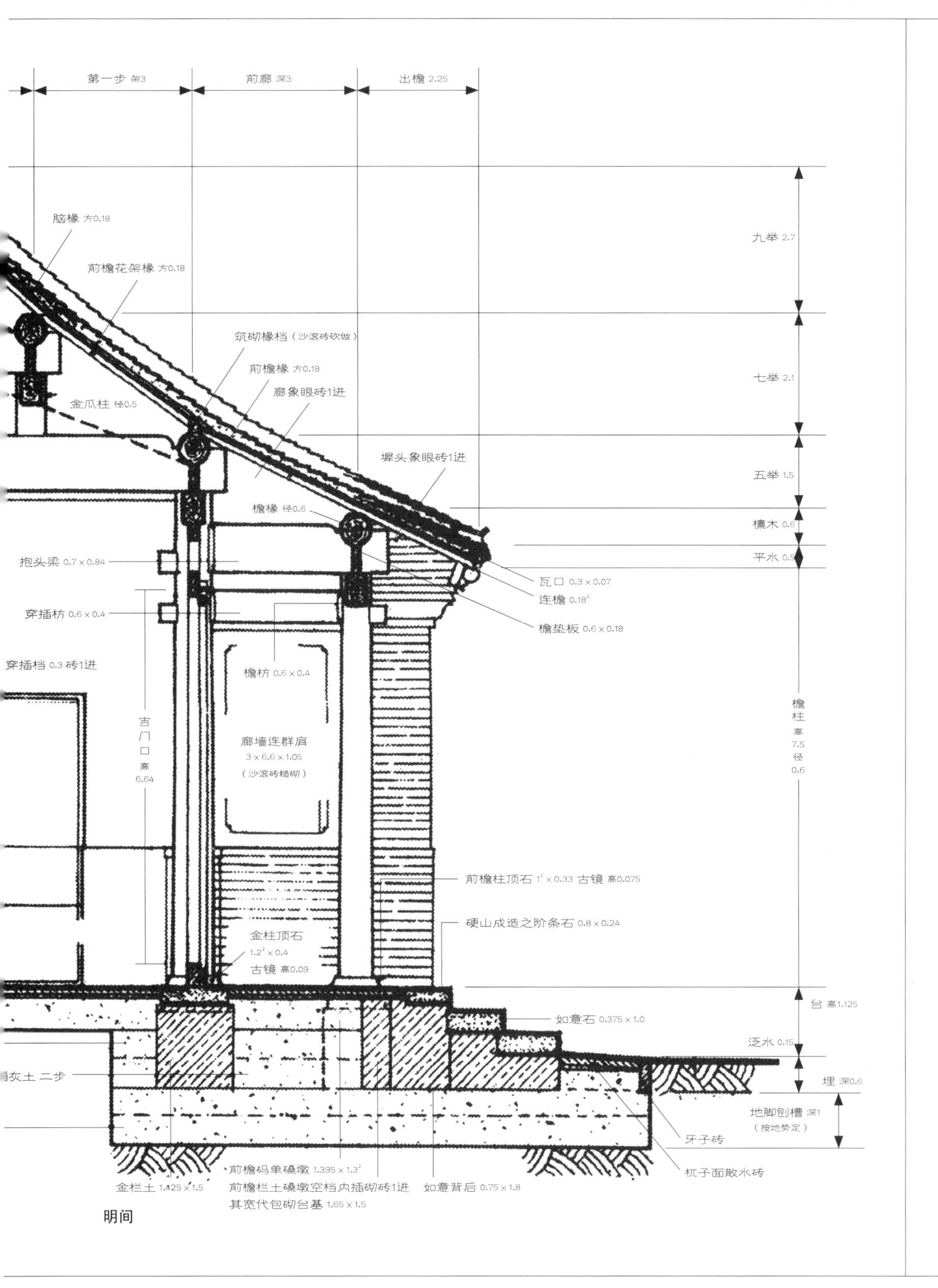
第一步 架3
前廊 深3
出檐 2.25
脑椽 方0.18
前檐花架椽 方0.18
筑砌椽档（沙滚砖砍做）
前檐椽 方0.18
廊象眼砖1进
金瓜柱 径0.5
墀头象眼砖1进
檐椽 径0.6
抱头梁 0.7×0.84
穿插枋 0.6×0.4
穿插档 0.3 砖1进
檐枋 0.6×0.4
吉门口 高 6.64
廊墙连群肩
3×6.6×1.05
（沙滚砖糙砌）
金柱顶石
1.2²×0.4
古镜 高0.09
九举 2.7
七举 2.1
五举 1.5
檩木 0.6
平水 0.5
瓦口 0.3×0.07
连檐 0.18²
檐垫板 0.6×0.18
檐柱 高 7.5 径 0.6
前檐柱顶石 1²×0.33 古镜 高0.075
硬山成造之阶条石 0.8×0.24
台 高1.125
如意石 0.375×1.0
泛水 0.15
埋 深0.6
地脚刨槽 深1
（按地势定）
牙子砖
杌子面散水砖
灰土 二步
前檐码单磉墩 1.395×1.3²
金栏土 1.425×1.5
前檐栏土磉墩空档内插砌砖1进
其宽代包砌台基 1.65×1.5
如意背后 0.75×1.8

明间

去出廊的进深来确定。若通进深为一丈五尺，减去前廊的进深三尺，可得净进深为一丈二尺。两端各增加檩子的直径作为柁头的长度。若檩子的直径为六寸，可得五架梁的总长度为一丈三尺二寸。以金柱径增加一寸来确定五架梁的厚度。若金柱径为七寸，可得五架梁的厚度为八寸，五架梁的高度由五架梁的厚度来确定。当五架梁的厚度为一尺时，高度为一尺二寸。由此可得五架梁的高度为一尺。

金瓜柱的高度由步架的长度和举的比例来确定。若步架的长度为三尺，使用七举的比例，可得金瓜柱的高度为二尺一寸。减去五架梁的高度一尺，可得金瓜柱的净高度为一尺一寸。以三架梁的厚度来确定金瓜柱的厚度。以三架梁的厚度减少一寸来确定金瓜柱的直径，若三架梁的厚度为六寸，可得金瓜柱的直径为五寸。当金瓜柱的直径为一尺时，上、下入榫的长度各为三寸。

三架梁的长度由步架长度的两倍来确定。若步架长度的两倍为六尺，两端均增加檩子的直径作为柁头的长度。若檩子的直径为六寸，可得三架梁的总长度为七尺二寸。以五架梁的高度和厚度各减少二寸，来确定三架梁的高度和厚度。若五架梁的高度为一尺，厚度为八寸，可得三架梁的高度为八寸，厚度为六寸。

脊瓜柱的高度由步架的长度和举的比例来确定。若步架的长度为三尺，使用九举的比例，可得脊瓜柱的高度为二尺七寸。外加平水的高度五寸，再加檩子直径的三分之一作为桁椀，桁椀的高度为二寸。由此可得脊瓜柱的总高度为三尺四寸，减去三架梁的高度八寸，可得脊瓜柱的净高度为二尺六寸。脊瓜柱的直径与金瓜柱的直径相同。当脊瓜柱的直径为一尺时，下方入榫的长度为一寸五分。

双步梁的长度由步架长度的两倍来确定。若步架长度的两倍为六尺，一端增加檩子的直径作为柁头的长度。若檩子的直径为六寸，可得双步梁的总长度为六尺六寸。以金柱径增加一寸来确定双步梁的厚度。若金柱径为七寸，可得双步梁的厚度为八寸。双步梁的高度为自身的厚度增加二寸，可得其高度为九寸六分。

单步梁的长度由步架的长度来确定。若步架的长度为三尺，一端增加檩子的直径作为柁头的长度。若檩子的直径为六寸，可得单步梁的总长度为三尺六寸。以双步梁的高度和厚度各减少二寸来确定单步梁的高度和厚度。若双步梁的高度为九寸六分，厚度为八寸，可得单步梁的高度为七寸六分，厚度为六寸。

【原文】凡金、脊、檐枋以面阔定长短。如面阔一丈，内除柱径一份，外加两头入榫分位，各按柱径四分之一，得长九尺七寸。以檐柱径寸定高。如檐柱径六寸，即高六寸。厚按本身高收二寸，得厚四寸。如金、脊枋不用垫板，照檐枋宽、厚各收二寸。

凡垫板以面阔定长短，如面阔一

丈，内除柁头分位一份，外加两头入榫尺寸，照抱头梁厚每尺加滚楞二寸，得长九尺四寸四分。以檐枋之高收一寸定宽。如檐枋高六寸，得宽五寸。以檩径十分之三定厚。如檩径六寸，得厚一寸八分。宽六寸以上者，照檐枋高收分一寸；六寸以下者不收分。其脊垫板照面阔除脊瓜柱径一份。外加两头入榫尺寸，各按瓜柱径四分之一。

凡檩木以面阔定长短。如面阔一丈，即长一丈。如独间成造者，应两头照柱径各加半份。若有次间、梢间者，应一头加山柱径半分。径寸俱与檐柱同。

凡前檐椽以出廊并出檐加举定长短。如出廊深三尺，又加出檐尺寸，照前檐柱高十分之三，得二尺二寸五分，共长五尺二寸五分。又按一一五加举，得通长六尺三分。如后檐椽步架深三尺，即长三尺。又加出檐尺寸，照后檐柱高十分之三，得二尺七寸，共长五尺七寸。又按一二五加举，得通长七尺一寸二分。以檩径十分之三定见方。如檩径六寸，得见方一寸八分。每丈用椽二十根。每间椽数，俱应成双。

凡后檐封护檐椽以步架加举定长短。如步架深三尺，再加檩径半份，共长三尺三寸。又按一二五加举，得通长四尺一寸二分，见方与檐椽同。

【译解】金枋、脊枋和檐枋的长度由面宽来确定。若面宽为一丈，减去柱径的尺寸，两端外加入榫的长度，入榫的长度均为柱径的四分之一，可得枋子的长度为九尺七寸。以檐柱径来确定枋子的高度。若檐柱径为六寸，则枋子的高度为六寸。枋子的厚度为自身的高度减少二寸，可得枋子的厚度为四寸。若金枋和脊枋不使用垫板，则其宽度和厚度在檐枋的基础上各减少二寸。

垫板的长度由面宽来确定。若面宽为一丈，减去柁头的长度，两端外加入榫的长度。当柁头的厚度为一尺时，入榫的长度为一尺二寸，由此可得垫板的长度为九尺四寸四分。以檐枋的高度减少一寸来确定垫板的宽度。若檐枋的高度为六寸，可得垫板的宽度为五寸。以檩子直径的十分之三来确定垫板的厚度。若檩子的直径为六寸，可得垫板的厚度为一寸八分。当垫板的宽度超过六寸时，则需按檐枋的高度减少一分。当垫板的宽度不足六寸时，则按实际数值进行计算。脊垫板为面宽减去脊瓜柱的直径。两端外加入榫的长度，入榫的长度为柱径的四分之一。

檩子的长度由面宽来确定。若面宽为一丈，则檩子的长度为一丈。如果面宽的方向只有一个明间，则檩子两端均应增加山柱径的一半。如果有次间或梢间，应当在一端增加山柱径的一半。檩子的直径与檐柱的直径相同。

前檐椽的长度由出廊的进深加出檐的长度和举的比例来确定。若出廊的进深为三尺，出檐的长度为前檐柱高度的十分之三，可得出檐的长度为二尺二寸五分，与出廊进深相加后的长度为五尺二寸五分。使用一一五举的比例，可得前檐椽的总长度为六尺三分。后檐椽的长度由步架的长度加出檐的长度和举的比例来确定。若步架的长度为三尺，出檐的长度为后檐柱高度的十分之三，可得出檐的长度为二尺七寸，两个长度相加得五尺七寸。使用一二五举的比例，可得后檐椽的总长度为七尺一寸二分。以檩子直径的十分之三来确定檐椽截面正方形的边长。若檩子的直径为六寸，可得檐椽截面正方形的边长为一寸八分。每丈长度使用二十根椽子。每个房间使用的椽子数量都应为双数，空档宽度应均匀。

后檐的封护檐椽长度由步架的长度和举的比例来确定。若步架的长度为三尺，再加檩子直径的一半，得到的长度为三尺三寸。使用一二五举的比例，可得后檐的封护檐椽的总长度为四尺一寸二分。后檐的封护檐椽的直径与前檐椽的相同。

【原文】凡前檐花架椽以步架加举定长短。如步架深三尺，按一二五加举，得通长三尺七寸五分。见方与檐椽同。

凡脑椽以步架加举定长短。如步架深三尺，按一三五加举，得通长四尺五分。见方与檐椽同。以上檐、脑椽，一头加搭交尺寸，花架椽两头各加搭交尺寸，俱照椽径一份。

凡连檐以面阔定长短。如面阔一丈，即长一丈。梢间应加墀头分位。宽、厚同檐椽。

凡瓦口长短随连檐。以所用瓦料定高、厚。如二号板瓦中高一寸七分，三份均开，二份作底台，一份作山子，又加板瓦本身高一寸七分，得二号瓦口净高三寸四分。如三号板瓦中高一寸五分，三份均开，二份作底台，一份作山子，又加板瓦本身高一寸五分，得三号瓦口净高三寸。其厚俱按瓦口净高尺寸四分之一，得二号瓦口厚八分，三号瓦口厚七分。如用筒瓦，即随二三号板瓦瓦口，应除山子一份之高。厚与板瓦瓦口同。

以上俱系大木做法，其余各项工料及装修等件逐款分别，另册开载。

如特将面阔、进深、柱高改放宽敞高矮，其木植径寸等项，照所加高矮尺寸加算。耳房、配房、群廊等房，照正房配合高、宽，其木植径寸，亦照加高核算。

【译解】前檐花架椽的长度由步架的长度和举的比例来确定。若步架的长度为三尺，使用一二五举的比例，可得前檐花架椽的长度为三尺七寸五分。而花架椽的截面边长与檐椽的截面边长相同。

脑椽的长度由步架的长度和举的比例来确定。若步架的长度为三尺，使用一三五举的比例，可得脑椽的长度为四尺五分。脑椽的截面边长与檐椽的截面边长相同。上述檐椽和脑椽的一端外加搭交的长度，在花架椽两端均外加搭交的长度，搭交的长度均与椽子的直径尺寸相同。

连檐的长度由面宽来确定。若面宽为一丈，则连檐的长度为一丈。梢间的连檐上要增加墀头的长度。连檐的宽度和厚度与檐椽的直径相同。

瓦口的长度与连檐的长度相同。以所使用的瓦料情况来确定瓦口的高度和厚度。若二号板瓦的高度为一寸七分，把这个高度三等分，将其中的三分之二作为底台，三分之一作为山子，再加板瓦的高度一寸七分，可得二号瓦口的净高度为三寸四分。若三号板瓦的高度为一寸五分，将其三等分，其中的三分之二作为底台，三分之一作为山子，再加板瓦的高度一寸五分，可得三号瓦口的净高度为三寸。所有的瓦口厚度均为瓦口净高度的四分之一，由此可得二号瓦口的厚度为八分，三号瓦口的厚度为七分。若使用筒瓦，则瓦口的高度为二号和三号板瓦瓦口的高度减去山子的高度，筒瓦瓦口的厚度与板瓦瓦口的厚度尺寸相同。

上述计算方法均适用于大木建筑，其他工程所需的材料和装修配件，另行刊载。

若面宽、进深和柱子的高度有所改变，则配套的木柱的直径尺寸应该按照改变的尺寸进行计算。耳房、配房和群廊等房间的高度和宽度，应当配合正房的尺寸。这些房间配套的木柱的直径尺寸等，也应当按照实际情况进行计算。

卷二十六

本卷详述建造五檩进深的大木小式建筑的方法。

五檩小式大木做法

【译解】建造五檩进深的大木小式建筑的方法。

【原文】凡檐柱以面阔十分之七定高低，百分之五定径寸。如面阔一丈，得柱高七尺，径五寸。每径一尺，外加榫长一寸五分。如次间、梢间面阔比明间窄小者，其柱、檩、柁、枋等木径寸，仍照明间。至次间、梢间面阔，临期酌夺地势定尺寸。

凡山柱以进深加举定高低。如进深一丈二尺，分为四步架，每坡得二步架，每步架深三尺。第一步架按五举加之，得高一尺五寸。第二步架按七举加之，得高二尺一寸，又加平水高五寸，再加檩径三分之一作桁椀，得长二寸，并檐柱高七尺，得通长一丈一尺三寸。以檐柱径加一寸定径寸。如柱径五寸，得径六寸。每径一尺，外加榫长一寸五分。

凡五架梁以进深定长短。如进深一丈二尺，两头各加檩径一份得柁头分位。如檩径六寸，得通长一丈三尺二寸。以檐柱径加二寸定厚，如柱径五寸，得厚七寸。高按本身厚加二寸，得高九寸。

凡金瓜柱以步架加举定高低。如步架深三尺，按五举加之，得高一尺五寸，内除五架梁高九寸，得净高六寸。以三架梁厚收一寸定径寸，如三架梁厚五寸，得径四寸，每径一尺，外加上、下榫长三寸。

凡三架梁以步架二份定长短。如步架二份深六尺，两头各加檩径一份，得柁头分位。如檩径六寸，得通长七尺二寸。以五架梁高、厚各收二寸定高、厚。如五架梁高九寸，厚七寸，得高七寸，厚五寸。

凡双步梁以步架二份定长短。如步架二份深六尺，一头加檩径一份，得柁头分位。如檩径六寸，得通长六尺六寸。以檐柱径加一寸定厚，如柱径五寸，得厚六寸。高按本身厚每尺加二寸，得高七寸二分。

凡单步梁以步架一份定长短。如步架一份深三尺，一头加檩径一份，得柁头分位。如檩径六寸，得通长三尺六寸。以双步梁高、厚各收一寸定高、厚。如双步梁高七寸二分，厚六寸，得高六寸二分，厚五寸。

【译解】檐柱的高度由面宽的十分之七来确定，直径由面宽的百分之五来确定。若面宽为一丈，可得檐柱的高度为七尺，直径为五寸。当檐柱径为一尺时，外加的榫的长度为一寸五分。次间和梢间的面宽比明间的小，但其使用的柱子、檩子、柁和枋子等木制构件的尺寸与明间使用的相同。具体的面宽尺寸，需要在实际建造过程中由地势来确定。

山柱的高度由进深和举的比例来确

定。若进深为一丈二尺，将此长度分为四个步架，前后坡各为两步架，每步架的长度为三尺。第一步架使用五举的比例，可得高度为一尺五寸。第二步架使用七举的比例，可得高度为二尺一寸。外加平水的高度五寸，再加檩子直径的三分之一作为桁椀，桁椀的高度为二寸。前述各高度加檐柱的高度七尺，可得山柱的总高度为一丈一尺三寸。以檐柱径增加一寸来确定山柱径。若檐柱径为五寸，可得山柱径为六寸。当山柱径为一尺时，外加的榫的长度为一寸五分。

五架梁的长度由进深来确定。若进深为一丈二尺，两端各增加檩子的直径，作为柁头的长度。若檩子的直径为六寸，可得五架梁的总长度为一丈三尺二寸。以檐柱径增加二寸来确定五架梁的厚度。若檐柱径为五寸，可得五架梁的厚度为七寸。五架梁的高度为自身的厚度增加二寸，由此可得五架梁的高度为九寸。

金瓜柱的高度由步架的长度和举的比例来确定。若步架的长度为三尺，使用五举的比例，可得金瓜柱的高度为一尺五寸，减去五架梁的高度九寸，可得金瓜柱的净高度为六寸。以三架梁的厚度减少一寸来确定金瓜柱的直径，若三架梁的厚度为五寸，可得金瓜柱的直径为四寸。当金瓜柱的直径为一尺时，外加的上下榫的长度为三寸。

三架梁的长度由步架长度的两倍来确定。若步架长度的两倍为六尺，两端均增加檩子的直径作为柁头的长度。若檩子的直径为六寸，可得三架梁的总长度为七尺二寸。以五架梁的高度和厚度各减少二寸，来确定三架梁的高度和厚度。若五架梁的高度为九寸，厚度为七寸，可得三架梁的高度为七寸，厚度为五寸。

双步梁的长度由步架长度的两倍来确定。若步架长度的两倍为六尺，一端增加檩子的直径作为柁头的长度。若檩子的直径为六寸，可得双步梁的总长度为六尺六寸。以檐柱径增加一寸来确定双步梁的厚度，若檐柱径为五寸，可得双步梁的厚度为六寸。双步梁的高度按自身的厚度每尺增加二寸，由此可得双步梁的高度为七寸二分。

单步梁的长度由步架的长度来确定。若步架的长度为三尺，一端增加檩子的直径作为柁头的长度。若檩子的直径为六寸，可得单步梁的总长度为三尺六寸。以双步梁的高度和厚度各减少一寸来确定单步梁的高度和厚度。若双步梁的高度为七寸二分，厚度为六寸，可得单步梁的高度为六寸二分，厚度为五寸。

【原文】凡脊瓜柱以步架加举定高低。如步架深三尺，按七举加之，得高二尺一寸，又加平水高五寸，再加檩径三分之一作桁椀，长二寸。得通高二尺八寸。内除三架梁高七寸，得净高二尺一寸。径寸与金瓜柱同。每径一尺，外加下榫长一寸五分。

凡金、脊、檐枋以面阔定长短。如

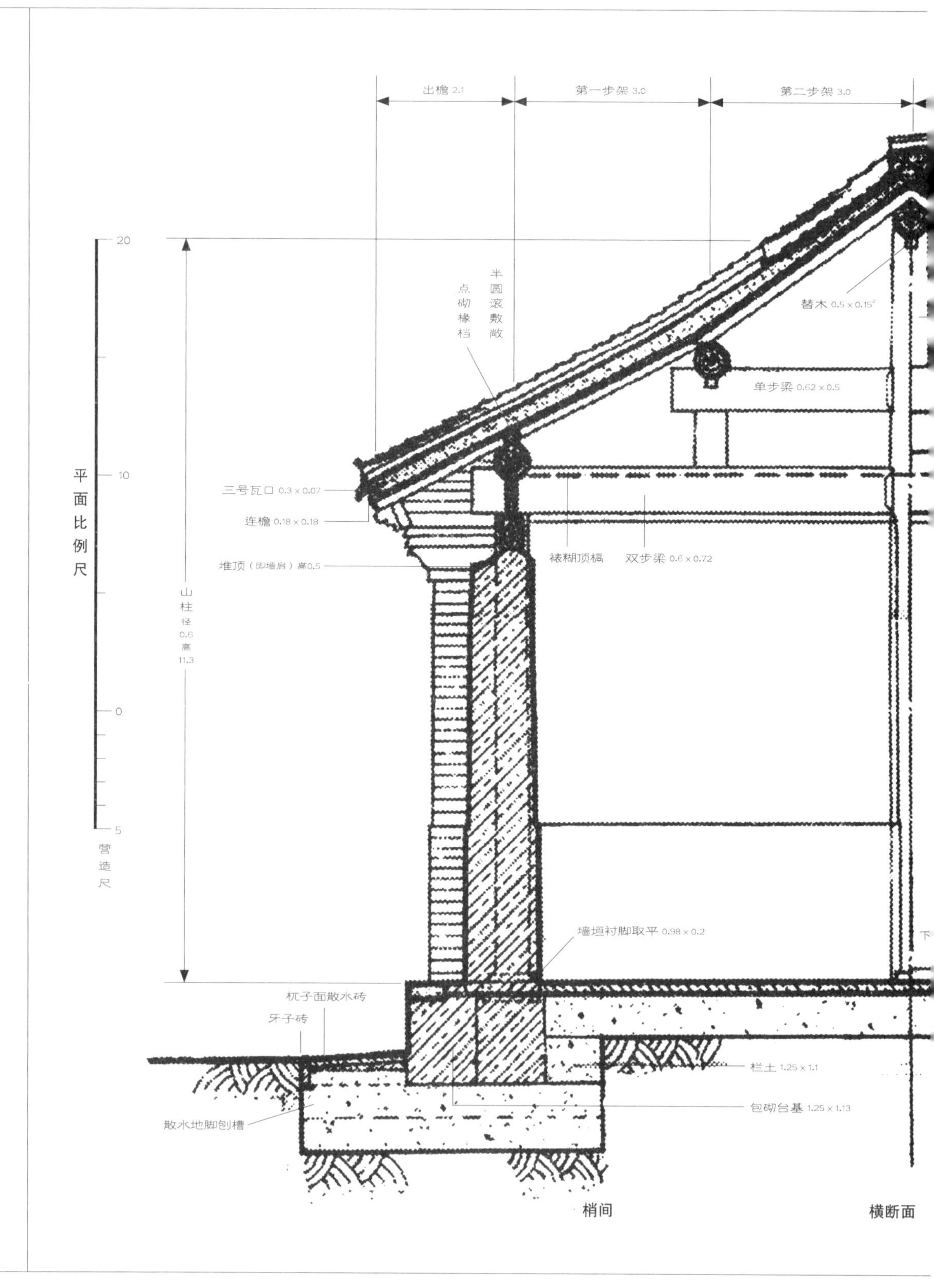
出檐 2.1
第一步架 3.0
第二步架 3.0
替木 0.5 x 0.15
单步梁 0.62 x 0.5
半圆滚敷敞
点砌椽档
平面比例尺
营造尺
三号瓦口 0.3 x 0.07
连檐 0.18 x 0.18
堆顶（即墙肩）高0.5
裱糊顶槅
双步梁 0.6 x 0.72
山柱径0.6高11.3
墙垣衬脚取平 0.98 x 0.2
杌子面散水砖
牙子砖
栏土 1.25 x 1.1
包砌台基 1.25 x 1.13
散水地脚刨槽
梢间
横断面

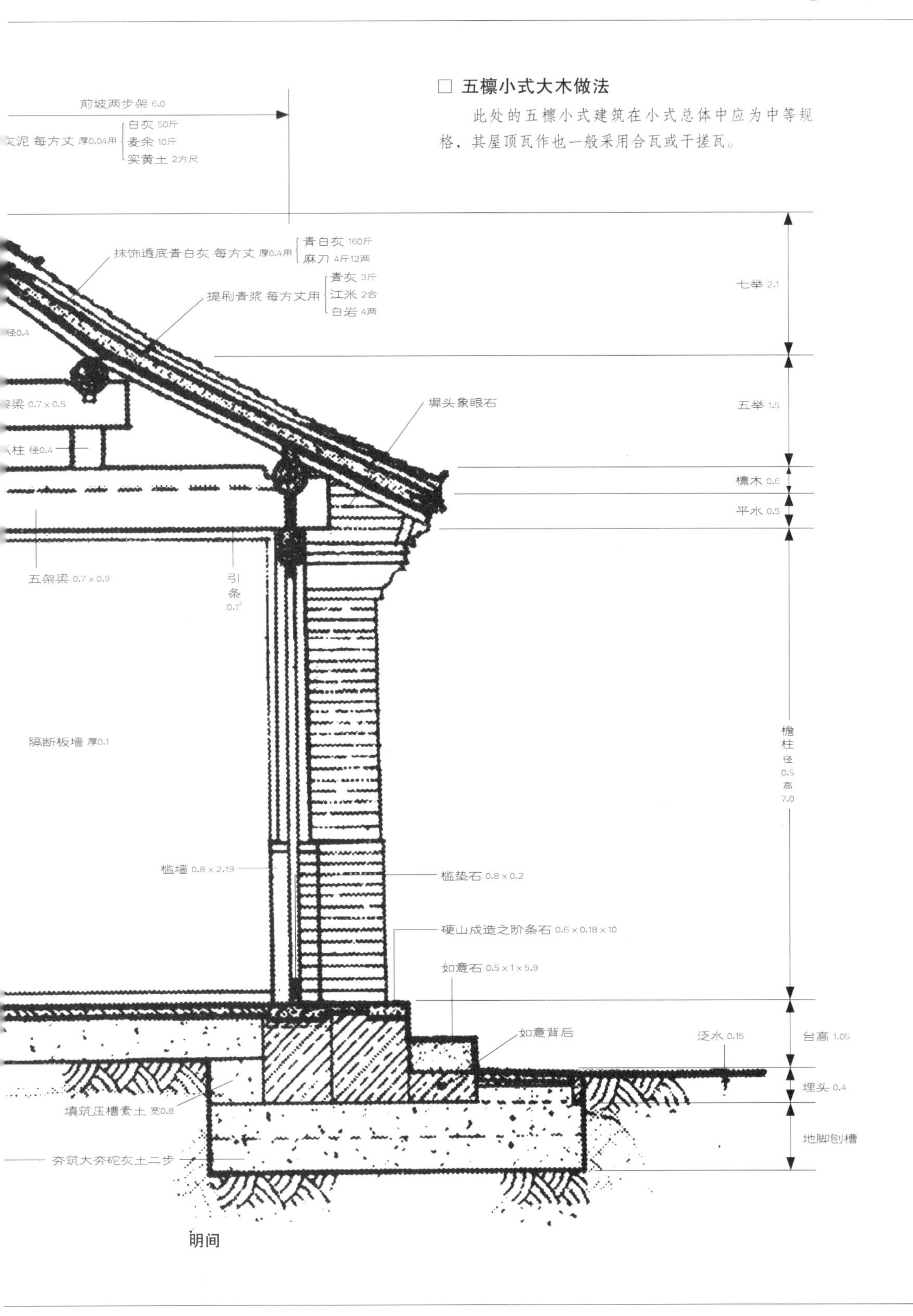

□ 五檩小式大木做法

此处的五檩小式建筑在小式总体中应为中等规格，其屋顶瓦作也一般采用合瓦或干搓瓦。

面阔一丈，内除柱径一份，外加两头入榫分位各按柱径四分之一，得长九尺七寸五分。以檐柱径寸定高。如檐柱径五寸，即高五寸。厚按本身高收二寸，得厚三寸。如金、脊枋不用垫板，按檩径十分之三定厚。如檩径六寸，得厚一寸八分，宽按本身厚加二寸，得宽三寸八分。

凡垫板以面阔定长短。如面阔一丈，内除柁头分位一份，外加两头入榫尺寸，照柁头之厚每尺加滚楞二寸。得长九尺四寸四分。以檐枋高定宽。如檐枋高五寸，即宽五寸。以檩径十分之三定厚。如檩径六寸，得厚一寸八分。其脊垫板照面阔除脊瓜柱径一份。外加两头入榫尺寸，各按瓜柱径四分之一。

凡檩木以面阔定长短。如面阔一丈，即长一丈。如独间成造者，应两头照柱径各加半份，若有次间、梢间者，应一头加山柱径半份。径按檐柱径加一寸。如柱径五寸，得檩径六寸。

凡前、后檐椽以步架并出檐加举定长短。如步架深三尺，又加出檐尺寸，照檐柱高十分之三，得二尺一寸，共长五尺一寸。又按一一五加举，得通长五尺八寸六分。以檩径十分之三定见方。如檩径六寸，得见方一寸八分。每丈用椽二十根。每间椽数，俱应成双。

【译解】脊瓜柱的高度由步架的长度和举的比例来确定。若步架的长度为三尺，使用七举的比例，可得脊瓜柱的高度为二尺一寸。外加平水的高度五寸，再加檩子直径的三分之一作为桁椀，桁椀的高度为二寸。几个高度相加，可得脊瓜柱的总高度为二尺八寸。减去三架梁的高度七寸，可得脊瓜柱的净高度为二尺一寸。脊瓜柱的直径与金瓜柱的直径相同。当脊瓜柱的直径为一尺时，下方入榫的长度为一寸五分。

金枋、脊枋和檐枋的长度由面宽来确定。若面宽为一丈，减去柱径的尺寸，两端外加入榫的长度，入榫的长度各为柱径的四分之一，可得长度为九尺七寸五分。以檐柱径来确定枋子的高度。若檐柱径为五寸，则枋子的高度为五寸。枋子的厚度为自身的高度减少二寸，可得枋子的厚度为三寸。若金枋和脊枋不使用垫板，以檩子直径的十分之三来确定枋子的厚度。若檩子的直径为六寸，可得枋子的厚度为一寸八分。枋子的宽度为自身的厚度增加二寸，由此可得枋子的宽度为三寸八分。

檐垫板的长度由面宽来确定。若面宽为一丈，减去柁头占位的长度，两端外加入榫的长度。当柁头的厚度为一尺时，入榫的长度为一尺二寸，由此可得垫板的长度为九尺四寸四分。以檐枋的高度来确定垫板的宽度。若檐枋的高度为五寸，可得垫板的宽度为五寸。以檩子直径的十分之三来确定垫板的厚度。若檩子的直径为六寸，可得垫板的厚度为一寸八分。脊垫板为面宽减去脊瓜柱的直径，两端外加入榫的长度，入榫的长度为柱径的四分之一。

檩子的长度由面宽来确定。若面宽为

一丈，则檩子的长度为一丈。如果面宽方向上只有一个明间，则檩子的两端均应增加山柱径的一半。如果有次间或梢间，应当在一端增加山柱径的一半。檩子的直径为檐柱径增加一寸。若檐柱径为五寸，可得檩子的直径为六寸。

前后檐椽的长度，由步架的长度加出檐的长度和举的比例来确定。若步架的长度为三尺，出檐的长度为檐柱高度的十分之三，可得出檐的长度为二尺一寸，与步架长度相加后的长度为五尺一寸。使用一一五举的比例，可得檐椽的总长度为五尺八寸六分。以檩子直径的十分之三来确定檐椽的截面正方形的边长。若檩子的直径为六寸，可得檐椽的截面正方形的边长为一寸八分。每丈长度使用二十根椽子。每个房间使用的椽子数量都应为双数，空档宽度应均匀。

【原文】凡脑椽以步架加举定长短。如步架深三尺，按一二五加举，得通长三尺七寸五分。见方与檐椽同。以上檐、脑椽，一头加搭交尺寸，照椽径一份。

凡连檐以面阔定长短。如面阔一丈，即长一丈。梢间应加墀头分位。宽、厚同檐椽。

凡瓦口长短随连檐。以所用瓦料定高、厚。如二号板瓦中高一寸七分，三份均开，二份作底台，一份作山子，又加板瓦本身高一寸七分，得二号瓦口净高三寸四分。如三号板瓦中高一寸五分，三份均开，二份作底台，一份作山子，又加板瓦本身高一寸五分，得三号瓦口净高三寸。其厚俱按瓦口净高尺寸四分之一，得二号瓦口厚八分，三号瓦口厚七分。如用筒瓦，即随二三号板瓦瓦口，应除山子一份之高。厚与板瓦瓦口同。

凡无金、脊枋、垫用替木[1]以柱径定长。如柱径五寸，即长五寸。以柱径十分之三定宽、厚。如柱径五寸，得宽、厚各一寸五分。

以上俱系大木做法，其余各项工料及装修等件逐款分别，另册开载。

如特将面阔、进深、柱高改放宽敞高矮，其木植径寸等项，照所加高矮尺寸加算。耳房、配房、群廊等房，照正房配合高、宽，其木植径寸，亦照加高核算。

【注释】〔1〕替木：若檩子下方没有檩柱，就在檩子的底端加钉短木条，把它放置在梁头上，起着连接两个房间之间的檩子的作用，常见于小式建筑。

【译解】脑椽的长度由步架的长度和举的比例来确定。若步架的长度为三尺，使用一二五举的比例，可以计算出脑椽的长度为三尺七寸五分。脑椽的截面边长与檐椽的截面边长相同。上述檐椽和脑椽一端外加搭交的尺寸，搭交的长度与椽子的直径尺寸相同。

连檐的长度由面宽来确定。若面宽为一丈，则连檐的长度为一丈。梢间的连檐上要增加墀头的长度。连檐的宽度和厚度与檐椽的直径尺寸相同。

瓦口的长度与连檐的长度相同。以所使用的瓦料情况来确定瓦口的高度和厚度。若二号板瓦的高度为一寸七分，把这个高度三等分，将其中的三分之二作为底台，三分之一作为山子，再加板瓦的高度一寸七分，可得二号瓦口的净高度为三寸四分。若三号板瓦的高度为一寸五分，把这个高度三等分，将其中的三分之二作为底台，三分之一作为山子，再加板瓦的高度一寸五分，可得三号瓦口的净高度为三寸。瓦口的厚度均为瓦口净高度的四分之一，由此可得二号瓦口的厚度为八分，三号瓦口的厚度为七分。若使用筒瓦，则瓦口的高度为二号和三号板瓦瓦口的高度减去山子的高度，筒瓦瓦口的厚度与板瓦瓦口的厚度相同。

替木的长度由柱径来确定。若柱径为五寸，则替木的长度为五寸。以柱径的十分之三来确定替木的宽度和厚度。若柱径为五寸，可得替木的宽度和厚度均为一寸五分。

上述计算方法均适用于大木建筑，其他工程所需的材料和装修配件，另行刊载。

若面宽、进深和柱子的高度有所改变，则配套的木柱的直径尺寸应该按照改变的尺寸进行计算。耳房、配房和群廊等房间的高度和宽度，应当配合正房的尺寸。这些房间配套的木柱的直径尺寸等，也应当按照实际情况进行计算。

卷二十七

本卷详述建造四檩进深的卷棚顶大木小式建筑的方法。

四檩卷棚小式大木做法

【译解】建造四檩进深的卷棚顶大木小式建筑的方法。

【原文】凡檐柱以面阔十分之七定高低，十分之五定径寸。如面阔一丈，得柱高七尺，径五寸。如次间、梢间面阔比明间窄小者，其柱、檩、柁、枋等木径寸，仍照明间。至次间、梢间面阔，临期酌夺地势定尺寸。

凡四架梁以进深定长短。如进深一丈二尺，两头各加檩径一份得柁头分位。如檩径六寸，得通长一丈三尺二寸。以檐柱径加二寸定厚，如檐柱径五寸，得厚七寸。高按本身之厚加二寸，得高九寸。

凡顶瓜柱以举架定高低。如进深一丈二尺，前后得步架各四尺八寸。按五举加之，得高二尺四寸，内除四架梁高九寸，得净高一尺五寸。以月梁之厚收一寸定径寸。如月梁厚五寸，得径四寸。外加上、下榫长三寸。

凡月梁以进深定长短。如进深一丈二尺，五份分之，居中一份深二尺四寸，两头各加檩径一份得柁头分位，如檩径六寸，得通长三尺六寸。以四架梁之高、厚各收二寸定高、厚。如四架梁高九寸，厚七寸，得高七寸，厚五寸。

凡脊、檐枋以面阔定长短。如面阔一丈，内除柱径一份，外加两头入榫分位各按柱径四分之一，得长九尺七寸五分。以檐柱径寸定高。如柱径五寸，即高五寸。厚按本身之高收二寸，得厚三寸。如脊枋不用垫板，按檩径十分之三定厚。如檩径六寸，得厚一寸八分，宽按本身之厚加二寸，得宽三寸八分。

【译解】檐柱的高度由面宽的十分之七来确定，檐柱的直径由面宽的十分之五来确定。若面宽为一丈，可得檐柱的高度为七尺，檐柱的直径为五寸。若次间和梢间的面宽比明间的小，则其使用的柱子、檩子、柁和枋子等木制构件的尺寸与明间使用的相同。次间和梢间的面宽尺寸，需要在实际建造过程中由地势来确定。

四架梁的长度由进深来确定。若进深为一丈二尺，两端均增加檩子的直径作为柁头的长度。若檩子的直径为六寸，可得四架梁的总长度为一丈三尺二寸。以檐柱径增加二寸来确定四架梁的厚度。若檐柱径为五寸，可得四架梁的厚度为七寸，四架梁的高度由自身的厚度增加二寸来确定，由此可得四架梁的高度为九寸。

顶瓜柱的高度由举架来确定。若进深为一丈二尺，前后两个步架每步架的长度为四尺八寸。使用五举的比例，可得顶瓜柱的高度为二尺四寸。减去四架梁的高度九寸，可得顶瓜柱的净高度为一尺五寸。以月梁的厚度减少一寸来确定顶瓜柱的直径。若月梁的厚度为五寸，可得顶瓜柱的直径为四寸。顶瓜柱外加的上、下入榫的长度均为三寸。

月梁的长度由进深来确定。若进深为一丈二尺，将该长度五等分，每小段长度为二尺四寸。月梁中间一段的长度即为二尺四寸。月梁两端均增加檩子的直径作为柁头的长度。若檩子的直径为六寸，可得月梁的总长度为三尺六寸。以四架梁的高度和厚度各减少二寸来确定月梁的高度和厚度。若四架梁的高度为九寸，厚度为七寸，可得月梁的高度为七寸，厚度为五寸。

脊枋和檐枋的长度由面宽来确定。若面宽为一丈，减去柱径的尺寸，两端外加入榫的长度，入榫的长度均为柱径的四分之一，由此可得枋子的长度为九尺七寸五分。以檐柱径来确定枋子的高度。若柱径为五寸，则枋子的高度为五寸。枋子的厚度为自身的高度减少二寸，可得枋子的厚度为三寸。若脊枋不使用垫板，则以檩子直径的十分之三来确定其厚度。若檩子的直径为六寸，可得枋子的厚度为一寸八分。枋子的宽度为自身的厚度增加二寸，由此可得枋子的宽度为三寸八分。

【原文】凡垫板以面阔定长短。如面阔一丈，内除柁头分位一份，外加两头入榫尺寸，照柁头之厚每尺加滚楞二寸，得长九尺四寸四分。以檐枋之高定高。如檐枋高五寸，即高五寸。以檩径十分之三定厚。如檩径六寸，得厚一寸八分。其脊垫板照面阔除脊瓜柱径一份。外加两头入榫尺寸，各按瓜柱径四分之一。

凡檩木以面阔定长短。如面阔一丈，即长一丈。如独间成造，应两头照柱径各加半份。如有次间、梢间，应一头加柱径半份。径按檐柱径加一寸。如柱径五寸，得檩径六寸。

凡机枋条子长随檩木，以檩径十分之三定宽，如檩径六寸，得宽一寸八分。以椽径三分之一定厚。如椽方一寸八分，得厚六分。

凡前后檐椽以步架并出檐加举定长短。如步架深四尺八寸，又加出檐尺寸，照檐柱高十分之三，得二尺一寸，共长六尺九寸。又按一一五加举，得通长七尺九寸三分。以檩径十分之三定见方。如檩径六寸，得见方一寸八分，一头加搭交尺寸，照椽方加一份。每丈用椽二十根。每间椽数，俱应成双。

凡顶椽以月梁定长短。如月梁长二尺四寸，两头各加檩径半份，得通长三尺。见方与檐椽径寸同。

【译解】垫板的长度由面宽来确定。若面宽为一丈，减去柁头的长度，两端外加入榫的长度。当柁头的厚度为一尺时，入榫的长度为一尺二寸，由此可得垫板的长度为九尺四寸四分。以檐枋的高度来确定垫板的高度。若檐枋的高度为五寸，则垫板的高度为五寸。以檩子直径的十分之三来确定垫板的厚度。若檩子的直径为六寸，可得垫板的厚度为一寸八分。脊垫板为面宽减去脊瓜柱的直径，其两端外加入榫的

□ 四檩卷棚小式建筑

此类不置正脊的屋顶外观卷曲，坡度也更平缓轻巧，比其他形式的屋顶显得灵活多变，常见于游廊之类的园林建筑之上。

前出檐 2.10
前步架 4.80
五举 2.4
檩径 0.6
平水 0.5
檐柱 高 7.0 径 0.5
台基 1.05
泛水 0.15
埋深0.4
地脚刨槽（按地势定）
点砌椽档（用滚砖半个）
四架梁 13.2 ×
前后栏土（磉墩空档内插砌1
夯筑压槽大夯砣素土一步 宽0.8
夯筑小式大夯砣灰土两步
包砌台基 1.13 × 1.25
如意背后 1 × 0.4

横断面

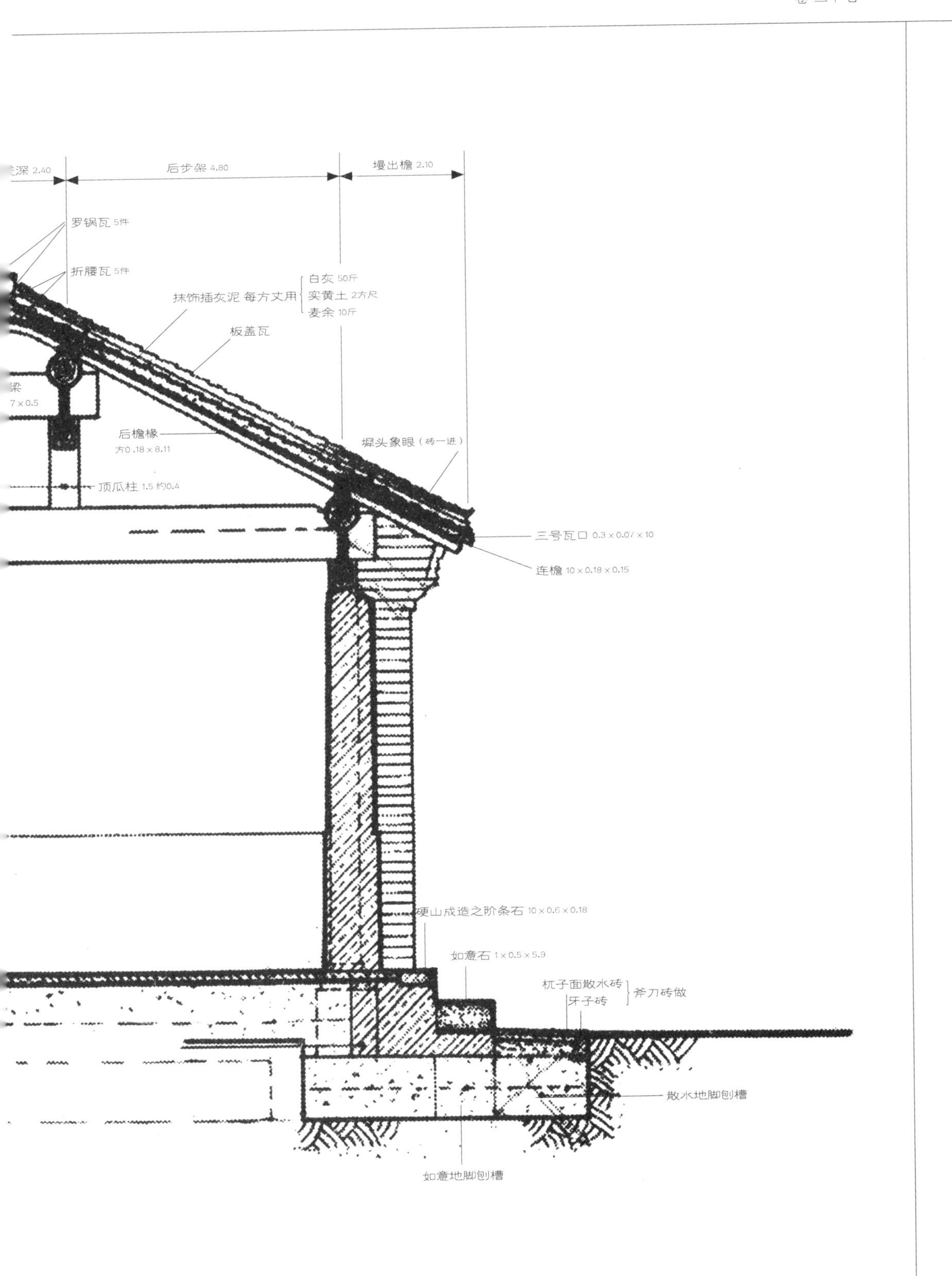
深 2.40
后步架 4.80
墁出檐 2.10
罗锅瓦 5件
折腰瓦 5件
抹饰插灰泥 每方丈用
白灰 50斤
实黄土 2方尺
麦余 10斤
板盖瓦
梁
7×0.5
后檐椽
方0.18×8.11
墀头象眼（砖一进）
顶瓜柱 1.5 约0.4
三号瓦口 0.3×0.07×10
连檐 10×0.18×0.15
硬山成造之阶条石 10×0.6×0.18
如意石 1×0.5×5.9
杭子面散水砖
牙子砖
斧刀砖做
散水地脚刨槽
如意地脚刨槽

长度，入榫的长度为柱径的四分之一。

檩子的长度由面宽来确定。若面宽为一丈，则檩子的长度为一丈。如果面宽方向上只有一个明间，则檩子两端均应增加山柱径的一半。如果有次间或梢间，应当在一端增加山柱径的一半。檩子的直径为檐柱径的尺寸增加一寸。若檐柱径为五寸，可得檩子的直径为六寸。

机枋条子的长度与檩子的相同。以檩子直径的十分之三来确定机枋条子的宽度。若檩子的直径为六寸，可得机枋条子的宽度为一寸八分。以椽子直径的三分之一来确定机枋条子的厚度。若椽子截面的边长为一寸八分，可得机枋条子的厚度为六分。

前后檐椽的长度，由步架的长度加出檐的长度和举的比例来确定。若步架的长度为四尺八寸，出檐的长度为檐柱高度的十分之三，可得出檐的长度为二尺一寸，与步架的长度相加后的长度为六尺九寸。使用一一五举的比例，可得檐椽的总长度为七尺九寸三分。以檩子直径的十分之三来确定檐椽截面正方形的边长。若檩子的直径为六寸，可得檐椽截面正方形的边长为一寸八分。在檐椽的一端外加搭交的长度，搭交的长度与椽子的截面边长相同。每丈长度使用二十根椽子。每个房间使用的椽子数量都应为双数。

顶椽的长度由月梁的长度来确定。若月梁的长度为二尺四寸，两端均增加檩子直径的一半，可得顶椽的总长度为三尺。顶椽的截面正方形边长与檐椽的截面正方形边长相同。

【原文】凡连檐以面阔定长短。如面阔一丈，即长一丈。梢间应加墀头分位。宽、厚同檐椽。

凡瓦口长短随连檐。以所用瓦料定高、厚。如二号板瓦中高一寸七分，三份均开，二份作底台，一份作山子，又加板瓦本身之高一寸七分，得二号瓦口净高三寸四分。如三号板瓦中高一寸五分，三份均开，二份作底台，一份作山子，又加板瓦本身之高一寸五分，得三号瓦口净高三寸。其厚俱按瓦口净高尺寸四分之一，得二号瓦口厚八分，三号瓦口厚七分。如用筒瓦，即随二三号板瓦之瓦口，应除山子一份之高。厚与板瓦瓦口同。

凡无脊枋、垫用替木，以柱径定长。如柱径五寸，即长五寸。以柱径十分之三定宽、厚。如柱径五寸，得宽、厚一寸五分。

以上俱系大木做法，其余各项工料及装修等件逐款分别，另册开载。

如特将面阔、进深、柱高改放宽敞高矮，其木柱径寸等项，照所加高矮尺寸加算。耳房、配房、群廊等房，照正房配合高、宽，其木柱径寸，亦照加高核算。

【译解】连檐的长度由面宽来确定。若面宽为一丈，则连檐的长度为一丈。梢间的连檐要增加墀头的长度。连檐的宽度和厚度与檐椽的宽度和厚度相同。

瓦口的长度与连檐的长度相同。以所使用的瓦料情况来确定瓦口的高度和厚度。若二号板瓦的高度为一寸七分，把这个高度三等分，将其中的三分之二作为底台，三分之一作为山子，再加板瓦的高度一寸七分，可得二号瓦口的净高度为三寸四分。若三号板瓦的高度为一寸五分，把这个高度三等分，将其中的三分之二作为底台，三分之一作为山子，再加板瓦的高度一寸五分，可得三号瓦口的净高度为三寸。所有的瓦口厚度均为瓦口净高度的四分之一，由此可得二号瓦口的厚度为八分，三号瓦口的厚度为七分。若使用筒瓦，则瓦口的高度为二号和三号板瓦瓦口的高度减去山子的高度，筒瓦瓦口的厚度与板瓦瓦口的厚度相同。

替木的长度由柱径来确定。若柱径为五寸，则替木的长度为五寸。以柱径的十分之三来确定替木的宽度和厚度。若柱径为五寸，可得替木的宽度和厚度为一寸五分。

上述计算方法均适用于大木建筑，其他工程所需的材料和装修配件，另行刊载。

若面宽、进深和柱子的高度有所改变，则配套的木柱的直径尺寸应该按照改变的尺寸进行计算。耳房、配房和群廊等房间的高度和宽度，应当配合正房的尺寸。这些房间配套的木柱的直径尺寸等，也应当按照实际情况进行计算。